名家经典系列

C# 7.0本质论

[美] 马克·米凯利斯（Mark Michaelis） 著
周靖 译

Essential C# 7.0

图书在版编目（CIP）数据

C# 7.0 本质论 /（美）马克 · 米凯利斯（Mark Michaelis）著；周靖译 . —北京：机械工业出版社，2019.5（2020.4 重印）

（名家经典系列）

书名原文：Essential C# 7.0

ISBN 978-7-111-62568-1

Ⅰ. C…　Ⅱ. ①马…　②周…　Ⅲ. C 语言 – 程序设计　Ⅳ. TP312.8

中国版本图书馆 CIP 数据核字（2019）第 074193 号

本书版权登记号：图字　01-2018-2399

C# 7.0 本质论

出版发行：机械工业出版社（北京市西城区百万庄大街 22 号　邮政编码：100037）

责任编辑：关　敏　　责任校对：殷　虹

印　　刷：北京诚信伟业印刷有限公司　　版　　次：2020 年 4 月第 1 版第 2 次印刷

开　　本：186mm×240mm　1/16　　印　　张：44.25

书　　号：ISBN 978-7-111-62568-1　　定　　价：199.00 元

凡购本书，如有缺页、倒页、脱页，由本社发行部调换

客服热线：（010）88379426　88361066　　投稿热线：（010）88379604

购书热线：（010）68326294　　读者信箱：hzit@hzbook.com

译者序

从 2007 年翻译《 Essential C# 2.0》开始，我就和这本书以及它的作者 Mark Michaelis 结下了不解之缘。中间除了因为种种原因未参与《 Essential C# 6.0》翻译以外，其他所有版本均由我翻译。

Mark 是一个很实在的人。作为运动健将（铁人三项）和技术专家，他深挖事物本质的能力令人惊叹。从表至里，对任何问题他都能做到不仅知其然，还知其所以然。反映在本书中，就是种种知识点有机地联系在一起。最开始不明白的问题，一气呵成读下去会有恍然大悟的感觉。正如本书推荐序作者微软公司 C# 项目经理 Mads Torgersen 所说："一样东西通过了 Mark 的测试，就没什么好担心的了！"

这本书其实完成了一项非常困难的任务。前面的章节很易于刚入门的开发者理解，而在后面的章节中，作者毫不藏私地将自己对语言的理解倾囊以授，并为有经验的开发者提供了发挥 C# 7.0 最大潜力所需的详细信息。Mark 是组织内容的高手。从第 1 章起，即使读者中有许多高手，Mark 也成功赢得了他们的心。与此同时，全书的所有内容都通俗易懂，没有废话。

这一版是历史上改动最大的一版。针对 C# 7.0 的新特性，内容编排有了很大变化。感谢框架和语言的进步，以前实现起来比较烦琐的代码现在变简洁了。当然结果就是全书几乎所有代码和相关内容都要重新设计。作为译者，加上错过了上一版，我面对的基本是一本全新的书。

说到本书源代码，不得不说这一版的提供方式是最完美的。本书在 GitHub 上有专门的项目（*https://github.com/IntelliTect/EssentialCSharp*），读者可随时下载最新代码并在 Visual Studio 2017 或更高版本中打开。

感谢作者 Mark Michaelis，他是一位极具激情和活力的技术专家。翻译过程中，他热情、耐心地解释了我提出的问题，并虚心、坦诚地采纳了我提出的修改意见。另外，还要感谢编辑关敏，感谢她对我的宽容、耐心和支持。最后要感谢我的家人，尤其是女儿周子衿，她总能从一些新奇的角度帮我重新认识这个世界。

衷心祝愿读者朋友能通过本书，开始愉快而激动人心的 C# 之旅！

周靖，2019 年 3 月

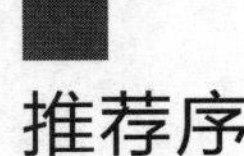

推荐序

本书是 C# 最权威、最值得尊重的参考书之一，作者为此付出了非凡的努力！ Mark Michaelis 的《Essential C#》系列多年来一直是畅销经典。而我刚认识 Mark 的时候，这本书还处于萌芽阶段。

2005 年 LINQ（语言集成查询，Language Integrated Query）公布时，我才刚加入微软公司，正好见证了 PDC 会议上令人激动的公开发布时刻。虽然我对技术本身几乎没有什么贡献，但它的宣传造势我可是全程参加了。那时人人都在谈论它，宣传小册子满天飞。那是 C# 和 .NET 的大日子，至今依然令人难忘。

但会场的实践实验室区域却相当安静，那儿的人可以按部就班地试验处于预览阶段的技术。我就是在那儿遇见 Mark 的。不用说，他一点儿都没有按部就班的意思。他在做自己的试验，梳理文档，和别人沟通，忙着鼓捣自己的东西。

作为 C# 社区的新人，我感觉自己在那次会议上见到了许多人。但老实说，当时太混乱了，我唯一记得清的就是 Mark。因为当问他是否喜欢这个新技术时，他不像别人那样马上开始滔滔不绝，而是非常冷静地说："还不确定，要自己搞一搞才知道。"他希望完整地理解并消化一种技术，之后才将自己的想法告知于人。

所以我们之间没像我本来设想的那样发生一次快餐式的对话。相反，我们的对话相当坦诚、颇有营养。像这样的交流好多年都没有过了。新技术的细节、造成的后果和存在的问题全都涉及了。对我们这些语言设计者而言，Mark 是最有价值的社区成员。他非常聪明，善于打破砂锅问到底，能深刻理解一种技术对于真正的开发人员的影响。但是，最根本的原因可能还是他的坦诚，他从不惧怕说出自己的想法。一样东西通过了 Mark 的测试，就没什么好担心的了！

这些特质也使 Mark 成为一名出色的作家。他的文字直指技术的本质，敏锐地指出技术的真正价值和问题，向读者提供最完整的信息且没有废话。没人能像这位大师一样帮你正确理解 C# 7.0。

请好好享用本书！

Mads Torgersen，微软公司 C# 项目经理

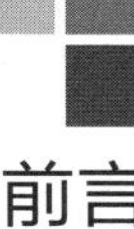

前言

在软件工程的发展历史中，用于编写计算机程序的方法经历了几次思维模式的重大转变。每种思维模式都以前一种为基础，宗旨都是增强代码的组织，并降低复杂性。本书将带领你体验相同的思维模式转变过程。

本书开始几章会指导你学习顺序编程结构。在这种编程结构中，语句按编写顺序执行。该结构的问题在于，随着需求的增加，复杂性也指数级增加。为降低复杂性，将代码块转变成方法，产生了结构化编程模型。在这种模型中，可以从一个程序中的多个位置调用同一个代码块，不需要复制。但即使有这种结构，程序还是会很快变得臃肿不堪，需进一步抽象。所以，在此基础上人们又提出了面向对象编程的概念，这将在第 6 章开始讨论。在此之后，你将继续学习其他编程方法，比如基于接口的编程和 LINQ（以及它促使集合 API 发生的改变），并最终学习通过特性（attribute）进行初级的声明性编程[⊖]（第 18 章）。

本书有以下三个主要职能。

- 全面讲述 C# 语言，其内容已远远超过了一本简单的教程，为你进行高效率软件开发打下坚实基础。
- 对于已熟悉 C# 的读者，本书探讨了一些较为复杂的编程思想，并深入讨论了语言最新版本（C# 7.0 和 .NET Framework 4.7/.NET Core 2.0）的新功能。
- 它是你永远的案头参考——即便在你精通了这种语言之后。

成功学习 C# 的关键在于，要尽可能快地开始编程。不要等自己成为一名理论“专家”之后才开始写代码。所以不要犹豫，马上开始写程序吧。作为迭代开发[⊜]思想的追随者，我希望即使一名刚开始学习编程的新手，在第 2 章结束时也能动手写基本的 C# 代码。

许多主题本书没有讨论。你在本书中找不到 ASP.NET、ADO.NET、Xamarin、智能客户端开发以及分布式编程等主题。虽然这些主题与 .NET 有关，但它们都值得用专门的书分专题讲述。幸好市面上已经有丰富的图书供读者选择。本书重点在于 C# 及基类库中的类型。读完本书之后，你在上述任何领域继续深入学习都会有游刃有余的感觉。

⊖ 与声明性编程或者宣告式编程（declarative programming）对应的是命令式编程；前者表述问题，后者实际解决问题。——译者注

⊜ 简单地说，迭代开发是指分周期、分阶段进行一个项目，以增量方式逐渐对其进行改进的过程。——译者注

本书面向的读者

写作本书时，我面临的一个挑战是如何在持续吸引高级开发人员眼球的同时，不因使用assembly、link、chain、thread 和 fusion [⊖]等字眼而打击初学者的信心，否则许多人会以为这是一本讲冶金而不是程序设计的书。本书的主要读者是已经有一定编程经验，并想多学一种语言来“傍身”的开发者。但我还是小心地编排了本书的内容，使之对各种层次的开发者都有足够大的价值。

- **初学者：**假如你是编程新手，本书将帮助你从入门级程序员过渡为 C# 开发者，消除以后在面临任何 C# 编程任务时的害怕心理。本书不仅要教会你语法，还要教你养成良好的编程习惯，为将来的编程生涯打下良好基础。
- **熟悉结构化编程的程序员：**学习外语最好的方法就是“沉浸法”[⊜]。类似地，学习一门计算机语言最好的方法就是在动手中学习，而不是等熟知了它的所有“理论”之后再动手。基于这个前提，本书最开始的内容是那些熟悉结构化编程的开发者很容易上手的。到第 5 章结束时，这些开发者应该可以开始写基本的控制流程序。然而，要成为真正的 C# 开发者，记住语法只是第一步。为了从简单程序过渡到企业级开发，C# 开发者必须熟练从对象及其关系的角度来思考问题。为此，第 6 章的“初学者主题”开始介绍类和面向对象开发。历史上的 C、COBOL 和 FORTRAN 等结构化编程语言虽然仍在发挥作用，但作用会越来越小，所以，软件工程师们应该逐渐开始了解面向对象开发。C# 是进行这一思维模式转变的理想语言，因为它本来就是基于“面向对象开发”这一中心思想来设计的。
- **熟悉“基于对象”和“面向对象”理念的开发者：**C++、Python、TypeScript、Visual Basic 和 Java 程序员都可归于此类。对于分号和大括号，他们可是一点儿都不陌生！简单浏览一下第 1 章的代码，你会发现，从核心上讲，C# 类似于你熟知的 C 和 C++ 风格的语言。
- **C# 专家：**对于已经精通 C# 的读者，本书可供你参考不太常见的语法。此外，对于在其他地方强调较少的一些语言细节以及微妙之处，我提出了自己的见解。最重要的是，本书提供了编写可靠和易维护代码的指导原则及模式。在你教别人学 C# 时，本书也颇有助益。从 C# 3.0 到 C# 7.0 最重要的一些增强包括：
  - 字符串插值（第 2 章）
  - 隐式类型的变量（第 3 章）
  - 元组（第 3 章）
  - 模式匹配（第 4 章）
  - 扩展方法（第 6 章）

⊖ 上述每个单词在计算机和冶金领域都有专门的含义，所以作者用它们开了一个玩笑。例如，assembly 既是“程序集”，也是“装配件”；thread 既是“线程”，也是“螺纹”。——译者注

⊜ 沉浸法，即 immersion approach，是指想办法让学习者泡到一个全外语的环境中，比如孤身一人在国外生活或学习。——译者注

- 分部方法（第 6 章）
- 泛型（第 12 章）
- Lambda 语句和表达式（第 13 章）
- 表达式树（第 13 章）
- 匿名类型（第 15 章）[⊖]
- 标准查询操作符（第 15 章）
- 查询表达式（第 16 章）
- 动态编程（第 18 章）
- 用任务编程库（TPL）和 async 进行多线程编程（第 19 章）
- 用 PLINQ 进行并行查询处理（第 19 章）
- 并发集合（第 20 章）

考虑到许多人还不熟悉这些主题，本书围绕它们展开了详细的讨论。涉及高级 C# 开发的还有“指针”这一主题，该主题将在第 21 章讨论。即使是有经验的 C# 开发者，也未必能很透彻地理解这一主题。

本书特色

本书是语言参考书，遵循核心《 C# 语言 7.0 规范》(C# Language 7.0 Specification)。为了帮助读者理解各种 C# 构造，书中用大量例子演示了每一种特性，而且为每个概念都提供了相应的指导原则和最佳实践，以确保代码能顺利编译，避免留下隐患，并获得最佳的可维护性。

为增强可读性，所有代码均进行了特殊格式处理，而且每章内容都用思维导图来概括。

C# 设计规范

本书新版本最重大的改进之一就是增加了大量“设计规范”，下面是取自第 17 章的例子。

设计规范

- 要确保相等的对象有相等的哈希码。
- 要确保对象在哈希表中时哈希码永不变化。
- 要确保哈希算法快速生成良好分布的哈希码。
- 要确保哈希算法在任何可能的对象状态中的健壮性。

区分知道语法的程序员和能因地制宜写出最高效代码的专家的关键就是这些设计规范。专家不仅能让代码通过编译，还会遵循最佳实践，降低出现 bug 的概率，并使代码的维护变得更容易。设计规范强调了一些关键原则，开发时务必注意。

⊖ 英文原书此处有误，这里已根据正文内容（匿名类型包括在第 15 章中）修改。——编辑注

示例代码

本书大多数代码都能在公共语言基础结构（Common Language Infrastructure，CLI）的任何实现上运行，但重点还是 Microsoft .NET Framework 和 .NET Core 这两个实现。很少使用平台或厂商特有的库，除非需要解释只和那些平台相关的重要概念（例如，解释如何正确处理 Windows 单线程 UI）。

下面是一个示例代码清单。

代码清单 1.19　注释代码

```
class Comment Samples
{
  static void Main()
  {

      string firstName; //Variable for storing the first name
      string lastName;  //Variable for storing the last name

      System.Console.WriteLine("Hey you!");

      System.Console.Write /* No new line */ (
          "Enter your first name: ");
      firstName = System.Console.ReadLine();
      System.Console.Write /* No new line */ (
          "Enter your last name: ");
      lastName = System.Console.ReadLine();

      /* Display a greeting to the console
         using composite formatting. */

      System.Console.WriteLine("Your full name is {0} {1}.",
          firstName, lastName);
      // This is the end
      // of the program listing
  }
}
```

下面解释具体的格式：

❑注释使用斜体。

```
/* Display a greeting to the console
   using composite formatting */
```

❑关键字加粗。

```
static void Main()
```

❑有的代码突出显示，是为了指出这些代码与之前的有区别，或是为了演示正文介绍的概念。

```
System.Console.WriteLine(valerie);
miracleMax = "It would take a miracle.";
System.Console.WriteLine(miracleMax);
```

突出显示的可能是一整行，也可能是一行中的几个字符。

```
System.Console.WriteLine(
    "Your full name is {0} {1}.", firstName, lastName);
```

❑省略号表示无关代码已省略。

```
// ...
```

❑代码清单后列出了对应的控制台输出。由用户输入的内容加粗。

输出 1.7

```
Hey you!
Enter your first name: Inigo
Enter your last name: Montoya
Your full name is Inigo Montoya.
```

虽然我也可以在书中提供完整代码以方便复制，但这样会分散大家的注意力。因此，你需要在自己的程序中修改示例代码。书中的代码主要省略了错误检查，比如异常处理。另外，代码没有显式包含 `using System` 语句，所有例子都需要该语句。

请访问 *https://github.com/IntelliTect/EssentialCSharp* 或 *http://bookzhou.com* 下载示例代码。⊖

思维导图

每章开头都有一幅“思维导图”作为提纲，目的是为读者提供针对每章内容的快速参考。下面是一个例子（摘自第 6 章）。

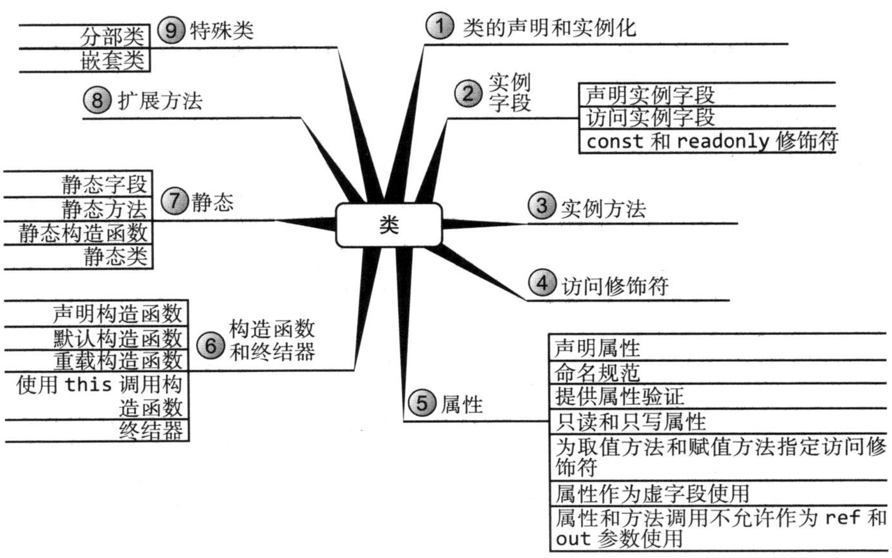

⊖ 译者主页（*http://bookzhou.com*）提供了中文版的勘误和资源下载等服务。——译者注

每章主题显示在思维导图的中心，高级主题围绕中心展开。利用思维导图，读者可方便地搭建自己的知识体系，可以从一个主题出发，更清楚地理解其周边的各个具体概念，避免中途纠缠于一些不相干的枝节问题。

分类解说

根据编程水平的不同，可以利用书中的标志来帮助自己轻松找到适合自己的内容。

- **初学者主题**：特别针对入门级程序员提供的定义或解释。
- **高级主题**：可以让有经验的开发者将注意力放在他们最关心的内容上。
- **标注**：用有底纹的标注框强调关键点，引起读者的注意。
- **语言对比**：分散在正文中的补充内容描述了 C# 和其他语言的关键差异，为熟悉其他语言的读者提供指引。

本书内容组织

总体来说，软件工程的宗旨就是管理复杂性。本书基于该宗旨来组织内容。第 1 章 ~ 第 5 章介绍结构化编程，学习这些内容后，可以立即开始写一些功能简单的代码。第 6 章 ~ 第 10 章介绍 C# 的面向对象构造，新手应在完全理解这几章的内容之后，再开始接触本书其余部分更高级的主题。第 12 章 ~ 第 14 章介绍更多用于降低复杂性的构造，讲解当今几乎所有程序都要用到的通用设计模式。理解了它们之后，才可以更轻松地理解如何通过反射和特性来进行动态编程。后续章节将广泛运用它们来实现线程处理和互操作性。

本书最后专门用一章（第 22 章）讲解 CLI。这一章在开发平台的背景下对 C# 语言进行了描述。之所以要放到最后，是因为它非 C# 特有，且不涉及语法和编程风格问题。不过，本章适合在任何时候阅读，或许最恰当的时机是在阅读完第 1 章之后。

下面是每一章的内容提要。（加黑的标题表明那一章含有 C# 6.0 和 C# 7.0 的内容。）

- **第 1 章——C# 概述**：本章在展示了用 C# 写的 HelloWorld 程序之后对其进行细致分析。目的是让读者熟悉 C# 程序的“外观和感觉”，并理解如何编译和调试自己的程序。另外，还简单描述了执行 C# 程序的上下文及其中间语言（Intermediate Language，IL）。
- **第 2 章——数据类型**：任何有用的程序都要处理数据，本章介绍了 C# 的基元数据类型。
- **第 3 章——更多数据类型**：本章深入讲解数据类型的两大类别：值类型和引用类型。然后讲解了可空修饰符以及 C# 7.0 引入的元组。最后深入讨论了基元数组结构。
- **第 4 章——操作符和控制流**：计算机最擅长重复性操作，为利用该能力，需知道如何在程序中添加循环和条件逻辑。本章还讨论了 C# 操作符、数据转换和预处理器指令。
- **第 5 章——方法和参数**：本章讨论了方法及其参数的细节，其中包括通过参数来传值、传引用和通过 `out` 参数返回数据。C# 4.0 新增了默认参数，本章将解释如何使用。

- □**第 6 章——类：**前面已学过类的基本构成元素，本章合并这些构造，以获得具有完整功能的类型。类是面向对象技术的核心，它定义了对象模板。
- □**第 7 章——继承：**继承是许多开发者的基本编程手段，C# 更是提供了一些独特构造，比如 new 修饰符。本章讨论了继承语法的细节，其中包括重写（overriding）。
- □第 8 章——接口：本章讨论如何利用接口来定义类之间的“可进行版本控制的交互契约”（versionable interaction contract）。C# 同时包含显式和隐式接口成员实现，可实现一个额外的封装等级，这是其他大多数语言所不支持的。
- □**第 9 章——值类型：**尽管不如定义引用类型那么频繁，但有时确有必要定义行为和 C# 内置基元类型相似的值类型。本章介绍如何定义结构（struct），同时也强调其特殊性。
- □**第 10 章——合式类型：**本章讨论了更高级的类型定义，解释如何实现操作符，比如 + 和转型操作符，并描述如何将多个类封装到一个库中。此外，还演示了如何定义命名空间和 XML 注释，并讨论如何基于垃圾回收机制来设计令人满意的类。
- □**第 11 章——异常处理：**本章延伸讨论第 5 章引入的异常处理机制，描述了如何利用异常层次结构创建自定义异常。此外，还强调了异常处理的一些最佳实践。
- □第 12 章——泛型：泛型或许是 C# 1.0 最缺少的功能。本章全面讨论自 2.0 引入的泛型机制。此外，C# 4.0 增加了对协变和逆变的支持，本章将在泛型背景中探讨它们。
- □第 13 章——委托和 Lambda 表达式：正因为委托，才使 C# 与其前身语言（C 和 C++ 等）有了显著不同，它定义了在代码中处理事件的模式。这几乎完全消除了写轮询例程的必要。Lambda 表达式是使 C# 3.0 的 LINQ 成为可能的关键概念。通过学习本章，你将知道 Lambda 表达式是在委托的基础上构建起来的，它提供了比委托更优雅和简洁的语法。本章内容是第 14 章讨论的新的集合 API 的基础。本章还强调了匿名方法应该用新的 Lambda 表达式代替。
- □第 14 章——事件：封装起来的委托（称为事件）是公共语言运行时（Common Language Runtime，CLR）的核心构造。
- □第 15 章——支持标准查询操作符的集合接口：通过讨论新的 Enumerable 类的扩展方法，介绍 C# 3.0 引入的一些简单而强大的改变。Enumerable 类造就了全新的集合 API，即“标准查询操作符”，本章对其进行详细讨论。
- □**第 16 章——使用查询表达式的 LINQ：**如果只使用标准查询操作符，会形成让人难以辨认的长语句。查询表达式提供了一种类似 SQL 风格的语法，有效解决了该问题。本章会详细讨论这种表达式。
- □**第 17 章——构建自定义集合：**构建用于操纵业务对象的自定义 API 时，经常需要创建自定义集合。本章讨论了具体做法，还介绍了能使自定义集合的构建变得更简单的上下文关键字。
- □**第 18 章——反射、特性和动态编程：**20 世纪 80 年代末，程序结构的思维模式发生了根本性的变化，面向对象的编程是这个变化的基础。类似地，特性（attribute）使声明性编程和嵌入元数据成为可能，因而引入了一种新的思维模式。本章探讨了特性的方方面面，并讨论了如何通过反射机制来获取它们。本章还讨论了如何通过基类库（Base Class

Library，BCL）中的序列化框架来实现文件的输入输出。C# 4.0 新增了 `dynamic` 关键字，能将所有类型检查都移至运行时进行，因而极大地扩展了 C# 的能力。

- **第 19 章——多线程处理**：大多数现代程序都要求用线程执行长时间运行的任务，同时确保对并发事件的快速响应。随着程序越来越复杂，必须采取其他措施来保护这些高级环境中的数据。多线程应用程序的编写比较复杂。本章讨论了如何操纵线程，并提供一些最佳实践来避免将多线程应用程序弄得一团糟。
- **第 20 章——线程同步**：本章以第 19 章为基础，演示如何利用一些内建线程处理模式来简化对多线程代码的显式控制。
- 第 21 章——平台互操作性和不安全的代码：必须意识到 C# 是相对年轻的一种语言，许多现有的代码是用其他语言写成的。为了用好这些现有代码，C# 通过 P/Invoke 提供了对互操作性（调用非托管代码）的支持。此外，C# 允许使用指针，也允许执行直接内存操作。虽然使用了指针的代码要求特殊权限才能运行，但它具有与 C 风格的 API 完全兼容的能力。
- **第 22 章——公共语言基础结构（CLI）**：事实上，C# 被设计成一种在 CLI 顶部工作的最有效的编程语言。本章讨论了 C# 程序与底层“运行时”及其规范的关系。

希望本书能作为你建立 C# 专业能力的丰富资源，并且在精通 C# 后你仍能将其作为对较少使用的领域的参考。

Mark Michaelis
IntelliTect.com/mark
Twitter: @Intellitect, @MarkMichaelis

致谢

世上没有任何一本书是作者单枪匹马就能出版的，在此，我要向整个过程中帮助过我的所有人致以衷心感谢。这里排名不分先后，但家人必然第一。本书已出到第 6 版。在这 10 年的时间里（还不包括以前出的书），我的家人做出了巨大的牺牲。在 Banjamin、Hanna 和 Abigail 眼中，爸爸经常因为此书而无暇顾及他们，但 Elisabeth 承受得更多。家里大事小事全靠她一个人，她独自承担着家庭的重任。（2017 年在外面度假时，好几天我都在“闭门造书”，他们更想去海边。）我感到万分抱歉，谢谢你们！

为保证本书技术上的准确性，许多技术编辑对本书中的各章都进行了仔细审阅。我常常惊讶于他们的认真程度，任何不易察觉的小错误都逃不过他们的火眼金睛，他们是 Paul Bramsman、Kody Brown、Ian Davis、Doug Dechow、Gerard Frantz、Thomas Heavey、Anson Horton、Brian Jones、Shane Kercheval、Angelika Langer、Eric Lippert、John Michaelis、Jason Morse、Nicholas Paldino、Jon Skeet、Michael Stokesbary、Robert Stokesbary、John Timney、Neal Lundby、Andrew Comb、Jason Peterson、Andrew Scott、Dan Haley、Phil Spokas（第 22 章有一部分是他写的）和 Kevin Bost。

Eric Lippert 给了我太多惊喜。他对 C# 的掌握令人“望而生畏”，我很欣赏他的修改，尤其是追求术语完美性方面。本书第 2 版，他大幅改进了和 C# 3.0 相关的章节。那一版我唯一遗憾的就是未能让他审阅全部章节。但遗憾不再。Eric 兢兢业业审阅了《Essential C# 4.0》的每一章，《Essential C# 5.0》和《Essential C# 6.0》更是成为共同作者。在《Essential C# 7.0》中，我非常感谢他的技术编辑工作。谢谢你，Eric！我想象不出还有谁能比你干得更好。正因为你，本书才真正实现了从“很好”到“极好”的飞越。

就像 Eric 之于 C#，很少有人像 Stephen Toub 那样对 .NET Framework 多线程处理有如此深刻的理解。Stephen 专门审阅了（第三次了）重写的关于多线程的两章，并重点检查了 C# 5.0 中的 `async` 支持。谢谢你，Stephen！

感谢 Addison-Wesley 的所有员工，感谢他们在与我合作期间表现出来的极大耐心，容忍我将注意力频频转移到书稿之外的其他事情上。感谢 Trina Fletcher Macdonald、Anna Popick、Julie Nahil 和 Carol Lallier。Trina 值得颁发劳模奖章，在她明显还有其他好多事情的时候，还能容忍我这样的人。Carol 则非常严谨，她改进写作和挑错的本事令人称道（甚至能从代码清单中挑出文法错误）。

作者简介

Mark Michaelis 是高端软件工程和咨询公司 IntelliTect 的创办者、首席技术架构师和培训师。Mark 经常在开发者大会上发言，写过许多文章和书籍，目前是《 MSDN Magazine 》的《 Essential .NET 》专栏作家。

从 1996 年起，他一直是 C#、Visual Studio Team System 和 Windows SDK 的 MVP。2007 年被评选为微软的 Regional Director。他还服务于微软的几个软件设计评审团队，包括 C# 和 VSTS。

Mark 拥有伊利诺伊大学哲学专业文学学士学位和伊利诺伊理工大学计算机硕士学位。

他不是痴迷于计算机，就是忙于陪伴家人或者玩壁球（2016 年暂停铁人三项训练）。他居住在华盛顿州的斯波坎，他和妻子 Elisabeth 有三个孩子：Benjamin、Hanna 和 Abigail。

技术编辑简介

Eric Lippert 目前在 Facebook 负责开发者工具。之前是微软 C# 语言设计团队的一员。不在 StackOverflow 上回答用户的 C# 问题或者编辑程序书时，他总是喜欢玩他的小帆船。目前和妻子 Leah 居住在华盛顿州的西雅图。

目录

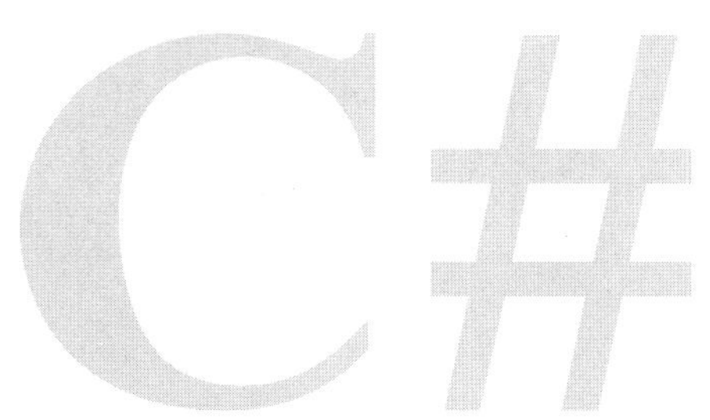

第 1 章 C# 概述

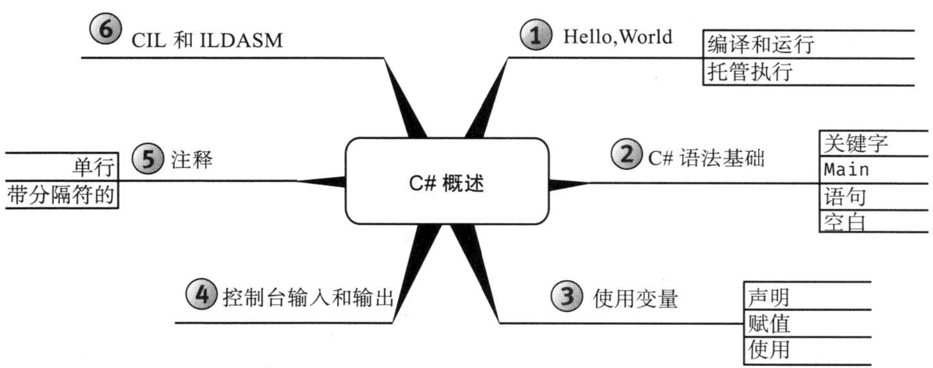

C# 是一种成熟的语言，基于作为前身的 C 风格语言（C、C++ 和 Java）的功能而设计[⊖]，有经验的程序员能很快熟悉。此外，可用 C# 构建在多种操作系统（平台）上运行的软件组件和应用程序。

本章用传统 HelloWorld 程序介绍 C#，重点是 C# 语法基础，包括定义 C# 程序入口。通过本章的学习，你将熟悉 C# 的语法风格和结构，能开始写最简单的 C# 程序。讨论 C# 语法基础之前，将简单介绍托管执行环境，并解释 C# 程序在运行时如何执行。最后讨论变量声明、控制台输入 / 输出以及基本的 C# 代码注释机制。

1.1 Hello, World

学习新语言最好的办法就是写代码。第一个例子是经典 HelloWorld 程序，它在屏幕上显

⊖ 第一次 C# 设计会议在 1998 年召开。

示一些文本。代码清单 1.1 展示了完整 HelloWorld 程序，我们将在之后的小节编译代码。

代码清单 1.1 用 C# 编写的 HelloWorld [⊖]

```
class HelloWorld
{
 static void Main()
 {
   System.Console.WriteLine("Hello. My name is Inigo Montoya.");
 }
}
```

注意 C# 是区分大小写的语言，大小写不正确会使代码无法成功编译。

有 Java、C 或者 C++ 编程经验的读者很快就能看出相似的地方。类似于 Java，C# 也从 C 和 C++ 继承了基本的语法[⊜]。语法标点（比如分号和大括号）、特性（比如区分大小写）和关键字（比如 `class`、`public` 和 `void`）对于这些程序员来说并不陌生。初学者和其他语言背景的程序员通过这个程序能很快体会到这些构造的直观性。

1.1.1 创建、编辑、编译和运行 C# 源代码

写好 C# 代码后需要编译和运行。这时要选择使用哪个 .NET 实现（或者说 .NET 框架）。这些实现通常打包成一个软件开发包（Software Development Kit，SDK），其中包括编译器、运行时执行引擎、“运行时”能访问的语言可访问功能框架（参见本章后面的 1.7.1 节），以及可能和 SDK 捆绑的其他工具（比如供自动化生成的生成引擎）。由于 C# 自 2000 年便已公布，目前有多个不同的 .NET 框架供选择（参见本章后面的 1.7 节）。

取决于开发的目标操作系统以及你选择的 .NET 框架，每种 .NET 框架的安装过程都有所区别。有鉴于此，建议访问 *https://www.microsoft.com/net/download* 了解具体的下载和安装指示。先选好 .NET 框架，再根据目标操作系统选择要下载的包。虽然我可以在这里提供更多细节，但 .NET 下载站点为支持的各种组合提供了最新、最全的指令。

如不确定要使用的 .NET 框架，就默认选择 .NET Core。它可运行于 Linux、macOS 和 Microsoft Windows，是 .NET 开发团队投入最大的实现。另外，由于它具有跨平台能力，所以本书优先使用 .NET Core。

有许多源代码编辑工具可供选择，包括最基本的 Windows 记事本、Mac/macOS TextEdit 和 Linux vi。但建议选择一个稍微高级点的工具，至少应支持彩色标注。支持 C# 的任何代码编辑器都可以。如果还没有特别喜欢的，推荐开源编辑器 Visual Studio Code(*https://code.visualstudio.com*)。如果在 Windows 或 Mac 上工作，也可考虑 Microsoft Visual Studio 2017（或更高版本），详情参考 *https://www.visualstudio.com*。两者都是免费的。

⊖ 如果不知道 Inigo Montoya 是谁，请找《公主新娘》(The Princess Bride）这部电影看看。

⊜ C# 语言设计者从 C/C++ 规范中删除了他们不喜欢的特性，同时创建了他们喜欢的。开发组还有其他语言的资深专家。

后两节我会提供这两种编辑器的操作指示。Visual Studio Code 依赖命令行（Dotnet CLI）创建初始的 C# 程序基架并编译和运行。Windows 和 Mac 则一般使用 Visual Studio 2017。

Begin 7.0

使用 Dotnet CLI

Dotnet 命令 dotnet.exe 是 Dotnet 命令行接口（或称 Dotnet CLI），可用于生成 C# 程序的初始代码库并编译和运行程序。注意这里的 CLI 代表"命令行接口"（Command-Line Interface）。为避免和代表"公共语言基础结构"（Common Language Infrastructure）的 CLI 混淆，本书在提到 Dotnet CLI 时都会附加 Dotnet 前缀。无 Dotnet 前缀的 CLI 才是"公共语言基础结构"。安装好之后，验证可以在命令行上执行 dotnet。

以下是在 Windows、macOS 或 Linux 上创建、编译和执行 HelloWorld 程序的指示：

1. 在 Microsoft Windows 上打开命令提示符，在 Mac/macOS 上打开 Terminal 应用。（也可考虑使用跨平台命令行接口 PowerShell。[1]）

2. 在想要放代码的地方新建一个目录。考虑 ./HelloWorld 或 ./EssentialCSharp/HelloWorld 这样的名称。在命令行上执行：

```
mkdir ./HelloWorld
```

3. 导航到新目录，使之成为命令行的当前目录：

```
cd ./HelloWorld
```

4. 在 HelloWorld 目录中执行 `dotnet new console` 命令来生成程序基架。这会生成几个文件，最主要的是 Program.cs 和项目文件：

```
dotnet new console
```

5. 运行生成的程序。这会编译并运行由 `dotnet new console` 命令创建的默认 Program.cs 程序。程序内容和代码清单 1.1 相似，只是输出变成"Hello World!"。

```
dotnet run
```

虽然没有显式请求应用程序编译（或生成），但 `dotnet run command` 命令在执行时隐式执行了这一步。

6. 编辑 Program.cs 文件并修改代码使之和代码清单 1.1 一致。用 Visual Studio Code 打开并编辑 Program.cs 会体验到支持 C# 的编辑器的好处，代码会用彩色标注不同类型的构造。（输出 1.1 展示了在 Bash 和 PowerShell 中适合命令行的一种方式。）

7. 重新运行程序：

```
dotnet.exe run
```

输出 1.1 展示了上述步骤的输出。[2]

输出 1.1

```
1>
2> mkdir ./HelloWorld
3> cd ./HelloWorld/
4> dotnet new console
已成功创建模板
```

[1] *https://github.com/PowerShell/PowerShell*

[2] 加粗的是由用户输入的内容。

```
正在处理创建后操作 ...
正在 ...\ec\helloworld\helloworld.csproj 上运行 "dotnet restore"...
↳HelloWorld.csproj...
  Restoring packages for ...\EssentialCSharp\HelloWorld\
↳HelloWorld.csproj...
  Generating MSBuild file ...\EssentialCSharp\HelloWorld\obj\
↳HelloWorld.csproj.nuget.g.props.
  Generating MSBuild file ...\EssentialCSharp\HelloWorld\obj\
↳HelloWorld.csproj.nuget.g.targets.
  Restore completed in 184.46 ms for ...\EssentialCSharp\
↳HelloWorld\HelloWorld.csproj.

还原成功。
5> dotnet run
Hello World!
6> echo '
class HelloWorld
{
 static void Main()
 {
   System.Console.WriteLine("Hello. My name is Inigo Montoya.");
 }
}
' > Program.cs
7> dotnet run
Hello. My name is Inigo Montoya.
8>
```

End 7.0

使用 Visual Studio 2017

在 Visual Studio 2017 中的操作相似，只是不用命令行，而是用集成开发环境（IDE）。有菜单可选，不必一切都在命令行上进行。

1. 启动 Visual Studio 2017。

2. 选择“文件” | “新建” | “项目”（Ctrl + Shift + N）菜单打开“新建项目”对话框。

3. 在搜索框（Ctrl + E）中输入“控制台应用”并选择“控制台应用（.NET Core）— Visual C#”。在“名称”框中输入 HelloWorld。在“位置”处选择你的工作目录。如图 1.1 所示。

4. 项目创建好后会打开 Program.cs 文件供编辑，如图 1.2 所示。

5. 选择“调试” | “开始执行（不调试）”(Ctrl + F5）来生成并运行程序。会显示如输出 1.2 所示的命令窗口，只是第一行目前为“Hello World! ”。

6. 将 Program.cs 修改成代码清单 1.1 的样子。

7. 返回程序并重新运行，获得如输出 1.2 所示的结果。

输出 1.2

```
> Hello. My name is Inigo Montoya.
请按任意键继续 ...
```

图 1.1　“新建项目”对话框

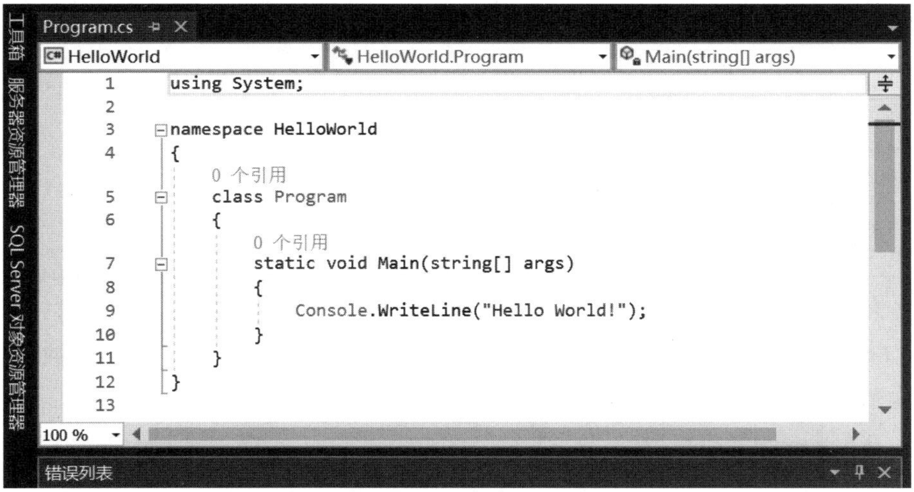

```
using System;

namespace HelloWorld
{
    0 个引用
    class Program
    {
        0 个引用
        static void Main(string[] args)
        {
            Console.WriteLine("Hello World!");
        }
    }
}
```

图 1.2　编辑 Program.cs 文件

IDE 最重要的一个功能是调试。按以下额外的步骤试验：

8. 光标定位到 System.Console.WriteLine 这一行，选择“调试” | “切换断点”（F9）在该行激活断点。

9. 选择“调试” | “开始调试”（F5）重新启动应用程序，但这次激活了调试功能。注意会在断点所在行停止执行。此时可将鼠标放到某个变量（例如 args）上以观察它的值。还可以拖动左侧黄箭头将程序执行从当前行移动到方法内的另一行。

10. 要继续执行，选择“调试” | “继续”（Ctrl + F5）或者点击工具栏上的“继续”按钮。

调试时输出窗口不再出现“请按任意键继续 ...”提示，而是自动关闭。注意 Visual Studio Code 也可作为 IDE 使用，详情参见 *https://code.visualstudio.com/docs/languages/csharp*。其中还提供了一个链接来解释用 Visual Studio Code 进行调试的问题。

1.1.2 创建项目

无论 Dotnet CLI 还是 Visual Studio 都会自动创建几个文件。第一个是名为 Program.cs 的 C# 文件。虽然可选择任何名称，但一般都用 Program 这一名称作为控制台程序起点。.cs 是所有 C# 文件的标准扩展名，也是编译器默认要编译成最终程序的扩展名。为了使用代码清单 1.1 中的代码，可打开 Program.cs 文件并将其内容替换成代码清单 1.1 的。保存更新文件之前，注意代码清单 1.1 和默认生成的代码相比，唯一功能上的差异就是引号间的文本。还有就是后者多了 `using System;` 指令，这是一处语义上的差异。

虽然并非一定需要，但通常都会为 C# 项目生成一个项目文件。项目文件的内容随不同应用程序类型和 .NET 框架而变。但至少会指出哪些文件要包含到编译中，要生成什么应用程序类型（控制台、Web、移动、测试项目等），支持什么 .NET 框架，调试或启动应用程序需要什么设置，以及代码的其他依赖项（称为库）。例如，代码清单 1.2 列出了一个简单的 .NET Core 控制台应用项目文件。

代码清单 1.2 示例 .NET Core 控制台应用的项目文件

```
<Project Sdk="Microsoft.NET.Sdk">
  <PropertyGroup>
    <OutputType>Exe</OutputType>
    <TargetFramework>netcoreapp2.0</TargetFramework>
  </PropertyGroup>
</Project>
```

注意应用程序标识为 .NET Core 版本 2.0(netcoreapp2.0) 的控制台应用（Exe）。其他所有设置（比如要编译哪些 C# 文件）则沿用默认值。例如，和项目文件同一目录（或子目录）中的所有 *.cs 文件都会包含到编译中。第 10 章会更多地讨论项目文件。

1.1.3 编译和执行

dotnet build 命令生成名为 HelloWorld.dll 的**程序集**（assembly）⊖。扩展名 .dll 代表“动态链接库”（Dynamic Link Library，DLL）。对于 .NET Core，所有程序集都使用 .dll 扩展名。控制台程序也不例外，就像本例这样。.NET Core 应用程序的编译输出默认放到子目录 ./bin/Debug/netcoreapp2.0/。之所以使用 Debug 这个名称，是因为默认配置就是 debug。该配置造成输出为调试而不是性能而优化。编译好的输出本身不能执行。相反，需用 CLI 来寄宿（host）代码。对于 .NET Core 应用程序，这要求 Dotnet.exe 进程作为应用程序的寄宿进程。

⊖ 如果用 Microsoft .NET Framework 创建控制台应用程序，编译好的代码会放到一个 HelloWorld.exe 文件中。如已安装 .NET Framework，可直接执行该文件。

开发人员可以不用 `dotnet run` 创建能直接运行的控制台程序，而是创建可由其他（较大的）程序来引用的库。库也是程序集。换言之，一次成功的 C# 编译，结果必然是程序集，无论该程序集是程序还是库。

End 7.0

Begin 2.0

语言对比：Java——文件名必须匹配类名

Java 要求文件名和类名一致。C# 虽然也常遵守这一约定，却并非必须。在 C# 中，一个文件可以包含多个类。而且从 C# 2.0 开始，类的代码可通过所谓的分部类拆分到多个文件中。

End 2.0

1.1.4　使用本书源代码

本书源代码[㊀]包含解决方案文件 EssentialCSharp.sln，它组合了全书所有代码。Visual Studio 和 Dotnet.exe 都能生成、运行和测试这些源代码。或许最简单的方式是将源代码拷贝到早先创建的 HelloWorld 程序中并执行。但是，解决方案包含了各章的项目文件，还提供了一个菜单来选择要执行的代码清单。详情参见以下两节。

使用 Dotnet CLI

Begin 7.0

要用 Dotnet CLI 生成并执行代码，请打开命令提示符，将当前目录设为 EssentialCSharp.sln 文件所在的目录。执行 `dotnet build` 命令编译所有项目。[㊁]

要运行特定项目的源代码，导航到项目文件所在目录并执行 `dotnet run` 命令。另外，在任何目录都可以执行 `dotnet run -p <projectfile>` 命令。其中 `<projectfile>` 是要执行的项目文件的路径（例如 `dotnet run -p .\src\Chapter01\Chapter01.csproj`）。随后会运行程序，并提示运行的是哪个代码清单。

许多代码清单都在 Chapter[??].Tests 目录中提供了相应的单元测试。其中 [??] 是章的编号。要执行测试，在相应目录中执行 `dotnet test` 命令（在 EssentialCSharp.sln 所在目录执行该命令，则所有单元测试都会执行）。

使用 Visual Studio

End 7.0

在 Visual Studio 中打开解决方案文件后，选择“生成” | “生成解决方案”（F6）来编译代码。要执行某一章的项目，需要先将该章的项目设为启动项目。例如，要执行第 1 章的示例，请右击 Chapter01 项目并选择“设为启动项目”。若不这样做，执行时输入非启动项目所在章的代码清单编号会抛出异常。

设置好正确项目后，选择“调试” | “开始执行（不调试）”（Ctrl + F5）来运行项目。如需调试则按 F5。运行时程序会提示输入代码清单的编号（例如 1.1）。如前所述，只能输入已启动项目中的代码清单。

许多代码清单都有对应的单元测试。要执行测试，打开测试项目（Chapter[??].Tests），导

㊀ 本书源代码（以及和 C# 早期版本相关的某些章）可从 *https://IntelliTect.com/EssentialCSharp* 下载。推荐直接从 GitHub 下载，网址是 *https://github.com/IntelliTect/EssentialCSharp*。

㊁ 先用 Visual Studio 2017 编译一遍，因为有些包需要安装。——译者注

航到与代码清单对应的测试（比如 HelloWorldTests）。双击它在代码编辑器中显示。右击要测试的方法（比如 `public void Main_InigoHello()`），右击并选择“运行测试”(Ctrl + R, T) 或“调试测试”(Ctrl + R, Ctrl + T)。

1.2 C# 语法基础

成功编译并运行 `HelloWorld` 程序之后，我们来分析代码，了解它的各个组成部分。首先熟悉一下 C# 关键字以及可供开发者选择的标识符。

> **初学者主题：关键字**
>
> 为了帮助编译器解释代码，C# 中的某些单词具有特殊地位和含义，它们称为**关键字**。编译器根据关键字的固有语法来解释程序员写的表达式。在 `HelloWorld` 程序中，`class`、`static` 和 `void` 均是关键字。
>
> 编译器根据关键字识别代码的结构与组织方式。由于编译器对这些单词有着严格的解释，所以只能将关键字放在特定位置。如违反规则，编译器会报错。

1.2.1 C# 关键字

表 1.1 总结了 C# 关键字。

Begin 2.0

C# 1.0 之后没有引入任何新的**保留关键字**，但在后续版本中，一些构造使用了**上下文关键字**，它们在特定位置才有意义，在其他位置则无意义[1]。这样大多数 C# 1.0 代码都能兼容后续版本。[2]

End 2.0

1.2.2 标识符

和其他语言一样，C# 用标识符标识程序员编码的构造。在代码清单 1.1 中，`HelloWorld` 和 `Main` 均为标识符。分配标识符之后，以后将用它引用所标识的构造。因此，开发者应分配有意义的名称，不要随性而为。

好的程序员总能选择简洁而有意义的名称，这使代码更容易理解和重用。清晰和一致是如此重要，以至于“框架设计准则”(*http://t.cn/RD6v4RB*) 建议不要在标识符中使用单词缩写[3]，甚至不要使用不被广泛接受的首字母缩写词。即使被广泛接受（如 HTML），使用时也要一致。不要一会儿这样用，一会儿那样用。为避免滥用，可限制所有首字母缩写词都必须

---

[1] 例如在 C# 2.0 设计之初，语言设计者将 `yield` 指定成关键字。在 Microsoft 发布的 C# 2.0 编译器的 alpha 版本中（该版本分发给了数千名开发人员），`yield` 以一个新关键字的身份存在。但语言设计者最终选择使用 `yield return` 而非 `yield`，从而避免将 `yield` 作为新关键字。除非与 `return` 连用，否则它没有任何特殊意义。

[2] 偶尔也有不兼容的情况，比如 C# 2.0 要求为 `using` 语句提供的对象必须实现 `IDisposable` 接口，而不能只是实现 `Dispose()` 方法。还有一些少见的泛型表达式，比如 `F(G<A,B>(7))` 在 C# 1.0 中代表 `F((G<A),(B>7))`，而在 C# 2.0 中代表调用泛型方法 `G<A,B>`，传递实参 `7`，结果传给 `F`。

[3] 有两种单词缩写：一种是“Abbreviation”，比如 Professor 缩写为 Prof.；另一种是“Contraction”，比如 Doctor 缩写为 Dr。——译者注

包含到术语表中。总之，要选择清晰（甚至是详细）的名称，尤其是在团队中工作，或者开发要由别人使用的库的时候。

表 1.1　C# 关键字

abstract	enum	long	static
add* (1)	equals* (3)	nameof* (6)	string
alias* (2)	event	namespace	struct
as	explicit	new	switch
ascending* (3)	extern	null	this
async* (5)	false	object	throw
await* (5)	finally	on* (3)	true
base	fixed	operator	try
bool	float	orderby* (3)	typeof
break	for	out	uint
by* (3)	foreach	override	ulong
byte	from* (3)	params	unchecked
case	get* (1)	partial* (2)	unsafe
catch	global* (2)	private	ushort
char	goto	protected	using
checked	group* (3)	public	value* (1)
class	if	readonly	var* (3)
const	implicit	ref	virtual
continue	in	remove* (1)	void
decimal	int	return	volatile
default	interface	sbyte	where* (2)
delegate	internal	sealed	when* (6)
descending* (3)	into* (3)	select* (3)	while
do	is	set* (1)	yield* (2)
double	join* (3)	short	
dynamic* (4)	let* (3)	sizeof	
else	lock	stackalloc	

* 这些是上下文关键字，括号中的数字（*n*）代表加入该上下文关键字的 C# 版本。

标识符有两种基本的大小写风格。第一种风格是 .NET 框架创建者所谓的 **Pascal 大小写**（PascalCase），它在 Pascal 编程语言中很流行，要求标识符的每个单词首字母大写，例如 `ComponentModel`、`Configuration` 和 `HttpFileCollection`。注意在 `HttpFileCollection`

中，由于首字母缩写词 HTTP 的长度超过两个字母，所以仅首字母大写。第二种风格是 **camel 大小写**（camelCase），除第一个字母小写，其他约定一样，例如 `quotient`、`firstName`、`httpFileCollection`、`ioStream` 和 `theDreadPirateRoberts`。

设计规范

- 要更注重标识符的清晰而不是简短。
- 不要在标识符名称中使用单词缩写。
- 不要使用不被广泛接受的首字母缩写词，即使被广泛接受，非必要也不要用。

下划线虽然合法，但标识符一般不要包含下划线、连字号或其他非字母 / 数字字符。此外，C# 不像其前辈那样使用匈牙利命名法（为名称附加类型缩写前缀）。这避免了数据类型改变时还要重命名变量，也避免了数据类型前缀经常不一致的情况。

极少数情况下，有的标识符（比如 Main）可能在 C# 语言中具有特殊含义。

设计规范

- 要把两个字母的首字母缩写词全部大写，除非它是 camelCase 标识符的第一个单词。
- 包含三个或更多字母的首字母缩写词，仅第一个字母才要大写，除非该缩写词是 camelCase 标识符的第一个单词。
- 在 camelCase 标识符开头的首字母缩写词中，所有字母都不要大写。
- 不要使用匈牙利命名法（不要为变量名称附加类型前缀）。

高级主题：关键字

虽然罕见，但关键字附加“`@`”前缀可作为标识符使用，例如可命名局部变量 `@return`。类似地（虽不符合 C# 大小写规范），可命名方法 `@throw()`。

在 Microsoft 的实现中，还有 4 个未文档化的保留关键字：`__arglist`，`__makeref`，`__reftype`，`__refvalue`。它们仅在罕见的互操作情形下才需要使用，平时完全可以忽略。注意这 4 个特殊关键字以双下划线开头。C# 设计者保留将来把这种标识符转化为关键字的权利。为安全起见，自己不要创建这样的标识符。

1.2.3 类型定义

C# 所有代码都出现在一个类型定义的内部，最常见的类型定义以关键字 `class` 开头。如代码清单 1.3 所示，**类定义**是 `class <标识符> { ... }` 形式的代码块。

类型名称（本例是 `HelloWorld`）可以随便取，但根据约定，它应当使用 PascalCase 风格。就本例来说，可选择的名称包括 `Greetings`、`HelloInigoMontoya`、`Hello` 或者简单地称为 `Program`。（对于包含 `Main()` 方法的类，`Program` 是个很好的名称。`Main()` 方法的详情稍后讲述。)

代码清单 1.3　基本的类声明

```
class HelloWorld
{
  //...
}
```

设计规范

- 要用名词或名词短语命名类。
- 要为所有类名使用 PascalCase 大小写风格。

程序通常包含多个类型，每个类型包含多个方法。

1.2.4　Main 方法

初学者主题：什么是方法？

语法上说，C# **方法**是已命名代码块，由一个方法声明（例如 `static void Main()`）引入，后跟一对大括号（{}），其中包含零条或多条语句。方法可执行计算或操作。与书面语言中的段落相似，方法提供了结构化和组织代码的一种方式，使之更易读。更重要的是，方法可以重用，可从多个地方调用，所以避免了代码的重复。方法声明除了引入方法并定义方法名，还要定义传入和传出方法的数据。在代码清单 1.4 中，`Main()` 连同后面的 `{ ... }` 便是 C# 方法的例子。

C# 程序从 `Main` 方法开始执行。该方法以 `static void Main()` 开头。在命令控制台中输入 `HelloWorld.exe` 执行程序，程序将启动并解析 `Main` 的位置，然后执行其中第一条语句。如代码清单 1.4 所示。

代码清单 1.4　`HelloWorld` 分解示意图

```
class HelloWorld
{
  static void Main() }方法说明
  {
    System.Console.WriteLine("Hello, My name is Inigo Montoya");
  }
}
```

（图注：`static void Main()` 为"方法说明"；`System.Console.WriteLine(...)` 为"语句"；`Main` 方法括注为"Main"；整个类括注为"类声明"。）

虽然 `Main` 方法声明可进行某种程度的变化，但关键字 `static` 和方法名 `Main` 是始终都需要的。

高级主题：Main 方法声明

C# 要求 Main 方法返回 void 或 int，而且要么无参，要么接收一个字符串数组。代码清单 1.5 展示了 Main 方法的完整声明。

代码清单 1.5 带有参数和返回类型的 Main 方法

```
static int Main(string[] args)
{
    //...
}
```

args 参数是用于接收命令行参数的字符串数组。但数组第一个元素不是程序名称，而是可执行文件名称[⊖]后的第一个命令行参数，这和 C 和 C++ 不同。用 System.Environment.CommandLine 获取执行程序所用的完整命令。

Main 返回的 int 是状态码，标识程序执行是否成功。返回非零值通常意味着错误。

语言对比：C++/Java——main() 是全部小写的

与 C 风格的“前辈”不同，C# 的 Main 方法名使用大写 M，和 C# 的 PascalCase 命名约定一致。

将 Main 方法指定为 static 意味着这是“静态”方法，可用*类名.方法名*的形式调用。若不指定 static，用于启动程序的命令控制台还要先对类进行**实例化**，然后才能调用方法。第 6 章将用整节篇幅讲述静态成员。

Main() 之前的 void 表明方法不返回任何数据（将在第 2 章进一步解释）。

C# 和 C/C++ 一样使用大括号封闭构造（比如类或者方法）的主体。例如，Main 方法主体就是用大括号封闭起来的。本例方法主体仅一条语句。

1.2.5 语句和语句分隔符

Main 方法只含一条语句，即 System.Console.WriteLine();，它在控制台上输出一行文本。C# 通常用分号标识**语句**结束。每条语句都由代码要执行的一个或多个行动构成。声明变量、控制程序流程或调用方法都是语句的例子。

语言对比：Visual Basic——基于行的语句

有的语言以行为基本单位，这意味着如果不加上特殊标记，语句便不能跨行。在 Visual Basic 2010 以前，Visual Basic 一直是典型的基于行的语言。它要求在行末添加下划线表示语句跨越多行。从 Visual Basic 2010 起，行连续符在大多情况下是可选的。

⊖ 也就是程序名称，比如 HelloWorld.exe。——译者注

高级主题：无分号的语句

C# 的许多编程元素都以分号结尾。不要求分号的一个例子是 switch 语句。由于大括号总是包含在 switch 语句中，所以 C# 不要求语句后跟分号。事实上，代码块本身就被视为语句（它们也由语句构成），不要求以分号结尾。类似地，有的编程元素（比如 using 指令）虽然末尾有分号但不被视为语句。

由于换行与否不影响语句的分隔，所以可将多条语句放到同一行，C# 编译器认为这一行包含多条指令。例如，代码清单 1.6 在同一行包含了两条语句。执行时在控制台窗口分两行显示 Up 和 Down。

代码清单 1.6　一行上的多条语句

```
System.Console.WriteLine("Up");System.Console.WriteLine("Down");
```

C# 还允许一条语句跨越多行。同样地，C# 编译器根据分号判断语句结束位置。代码清单 1.7 展示了一个例子。

代码清单 1.7　一条语句跨越多行

```
System.Console.WriteLine(
  "Hello. My name is Inigo Montoya.");
```

代码清单 1.7 的 WriteLine() 语句的原始版本来自 HelloWorld 程序，它在这里跨越了多行。

1.2.6　空白

分号使 C# 编译器能忽略代码中的空白。除少数特殊情况，C# 允许代码随意插入空白而不改变语义。在代码清单 1.6 和代码清单 1.7 中，在语句中或语句间换行都可以，对编译器最终创建的可执行文件没有任何影响。

初学者主题：什么是空白？

空白是一个或多个连续的格式字符（比如制表符、空格和换行符）。删除单词间的所有空白肯定会造成歧义，删除引号字符串中的任何空白也会如此。

程序员经常利用空白对代码进行缩进来增强可读性。来看看代码清单 1.8 和代码清单 1.9 展示的两个版本的 HelloWorld 程序。

代码清单 1.8　不缩进

```
class HelloWorld
{
static void Main()
{
System.Console.WriteLine("Hello Inigo Montoya");
}
}
```

代码清单 1.9　删除一切可以删除的空白

```
class HelloWorld{static void Main()
{System.Console.WriteLine("Hello Inigo Montoya");}}
```

虽然这两个版本看起来和原始版本颇有不同，但 C# 编译器认为所有版本无差别。

初学者主题：用空白格式化代码

为增强可读性，用空白对代码进行缩进很有必要。写代码时要遵循制订好的编码标准和约定，以增强代码的可读性。

本书约定每个大括号都单独占一行，并缩进大括号内的代码。如一对大括号嵌套了第二对大括号，第二对大括号中的代码也缩进。

这不是强制性的 C# 标准，只是风格偏好。

1.3 使用变量

前面我们已接触了最基本的 C# 程序，下面声明局部变量。变量声明后可以赋值，可将值替换成新值，并可在计算和输出等操作中使用。但变量一经声明，数据类型就不能改变。在代码清单 1.10 中，`string max` 就是变量声明。

代码清单 1.10　变量声明和赋值

```
class miracleMax
{
  static void Main()
  {
        数据类型
        string max;
                变量
      max = "Have fun storming the castle!";
      System.Console.WriteLine(max);
  }
}
```

初学者主题：局部变量

变量是存储位置的符号名称，程序以后可对该存储位置进行赋值和修改。**局部**意味着变量在方法或代码块（一对大括号 {}）内部声明，其作用域"局部"于当前代码块。所谓"声明变量"就是定义一个变量，你需要：

1. 指定变量要包含的数据的类型；
2. 为它分配标识符，即变量名。

1.3.1 数据类型

代码清单 1.10 声明的是 `string` 类型的变量。本章还使用了 `int` 和 `char`。

- int 是指 C# 的 32 位整型。
- char 是字符类型，长度为 16 位，足以表示无代理项的 Unicode 字符[⊖]。

下一章将更详细地探讨这些以及其他常见数据类型。

> **初学者主题：什么是数据类型？**
>
> **数据类型**（或对象类型）是具有相似特征和行为的个体的分类。例如，animal（动物）就是一个类型，它对具有动物特征（多细胞、具有运动能力等）的所有个体（猴子、野猪和鸭嘴兽等）进行了分类。类似地，在编程语言中，类型是被赋予了相似特性的一些个体的定义。

1.3.2　变量的声明

代码清单 1.10 中的 string max 是变量声明，它声明名为 max 的 string 变量。还可在同一条语句中声明多个变量，办法是指定数据类型一次，然后用逗号分隔不同标识符，如代码清单 1.11 所示。

代码清单 1.11　一条语句声明两个变量

```
string message1, message2;
```

由于声明多个变量的语句只允许提供一次数据类型，因此所有变量都具有相同类型。

C# 变量名可用任何字母或下划线（_）开头，后跟任意数量的字母、数字或下划线。但根据约定，局部变量名采用 camelCase 命名（除了第一个单词外，其他每个单词的首字母大写），而且不包含下划线。

> **设计规范**
>
> - 要为局部变量使用 camelCase 风格命名。

1.3.3　变量的赋值

局部变量声明后必须在读取前赋值。一个办法是使用 **= 操作符**，或者称为**简单赋值操作符**。操作符是一种特殊符号，标识了代码要执行的操作。代码清单 1.12 演示了如何利用赋值操作符指定 miracleMax 和 valerie 变量要指向的字符串值。

代码清单 1.12　更改变量值

```
class StormingTheCastle
{
  static void Main()
  {
      string valerie;
```

⊖ 某些语言的文字编码要用两个 16 位值表示。第一个代码值称为“高位代理项”(high surrogate)，第二个称为“低位代理项”(low surrogate)。在代理项的帮助下，Unicode 可以表示 100 多万个不同的字符。美国和欧洲地区很少使用代理项，东亚各国则很常用。——译者注

```
        string miracleMax = "Have fun storming the castle!";

        valerie = "Think it will work?";

        System.Console.WriteLine(miracleMax);
        System.Console.WriteLine(valerie);

        miracleMax = "It would take a miracle.";
        System.Console.WriteLine(miracleMax);
    }
}
```

从中可以看出，既可在声明变量的同时赋值（比如变量 miracleMax），也可在声明后用另一条语句赋值（比如变量 valerie）。要赋的值必须放在赋值操作符右侧。

运行编译好的程序生成如输出 1.3 所示的结果。

输出 1.3

```
>dotnet run
Have fun storming the castle!
Think it will work?
It would take a miracle.
```

本例列出了 dotnet run 命令，以后会省略，除非要附加额外参数来指定程序的运行方式。

C# 要求局部变量在读取前“明确赋值”。此外，赋值作为一种操作会返回一个值。所以 C# 允许在同一语句中进行多个赋值操作，如代码清单 1.13 所示。

代码清单 1.13　赋值会返回值，该值可用于再次赋值

```
class StormingTheCastle
{
  static void Main()
  {
    // ...
    string requirements, miracleMax;
    requirements = miracleMax = "It would take a miracle.";
    // ...
  }
}
```

1.3.4　变量的使用

赋值后就能用变量名引用值。因此，在 System.Console.WriteLine(miracleMax) 语句中使用变量 miracleMax 时，程序在控制台上显示 Have fun storming the castle!，也就是 miracleMax 的值。更改 miracleMax 的值并执行相同的 System.Console.WriteLine(miracleMax) 语句，会显示 miracleMax 的新值，即 It would take a miracle.。

高级主题：字符串不可变

所有 string 类型的数据，不管是不是字符串字面值[⊖]，都是不可变的（不可修改）。例如，无法将字符串 "Come As You Are." 改成 "Come As You Age."。也就是说，不能修改变量最初引用的数据，只能重新赋值，让它指向内存中的新位置。

1.4　控制台输入和输出

本章已多次使用 System.Console.WriteLine 将文本输出到命令控制台。除了能输出数据，程序还需要能接收用户输入的数据。

1.4.1　从控制台获取输入

可用 System.Console.ReadLine() 方法获取控制台输入的文本。它暂停程序执行并等待用户输入。用户按回车键，程序继续。System.Console.ReadLine() 方法的输出，也称为**返回值**，其内容即用户输入的文本字符串。代码清单 1.14 和输出 1.4 是一个例子。

代码清单 1.14　使用 System.Console.ReadLine()

```
class HeyYou
{
  static void Main()
  {
      string firstName;
      string lastName;

      System.Console.WriteLine("Hey you!");

      System.Console.Write("Enter your first name: ");
      firstName = System.Console.ReadLine();

      System.Console.Write("Enter your last name: ");
      lastName = System.Console.ReadLine();
  }
}
```

输出 1.4

```
Hey you!
Enter your first name: Inigo
Enter your last name: Montoya
```

在每条提示信息后，程序都用 System.Console.ReadLine() 方法获取用户输入并赋给变量。在第二个 System.Console.ReadLine() 赋值操作完成之后，firstName 引用值 Inigo，而 lastName 引用值 Montoya。

⊖　即 literal，是指以文本形式嵌入的数据。literal 有多种译法，没有一种占绝对优势。最典型的译法是“字面值”、“文字常量”和“直接量”。本书采用“字面值”。——译者注

高级主题：System.Console.Read()

除了 System.Console.ReadLine() 还有 System.Console.Read() 方法。但后者返回与读取的字符值对应的整数，没有更多字符可用就返回 –1。为获取实际字符，需将整数转型为字符，如代码清单 1.15 所示。

代码清单 1.15　使用 System.Console.Read()

```
int readValue;
char character;
readValue = System.Console.Read();
character = (char) readValue;
System.Console.Write(character);
```

注意，除非用户按回车键，否则 System.Console.Read() 方法不会返回输入。按回车键之前不会对字符进行处理，即使用户已输入了多个字符。

Begin 2.0

End 2.0

C# 2.0 新增了 System.Console.ReadKey() 方法。它和 System.Console.Read() 方法不同，返回的是用户的单次按键输入。可用它拦截用户按键操作，并执行相应行动，比如校验按键或是限制只能按数字键。

1.4.2　将输出写入控制台

代码清单 1.14 是用 System.Console.Write() 而不是 System.Console.WriteLine() 方法提示用户输入名和姓。System.Console.Write() 方法不在输出文本后自动添加换行符，而是保持当前光标位置在同一行上。这样用户输入就会和提示内容处于同一行。代码清单 1.14 的输出清楚演示了 System.Console.Write() 的效果。

Begin 6.0

下一步是将通过 System.Console.ReadLine() 获取的值写回控制台。在代码清单 1.16 中，程序在控制台上输出用户的全名。但这段代码使用了 System.Console.WriteLine() 的一个变体，利用了从 C# 6.0 开始引入的**字符串插值**功能。注意在 Console.WriteLine 调用中为字符串字面值附加的 $ 前缀。它表明使用了字符串插值。输出 1.5 是对应的输出。

代码清单 1.16　使用字符串插值来格式化

```
class HeyYou
{
  static void Main()
  {
      string firstName;
      string lastName;

      System.Console.WriteLine("Hey you!");

      System.Console.Write("Enter your first name: ");
      firstName = System.Console.ReadLine();

      System.Console.Write("Enter your last name: ");
```

```
      lastName = System.Console.ReadLine();

      System.Console.WriteLine(
        $"Your full name is { firstName } { lastName }.");
  }
}
```

输出 1.5

```
Hey you!
Enter your first name: Inigo
Enter your last name: Montoya
Your full name is Inigo Montoya.
```

代码清单 1.16 不是先用 `Write` 语句输出 `"Your full name is"`，再用 `Write` 语句输出 `firstName`，用第三条 `Write` 语句输出空格，最后用 `WriteLine` 语句输出 `lastName`。相反，是用 C# 6.0 的字符串插值功能一次性输出。字符串中的大括号被解释成表达式。编译器会求值这些表达式，转换成字符串并插入当前位置。不需要单独执行多个代码段并将结果整合成字符串，该技术允许一个步骤完成全部操作，从而增强了代码的可读性。

End 6.0

C# 6.0 之前则采用不同的方式，称为**复合格式化**。它要求先提供**格式字符串**来定义输出格式，如代码清单 1.17 所示。

代码清单 1.17　使用复合格式化

```
class HeyYou
{
  static void Main()
  {
      string firstName;
      string lastName;

      System.Console.WriteLine("Hey you!");

      System.Console.Write("Enter your first name: ");
      firstName = System.Console.ReadLine();

      System.Console.Write("Enter your last name: ");
      lastName = System.Console.ReadLine();

      System.Console.WriteLine(
        "Your full name is {0} {1}.", firstName, lastName);
  }
}
```

本例的格式字符串是 `Your full name is {0} {1}.`。它为要在字符串中插入的数据标识了两个索引占位符。每个占位符的顺序对应格式字符串之后的实参。

注意索引值从零开始。每个要插入的实参，或者称为**格式项**，按照与索引值对应的顺序排列在格式字符串之后。在本例中，由于 `firstName` 是紧接在格式字符串之后的第一个实参，所以它对应索引值 `0`。类似地，`lastName` 对应索引值 `1`。

注意，占位符在格式字符串中不一定按顺序出现。例如，代码清单 1.18 交换了两个索引占位符的位置并添加了一个逗号，从而改变了姓名的显示方式（参见输出 1.6）。

代码清单 1.18　交换索引占位符和对应的变量

```
System.Console.WriteLine("Your full name is {1}, {0}",
  firstName, lastName);
```

输出 1.6

```
Hey you!
Enter your first name: Inigo
Enter your last name: Montoya
Your full name is Montoya, Inigo
```

占位符除了能在格式字符串中按任意顺序出现，同一占位符还能在一个格式字符串中多次使用。另外，也可省略占位符。但每个占位符都必须有对应的实参。

> **注意**　由于 C# 6.0 风格的字符串插值几乎肯定比复合格式化更容易理解，本书默认使用前者。

1.5　注释

本节修改代码清单 1.16 来添加注释。注释不会改变程序的执行，只是使代码变得更容易理解。代码清单 1.19 中展示了新代码，输出 1.7 是对应的输出。

代码清单 1.19　为代码添加注释

```
class Comment Samples
{
  static void Main()
  {
                                    单行注释
      string firstName; //Variable for storing the first name
      string lastName;  //Variable for storing the last name

      System.Console.WriteLine("Hey you!");
                              语句内部带分隔符的注释
      System.Console.Write /* No new line */ (
          "Enter your first name: ");
      firstName = System.Console.ReadLine();

      System.Console.Write /* No new line */ (
          "Enter your last name: ");
      lastName = System.Console.ReadLine();

      /* Display a greeting to the console  } 带分隔符的注释
         using composite formatting. */
```

```
        System.Console.WriteLine("Your full name is {0} {1}.",
            firstName, lastName);
        // This is the end
        // of the program listing
    }
}
```

输出 1.7

```
Hey you!
Enter your first name: Inigo
Enter your last name: Montoya
Your full name is Inigo Montoya.
```

虽然插入了注释，但编译并执行后产生的输出和以前是一样的。

程序员用注释来描述和解释自己写的代码，尤其是在语法本身难以理解的时候，或者是在另辟蹊径实现一个算法的时候。只有检查代码的程序员才需要看注释，编译器会忽略注释，因而生成的程序集中看不到源代码中的注释的一丝踪影。

表 1.2 总结了 4 种不同的 C# 注释。代码清单 1.19 使用了其中两种。

第 10 章将更全面地讨论 XML 注释。届时会讨论各种 XML 标记。

编程史上确有一段时期，如代码没有详尽的注释，都不好意思说自己是专业程序员。然而时代变了。没有注释但可读性好的代码，比需要注释才能说清楚的代码更有价值。如开发人员发现需要写注释才能说清楚代码块的功用，则应考虑重构，而不是洋洋洒洒写一堆注释。写注释来重复代码本来就讲得清的事情，只会使代码变得臃肿并降低可读性，还容易过时，因为将来可能更改代码但没有来得及更新注释。

表 1.2 C# 注释类型

Begin 2.0

注释类型	说　明	例　子
带分隔符的注释	正斜杠后跟一个星号，即 /*，用于开始一条带分隔符的注释。结束注释是在星号后跟上一个正斜杠，即 */。这种形式的注释可在代码文件中跨越多行，也可在一行代码中嵌入使用。如星号出现在行首，同时又在 /* 和 */ 这两个分隔符之间，那么它们也是注释的一部分，仅用于对注释进行排版	/* 注释 */
单行注释	注释也可以放在由两个连续的正斜杠构成的分隔符（//）之后。编译器将从这个分隔符开始到行末的所有文本视为注释。这种形式的注释只占一行。但可以连续使用多条单行注释，就像代码清单 1.19 最后的注释那样	// 注释
XML 带分隔符的注释	以 /** 开头并以 **/ 结尾的注释称为 XML 带分隔符的注释。它们具有与普通的带分隔符的注释一样的特征，只是编译器会注意到 XML 注释的存在，而且可以把它们放到一个单独的文本文件中。XML 带分隔符的注释是 C# 2.0 新增的，但它的语法完全与 C# 1.0 兼容	/** 注释 **/
XML 单行注释	XML 单行注释以 /// 开头，并延续到行末。除此之外，编译器可将 XML 单行注释和 XML 带分隔符的注释一起存储到单独的文件中	/// 注释

End 2.0

设计规范

- 不要使用注释，除非代码本身“一言难尽”。
- 要尽量写清楚的代码而不是通过注释澄清复杂的算法。

初学者主题：XML

XML（Extensible Markup Language，可扩展标记语言）是一种简单而灵活的文本格式，常用于 Web 应用程序以及应用程序间的数据交换。XML 之所以“可扩展”，是因为 XML 文档中包含的是对数据进行描述的信息，也就是所谓的**元数据**（metadata）。下面是示例 XML 文件：

```
<?xml version="1.0" encoding="utf-8" ?>
<body>
  <book title="Essential C# 7.0">
      <chapters>
          <chapter title="Introducing C#"/>
          <chapter title="Data Types"/>
          ...
      </chapters>
  </book>
</body>
```

文件以 header 元素开始，描述 XML 文件版本和字符编码方式。之后是一个主要的 `book` 元素。元素以尖括号中的单词开头，比如 `<body>`。结束元素需要将同一单词放在尖括号中，并为单词添加正斜杠前缀，比如 `</body>`。除了元素，XML 还支持属性。`title="Essential C# 7.0"` 就是 XML 属性的例子。注意 XML 文件包含了对数据（比如“Essential C# 7.0”“Data Types”等）进行描述的元数据（书名、章名等）。这可能形成相当臃肿的文件，但优点是可通过描述来帮助解释数据。

1.6 托管执行和 CLI

处理器不能直接解释程序集。程序集用的是另一种语言，即公共中间语言（Common Intermediate Language，CIL），或称中间语言（IL）[⊖]。C# 编译器将 C# 源代码文件转换成中间语言。为了将 CIL 代码转换成处理器能理解的**机器码**，还要完成一个额外的步骤（通常在运行时进行）。该步骤涉及 C# 程序执行的一个重要元素：VES（Virtual Execution System，**虚拟执行系统**）。VES 也称为**运行时**（runtime）。它根据需要编译 CIL 代码，这个过程称为**即时编译**或 **JIT 编译**（just-in-time compilation）。如代码在像“运行时”这样的一个“代理”的上下文中执行，就称为**托管代码**（managed code），在“运行时”的控制下执行的过程则称为**托管执行**（managed execution）。之所以称为“托管”，是因为“运行时”管理着诸如内存分配、安全性和 JIT 编译等方面，从而控制了主要的程序行为。执行时不需要“运行时”的代码称为**本机代码**（native code）或**非托管代码**（unmanaged code）。

⊖ CIL 的第三种说法是 Microsoft IL (MSIL)。本书用 CIL 一词，因其是 CLI 标准所采纳的。C# 程序员交流时经常使用 IL 一词，因为他们都假定 IL 是指 CIL 而不是其他中间语言。

> **注意**　**“运行时”既可能指“程序执行的时候”，也可能指“虚拟执行系统”。为明确起见，本书用“执行时”表示“程序执行的时候”，用“运行时”表示负责管理 C# 程序执行的代理。**[㊀]

“运行时”规范包含在一个包容面更广的规范中，即 CLI（Common Language Infrastructure，**公共语言基础结构**）规范[㊁]。作为国际标准，CLI 包含了以下几方面的规范。

- VES 或“运行时”。
- CIL。
- 支持语言互操作性的类型系统，称为 CTS（Common Type System，**公共类型系统**）。
- 编写通过 CLI 兼容语言访问的库的指导原则（这部分内容见**公共语言规范**（Common Language Specification，CLS））。
- 使各种服务能被 CLI 识别的元数据（包括程序集的布局或文件格式规范）。

在“运行时”执行引擎的上下文中运行，程序员不需要直接写代码就能使用几种服务和功能，包括：

- 语言互操作性：不同源语言间的互操作性。语言编译器将每种源语言转换成相同中间语言（CIL）来实现这种互操作性。
- 类型安全：检查类型间转换，确保兼容的类型才能相互转换。这有助于防范缓冲区溢出（这是产生安全隐患的主要原因）。
- 代码访问安全性：程序集开发者的代码有权在计算机上执行的证明。
- 垃圾回收：一种内存管理机制，自动释放“运行时”为数据分配的空间。
- 平台可移植性：同一程序集可在多种操作系统上运行。要实现这一点，一个显而易见的限制就是不能使用平台特有的库。所以平台依赖问题需单独解决。
- BCL（基类库）：提供开发者能（在所有 .NET 框架中）依赖的大型代码库，使其不必亲自写这些代码。

> **注意**　**本节只是简单介绍了 CLI，目的是让你熟悉 C# 程序的执行环境。此外，本节还提及了本书后面会用到的一些术语。第 22 章会专门探讨 CLI 及其与 C# 开发者的关系。虽然那一章在本书的最后，但其内容实际并不依赖之前的任何一章。所以，要想多了解一下 CLI，随时都可以直接翻阅那一章。**

CIL 和 ILDASM

前面说过，C# 编译器将 C# 代码转换成 CIL 代码而不是机器码。处理器只理解机器码，所以 CIL 代码必须先转换成机器码才能由处理器执行。可用 CIL 反汇编程序将程序集解构为 CIL。通常使用 Microsoft 特有的文件名 `ILDASM` 来称呼这种 CIL 反汇编程序（ILDASM 是 IL Disassembler 的简称），它能对程序集执行反汇编，提取 C# 编译器生成的 CIL。

㊀ “运行时”（runtime）作为名词使用时一律添加引号。——译者注

㊁ Miller, J., and S. Ragsdale. 2004. *The Common Language Infrastructure Annotated Standard*. Boston: Addison-Wesley.

反汇编 .NET 程序集的结果比机器码更易理解。许多开发人员害怕即使别人没有拿到源代码，程序也容易被反汇编并曝光其算法。其实无论是否基于 CLI，任何程序防止反编译唯一安全的方法就是禁止访问编译好的程序（例如只在网站上存放程序，不把它分发到用户机器）。但假如目的只是减小别人获得源代码的可能性，可考虑使用一些混淆器（obfuscator）产品。这种产品会打开 IL 代码，转换成一种功能不变但更难理解的形式。这可以防止普通开发者访问代码，使程序集难以被反编译成容易理解的代码。除非程序需要对算法进行高级安全防护，否则混淆器足以确保安全。

高级主题：HelloWorld.exe 的 CIL 输出

在不同 CLI 实现中，使用 CIL 反汇编程序的命令也有所区别。如果是 .NET Core，可以访问 *http://itl.tc/ildasm* 了解详情。代码清单 1.20 展示了运行 ILDASM 创建的 CIL 代码。

代码清单 1.20　示例 CIL 输出

```
.assembly extern System.Runtime
{
  .publickeytoken = ( B0 3F 5F 7F 11 D5 0A 3A )
  .ver 4:2:0:0
}

.assembly extern System.Console
{
  .publickeytoken = ( B0 3F 5F 7F 11 D5 0A 3A )
  .ver 4:1:0:0
}

.assembly 'HelloWorld'
{
  .custom instance void [System.Runtime]System.Runtime.
↳CompilerServices.CompilationRelaxationsAttribute::.ctor(int32) = ( 01 00 08
↳00 00 00 00 00 )
  .custom instance void [System.Runtime]System.Runtime.
↳CompilerServices.RuntimeCompatibilityAttribute::.ctor() = ( 01 00 01 00 54
↳02 16 57 72 61 70 4E 6F 6E 45 78 63 65 70 74 69 6F 6E 54 68 72 6F 77 73 01 )
  .custom instance void [System.Runtime]System.Runtime.
↳Versioning.TargetFrameworkAttribute::.ctor(string) = ( 01 00 18 2E 4E 45 54
↳43 6F 72 65 41 70 70 2C 56 65 72 73 69 6F 6E 3D 76 32 2E 30 01 00 54 0E 14
↳46 72 61 6D 65 77 6F 72 6B 44 69 73 70 6C 61 79 4E 61 6D 65 00 )
  .custom instance void [System.Runtime]System.
↳Reflection.AssemblyCompanyAttribute::.ctor(string) = ( 01 00 0A 48 65 6C 6C
↳6F 57 6F 72 6C 64 00 00 )
  .custom instance void [System.Runtime]System.
↳Reflection.AssemblyConfigurationAttribute::.ctor(string) = ( 01 00 05 44 65
↳62 75 67 00 00 )
  .custom instance void [System.Runtime]System.
↳Reflection.AssemblyDescriptionAttribute::.ctor(string) = ( 01 00 13 50 61 63
↳6B 61 67 65 20 44 65 73 63 72 69 70 74 69 6F 6E 00 00 )
  .custom instance void [System.Runtime]System.
↳Reflection.AssemblyFileVersionAttribute::.ctor(string) = ( 01 00 07 31 2E 30
↳2E 30 2E 30 00 00 )
```

```
    .custom instance void [System.Runtime]System.
➥Reflection.AssemblyInformationalVersionAttribute::.ctor(string) = ( 01 00 05
➥31 2E 30 2E 30 00 00 )
    .custom instance void [System.Runtime]System.
➥Reflection.AssemblyProductAttribute::.ctor(string) = ( 01 00 0A 48 65 6C 6C
➥6F 57 6F 72 6C 64 00 00 )
    .custom instance void [System.Runtime]System.
➥Reflection.AssemblyTitleAttribute::.ctor(string) = ( 01 00 0A 48 65 6C 6C 6F
➥57 6F 72 6C 64 00 00 )
    .hash algorithm 0x00008004
    .ver 1:0:0:0
  }

  .module 'HelloWorld.dll'
  // MVID: {c0fe557b-4474-4563-94e1-95c9ead4e3c9}
  .imagebase 0x00400000
  .file alignment 0x00000200
  .stackreserve 0x00100000
  .subsystem 0x0003  // WindowsCui
  .corflags 0x00000001  // ILOnly

  .class private auto ansi beforefieldinit HelloWorld extends [System.
➥Runtime]System.Object
  {

    .method private hidebysig static void Main() cil managed
    {
      .entrypoint
      // Code size 13
      .maxstack 8
      IL_0000: nop
      IL_0001: ldstr "Hello. My name is Inigo Montoya."
      IL_0006: call void [System.Console]System.Console::WriteLine(string)
      IL_000b: nop
      IL_000c: ret
  } // End of method System.Void HelloWorld::Main()

    .method public hidebysig specialname rtspecialname instance void .ctor()
➥cil managed
    {
      // Code size 8
      .maxstack 8
      IL_0000: ldarg.0
      IL_0001: call instance void [System.Runtime]System.Object::.ctor()
      IL_0006: nop
      IL_0007: ret
  } // End of method System.Void HelloWorld::.ctor()
  } // End of class HelloWorld
```

最开头是清单（manifest）信息。其中不仅包括被反编译的模块的全名（HelloWorld.exe），还包括它依赖的所有模块和程序集及其版本信息。

基于这样的 CIL 代码清单，最有趣的可能就是能相对比较容易地理解程序所做的事情，这比阅读并理解机器码（汇编程序）容易多了。上述代码出现了对 `System.Console.WriteLine()` 的显式引用。CIL 代码清单包含许多外围信息，如果开发者想要理解 C# 模块（或任何基于 CLI 的程序）的内部工作原理，但又拿不到源代码，只要作者没有使用混淆器，理解这样的 CIL 代码清单还是比较容易的。事实上，一些免费工具（比如 Red Gate Reflector、ILSpy、JustDecompile、dotPeek 和 CodeReflect）都能将 CIL 自动反编译成 C#。⊖

1.7 多个 .NET 框架

本章之前说过，目前存在多个 .NET 框架。Microsoft 的宗旨是在最大范围的操作系统和硬件平台上提供 .NET 实现，表 1.3 列出了最主要的实现。

表 1.3 主要 .NET Framework 实现

实 现	描 述
.NET Core	真正跨平台和开源的 .NET 框架，为服务器和命令行应用程序提供了高度模块化的 API 集合
Microsoft .NET Framework	第一个、最大和最广泛部署的 .NET 框架
Xamarin	.NET 的移动平台实现，支持 iOS 和 Android，支持单一代码库的移动应用开发，同时允许访问本机平台 API
Mono	最早的 .NET 开源实现，是 Xamarin 和 Unity 的基础。目前 Mono 已被 .NET Core 替代
Unity	跨平台 2D/3D 游戏引擎，用于为游戏机、PC、移动设备和网站开发电子游戏（Unity 引擎开创了投射到 Microsoft Hololens 增强现实的先河）

除非特别注明，否则本书所有例子都兼容 .NET Core 和 Microsoft .NET Framework。但由于 .NET Core 才是 .NET 的未来，所以本书配套代码（从 *http://github.com/IntelliTect/EssentialCSharp* 或 *http://bookzhou.com* 下载）都配置成默认使用 .NET Core。

注意 全书都用“.NET 框架”指代 .NET 实现所支持的任何框架。相反，用“Microsoft .NET Framework”指代只在 Windows 上运行，最初由 Microsoft 在 2001 年发布的 .NET 框架实现。

1.7.1 应用程序编程接口

数据类型（比如 `System.Console`）的所有方法（常规地说是成员）定义了该类型的应用程序编程接口（Application Programming Interface，API）。API 定义软件如何与其他组件交

⊖ 注意反汇编（disassemble）和反编译（decompile）的区别。反汇编得到的是汇编代码，反编译得到的是所用语言的源代码。——译者注

互，所以单独一个数据类型还不够。通常，是一组数据类型的所有 API 结合起来为某个组件集合创建一个 API。以 .NET 为例，一个程序集中的所有类型（及其成员）构成了该程序集的 API。类似地，.NET Core 或 Microsoft .NET Framework 中的所有程序集构成了更大的 API。通常将这一组更大的 API 称为框架，所以我们用“.NET 框架”一词指代 Microsoft .NET Framework 的所有程序集公开的 API。API 通常包含一组接口和协议（或指令），帮助你使用一系列组件进行编程。事实上，对于 .NET 来说，协议本身就是 .NET 程序集的执行规则。

1.7.2　C# 和 .NET 版本控制

.NET 框架的开发周期有别于 C# 语言，这造成底层 .NET 框架和对应的 C# 语言使用了不同的版本号。例如，使用 C# 5.0 编译器将默认基于 Microsoft .NET Framework 4.6 来编译。表 1.4 简单总结了 Microsoft .NET Framework 和 .NET Core 的 C# 和 .NET 版本。

表 1.4　C# 和 .NET 版本

版　本	描　述
C# 1.0 和 .NET Framework 1.0/1.1 (Visual Studio 2002 和 2003)	C# 的第一个正式发行版本。Microsoft 团队从无到有创造了一种语言，专门为 .NET 编程提供支持
C# 2.0 和 .NET Framework 2.0 (Visual Studio 2005)	C# 语言开始支持泛型，.NET Framework 2.0 新增了支持泛型的库
.NET Framework 3.0	新增一套 API 来支持分布式通信（Windows Communication Foundation，WCF）、富客户端表示（Windows Presentation Foundation，WPF）、工作流（Windows Workflow，WF）以及 Web 身份验证（Cardspaces）
C# 3.0 和 .NET Framework 3.5 (Visual Studio 2008)	添加对 LINQ 的支持，对集合编程 API 进行大幅改进。.NET Framework 3.5 对原有的 API 进行扩展以支持 LINQ
C# 4.0 和 .NET Framework 4 (Visual Studio 2010)	添加对动态类型的支持，对多线程编程 API 进行大幅改进，强调了多处理器和核心支持
C# 5.0 和 .NET Framework 4.5 (Visual Studio 2012) 和 WinRT 集成	添加对异步方法调用的支持，同时不需要显式注册委托回调。框架的另一个改动是支持与 Windows Runtime(WinRT) 的互操作性
C# 6.0 和 .NET Framework 4.6/NET Core 1.X(Visual Studio 2015)	添加字符串插值、空传播（空条件）成员访问、异常过滤器、字典初始化器和其他许多功能
C# 7.0 和 .NET Framework 4.7/NET Core 1.1/2.0(Visual Studio 2017)	添加元组、解构器、模式匹配、嵌套方法（本地函数）、返回引用等功能

随 C# 6.0 增加的最重要的一个框架功能或许是对跨平台编译的支持。换言之，不仅能用 Windows 上运行的 Microsoft .NET Framework 编译，还能使用 Linux 和 macOS 上运行的 .NET Core 实现来编译。虽然 .NET Core 的功能比完整的 Microsoft .NET Framework 少，但足以使整个 ASP.NET 网站在非 Windows 和 IIS 的系统上运行。这意味着同一个

End 6.0

End 7.0

代码库可编译并执行在多个平台上运行的应用程序。.NET Core 是一套完整的 SDK，包含从 .NET Compiler Platform（即“Roslyn”，本身在 Linux 和 macOS 上运行）到 .NET Core“运行时”的一切，另外还提供了像 Dotnet 命令行实用程序（dotnet.exe，自 C# 7.0 引入）这样的工具。

1.7.3 .NET Standard

有这么多不同的 .NET 实现，每个 .NET 框架还有这么多版本，而且每个实现都支持一套不同的、但多少有点重叠的 API，这造成框架分叉得越来越厉害。这增大了写跨 .NET 框架可重用代码的难度，因为要检查特定 API 是否支持。为降低复杂度，Microsoft 推出了 .NET Standard 来定义不同版本的标准应支持哪些 API。换言之，要相容于某个 .NET Standard 版本，.NET 框架必须支持该标准所规定的 API。但由于许多实现已经发布，所以哪个 API 要进入哪个标准的决策树在一定程度上基于现有实现及其与 .NET Standard 版本号的关联。

写作本书时最新发布的是 .NET Standard 2.0。该版本的好处在于所有基础框架都已经或准备实现这个标准。所以，.NET Standard 2.0 事实上重新统合了各个老版本框架中被分叉的特色 API。

1.8 小结

本章对 C# 进行初步介绍。通过本章你熟悉了基本 C# 语法。由于 C# 与 C++ 风格语言的相似性，本章许多内容可能都是你所熟悉的。但 C# 和托管代码确实有一些独特性，比如会编译成 CIL 等。C# 的另一个关键特征在于它完全面向对象。即使是在控制台上读取和写入数据这样的事情，也是面向对象的。面向对象是 C# 的基础，这一点将贯穿全书。

下一章探讨 C# 的基本数据类型，并讨论如何将这些数据类型应用于操作数来构建表达式。

第 2 章

数据类型

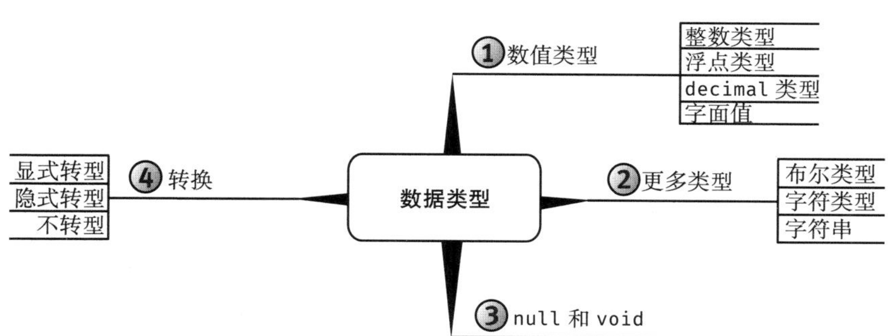

以第 1 章的 HelloWorld 程序为基础，你对 C# 语言、它的结构、基本语法以及如何编写最简单的程序有了初步理解。本章讨论基本 C# 类型，继续巩固 C# 的基础知识。

本书到目前为止只用过少量内建数据类型，而且只是一笔带过。C# 有大量类型，而且可合并类型来创建新类型。但 C# 有几种类型非常简单，是其他所有类型的基础，它们称为**预定义类型**（predefined type）或**基元类型**（primitive type）。C# 语言的基元类型包括八种整数类型、两种用于科学计算的二进制浮点类型、一种用于金融计算的十进制浮点类型、一种布尔类型以及一种字符类型。本章将探讨这些基元数据类型，并更深入地研究 string 类型。

2.1 基本数值类型

C# 基本数值类型都有关键字与之关联，包括整数类型、浮点类型以及 decimal 类型。decimal 是特殊的浮点类型，能存储大数字而无表示错误。

2.1.1 整数类型

C# 有八种整型，可选择最恰当的一种来存储数据以避免浪费资源。表 2.1 总结了每种整型。

表 2.1 整数类型

类 型	大 小	范围（包括边界值）	BCL 名称	是否有符号	后缀
sbyte	8 位	–128 ~ 127	System.SByte	是	
byte	8 位	0 ~ 255	System.Byte	否	
short	16 位	–32 768 ~ 32 767	System.Int16	是	
ushort	16 位	0 ~ 65 535	System.UInt16	否	
int	32 位	–2 147 483 648 ~ 2 147 483 647	System.Int32	是	
uint	32 位	0 ~ 4 294 967 295	System.UInt32	否	U 或 u
long	64 位	–9 223 372 036 854 775 808 ~ 9 223 372 036 854 775 807	System.Int64	是	L 或 l
ulong	64 位	0 ~ 18 446 744 073 709 551 615	System.UInt64	否	UL 或 ul

表 2.1（以及表 2.2 和表 2.3）专门有一列给出了每种类型的完整名称，本章稍后会讲述后缀问题。C# 所有基元类型都有短名称和完整名称。完整名称对应 BCL（基类库）中的类型名称。该名称在所有语言中都相同，对程序集中的类型进行了唯一性标识。由于基元数据类型是其他类型的基础，所以 C# 为基元数据类型的完整名称提供了短名称（或称为缩写）。其实从编译器的角度看，两种名称完全一样，最终都生成相同的代码。事实上，检查最终生成的 CIL 代码，根本看不出源代码具体使用的名称。

C# 支持完整 BCL 名称和关键字，造成开发人员对在什么时候用什么犯难。不要时而用这个，时而用那个，最好坚持用一种。C# 开发人员一般用 C# 关键字。例如，用 `int` 而不是 `System.Int32`，用 `string` 而不是 `System.String`（甚至不要用 `String` 这种简化形式）。

设计规范

- 要在指定数据类型时使用 C# 关键字而不是 BCL 名称（例如，使用 `string` 而不是 `String`）。
- 要一致而不要变来变去。

坚持一致可能和其他设计规范冲突。例如，虽然规范说要用 C# 关键字取代 BCL 名称，但有时需维护公司遗留下来的风格相反的文件（或文件库）。这时只能维持原风格，而不是强行引入新风格，造成和原来的约定不一致。但话又说回来，如原有“风格”实际是不好的编码实践，有可能造成 bug，严重妨碍维护，还是应尽量全盘纠正问题。

语言对比：C++ —— short 数据类型

C/C++ 的 short 数据类型是 short int 的缩写。而 C# 的 short 是一种实际存在的数据类型。

2.1.2　浮点类型（float 和 double）

浮点数精度可变。除非用分数表示时，分母恰好是 2 的整数次幂，否则用二进制浮点类型无法准确表示该数。[⊖]将浮点变量设为 0.1，很容易表示成 0.099 999 999 999 999 999 或者 0.100 000 000 000 000 000 1（或者其他非常接近 0.1 的数）。另外，像阿伏伽德罗常数这样非常大的数字（6.02×10^{23}），即使误差为 10^8，结果仍然非常接近 6.02×10^{23}，因为原始数字实在是太大了。根据定义，浮点数的精度与它所代表的数字的大小成正比。准确地说，浮点数精度由有效数位的个数决定，而不是由一个固定值（比如 ±0.01）决定。

C# 支持表 2.2 所示的两个浮点数类型。

表 2.2　浮点类型

类　型	大　小	范　围	BCL 名称	有效数位	后缀
float	32 位	$\pm 1.5 \times 10^{-45}$ ~ $\pm 3.4 \times 10^{38}$	System.Single	7	F 或 f
double	64 位	$\pm 5.0 \times 10^{-324}$ ~ $\pm 1.7 \times 10^{308}$	System.Double	15 ~ 16	D 或 d

为了方便理解，二进制数被转换成十进制数。如表 2.2 所示，二进制数位被转换成 15 个十进制数位，余数构成第 16 个十进制数位。具体地说，1.7×10^{307} ~ 1×10^{308} 的数只有 15 个有效数位。但 1×10^{308} ~ 1.7×10^{308} 的数有 16 个。decimal 类型的有效数位范围与此相似。

2.1.3　decimal 类型

C# 还提供了 128 位精度的十进制浮点类型（参见表 2.3）。它适合大而精确的计算，尤其是金融计算。

表 2.3　decimal 类型

类　型	大　小	范　围	BCL 名称	有效数位	后缀
decimal	128 位	$(-7.9 \times 10^{28} \sim 7.9 \times 10^{28}) / (10^0 \sim 10^{28})$	System.Decimal	28 ~ 29	M 或 m

和浮点数不同，decimal 类型保证范围内的所有十进制数都是精确的。所以，对于 decimal 类型来说，0.1 就是 0.1，而不是近似值。不过，虽然 decimal 类型具有比浮点类型更高的精度，但它的范围较小。所以，从浮点类型转换为 decimal 类型可能发生溢出错误。此外，decimal 的计算速度稍慢（虽然差别不大以至于完全可以忽略）。

⊖　例如 0.1，表示成分数是 1/10，分母 10 不是 2 的整数次幂，因此 1/10 不能用有限二进制小数表示。——译者注

高级主题：解析浮点类型和 decimal 类型

decimal 类型在范围和精度限制内的十进制数完全准确。相反，用二进制浮点数表示十进制数，则可能造成舍入错误。用任何有限数量的十进制数位表示 1/3 都无法做到精确。类似地，用任何有限数量的二进制数位表示 11/10，也无法做到精确。两种情况都会产生某种形式的舍入错误。

decimal 被表示成 $\pm N \times 10^k$。其中 N 是 96 位的正整数，而 $-28 <= k <= 0$。

而浮点数是 $\pm N \times 2^k$ 的任意数字。其中，N 是用固定数量位数（float 是 24，double 是 53）表示的正整数，k 是 –149 ~ +104（float）或者 –1075 ~ +970（double）的任何整数。

2.1.4 字面值

字面值（literal value）表示源代码中的固定值。例如，假定希望用 System.Console.WriteLine() 输出整数值 42 和 double 值 1.618 034（黄金分割比例），可以使用如代码清单 2.1 所示的代码。

代码清单 2.1 指定字面值

```
System.Console.WriteLine(42);
System.Console.WriteLine(1.618034);
```

输出 2.1 展示了代码清单 2.1 的结果。

输出 2.1

```
42
1.618034
```

初学者主题：硬编码值的时候要慎重

直接将值放到源代码中称为**硬编码**（hardcoding），因为以后若是更改了值，就必须重新编译代码。因为可能会为维护带来不便，所以开发者在硬编码值的时候必须慎重。例如，可以考虑从一个外部来源获取值，比如从一个配置文件中。这样以后需要修改值的时候，就不需要重新编译代码了。

默认情况下，输入带小数点的字面值，编译器自动把它解释成 double 类型。相反，整数值（没有小数点）通常默认为 int，前提是该值不是太大，以至于无法用 int 来存储。如果值太大，编译器会把它解释成 long。此外，C# 编译器允许向非 int 的数值类型赋值，前提是字面值对于目标数据类型来说合法。例如，short s = 42 和 byte b = 77 都是允许的。但这一点仅对字面值成立。不使用额外的语法，b = s 就是非法的，具体参见 2.6 节。

前面说过 C# 有许多数值类型。在代码清单 2.2 中，一个字面值被直接放到 C# 代码中。由于带小数点的值默认为 double 类型，所以如输出 2.2 所示，结果是 1.61803398874989（最后一个数字 5 丢失了），这符合我们预期的 double 值的精度。

代码清单 2.2 指定 double 字面值

```
System.Console.WriteLine(1.618033988749895);
```

输出 2.2

```
1.61803398874989
```

要显示具有完整精度的数字，必须将字面值显式声明为 decimal 类型，这是通过追加一个 M（或者 m）来实现的，如代码清单 2.3 和输出 2.3 所示。

代码清单 2.3 指定 decimal 字面值

```
System.Console.WriteLine(1.618033988749895M);
```

输出 2.3

```
1.618033988749895
```

代码清单 2.3 的输出符合预期：1.618033988749895。注意 d 表示 double，之所以用 m 表示 decimal，是因为这种数据类型经常用于货币（monetary）计算。

还可以使用 F 和 D 作为后缀，将字面值分别显式声明为 float 或者 double。对于整数数据类型，相应后缀是 U、L、LU 和 UL。整数字面值的类型是像下面这样确定的：

- 无后缀的数值字面值按以下顺序解析成能存储该值的第一个数据类型：int，uint，long，ulong。
- 后缀 U 的数值字面值按以下顺序解析成能存储该值的第一个数据类型：uint，ulong。
- 后缀 L 的数值字面值按以下顺序解析成能存储该值的第一个数据类型：long，ulong。
- 如后缀是 UL 或 LU，就解析成 ulong 类型。

注意字面值的后缀不区分大小写。但一般推荐大写，避免出现小写字母 l 和数字 1 不好区分的情况。

设计规范

- 要使用大写的字面值后缀（例如 1.618033988749895M）

Begin 7.0

有时数字很大，很难辨认。为解决可读性问题，C# 7.0 新增了对数字分隔符的支持。如代码清单 2.4 所示，可在书写数值字面值的时候用下划线（_）分隔。

代码清单 2.4 使用数字分隔符

```
System.Console.WriteLine(9_814_072_356);
```

本例将数字转换成千分位，但只是为了好看，C# 不要求这样。可在数字第一位和最后一位之间的任何位置添加分隔符。事实上，还可以连写多个下划线。

End 7.0

有时可考虑使用指数记数法，避免在小数点前后写许多个 0。指数记数法要求使用 e 或

E 中缀，在中缀字母后面添加正整数或者负整数，并在字面值最后添加恰当的数据类型后缀。例如，可将阿伏伽德罗常数作为 float 输出，如代码清单 2.5 和输出 2.4 所示。

代码清单 2.5 指数记数法

```
System.Console.WriteLine(6.023E23F);
```

输出 2.4

```
6.023E+23
```

初学者主题：十六进制记数法

一般使用十进制记数法，即每个数位可用 10 个符号（0 ~ 9）表示。还可使用十六进制记数法，即每个数位可用 16 个符号表示：0 ~ 9，A ~ F（允许小写）。所以，0x000A 对应十进制值 10，而 0x002A 对应十进制值 42（2×16 + 10）。不过，实际的数是一样的。十六进制和十进制的相互转换不会改变数本身，改变的只是数的表示形式。

每个十六进制数位都用 4 个二进制位表示，所以一个字节可表示两个十六进制数位。

前面讨论数值字面值的时候只使用了十进制值。C# 还允许指定十六进制值。为值附加 0x 前缀，再添加希望使用的十六进制数字，如代码清单 2.6 所示。

代码清单 2.6 十六进制字面值

```
// Display the value 42 using a hexadecimal literal
System.Console.WriteLine(0x002A);
```

输出 2.5 展示了结果。

输出 2.5

```
42
```

注意，代码输出的仍然是 42，而不是 0x002A。

Begin 7.0

从 C# 7.0 起可将数字表示成二进制值，如代码清单 2.7 所示。

代码清单 2.7 二进制字面值

```
// Display the value 42 using a binary literal
System.Console.WriteLine(0b101010);
```

语法和十六进制语法相似，只是使用 0b 前缀（允许大写 B）。参考第 4 章的初学者主题“位和字节”了解二进制记数法以及二进制和十进制之间的转换。注意从 C# 7.2 起，数字分隔符可以放到代表十六进制的 x 或者代表二进制的 b 后面（称为前导数字分隔符）。

End 7.0

高级主题：将数字格式化成十六进制

要显示数值的十六进制形式，必须使用 x 或 X 数值格式说明符。大小写决定了十六进制字母的大小写。代码清单 2.8 展示了一个例子。

代码清单 2.8　十六进制格式说明符的例子

```
// Displays "0x2A"
System.Console.WriteLine($"0x{42:X}");
```

输出 2.6 展示了结果。

输出 2.6

```
0x2A
```

注意数值字面值（42）可随便使用十进制或十六进制形式，结果一样。另外，格式说明符前要添加冒号。

高级主题：round-trip 格式化

执行 System.Console.WriteLine(1.618033988749895); 语句默认显示 1.61803398874989，最后一个数位被丢弃。为了更准确地标识 double 值的字符串形式，可以使用格式字符串和 round-trip 格式说明符 R（或者 r）进行转换。例如，string.Format("{0:R}", 1.618033988749895) 会返回结果 1.6180339887498949。

将 round-trip 格式说明符返回的字符串转换回数值肯定能获得原始值。所以在代码清单 2.9 中，如果没有使用 round-trip 格式，两个数就不相等了。

代码清单 2.9　使用 R 格式说明符进行格式化

```
// ...
const double number = 1.618033988749895;
double result;
string text;

text = $"{number}";
result = double.Parse(text);
System.Console.WriteLine($"{result == number}: result == number");

text = string.Format("{0:R}", number);
result = double.Parse(text);
System.Console.WriteLine($"{result == number}: result == number");

// ...
```

输出 2.7 显示了结果。

输出 2.7

```
False: result == number
True: result == number
```

第一次为 text 赋值没有使用 R 格式说明符，所以 double.Parse(text) 的返回值与原始数值不同。相反，在使用了 R 格式说明符之后，double.Parse(text) 返回的就是原始值。

如果还不熟悉 C 风格语言的 == 语法，可以理解为 result==number 在 result 等于 number 的前提下会返回 true，result!=number 则相反。下一章将讨论赋值和相等性操作符。

2.2 更多基本类型

迄今为止只讨论了基本数值类型。C# 还包括其他一些类型：bool、char 和 string。

2.2.1 布尔类型（bool）

另一个 C# 基元类型是布尔（Boolean）或条件类型 bool。它在条件语句和表达式中表示真或假。允许的值包括关键字 true 和 false。bool 的 BCL 名称是 System.Boolean。例如，为了在不区分大小写的前提下比较两个字符串，可以调用 string.Compare() 方法并传递 bool 字面值 true，如代码清单 2.10 所示。

代码清单 2.10　不区分大小写比较两个字符串

```
string option;
...
int comparison = string.Compare(option, "/Help", true);
```

本例在不区分大小写的前提下比较变量 option 的内容和字面值 /Help，结果赋给 comparison。

虽然理论上一个二进制位足以容纳一个布尔类型的值，但 bool 实际大小是一个字节。

2.2.2 字符类型（char）

字符类型 char 表示 16 位字符，取值范围对应于 Unicode 字符集。从技术上说，char 的大小和 16 位无符号整数（ushort）相同，后者取值范围是 0 ~ 65 535。但 char 是 C# 的特有类型，在代码中要单独对待。

char 的 BCL 名称是 System.Char。

初学者主题：Unicode 标准

Unicode 是一个国际性标准，用来表示大多数语言中的字符。它使得计算机系统构建本地化应用程序，为不同语言文化显示具有本地特色的字符更加方便。

高级主题：16 位不足以表示所有 Unicode 字符

令人遗憾的是，不是所有 Unicode 字符都能用一个 16 位 char 表示。刚开始提出 Unicode 的概念时，它的设计者以为 16 位已经足够。但随着支持的语言越来越多，才发现当初的假定是错误的。结果是，一些 Unicode 字符要由一对称为“代理项”的 char 构成，总共 32 位。

输入 char 字面值需要将字符放到一对单引号中，比如 'A'。所有键盘字符都可这样输入，包括字母、数字以及特殊符号。

有的字符不能直接插入源代码，需进行特殊处理。首先输入反斜杠（\）前缀，再跟随一个特殊字符代码。反斜杠和特殊字符代码统称为**转义序列**（escape sequence）。例如，\n 代表换行符，而 \t 代表制表符。由于反斜杠标志转义序列开始，所以要用 \\ 表示反斜杠字符。

代码清单 2.11 输出用 \' 表示的一个单引号。

代码清单 2.11 使用转义序列显示单引号

```
class SingleQuote
{
  static void Main()
  {
      System.Console.WriteLine('\'');
  }
}
```

表 2.4 总结了转义序列以及字符的 Unicode 编码。

表 2.4 转义字符

转义序列	字符名称	Unicode 编码
\'	单引号	\U0027
\"	双引号	\U0022
\\	反斜杠	\U005C
\0	Null	\U0000
\a	Alert (system beep)	\U0007
\b	退格	\U0008
\f	换页（Form feed）	\U000C
\n	换行（Line feed 或者 newline）	\U000A
\r	回车	\U000D
\t	水平制表符	\U0009
\v	垂直制表符	\U000B
\uxxxx	十六进制 Unicode 字符	\U0029
\x[n][n][n]n	十六进制 Unicode 字符（前三个占位符可选），\uxxxx 的长度可变版本	\U3A
\Uxxxxxxxx	Unicode 转义序列，用于创建代理项对	\UD840DC01（𠀁）

可用 Unicode 编码表示任何字符。为此，请为 Unicode 值附加 \u 前缀。可用十六进制记

数法表示 Unicode 字符。例如，字母 A 的十六进制值是 0x41，代码清单 2.12 使用 Unicode 字符显示笑脸符号（:)），输出 2.8 展示了结果。

代码清单 2.12 使用 Unicode 编码显示笑脸符号

```
System.Console.Write('\u003A');
System.Console.WriteLine('\u0029');
```

输出 2.8

```
:)
```

2.2.3 字符串

零或多个字符的有限序列称为**字符串**。C# 的基本字符串类型是 string，BCL 名称是 System.String。对于已熟悉了其他语言的开发者，string 的一些特点或许会出乎预料。除了第 1 章讨论的字符串字面值格式，还允许使用逐字前缀 @，允许用 $ 前缀进行字符串插值。最后，string 是一种“不可变”类型。

1. 字面值

为了将字面值字符串输入代码，要将文本放入双引号（"）内，就像 HelloWorld 程序中那样。字符串由字符构成，所以转义序列可嵌入字符串内。

例如，代码清单 2.13 显示两行文本。但这里没有使用 System.Console.WriteLine()，而是使用 System.Console.Write() 来输出换行符 \n。输出 2.9 展示了结果。

代码清单 2.13 用字符 \n 插入换行符

```
class DuelOfWits
{
  static void Main()
  {
      System.Console.Write(
          "\"Truly, you have a dizzying intellect.\"");
      System.Console.Write("\n\"Wait 'til I get going!\"\n");
  }
}
```

输出 2.9

```
"Truly, you have a dizzying intellect."
"Wait 'til I get going!"
```

双引号要用转义序列输出，否则会被用于定义字符串开始与结束。

C# 允许在字符串前使用 @ 符号，指明转义序列不被处理。结果是一个**逐字字符串字面值**（verbatim string literal），它不仅将反斜杠当作普通字符，还会逐字解释所有空白字符。例如，代码清单 2.14 的三角形会在控制台上原样输出，其中包括反斜杠、换行符和缩进。输出 2.10 展示了结果。

不使用 @ 字符，这些代码甚至无法通过编译。事实上，即便将形状变成正方形，避免使用反斜杠，代码仍然不能通过编译，因为不能将换行符直接插入不以 @ 符号开头的字符串中。

代码清单 2.14　使用逐字字符串字面值来显示三角形

```
class Triangle
{
  static void Main()
  {
      System.Console.Write(@"begin
             /\
            /  \
           /    \
          /      \
         /________\
end");
  }
}
```

输出 2.10

```
begin
             /\
            /  \
           /    \
          /      \
         /________\
end
```

以 @ 开头的字符串唯一支持的转义序列是 `""`，代表一个双引号，不会终止字符串。

语言对比：C++ ——在编译时连接字符串

和 C++ 不同，C# 不自动连接字符串字面值。例如，不能像下面这样指定字符串字面值：

```
"Major Strasser has been shot."
"Round up the usual suspects."
```

必须用 + 操作符连接（但如果编译器能在编译时计算结果，最终的 CIL 代码将包含连接好的字符串）。

假如同一字符串字面值在程序集中多次出现，编译器在程序集中只定义字符串一次，且所有变量都指向它。这样一来，假如在代码中多处插入包含大量字符的同一个字符串字面值，最终的程序集只反映其中一个的大小。

2. 字符串插值

Begin 6.0

如第 1 章所述，从 C# 6.0 起，字符串可用插值技术嵌入表达式。语法是在字符串前添加 $ 符号，并在字符串中用一对大括号嵌入表达式。例如：

```
System.Console.WriteLine($"Your full name is {firstName} {lastName}.");
```

其中，`firstName` 和 `lastName` 是引用了变量的简单表达式。注意逐字和插值可组合使用，但要先指定 $，再指定 @，例如：

```
System.Console.WriteLine($@"Your full name is:
    { firstName } { lastName }");
```

由于是逐字字符串，所以按字符串的样子分两行输出。在大括号中换行则起不到换行效果：

```
System.Console.WriteLine($@"Your full name is: {
    firstName } { lastName }");
```

上述代码在一行中输出字符串内容。注意此时仍需 @ 符号，否则无法编译。

高级主题：理解字符串插值内部工作原理

字符串插值是调用 string.Format() 方法的语法糖。例如以下语句：

```
System.Console.WriteLine($"Your full name is {firstName} {lastName}.")
```

会被转换成以下形式的 C# 代码：

```
object[] args = new object[] { firstName, lastName };
Console.WriteLine(string.Format("Your full name is {0} {1}.", args));
```

这就和复合字符串一样实现了某种程度的本地化支持，而且不会因为字符串造成编译后代码注入。（完整的本地化支持需要和资源文件配合，此时应使用复合字符串或 string.Format()。在运行时解析字符串中的表达式内容时，字符串插值可能无法很好地工作。）

End 6.0

3. 字符串方法

和 System.Console 类型相似，string 类型也提供了几个方法来格式化、连接和比较字符串。

表 2.5 中的 Format() 方法具有与 Console.Write() 和 Console.WriteLine() 方法相似的行为。区别在于，string.Format() 不是在控制台窗口中显示结果，而是返回结果。当然，有了字符串插值后，用到 string.Format() 的机会减少了很多（本地化时还是用得着）。但在幕后，字符串插值编译成 CIL 后都会使用 string.Format()。

表 2.5 string 的静态方法

语句	例子

static string string. Format(
    string format,
    ...)
	string text, firstName, lastName;
	...
	text = **string**.Format("Your full name is {0} {1}.", firstName, lastName);
	// 显示
	// *"Your full name is <firstName> <lastName>."*
	System.Console.WriteLine(text);

（续）

<table>
<tr><th>语　句</th><th>例　子</th></tr>
<tr><td><pre>static string string.
Concat(
    string str0,
    string str1)</pre></td><td><pre>string text, firstName, lastName;
...
text = string.Concat(firstName, lastName);
// 显示 "<firstName><lastName>"，注意
// 名和姓之间无空格
System.Console.WriteLine(text);</pre></td></tr>
<tr><td rowspan="2"><pre>static int string.
Compare(
    string str0,
    string str1)</pre></td><td><pre>string option;
...
// 区分大小写的字符串比较
int result = string.Compare(option, "/help");

//   相等，显示 0
//   option < /help，显示负值
//   option > /help，显示正值
System.Console.WriteLine(result);
或者：</pre></td></tr>
<tr><td><pre>string option;
...
// 不区分大小写的字符串比较
int result = string.Compare(option, "/Help", true);
//
//   相等，显示 0
//   option < /help，显示负值
//   option > /help，显示正值
System.Console.WriteLine(result);</pre></td></tr>
</table>

表 2.5 列出的都是**静态方法**。这意味着为了调用方法，需在方法名（例如 concate）之前附加方法所在类型的名称（例如 string）。但 string 类还有一些**实例方法**。实例方法不以类型名作为前缀，而是以变量名（或者对实例的其他引用）作为前缀。表 2.6 列出了部分实例方法和例子。

表 2.6　string 的实例方法

<table>
<tr><th>语　句</th><th>例　子</th></tr>
<tr><td><pre>bool StartsWith(
    string value)
bool EndsWith(
    string value)</pre></td><td><pre>string lastName
//...
bool isPhd = lastName.EndsWith("Ph.D.");
bool isDr = lastName.StartsWith("Dr.");</pre></td></tr>
</table>

（续）

语　句	例　子

`string ToLower()`
`string ToUpper()`
	`string severity = "warning";`
	`// severity 字符串全部转换成大写`
	`System.Console.WriteLine(severity.ToUpper());`

`string Trim()`
`string Trim(...)`
`string TrimEnd()`
`string TrimStart()`
	`// 删除首尾空白`
	`username = username.Trim();`

`string Replace(`
`string oldValue,`
`string newValue)`
	`string filename;`
	`...`
	`// 从字符串删除所有?`
	`filename = filename.Replace("?", "");;`

Begin 6.0

高级主题：using 和 using static 指令

之前调用静态方法需附加命名空间和类型名前缀。例如在调用 System.Console.WriteLine 时，虽然调用的方法是 WriteLine()，且当前上下文无其他同名方法，但仍然必须附加命名空间（System）和类型名（Console）前缀。可利用 C# 6.0 新增的 using static 指令避免这些前缀，如代码清单 2.15 所示。

代码清单 2.15　using static 指令

```
// The using directives allow you to drop the namespace
using static System.Console;
class HeyYou
{
  static void Main()
  {
      string firstName;
      string lastName;

      WriteLine("Hey you!");

      Write("Enter your first name: ");
      firstName = ReadLine();
      Write("Enter your last name: ");
      lastName = ReadLine();

      WriteLine(
        $"Your full name is {firstName} {lastName}.");
  }
}
```

using static 指令需添加到文件顶部[⊖]。每次使用 System.Console 类的成员，都

⊖ 放在 namespace 声明之前。

> 不再需要添加 System.Console 前缀。相反，直接使用其中的方法名即可。注意该指令只支持静态方法和属性，不支持实例成员。类似地，using 指令用于省略命名空间前缀（例如 System）。和 using static 不同，using 作用于它所在的整个文件（或命名空间），而非仅作用于静态成员。使用 using 指令，不管在实例化时，在调用静态方法时，还是在使用 C# 6.0 新增的 nameof 操作符时，都可省略对命名空间的引用。

End 6.0

4. 字符串格式化

无论使用 string.Format() 还是 C# 6.0 字符串插值来构造复杂格式的字符串，都可通过一组覆盖面广和复杂的格式化模式来显示数字、日期、时间、时间段等。例如，给定 decimal 类型的 price 变量，则 string.Format("{0,20:C2}", price) 或等价的插值字符串 $"{price,20:C2}" 都使用默认的货币格式化规则将 decimal 值转换成字符串。即添加本地货币符号，小数点后四舍五入保留两位，整个字符串在 20 个字符的宽度内右对齐（要左对齐就为 20 添加负号。另外，宽度不够只好超出）。因篇幅有限，无法详细讨论所有可能的格式字符串，请在 MSDN 文档中查阅 string.Format() 获取格式字符串的完整列表。

要在插值或格式化的字符串中添加实际的左右大括号，可连写两个大括号来表示。例如，插值字符串 $"{{ {price:C2} }}" 可生成字符串 "{ $1,234.56 }"。

5. 换行符

输出换行所需的字符由操作系统决定。Microsoft Windows 的换行符是 \r 和 \n 这两个字符的组合，UNIX 则是单个 \n。为消除平台之间的不一致，一个办法是使用 System.Console.WriteLine() 自动输出空行。为确保跨平台兼容性，可用 System.Environment.NewLine 代表换行符。换言之，System.Console.WriteLine("Hello World") 和 System.Console.Write("Hello World" + System.Environment.NewLine) 等价。注意在 Windows 上，System.WriteLine() 和 System.Console.Write(System.Environment.NewLine) 等价于 System.Console.Write("\r\n") 而非 System.Console.Write("\n")。总之，要依赖 System.WriteLine() 和 System.Environment.NewLine 而不是 \n 来确保跨平台兼容。

设计规范

- 要依赖 System.WriteLine() 和 System.Environment.NewLine 而不是 \n 来确保跨平台兼容。

高级主题：C# 属性

下一节提到的 Length 成员实际不是方法，因为调用时没有使用圆括号。Length 是 string 的**属性**（property），C# 语法允许像访问成员变量（在 C# 中称为**字段**）那样访问属性。换言之，属性定义了称为赋值方法（setter）和取值方法（getter）的特殊方法，但用字段语法访问那些方法。

研究属性的底层 CIL 实现，发现它编译成两个方法：set_<PropertyName> 和 get_<PropertyName>。但这两个方法不能直接从 C# 代码中访问，只能通过 C# 属性构造来访问。第 6 章更详细地讨论了属性。

6. 字符串长度

判断字符串长度可以使用 string 的 Length 成员。该成员是**只读属性**。不能设置，调用时也不需要任何参数。代码清单 2.16 演示了如何使用 Length 属性，输出 2.11 是结果。

代码清单 2.16 使用 string 的 Length 成员

```
class PalindromeLength
{
  static void Main()
  {
      string palindrome;

      System.Console.Write("Enter a palindrome: ");
      palindrome = System.Console.ReadLine();

      System.Console.WriteLine(
          $"The palindrome \"{palindrome}\" is"
          + $" {palindrome.Length} characters.");
  }
}
```

输出 2.11

```
Enter a palindrome: Never odd or even
The palindrome "Never odd or even" is 17 characters.
```

字符串长度不能直接设置，它是根据字符串中的字符数计算得到的。此外，字符串长度不能更改，因为字符串**不可变**。

7. 字符串不可变

string 类型的一个关键特征是它**不可变**（immutable）。可为 string 变量赋一个全新的值，但出于性能考虑，没有提供修改现有字符串内容的机制。所以，不可能在同一个内存位置将字符串中的字母全部转换为大写。只能在其他内存位置新建字符串，让它成为旧字符串大写字母版本，旧字符串在这个过程中不会被修改，如果没人引用它，会被垃圾回收。代码清单 2.17 展示了一个例子。

代码清单 2.17 错误，string 不可变

```
class Uppercase
{
  static void Main()
  {
      string text;

      System.Console.Write("Enter text: ");
      text = System.Console.ReadLine();

      // UNEXPECTED:  Does not convert text to uppercase
      text.ToUpper();
```

```
        System.Console.WriteLine(text);
    }
}
```

输出 2.12 展示了结果。

输出 2.12

```
Enter text: This is a test of the emergency broadcast system.
This is a test of the emergency broadcast system.
```

从表面上看，text.ToUpper() 似乎应该将 text 中的字符转换成大写。但由于 string 类型不可变，所以 text.ToUpper() 不会进行这样的修改。相反，text.ToUpper() 会返回新字符串，它需要保存到变量中，或直接传给 System.Console.WriteLine()。代码清单 2.18 给出了纠正后的代码，输出 2.13 是结果。

代码清单 2.18 正确的字符串处理

```
class Uppercase
{
  static void Main()
  {
      string text, uppercase;

      System.Console.Write("Enter text: ");
      text = System.Console.ReadLine();

      // Return a new string in uppercase
      uppercase = text.ToUpper();

      System.Console.WriteLine(uppercase);
  }
}
```

输出 2.13

```
Enter text: This is a test of the emergency broadcast system.
THIS IS A TEST OF THE EMERGENCY BROADCAST SYSTEM.
```

如忘记字符串不可变的特点，很容易会在使用其他字符串方法时犯下和代码清单 2.17 相似的错误。

要真正更改 text 中的值，将 ToUpper() 的返回值赋回给 text 即可。如下例所示：

```
text = text.ToUpper();
```

8. System.Text.StringBuilder

如有大量字符串需要修改，比如要经历多个步骤来构造一个长字符串，可考虑使用 System.Text.StringBuilder 类型而不是 string。StringBuilder 包含 Append()、AppendFormat()、Insert()、Remove() 和 Replace() 等方法。虽然 string 也提供了其中一些方法，但两者关键的区别在于，在 StringBuilder 上，这些方法会修改 StringBuilder 本身中的数据，而不是返回新字符串。

2.3 null 和 void

与类型有关的另外两个关键字是 null 和 void。null 值表明变量不引用任何有效的对象。void 表示无类型，或者没有任何值。

2.3.1 null

null 可直接赋给字符串变量，表明变量为“空”，不指向任何位置。只能将 null 赋给引用类型、指针类型和可空值类型。目前只讲了 string 这一种引用类型，第 6 章将详细讨论类（类是引用类型）。现在只需知道引用类型的变量包含的只是对实际数据所在位置的一个引用，而不是直接包含实际数据。将变量设为 null，会显式设置引用，使其不指向任何位置（空）。事实上，甚至可以检查引用是否为空。代码清单 2.19 演示了如何将 null 赋给 string 变量。

代码清单 2.19 将 null 赋给字符串变量

```
static void Main()
{
    string faxNumber;
    // ...

    // Clear the value of faxNumber
    faxNumber = null;

    // ...
}
```

将 null 赋给引用类型的变量和根本不赋值是不一样的概念。换言之，赋值了 null 的变量已设置，而未赋值的变量未设置。使用未赋值的变量会造成编译时错误。

将 null 值赋给 string 变量和为变量赋值 "" 也是不一样的概念。null 意味着变量无任何值，而 "" 意味着变量有一个称为“空白字符串”的值。这种区分相当有用。例如，编程逻辑可将为 null 的 homePhoneNumber 解释成“家庭电话未知”，将为 "" 的 homePhoneNumber 解释成“无家庭电话”。

2.3.2 void

有时 C# 语法要求指定数据类型但不传递任何数据。例如，假定方法无返回值，C# 就允许在数据类型的位置放一个 void 关键字。HelloWorld 程序的 Main 方法声明就是一个例子。在返回类型的位置使用 void 意味着方法不返回任何数据，同时告诉编译器不要指望会有一个值。void 本质上不是数据类型，它只是指出没有数据类型这一事实。

语言对比：C++

无论 C++ 还是 C#，void 都有两个含义：标记方法不返回任何数据，以及代表指向未知类型的存储位置的一个指针。C++ 程序经常使用 void 这样的指针类型。C# 也可用相同的语法表示指向未知类型的存储位置的指针。但这种用法在 C# 中比较罕见，一般仅在需要与非托管代码库进行互操作时才会用到。**

语言对比：Visual Basic——返回 void 相当于定义子程序

在 Visual Basic 中，与 C# 的“返回 void”等价的是定义子程序（Sub/End Sub）而非返回值的函数。

2.4　数据类型转换

考虑到各种 CLI 实现预定义了大量类型，加上代码也能定义无限数量的类型，所以类型之间的相互转换至关重要。会造成转换的最常见操作就是**转型**或**强制类型转换**（casting）。

考虑将 long 值转换成 int 的情形。long 类型能容纳的最大值是 9 223 372 036 854 775 808，int 则是 2 147 483 647。所以转换时可能丢失数据——long 值可能大于 int 能容纳的最大值。有可能造成数据丢失或引发异常（因为转换失败）的任何转换都需要执行**显式转型**。相反，不会丢失数据，而且不会引发异常（无论操作数的类型是什么）的任何转换都可以进行**隐式转型**。

2.4.1　显式转型

C# 允许用**转型操作符**执行转型。通过在圆括号中指定希望变量转换成的类型，表明你已确认在发生显式转型时可能丢失精度和数据，或者可能造成异常。代码清单 2.20 将一个 long 转换成 int，而且显式告诉系统尝试这个操作。

代码清单 2.20　显式转型的例子

```
long longNumber = 50918309109;
int intNumber = (int) longNumber;
                  转型操作符
```

程序员使用转型操作符告诉编译器：“相信我，我知道自己正在干什么。我知道值能适应目标类型。”只有程序员像这样做出明确选择，编译器才允许转换。但这也可能只是程序员“一厢情愿”。执行显式转换时，如数据未能成功转换，“运行时”还是会引发异常。所以，要由程序员负责确保数据成功转换，或提供错误处理代码来处理转换不成功的情况。

高级主题：checked 和 unchecked 转换

C# 提供了特殊关键字来标识代码块，指出假如目标数据类型太小以至于容不下所赋的数据，会发生什么情况。默认情况下，容不下的数据在赋值时会悄悄地溢出。代码清单 2.21 展示了一个例子。

代码清单 2.21 整数值溢出

```
class Program
{
  static void Main()
  {
      // int.MaxValue equals 2147483647
      int n = int.MaxValue;
      n = n + 1 ;
      System.Console.WriteLine(n);
  }
}
```

输出 2.14 展示了结果。

输出 2.14

```
-2147483648
```

代码清单 2.21 向控制台写入值 -2147483648。但将上述代码放到一个 checked 块中，或在编译时使用 checked 选项，就会使“运行时”引发 System.OverflowException 异常。代码清单 2.22 给出了 checked 块的语法。

代码清单 2.22 checked 块示例

```
class Program
{
  static void Main()
  {
      checked
      {
          // int.MaxValue equals 2147483647
          int n = int.MaxValue;
          n = n + 1 ;
          System.Console.WriteLine(n);
      }
  }
}
```

输出 2.15 展示了结果。

输出 2.15

```
未处理的异常：System.OverflowException: 算术运算导致溢出。
   在 Program.Main() 位置……Program.cs: 行号 12
```

checked 块的代码在运行时发生赋值溢出将引发异常。

C# 编译器提供了一个命令行选项将默认行为从 unchecked 改为 checked。此外，C# 还支持 unchecked 块来强制不进行溢出检查，块中溢出的赋值不会引发异常，如代码清单 2.23 所示。

代码清单 2.23 unchecked 块示例

```
using System;

class Program
{
  static void Main()
  {
      unchecked
      {
          // int.MaxValue equals 2147483647
          int n = int.MaxValue;
          n = n + 1 ;
          System.Console.WriteLine(n);
      }
  }
}
```

输出 2.16 展示了结果。

输出 2.16

```
-2147483648
```

即使开启了编译器的 checked 选项，上述代码中的 unchecked 关键字也会阻止“运行时”引发异常。

读者可能奇怪，在不检查溢出的前提下，在 int.MaxValue 上加 1 的结果为什么是 -2147483648。这是二进制的回绕（wrap around）语义造成的。int.MaxValue 的二进制形式是 01111111111111111111111111111111，第一位（0）代表这是正值。递增该值触发回绕，下个值是 10000000000000000000000000000000，即最小的整数（int.MinValue），第一位（1）代表这是负值。在 int.MinValue 上加 1 变成 10000000000000000000000000000001（-2147483647）并如此继续。

转型操作符不是万能药，它不能将一种类型任意转换为其他类型。编译器仍会检查转型操作的有效性。例如，long 不能转换成 bool。因为没有定义这种转换，所以编译器不允许。

语言对比：数值转换成布尔值

一些人可能觉得奇怪，C# 居然不存在从数值类型到布尔类型的有效转型，因为这在其他许多语言中都是很普遍的。C# 不支持这样的转换，是为了避免可能发生的歧义，比如 -1 到底对应 true 还是 false？更重要的是，如下一章要讲到的那样，这还有助于避免用户在本应使用相等操作符的时候使用赋值操作符。例如，可避免在本该写成 if(x==42){...} 的时候写成 if(x=42){...}。

2.4.2 隐式转型

有些情况下，比如从 int 类型转换成 long 类型时，不会发生精度的丢失，而且值不会发生根本性的改变，所以代码只需指定赋值操作符，转换将**隐式**地发生。换言之，编译器判断这样的转换能正常完成。代码清单 2.24 直接使用赋值操作符实现从 int 到 long 的转换。

代码清单 2.24 隐式转型无须使用转型操作符

```
int intNumber = 31416;
long longNumber = intNumber;
```

如果愿意，在允许隐式转型的时候也可强制添加转型操作符，如代码清单 2.25 所示。

代码清单 2.25 隐式转型也使用转型操作符

```
int intNumber = 31416;
long longNumber = (long) intNumber;
```

2.4.3 不使用转型操作符的类型转换

由于未定义从字符串到数值类型的转换，因此需要使用像 Parse() 这样的方法。每个数值数据类型都包含一个 Parse() 方法，允许将字符串转换成对应的数值类型。如代码清单 2.26 所示。

代码清单 2.26 使用 float.Parse() 将 string 转换为数值类型

```
string text = "9.11E-31";
float kgElectronMass = float.Parse(text);
```

还可利用特殊类型 System.Convert 将一种类型转换成另一种。如代码清单 2.27 所示。

代码清单 2.27 使用 System.Convert 进行类型转换

```
string middleCText = "261.626";
double middleC = System.Convert.ToDouble(middleCText);
bool boolean = System.Convert.ToBoolean(middleC);
```

但 System.Convert 只支持少量类型，且不可扩展，允许从 bool、char、sbyte、short、int、long、ushort、uint、ulong、float、double、decimal、DateTime 和 string 转换到这些类型中的任何一种。

此外，所有类型都支持 ToString() 方法，可用它提供类型的字符串表示。代码清单 2.28 演示了如何使用该方法，输出 2.17 展示了结果。

代码清单 2.28 使用 ToString() 转换成一个 string

```
bool boolean = true;
string text = boolean.ToString();
// Display "True"
System.Console.WriteLine(text);
```

输出 2.17

```
True
```

大多数类型的 ToString() 方法只是返回数据类型的名称，而不是数据的字符串表示。只有在类型显式实现了 ToString() 的前提下才会返回字符串表示。最后要注意，完全可以编写自定义的转换方法，“运行时”的许多类都存在这样的方法。

Begin 2.0

高级主题：TryParse()

从 C# 2.0（.NET 2.0）起，所有基元数值类型都包含静态 TryParse() 方法。该方法与 Parse() 非常相似，只是转换失败不是引发异常，而是返回 false，如代码清单 2.29 所示。

代码清单 2.29 用 TryParse() 代替引发异常

```
double number;
string input;

System.Console.Write("Enter a number: ");
input = System.Console.ReadLine();
if (double.TryParse(input, out number))
{
    // Converted correctly, now use number
    // ...
}
else
{
    System.Console.WriteLine(
        "The text entered was not a valid number.");
}
```

输出 2.18 展示了结果。

输出 2.18

```
Enter a number: forty-two
The text entered was not a valid number.
```

上述代码从输入字符串解析到的值通过 out 参数（本例是 number）返回。

Begin 7.0

注意从 C# 7.0 起不用先声明只准备作为 out 参数使用的变量。代码清单 2.30 展示了修改后的代码。

代码清单 2.30 TryParse() 的 out 参数声明在 C# 7.0 中可以内联了

```
// double number;
string input;

System.Console.Write("Enter a number: ");
input = System.Console.ReadLine();
if (double.TryParse(input, out double number))
```

```
{
    System.Console.WriteLine(
        $"input was parsed successfully to {number}."); }
else
{
    // Note: number scope is here too (although not assigned)
    System.Console.WriteLine(
        "The text entered was not a valid number.");
}
```

注意先写 out 再写数据类型。这样定义的 number 变量只有 if 语句内部的作用域，在外部不可用。

Begin 2.0

Begin 7.0

Parse() 和 TryParse() 的关键区别在于，如转换失败，TryParse() 不会引发异常。string 到数值类型的转换是否成功，往往要取决于输入文本的用户。用户完全可能输入无法成功解析的数据。使用 TryParse() 而不是 Parse()，就可以避免在这种情况下引发异常（由于预见到用户会输入无效数据，所以要想办法避免引发异常）。

2.5 小结

即使是有经验的程序员，也要注意 C# 引入的几个新编程构造。例如，本章探讨了用于精确金融计算的 decimal 类型。此外，本章还提到布尔类型 bool 不会隐式转换成整数，防止在条件表达式中误用赋值操作符。C# 其他与众不同的地方还包括：允许用 @ 定义逐字字符串，强迫字符串忽略转义字符；字符串插值，可在字符串中嵌入表达式；C# 的 string 数据类型不可变。

下一章继续讨论数据类型。要讨论值类型和引用类型，还要讨论如何将数据元素组合成元组和数组。

第 3 章

更多数据类型

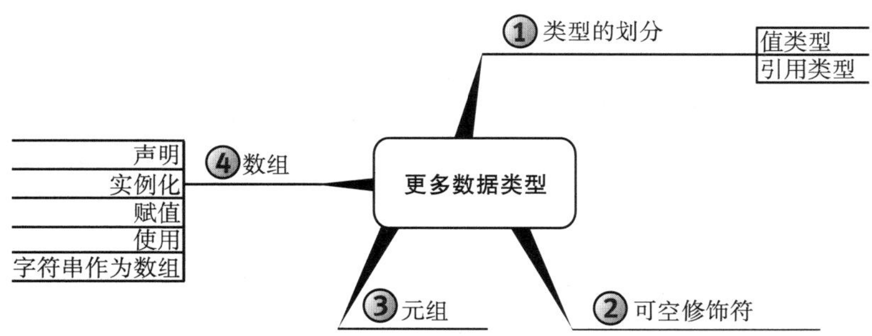

第 2 章讨论了所有 C# 预定义类型，简单提到了引用类型和值类型的区别。本章继续讨论数据类型，深入解释类型划分。

此外，本章还要讨论将数据元素合并成元组的细节，这是 C# 7.0 引入的一个功能。最后讨论如何将数据分组到称为**数组**的集合中。首先深入理解值类型和引用类型。

3.1 类型的划分

一个类型要么是**值类型**，要么是**引用类型**。区别在于拷贝方式：值类型的数据总是拷贝值；而引用类型的数据总是拷贝引用。

3.1.1 值类型

除了 `string`，本书目前讲到的所有预定义类型都是值类型。值类型直接包含值。换言之，变量引用的位置就是内存中实际存储值的位置。因此，将一个值赋给变量 1，再将变量

1 赋给变量 2，会在变量 2 的位置创建值的拷贝，而不是引用变量 1 的位置。这进一步造成更改变量 1 的值不会影响变量 2 的值。图 3.1 对此进行了演示。number1 引用内存中的特定位置，该位置包含值 42。将 number1 的值赋给 number2 之后，两个变量都包含值 42。但修改其中任何一个值都不会影响另一个值。

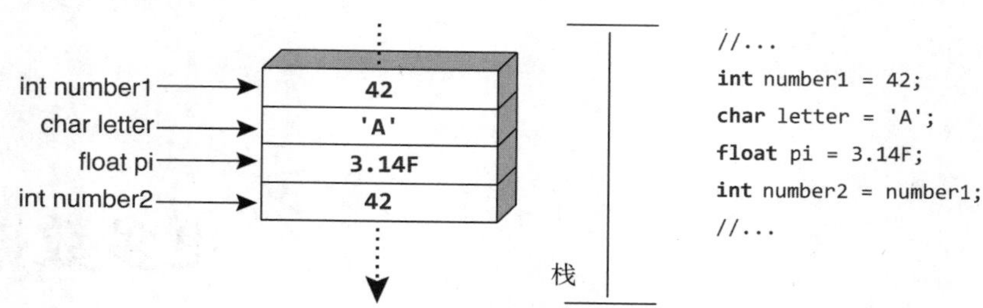
int number1
char letter
float pi
int number2
42
'A'
3.14F
42
栈
//...
int number1 = 42;
char letter = 'A';
float pi = 3.14F;
int number2 = number1;
//...

图 3.1　值类型的实例直接包含数据

类似地，将值类型的实例传给 Console.WriteLine() 这样的方法也会生成内存拷贝。在方法内部对参数值进行的任何修改都不会影响调用函数中的原始值。由于值类型需要创建内存拷贝，因此定义时不要让它们占用太多内存（通常应该小于 16 字节）。

3.1.2　引用类型

相反，引用类型的变量存储对数据存储位置的引用，而不是直接存储数据。要去那个位置才能找到真正的数据。所以为了访问数据，“运行时”要先从变量中读取内存位置，再“跳转”到包含数据的内存位置。为引用类型的变量分配实际数据的内存区域称为**堆**（heap），如图 3.2 所示。

引用类型不像值类型那样要求创建数据的内存拷贝，所以拷贝引用类型的实例比拷贝大的值类型实例更高效。将引用类型的变量赋给另一个引用类型的变量，只会拷贝引用而不需要拷贝所引用的数据。事实上，每个引用总是系统的“原生大小”：32 位系统拷贝 32 位引用，64 位系统拷贝 64 位引用，以此类推。显然，拷贝对一个大数据块的引用，比拷贝整个数据块快得多。

由于引用类型只拷贝对数据的引用，所以两个不同的变量可引用相同的数据。如两个变量引用同一个对象，利用一个变量更改对象的字段，用另一个对象访问字段将看到更改结果。无论赋值还是方法调用都会如此。因此，如果在方法内部更改引用类型的数据，控制返回调用者之后，将看到更改后的结果。有鉴于此，如对象在逻辑上是固定大小、不可变的值，就考虑定义成值类型。如逻辑上是可引用、可变的东西，就考虑定义成引用类型。

除了 string 和自定义类（如 Program），本书目前讲到的所有类型都是值类型。但大多数类型都是引用类型。虽然偶尔需要自定义的值类型，但更多的还是自定义的引用类型。

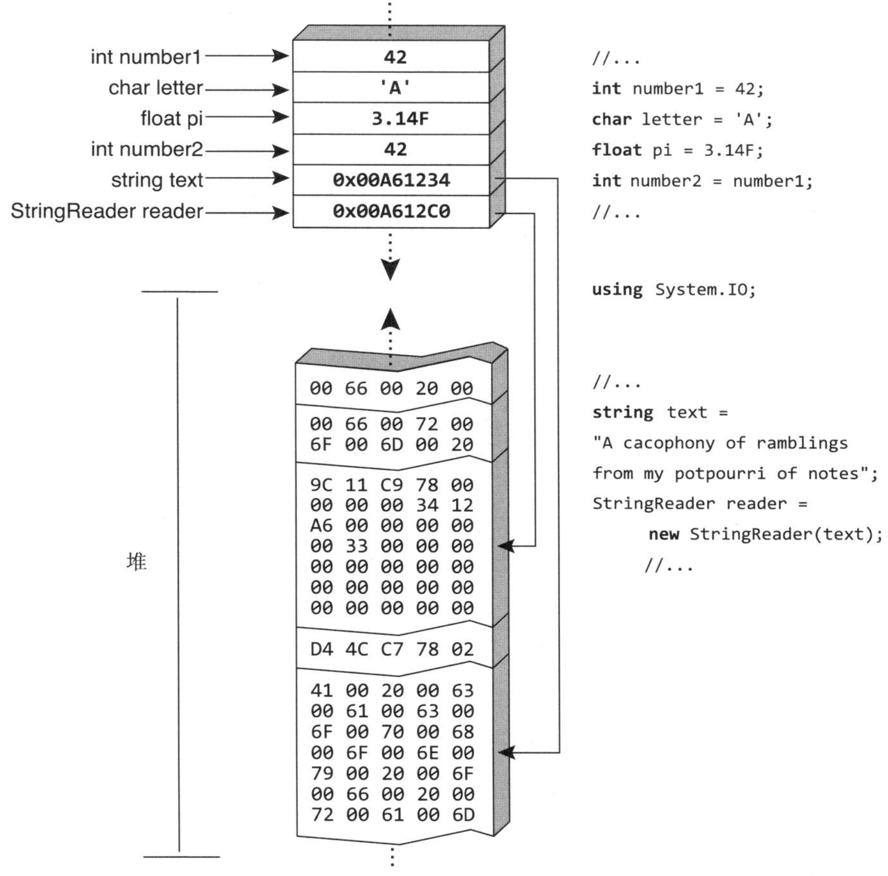

图 3.2　引用类型的实例指向堆

3.2　可空修饰符

Begin 2.0

一般不能将 null 值赋给值类型。这是因为根据定义，值类型不能包含引用，即使是对“什么都没有（nothing）”的引用。但在值本来就缺失的时候，这也会带来问题。例如在指定计数的时候，如计数未知，那么应该输入什么？一个可能的解决方案是指定特殊值，比如 -1 或 int.MaxValue，但这些都是有效整数。我们倒希望能将 null 赋给该变量，因为 null 不是有效整数。

为声明能存储 null 的变量，要使用可空修饰符 ?。代码清单 3.1 演示了自 C# 2.0 引入的这个功能。

代码清单 3.1　使用可空修饰符

```
static void Main()
{
```

```
    int? count = null;
    do
    {
        // ...
    }
    while(count == null);
}
```

将 null 赋给值类型，这在数据库编程中尤其有用。在数据表中，经常出现值类型的列允许为空的情况。除非允许包含 null 值，否则在 C# 代码中检索这些列并将它们的值赋给对应字段会出问题。可空修饰符能妥善解决该问题。

End 2.0

Begin 3.0

隐式类型的局部变量

C# 3.0 新增上下文关键字 var 来声明**隐式类型的局部变量**。声明变量时，如果能用确定类型的表达式初始化它，C# 3.0 及以后的版本就允许变量的数据类型为“隐式的”，无须显式声明，如代码清单 3.2 所示。

代码清单 3.2　字符串处理

```
class Uppercase
{
  static void Main()
  {
      System.Console.Write("Enter text: ");
      var text = System.Console.ReadLine();

      // Return a new string in uppercase
      var uppercase = text.ToUpper();

      System.Console.WriteLine(uppercase);
  }
}
```

上述代码清单和代码清单 2.18 相比有两处不同。首先，不显式声明为 string 类型，而是声明为 var。最终的 CIL 代码没有区别。但 var 告诉编译器根据声明时所赋的值（System.Console.ReadLine()）来推断数据类型。

其次，text 和 uppercase 变量都在声明时初始化。不这样做会造成编译时错误。如前所述，编译器判断初始化表达式的数据类型并相应地声明变量，就好像程序员显式指定了类型。

虽然允许用 var 取代显式数据类型，但在数据类型已知的情况下最好不要用 var。例如，还是应该将 text 和 uppercase 声明为 string。这不仅可使代码更易理解，还相当于你亲自确认了等号右侧表达式返回的是你希望的数据类型。使用 var 变量时，右侧数据类型应显而易见，否则应避免用 var 声明变量。

设计规范

- 避免使用隐式类型的局部变量，除非所赋的值的数据类型显而易见。

语言对比：C++/Visual Basic/JavaScript—void*，Variant 和 var

隐式类型的变量不等价于 C++ 的 void*、Visual Basic 的 Variant 或 JavaScript 的 var。这三种情况的变量声明都不严格，因为可将一个不同的类型重新赋给这些变量，这类似于在 C# 中将变量声明为 object 类型。相反，C# 的 var 由编译器严格确定类型，确定了就不能变。另外，类型检查和成员调用都会在编译时进行验证。

3.0

高级主题：匿名类型

C# 3.0 添加 var 的真正目的是支持匿名类型。匿名类型是在方法内部动态声明的数据类型，而不是通过显式的类定义来声明，如代码清单 3.3 所示。（第 15 章会深入讨论匿名类型。）

代码清单 3.3　使用匿名类型声明隐式局部变量

```
class Program
{
  static void Main()
  {
      var patent1 =
          new { Title = "Bifocals",
          YearOfPublication = "1784" };
      var patent2 =
          new { Title = "Phonograph",
          YearOfPublication = "1877" };
      System.Console.WriteLine(
          $"{ patent1.Title } ({ patent1.YearOfPublication })");
      System.Console.WriteLine(
          $"{ patent2.Title } ({ patent2.YearOfPublication })");
  }
}
```

输出 3.1 展示了结果。

输出 3.1

```
Bifocals (1784)
Phonograph (1877)
```

代码清单 3.3 演示了如何将匿名类型的值赋给隐式类型（var）局部变量。C# 3.0 支持连接（关联）数据类型或将特定类型的大小缩减至更少数据元素，所以才配合设计了这种操作。但自从 C# 7.0 引入元组语法后，匿名类型几乎就用不着了。

End 3.0

3.3　元组

Begin 7.0

有时需要合并数据元素。例如，2017 年全球最贫穷的国家是首都位于 Lilongwe（利隆圭）的 Malawi（马拉维），人均 GDP 为 226.50 美元。利用目前讲过的编程构造，可将上述每个数据元素存储到单独的变量中，但它们相互无关联。换言之，看不出 226.50 和 Malawi 有什么联系。为解决该问题，第一个方案是在变量名中使用统一的后缀或前缀，第二个方案是将所有数据合并到一个字符串中，但缺点是需要解析字符串才能处理单独的数据元素。

C# 7.0 提供了第三个方案：**元组**（tuple）[⊖]，允许在一个语句中完成所有变量的赋值，如下所示：

```
(string country, string capital, double gdpPerCapita) =
  ("Malawi", "Lilongwe", 226.50);
```

表 3.1 总结了元组的其他语法形式。

表 3.1 元组声明和赋值的示例代码

示例	说明	示例代码

1	将元组赋给单独声明的变量	`(string country, string capital, double gdpPerCapita) =`
		`    ("Malawi", "Lilongwe", 226.50);`
		`System.Console.WriteLine(`
		`    $@"The poorest country in the world in 2017 was {`
		`        country}, {capital}: {gdpPerCapita}");`

2	将元组赋给预声明的变量	`string country;`
		`string capital;`
		`double gdpPerCapita;`
		
		`(country, capital, gdpPerCapita) =`
		`    ("Malawi", "Lilongwe", 226.50);`
		`System.Console.WriteLine(`
		`    $@"The poorest country in the world in 2017 was {`
		`        country}, {capital}: {gdpPerCapita}");`

3	将元组赋给单独声明和隐式类型的变量	`(var country, var capital, var gdpPerCapita) =`
		`    ("Malawi", "Lilongwe", 226.50);`
		`System.Console.WriteLine(`
		`    $@"The poorest country in the world in 2017 was {`
		`        country}, {capital}: {gdpPerCapita}");`

4	将元组赋给单独声明和隐式类型的变量，但只用了一个 var	`var (country, capital, gdpPerCapita) =`
		`    ("Malawi", "Lilongwe", 226.50);`
		`System.Console.WriteLine(`
		`    $@"The poorest country in the world in 2017 was {`
		`        country}, {capital}: {gdpPerCapita}");`

5	声明具名元组，将元组值赋给它，按名称访问元组项	`(string Name, string Capital, double GdpPerCapita) countryInfo =`
		`    ("Malawi", "Lilongwe", 226.50);`
		`System.Console.WriteLine(`
		`    $@"The poorest country in the world in 2017 was {`
		`        countryInfo.Name}, {countryInfo.Capital}: {`
		`        countryInfo.GdpPerCapita}");`

⊖ 在英文中，tuple 一词源自对顺序的抽象：single，double，triple，quadruple，quintuple，*n*-tuple。——译者注

（续）

示例	说明	示例代码

6	声明包含具名元组项的元组，将其赋给隐式类型的变量，按名称访问元组项	var countryInfo =
		  (Name: "Malawi", Capital: "Lilongwe", GdpPerCapita: 226.50);
		System.Console.WriteLine(
		  $@"The poorest country in the world in 2017 was {
		  countryInfo.Name}, {countryInfo.Capital}: {
		  countryInfo.GdpPerCapita}");

7	将元组项未具名的元组赋给隐式类型的变量，通过项编号属性访问单独的元素	var countryInfo =
		    ("Malawi", "Lilongwe", 226.50);
		System.Console.WriteLine(
		  $@"The poorest country in the world in 2017 was {
		  countryInfo.Item1}, {countryInfo.Item2}: {
		  countryInfo.Item3}");

8	将元组项具名的元组赋给隐式类型的变量，但还是通过项编号属性访问单独的元素	var countryInfo =
		  (Name: "Malawi", Capital: "Lilongwe", GdpPerCapita: 226.50);
		System.Console.WriteLine(
		  $@"The poorest country in the world in 2017 was {
		  countryInfo.Item1}, {countryInfo.Item2}: {
		  countryInfo.Item3}");

9	赋值时用下划线丢弃元组的一部分（弃元）	(string name, _, double gdpPerCapita) countryInfo = ("Malawi", "Lilongwe", 226.50);

10	通过变量和属性名推断元组项名称（C# 7.1 新增）	string country = "Malawi";
		string capital = "Lilongwe";
		double gdpPerCapita = 226.50;
		
		var countryInfo =
		    (country, capital, gdpPerCapita);
		System.Console.WriteLine(
		    $@"The poorest country in the world in 2017 was {
		        countryInfo.country}, {countryInfo.capital}: {
		        countryInfo.gdpPerCapita}");

前四个例子虽然右侧是元组，但左侧仍然是单独的变量，只是用**元组语法**一起赋值。在这种语法中，两个或更多元素以逗号分隔，放到一对圆括号中进行组合。（我使用“元组语法”一词是因为编译器为左侧生成的基础数据类型技术上说并非元组。）结果是虽然右侧的值合并成元组，但在向左侧赋值的过程中，元组已被解构为它的组成部分。例 2 左边被赋值的变量是事先声明好的，但例 1、3 和 4 的变量是在元组语法中声明的。由于只是声明变量，所以命名和大小写应遵循第 1 章的设计规范，例如有一条是“要为局部变量使用 camelCase 风格命名。”

虽然隐式类型（`var`）在例 4 中用元组语法平均分配给每个变量声明，但这里的 `var` 绝不可以替换成显式类型（如 `string`）。元组宗旨是允许每一项都有不同数据类型，所以为每一项都指定同一个显式类型名称跟这个宗旨冲突（即使类型真的一样，编译器也不允许指定显式类型)。

例 5 在左侧声明一个元组，将右侧的元组赋给它。注意元组含具名项，随后可引用这些名称来获取右侧元组中的值。这正是能在 `System.Console.WriteLine` 语句中使用 `countryInfo.Name`、`countryInfo.Capital` 和 `countryInfo.GdpPerCapita` 语法的原因。在左侧声明元组造成多个变量组合到单个元组变量（`countryInfo`）中。然后可利用元组变量来访问其组成部分。如第 4 章所述，这样的设计允许将该元组变量传给其他方法。那些方法能轻松访问元组中的项。

前面说过，用元组语法定义的变量应遵守 camelCase 大小写规则。但该规则并未得到彻底贯彻。有人提倡当元组的行为和参数相似时（类似于元组语法出现之前用于返回多个值的 `out` 参数），这些名称应使用参数命名规则。

另一个方案是 PascalCase 大小写，这是类型成员（属性、函数和公共字段，参见第 5 章和第 6 章的讨论）的命名规范。个人强烈推荐 PascalCase 规范，从而和 C#/.NET 成员标识符的大小写规范一致。但由于这并不是被广泛接受的规范，所以我在设计规范“考虑为所有元组项名称使用 PascalCase 大小写风格”中使用“考虑”而非“要”一词，

设计规范

- 要为元组语法的变量声明使用 camelCase 大小写规范。
- 考虑为所有元组项名称使用 PascalCase 大小写风格。

例 6 提供和例 5 一样的功能，只是右侧元组使用了具名元组项，左侧使用了隐式类型声明。但元组项名称会传入隐式类型变量，所以 `WriteLine` 语句仍可使用它们。当然，左侧可使用和右侧不同的元组项名称。C# 编译器允许这样做但会显示警告，指出右侧元组项名称会被忽略，因为此时左侧的优先。不指定元组项名称，被赋值的元组变量中的单独元素仍可访问，只是名称是 `Item1`，`Item2`，`...`，如例 7 所示。事实上，即便提供了自定义名称，`ItemX` 名称始终都能使用，如例 8 所示。但在使用 Visual Studio 这样的 IDE 工具时，`ItemX` 属性不会出现在“智能感知”的下拉列表中。这是好事，因为自己提供的名称理论上应该更好。如例 9 所示，可用下划线丢弃部分元组项的赋值，这称为**弃元**（discard）。

例 10 展示的元组项名称推断功能是自 C# 7.1 引入的。如本例所示，元组项名称可根据变量名（甚至属性名）来推断。

元组是在对象中封装数据的轻量级方案，有点像你用来装杂货的购物袋。和稍后讨论的数组不同，元组项的数据类型可以不一样，没有限制[⊖]，只是它们由编译器决定，不能在运行时改变。另外，元组项数量也是在编译时硬编码好的。最后，不能为元组添加自定义行为（扩展方法不在此列）。如需和封装数据关联的行为，应使用面向对象编程并定义一个类，具体在第 6 章讲述。

⊖ 技术上说不能是指针（第 21 章讲述指针）。

高级主题：System.ValueTuple<...> 类型

在表 3.1 的示例中，C# 为赋值操作符右侧的所有元组实例生成的代码都基于一组泛型值类型（结构），例如 System.ValueTuple<T1, T2, T3>。类似地，同一组 System.ValueTuple<...> 泛型值类型用于从例 5 开始的左侧数据类型。元组类型唯一包含的方法是跟比较和相等性测试有关的方法，这符合预期。

既然自定义元组项名称及其类型没有包含在 System.ValueTuple<...> 定义中，为什么每个自定义元组项名称都好像是 System.ValueTuple<...> 类型的成员，并能以成员的形式访问呢？让人（尤其是那些熟悉匿名类型实现的人）惊讶的是，编译器根本没有为那些和自定义名称对应的"成员"生成底层 CIL 代码，但从 C# 的角度看，又似乎存在这样的成员。

对于表 3.1 的所有具名元组例子，编译器在元组剩下的作用域中显然知道那些名称。事实上，编译器（和 IDE）正是依赖该作用域通过项的名称来访问它们。换言之，编译器查找元组声明中的项名称，并允许代码访问还在作用域中的项。也正是因为这一点，IDE 的"智能感知"不显示底层的 Item*X* 成员。它们会被忽略，替换成显式命名的项。

编译器能判断作用域中的元组项名称，这一点还好理解，但如果元组要对外公开，比如作为另一个程序集中的一个方法的参数或返回值使用（另一个程序集可能看不到你的源代码），那么会发生什么？其实对于作为 API（公共或私有）一部分的所有元组，编译器都会以"特性"(attribute) 的形式将元组项名称添加到成员元数据中。例如，代码清单 3.4 展示了编译器为以下方法生成的 CIL 代码的 C# 形式：

```
public (string First, string Second) ParseNames(string fullName)
```

代码清单 3.4　和返回 ValueTuple 的方法的 CIL 代码对应的 C# 代码（伪）

```
[return: System.Runtime.CompilerServices.TupleElementNames(new string[]
{"First", "Second"})]
public System.ValueTuple<string, string> ParseNames(string fullName)
{
  // ...
}
```

另外要注意，如显式使用 System.ValueTuple<...> 类型，C# 就不允许使用自定义的元组项名称。所以表 3.1 的例 8 如果将 var 替换成该类型，编译器会警告所有项的名称被忽略。

下面总结了和 System.ValueTuple<...> 有关的其他注意事项：

- 共有 8 个泛型 System.ValueTuple<...>。前 7 个最大支持七元组。第 8 个是 System.ValueTuple<T1, T2, T3, T4, T5, T6, T7, TRest>，可为最后一个类型参数指定另一个 ValueTuple，从而支持 *n* 元组。例如，编译器自动为 8 个参数的元组生成 System.ValueTuple<T1, T2, T3, T4, T5, T6, T7, System.ValueTuple<TSub1>> 作为底层实现类型。System.Value<T1> 的存在只是为了补全，很少使用，因为 C# 元组语法要求至少两项。

- 有一个非泛型 System.ValueTuple 类型作为元组工厂使用，提供了和所有 ValueTuple 元数[⊖]对应的 Create() 方法。C# 7.0 以后基本用不着 Create() 方法，因为像 var t1 = ("Inigo Montoya", 42) 这样的元组字面值实在太好用了。
- C# 程序员实际编程时完全可以忽略 System.ValueTuple 和 System.ValueTuple<T>。

Begin 6.0

End 6.0

End 7.0

还有一个元组类型是 Microsoft .NET Framework 4.5 引入的 System.Tuple<...>。当时是想把它打造成核心元组实现。但在 C# 中引入元组语法时才意识到值类型更佳，所以量身定制了 System.ValueTuple<...>，它在所有情况下都代替了 System.Tuple<...>（除非要向后兼容依赖 System.Tuple<...> 的遗留 API）。

3.4 数组

第 1 章没有提到的一种特殊的变量声明就是数组声明。利用数组声明，可在单个变量中存储同一种类型的多个数据项，而且可利用索引来单独访问这些数据项。C# 的数组索引从零开始，所以我们说 C# 数组**基于零**。

初学者主题：数组

可用数组变量声明同类型多个数据项的集合。每一项都用名为**索引**的整数值进行唯一性标识。C# 数组的第一个数据项使用索引 0 访问。由于索引基于零，应确保最大索引值比数组中的数据项总数小 1。

初学者可将索引想象成偏移量。第一项距数组开头的偏移量是 0，第二项偏移量是 1，以此类推。

数组是几乎所有编程语言的基本组成部分，所有开发人员都应学习。虽然 C# 编程经常用到数组，初学者也确实应该掌握，但大多数程序现在都用泛型集合类型而非数组来存储数据集合。如只是为了熟悉数组的实例化和赋值，可略读下一节。表 3.2 列出了要注意的重点。泛型集合在第 15 章详细讲述。

此外，3.4.5 节还会讲到数组的一些特点。

表 3.2　数组的重点

说　明	示　例

声明
注意数据类型后的方括号
声明多维数组要使用逗号，逗号数量 +1= 维数
	`string[] languages; // one-dimensional`
	`int[,] cells;       // two-dimensional`

⊖ 元数的英文是 arity，源自像 unary（arity=1）、binary（arity=2）、ternary（arity=2）这样的单词。——译者注

（续）

说　明	示　例

赋值
new 关键字和对应的数据类型在声明时可选
声明后用 new 关键字实例化数组
数组可以不提供初始值，但这样每一项都被初始化为默认值
不提供初始值就必须指定数组大小。大小不一定为常量，可以是在运行时计算的变量
从 C# 3.0 起可以不指定数据类型
	`string[] languages = { "C#", "COBOL", "Java",`
	`"C++", "Visual Basic", "Pascal",`
	`"Fortran", "Lisp", "J#"};`
	`languages = new string[9];`
	`languages = new string[]{"C#", "COBOL", "Java",`
	`"C++", "Visual Basic", "Pascal",`
	`"Fortran", "Lisp", "J#" };`
	
	`// Multidimensional array assignment`
	`// and initialization`
	`int[,] cells = int[3,3];`
	`cells = {`
	`{1, 0, 2},`
	`{1, 2, 0},`
	`{1, 2, 1}`
	`};`

default 关键字 使用 default 表达式显式获取任何数据类型的默认值	`int count = default(int);`

访问数组
数组基于零，第一个元素的索引是 0
用方括号存储和获取数组数据
	`string[] languages = new string[9]{`
	`"C#", "COBOL", "Java",`
	`"C++", "Visual Basic", "Pascal",`
	`"Fortran", "Lisp", "J#"};`
	`// Save "C++" to variable called language`
	`string language = languages[3];`
	`// Assign "Java" to the C++ position`
	`languages[3] = languages[2];`
	`// Assign language to location of "Java"`
	`languages[2] = language;`

3.4.1　数组的声明

C# 用方括号声明数组变量。首先指定数组元素的类型，后跟一对方括号，再输入变量名。代码清单 3.5 声明字符串数组变量 `languages`。

代码清单 3.5　声明数组

```
string[] languages;
```

显然，数组声明的第一部分标识了数组中存储的元素的类型。作为声明的一部分，方括号指定了数组的**秩**（rank），或者说维数。本例声明一维数组。类型和维数构成了 `languages` 变量的数据类型。

语言对比：C++ 和 Java——数组声明

在 C# 中，作为数组声明一部分的方括号紧跟在数据类型之后，而不是在变量声明之后。这样所有类型信息都在一起，而不是像 C++ 和 Java 那样分散于标识符前后。

代码清单 3.5 定义的是一维数组。方括号中的逗号用于定义额外的维。例如，代码清单 3.6 为井字棋（tic-tac-toe）棋盘定义了一个二维数组。

代码清单 3.6 声明二维数组

```
//    |   |
// ---+---+---
//    |   |
// ---+---+---
//    |   |
int[,] cells;
```

代码清单 3.6 定义了一个二维数组。第一维对应从左到右的单元格，第二维对应从上到下的单元格。可用更多逗号定义更多维，数组总维数等于逗号数加 1。注意某一维上的元素数量不是变量声明的一部分。这是在创建（实例化）数组并为每个元素分配内存空间时指定的。

3.4.2 数组实例化和赋值

声明数组后，可在一对大括号中使用以逗号分隔的数据项列表来填充它的值。代码清单 3.7 声明一个字符串数组，将一对大括号中的 9 种语言名称赋给它。

代码清单 3.7 声明数组的同时赋值

```
string[] languages = { "C#", "COBOL", "Java",
    "C++", "Visual Basic", "Pascal",
    "Fortran", "Lisp", "J#"};
```

列表第一项成为数组的第一个元素，第二项成为第二个，以此类推。我们用大括号定义数组字面值。

只有在同一个语句中声明并赋值，才能使用代码清单 3.7 的赋值语法。声明后在其他地方赋值则需使用 new 关键字，如代码清单 3.8 所示。

代码清单 3.8 声明数组后再赋值

```
string[] languages;
languages = new string[]{"C#", "COBOL", "Java",
    "C++", "Visual Basic", "Pascal",
    "Fortran", "Lisp", "J#" };
```

自 C# 3.0 起不必在 new 后指定数组类型（string）。编译器能根据初始化列表中的数据类型推断数组类型。但方括号仍不可缺少。

C# 支持将 new 关键字作为声明语句的一部分，所以可以像代码清单 3.9 那样在声明时赋值。

代码清单 3.9　声明数组时用 new 赋值

```
string[] languages = new string[]{
    "C#", "COBOL", "Java",
    "C++", "Visual Basic", "Pascal",
    "Fortran", "Lisp", "J#"};
```

new 关键字的作用是指示"运行时"为数据类型分配内存，即指示它实例化数据类型（本例是数组）。

数组赋值时只要使用了 new 关键字，就可在方括号内指定数组大小，如代码清单 3.10 所示。

代码清单 3.10　声明数组时用 new 关键字赋值并指定数组大小

```
string[] languages = new string[9]{
    "C#", "COBOL", "Java",
    "C++", "Visual Basic", "Pascal",
    "Fortran", "Lisp", "J#"};
```

指定的数组大小必须和大括号中的元素数量匹配。另外，也可分配数组但不提供初始值，如代码清单 3.11 所示。

代码清单 3.11　分配数组但不提供初始值

```
string[] languages = new string[9];
```

分配数组但不指定初始值，"运行时"会将每个元素初始化为它们的默认值，如下所示：

- 引用类型（比如 string）初始化为 null；
- 数值类型初始化为 0；
- bool 初始化为 false；
- char 初始化为 \0。

非基元值类型以递归方式初始化，每个字段都被初始化为默认值。所以，其实并不需要在使用数组前初始化它的所有元素。

Begin 2.0

注意　从 C# 2.0 起可以使用 default() 操作符获取数据类型的默认值。default() 获取数据类型作为参数。例如，default(int) 返回 0，而 default(bool) 返回 false。

End 2.0

由于数组大小不需要作为变量声明的一部分，所以可以在运行时指定数组大小。例如，代码清单 3.12 根据在 Console.ReadLine() 调用中用户指定的大小创建数组。

代码清单 3.12　在运行时确定数组大小

```
string[] groceryList;
System.Console.Write("How many items on the list? ");
int size = int.Parse(System.Console.ReadLine());
groceryList = new string[size];
// ...
```

C# 以类似的方式处理多维数组。每一维的大小以逗号分隔。代码清单 3.13 初始化一个没有开始走棋的井字棋棋盘。

代码清单 3.13 声明二维数组

```
int[,] cells = new int[3,3];
```

还可以像代码清单 3.14 那样，将井字棋棋盘初始化成特定的棋子布局。

代码清单 3.14 初始化二维整数数组

```
int[,] cells = {
        {1, 0, 2},
        {1, 2, 0},
        {1, 2, 1}
    };
```

数组包含三个 int[] 类型的元素，每个元素大小一样（本例中凑巧也是 3）。注意每个 int[] 元素的大小必须完全一样。也就是说，像代码清单 3.15 那样的声明是无效的。

代码清单 3.15 大小不一致的多维数组会造成错误

```
// ERROR:  Each dimension must be consistently sized
int[,] cells = {
        {1, 0, 2, 0},
        {1, 2, 0},
        {1, 2}
        {1}
    };
```

表示棋盘并不需要在每个位置都使用整数。另一个办法是为每个玩家都单独提供虚拟棋盘，每个棋盘都包含一个 bool 来指出玩家选择的位置。代码清单 3.16 对应于一个三维棋盘。

代码清单 3.16 初始化三维数组

```
bool[,,] cells;
cells = new bool[2,3,3]
  {
    // Player 1 moves                // X |   |
    {  {true, false, false},         // ---+---+---
       {true, false, false},         // X |   |
       {true, false, true} },        // ---+---+---
                                     // X |   | X

    // Player 2 moves                //   |   | O
    {  {false, false, true},         // ---+---+---
       {false, true, false},         //   | O |
       {false, true, false} }         // ---+---+---
                                     //   | O |
  };
```

本例初始化棋盘并显式指定每一维的大小。new 表达式除了指定大小，还提供了数组的字面值。bool[,,] 类型的字面值被分解成两个 bool[,] 类型的二维数组（大小均为 3 × 3）。每个二维数组都由三个 bool 数组（大小为 3）构成。

如前所述，多维数组（这种普通多维数组也称为“矩形数组”）每一维的大小必须一致。还可定义**交错数组**（jagged array），也就是由数组构成的数组。交错数组的语法稍微有别于多维数组，而且交错数组不需要具有一致的大小。所以，可以像代码清单 3.17 那样初始化交错数组。

代码清单 3.17　初始化交错数组

```
int[][] cells = {
    new int[]{1, 0, 2, 0},
    new int[]{1, 2, 0},
    new int[]{1, 2},
    new int[]{1}
};
```

交错数组不用逗号标识新维。相反，交错数组定义由数组构成的数组。代码清单 3.17 在 int[] 后添加 []，表明数组元素是 int[] 类型的数组。

注意，交错数组要求为内部的每个数组都创建数组实例。这个例子使用 new 实例化交错数组的内部元素。遗失这个实例化部分会造成编译时错误。

3.4.3　数组的使用

使用方括号（称为**数组访问符**）访问数组元素。为获取第一个元素，要指定 0 作为索引。代码清单 3.18 将 languages 变量中的第 5 个元素（索引 4）的值存储到变量 language 中。

代码清单 3.18　声明并访问数组

```
string[] languages = new string[9]{
    "C#", "COBOL", "Java",
    "C++", "Visual Basic", "Pascal",
    "Fortran", "Lisp", "J#"};
// Retrieve fifth item in languages array (Visual Basic)
string language = languages[4];
```

还可用方括号语法将数据存储到数组中。代码清单 3.19 交换了 "C++" 和 "Java" 的顺序。

代码清单 3.19　交换数组中不同位置的数据

```
string[] languages = new string[9]{
    "C#", "COBOL", "Java",
    "C++", "Visual Basic", "Pascal",
    "Fortran", "Lisp", "J#"};
// Save "C++" to variable called language
string language = languages[3];
// Assign "Java" to the C++ position
languages[3] = languages[2];
```

```
// Assign language to location of "Java"
languages[2] = language;
```

多维数组的元素用每一个维的索引来标识，如代码清单 3.20 所示。

代码清单 3.20　初始化二维整数数组

```
int[,] cells = {
        {1, 0, 2},
        {0, 2, 0},
        {1, 2, 1}
    };
// Set the winning tic-tac-toe move to be player 1
cells[1,0] = 1;
```

交错数组元素的赋值稍有不同，这是因为它必须与交错数组的声明一致。第一个索引指定“由数组构成的数组”中的一个数组。第二个索引指定是该数组中的哪一项（参见代码清单 3.21）。

代码清单 3.21　声明交错数组

```
int[][] cells = {
  new int[]{1, 0, 2},
  new int[]{0, 2, 0},
  new int[]{1, 2, 1}
};

cells[1][0] = 1;
// ...
```

1. 长度

像代码清单 3.22 那样获取数组长度。

代码清单 3.22　获取数组长度

```
Console.WriteLine(
    $"There are { languages.Length } languages in the array.");
```

数组长度固定，除非重新创建数组，否则不能随便更改。此外，越过数组的**边界**（或长度）会造成“运行时”报错。用无效索引（指向的元素不存在）来访问（检索或者赋值）数组时就会发生这种情况。例如在代码清单 3.23 中，用数组长度作为索引来访问数组就会出错。

代码清单 3.23　访问数组越界会引发异常

```
string languages = new string[9];
...
// RUNTIME ERROR: index out of bounds - should
// be 8 for the last element
languages[4] = languages[9];
```

注意　Length 成员返回数组元素个数，而不是返回最高索引值。languages 变量的 Length 成员是 9，而 languages 变量的最高索引是 8，是从起点能到达的最远位置。

语言对比：C++ ——缓冲区溢出错误

非托管 C++ 并非总是检查是否越过数组边界。这个错误不仅很难调试，而且有可能造成潜在的安全问题，也就是所谓的缓冲区溢出。相反，CLR 能防止所有 C#（和托管 C++）代码越界，消除了托管代码中发生缓冲区溢出的可能。

一个好的实践是用 Length 取代硬编码的数组大小。例如，代码清单 3.24 修改了上个代码清单，在索引中使用了 Length（减 1 获得最后一个元素的索引）。

代码清单 3.24　在数组索引中使用 Length-1

```
string languages = new string[9];
...
languages[4] = languages[languages.Length - 1];
```

为避免越界，应使用长度检查来验证数组长度大于 0。访问数组最后一项时，要像代码清单 3.24 那样使用 Length-1 而不是硬编码的值。

Length 返回数组中元素的总数。因此，如果你有一个多维数组，比如大小为 2 × 3 × 3 的 bool cells[,,] 数组，那么 Length 会返回元素总数 18。

对于交错数组，Length 返回外部数组的元素数——交错数组是“数组构成的数组”，所以 Length 只作用于外部数组，只统计它的元素数（也就是具体由多少个数组构成），而不管各内部数组共包含了多少个元素。

2. 更多数组方法

数组提供了更多方法来操作数组中的元素，其中包括 Sort()、BinarySearch()、Reverse() 和 Clear() 等，如代码清单 3.25 所示。

代码清单 3.25　更多数组方法

```
class ProgrammingLanguages
{
  static void Main()
  {
      string[] languages = new string[]{
          "C#", "COBOL", "Java",
          "C++", "Visual Basic", "Pascal",
          "Fortran", "Lisp", "J#"};

      System.Array.Sort(languages);

      string searchString = "COBOL";
      int index = System.Array.BinarySearch(
          languages, searchString);
```

```
        System.Console.WriteLine(
            "The wave of the future, "
            + $"{ searchString }, is at index { index }.");
        System.Console.WriteLine();
        System.Console.WriteLine(
            $"{ "First Element",-20 }\t{ "Last Element",-20 }");
        System.Console.WriteLine(
            $"{ "-------------",-20 }\t{ "------------",-20 }");
        System.Console.WriteLine(
                $"{ languages[0],-20 }\t{ languages[languages.Length-1],-20
↳}");
        System.Array.Reverse(languages);
        System.Console.WriteLine(
                $"{ languages[0],-20 }\t{ languages[languages.Length-1],-20
↳}");
        // Note this does not remove all items from the array.
        // Rather, it sets each item to the type's default value.
        System.Array.Clear(languages, 0, languages.Length);
        System.Console.WriteLine(
                $"{ languages[0],-20 }\t{ languages[languages.Length-1],-20
↳}");
        System.Console.WriteLine(
            $"After clearing, the array size is: { languages.Length }");
    }
  }
```

输出 3.2 展示了结果。

输出 3.2

```
The wave of the future, COBOL, is at index 2.

First Element           Last Element
-------------           ------------
C#                      Visual Basic
Visual Basic            C#

After clearing, the array size is: 9
```

这些方法通过 System.Array 类提供。大多数都一目了然，但注意以下两点。

- 使用 BinarySearch() 方法前要先对数组进行排序。如果值不按升序排序，会返回不正确的索引。目标元素不存在会返回负值，在这种情况下，可应用按位求补运算符 ~index 返回比目标元素大的第一个元素的索引（如果有的话）。⊖
- Clear() 方法不删除数组元素，不将长度设为零。数组大小固定，不能修改。所以 Clear() 方法将每个元素都设为其默认值（false、0 或 null）。这解释了在调用 Clear() 之后输出数组时，Console.WriteLine() 为什么会创建一个空行。

⊖ 假定这个不存在的目标元素已插入数组并排好序。——译者注

语言对比：Visual Basic——允许改变数组大小

Visual Basic 提供 Redim 语句来更改数组元素数量。虽然没有等价的 C# 关键字，但 .NET 2.0 提供了 System.Array.Resize() 方法来重新创建数组，并将所有元素拷贝到新数组。

3. 数组实例方法

类似于字符串，数组也有不从数据类型而是从变量访问的实例成员。Length 就是一个例子，它通过数组变量来访问，而非通过类。其他常用实例成员还有 GetLength()、Rank 和 Clone()。

获取特定维的长度不是用 Length 属性，而是用数组的 GetLength() 实例方法，调用时需指定返回哪一维的长度，如代码清单 3.26 所示。

代码清单 3.26　获取特定维的大小

```
bool[,,] cells;
cells = new bool[2,3,3];
System.Console.WriteLine(cells.GetLength(0));   // Displays 2
```

结果如输出 3.3 所示。

输出 3.3

```
2
```

输出 2，这是第一维的元素个数。

还可访问数组的 Rank 成员获取整个数组的维数。例如，cells.Rank 返回 3。

将一个数组变量赋给另一个默认只拷贝数组引用，而不是数组中单独的元素。要创建数组的全新拷贝需使用数组的 Clone() 方法。该方法返回数组拷贝，修改新数组不会影响原始数组。

3.4.4　字符串作为数组使用

访问 string 类型的变量类似于访问字符数组。例如，可调用 palindrome[3] 获取 palindrome 字符串的第 4 个字符。注意由于字符串不可变，所以不能向字符串中的特定位置赋值。所以，对于 palindrome 字符串来说，在 C# 中不允许 string，palindrome[3]='a' 这样的写法。代码清单 3.27 使用数组访问符判断命令行上的参数是不是选项（选项的第一个字符是短划线）。

代码清单 3.27　查找命令行选项

```
string[] args;
...
if(args[0][0] == '-')
{
    // This parameter is an option
}
```

上述代码使用了要在第 4 章讲述的 if 语句。注意第一个数组访问符 [] 获取字符串数组 args 的第一个元素，第二个数组访问符则获取该字符串的第一个字符。上述代码等价于代码清单 3.28。

代码清单 3.28　查找命令行选项（简化版）

```
string[] args;
...
string arg = args[0];
if(arg[0] == '-')
{
    // This parameter is an option
}
```

不仅可用数组访问符单独访问字符串中的字符，还可使用字符串的 ToCharArray() 方法将整个字符串作为字符数组返回，再用 System.Array.Reverse() 方法反转数组中的元素，如代码清单 3.29 所示，该程序判断字符串是不是回文。

代码清单 3.29　反转字符串

```
class Palindrome
{
  static void Main()
  {
      string reverse, palindrome;
      char[] temp;

      System.Console.Write("Enter a palindrome: ");
      palindrome = System.Console.ReadLine();

      // Remove spaces and convert to lowercase
      reverse = palindrome.Replace(" ", "");
      reverse = reverse.ToLower();

      // Convert to an array
      temp = reverse.ToCharArray();

      // Reverse the array
      System.Array.Reverse(temp);

      // Convert the array back to a string and
      // check if reverse string is the same
      if(reverse == new string(temp))
      {
          System.Console.WriteLine(
              $"\"{palindrome}\" is a palindrome.");
      }
      else
      {
          System.Console.WriteLine(
              $"\"{palindrome}\" is NOT a palindrome.");
```

```
        }
    }
}
```

输出 3.4 展示了结果。

输出 3.4

```
Enter a palindrome: NeverOddOrEven
"NeverOddOrEven" is a palindrome.
```

这个例子使用 new 关键字根据反转好的字符数组创建新字符串。

3.4.5　常见数组错误

前面描述了三种不同类型的数组：一维、多维和交错。一些规则和特点约束着数组的声明和使用。表 3.3 总结了一些常见错误，有助于巩固对这些规则的了解。阅读时最好先看“常见错误”一栏的代码（先不要看错误说明和改正后的代码），看自己是否能发现错误，检查你对数组及其语法的理解。

表 3.3　常见数组编程错误

常见错误	错误说明	改正后的代码
`int numbers[];`	用于声明数组的方括号放在数据类型之后，而不是在变量标识符之后	`int[] numbers;`

`int[] numbers;`
`numbers = {42, 84, 168 };`
	如果是在声明之后再对数组进行赋值，需要使用 new 关键字，并可选择指定数据类型	`int[] numbers;`
		`numbers = new int[]{`
		`  42, 84, 168 }`

`int[3] numbers =` `  { 42, 84, 168 };`	不能在变量声明中指定数组大小	`int[] numbers =` `  { 42, 84, 168 };`
`int[] numbers =` `  new int[];`	除非提供数组字面值，否则必须在初始化时指定数组大小	`int[] numbers =` `  new int[3];`

`int[] numbers =`
`  new int[3]{}`
	数组大小指定为 3，但数组字面值中没有任何元素。数组的大小必须与数组字面值中的元素个数相符	`int[] numbers =`
		`  new int[3]`
		`{ 42, 84, 168 };`

`int[] numbers =`
`  new int[3];`
`Console.WriteLine(`
`  numbers[3]);`
	数组索引起始于零。因此，最后一项的索引比数组长度小 1。注意这是运行时错误，而不是编译时错误	`int[] numbers =`
		`  new int[3];`
		`Console.WriteLine(`
		`  Numbers[2]);`

`int[] numbers =`
`  new int[3];`
`numbers[numbers.Length]=`
`  42;`
	和上一个错误相同：需要从 Length 减去 1 来访问最后一个元素。注意这是运行时错误，而不是编译时错误	`int[] numbers =`
		`  new int[3];`
		`numbers[numbers.Length-1] =`
		`  42;`

（续）

常见错误	错误说明	改正后的代码

int[] numbers;
Console.WriteLine(
  numbers[0]);
	尚未对 numbers 数组实例化，暂时不可访问	int[] numbers = {42, 84};
		Console.WriteLine(
		  numbers[0]);

int[,] numbers =
  { {42},
    {84, 42} };
	多维数组的结构必须一致	int[,] numbers =
		  { {42, 168},
		    {84, 42} };

int[][] numbers =
  { {42, 84},
    {84, 42} };
	交错数组要求对数组中的数组进行实例化	int[][] numbers =
		  { new int[]{42, 84},
		    new int[]{84, 42} };

3.5 小结

本章首先讨论了两种不同的类型：值类型和引用类型。它们是 C# 程序员必须理解的基本概念，虽然读代码时可能看不太出来，但它们改变了类型的底层机制。

讨论数组前先讨论了两种语言构造。首先讨论了 C# 2.0 引入的可空修饰符（?），它允许值类型存储空值。然后讨论了元组，并介绍如何用 C# 7.0 引入的新语法处理元组，同时不必显式地和底层数据类型打交道。

最后讨论了 C# 数组语法，并介绍了各种数组处理方式。许多开发者刚开始不容易熟练掌握这些语法。所以提供了一个常见错误列表，专门列出与数组编码有关的错误。

下一章讨论表达式和控制流程语句。本章最后出现过几次的 if 语句会一并讨论。

第 4 章

操作符和控制流程

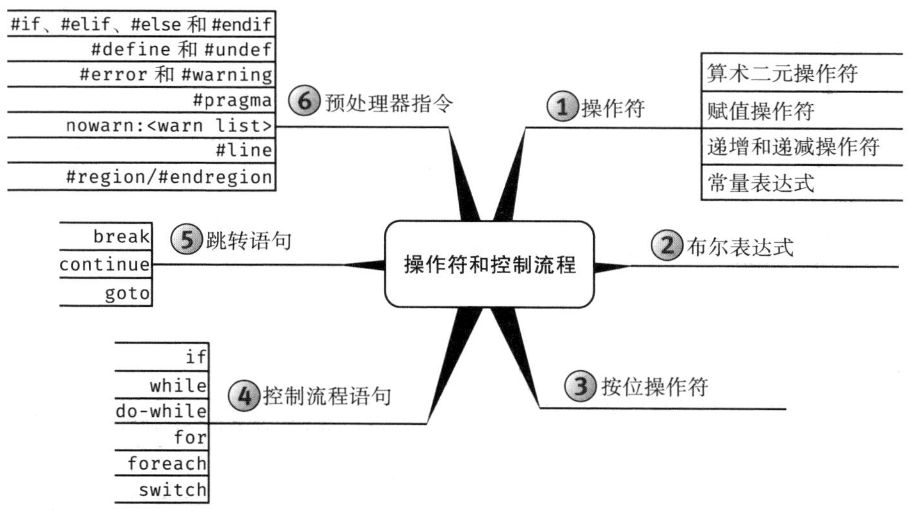

本章学习操作符、控制流程语句和 C# 预处理器。操作符提供了对操作数执行各种计算或操作的语法。控制流程语句控制程序的条件逻辑，或多次重复一节代码。介绍了 `if` 控制流程语句后，本章将探讨布尔表达式的概念，许多控制流程语句都要嵌入这种表达式。还会提到整数不能转换为 `bool`（显式转型也不行），并讨论了这个设计的好处。本章最后讨论 C# 预处理器指令。

4.1 操作符

第 2 章学习了预定义数据类型，本节学习如何将操作符应用于这些数据类型来执行各种计算。例如，可对声明好的变量执行计算。

初学者主题：操作符

操作符对称为**操作数**的值（或变量）执行数学或逻辑运算或操作来生成新值（称为**结果**）。例如，代码清单 4.1 有两个操作数 4 和 2，它们被减法操作符（-）组合到一起，结果赋给变量 difference。

代码清单 4.1　简单的操作符例子

```
int difference = 4 - 2;
```

通常将操作符划分为三大类：一元、二元和三元，分别对应一个、两个和三个操作符。本节讨论最基本的一元和二元操作符，三元操作符将在本章后面简略介绍。

4.1.1　一元正负操作符 (+,-)

有时需要改变数值的正负号。这时一元负操作符（-）就能派上用场。例如，代码清单 4.2 将当前的美国国债金额变成负值，指明这是欠款。

代码清单 4.2　指定负值㊀

```
// National debt to the penny
decimal debt = -20203668853807.76M;
```

使用一元负操作符等价于从零减去操作数。一元正操作符（+）对值几乎㊁没有影响。它在 C# 语言中是多余的，只是出于对称性的考虑才加进来。

4.1.2　二元算术操作符 (+, -, *, /, %)

二元操作符要求两个操作数。C# 为二元操作符使用中缀记号法：操作符在左右操作数之间。除赋值之外的每个二元操作符的结果必须以某种方式使用（例如作为另一个表达式的操作数）。

语言对比：C++——仅有操作符的语句

和上面提到的规则相反，C++ 甚至允许像 4+5; 这样的二元表达式作为独立语句使用。在 C# 中，只有赋值、调用、递增、递减、await 和对象创建表达式才能作为独立语句使用。

代码清单 4.3 是使用二元操作符（更准确地说是二元算术操作符）的例子。算术操作符的每一边都有一个操作数，计算结果赋给一个变量。除了二元减法操作符（-），其他二元算术

㊀　这是 2018 年 8 月 14 日的美国国债数据，数据来自 *http://www.usdebtclock.org*。

㊁　一元 + 操作符定义为获取 int、unit、long、ulong、float、double 和 decimal 类型（以及这些类型的可空版本）的操作数。作用于其他类型（例如 short）时，操作数会相应地转换为上述某个类型。

操作符还有加法（+）、除法（/）、乘法（*）和取余操作符（%，有时也称为取模操作符）。

代码清单 4.3　使用二元操作符

```
class Division
{
  static void Main()
  {
      int numerator;
      int denominator;
      int quotient;
      int remainder;

      System.Console.Write("Enter the numerator: ");
      numerator = int.Parse(System.Console.ReadLine());

      System.Console.Write("Enter the denominator: ");
      denominator = int.Parse(System.Console.ReadLine());

      quotient = numerator / denominator;
      remainder = numerator % denominator;

      System.Console.WriteLine(
          $"{numerator} / {denominator} = {quotient} with remainder
{remainder}");
  }
}
```

输出 4.1 展示了结果。

输出 4.1

```
Enter the numerator: 23
Enter the denominator: 3
23 / 3 = 7 with remainder 2
```

在突出显示的赋值语句中，除法和取余操作先于赋值发生。操作符的执行顺序取决于它们的**优先级**和**结合性**。迄今为止用过的操作符的优先级如下。

1. *、/ 和 % 具有最高优先级
2. + 和 - 具有较低优先级
3. = 在 6 个操作符中优先级最低

所以上例中的语句行为符合预期，除法和取余先于赋值进行。

如忘记对二元操作符的结果进行赋值，会出现如输出 4.2 所示的编译错误。

输出 4.2

```
... error CS0201: 只有 assignment、call、increment、decrement
  和 new 对象表达式可用作语句
```

初学者主题：圆括号、结合性、优先级和求值

包含多个操作符的表达式可能让人分不清楚每个操作符的操作数。例如在表达式 x+y*z 中，很明显表达式 x 是 + 操作符的操作数，z 是 * 操作符的操作数。但 y 是 + 还

是 * 的操作数？

圆括号清楚地将操作数与操作符关联。如希望 y 是被加数，可以写 (x+y)*z。如希望是被乘数，可以写 x+(y*z)。

但包含多个操作符的表达式不一定非要添加圆括号。编译器能根据结合性和优先级判断执行顺序。**结合性**决定相似操作符的执行顺序，**优先级**决定不相似操作符的执行顺序。

二元操作符可以“左结合”或“右结合”，具体取决于“位于中间”的表达式是从属于左边的操作符，还是从属于右边的操作符。例如，a-b-c 被判定为 (a-b)-c，而不是 a-(b-c)。这是因为减法操作符为“左结合”。C# 的大多数操作符都是左结合的，赋值操作符右结合。

对于不相似操作符，要根据操作符优先级决定位于中间的操作数从属于哪一边。例如，乘法优先级高于加法，所以表达式 x+y*z 求值为 x+(y*z) 而不是 (x+y)*z。

但通常好的实践是坚持用圆括号增强代码可读性，即使这样“多余”。例如在执行摄氏 - 华氏温度换算时，(c*9.0/5.0)+32.0 比 c*9.0/5.0+32.0 更易读，即使完全可以省略圆括号。

很明显，相邻的两个操作符，高优先级的先于低优先级的执行。例如 x+y*z 是先乘后加，乘法结果是加法操作符的右操作数。但要注意，优先级和结合性只影响操作符自身的执行顺序，不影响操作数的求值顺序。

在 C# 中，操作数总是从左向右求值。在包含三个方法调用的表达式中，比如 A()+B()*C()，首先求值 A()，然后 B()，然后 C()，然后乘法操作符决定乘积，最后加法操作符决定和。不能因为 C() 是乘法操作数，A() 是加法操作数，就认为 C() 先于 A() 发生。

设计规范

- 要用圆括号增加代码的易读性，尤其是在操作符优先级不是让人一目了然的时候。

语言对比：C++——操作数求值顺序

和上述规则相反，C++ 规范允许不同的实现自行选择操作数求值顺序。对于 A()+B()*C() 这样的表达式，不同的 C++ 编译器可选择以不同顺序求值函数调用，只要乘积是某个被加数即可。例如，可以选择先求值 B()，再 A()，再 C()，再乘法，最后加法。

1. 将加法操作符用于字符串

操作符也可用于非数值类型。例如，可用加法操作符连接两个或更多字符串，如代码清单 4.4 所示。

代码清单 4.4　将二元操作符应用于非数值类型

```
class FortyTwo
{
  static void Main()
  {
      short windSpeed = 42;
      System.Console.WriteLine(
          "The original Tacoma Bridge in Washington\nwas "
          + "brought down by a "
          + windSpeed + " mile/hour wind.");
  }
}
```

输出 4.3 展示了结果。

输出 4.3

```
The original Tacoma Bridge in Washington
was brought down by a 42 mile/hour wind.
```

由于不同语言文化的语句结构迥异，所以开发者注意不要对准备本地化的字符串使用加法操作符。类似地，虽然可用 C# 6.0 的字符串插值技术在字符串中嵌入表达式，但其他语言的本地化仍然要求将字符串移至某个资源文件，这使字符串插值没了用武之地。在这种情况下，复合格式化更理想。

设计规范

- 要在字符串可能会本地化时用复合格式化而不是加法操作符来连接字符串。

2. 在算术运算中使用字符

第 2 章介绍 char 类型时提到，虽然 char 类型存储的是字符而不是数字，但它是“整数的类型”（意味着基于整数）。可以和其他整型一起参与算术运算。但不是基于存储的字符来解释 char 类型的值，而是基于它的基础值。例如，数字 3 用 Unicode 值 0x33（十六进制）表示，换算成十进制值是 51。数字 4 用 Unicode 值 0x34 表示，或十进制 52。如代码清单 4.5 所示，3 和 4 相加获得十六进制值 0x167，即十进制 103，等价于字母 g。

代码清单 4.5　将加法操作符应用于 char 数据类型

```
int n = '3' + '4';
char c = (char)n;
System.Console.WriteLine(c);  // Writes out g
```

输出 4.4 展示了结果。

输出 4.4

```
g
```

可利用 `char` 类型的这个特点判断两个字符相距多远。例如，字母 `f` 与字母 `c` 有 3 个字符的距离。为获得这个值，可以用字母 `f` 减去字母 `c`，如代码清单 4.6 所示。

代码清单 4.6　判断两个字符之间的“距离”

```
int distance = 'f' - 'c';
System.Console.WriteLine(distance);
```

输出 4.5 展示了结果。

输出 4.5

```
3
```

3. 浮点类型的特殊性

浮点类型 `float` 和 `double` 有一些特殊性，比如它们处理精度的方式。本节通过一些实例帮助认识浮点类型的特殊性。

`float` 具有 7 位精度，能容纳值 1234567 和值 0.1234567。但这两个 `float` 值相加的结果会被取整为 1234567，因为小数部分超过了 float 能容纳的 7 位有效数字。这种类型的取整有时是致命的，尤其是在执行重复性计算或检查相等性的时候（参见稍后的“高级主题：浮点类型造成非预期的不相等”）。

二进制浮点类型内部存储二进制分数而不是十进制分数。所以一次简单的赋值就可能引发精度问题，例如 `double number = 140.6F`。140.6 的准确值是分数 703/5，但分母不是 2 的整数次幂，所以无法用二进制浮点数准确表示。实际分母是用 `float` 的 16 位有效数字能表示的最接近的一个值。

由于 `double` 能容纳比 `float` 更精确的值，所以 C# 编译器实际将该表达式求值为 `double number = 140.600006103516`，这是最接近 `140.6F` 的二进制分数，但表示成 `double` 比 `140.6` 稍大。

设计规范

- 避免在需要准确的十进制小数算术运算时使用二进制浮点类型，应使用 `decimal` 浮点类型。

高级主题：浮点类型造成非预期的不相等

比较两个值是否相等，浮点类型的不准确性可能造成严重后果。有时本应相等的值被错误地判断为不相等，如代码清单 4.7 所示。

代码清单 4.7　浮点类型的不准确性造成非预期的不相等

```
decimal decimalNumber = 4.2M;
double doubleNumber1 = 0.1F * 42F;
double doubleNumber2 = 0.1D * 42D;
float floatNumber = 0.1F * 42F;
```

```
Trace.Assert(decimalNumber != (decimal)doubleNumber1);
// 1. Displays: 4.2 != 4.20000006258488
System.Console.WriteLine(
    $"{decimalNumber} != {(decimal)doubleNumber1}");

Trace.Assert((double)decimalNumber != doubleNumber1);
// 2. Displays: 4.2 != 4.20000006258488
System.Console.WriteLine(
    $"{(double)decimalNumber} != {doubleNumber1}");

Trace.Assert((float)decimalNumber != floatNumber);
// 3. Displays: (float)4.2M != 4.2F
System.Console.WriteLine(
    $"(float){(float)decimalNumber}M != {floatNumber}F");

Trace.Assert(doubleNumber1 != (double)floatNumber);
// 4. Displays: 4.20000006258488 != 4.20000028610229
System.Console.WriteLine(
    $"{doubleNumber1} != {(double)floatNumber}");

Trace.Assert(doubleNumber1 != doubleNumber2);
// 5. Displays: 4.20000006258488 != 4.2
System.Console.WriteLine(
    $"{doubleNumber1} != {doubleNumber2}");

Trace.Assert(floatNumber != doubleNumber2);
// 6. Displays: 4.2F != 4.2D
System.Console.WriteLine(
    $"{floatNumber}F != {doubleNumber2}D");

Trace.Assert((double)4.2F != 4.2D);
// 7. Displays: 4.19999980926514 != 4.2
System.Console.WriteLine(
    $"{(double)4.2F} != {4.2D}");

Trace.Assert(4.2F != 4.2D);
// 8. Displays: 4.2F != 4.2D
System.Console.WriteLine(
    $"{4.2F}F != {4.2D}D");
```

输出 4.6 展示了结果。

输出 4.6

```
4.2 != 4.20000006258488
4.2 != 4.20000006258488
(float)4.2M != 4.2F
4.20000006258488 != 4.20000028610229
4.20000006258488 != 4.2
4.2F != 4.2D
4.19999980926514 != 4.2
4.2F != 4.2D
```

Assert() 方法在实参求值为 false 时提醒开发人员“断言失败”㊀。但上述代码中的所有 Assert() 语句都求值为 true。所以，虽然值理论上应该相等，但由于浮点数的不准确性，它们被错误地判断为不相等。

设计规范

- 避免将二进制浮点类型用于相等性条件式。要么判断两个值之差是否在容差范围之内，要么使用 decimal 类型。

浮点类型还有其他特殊性。例如，整数除以零理论上应出错。int 和 decimal 等数据类型确实会如此。但 float 和 double 允许结果是特殊值，如代码清单 4.8 和输出 4.7 所示。

代码清单 4.8　浮点数被零除的结果是 NaN

```
float n=0f;
// Displays: NaN
System.Console.WriteLine(n / 0);
```

输出 4.7

```
NaN
```

数学中的特定算术运算是未定义的，例如 0 除以它自己。在 C# 中，浮点 0 除以 0 会得到“Not a Number”（非数字）。打印这样的一个数实际输出的就是 NaN。类似地，获取负数的平方根（System.Math.Sqrt(-1)）也会得到 NaN。

浮点数可能溢出边界。例如，float 的上边界约为 3.4×10^{38}。一旦溢出，结果数就会存储为“正无穷大”（∞）。类似地，float 的下边界是 -3.4×10^{38}，溢出会得到“负无穷大”（-∞）。代码清单 4.9 分别生成正负无穷大，输出 4.8 展示了结果。

代码清单 4.9　溢出 float 值边界

```
// Displays: -Infinity
System.Console.WriteLine(-1f / 0);
// Displays: Infinity
System.Console.WriteLine(3.402823E+38f * 2f);
```

输出 4.8

```
-Infinity
Infinity
```

进一步研究浮点数，发现它能包含非常接近零但实际不是零的值。如值超过 float 或 double 类型的阈值，值可能表示成“负零”或者“正零”，具体取决于数是负还是正，并在输出中表示成 -0 或者 0。

㊀ 为了使上述代码顺利编译，请添加 using System.Diagnostics; 指令。——译者注

4.1.3　复合赋值操作符 (+=,-=,*=,/=,%=)

第 1 章讨论了简单的赋值操作符（=），它将操作符右边的值赋给左边的变量。复合赋值操作符将常见的二元操作符与赋值操作符结合。以代码清单 4.10 为例。

代码清单 4.10　常见的递增计算

```
int x = 123;
x = x + 2;
```

在上述赋值运算中，首先计算 x + 2，结果赋回 x。由于这种形式的运算相当普遍，所以专门有一个操作符集成了计算和赋值。+= 操作符使左边的变量递增右边的值，如代码清单 4.11 所示。

代码清单 4.11　使用 += 操作符

```
int x = 123;
x += 2;
```

上述代码等价于代码清单 4.10。

还有其他复合赋值操作符提供了类似的功能。赋值操作符还可以和减法、乘法、除法和取余操作符合并，如代码清单 4.12 所示。

代码清单 4.12　其他复合赋值操作符

```
x -= 2;
x /= 2;
x *= 2;
x %= 2;
```

4.1.4　递增和递减操作符 (++,--)

C# 提供了特殊的一元操作符来实现计数器的递增和递减。**递增操作符**（++）每次使一个变量递增 1。所以，代码清单 4.13 每行代码的作用都一样。

代码清单 4.13　递增操作符

```
spaceCount = spaceCount + 1;
spaceCount += 1;
spaceCount++;
```

类似地，**递减操作符**（--）使变量递减 1。所以，代码清单 4.14 每行代码的作用都一样。

代码清单 4.14　递减操作符

```
lines = lines - 1;
lines -= 1;
lines--;
```

初学者主题：循环中的递减示例

递增和递减操作符在循环（比如稍后要讲到的 while 循环）中经常用到。例如，代码清单 4.15 使用递减操作符逆向遍历字母表的每个字母。

代码清单 4.15　降序显示每个字母的 ASCII 值

```
char current;
int unicodeValue;

// Set the initial value of current
current = 'z';

do
{
  // Retrieve the Unicode value of current
  unicodeValue = current;
  System.Console.Write($"{current}={unicodeValue}\t");

  // Proceed to the previous letter in the alphabet
  current--;
}
while(current >= 'a');
```

输出 4.9 展示了结果。

输出 4.9

```
z=122   y=121   x=120   w=119   v=118   u=117   t=116   s=115   r=114
q=113   p=112   o=111   n=110   m=109   l=108   k=107   j=106   i=105
h=104   g=103   f=102   e=101   d=100   c=99    b=98    a=97
```

递增和递减操作符用于控制特定操作的执行次数。本例还要注意递减操作符可以应用于字符（char）数据类型。只要数据类型支持"下一个值"和"上一个值"的概念，就适合使用递增和递减操作符。

以前说过，赋值操作符首先计算要赋的值，再执行赋值。赋值操作符的结果是所赋的值。递增和递减操作符与此相似。也是计算要赋的值，执行赋值，再返回结果值。所以赋值操作符可以和递增或递减操作符一起使用。但如果不仔细，可能得到令人困惑的结果。如代码清单 4.16 和输出 4.10 所示。

代码清单 4.16　使用后缀递增操作符

```
int count = 123;
int result;
result = count++;
System.Console.WriteLine(
  $"result = {result} and count = {count}");
```

输出 4.10

```
result = 123 and count = 124
```

赋给 result 的是 count 递增前的值。递增或递减操作符的位置决定了所赋的值是操作数计算之前还是之后的值。如希望 result 的值是递增 / 递减后的结果，需要将操作符放在想递增 / 递减的变量之前，如代码清单 4.17 所示。

代码清单 4.17　使用前缀递增操作符

```
int count = 123;
int result;
result = ++count;
System.Console.WriteLine(
  $"result = {result} and count = {count}");
```

输出 4.11 展示了代码清单 4.17 的结果。

输出 4.11

```
result = 124 and count = 124
```

本例的递增操作符出现在操作数之前，所以表达式生成的结果是递增后赋给变量的值。假定 count 为 123，那么 ++count 将 124 赋给 count，生成的结果是 124。相反，后缀形式 count++ 将 124 赋给 count，生成的结果是递增前 count 所容纳的值，即 123。无论后缀还是前缀形式，变量 count 都会在表达式的结果生成之前递增，区别在于结果选择哪个值。代码清单 4.18 和输出 4.12 展示了前缀和后缀操作符在行为上的差异。

代码清单 4.18　对比前缀和后缀递增操作符

```
class IncrementExample
{
  static void Main()
  {
      int x = 123;
      // Displays 123, 124, 125
      System.Console.WriteLine($"{x++}, {x++}, {x}");
      // x now contains the value 125
      // Displays 126, 127, 127
      System.Console.WriteLine($"{++x}, {++x}, {x}");
      // x now contains the value 127
  }
}
```

输出 4.12

```
123, 124, 125
126, 127, 127
```

在代码清单 4.18 中，递增和递减操作符相对于操作数的位置影响了表达式的结果。前缀操作符的结果是变量递增 / 递减之后的值，而后缀操作符的结果是变量递增 / 递减之前的值。在语句中使用这些操作符应该小心。若心存疑虑，最好独立使用这些操作符（自成一个语句）。这样不仅代码更易读，还可保证不犯错。

语言对比：C++——由实现定义的行为

以前说过，C++ 的不同实现可任意选择表达式中的操作数的求值顺序，而 C# 总是从左向右。类似地，在 C++ 中实现递增和递减时，可按任何顺序执行递增和递减的副作用[⊖]。例如在 C++ 中，对于 `M(x++, x++)` 这样的调用，假定 `x` 初值是 `1`，那么既可以调用 `M(1,2)`，也可以调用 `M(2,1)`，具体由编译器决定。C# 则总是调用 `M(1,2)`，因为 C# 做出了两点保证。第一，传给调用的实参总是从左向右计算。第二，总是先将已递增的值赋给变量，再使用表达式的值。这两点 C++ 都不保证。

设计规范

- 避免递增和递减操作符的让人迷惑的用法。
- 在 C、C++ 和 C# 之间移植使用了递增和递减操作符的代码要小心。C 和 C++ 的实现遵循的不一定是和 C# 相同的规则。

高级主题：线程安全的递增和递减

虽然递增和递减操作符简化了代码，但两者执行的都不是原子级别的运算。在操作符执行期间，可能发生线程上下文切换，造成竞争条件。可用 `lock` 语句防止出现竞争条件。但对于简单递增和递减运算，一个代价没有那么高的替代方案是使用由 `System.Threading.Interlocked` 类提供的线程安全方法 `Increment()` 和 `Decrement()`。这两个方法依赖处理器的功能来执行快速和线程安全的递增和递减运算（详情参见第 20 章）。

4.1.5 常量表达式和常量符号

上一章讨论了字面值，或者说直接嵌入代码的值。可用操作符将多个字面值合并到**常量表达式**中。根据定义，常量表达式是 C# 编译器能在编译时求值的表达式（而不是在运行时才能求值），因为其完全由常量操作数构成。然后，可用常量表达式初始化常量符号，从而为常量值分配名称（类似于局部变量为存储位置分配名称）。例如，可用常量表达式计算一天中的秒数，结果赋给一个常量符号，并在其他表达式中使用该符号。

代码清单 4.19 中的 `const` 关键字的作用就是声明常量符号。由于常量和“变量”相反（“常”意味着“不可变”），以后在代码中任何修改它的企图都会造成编译时错误。

⊖ 计算机编程的“副作用”（side effect）跟平时的用法差不多，就是某个时候在某个地方造成某个东西的状态发生改变。例如修改变量值、将数据写入磁盘或者启用 / 禁用 UI 上的某个按钮等。

代码清单 4.19　声明常量

```
// ...
public long Main()
{
                              常量表达式
    const int secondsPerDay = 60 * 60 * 24;
    const int secondsPerWeek = secondsPerDay * 7;
                  常量
    // ...
}
```

注意赋给 secondsPerWeek 的也是常量表达式。表达式中所有操作数都是常量，编译器能确定结果。

设计规范

- 不要用常量表示将来可能改变的任何值。π 和金原子的质子数是常量。金价、公司名和程序版本号则应该是变量。

4.2　控制流程概述

本章后面的代码清单 4.45 展示了如何以一种简单方式查看一个数的二进制形式。但即便如此简单的程序，不用控制流程语句也写不出来。控制流程语句控制程序的执行路径。本节讨论如何基于条件检查来改变语句的执行顺序。之后将学习如何通过循环构造来反复执行一组语句。

表 4.1 总结了所有控制流程语句。注意“常规语法结构”这一栏给出的只是常见的语句用法，不是完整的词法结构。表 4.1 中的 *embedded-statement* 是除了加标签的语句或声明之外的任何语句，但通常是代码块。

表 4.1　控制流程语句

语句	常规语法结构	示　例

if 语句	**if** (boolean-expression)
	embedded-statement
		if (input == "quit")
		{
		  System.Console.WriteLine("Game end");
		  return;
		}

	if (boolean-expression)
	  embedded-statement
	else
	  embedded-statement
		if (input == "quit")
		{
		  System.Console.WriteLine("Game end");
		  return;
		}
		else
		  GetNextMove();

（续）

语句	常规语法结构	示　例

while 语句	**while** (boolean-expression)
	embedded-statement
		while(*count* < *total*)
		{
		System.Console.WriteLine($"count = {count}");
		count++;
		}

do while 语句	**do**
	embedded-statement
	while (*boolean-expression*) ;
		do
		{
		System.Console.WriteLine("Enter name:");
		input = System.Console.ReadLine();
		}
		while(*input* != "exit");

for 语句	**for** (*for-initializer*;
	boolean-expression;
	for-iterator)
	embedded-statement
		for (**int** count = 1; count <= 10; count++)
		{
		System.Console.WriteLine("count = {0}", count);
		}

foreach 语句	**foreach** (*type identifier* **in**
	expression)
	embedded-statement
		foreach (**char** letter **in** email)
		{
		if(!insideDomain)
		{
		if (letter == '@')
		{
		insideDomain = **true**;
		}
		continue;
		}
		System.Console.Write(letter);
		}

continue 语句	**continue**;	

switch 语句	**switch**(governing-type-
	expression)
	{
	...
	case const-expression:
	statement-list
	jump-statement
	default:
	statement-list
	jump-statement
	}
		switch(input)
		{
		case "exit":
		case "quit":
		System.Console.WriteLine("Exiting
		app....");
		break;
		case "restart":
		Reset();
		goto case "start";
		case "start":
		GetMove();
		break;
		default:
		System.Console.WriteLine(input);
		break;
		}

break 语句	**break**;	
goto 语句	**goto** *identifier*;	
	goto case *const-expression*;	
	goto default;	

表 4.1 的每个 C# 控制流程语句都出现在井字棋[⊖]程序中，可直接查看第 3 章的源代码文件 TicTacToe.cs（*https://github.com/IntelliTect/EssentialCSharp*）。程序显示井字棋棋盘，提示每个玩家走棋，并在每一次走棋之后更新。

本章剩余部分将详细讨论每一种语句。讨论了 if 语句后，要先解释代码块、作用域、布尔表达式以及按位操作符的概念，再讨论其他控制流程语句。由于 C# 和其他语言存在很多相似性，部分读者可能发现该表格非常熟悉。这部分读者可直接跳到 4.9 节，或直接跳到本章小结。

4.2.1 if 语句

if 语句是 C# 最常见的语句之一。它对称为**条件**（*condition*）的**布尔表达式**（返回 true 或 false 的表达式）进行求值，条件为 true 将执行后续语句（*consequence-statement*）。if 语句可以有 else 子句，其中包含在条件为 false 时执行的替代语句（*alternative-statement*）。常规形式如下：

```
if (condition)
  consequence-statement
else
  alternative-statement
```

在代码清单 4.20 中，玩家输入 1，程序将显示 "Play against computer selected."（人机对战）；否则显示 "Play against another player."（双人对战）。

代码清单 4.20 if/else 语句示例

```
class TicTacToe      // Declares the TicTacToe class
{
  static void Main() // Declares the entry point of the program
  {
      string input;

      // Prompt the user to select a 1- or 2-player game
      System.Console.Write(
          "1 - Play against the computer\n" +
          "2 - Play against another player.\n" +
          "Choose:"
      );
      input = System.Console.ReadLine();

      if(input=="1")
          // The user selected to play the computer
          System.Console.WriteLine(
              "Play against computer selected.");
      else
          // Default to 2 players (even if user didn't enter 2)
          System.Console.WriteLine(
              "Play against another player.");
  }
}
```

⊖ 在美国叫 Tic-Tac-Toe。也有些国家称为“画圈打叉”游戏。

4.2.2 嵌套 if

代码有时需要多个 if 语句。代码清单 4.21 首先判断玩家是否输入小于或等于 0 的数要求退出，不是就检查用户是否知道井字棋的最大走棋步数。

代码清单 4.21 嵌套 if 语句

```
class TicTacToeTrivia
{
  static void Main()
  {
      int input;    // Declare a variable to store the input

      System.Console.Write(
          "What is the maximum number " +
          "of turns in tic-tac-toe?" +
          "(Enter 0 to exit.): ");

      // int.Parse() converts the ReadLine()
      // return to an int data type
      input = int.Parse(System.Console.ReadLine());

      if (input <= 0) // line 16
              // Input is less than or equal to 0
          System.Console.WriteLine("Exiting...");
      else
          if (input < 9)  // line 20
              // Input is less than 9
              System.Console.WriteLine(
                  $"Tic-tac-toe has more than {input}" +
                  " maximum turns.");
          else
              if(input > 9) // line 26
                  // Input is greater than 9
                  System.Console.WriteLine(
                      $"Tic-tac-toe has fewer than {input}" +
                      " maximum turns.");
              else
                  // Input equals 9
                  System.Console.WriteLine( // line 33
                      "Correct, tic-tac-toe " +
                      "has a maximum of 9 turns.");
  }
}
```

输出 4.13 展示了结果。

输出 4.13

```
What is the maximum number of turns in tic-tac-toe? (Enter 0 to exit.): 9
Correct, tic-tac-toe has a maximum of 9 turns.
```

假定第 14 行显示提示时玩家输入 9，那么执行路径如下。

1. 第 16 行：检查 input 是否小于 0。因为不是，所以跳到第 20 行。
2. 第 20 行：检查 input 是否小于 9。因为不是，所以跳到第 26 行。
3. 第 26 行：检查 input 是否大于 9。因为不是，所以跳到第 33 行。
4. 第 33 行：显示答案正确。

代码清单 4.21 使用了嵌套 if 语句。为分清嵌套，代码行进行了缩进。但如第 1 章所述，空白不影响执行路径。有没有缩进和换行，代码执行起来都一样。代码清单 4.22 展示了嵌套 if 语句的另一种形式，与代码清单 4.21 等价。

代码清单 4.22　if/else 的连贯格式

```
if (input < 0)
  System.Console.WriteLine("Exiting...");
else if (input < 9)
  System.Console.WriteLine(
      $"Tic-tac-toe has more than {input}" +
      " maximum turns.");
else if(input < 9)
  System.Console.WriteLine(
      $"Tic-tac-toe has less than {input}" +
      " maximum turns.");
else
  System.Console.WriteLine(
      "Correct, tic-tac-toe has a maximum " +
      " of 9 turns.");
```

虽然后一种格式更常见，但无论哪种情况，都应选择代码最易读的格式。

上述两个代码清单的 if 语句都省略了大括号。但正如马上就要讲到的那样，这和设计规范不符。规范提倡除了单行语句之外都使用代码块。

4.3　代码块（{}）

在前面的 if 语句示例中，if 和 else 之后仅跟随了一个 System.Console.WriteLine(); 语句，如代码清单 4.23 所示。

代码清单 4.23　不需要代码块的 if 语句

```
if(input < 9)
  System.Console.WriteLine("Exiting");
```

可用大括号将多个语句合并成**代码块**，以实现在符合条件时执行多个语句。例如代码清单 4.24 中突出显示的用于计算半径的代码块。

代码清单 4.24　跟随了代码块的 if 语句

```
class CircleAreaCalculator
```

```
{
  static void Main()
  {
      double radius;  // Declare a variable to store the radius
      double area;    // Declare a variable to store the area

      System.Console.Write("Enter the radius of the circle: ");

      // double.Parse converts the ReadLine()
      // return to a double
      radius = double.Parse(System.Console.ReadLine());
      if(radius >= 0)
      {
          // Calculate the area of the circle
          area = Math.PI * radius * radius;
          System.Console.WriteLine(
              $"The area of the circle is: { area : 0.00 }");
      }
      else
      {
          System.Console.WriteLine(
              $"{ radius } is not a valid radius.");
      }
  }
}
```

输出 4.14 展示了结果。

输出 4.14

```
Enter the radius of the circle: 3
The area of the circle is: 28.27
```

在这个例子中，if 语句检查 radius（半径）是不是正数。如果是，就计算并显示圆的面积；否则显示消息指出半径无效。

注意第一个 if 之后跟随了两个语句，它们被封闭在一对大括号中。大括号将多个语句合并成**代码块**。

如去掉代码清单 4.24 中用于创建代码块的大括号，在布尔表达式返回 true 的前提下，只有紧接在 if 语句之后的那条语句才会执行。无论布尔表达式求值结果是什么，后续的语句都会执行。代码清单 4.25 展示了这种无效的代码。

代码清单 4.25　依赖缩进造成无效的代码

```
if(radius >= 0)
  area = Math.PI * radius *radius;
  System.Console.WriteLine(
      $"The area of the circle is: { area:0.00}");
```

在 C# 中，缩进仅用来增强代码的可读性。编译器会忽略它，所以上述代码在语义上等价于代码清单 4.26。

代码清单 4.26　语义上等价于代码清单 4.25

```
if(radius >= 0)
{
  area = Math.PI * radius * radius;
}
System.Console.WriteLine(
    $"The area of the circle is:{ area:0.00}");
```

程序员必须防止此类不容易发现的错误。一种比较极端的做法是，无论如何都在控制流程语句之后包括代码块，即使其中只有一个语句。事实上，设计规范是除非是最简单的单行 if 语句，否则避免省略大括号。

虽然比较少见，但也可独立使用代码块，它在语义上不属于任何控制流程语句。换言之，大括号可自成一体（例如没有条件或循环），这完全合法。

上述两个代码清单的 π 值用 System.Math 类的 PI 常量表示。编程时不要硬编码 π 和 e（自然对数的底），请用 System.Math.PI 或 System.Math.E。

设计规范

- 除非最简单的单行 if 语句，否则避免省略大括号

4.4　代码块、作用域和声明空间

代码块经常被称为**作用域**，但两个术语并不完全可以互换。具名事物的作用域是源代码的一个区域。可在该区域使用非限定名称（前面不加限定前缀的名称）引用该事物。局部变量的作用域就是封闭它的代码块。这正是经常将代码块称为“作用域”的原因。

作用域经常和**声明空间**混淆。声明空间是具名事物的逻辑容器。该容器中不能存在同名的两个事物。代码块不仅定义了作用域，还定义了局部变量声明空间。同一个声明空间中，不允许声明两个同名的局部变量。在声明局部变量的代码块外部，没有办法用局部变量的名称引用它，这时说局部变量“超出作用域”。类似地，不能在同一个类中声明具有 Main() 签名的两个方法。（方法的规则有一些放宽：在同一个声明空间中，允许存在签名不同的两个同名方法。方法的签名包括它的名称和参数的数量 / 类型。）

简单地说，作用域决定一个名称引用什么事物，而声明空间决定同名的两个事物是否冲突。

在代码清单 4.27 中，是在 if 语句主体声明局部变量 message，这就将它的作用域限制在 if 主体。要纠正错误，必须在 if 语句外部声明该变量。

代码清单 4.27　变量在其作用域外无法访问

```
class Program
{
  static void Main(string[] args)
  {
      int playerCount;
      System.Console.Write(
```

```
            "Enter the number of players (1 or 2):");
        playerCount = int.Parse(System.Console.ReadLine());
        if (playerCount != 1 && playerCount != 2)
        {
            string message =
                "You entered an invalid number of players.";
        }
        else
        {
            // ...
        }
        // Error:  message is not in scope
        System.Console.WriteLine(message);
    }
}
```

输出 4.15 展示了结果。

输出 4.15

```
...
...\Program.cs(18,26): error CS0103: 当前上下文中不存在名称 'message'
```

声明空间覆盖所有子代码块。C# 编译器禁止一个代码块中声明（或作为参数声明）的局部变量在其子代码块中重复声明。总之，一个变量的声明空间是当前代码块以及它的所有子代码块。在代码清单 4.27 中，由于 `args` 和 `playerCount` 在方法的代码块（方法主体）中声明，所以在这个代码块的任何地方（包括子代码块）都不能再次声明。

`message` 这个名称仅在 `if` 块中可用，在外部不能使用。类似地，`playerCount` 在整个方法（包括 `if` 和 `else` 子代码块）中引用的都是同一个变量。

语言对比：C++——局部变量作用域

在 C++ 中，对于块中声明的局部变量，它的作用域是从声明位置开始，到块尾结束。声明前对局部变量的引用会失败，因为局部变量此时不在作用域内。如果此时有另一个同名的事物在作用域中，C++ 会将名称解析成对那个事物的引用，而这可能不是你的原意。C# 的规则稍有不同，对于声明局部变量的那个块，局部变量都在作用域中，但声明前引用它属于非法。换言之，此时局部变量合法存在，但使用非法。只有在声明后的位置使用才合法。这是 C# 防止像 C++ 那样出现不容易察觉之错误的众多规则之一。

4.5 布尔表达式

`if` 语句中包含在圆括号内的部分是**布尔表达式**，称为**条件**。代码清单 4.28 突出显示了条件。

代码清单 4.28　布尔表达式

```
if (input < 9)
{
    // Input is less than 9
    System.Console.WriteLine(
        $"Tic-tac-toe has more than { input }" +
         " maximum turns.");
}
// ...
```

许多控制流程语句都要使用布尔表达式，其关键特征在于总是求值为 true 或 false。input<9 要成为布尔表达式就必须返回 bool 值。例如，编译器不允许将布尔表达式写成 x=42，因为它的作用是对 x 进行赋值，并返回新值，而不是检查 x 的值是否等于 42。

语言对比：C++ —— 错误地使用 = 来代替 ==

C# 消除了 C/C++ 的一个常见的编码错误。代码清单 4.29 在 C++ 中不会出错。

代码清单 4.29　C++ 允许将赋值作为条件

```
if (input = 9)    // Allowed in C++, not in C#
  System.Console.WriteLine(
      "Correct, tic-tac-toe has a maximum of 9 turns.");
```

虽然上述代码表面上是检查 input 是否等于 9，但正如第 1 章讲过的那样，= 代表的是赋值操作符，而不是检查相等性的操作符。从赋值操作符返回的是赋给变量的值，本例中就是 9。然而，作为 int 的 9 无法被判定为布尔表达式，所以是 C# 编译器不允许的。C 和 C++ 将非零整数视为 true，将零视为 false。相反，C# 要求条件必须是布尔类型，不允许整数。

4.5.1　关系操作符和相等性操作符

关系和相等性操作符判断一个值是否大于、小于或等于另一个值。表 4.2 总结了所有关系和相等性操作符。它们都是二元操作符。

表 4.2　关系和相等性操作符

运　算　符	说　　明	示　　例
<	小于	input<9;
>	大于	input>9;
<=	小于或等于	input<=9;
>=	大于或等于	input>=9;
==	等于	input==9;
!=	不等于	input!=9;

和其他许多编程语言一样，C# 使用相等性操作符 == 来测试相等性。例如，判断 input 是否等于 9 要使用 input==9。相等性操作符使用两个等号，赋值操作符则使用一个。C# 的惊叹号代表 NOT，所以用于测试不等性的操作符是 !=。

关系和相等性操作符总是生成 bool 值，如代码清单 4.30 所示。

代码清单 4.30　将关系操作符的结果赋给 bool 变量

```
bool result = 70 > 7;
```

井字棋程序的完整代码清单使用相等性操作符判断玩家是否退出游戏。代码清单 4.31 的布尔表达式包含一个 OR（||）逻辑操作符，下一节将详细讨论它。

代码清单 4.31　在布尔表达式中使用相等性操作符

```
if (input == "" || input == "quit")
{
  System.Console.WriteLine($"Player {currentPlayer} quit!!");
  break;
}
```

4.5.2　逻辑操作符

逻辑操作符获取布尔操作数并生成布尔结果。可用逻辑操作符合并多个布尔表达式来构成更复杂的布尔表达式。逻辑操作符包括 |、||、&、&& 和 ^，对应 OR、AND 和 XOR（异或）。OR 和 AND 的 | 和 & 版本很少用，原因稍后讨论。

1. OR 操作符（||）

在代码清单 4.31 中，如果玩家输入 quit，或直接按回车键而不输入任何值，就认为想退出程序。为了允许玩家以两种方式退出，程序使用了逻辑 OR 操作符 ||。

|| 操作符对两个布尔表达式进行求值，**任何**一个为 true 就返回 true，如代码清单 4.32 所示。

代码清单 4.32　使用 OR 操作符

```
if ((hourOfTheDay > 23) || (hourOfTheDay < 0))
  System.Console.WriteLine("The time you entered is invalid.");
```

注意使用布尔 OR 操作符时，不一定每次都要对操作符两边的表达式进行求值。和 C# 的所有操作符一样，OR 操作符从左向右求值，所以假如左边求值为 true，那么右边可以忽略。换言之，如 hourOfTheDay 的值为 33，那么 (hourOfTheDay > 23) 会返回 true，所以 OR 操作符会忽略右侧表达式。这种**短路**求值方式同样适合布尔 AND 操作符。（注意这里不能去掉圆括号，因为逻辑操作符的优先级低于关系操作符。如去掉圆括号，if 条件就变成 hourOfTheDay > (23 || hourOfTheDay) < 0，显然会造成编译错误。）

2. AND 操作符（&&）

布尔 AND 操作符 && 在两个操作数求值都为 true 的前提下才返回 true。任何操作数为 false 都会返回 false。

代码清单 4.33 判断当前小时数是否大于 10 且小于 24[⊖]。如同时满足这两个条件，就输出一条消息表明当前是工作时间。和 OR 操作符一样，AND 操作符也并非每次都要对右边的表达式进行求值。如左边的操作数返回 false，则不管右边的操作数是什么，最终结果肯定为 false，所以“运行时”会忽略右边的操作数。

代码清单 4.33　使用 AND 操作符

```
if ((10 < hourOfTheDay) && (hourOfTheDay < 24))
  System.Console.WriteLine(
  "Hi-Ho, Hi-Ho, it's off to work we go.");
```

3. XOR 操作符（^）

^ 符号是异或（Exclusive OR，XOR）操作符。若应用于两个布尔操作数，那么只有在两个操作数中仅有一个为 true 的前提下，XOR 操作符才会返回 true，如表 4.3 所示。

与布尔 AND 和 OR 操作符不同，布尔 XOR 操作符不支持短路运算。它始终都要检查两个操作数，因为除非确切知道两个操作数的值，否则不能判定最终结果。注意将表 4.3 的 XOR 操作符换成 != 操作符，结果完全一样。

表 4.3　XOR 运算表

左操作数	右操作数	结　果
True	True	False
True	False	True
False	True	True
False	False	False

4.5.3　逻辑求反操作符（!）

逻辑求反操作符（!）有时也称为 NOT 操作符，作用是反转一个 bool 数据类型的值。它是一元操作符，只需一个操作数。代码清单 4.34 演示了它如何工作，输出 4.16 展示了结果。

代码清单 4.34　使用逻辑求反操作符

```
bool valid = false;
bool result = !valid;
// Displays "result = True"
System.Console.WriteLine($"result = { result }");
```

⊖ 程序员典型的工作时间。

输出 4.16

```
result = True
```

valid 最开始的值为 false。求反操作符对 valid 的值取反，将新值赋给 result。

4.5.4 条件操作符 (?:)

可用条件操作符取代 if-else 语句来选择两个值中的一个。条件操作符同时使用一个问号和一个冒号，常规格式如下：

condition ? consequence : alternative

条件操作符是三元操作符，需要三个操作数：*condition*、*consequence* 和 *alternative*。类似于逻辑操作符，条件操作符也采用了某种形式的短路求值。如 *condition* 求值为 true，则条件操作符只求值 *consequence*；否则只求值 *alternative*。操作符的结果是被求值的表达式。

代码清单 4.35 展示了如何使用条件操作符。该程序的完整清单是 Chapter03\TicTacToe.cs。

代码清单 4.35 条件操作符

```
class TicTacToe
{
  static string Main()
  {
      // Initially set the currentPlayer to Player 1
      int currentPlayer = 1;

      // ...

      for (int turn = 1; turn <= 10; turn++)
      {
         // ...

         // Switch players
         currentPlayer = (currentPlayer == 2) ? 1 : 2;
      }
  }
}
```

程序作用是交换当前玩家。它检查当前值是否为 2。这是条件语句的 *condition* 部分。如结果为 true，条件操作符返回 *consequence* 值 1；否则返回 *alternative* 值 2。和 if 语句不同，条件操作符的结果必须赋给某个变量（或作为参数传递），不能自成语句。

设计规范

- 考虑使用 if/else 语句而不是过于复杂的条件表达式。

C# 语言要求条件操作符的 *consequence* 和 *alternative* 表达式类型一致，而且在判定类型时不会检查表达式的上下文。例如，f ? "abc" : 123 不是合法的条件表达式，因为

consequence 和 *alternative* 分别是字符串和数字，相互不能转换。即使 `object result = f ? "abc" : 123;` 这样的语句，C# 编译器也会认为非法，因为兼容两个表达式的类型（这里是 `object`）在条件表达式的外部。

4.5.5　空合并操作符（??）

空合并操作符 `??` 能简单地表示"如果这个值为空，就使用另一个值"，其形式如下。

expression1 ?? expression2

`??` 操作符支持短路求值。如 *expression1* 不为 `null`，就返回 *expression1* 的值，另一个表达式不求值。如 *expression1* 求值为 `null`，就返回 *expression2* 的值。和条件操作符不同，空合并操作符是二元操作符。

代码清单 4.36 是使用空合并操作符的例子。

代码清单 4.36　空合并操作符

```
string fileName = GetFileName();
// ...
string fullName = fileName ?? "default.txt";
// ...
```

如 `fileName` 为 `null`，就用空合并操作符将 `fullName` 设为 `"default.txt"`。如 `fileName` 不为 `null`，`fullName` 获得 `fileName` 的值

空合并操作符能完美"链接"。例如，对于表达式 `x ?? y ?? z`，`x` 不为 `null` 将返回 `x`；`x` 为 `null` 且 `y` 不为 `null` 将返回 `y`；否则返回 `z`。也就是说，从左向右选出第一个非空表达式。之前所有表达式都为空，就选择最后一个。

空合并操作符是 C# 2.0 和可空值类型一起引入的，它的操作数既可以是可空值类型，也可以是引用类型。

4.5.6　空条件操作符（?.）

Begin 6.0

任何时候在空值上调用方法，"运行时"都会抛出 `System.NullReferenceException` 异常，这几乎肯定意味着编程逻辑出错。由于该模式（调用成员前进行空检查）相当常见，C# 6.0 引入了 `?.` 操作符，称为**空条件操作符**或**空传播操作符**，如代码清单 4.37 所示。

代码清单 4.37　空条件操作符

```
class Program
{
  static void Main(string[] args)
  {
      if (args?.Length == 0)
      {
          System.Console.WriteLine(
              "ERROR: File missing. "
              + "Use:\n\tfind.exe file:<filename>");
      }
```

```
        else
        {
            if (args[0]?.ToLower().StartsWith("file:")??false)
            {
                string fileName = args[0]?.Remove(0, 5);
                // ...
            }
        }
    }
}
```

调用方法或属性（Length）前，空条件操作符检查操作数（第一个 args）是否为 null。args?.Length 逻辑上等价于以下代码（虽然在 C# 6.0 语法中 args 只求值一次）：

```
(args != null) ? (int?)args.Length : null
```

空条件操作符最方便之处在于可“链接”。例如调用 args[0]?.ToLower().StartsWith("file:") 时，ToLower() 和 StartsWith() 都只有在 args[0] 非空的前提下才会调用。表达式链接起来后，如第一个操作数为空，表达式求值会被短路，调用链中不再发生其他调用。

但注意不要遗漏额外的空条件操作符。例如，假定（只是假定）args[0]?.ToLower() 也返回 null 会发生什么？这样在调用 StartsWith() 时仍会抛出 NullReferenceException 异常。但这并不是说一定要使用一个空条件操作符链，而是说应关注程序逻辑。本例由于 ToLower() 永远不为空，所以无须额外的空条件操作符。

记住关于空条件操作符的一个重点：用于返回值类型的成员时，总是返回该类型的可空版本。例如，args?.Length 返回一个 int? 而非 int。类似地，args[0]?.ToLower().StartsWith("file:") 返回一个 bool?（一个 Nullable<bool> 类型的值）。此外，由于 if 语句要求 bool 数据类型，所以必须在 StartsWith() 表达式后添加空合并操作符（??）。

虽然有点怪（和其他操作符行为相比），但只在调用链最后才生成可空值类型的值。结果是在 Length 上调用点（.）操作符只允许调用 int（而非 int?）的成员。但将 int? 放到圆括号中（从而强制先求值 int?）就可以在 int? 的返回值上调用 Nullable<T> 类型的特殊成员（HasValue 和 Value）了。

空条件操作符还可以和索引操作符组合使用，如代码清单 4.38 所示。

代码清单 4.38 空条件操作符用于索引操作符

```
class Program
{
  public static void Main(string[] args)
  {
      // CAUTION: args?.Length not verified
      string directoryPath = args?[0];
      string searchPattern = args?[1];
      // ...
  }
}
```

只有 args 非空，它的第一个和第二个元素才会赋给对应变量；为空则赋值 null。遗憾的是，这个例子过于粗糙（甚至危险），因为空条件操作符展现了虚假的安全性。具体地说，它暗示如 args 非空，则元素必然存在。但实情并非如此：即使 args 非空，元素也不一定存在，所以一定要先进行长度检查。但是，如果用 args?.Length 检查元素数量，就已验证了 args 非空，所以在检查了 Length 后，其实用不着在索引集合时再用一遍非空条件操作符。

总之，既然索引操作符会为不存在的索引抛出 IndexOutOfRangeException 异常，就应避免和索引操作符组合使用空条件操作符，否则会给人留下"哎呀，这个代码真的好安全"的假象。

高级主题：空条件操作符应用于委托

空条件操作符本身已是极好的功能。但和委托调用配合，更是解决了 C# 自 1.0 版本以来的一个大问题。注意下例先将 PropertyChange 事件处理程序赋给一个局部拷贝（propertyChanged），再执行空检查，非空则引发事件。这是以线程安全的方式调用事件的最简单方式，可防范在空检查和引发事件之间发生的事件被取消订阅的风险。但该模式并不直观，经常会有开发人员不遵守。结果就是抛出让人摸不着头脑的 NullReferenceException。幸好，C# 6.0 的空条件操作符解决了该问题。现在，委托值的空检查从以下代码：

```
PropertyChangedEventHandler propertyChanged =
  PropertyChanged;
if (propertyChanged != null)
{
  propertyChanged(this,
      new PropertyChangedEventArgs(nameof(Name)));
}
```

变成了以下更优雅的代码：

```
PropertyChanged?.Invoke(propertyChanged(
  this, new PropertyChangedEventArgs(nameof(Name)));
```

事件即委托，所以通过空条件操作符和 Invoke() 来调用委托也完全可行。

Begin 6.0

4.6　按位操作符 (<<, >>, |, &, ^, ~)

几乎所有编程语言都提供了一套按位操作符来处理值的二进制形式。

初学者主题：位和字节

计算机的所有值都表示成 1 和 0 的二进制形式，这些 1 和 0 称为**二进制位**（bit）。8 位一组称为**字节**（byte）。一个字节中每个连续的位都对应 2 的一个乘幂。其中，最右边的位对应 2^0，最左边的对应 2^7，如图 4.1 所示。

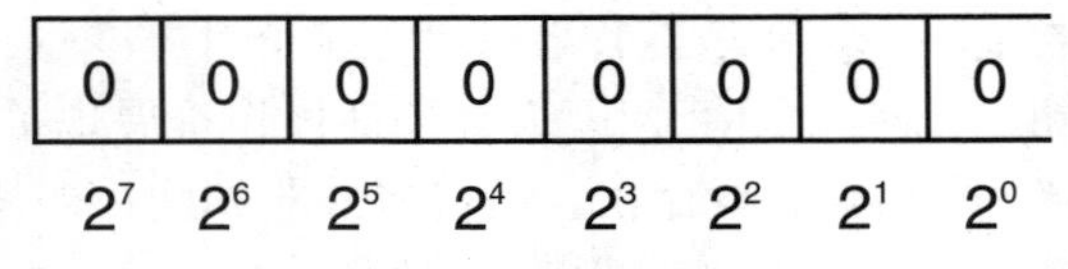

图 4.1　对应的占位值

在许多情况下，尤其是在操作低级设备或系统服务的时候，信息是以二进制数据的形式获取的。操作这些设备和服务需要处理二进制数据。

如图 4.2 所示，每个框都对应 2 的某个乘幂。字节（8 位构成的一个数）的值是含有 1 的所有位的 2 的乘幂之和。

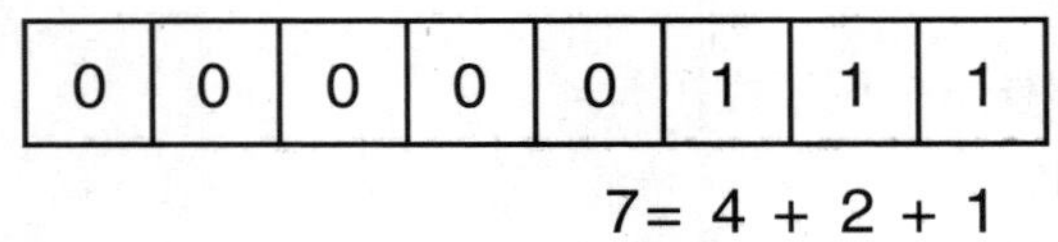

图 4.2　计算无符号字节的值

对于有符号的数，二进制转换则有很大的不同。有符号的数（`long`、`short`、`int`）使用 2 的补数记数法表示。所以将负数加到正数上时，加法运算可以照常进行，就好像两个数都是正数。使用这种记数法，负数在行为上有别于正数。负数通过最左侧的 1 来标识。如果最左边的位置包含 1，就要将含有 0 的位置加到一起，而不是将含有 1 的位置加到一起。每个位置都对应负的“2 的乘幂”。此外结果还要减 1。图 4.3 对此进行了演示。

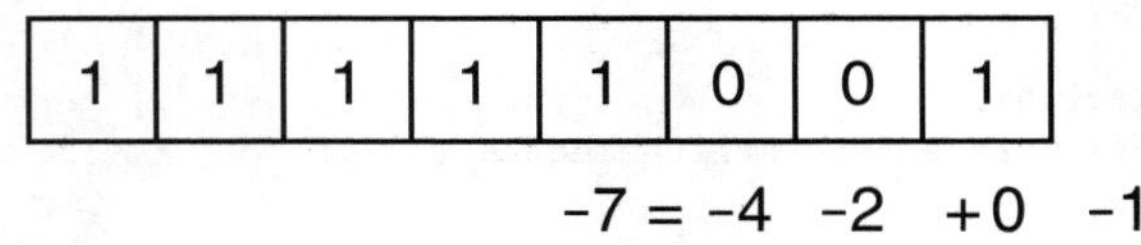

图 4.3　计算有符号字节的值

所以，`1111 1111 1111 1111` 对应 `-1`，`1111 1111 1111 1001` 对应 `-7`，而 `1000 0000 0000 0000` 对应 16 位整数能容纳的最小负值。

4.6.1　移位操作符 (<<,>>,<<=,>>=)

有时要将一个数的二进制值向右或向左移位。左移时，所有位都向左移动由操作符右侧的操作数指定的位数。移位后在右边留下的空位由零填充。右移位操作符原理相似，只是朝相反方向移位；但如果是负数，左侧填充 1 而非 0。两个移位操作符是 `>>` 和 `<<`，分别称为右移位和左移位操作符。除此之外，还有复合移位和赋值操作符 `<<=` 和 `>>=`。

例如 `int` 值 -7，其二进制形式为 `1111 1111 1111 1111 1111 1111 1111 1001`。代码清单 4.39 使其右移 2 个位置。

代码清单 4.39　使用右移位操作符

```
int x;
x = (-7 >> 2); // 11111111111111111111111111111001 becomes
               // 11111111111111111111111111111110
// Write out "x is -2."
System.Console.WriteLine($"x = { x }.");
```

输出 4.17 展示了代码清单 4.39 的结果。

输出 4.17

```
x = -2.
```

右移位时最右侧的位在边界处“离开”，左边的负数位标识符右移两个位置，腾出来的空白位置用 1 填充。最终结果是 -2。

虽然传说 x << 2 比 x * 4 快，但不要将移位操作符用于乘除法。70 年代的一些 C 编译器可能确实如此，但现代微处理器都对算术运算进行了完美的优化。通过移位进行乘除令人迷惑，而且假如维护代码的人忘记移位操作符的优先级低于算术操作符，还很容易造成错误。

4.6.2　按位操作符 (&,|,^)

有时需要对两个操作数执行逐位的逻辑运算，比如 AND、OR 和 XOR 等，这分别是用 &、| 和 ^ 操作符来实现的。

初学者主题：理解逻辑操作符

假定有如图 4.4 所示的两个数，按位操作符从最左边的位开始逐位进行逻辑运算，直到最右边的位为止。值 1 被视为 true，值 0 被视为 false。

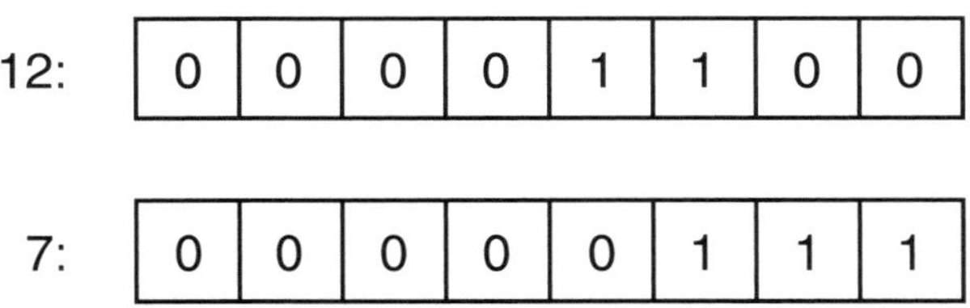

图 4.4　12 和 7 的二进制形式

所以，对图 4.4 的两个值执行按位 AND 运算，会逐位比较第一个操作数（12）和第二个操作数（7），得到二进制值 000000100，也就是十进制 4。另外，这两个值的按位 OR 运算结果是 00001111，也就是十进制 15。XOR 结果是 00001011，也就是十进制 11。

代码清单 4.40 演示了如何使用这些按位操作符，结果如输出 4.18 所示。

代码清单 4.40　使用按位操作符

```
byte and, or, xor;
and = 12 & 7;   // and = 4
or = 12 | 7;    // or = 15
xor = 12 ^ 7;   // xor = 11
System.Console.WriteLine(
    $"and = { and } \nor = { or }\nxor = { xor }");
```

输出 4.18

```
and = 4
or = 15
xor = 11
```

在代码清单 4.40 中，值 7 称为**掩码**，作用是通过特定的操作符表达式，公开（expose）或消除（eliminate）第一个操作数中特定的位。注意和 AND (&&) 操作符不同，& 操作符总是两边求值，即使左边为 `false`。类似地，OR 操作符的 | 版本也不进行“短路求值”。即使左边的操作数为 `true`，右边也要求值。总之，AND 和 OR 操作符的按位版本不进行“短路求值”。

将一个数转换成二进制需遍历它的每一位。代码清单 4.41 展示了如何将整数转换成二进制形式的字符串，输出 4.19 展示了结果。

代码清单 4.41　获取二进制形式的字符串表示

```
class BinaryConverter
{
  static void Main()
  {
      const int size = 64;
      ulong value;
      char bit;

      System.Console.Write ("Enter an integer: ");
      // Use long.Parse() to support negative numbers
      // Assumes unchecked assignment to ulong
      value = (ulong)long.Parse(System.Console.ReadLine());

      // Set initial mask to 100...
      ulong mask = 1UL << size - 1;
      for (int count = 0; count < size; count++)
      {
          bit = ((mask & value) != 0) ? '1': '0';
          System.Console.Write(bit);
          // Shift mask one location over to the right
          mask >>= 1;
      }
      System.Console.WriteLine();
  }
}
```

输出 4.19

```
Enter an integer: 42
0000000000000000000000000000000000000000000000000000000000101010
```

注意，每次 for 循环（稍后就会讨论）都使用右移位赋值操作符创建与变量 value 中的每一位对应的掩码。使用按位操作符 &，可判断一个特定的位是否已设置（是否设为 1）。如掩码测试生成非零结果，就将 1 写到控制台，否则写 0。这样可真实反映一个无符号长整数的二进制形式。

注意 (mask & value) != 0 中的圆括号是必需的，因为不相等测试的优先级高于 AND 操作符。不显式添加圆括号就相当于 mask & (value != 0)。这没有任何意义，& 左侧是一个 ulong，右侧是一个 bool。

本例仅供参考，有内建的 CLR 方法 System.Convert.ToString(value, 2) 可直接执行这个转换。第二个参数指定进制（2 代表二进制，10 代表十进制，16 代表十六进制）。

4.6.3　按位复合赋值操作符 (&=, |=, ^=)

按位操作符也可以和赋值操作符合并，即 &=、|= 和 ^=。例如，可让变量与一个数进行 OR 运算，结果赋回初始变量，代码清单 4.42 进行了演示。

代码清单 4.42　使用逻辑赋值操作符

```
byte and = 12, or = 12, xor = 12;
and &= 7;   // and = 4
or  |= 7;   // or = 15
xor ^= 7;   // xor = 11
System.Console.WriteLine(
    $"and = { and } \nor = { or }\nxor = { xor }");
```

输出 4.20 展示了结果。

输出 4.20

```
and = 4
or = 15
xor = 11
```

使用 fields &= mask 这样的表达式将位映射与掩码合并，会从 fields 中消除 mask 中没有设置的位。相反，fields &= ~mask 从 fields 中消除 mask 中已设置的位。

4.6.4　按位取反操作符

按位取反操作符反转操作数的每一位，操作数可以是 int、uint、long 和 ulong 类型。例如，~1 返回 1111 1111 1111 1111 1111 1111 1111 1110，而 ~(1<<31) 返回 0111 1111 1111 1111 1111 1111 1111 1111。

4.7 控制流程语句（续）

更详细地探讨了布尔表达式之后，就可以更清楚地描述 C# 支持的控制流程语句。有经验的程序员已熟悉了其中许多语句，所以可快速浏览本节内容，找出 C# 特有的信息。特别是 foreach 循环，它对许多程序员来说是新的。

4.7.1 while 和 do/while 循环

目前学习的都是只执行一遍的程序。但计算机的关键优势之一是能多次执行相同操作。为此需要创建指令循环。本节讨论的第一个指令循环是 while 循环，它是最简单的条件循环。while 语句的常规形式如下：

```
while (condition)
  statement
```

条件（*condition*）必须是布尔表达式，只要它求值为 true，作为循环主体的语句（*statement*）就会反复执行。条件求值为 false，就跳过循环主体，从它之后的语句执行。注意循环主体会一直执行，即使这个过程中条件变成 false。除非回到“循环顶部”重新求值条件，而且结果是 false，否则循环不会退出。代码清单 4.43 用一个斐波那契计算器演示了 while 语句的用法。

代码清单 4.43　while 循环示例

```
class FibonacciCalculator
{
  static void Main()
  {
      decimal current;
      decimal previous;
      decimal temp;
      decimal input;

      System.Console.Write("Enter a positive integer:");

      // decimal.Parse converts the ReadLine to a decimal
      input = decimal.Parse(System.Console.ReadLine());

      // Initialize current and previous to 1, the first
      // two numbers in the Fibonacci series
      current = previous = 1;

      // While the current Fibonacci number in the series is
      // less than the value input by the user
      while (current <= input)
      {
          temp = current;
          current = previous + current;
          previous = temp; // Executes even if previous
          // statement caused current to exceed input
      }
```

```
        System.Console.WriteLine(
          $"The Fibonacci number following this is { current }");
    }
}
```

斐波那契数是**斐波那契数列**的成员，数列中所有数都是数列中前两个数之和。数列最开头两个数是 1 和 1。代码清单 4.43 中提示输入整数，使用 while 循环寻找比输入的数大的第一个斐波那契数。

初学者主题：何时使用 while 循环

本章剩余部分会讲到其他使代码块反复执行的循环结构。术语**循环主体**指的是 while 结构中执行的语句（通常是代码块）。这是因为在达成退出条件之前，代码会一直“循环”。需要明白在什么时候选择什么循环结构。如条件为 true 就一直执行某个操作，就选择 while 结构。for 主要用于重复次数已知的循环，比如从 0 ~ n 的计数。do/while 类似于 while 循环，区别在于循环主体至少执行一次。

do/while 循环与 while 循环非常相似，只是最适合需要循环 1 ~ n 次的情况，而且 n 在循环开始前无法确定。这个模式经常用于提示用户输入。代码清单 4.44 是从井字棋程序中提取出来的。

代码清单 4.44　do/while 循环示例

```
// Repeatedly request player to move until he
// enters a valid position on the board
bool valid;
do
{
  valid = false;

  // Request a move from the current player
  System.Console.Write(
      $"\nPlayer {currentPlayer}: Enter move:");
  input = System.Console.ReadLine();

  // Check the current player's input
  // ...

} while (!valid);
```

代码清单 4.44 在每次**迭代**[⊖]或循环开始的时候将 valid 设为 false。接着提示并获取用户输入的数。虽然这部分在代码中省略了，但接下来的操作是检查输入是否正确。如正确，就将 true 赋给 valid。由于代码使用 do/while 而不是 while 语句，所以至少提示用户输入一次。

do/while 循环的常规形式如下：

⊖　每一次循环都称为一次“迭代”。——译者注

```
do
  statement
while (condition);
```

和所有控制流程语句一样，循环主体通常是代码块，以便执行多个语句。但也可将单一语句作为循环主体（标签语句和局部变量声明除外）。

4.7.2 for 循环

for 循环反复执行代码块直至满足指定条件。区别在于，for 循环有一套内建的语法规定了如何初始化、递增以及测试一个计数器的值。该计数器称为**循环变量**。由于循环语法中专门有一个位置是为递增 / 递减操作保留的，所以递增 / 递减操作符经常作为 for 循环的一部分使用。

代码清单 4.45 展示了如何使用 for 循环显示整数的二进制形式。输出 4.21 展示了结果。

代码清单 4.45　使用 for 循环

```
class BinaryConverter
{
  static void Main()
  {
      const int size = 64;
      ulong value;
      char bit;

      System.Console.Write("Enter an integer: ");
      // Use long.Parse()to support negative numbers
      // Assumes unchecked assignment to ulong
      value = (ulong)long.Parse(System.Console.ReadLine());

      // Set initial mask to 100...
      ulong mask = 1UL << size - 1;
      for (int count = 0; count < size; count++)
      {
          bit = ((mask & value) > 0) ? '1': '0';
          System.Console.Write(bit);
          // Shift mask one location over to the right
          mask >>= 1;
      }
  }
}
```

输出 4.21

```
Enter an integer: -42
1111111111111111111111111111111111111111111111111111111111010110
```

代码清单 4.45 执行位掩码 64 次，对用户输入的数中的每一位都应用一次。for 循环头包含三个部分。第一部分声明并初始化变量 count，第二部分描述 for 循环主体的执行条件，第三部分描述如何更新循环变量。for 循环的常规形式如下。

```
for (initial ; condition ; loop)
  statement
```

下面解释了 for 循环的各个部分。

- *initial*（初始化）执行首次迭代前的初始化操作。在代码清单 4.45 中，它声明并初始化 count 变量。initial 表达式不一定非要声明新变量。例如，可事先声明好变量，在 for 循环中只将其初始化。也可完全省略该部分。如在这里声明变量，其作用域仅限于 for 语句头部和主体。
- *condition*（条件）指定循环结束条件。条件为 false 终止循环，这和 while 循环一样。只有条件求值为 true 才会执行 for 循环主体。本例在 count 大于或等于 64 时退出循环。
- *loop*（循环）表达式在每次迭代后求值。本例的循环表达式 count++ 会在 mask 右移位（mask >>= 1）之后，对条件求值之前执行。第 64 次迭代时 count 递增到 64，造成条件变成 false，因而终止循环。
- *statement* 是在条件表达式为 true 时执行的“循环主体”代码。

代码清单 4.45 的 for 循环的执行步骤可用以下伪代码表示。

1 声明 count 并将其初始化为 0。
2. 如 count 小于 64，转到步骤 3；否则转到步骤 7。
3. 计算 bit 并显示它。
4. 对 mask 执行右移位。
5. count 递增 1。
6. 回步骤 2。
7. 继续执行循环主体之后的语句。

for 语句头部三部分均可省略。for(;;){ ... } 完全有效，只要有办法从循环中退出以避免无限循环（缺失的条件默认为常量 true）。

initial 和 *loop* 表达式支持多个循环变量，如代码清单 4.46 所示。

代码清单 4.46　使用多个表达式的 for 循环

```
for (int x = 0, y = 5; ((x <= 5) && (y >=0 )); y--, x++)
{
  System.Console.Write(
      $"{ x }{ ((x > y) ? '>' : '<' )}{ y }\t";
}
```

结果如输出 4.22 所示。

输出 4.22

```
0<5    1<4    2<3    3>2    4>1    5>0
```

initial 部分声明并初始化两个循环变量。尽管看起来复杂，但起码像是在一个语句中声明多个局部变量，还算正常。*loop* 部分则看起来不正常，因为它包含以逗号分隔的表达式

列表，而非单一表达式。

设计规范

- 如果被迫要写包含复杂条件和多个循环变量的 for 循环，考虑重构方法使控制流程更容易理解。

任何 for 循环都能改写成 while 循环：

```
{
  initial;
  while (condition)
  {
    statement;
    loop;
  }
}
```

设计规范

- 事先知道循环次数，且循环中要用到控制循环次数的“计数器”，要使用 for 循环。
- 事先不知道循环次数而且不需要计数器，要使用 while 循环。

4.7.3 foreach 循环

C# 最后一个循环语句是 foreach，它遍历数据项集合，设置循环变量来依次表示其中每一项。循环主体可对数据项执行指定操作。foreach 循环的特点是每一项只遍历一次：不会像其他循环那样出现计数错误，也不可能越过集合边界。

foreach 语句的常规形式如下：

```
foreach(type variable in collection)
  statement
```

下面解释了 foreach 语句的各个部分。

- *type* 为代表 *collection* 中每一项的 *variable* 声明数据类型。可将类型设为 var，编译器将根据集合类型推断数据项类型。
- *variable* 是只读变量，foreach 循环自动将 *collection* 中的下一项赋给它。*variable* 的作用域限于循环主体。
- *collection* 是代表多个数据项的表达式，比如数组。
- *statement* 是每次迭代都要执行的循环主体。

来看代码清单 4.47 展示的一个简单 foreach 循环。

代码清单 4.47　使用 foreach 循环判断剩余走棋

```
class TicTacToe      // Declares the TicTacToe class
{
  static void Main() // Declares the entry point of the program
```

```
    {
        // Hardcode initial board as follows:
        // ---+---+---
        //  1 | 2 | 3
        // ---+---+---
        //  4 | 5 | 6
        // ---+---+---
        //  7 | 8 | 9
        // ---+---+---
        char[] cells = {
          '1', '2', '3', '4', '5', '6', '7', '8', '9'
        };

        System.Console.Write(
            "The available moves are as follows: ");

        // Write out the initial available moves
        foreach (char cell in cells)
        {
          if (cell != 'O' && cell != 'X')
          {
              System.Console.Write($"{ cell } ");
          }
        }
    }
}
```

输出 4.23 展示了代码清单 4.47 的结果。

输出 4.23

```
The available moves are as follows: 1 2 3 4 5 6 7 8 9
```

执行到 foreach 语句时，将 cells 数组的第一项，也就是值 '1' 赋给 cell 变量。然后执行 foreach 循环主体。if 语句判断 cell 的值是否等于 'O' 或 'X'，两者都不是就在控制台上输出 cell 的值。下次循环将数组的下个值赋给 cell，以此类推。

必须记住，foreach 循环期间禁止修改循环变量（这里是 cell）。另外，循环变量从 C# 5.0 开始的行为稍微有别于之前的版本。在循环主体中通过 Lambda 表达式或匿名方法使用循环变量需注意该差别。详情参见第 13 章。

初学者主题：何时使用 switch 语句

有时需要在连续几个 if 语句中比较同一个值，如代码清单 4.48 的 input 变量所示。

代码清单 4.48　用 if 语句检查玩家输入

```
// ...

bool valid = false;

// Check the current player's input
```

```
if( (input == "1") ||
  (input == "2") ||
  (input == "3") ||
  (input == "4") ||
  (input == "5") ||
  (input == "6") ||
  (input == "7") ||
  (input == "8") ||
  (input == "9") )
{
    // Save/move as the player directed
    // ...

    valid = true;
}
else if( (input == "") || (input == "quit") )
{
    valid = true;
}
else
{
    System.Console.WriteLine(
      "\nERROR:  Enter a value from 1-9. "
       + "Push ENTER to quit");
}

// ...
```

代码验证用户输入的文本，确定是一步有效的井字棋走棋。例如，假定 input 的值是 9，那么程序不得不执行 9 次求值。显然，更好的思路是只在一次求值之后就跳转到正确的代码。这种情况下应使用 switch 语句。

4.7.4 基本 switch 语句

一个值和多个常量值比较，switch 比 if 语句更易理解。其常规形式如下：

```
switch (expression)
{
    case constant:
      statements
    default:
      statements
}
```

下面解释了 switch 语句的各个部分。

- *expression* 是要和不同常量比较的值。该表达式的类型决定了 switch 的“主导类型”。允许的主导类型包括 bool、sbyte、byte、short、ushort、int、uint、long、ulong、char、任何枚举（enum）类型（详情参见第 9 章）以及上述所有值类型的可空类型以及 string。
- *constant* 是和主导类型兼容的任何常量表达式。

- 一个或多个 case 标签（或 default 标签），后跟一个或多个语句（称为一个 switch 小节）。上例只显示了两个 switch 小节。代码清单 4.49 的 switch 语句包含三个。
- *statements* 是在 *expression* 的值等于某个标签指定的 *constant* 值时执行的一个或多个语句。这组语句的结束点必须“不可到达”⊖。换言之，不能“直通”或“贯穿”到下个 switch 小节。所以，最后一个语句通常是跳转语句，比如 break、return 或 goto。

设计规范

- 不要使用 continue 作为跳转语句退出 switch 小节。尽管 switch 在循环中时这样写合法，但很容易对之后的 switch 小节中出现的 break 产生困惑。

switch 语句应至少有一个 switch 小节，switch(x){} 合法但会产生一个警告。另外，虽然一般情况下应避免省略大括号，但一个例外是应省略 case 和 break 语句的大括号，因为这两个关键字本身就指示了块的开始和结束。

代码清单 4.49 的 switch 语句在语义上等价于代码清单 4.48 的一系列 if 语句。

代码清单 4.49 将 if 语句替换成 switch 语句

```
static bool ValidateAndMove(
  int[] playerPositions, int currentPlayer, string input)
{
  bool valid = false;

  // Check the current player's input
  switch (input)
  {
    case "1" :
    case "2" :
    case "3" :
    case "4" :
    case "5" :
    case "6" :
    case "7" :
    case "8" :
    case "9" :
      // Save/move as the player directed
      ...
      valid = true;
      break;

    case "" :
```

⊖ C# 语言规范对结束点和可到达性的解释是这样的：“每个语句都有一个结束点（end point）。直观地讲，语句的结束点是紧跟在语句后面的那个位置。复合语句（包含嵌入语句的语句）的执行规则规定了当控制到达一个嵌入语句的结束点时所采取的操作。例如，当控制到达块中某个语句的结束点时，控制就转到该块中的下一个语句。如果执行流程可能到达某个语句，则称该语句可到达（reachable）。相反，如果某个语句不可能被执行，则称该语句不可到达（unreachable）。”——译者注

```
        case "quit" :
          valid = true;
          break;
        default :
          // If none of the other case statements
          // is encountered, then the text is invalid
          System.Console.WriteLine(
            "\nERROR:  Enter a value from 1-9. "
            + "Push ENTER to quit");
          break;
      }

      return valid;
    }
```

代码清单 4.49 中的 input 是要测试的表达式。由于 input 是字符串，所以主导类型是 string。如 input 的值是 "1"，"2"，…，"9"，那么走棋有效（valid = true），然后更改相应的单元格，使之与当前用户的标记（X 或 O）匹配。遇到 break 语句会立即跳转到 switch 语句之后的语句。

下一个 switch 小节描述如何处理空字符串 "" 或 "quit"。若 input 等于这两个值之一，就将 valid 设为 true。没有和测试表达式匹配的其他 case 标签，就执行 switch 的 default 小节。

switch 语句有几点要注意：

- 无任何小节的 switch 语句会产生编译器警告，但语句仍能通过编译；
- 各小节可为任意顺序，default 小节不一定要出现在 switch 语句最后，甚至可以省略；
- C# 要求每个 switch 小节（包括最后一个小节）的结束点“不可到达”。这意味着 switch 小节通常以 break，return 或 goto 结尾。

语言对比：C++ —— switch 语句贯穿

在 C++ 中，如 switch 小节不以跳转语句结尾，控制会“贯穿”（直通）至下个 switch 小节并执行其中的代码。由于容易出错，所以 C# 不允许控制从一个 switch 小节自然贯穿到下一个。C# 的设计者认为这样可以更好地防止 bug 并增强代码的可读性。如希望 switch 小节执行另一个 switch 小节中的代码，要显式使用 goto 语句来实现，详情参见 4.8.3 节。

Begin 7.0

C# 7.0 为 switch 语句引入了模式匹配，switch 表达式可使用任何数据类型，而非只能使用前面描述的有限几个。这样 switch 语句就可基于 switch 表达式的类型使用（可在 case 标签中声明变量）。最后，switch 语句支持条件表达式，所以不仅可以用类型来标识应执行的 case 标签，还可以在 case 标签末尾使用 Boolean 表达式标识该标签的执行条件。第 7 章更多地讨论了模式匹配 switch 语句。

End 7.0

4.8 跳转语句

循环的执行路径可以改变。事实上，可用跳转语句退出循环，或者跳过一次循环迭代的剩余部分并开始下一次迭代——即使循环条件当前仍然为 true。本节介绍了让执行路径从一个位置跳转到另一个位置的几种方式。

4.8.1 break 语句

C# 使用 break 语句退出循环或 switch 语句。任何时候遇到 break 语句，控制都会立即离开循环或 switch。代码清单 4.50 演示了井字棋程序的 foreach 循环。

代码清单 4.50 发现赢家就用 break 跳出循环

```
class TicTacToe      // Declares the TicTacToe class
{
  static void Main() // Declares the entry point of the program
  {
      int winner = 0;
      // Stores locations each player has moved
      int[] playerPositions = { 0, 0 };

      // Hardcoded board position:
      //  X | 2 | O
      // ---+---+---
      //  O | O | 6
      // ---+---+---
      //  X | X | X
      playerPositions[0] = 449;
      playerPositions[1] = 28;
      // Determine if there is a winner
      int[] winningMasks = {
            7, 56, 448, 73, 146, 292, 84, 273 };

      // Iterate through each winning mask to determine
      // if there is a winner
      foreach (int mask in winningMasks)
      {
          if ((mask & playerPositions[0]) == mask)
          {
              winner = 1;
              break;
          }
          else if ((mask & playerPositions[1]) == mask)
          {
              winner = 2;
              break;
          }
      }

      System.Console.WriteLine(
          $"Player { winner } was the winner");
```

```
    }
}
```

输出 4.24 展示了结果。

输出 4.24

```
Player 1 was the winner
```

代码清单 4.50 发现有玩家取胜后就执行 break 语句。break 强迫它所在的循环（或 switch 语句）终止，控制转移到循环（或 switch 语句）后的下一个语句。在本例中，位比较返回 true（当前棋盘上已有玩家取胜）就执行 break 语句，跳出当前 foreach 循环并显示赢家。

初学者主题：用按位操作符处理棋子分布

完整井字棋代码清单使用按位操作符判断哪个玩家取胜。首先，代码将每个玩家的落子位置保存到名为 playerPositions 的位映射中（用一个数组保存两个玩家的位置）。

最开始，playerPositions 的两个位置都是 0。玩家每次走棋，与落子位置对应的位都设为 1。例如，假定玩家选择在单元格 3 落子，则 shifter 设为 3 – 1。减 1 是因为 C# 数组基于 0，应将 0 而非 1 视为第一个位置。接着用移位操作 000000000000001 << shifter 设置 position，即与单元格 3 对应的位。其中 shifter 的当前值是 2。最后将当前玩家的 playerPositions 设为 0000000000000100（因为 0 基，所以还是要减 1）。代码清单 4.51 使用 |= 合并之前和当前走棋。

代码清单 4.51　设置与玩家每次走棋对应的位

```
int shifter;  // The number of places to shift
              // over to set a bit
int position;  // The bit that is to be set

// int.Parse() converts "input" to an integer.
// int.Parse(input) - 1 because arrays
// are zero based.
shifter = int.Parse(input) - 1;

// Shift mask of 00000000000000000000000000000001
// over by cellLocations
position = 1 << shifter;

// Take the current player cells and OR them to set the
// new position as well.
// Since currentPlayer is either 1 or 2,
// subtract 1 to use currentPlayer as an
// index in a zero-based array.
playerPositions[currentPlayer-1] |= position;
```

之后就可遍历与棋盘上的取胜布局对应的每一个掩码，判断当前玩家是否得到了一个取胜布局，就像代码清单 4.50 展示的那样。

4.8.2　continue 语句

循环主体可能有很多语句。如果想在符合特定条件时中断当前迭代，放弃执行剩余语句，可以使用 continue 语句跳到当前迭代的末尾，并开始下一次迭代。C# 的 continue 语句允许退出当前迭代（无论剩下多少语句没有执行）并跳到循环条件。如循环条件仍为 true，循环继续。

代码清单 4.52 使用 continue 语句只显示电子邮件地址的域部分。输出 4.25 展示了结果。

代码清单 4.52　判断电子邮件地址的域

```
class EmailDomain
{
  static void Main()
  {
      string email;
      bool insideDomain = false;
      System.Console.WriteLine("Enter an email address: ");

      email = System.Console.ReadLine();

      System.Console.Write("The email domain is: ");

      // Iterate through each letter in the email address
      foreach (char letter in email)
      {
          if (!insideDomain)
          {
              if (letter == '@')
              {
                  insideDomain = true;
              }
              continue;
          }

          System.Console.Write(letter);
      }
  }
}
```

输出 4.25

```
Enter an email address:
mark@dotnetprogramming.com
The email domain is: dotnetprogramming.com
```

在代码清单 4.52 中，在遇到电邮地址的域部分之前，需一直使用 continue 语句来跳至电子邮件地址的下一个字符。

一般都可以用 if 语句代替 continue 语句，这样还能增强可读性。continue 语句的问题在于，它在一次迭代中提供了多个控制流程，从而影响了可读性。代码清单 4.53 重写上面的例子，将 continue 语句替换成 if/else 构造来改善可读性。

代码清单 4.53　将 continue 替换成 if 语句

```
foreach (char letter in email)
{
  if (insideDomain)
  {
      System.Console.Write(letter);
  }
  else
  {
      if (letter == '@')
      {
          insideDomain = true;
      }
  }
}
```

4.8.3　goto 语句

早期编程语言不像 C# 这些现代语言那样具备完善的“结构化”控制流程，它们要依赖简单的条件分支（if）和无条件分支（goto）语句来满足控制流程的需求。这样得到的程序难以理解。许多资深程序员觉得 goto 语句在 C# 中继续存在很反常。但 C# 确实支持 goto，而且只能利用 goto 在 switch 语句中实现贯穿（直通）。在代码清单 4.54 中，如果设置了 /out 选项，就使用 goto 语句跳转到 default，/f 选项的处理与此相似。

代码清单 4.54　演示带 goto 的 switch 语句

```
// ...
static void Main(string[] args)
{
  bool isOutputSet = false;
  bool isFiltered = false;
  foreach (string option in args)
  {
      switch (option)
      {
          case "/out":
              isOutputSet = true;
              isFiltered = false;
              goto default;
          case "/f":
              isFiltered = true;
              isRecursive = false;
              goto default;
          default:
              if (isRecursive)
              {
                  // Recurse down the hierarchy
                  // ...

              }
```

```
                else if (isFiltered)
                {
                    // Add option to list of filters
                    // ...
                }
                break;
        }
    }

    // ...

}
```

输出 4.26 演示了如何执行代码清单 4.54 的代码。

输出 4.26

```
C:\SAMPLES>Generate /out fizbottle.bin /f "*.xml" "*.wsdl"
```

要跳转到标签不是 `default` 的其他 `switch` 小节，可以使用 `goto case` *`constant`*`;` 语法；其中 *`constant`* 是在目标标签中指定的常量。要跳转到没有和 `switch` 小节关联的语句，在目标语句前添加标识符和冒号，并在 `goto` 语句中使用该标识符。例如，可以写标签语句 `myLabel : Console.WriteLine();`，然后用 `goto myLabel;` 跳到那里。幸好，C# 禁止通过 `goto` 跳入代码块。只能用 `goto` 在代码块内部跳转或跳到一个包围当前块的代码块。通过这个限制，C# 避免了在其他语言中可能遇到的大多数滥用 `goto` 的情况。

一般认为使用 `goto` 是不“优雅”的，不仅使代码难以理解，而且会令结构变差。要多次或者在不同情况下执行某个代码小节，要么使用循环，要么将代码重构为方法。

设计规范

- 避免使用 `goto`。

4.9 C# 预处理器指令

控制流程语句在运行时求值条件表达式。相反，C# 预处理器在编译时调用。预处理器指令告诉 C# 编译器要编译哪些代码，并指出如何处理代码中的特定错误和警告。C# 预处理器指令还可告诉 C# 编译器有关代码组织的信息。

语言对比：C++ —— 预处理

C 和 C++ 等语言用预处理器对代码进行整理，根据特殊的记号来执行特殊的操作。预处理器指令通常告诉编译器如何编译文件中的代码，而并不参与实际的编译过程。相反，C# 编译器将预处理器指令作为对源代码执行的常规词法分析的一部分。其结果就是，C# 不支持更高级的预处理器宏，它最多只允许定义常量。事实上，“预处理器”在 C++ 中显得很贴切，但在 C# 中就属于用词不当。

每个预处理器指令都以 # 开头，而且必须一行写完。换行符（而不是分号）标志着预处理器指令的结束。

表 4.4 总结了所有预处理器指令。

表 4.4 预处理器指令

语句或表达式	常规语法结构	示例
#if 指令	**#if** preprocessor-expression code **#endif**	**#if** CSHARP2PLUS Console.Clear(); **#endif**
#elif 指令	**#if** preprocessor-expression1 code **#elif** preprocessor-expression2 code **#endif**	**#if LINUX** ... **#elif WINDOWS** ... **#endif**
#else 指令	**#if** code **#else** code **#endif**	**#if** CSHARP1 ... **#else** ... **#endif**
#define 指令	**#define** conditional-symbol	**#define** CSHARP2PLUS
#undef 指令	**#undef** conditional-symbol	**#undef** CSHARP2PLUS
#error 指令	**#error** preproc-message	**#error** Buggy implementation
#warning 指令	**#warning** preproc-message	**#warning** Needs code review
#pragma 指令	**#pragma** warning	**#pragma** warning disable 1030
#line 指令	**#line** org-line new-line **#line** default	**#line** 467 "TicTacToe.cs" ... **#line default**
#region 指令	**#region** pre-proc-message code **#endregion**	**#region** Methods ... **#endregion**

4.9.1 排除和包含代码

经常用预处理器指令控制何时以及如何包含代码。例如，要使代码兼容 C# 2.0（及以后版本）和 1.0 的编译器，可指示在遇到 1.0 编译器时排除 C# 2.0 特有的代码。井字棋程序和代码清单 4.55 对此进行了演示。

代码清单 4.55　遇到 C# 1.x 编译器就排除 C# 2.0 代码

```
#if CSHARP2PLUS
System.Console.Clear();
#endif
```

本例调用了 System.Console.Clear() 方法，只有 2.0 或更高版本才支持。使用 #if 和 #endif 预处理器指令，这行代码只有在定义了预处理器符号 CSHARP2PLUS 的前提下才会编译。

预处理器指令的另一个应用是处理不同平台之间的差异，比如用 WINDOWS 和 LINUX #if 指令将 Windows 和 Linux 特有的 API 包围起来。开发人员经常用这些指令取代多行注释 (/*...*/)，因为它们更容易通过定义恰当的符号或通过搜索 / 替换来移除。

预处理器指令最后一个常见用途是调试。用 #if DEBUG 指令将调试代码包围起来，大多数 IDE 都支持在发布版中移除这些代码。IDE 默认将 DEBUG 符号用于调试编译，将 RELEASE 符号用于发布生成。

为了处理 else-if 条件，可以在 #if 指令中使用 #elif 指令，而不是创建两个完全独立的 #if 块，如代码清单 4.56 所示。

代码清单 4.56　使用 #if、#elif 和 #endif 指令

```
#if LINUX
...
#elif WINDOWS
...
#endif
```

4.9.2　定义预处理器符号

可用两种方式定义预处理器符号。第一种是使用 #define 指令，如代码清单 4.57 所示。

代码清单 4.57　#define 例子

```
#define CSHARP2PLUS
```

第二种方式是在编译时使用 define 选项，输出 4.27 演示了在 Dotnet 命令行上的用法。

输出 4.27

```
>dotnet.exe -define:CSHARP2PLUS TicTacToe.cs
```

输出 4.28 展示了对于 csc.exe 编译器应该如何定义。

输出 4.28

```
>csc.exe -define:CSHARP2PLUS TicTacToe.cs
```

多个定义以分号分隔。使用 define 编译器选项的优点是不需要更改源代码，所以可用相同的源代码文件生成两套不同的二进制程序。

要取消符号定义，可以采取和使用 #define 相同的方式来使用 #undef 指令。

4.9.3 生成错误和警告（#error,#warning）

有时要标记代码中潜在的问题。为此，可以插入 #error 和 #warning 指令来分别生成错误和警告消息。代码清单 4.58 使用井字棋例子，警告代码无法防止玩家多次输入同一步棋。输出 4.29 展示了结果。

代码清单 4.58 用 #warning 定义警告

```
#warning    "Same move allowed multiple times."
```

输出 4.29

```
Performing main compilation...
...\tictactoe.cs(471,16): warning CS1030: #warning: '"Same move allowed
multiple times."'

Build complete -- 0 errors, 1 warnings
```

包含 #warning 指令后，编译器会主动发出警告，如输出 4.29 所示。可用这种警告标记代码中潜在的 bug 和可能改善的地方。它是提醒开发者任务尚未完结的好帮手。

Begin 2.0

4.9.4 关闭警告消息（#pragma）

警告指出代码中可能存在的问题，所以很有用。但有的警告可安全地忽略。C# 2.0 和之后的编译器提供了预处理器指令 #pragma 来关闭或还原警告，如代码清单 4.57 所示。

代码清单 4.59 使用预处理器指令 #pragma 禁用 #warning 指令

```
#pragma warning disable  1030
```

注意，编译器输出时会在警告编号前附加 CS 前缀。但在用 #pragma 禁用警告时不要添加该前缀。重新启用警告仍是使用 #pragma 指令，只是需要在 warning 后添加 restore 选项，如代码清单 4.60 所示。

代码清单 4.60 使用预处理器指令 #pragma 还原警告

```
#pragma warning restore  1030
```

上述两条指令正好可以将一个特定的代码块包围起来——前提是已知该警告不适用于该代码块。

经常被禁用的警告是 CS1591。该警告在使用 /doc 编译器选项生成 XML 文档，但并未注释程序中的所有公共项时显示。

4.9.5 nowarn:<warn list> 选项

除了 #pragma 指令，C# 编译器通常还支持 nowarn:<warn list> 选项。它可以获得与 #pragma 相同的结果，只是不用把它加进源代码，而是把它作为编译器选项使用。除此之外，nowarn 选项会影响整个编译过程，而 #pragma 指令只影响该指令所在的那个文件。例如输出 4.30 在命令行上关闭了 CS1591 警告。

输出 4.30

```
> csc /doc:generate.xml /nowarn:1591 /out:generate.exe Program.cs
```

End 2.0

4.9.6 指定行号

用 #line 指令改变 C# 编译器在报告错误或警告时显示的行号。该指令主要由自动生成 C# 代码的实用程序和设计器使用。在代码清单 4.61 中，真实行号显示在最左侧。

代码清单 4.61 #line 预处理器指令

```
124        #line 113 "TicTacToe.cs"
125        #warning "Same move allowed multiple times."
126        #line default
```

在上例中，使用 #line 指令后，编译器会将实际发生在 125 行的警告报告在 113 行上发生，如输出 4.31 所示。

输出 4.31

```
Performing main compilation...
...\tictactoe.cs(113,18): warning CS1030: #warning: '"Same move allowed
multiple times."'

Build complete -- 0 errors, 1 warnings
```

在 #line 指令后添加 default，会反转之前的所有 #line 的效果，并指示编译器报告真实的行号，而不是之前使用 #line 指定的行号。

4.9.7 可视编辑器提示（#region，#endregion）

C# 提供了只有在可视代码编辑器中才有用的两个预处理器指令：#region 和 #endregion。像 Microsoft Visual Studio 这样的代码编辑器能搜索源代码，找到这些指令，并在写代码时提供相应的编辑器功能。C# 允许用 #region 指令声明代码区域。#region 和 #endregion 必须成对使用，两个指令都可选择在指令后跟随一个描述性字符串。此外，可将一个区域嵌套到另一个区域中。

代码清单 4.62 是井字棋程序的例子。

代码清单 4.62 #region 和 #endregion 预处理器指令

```
...
#region Display Tic-tac-toe Board

#if CSHARP2PLUS
  System.Console.Clear();
#endif

// Display the current board
```

```
border = 0;    //  set the first border (border[0] = "|")

// Display the top line of dashes
// ("\n---+---+---\n")
System.Console.Write(borders[2]);
foreach (char cell in cells)
{
  // Write out a cell value and the border that comes after it
  System.Console.Write($" { cell } { borders[border] }");

  // Increment to the next border
  border++;

  // Reset border to 0 if it is 3
  if (border == 3)
  {
      border = 0;
  }
}
#endregion Display Tic-tac-toe Board
...
```

Visual Studio 检查上述代码，在编辑器左侧提供树形控件来展开和折叠由 `#region` 和 `#endregion` 指令界定的代码区域，如图 4.5 所示。

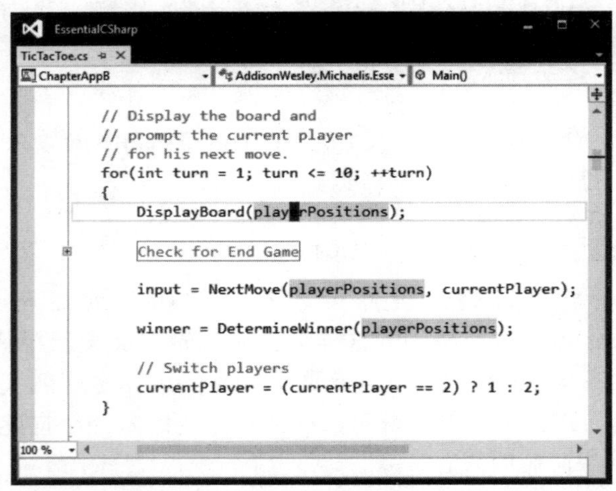

图 4.5　Microsoft Visual Studio 的折叠区域

4.10　小结

本章首先介绍了 C# 赋值和算术操作符。接着讲解了如何使用操作符和 `const` 关键字声明常量表达式。但并没有按顺序讲解所有 C# 操作符。讨论关系和逻辑比较操作符之前先介绍了 `if` 语句，并强调了代码块和作用域等重要概念。最后讨论的操作符是按位操作符，强调了掩码的用法。然后讨论了其他控制流程语句，比如循环、switch 和 goto。本章最后讨论了 C# 预处理器指令。

本章早些时候已讨论了操作符优先级，但表 4.5 的总结最全面，其中包括了几个尚未讲到的操作符。

表 4.5　操作符优先级 *

类　别	操　作　符
主要	`x.y f(x) a[x] x++ x-- new typeof(T) checked(X) unchecked(X) default(T) nameof(x) delegate{} ()`
一元	`+ - ! ~ ++x --x (T)x await x`
乘	`* / %`
加	`+ -`
移位	`<< >>`
关系和类型测试	`< > <= >= is as`
相等性	`== !=`
逻辑 AND	`&`
逻辑 XOR	`^`
逻辑 OR	`|`
条件 AND	`&&`
条件 OR	`||`
空合并	`??`
条件	`?:`
赋值和 Lambda	`= *= /= %= += -= <<= >>= &= ^= |= =>`

* 各行优先级从高到低排列。

要复习第 1 ~ 4 章的内容，或许最好的办法是将井字棋程序（Chapter03\TicTacToe.cs）彻底搞清楚。通过研究该程序，可慢慢领悟如何将自己学到的东西合并成完整程序。

第 5 章

方法和参数

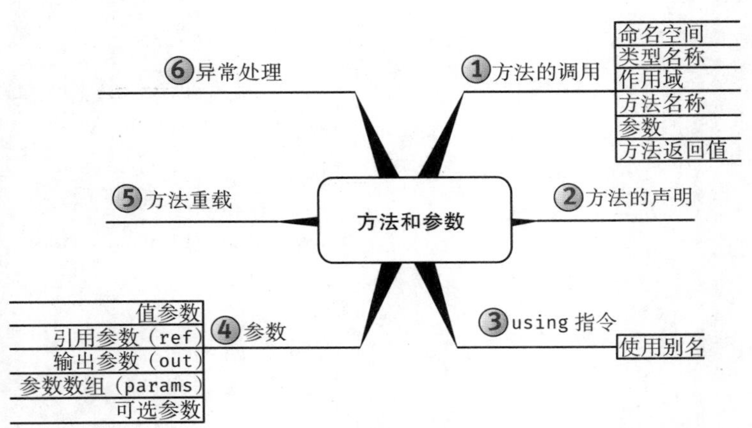

基于目前学到的 C# 编程知识，你应该能写一些简单、直观的程序，它们由一组语句构成，和 20 世纪 70 年代的那些程序差不多。但编程技术自 70 年代以来有了长足进步，随着程序变得越来越复杂，需要新的思维模式来管理这种复杂性。“过程式”或“结构化”编程的基本思路就是提供对语句分组来构成单元的构造。此外，可通过结构化编程将数据传给一个语句分组，在这些语句执行完毕后返回结果。

除了方法定义和调用的基础知识，本章还讨论了一些更高级的概念，包括递归、方法重载、可选参数和具名参数。注意目前和直至本章末尾讨论的都是静态方法（第 6 章详述）。

其实从第 1 章的 `HelloWorld` 程序起就已学习了如何定义方法。那个例子定义的是 `Main()` 方法。本章将更详细地学习方法的创建，包括如何用特殊的 C# 语法（`ref` 和 `out`）让参数向方法传递变量而不是值。最后介绍一些基本的错误处理技术。

5.1　方法的调用

初学者主题：什么是方法

目前在程序中写的所有语句其实都在一个名为 Main() 的方法内。随着程序逐渐变大，方法很快就会变得难以维护，且可读性越来越差。

方法组合一系列语句以执行特定操作或计算特定结果。它能为构成程序的语句提供更好的结构和组织。假定要用 Main() 方法统计某个目录下源代码的行数，不是在一个巨大的 Main() 方法中写所有代码，而是提供更简短的版本，隐藏每个方法的实现细节，如代码清单 5.1 所示。

代码清单 5.1　语句组合成方法

```
class LineCount
{
  static void Main()
  {
      int lineCount;
      string files;
      DisplayHelpText();
      files = GetFiles();
      lineCount = CountLines(files);
      DisplayLineCount(lineCount);
  }
  // ...
}
```

这里没有将所有语句都放到 Main() 中，而是把它们划分到多个方法中。例如，程序先用一系列 System.Console.WriteLine() 语句显示帮助文本，这些语句全部放在 DisplayHelpText() 方法中。类似地，用 GetFiles() 方法获取要统计行数的文件。最后调用 CountLines() 方法实际统计行数，调用 DisplayLineCount() 方法显示结果。一眼就能看清楚整个程序的结构，因为方法名清楚描述了方法的作用。

设计规范

- 要为方法名使用动词或动词短语。

方法总是和类型（通常是**类**）关联。类型将相关方法分为一组。

方法通过**实参**接收数据，实参由方法的参数或形参[⊖]定义。参数是**调用者**（发出方法调用的代码）用于向被调用的方法（例如 Write()、WriteLine()、GetFiles()、CountLines()）传递数据的变量。在代码清单 5.1 中，files 和 lineCount 分别是传给 CountLines() 和 DisplayLineCount() 方法的实参。方法通过返回值将数据返回调用者。在代码清单 5.1 中，GetFiles() 方法调用的返回值被赋给 files。

⊖ 以后不需要区分形参和实参时一般以“参数”代之。——译者注首先重新讨论一下第1章讲过的System.Console.Write()、System.Console.WriteLine()和System.Console.ReadLine()方法。这次要从方法调用的角度讨论，而不是强调控制台的输入和输出细节。代码清单 5.2 展示了这三个方法的应用。

代码清单 5.2　简单方法调用

```
class HeyYou
{
  static void Main()
  {
      string firstName;
      string lastName;

      System.Console.WriteLine("Hey you!");

      System.Console.Write("Enter your first name: ");

      firstName = System.Console.ReadLine();
      System.Console.Write("Enter your last name: ");
      lastName = System.Console.ReadLine();
      System.Console.WriteLine(
          $"Your full name is { firstName } { lastName }.");
  }
}
```

方法调用由方法名称和实参列表构成。完全限定的方法名称包括命名空间、类型名和方法名，每部分以句点分隔。稍后会讲到，调用方法时经常只使用方法名称，而不必完全限定。

5.1.1　命名空间

命名空间是一种分类机制，用于分组功能相关的所有类型。命名空间是分级的，级数任意，但超过 6 级就很罕见了。一般从公司名开始，然后是产品名，最后是功能领域。例如在 Microsoft.Win32.Networking 中，最外层的命名空间是 Microsoft，它包含内层命名空间 Win32，后者又包含嵌套更深的 Networking 命名空间。

主要用命名空间按功能领域组织类型，以便查找和理解这些类型。此外，命名空间还有助于防范类型名称冲突。两个都叫 Button 的类型只要在不同命名空间，比如 System.Web.UI.WebControls.Button 和 System.Windows.Controls.Button，编译器就能区分。

在代码清单 5.2 中，Console 类型在 System 命名空间中。System 命名空间包含用于执行大量基本编程活动的类型。几乎所有 C# 程序都要使用 System 命名空间中的类型。表 5.1 总结了其他常用命名空间。

调用方法并非一定要提供命名空间。例如，假定要调用的方法与发出调用的方法在同一个命名空间，就没必要指定命名空间。本章稍后会讲解如何利用 using 指令避免每次调用方法都指定命名空间限定符。

表 5.1　常用命名空间

命名空间	描　述
System	包含基元类型，以及用于类型转换、数学计算、程序调用以及环境管理的类型
System.Collections.Generics	包含使用泛型的强类型集合
System.Data	包含用于数据库处理的类型
System.Drawing	包含在显示设备上绘图和进行图像处理的类型
System.IO	包含用于文件和目录处理的类型
System.Linq	包含使用“语言集成查询”(LINQ) 对集合数据进行查询的类和接口
System.Text	包含用于处理字符串和各种文本编码的类型，以及在不同编码方式之间转换的类型
System.Text.RegularExpressions	包含用于处理正则表达式的类型
System.Threading	包含用于多线程编程的类型
System.Threading.Tasks	包含以任务为基础进行异步操作的类型
System.Web	包含用于实现浏览器到服务器通信的类型（一般通过 HTTP 进行）。该命名空间中的功能用于支持 ASP.NET
System.Windows	包含用 WPF 创建富用户界面的类型（从 .NET 3.0 起），WPF 用 XAML 进行声明性 UI 设计
System.Xml	为 XML 处理提供基于标准的支持

设计规范

- 要为命名空间使用 PascalCase 大小写。
- 考虑组织源代码文件目录结构以匹配命名空间层次结构。

5.1.2　类型名称

调用静态方法时，如目标方法和调用者不在同一个类型（或基类）中，就需要添加类型名称限定符。（本章稍后会介绍如何用 `using static` 指令省略类型名称。）例如，从 `HelloWorld.Main()` 中调用静态方法 `Console.WriteLine()` 时就需要添加类型名称 `Console`。但和命名空间一样，如果要调用的方法是调用表达式所在类型的成员，C# 就允许在调用时省略类型名称（代码清单 5.4 展示了一个例子）。之所以不需要类型名称，是因为编译器能够根据调用位置推断类型。显然，如编译器无法进行这样的推断，就必须将类型名称作为方法调用的一部分。

类型本质是对方法及其相关数据进行分组的一种方式。例如，`Console` 类型包含常用的

Write()、WriteLine() 和 ReadLine() 等方法。所有这些方法都在同一个“组”中，都从属于 Console 类型。

5.1.3 作用域

上一章讲过，一个事物的“作用域”是可用非限定名称引用它的那个区域。两个方法在同一个类型中声明，一个方法调用另一个就不需要类型限定符，因为这两个方法具有整个包容类型的作用域。类似地，类型的作用域是声明它的那个命名空间。所以，特定命名空间中的一个类型中的方法调用不需要指定该命名空间。

5.1.4 方法名称

每个方法调用都要指定一个方法名称。如前所述，它可能用也可能不用命名空间和类型名称加以限定。方法名称之后是圆括号中的实参列表，每个实参以逗号分隔，对应于声明方法时指定的形参。

5.1.5 形参和实参

方法可获取任意数量的形参，每个形参都具有特定数据类型。调用者为形参提供的值称为**实参**，每个实参都要和一个形参对应。例如，以下方法调用有三个参数：

```
System.IO.File.Copy(
    oldFileName, newFileName, false)
```

该方法位于 File 类，后者位于 System.IO 命名空间。方法声明为获取三个参数，第一个和第二个是 string 类型，第三个是 bool 类型。本例传递 string 变量 oldFileName 和 newFileName 代表旧的和新的文件名，第三个参数传递 false，用于判断在新文件名存在的情况下文件拷贝失败的情形。

5.1.6 方法返回值

和 System.Console.WriteLine() 相反，代码清单 5.2 中的 System.Console.ReadLine() 没有任何参数，因为该方法声明为不获取任何参数。但这个方法有**返回值**。可利用返回值将调用方法所产生的结果返回调用者。因为 System.Console.ReadLine() 有返回值，所以可将返回值赋给变量 firstName。还可将方法的返回值作为另一个方法的实参使用，如代码清单 5.3 所示。

代码清单 5.3 将方法返回值作为实参传给另一个方法调用

```
class Program
{
  static void Main()
  {
      System.Console.Write("Enter your first name: ");
      System.Console.WriteLine("Hello {0}!",
          System.Console.ReadLine());
  }
}
```

代码清单 5.3 不是先为变量赋值，再在 System.Console.WriteLine() 调用中使用这个变量。相反，是在调用 System.Console.WriteLine() 时直接调用 System.Console.ReadLine() 方法。运行时会先执行 System.Console.ReadLine() 方法，返回值直接传给 System.Console.WriteLine() 方法，而不是传给一个变量。

并非所有方法都返回数据，System.Console.Write() 和 System.Console.WriteLine() 就是如此。稍后会讲到这种方法指定了 void 返回类型，好比在 HelloWorld 的例子中，Main 的返回类型就是 void。

5.1.7　对比语句和方法调用

代码清单 5.3 演示了语句和方法调用的差异。System.Console.WriteLine("Hello {0}!", System.Console.ReadLine()); 语句包含两个方法调用。语句通常包含一个或多个表达式，本例有两个表达式都是方法调用。所以，方法调用构成了语句的不同部分。

虽然在一个语句中包含多个方法调用能减少编码量，但不一定能增强可读性，而且很少能带来性能上的优势。开发者应更注重代码的可读性，而不要将过多精力放在写简短的代码上。

> **注意　通常，开发者应侧重于可读性，而不是在写更短的代码方面耗费心机。为了使代码一目了然，进而在长时间里更容易维护，可读性是关键。**

Begin 6.0

5.2　方法的声明

本节描述如何声明包含参数或返回类型的方法。代码清单 5.4 演示了这些概念，输出 5.1 展示了结果。

代码清单 5.4　声明方法

```
class IntroducingMethods
{
  public static void Main()
  {
      string firstName;
      string lastName;
      string fullName;
      string initials;

      System.Console.WriteLine("Hey you!");

      firstName = GetUserInput("Enter your first name: ");
      lastName = GetUserInput("Enter your last name: ");

      fullName = GetFullName(firstName, lastName);
      initials = GetInitials(firstName, lastName);
      DisplayGreeting(fullName, initials);
  }

  static string GetUserInput(string prompt)
```

```
    {
        System.Console.Write(prompt);
        return System.Console.ReadLine();
    }

    static string GetFullName(  // C# 6.0 expression-bodied method
        string firstName, string lastName) =>
            $"{ firstName } { lastName }";
    static void DisplayGreeting(string fullName, string initials)
    {
        System.Console.WriteLine(
            $"Hello { fullName }! Your initials are { initials }");
        return;
    }

    static string GetInitials(string firstName, string lastName)
    {
        return $"{ firstName[0] }. { lastName[0] }.";
    }
}
```

输出 5.1

```
Hey you!
Enter your first name: Inigo
Enter your last name: Montoya
Your full name is Inigo Montoya.
```

End 6.0

代码清单 5.4 声明了 5 个方法。从 `Main()` 中调用了 `GetUserInput()`，然后调用 `GetFullName()` 和 `GetInitials()`。后三个方法都返回一个值，而且都要获取实参。最后调用 `DisplayGreeting()`，它不返回任何数据。C# 的每个方法都必须在某个类型中，本例的包容类型是 `IntroducingMethods` 类。即使第 1 章讨论的 `Main()` 方法也必须在一个类型中。

语言对比：C++/Visual Basic——全局方法

C# 不支持全局方法，一切都必须在一个类型声明中。这正是 `Main()` 方法标记为 `static` 的原因——它等价于 C++ 的全局方法和 Visual Basic 的“共享”方法。

初学者主题：用方法进行重构

将一组语句转移到一个方法中，而不是把它们留在一个较大的方法中，这是一种**重构**形式。重构有助于减少重复代码，因为可从多个位置调用方法，而不必在每个位置都重复这些代码。重构还有助于增强代码的可读性。编码时的一个最佳实践是经常检查代码，找出可重构的地方。尤其是那些不好理解的代码块，最好把它们转移到方法中，用有意义的方法名清晰定义代码的行为。与简单地为代码块加上注释相比，重构效果更好，因为看方法名就知道方法要做的事情。

例如，代码清单 5.4 的 `Main()` 方法具有与第 1 章代码清单 1.16 的 `Main()` 方法差

> 不多的行为。虽然两者都容易懂，但前者更简洁。只需扫一眼 Main() 方法就可理解该程序（暂时不用关心被调用的每个方法的实现细节）。
>
> 早期版本的 Visual Studio 可选定一组语句，右击并选择“重构”|“提取方法”，从而自动将语句转移到一个新方法中。Visual Studio 2015 右击之后选择“快速操作”。Visual Studio 2017 则是选择“快速操作和重构”。

5.2.1 参数声明

注意 DisplayGreeting()、GetFullName() 和 GetInitials() 方法的声明。可在方法声明的圆括号中添加**参数列表**（讨论泛型时会讲到，方法也可以有**类型参数列表**。如根据上下文能分清当前讲的是哪种参数，就直接把它们称为“参数列表”中的“参数”）。列表中的每个参数都包含参数类型和参数名称，每个参数以逗号分隔。

大多数参数的行为和命名规范与局部变量一致。所以参数名采用 camelCase 大小写形式。另外，不能在方法中声明与参数同名的局部变量，因为这会创建同名的两个“局部变量”。

设计规范

- 要为参数名使用 camelCase 大小写。

5.2.2 方法返回类型声明

GetUserInput()、GetFullName() 和 GetInitials() 方法除了定义参数，还定义了**方法返回类型**。很容易就可分辨一个方法是否有返回值，因为在声明这种方法时，会在方法名之前添加一个数据类型。上述所有方法的返回数据类型都是 string。虽然方法可指定多个参数，但返回类型只能有一个。

如 GetUserInput() 和 GetInitials() 方法所示，具有返回类型的方法几乎总是包含一个或多个 return 语句将控制返回给调用者。return 语句以 return 关键字开头，后跟计算返回值的表达式。例如，GetInitials() 方法的 return 语句是 return $"{ firstName[0] }. { lastName[0] }.";。return 关键字后面的表达式必须兼容方法的返回类型。

如果方法有返回类型，它的主体必须有“不可到达的结束点”。换言之，方法不能在不返回值的情况下碰到大括号而自然结束。为保证这一点，最简单的办法就是将 return 语句作为方法的最后一个语句。但这并非绝对，return 语句并非只能在方法末尾出现。例如，方法中的 if 或 switch 语句可以包含 return 语句，如代码清单 5.5 所示。

代码清单 5.5 方法中间的 return 语句

```
class Program
{
  static bool MyMethod()
  {
      string command = ObtainCommand();
      switch(command)
```

```
        {
            case "quit":
                return false;
            // ... omitted, other cases
            default:
                return true;
        }
    }
}
```

注意 return 语句将控制转移出 switch，所以不需要用 break 语句防止非法“贯穿”switch 小节。

在代码清单 5.5 中，方法最后一个语句不是 return 语句，而是 switch 语句。但编译器判断方法的每条执行路径最终都是 return 语句，所以方法结束点“不可到达”。这样的方法是合法的，即使它不以 return 语句结尾。

如果 return 之后有“不可到达”的语句，编译器会发出警告，指出有永远执行不到的语句。

虽然 C# 允许提前返回，但为了增强代码的可读性，并使代码更易维护，应尽量确定单一的退出位置，而不是在方法的多个代码路径中散布多个 return 语句。

指定 void 作为返回类型表示方法没有返回值。所以，这种方法不支持向变量赋值，也无法在调用位置[⊖]作为参数传递。void 调用只能作为语句使用。此外，return 在这种方法内部可选。如指定 return，它之后不能有任何值。例如代码清单 5.4 的 Main() 方法的返回值是 void，方法中没有使用 return 语句。而 DisplayGreeting() 有 return 语句，但 return 之后没有添加任何值。

Begin 7.0

虽然从技术上说方法只能有一个返回类型，但返回类型可以是一个元组。从 C# 7.0 起，多个值可通过 C# 元组语法打包成元组返回，如代码清单 5.6 的 GetName() 方法所示

代码清单 5.6　用元组返回多个值

```
class Program
{
    static string GetUserInput(string prompt)
    {
        System.Console.Write(prompt);
        return System.Console.ReadLine();
    }
    static (string First, string Last) GetName()
    {
        string firstName, lastName;
        firstName = GetUserInput("Enter your first name: ");
        lastName = GetUserInput("Enter your last name: ");
        return (firstName, lastName);
    }
    static public void Main()
    {
```

⊖ call site，就是发出调用的地方，可理解成调用了一个目标方法的表达式或代码行。——译者注

```
        (string First, string Last) name = GetName();
        System.Console.WriteLine($"Hello { name.First } { name.Last }!");
    }
}
```

技术上仍然只返回一个数据类型，即一个 ValueTuple<string, string>，但实际可以返回任意数量（当然要合理）。

End 7.0

5.2.3　表达式主体方法

有些方法过于简单。为简化这些方法的定义，C# 6.0 引入了表达式主体方法，允许用表达式代替完整方法主体。代码清单 5.4 的 GetFullName() 方法就是一例：

```
static string GetFullName( string firstName, string lastName) =>
      $"{ firstName } { lastName }";
```

表达式主体方法不是用大括号定义方法主体，而是用 => 操作符（第 13 章详述）。该操作符的结果数据类型必须与方法返回类型匹配。换言之，虽然没有显式的 return 语句，但表达式本身的返回类型必须与方法声明的返回类型匹配。正因如此，其应用应限于最简单的方法实现，例如单行表达式。

语言对比：C++——头文件

和 C++ 不同，C# 类从来不将实现与声明分开。C# 不区分头文件（.h）和实现文件（.cpp）。相反，声明和实现在同一个文件中。（C# 确实支持名为“分部方法”的高级功能，允许将方法的声明和实现分开。但考虑到本章的目的，我们只讨论非分部方法。）这样就不需要在两个位置维护冗余的声明信息。

初学者主题：命名空间

如前所述，**命名空间**是分类和分组相关类型的一种机制。在一个类型所在的命名空间中，能找到和它相关的其他类型。此外，不同命名空间中重名的两个或更多类型没有歧义。

5.3　using 指令

完全限定的名称可能很长、很笨拙。可将一个或多个命名空间的所有类型“导入”文件，这样在使用时就不需要完全限定。这通过 using 指令（通常在文件顶部）来实现。例如代码清单 5.7 的 Console 就没有附加 System 前缀，因为代码清单顶部使用了一个 using System 指令。

代码清单 5.7　using 指令的例子

```
// The using directive imports all types from the
// specified namespace into the entire file
using System;
```

```
class HelloWorld
{
  static void Main()
  {
      // No need to qualify Console with System
      // because of the using directive above
      Console.WriteLine("Hello, my name is Inigo Montoya");
  }
}
```

代码清单 5.7 的结果如输出 5.2 所示。

输出 5.2

```
Hello, my name is Inigo Montoya
```

虽然添加了 using System，但使用 System 的某个子命名空间中的类型时还是不能省略 System。例如，要访问 System.Text 中的 StringBuilder 类型，必须另外添加一个 using System.Text 指令或者对类型进行完全限定（System.Text.StringBuilder），而不能只是写 Text.StringBuilder。简单地说，using 指令不“导入”任何**嵌套命名空间**中的类型。嵌套命名空间（由命名空间中的句点符号来标识）必须显式导入。

语言对比：Java——import 指令中的通配符

Java 允许使用通配符导入命名空间，例如：

```
import javax.swing.*;
```

相反，C# 不允许在 using 指令中使用通配符，每个命名空间都必须显式导入。

语言对比：Visual Basic .NET——项目范围的 Imports 指令

和 C# 不同，Visual Basic .NET 允许为整个项目（而非只是单个文件）使用与 using 指令等价的 Imports 指令。换言之，Visual Basic .NET 提供了 using 指令的一个命令行版本，它对项目的所有文件起作用。

通常，程序要使用一个命名空间中的许多类型，就应考虑为该命名空间使用 using 指令，避免对该命名空间中的所有类型都进行完全限定。正是这个原因，几乎所有文件都在顶部添加了 using System 指令。在本书剩余的部分，代码清单会经常省略 using System 指令。但其他命名空间指令都会显式地包含。

使用 using System 指令的一个有趣结果是，可以使用不同的大小写形式来表示字符串数据类型：String 或者 string。前者的基础是 using System 指令，后者使用的是 string 关键字。两者在 C# 中都引用 System.String 数据类型，最终生成的 CIL 代码毫无区别[⊖]。

⊖ 我更喜欢使用 string 关键字，但无论选择哪一种表示方法，都应在项目中保持一致。

高级主题：嵌套 using 指令

using 指令不仅可以在文件顶部使用，还可以在命名空间声明的顶部使用。例如，声明新命名空间 EssentialCSharp 时，可在该声明的顶部添加 using 指令，如代码清单 5.8 所示。

代码清单 5.8　在命名空间声明中使用 using 指令

```
namespace EssentialCSharp
{
  using System;

  class HelloWorld
  {
    static void Main()
    {
        // No need to qualify Console with System
        // because of the using directive above
        Console.WriteLine("Hello, my name is Inigo Montoya");
    }
  }
}
```

输出 5.3 展示了结果。

输出 5.3

```
Hello, my name is Inigo Montoya
```

在文件顶部和命名空间声明的顶部使用 using 指令的区别在于，后者的 using 指令只在声明的命名空间内有效。如果在 EssentialCSharp 命名空间前后声明了新命名空间，新命名空间不会受别的命名空间中的 using System 指令的影响。但很少写这样的代码，特别是根据约定，每个文件只应该有一个类型声明。

5.3.1　using static 指令

Begin 6.0

using 指令允许省略命名空间限定符来简化类型名称。而 using static 指令允许将命名空间和类型名称都省略，只需写静态成员名称。例如，using static System.Console 指令允许直接写 WriteLine() 而不必写完全限定名称 System.Console.WriteLine()。基于这个技术，代码清单 5.2 可改写为代码清单 5.9。

代码清单 5.9　using static 指令

```
using static System.Console;

class HeyYou
{
  static void Main()
  {
      string firstName;
```

```
        string lastName;

        WriteLine("Hey you!");

        Write("Enter your first name: ");

        firstName = ReadLine();
        Write("Enter your last name: ");
        lastName = ReadLine();
        WriteLine(
            $"Your full name is { firstName } { lastName }.");
    }
}
```

本例不会损失代码的可读性。WriteLine()、Write() 和 ReadLine() 明显与控制台指令有关。代码显得比以往更简单、更清晰（虽然有争议）。

但这并非绝对，有的类定义了重叠的行为名称（方法名），例如文件和目录都提供了 Exists() 方法。在定义了 using static 指令的前提下直接调用 Exists() 无利于区分。类似地，如果你写的类定义了行为名称重叠的成员，例如 Display() 和 Write()，读者会感到混淆。

End 6.0

编译器不允许这种歧义。两个成员如具有相同签名（通过 using static 指令或者是单独声明的成员），调用它们时就会产生歧义，会造成编译错误。

5.3.2 使用别名

还可利用 using 指令为命名空间或类型取一个别名。**别名**是在 using 指令起作用的范围内可以使用的替代名称。别名两个最常见的用途是消除两个同名类型的歧义和缩写长名称。例如在代码清单 5.10 中，CountDownTimer 别名引用了 System.Timers.Timer 类型。仅添加 using System.Timers 指令不足以完全限定 Timer 类型，原因是 System.Threading 也包含 Timer 类型，所以在代码中直接用 Timer 会产生歧义。

代码清单 5.10 声明类型别名

```
using System;
using System.Threading;
using CountDownTimer = System.Timers.Timer;

class HelloWorld
{
  static void Main()
  {
      CountDownTimer timer;

      // ...
  }
}
```

代码清单 5.10 将全新名称 CountDownTimer 作为别名，但也可将别名指定为 Timer，如代码清单 5.11 所示。

代码清单 5.11　声明同名的类型别名

```
using System;
using System.Threading;

// Declare alias Timer to refer to System.Timers.Timer to
// avoid code ambiguity with System.Threading.Timer
using Timer = System.Timers.Timer;

class HelloWorld
{
  static void Main()
  {
      Timer timer;

      // ...
  }
}
```

由于 Timer 现在是别名，所以“Timer”引用没有歧义。这时如果要引用 System.Threading.Timer 类型，必须完全限定或定义不同的别名。

5.4　Main() 的返回值和参数

到目前为止，可执行体的所有 Main() 方法采用的都是最简单的声明。这些 Main() 方法声明不包含任何参数或非 void 返回类型。但 C# 支持在执行程序时提供命令行参数，并允许从 Main() 方法返回状态标识符。

“运行时”通过一个 string 数组参数将命令行参数传给 Main()。要获取参数，访问数组就可以了，代码清单 5.12 对此进行了演示。程序目的是下载指定 URL 位置的文件。第一个命令行参数指定 URL，第二个指定存盘文件名。代码从一个 switch 语句开始，根据参数数量（args.Length）采取不同操作：

1. 没有两个参数，就显示一条错误消息，指出必须提供 URL 和文件名；
2. 有两个参数，表明用户提供了 URL 和存盘文件名。

代码清单 5.12　向 Main() 传递命令行参数

```
using System;
using System.Net;

class Program
{
  static int Main(string[] args)
  {
      int result;
```

```
        string targetFileName;
        string url;
        switch (args.Length)
        {
            default:
                // Exactly two arguments must be specified; give an error
                Console.WriteLine(
                    "ERROR:  You must specify the "
                    + "URL and the file name");
                targetFileName = null;
                url = null;
                break;
            case 2:
                url = args[0];
                targetFileName = args[1];
                break;
        }

        if (targetFileName != null && url != null)
        {
            WebClient webClient = new WebClient();
            webClient.DownloadFile(url, targetFileName);
            result = 0;
        }
        else
        {
            Console.WriteLine(
                "Usage: Downloader.exe <URL> <TargetFileName>");
            result = 1;
        }
        return result;
    }


}
```

代码清单 5.12 的结果如输出 5.4 所示。

输出 5.4

```
>Downloader.exe
ERROR:  You must specify the URL to be downloaded
Downloader.exe <URL> <TargetFileName>
```

成功获取存盘文件名，就用它保存下载的文件。否则应显示帮助文本。Main() 方法还会返回一个 int，而不是像往常那样返回 void。返回值对于 Main() 声明来说是可选的。但如果有返回值，程序就可以将状态码返回给调用者（比如脚本或批处理文件）。根据约定，非零返回值代表出错。

虽然所有命令行参数都可通过字符串数组传给 Main()，但有时需要从非 Main() 的方法中访问参数。这时可用 System.Environment.GetCommandLineArgs() 方法返回由命令行参数构成的数组。

高级主题：消除多个 Main() 方法的歧义

假如一个程序的两个类都有 Main() 方法，可在命令行上用 csc.exe 的 /m 开关指定包含入口点的类

初学者主题：调用栈和调用点

代码执行时，方法可能调用其他方法，其他方法可能调用更多方法，以此类推。在代码清单 5.4 的简单情况中，Main() 调用 GetUserInput()，后者调用 System.Console.ReadLine()，后者又在内部调用更多方法。每次调用新方法，“运行时”都创建一个“栈帧”或“活动帧”，其中包含的内容涉及传给新调用的实参、新调用的局部变量以及方法返回时应该从哪里恢复等。这样形成的一系列栈帧称为**调用栈**。[㊀]随着程序复杂度的提高，每个方法调用另一个方法时，这个调用栈都会变大。但当调用结束时，调用栈会发生收缩，直到调用另一个方法。我们用**栈展开**（stack unwinding）[㊁]一词描述从调用栈中删除栈帧的过程。栈展开的顺序通常与方法调用的顺序相反。方法调用完毕，控制会返回**调用点**（call site），也就是最初发出方法调用的位置。

5.5　高级方法参数

之前一直是通过方法的 return 语句返回数据。本节描述方法如何通过自己的参数返回数据，以及方法如何获取数量可变的参数。

5.5.1　值参数

参数默认**传值**。换言之，参数值会拷贝到目标参数中。例如在代码清单 5.13 中，调用 Combine() 时 Main() 使用的每个变量值都会拷贝给 Combine() 方法的参数。输出 5.5 展示了结果。

代码清单 5.13　以传值方式传递变量

```
class Program
{
  static void Main()
  {
      // ...
      string fullName;
      string driveLetter = "C:";
      string folderPath  = "Data";
      string fileName    = "index.html";
```

㊀ async 或迭代器方法除外，它们的活动记录转移到堆上。

㊁ unwind 一般翻译成“展开”，但这并不是一个很好的翻译。wind 和 unwind 源于生活。把线缠到线圈上称为 wind；从线圈上松开称为 unwind。同样地，调用方法时压入栈帧，称为 wind；方法执行完毕弹出栈帧，称为 unwind。——译者注

```
        fullName = Combine(driveLetter, folderPath, fileName);

        Console.WriteLine(fullName);
        // ...
    }

    static string Combine(
        string driveLetter, string folderPath, string fileName)
    {
        string path;
        path = string.Format("{1}{0}{2}{0}{3}",
            System.IO.Path.DirectorySeparatorChar,
            driveLetter, folderPath, fileName);
        return path;
    }
}
```

输出 5.5

```
C:\Data\index.html
```

Combine()方法返回前，即使将null值赋给driveLetter、folderPath和fileName等变量，Main()中对应的变量仍会保持其初始值不变，因为在调用方法时，只是将变量的值拷贝了一份给方法。调用栈在一次调用的末尾“展开”的时候，拷贝的数据会被丢弃。

初学者主题：匹配调用者变量与参数名

在代码清单 5.13 中，调用者中的变量名与被调用方法中的参数名匹配。这是为了增强可读性，名称是否匹配与方法调用的行为无关。被调用方法的参数和发出调用的方法的局部变量在不同声明空间中，相互之间没有任何关系。

高级主题：比较引用类型与值类型

就本节来说，传递的参数是值类型还是引用类型并不重要。重要的是被调用的方法是否能将值写入调用者的原始变量。由于现在是生成原始值的拷贝，所以怎么更改都影响不到调用者的变量。但不管怎样，都有必要理解值类型和引用类型的变量的区别。

从名字就能看出，对于引用类型的变量，它的值是对数据实际存储位置的引用。“运行时”如何表示引用类型变量的值，这是“运行时”的实现细节。一般都是用数据实际存储的内存地址来表示，但并非一定如此。

如引用类型的变量以传值方式传给方法，拷贝的就是引用（地址）本身。这样虽然在被调用的方法中还是更改不了引用（地址）本身，但可以更改地址处的数据。

相反，对于值类型的参数，参数获得的是值的拷贝，所以被调用的方法怎么都改变不了调用者的变量。

5.5.2 引用参数（ref）

来看看代码清单 5.14 的例子，它调用方法来交换两个值，输出 5.6 展示了结果。

代码清单 5.14 以传引用的方式传递变量

```
class Program
{
  static void Main()
  {
      // ...
      string first = "hello";
      string second = "goodbye";
      Swap(ref first, ref second);

      Console.WriteLine(
          $@"first = ""{ first }"", second = ""{ second }""" );
      // ...
  }

  static void Swap(ref string x, ref string y)
  {
      string temp = x;
      x = y;
      y = temp;
  }
}
```

输出 5.6

```
first = "goodbye", second = "hello"
```

赋给 first 和 second 的值被成功交换。这要求以**传引用**的方式传递变量。比较本例的 Swap() 调用与代码清单 5.13 的 Combine() 调用，不难发现两者最明显的区别就是本例在参数数据类型前使用了关键字 ref，这使参数以传引用方式传递，被调用的方法可用新值更新调用者的变量。

如果被调用的方法将参数指定为 ref，调用者调用该方法时提供的实参应该是附加了 ref 前缀的变量（而不是值）。这样调用者就显式确认了目标方法可对它接收到的任何 ref 参数进行重新赋值。此外，调用者应初始化传引用的局部变量，因为被调用的方法可能直接从 ref 参数读取数据而不先对其进行赋值。例如在代码清单 5.14 中，temp 直接从 first 获取数据，认为 first 变量已由调用者初始化。事实上，ref 参数只是传递的变量的别名。换言之，作用只是为现有变量分配参数名，而非创建新变量并将实参的值拷贝给它。

5.5.3 输出参数（out）

Begin 7.0

如前所述，用作 ref 参数的变量必须在传给方法前赋值，因为被调用的方法可能直接从变量中读取值。例如，前面的 Swap 方法必须读写传给它的变量。但方法经常要获取一个变量引用，并向变量写入而不读取。这时更安全的做法是以传引用的方式传入一个未初始化的局部变量。

为此，代码需要用关键字 out 修饰参数类型。例如代码清单 5.15 的 TryGetPhoneButton() 方法，它返回与字符对应的电话按键。

代码清单 5.15 仅传出的变量

```
class ConvertToPhoneNumber
{
  static int Main(string[] args)
  {
      if(args.Length == 0)
      {
          Console.WriteLine(
              "ConvertToPhoneNumber.exe <phrase>");
          Console.WriteLine(
              "'_' indicates no standard phone button");
          return 1;
      }
      foreach(string word in args)
      {
          foreach(char character in word)
          {
              if(TryGetPhoneButton(character, out char button))
              {
                  Console.Write(button);
              }
              else
              {
                  Console.Write('_');
              }
          }
      }
      Console.WriteLine();
      return 0;
  }

  static bool TryGetPhoneButton(char character, out char button)
  {
      bool success = true;
      switch( char.ToLower(character) )
      {
          case '1':
              button = '1';
              break;
          case '2': case 'a': case 'b': case 'c':
              button = '2';
              break;

          // ...

          case '-':
              button = '-';
```

```
                break;
            default:
                  // Set the button to indicate an invalid value
                  button = '_';
                success = false;
                break;
        }
        return success;
    }
}
```

输出 5.7 展示了代码清单 5.15 的结果。

输出 5.7

```
>ConvertToPhoneNumber.exe CSharpIsGood
274277474663
```

在本例中，如果能成功判断与 character 对应的电话按键，TryGetPhoneButton() 方法就返回 true。方法还使用 out 修饰的 button 参数返回对应的按键。

out 参数功能上与 ref 参数完全一致，唯一区别是 C# 语言对别名变量的读写有不同规定。如参数被标记为 out，编译器会核实在方法所有正常返回的代码路径中，是否都对该参数进行了赋值。如发现某个代码执行路径没有对 button 赋值，编译器就会报错，指出代码没有对 button 进行初始化。在代码清单 5.15 中，方法最后将下划线字符赋给 button，因为即使无法判断正确的电话按键，也必须对 button 进行赋值。

使用 out 参数时一个常见的编码错误是忘记在使用前声明 out 变量。从 C# 7.0 起可在调用方法前以内联的形式声明 out 变量。代码清单 5.15 在 TryGetPhoneButton(character, out char button) 中使用了该功能，之前完全不需要声明 button 变量。而在 C# 7.0 之前，必须先声明 button 变量，再用 TryGetPhoneButton(character, out button) 调用方法。

C# 7.0 的另一个功能是允许完全放弃 out 参数。例如，可能只想知道某字符是不是有效电话按键，不实际返回对应数值。这时可用下划线放弃 button 参数：TryGetPhoneButton(character, out _)。

在 C# 7.0 元组语法之前，开发人员声明一个或多个 out 参数来解决方法只能有一个返回类型的限制。例如，为了返回两个值，可以正常返回一个，另一个写入作为 out 参数传递的别名变量。虽然这种做法既常见也合法，但通常都有更好的方案能达到相同目的。例如，用 C# 7.0 写代码时，返回两个或更多值应首选元组语法。而在 C# 7.0 之前可考虑改成两个方法，每个方法返回一个值。如果非要一次返回两个，还是可以使用 System.ValueTuple 类型（要求引用 System.ValueTuple NuGet 包）。

注意　所有正常的代码路径都必须对 out 参数赋值。

5.5.4　只读传引用（in）

Begin 7.2

C# 7.2 支持以传引用的方式传入只读值类型。不是创建值类型的拷贝并使方法能修改拷贝，只读传引用将值类型以传引用的方式传给方法。不仅避免了每次调用方法都创建值类型的拷贝，而且被调用的方法不能修改值类型。换言之，其作用是在传值时减少拷贝量，同时把它标识为只读，从而增强性能。该语法要为参数添加 in 修饰符。例如：

```
int Method(in int number) { ... }
```

End 7.2

使用 in 修饰符，方法中对 number 的任何重新赋值操作（例如 number++）都会造成编译错误，并报告 number 只读。

5.5.5 返回引用

C# 7.0 新增的另一个功能返回对变量的引用。例如，代码清单 5.16 定义了一个方法返回图片中的第一个红眼像素。

代码清单 5.16 return ref 和 ref 局部变量声明

```
// Returning a reference
public static ref byte FindFirstRedEyePixel(byte[] image)
{
  // Do fancy image detection perhaps with machine learning
  for (int counter = 0; counter < image.Length; counter++)
  {
    if(image[counter] == (byte)ConsoleColor.Red)
    {
      return ref image[counter];
    }
  }
  throw new InvalidOperationException("No pixels are red.");
}
public static void Main()
{
  byte[] image = new byte[254];
  // Load image
  int index = new Random().Next(0, image.Length - 1);
  image[index] =
      (byte)ConsoleColor.Red;
  System.Console.WriteLine(
      $"image[{index}]={(ConsoleColor)image[index]}");
  // ...

  // Obtain a reference to the first red pixel
  ref byte redPixel = ref FindFirstRedEyePixel(image);
  // Update it to be Black
  redPixel = (byte)ConsoleColor.Black;
  System.Console.WriteLine(
      $"image[{index}]={(ConsoleColor)image[redPixel]}");
}
```

通过返回对变量的引用，调用者可将像素更新为不同颜色，如代码清单 5.16 突出显示的行所示。检查对数组的更新证明值现已变成黑色。

返回引用有两个重要的限制，两者都和对象生存期有关：对象引用在仍被引用时不应被垃圾回收，而且不存在任何引用时不应消耗内存。为符合这些限制，从方法返回引用时只能返回：

- 对字段或数组元素的引用
- 其他返回引用的属性或方法
- 作为参数传给“返回引用的方法”的引用

例如，FindFirstRedEyePixel() 返回对一个 image 数组元素的引用，该引用是传给方法的参数。类似地，如图片作为类的字段存储，可返回对字段的引用：

```
byte[] _Image;
public ref byte[] Image { get {  return ref _Image; } }
```

此外，ref 局部变量被初始化为引用一个特定变量，以后不能修改为引用其他变量。

返回引用时要注意几点：

- 如决定返回引用，就必须返回一个引用。以代码清单 5.16 为例，即使不存在红眼像素，仍需返回一个字节引用。找不到就只有抛出异常。相反，如采取传引用参数的方式，就可以不修改参数，只是返回一个 bool 值代表成功，许多时候这种做法更佳。
- 声明引用局部变量的同时必须初始化它。为此需要将方法返回的引用赋给它，或将一个变量引用赋给它：

```
ref string text;  // Error
```

- 虽然 C# 7.0 允许声明 ref 局部变量，但不允许声明 ref 字段：

```
class Thing { ref string _Text;  /* Error */ }
```

- 自动实现的属性不能声明为引用类型：

```
class Thing { ref string Text { get;set; }  /* Error */ }
```

- 允许返回引用的属性：

```
class Thing { string _Text = "Inigo Montoya";
ref string Text { get { return ref _Text; } } }
```

- 引用局部变量不能用值（比如 null 或常量）来初始化。必须将返回引用的成员赋给它，或者将局部变量、字段或数组赋给它：

```
ref int number = null; ref int number = 42;  // ERROR
```

End 7.0

5.5.6　参数数组（params）

到目前为止，方法的参数数量都是在声明时确定好的。但有时希望参数数量可变。以代码清单 5.13 的 Combine() 方法为例，它传递了驱动器号、文件夹路径和文件名等参数。如路径中包含多个文件夹，调用者希望将额外的文件夹连接起来以构成完整路径，那么应该如何写代码？也许最好的办法就是为文件夹传递一个字符串数组，其中包含不同的文件夹名称。但这会使调用代码变复杂，因为需要事先构造好数组并将数组作为参数传递。

为简化编码，C# 提供了一个特殊关键字，允许在调用方法时提供数量可变的参数，而不是事先就固定好参数数量。讨论方法声明前，先注意一下代码清单 5.17 的 Main() 方法中的调用代码。

代码清单 5.17 传递长度可变的参数列表

```
using System;
using System.IO;
class PathEx
{
  static void Main()
  {
      string fullName;

      // ...

      // Call Combine() with four arguments
      fullName = Combine(
          Directory.GetCurrentDirectory(),
          "bin", "config", "index.html");
      Console.WriteLine(fullName);

      // ...

      // Call Combine() with only three arguments
      fullName = Combine(
          Environment.SystemDirectory,
          "Temp", "index.html");
      Console.WriteLine(fullName);

      // ...
      // Call Combine() with an array
      fullName = Combine(
          new string[] {
              "C:\\", "Data",
              "HomeDir", "index.html"} );
      Console.WriteLine(fullName);
      // ...
  }

  static string Combine(params string[] paths)
  {
      string result = string.Empty;
      foreach (string path in paths)
      {
          result = Path.Combine(result, path);
      }
      return result;
  }
}
```

输出 5.8 展示了代码清单 5.17 的结果。

输出 5.8

```
C:\Data\mark\bin\config\index.html
C:\WINDOWS\system32\Temp\index.html
C:\Data\HomeDir\index.html
```

第一个 Combine() 调用提供了 4 个参数。第二个只提供 3 个。最后一个调用传递一个数组来作为参数。换言之，Combine() 方法接受数量可变的参数，要么是以逗号分隔的字符串参数，要么是单个字符串数组。前者称为方法调用的“展开”(expanded) 形式，后者称为“正常”(normal) 形式。

为了获得这样的效果，Combine() 方法需要：

1. 在方法声明的最后一个参数前添加 params 关键字；
2. 将最后一个参数声明为数组。

像这样声明了**参数数组**之后，每个参数都作为参数数组的成员来访问。Combine() 方法遍历 paths 数组的每个元素并调用 System.IO.Path.Combine()。该方法自动合并路径中的不同部分，并正确使用平台特有的目录分隔符。注意 PathEx.Combine() 完全等价于 Path.Combine()，只是能处理数量可变的参数，而非只能处理两个。

参数数组要注意以下几点：

- 参数数组不一定是方法的唯一参数，但必须是最后一个。由于只能放在最后，所以最多只能有一个参数数组。
- 调用者可指定和参数数组对应的零个实参，这会使传递的参数数组包含零个数据项。
- 参数数组是类型安全的——实参类型必须兼容参数数组的类型。
- 调用者可传递一个实际的数组，而不是传递以逗号分隔的参数列表。最终生成的 CIL 代码一样。
- 如目标方法的实现要求一个最起码的参数数量，请在方法声明中显式指定必须提供的参数。这样一来，遗漏必需的参数会导致编译器报错，而不必依赖运行时错误处理。例如，使用 int Max(int first, params int[] operands) 而不是 int Max(params int[] operands)，确保至少有一个整数实参传给 Max()。

可用参数数组将数量可变的多个同类型参数传给方法。本章后面的 5.7 节讨论了如何支持不同类型的、数量可变的参数。

设计规范

- 能处理任何数量（包括零个）额外实参的方法要使用参数数组。

5.6　递归

“**递归**调用方法”或者“用**递归**实现方法”意味着方法调用它自身。有时这是实现算法最简单的方式。代码清单 5.18 统计目录及其子目录中的所有 C# 源代码文件（*.cs）的代码行数。

代码清单 5.18 返回目录中所有 .cs 文件的代码行数

```
using System.IO;

public static class LineCounter
{
  // Use the first argument as the directory
  // to search, or default to the current directory
  public static void Main(string[] args)
  {
      int totalLineCount = 0;
      string directory;
      if (args.Length > 0)
      {
          directory = args[0];
      }
      else
      {
          directory = Directory.GetCurrentDirectory();
      }
      totalLineCount = DirectoryCountLines(directory);
      System.Console.WriteLine(totalLineCount);
    }

  static int DirectoryCountLines(string directory)
  {
      int lineCount = 0;
      foreach (string file in
          Directory.GetFiles(directory, "*.cs"))
      {
            lineCount += CountLines(file);
        }

      foreach (string subdirectory in
          Directory.GetDirectories(directory))
      {
          lineCount += DirectoryCountLines(subdirectory);
      }

      return lineCount;
  }
  private static int CountLines(string file)
  {
      string line;
      int lineCount = 0;
      FileStream stream =
          new FileStream(file, FileMode.Open);⊖
      StreamReader reader = new StreamReader(stream);
      line = reader.ReadLine();
```

⊖ 该代码可用 using 语句改进，但因为还没有讲到，所以暂时未用。

```
            while(line != null)
            {
                if (line.Trim() != "")
                {
                    lineCount++;
                }
                line = reader.ReadLine();
            }

          reader.Close();  // Automatically closes the stream
          return lineCount;
      }
  }
```

输出 5.9 展示了代码清单 5.18 的结果。

输出 5.9

```
104
```

程序首先将第一个命令行参数传给 DirectoryCountLines()，或直接使用当前目录（如果没有提供参数）。方法首先遍历当前目录中的所有文件，累加每个 .cs 文件包含的源代码行数。处理好当前目录之后，将 subdirectory 传给 Directory.CountLines() 方法以处理每个子目录。同样的过程针对每个子目录反复进行，直到再也没有更多子目录可供处理。

不熟悉递归的读者刚开始可能觉得非常烦琐。但事实上，递归通常都是最简单的编码模式，尤其是在和文件系统这样的层次化数据打交道的时候。不过，虽然可读性不错，但一般不是最快的实现。如果必须关注性能，开发者应该为递归实现寻求一种替代方案。至于具体如何选择，通常取决于如何在可读性与性能之间取得平衡。

初学者主题：无限递归错误

用递归实现方法时，常见错误是在程序执行期间发生栈溢出（stack overflow）。这通常是由**无限递归**造成的。假如方法持续地调用自身，永远抵达不了标志递归结束的位置，就会发生无限递归。必须仔细检查每个使用了递归的方法，验证递归调用是有限而非无限的。

下面以伪代码的形式展示了一个常用的递归模式：

```
M(x)
{
  if x 已达最小，不可继续分解⊖
    返回结果
  else
    (1) 采取一些操作使问题变得更小
    (2) 递归调用 M 来解决更小的问题
    (3) 根据 (1) 和 (2) 计算结果
    返回结果
```

不遵守这个模式就可能出错。例如，如果不能将问题变得更小，或者不能处理所有可能的“最小”情况，就会递归个不停。

⊖ 或者说“if 满足递归结束条件（base case）”。——译者注

5.7 方法重载

代码清单 5.18 调用 `DirectoryCountLines()` 方法来统计 `*.cs` 文件中的源代码行数。但要统计 `*.h/*.cpp/*.vb` 文件的代码行数，`DirectoryCountLines()` 就无能为力了。我们希望有这样一个方法，它能获取文件扩展名作为参数，同时保留现有方法定义，以便默认处理 `*.cs` 文件。

一个类中的所有方法都必须有唯一签名，C# 依据方法名、参数数据类型或参数数量的差异来定义唯一性。注意方法返回类型不计入签名。两个方法只是返回类型不同会造成编译错误（即使返回的是两个不同的元组）。如一个类包含两个或多个同名方法，就会发生**方法重载**。对于重载的方法，参数数量或数据类型肯定不同。

> **注意** 方法的唯一性取决于方法名、参数数据类型或参数数量的差异。

方法重载是一种**操作性多态**（operational polymorphism）。如由于数据变化造成同一个逻辑操作具有许多（“多”）形式（“态”），就会发生“多态”。以 `WriteLine()` 方法为例，可向它传递一个格式字符串和其他一些参数，也可只传递一个整数。两者的实现肯定不同。但在逻辑上，对于调用者该方法就是负责输出数据。至于方法内部如何实现，调用者并不关心。代码清单 5.19 是一个例子，输出 5.10 展示了结果。

代码清单 5.19　使用重载统计代码文件的行数

```
using System.IO;

public static class LineCounter
{
  public static void Main(string[] args)
  {
      int totalLineCount;

      if (args.Length > 1)
      {
          totalLineCount =
              DirectoryCountLines(args[0], args[1]);
      }
      if (args.Length > 0)
      {
          totalLineCount = DirectoryCountLines(args[0]);
      }
      else
      {
          totalLineCount  = DirectoryCountLines();
      }

      System.Console.WriteLine(totalLineCount);
  }
  static int DirectoryCountLines()
  {
```

```
        return DirectoryCountLines(
            Directory.GetCurrentDirectory());
    }

    static int DirectoryCountLines(string directory)
    {
        return DirectoryCountLines(directory, "*.cs");
    }

    static int DirectoryCountLines(
        string directory, string extension)
    {
        int lineCount = 0;
        foreach (string file in
            Directory.GetFiles(directory, extension))
        {
            lineCount += CountLines(file);
        }

        foreach (string subdirectory in
            Directory.GetDirectories(directory))
        {
            lineCount += DirectoryCountLines(subdirectory);
        }

        return lineCount;
    }

    private static int CountLines(string file)
    {
        int lineCount = 0;
        string line;
        FileStream stream =
            new FileStream(file, FileMode.Open);⊖
        StreamReader reader = new StreamReader(stream);
        line = reader.ReadLine();
        while(line != null)
        {
            if (line.Trim() != "")
            {
                lineCount++;
            }
            line = reader.ReadLine();
        }
        reader.Close();  // Automatically closes the stream
        return lineCount;
    }
}
```

⊖ 该代码可用 using 语句改进，但因为还没有讲到，所以暂时未用。

输出 5.10

```
>LineCounter.exe .\ *.cs
28
```

方法重载的作用是提供调用方法的多种方式。如本例所示，在 Main() 中调用 DirectoryCountLines() 方法时，可选择是否传递要搜索的目录和文件扩展名。

本例修改 DirectoryCountLines() 的无参版本，让它调用单一参数的 int DirectoryCountLines(string directory)。这是实现重载方法的常见模式，基本思路是：开发者只需在一个方法中实现核心逻辑，其他所有重载版本都调用那个方法。如核心实现需要修改，在一个位置修改就可以了，不必兴师动众修改每一个实现。通过方法重载来支持可选参数时该模式尤其有用。注意这些参数的值在编译时不能确定，不适合使用 C# 4.0 新增的“可选参数”功能。

注意　将核心功能放到单一方法中供其他重载方法调用，以后就只需在核心方法中修改，其他方法将自动受益。

Begin 4.0

5.8　可选参数

C# 4.0 新增了对**可选参数**的支持。声明方法时将常量值赋给参数，以后调用方法时就不必为每个参数提供实参，如代码清单 5.20 所示。

代码清单 5.20　使用可选参数的方法

```
using System.IO;

public static class LineCounter
{
  public static void Main(string[] args)
  {
      int totalLineCount;

      if (args.Length > 1)
      {
          totalLineCount =
              DirectoryCountLines(args[0], args[1]);
      }
      if (args.Length > 0)
      {
          totalLineCount = DirectoryCountLines(args[0]);
      }
      else
      {
          totalLineCount  = DirectoryCountLines();
      }

      System.Console.WriteLine(totalLineCount);
```

```
    }

    static int DirectoryCountLines()
    {
        // ...
    }

/*
    static int DirectoryCountLines(string directory)
    { ... }
*/

    static int DirectoryCountLines(
        string directory, string extension = "*.cs")
    {
        int lineCount = 0;
        foreach (string file in
            Directory.GetFiles(directory, extension))
        {
            lineCount += CountLines(file);
        }

        foreach (string subdirectory in
            Directory.GetDirectories(directory))
        {
            lineCount += DirectoryCountLines(subdirectory);
        }

        return lineCount;
    }
    private static int CountLines(string file)
    {
        // ...
    }
}
```

在代码清单 5.20 中，`DirectoryCountLines()` 方法的单参数版本已被移除（注释掉），但 `Main()` 方法似乎仍在调用该方法（指定一个参数）。如调用时不指定 `extension`（扩展名）参数，就使用声明时赋给 `extension` 的值（本例是 `*.cs`）。这样在调用代码时就可以不为该参数传递值。而在 C# 3.0 和更早的版本中，将不得不声明一个额外的重载版本。注意可选参数一定要放在所有必须参数（无默认值的参数）后面。另外，默认值必须是常量或其他能在编译时确定的值，这一点极大限制了“可选参数”的应用。例如，不能像下面这样声明方法：

```
DirectoryCountLines(
  string directory = Environment.CurrentDirectory,
  string extension = "*.cs")
```

这是由于 `Environment.CurrentDirectory` 不是常量。而 `"*.cs"` 是常量，所以 C# 允许它作为可选参数的默认值。

设计规范

- 要尽量为所有参数提供好的默认值。
- 要提供简单的方法重载，必须参数的数量要少。
- 考虑从最简单到最复杂组织重载。

C# 4.0 新增的另一个方法调用功能是**具名参数**。调用者可利用具名参数为一个参数显式赋值，而不是像以前那样只能依据参数顺序来决定哪个值赋给哪个参数，如代码清单 5.21 所示。

代码清单 5.21　调用方法时指定参数名

```
class Program
{
  static void Main()
  {
      DisplayGreeting(
          firstName: "Inigo", lastName: "Montoya");
  }

  public static void DisplayGreeting(
      string firstName,
      string middleName = default(string),
      string lastName = default(string))
  {

      // ...

  }
}
```

代码清单 5.21 从 `Main()` 中调用 `DisplayGreeting()` 时将值赋给一个具名参数。调用时，两个可选参数（`middleName` 和 `lastName`）只指定了 `lastName`。如一个方法有大量参数，其中许多都可选（访问 Microsoft COM 库时很常见），那么具名参数语法肯定能带来不少便利。但注意代价是牺牲了方法接口的灵活性。过去（至少就 C# 来说）参数名可自由更改，不会造成调用代码无法编译的情况。但在添加了具名参数后，参数名就成为方法接口的一部分。更改名称会导致使用具名参数的代码无法编译。

设计规范

- 要将参数名视为 API 的一部分；要强调 API 之间的版本兼容性，就避免改变名称。

对于有经验的 C# 开发人员，这是一个令人吃惊的限制。但该限制自 .NET 1.0 开始就作为 CLS 的一部分存在下来了。另外，Visual Basic 一直都支持用具名参数调用方法。所以，库开发人员应该早已养成了不更改参数名的习惯，这样才能成功地与其他 .NET 语言进行互操作，不会因为版本的变化而造成自己开发的库失效。C# 4.0 只是像其他许多 .NET 语言早就要求的那样，对参数名的更改进行了相同的限制。

方法重载、可选参数和具名参数这几种技术一起使用，会导致难以一眼看出最终调用的是哪个方法。只有在所有参数（可选参数除外）都恰好有一个对应的实参（不管是根据名称还是位置），而且该实参具有兼容类型的情况下，才说一个调用**适用于**（兼容于）一个方法。虽然这限制了可调用方法的数量，但不足以唯一地标识方法。为进一步区分方法，编译器只使用调用者显式标识的参数，忽略调用者没有指定的所有可选参数。所以，假如因为其中一个方法有可选参数造成两个方法都适用，编译器最终将选择无可选参数的方法。

End 4.0

高级主题：方法解析

编译器从一系列“适用”的方法中选择最终调用的方法时，依据的是哪个方法最具体。假定有两个适用的方法，每个都要求将实参隐式转换成形参的类型，最终选择的是形参类型最具体（派生程度最大）的方法。

例如，假定调用者传递一个 int，那么接受 double 的方法将优先于接受 object 的方法。这是由于 double 比 object 更具体。有不是 double 的 object，但没有不是 object 的 double，所以 double 更具体。

如果有多个适用的方法，但无法从中挑选出最具唯一性的，编译器就会报错，指明调用存在歧义。

例如，给定以下方法：

```
static void Method(object thing){}
static void Method(double thing){}
static void Method(long thing){}
static void Method(int thing){}
```

调用 Method(42) 会解析成 Method(int thing)，因为存在从实参类型到形参类型的完全匹配。如删除该版本，重载解析会选择 long 版本，因为 long 比 double 和 object 更具体。

C# 规范包含额外的规则来决定 byte、ushort、uint、ulong 和其他数值类型之间的隐式转换。但在写程序时最好是使用显式转型，方便别人理解你想调用哪个目标方法。

5.9　用异常实现基本错误处理

本节将探讨如何利用**异常处理**机制来解决错误报告的问题。

方法利用异常处理将有关错误的信息传给调用者，同时不需要使用返回值或显式提供任何参数。代码清单 5.22 略微修改了第 1 章的 HeyYou 程序（代码清单 1.16）。这次不是请求用户输入姓氏，而是请求输入年龄。

代码清单 5.22　将 string 转换成 int

```
using System;

class ExceptionHandling
{
```

```
    static void Main()
    {
        string firstName;
        string ageText;
        int age;

        Console.WriteLine("Hey you!");

        Console.Write("Enter your first name: ");
        firstName = System.Console.ReadLine();

        Console.Write("Enter your age: ");
        ageText = Console.ReadLine();
        age = int.Parse(ageText);

        Console.WriteLine(
            $"Hi { firstName }!  You are { age*12 } months old.");
    }
}
```

输出 5.11 展示了结果。

输出 5.11

```
Hey you!
Enter your first name: Inigo
Enter your age: 42
Hi Inigo!  You are 504 months old.
```

System.Console.ReadLine() 的返回值存储在 ageText 变量中，然后传给 int 数据类型的 Parse() 方法。该方法获取代表数字的 string 值并转换为 int 类型。

初学者主题：42 作为字符串和整数

C# 要求每个非空值都有一个良好定义的类型。换言之，数据不仅值很重要，它的类型很重要。所以，字符串 42 和整数 42 完全不同。字符串由 4 和 2 这两个字符构成，而 int 是数值 42。

基于转换好的字符串，System.Console.WriteLine() 语句以月份为单位打印年龄（age*12）。

但是，用户完全有可能输入一个无效的整数字符串。例如，输入“forty-two”会发生什么？Parse() 方法不能完成这样的转换。它希望用户输入只含数字的字符串。如 Parse() 方法接收到无效值，它需要某种方式将这一事实反馈给调用者。

5.9.1 捕捉错误

为通知调用者参数无效，int.Parse() 会**抛出异常**[⊖]。抛出异常会终止执行当前分支，跳到调用栈中用于处理异常的第一个代码块。

⊖ 本书使用“抛出异常”而非“引发异常”。——译者注由于当前尚未提供任何异常处理，所以程序会向用户报告发生了**未处理的异常**。如系统中没有注册任何调试器，错误信息会出现在控制台上，如输出 5.12 所示。

输出 5.12

```
Hey you!
Enter your first name: Inigo
Enter your age: forty-two

Unhandled Exception: System.FormatException: Input string was
        not in a correct format.
    at System.Number.ParseInt32(String s, NumberStyles style,
        NumberFormatInfo info)
    at ExceptionHandling.Main()
```

显然，像这样的错误消息并不是特别有用。为解决问题，需要提供一个机制对错误进行恰当的处理，例如向用户报告一条更有意义的错误消息。

这个过程称为**捕捉异常**。代码清单 5.23 展示了具体的语法，输出 5.13 展示了结果。

代码清单 5.23　捕捉异常

```
using System;

class ExceptionHandling
{
  static int Main()
  {
      string firstName;
      string ageText;
      int age;
      int result = 0;

      Console.Write("Enter your first name: ");
      firstName = Console.ReadLine();

      Console.Write("Enter your age: ");
      ageText = Console.ReadLine();

      try
      {
          age = int.Parse(ageText);
          Console.WriteLine(
              $"Hi { firstName }! You are { age*12 } months old.");
      }
      catch (FormatException )
      {
          Console.WriteLine(
              $"The age entered, { ageText }, is not valid.");
          result = 1;
      }
      catch(Exception exception)
      {
          Console.WriteLine(
```

```
                $"Unexpected error:  { exception.Message }");
            result = 1;
        }
        finally
        {
            Console.WriteLine($"Goodbye { firstName }");
        }

        return result;
    }
}
```

输出 5.13

```
Enter your first name: Inigo
Enter your age: forty-two
The age entered, forty-two, is not valid.
Goodbye Inigo
```

首先用 try 块将可能抛出异常的代码（age = int.Parse()）包围起来。这个块以 try 关键字开始。try 关键字告诉编译器：开发者认为块中的代码有可能抛出异常，如果真的抛出了异常，那么某个 catch 块要尝试处理这个异常。

try 块之后必须紧跟着一个或多个 catch 块（或 / 和一个 finally 块）。catch 块（参见稍后的“高级主题：常规 catch”）可指定异常的数据类型。只要数据类型与异常类型匹配，对应的 catch 块就会执行。但假如一直找不到合适的 catch 块，抛出的异常就会变成一个未处理的异常，就好像没有进行异常处理一样。图 5.1 展示了最终的程序流程。

例如，假定输入“forty-two”，int.Parse() 会抛出 System.FormatException 类型的异常，控制会跳转到后面的一系列 catch 块（System.FormatException 表明字符串格式不正确，无法进行解析）。由于第一个 catch 块就与 int.Parse() 抛出的异常类型匹配，所以会执行这个块中的代码。但假如 try 块中的语句抛出的是不同类型的异常，执行的就是第二个 catch 块，因为所有异常都是 System.Exception 类型。

如果没有 System.FormatException catch 块，那么即使 int.Parse 抛出的是一个 System.FormatException 异常，也会执行 System.Exception catch 块。这是由于 System.FormatException 也是 System.Exception 类型（System.FormatException 是泛化异常类 System.Exception 的一个更具体的实现）。

虽然 catch 块的数量随意，但处理异常的顺序不要随意。catch 块必须从最具体到最不具体排列。System.Exception 数据类型最不具体，所以它应该放到最后。System.FormatException 排在第一，因为它是代码清单 5.23 所处理的最具体的异常。

无论 try 块的代码是否抛出异常，只要控制离开 try 块，finally 块就会执行。finally 块的作用是提供一个最终位置，在其中放入无论是否发生异常都要执行的代码。finally 块最适合用来执行资源清理。事实上，完全可以只写一个 try 块和一个 finally 块，而不写任何 catch 块。无论 try 块是否抛出异常，甚至无论是否写了一个 catch 块来处理异常，finally 块都会执行。代码清单 5.24 演示了一个 try/finally 块，输出 5.14 展示了结果。

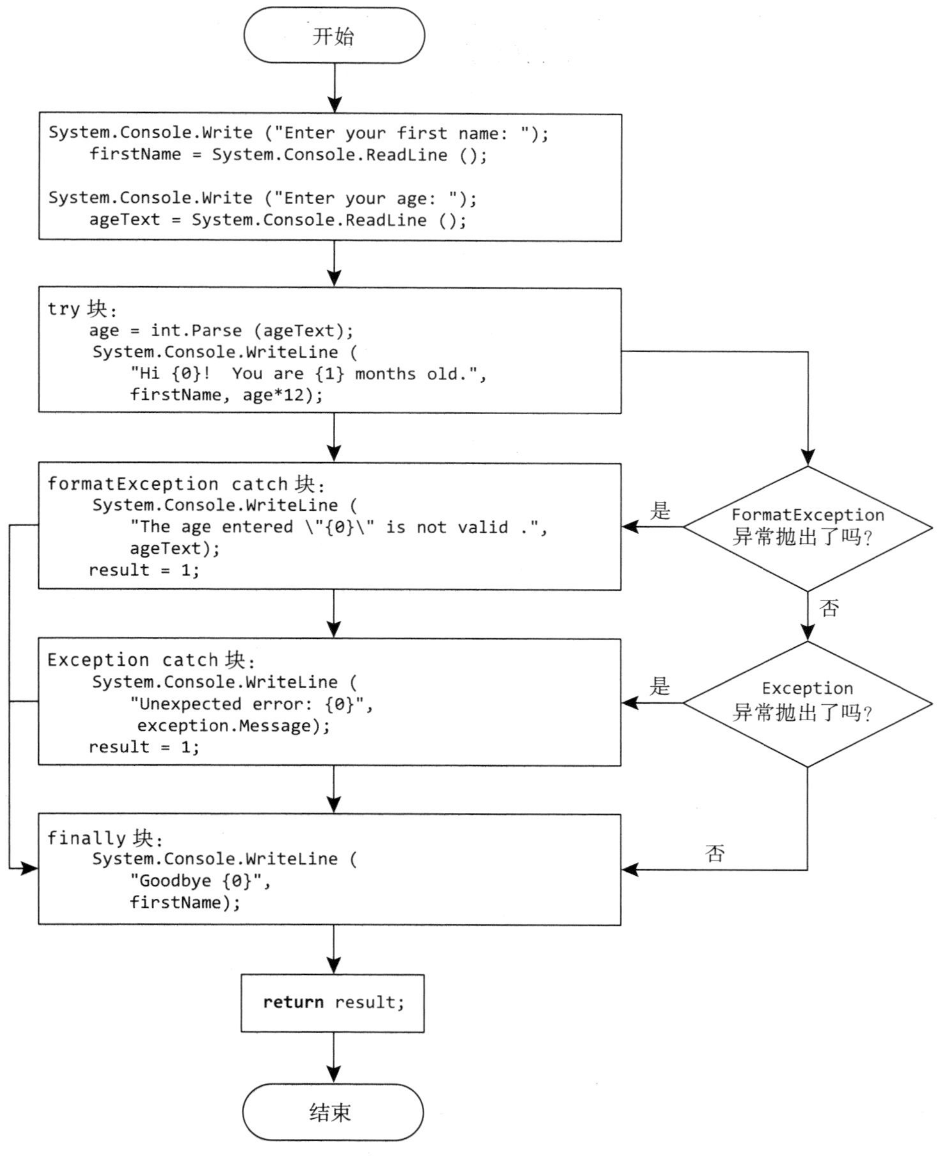

图 5.1　异常处理控制流程

代码清单 5.24　有 finally 块但无 catch 块

```
using System;

class ExceptionHandling
{
```

```
    static int Main()
    {
        string firstName;
        string ageText;
        int age;
        int result = 0;

        Console.Write("Enter your first name: ");
        firstName = Console.ReadLine();

        Console.Write("Enter your age: ");
        ageText = Console.ReadLine();

        try
        {
            age = int.Parse(ageText);
            Console.WriteLine(
                $"Hi { firstName }! You are { age*12 } months old.");
        }
        finally
        {
            Console.WriteLine($"Goodbye { firstName }");
        }

        return result;
    }
}
```

输出 5.14

```
Enter your first name: Inigo
Enter your age: forty-two

Unhandled Exception: System.FormatException: Input string was not in a
correct format.
   at System.Number.StringToNumber(String str, NumberStyles options,
NumberBuffer& number, NumberFormatInfo info, Boolean parseDecimal)
   at System.Number.ParseInt32(String s, NumberStyles style,
NumberFormatInfo info)
   at ExceptionHandling.Main()
Goodbye Inigo
```

细心的读者能看出蹊跷。“运行时”是先报告未处理的异常，再运行 finally 块。这种行为该如何解释？

首先，该行为合法，因为对于未处理的异常，“运行时”的行为是它自己的实现细节，任何行为都合法！“运行时”选择这个特定的行为是因为它知道在运行 finally 块之前，异常就已经是未处理的了。“运行时”已检查了调用栈上的所有栈帧，发现没有任何一个关联了能和抛出的异常匹配的 catch 块。

一旦“运行时”发现未处理的异常，就会检查是否在机器上安装了调试器，因为用户可能是软件开发人员，正要对这种错误进行分析。如果是，就允许用户在运行 finally 块之前将调试器与进程连接。没有安装调试器，或用户拒绝调试，默认行为就是在控制台上打印未处理的异常，再看是否有任何 finally 块可供运行。注意由于这是“实现细节”，所以“运行时”并非一定要运行 finally 块，它完全可以选择做其他的。

设计规范

- 避免从 finally 块显式抛出异常（因方法调用而隐式抛出的异常可以接受）。
- 要优先使用 try/finally 而不是 try/catch 块来实现资源清理代码。
- 要在抛出的异常中描述异常为什么发生。顺带说明如何防范更佳。

高级主题：Exception 类继承

从 C# 2.0 起，所有异常都派生自 System.Exception 类。（从其他语言抛出的异常类型如果不是从 System.Exception 派生，会自动由一个从中派生的对象“封装”。）所以，它们都可以用 catch(System.Exception exception) 块进行处理。但更好的做法是写专门的 catch 块来处理更具体的派生类型（例如 System.FormatException），从而获取有关异常的具体信息，有的放矢地处理，避免使用大量条件逻辑来判断具体发生了什么类型的异常。

这正是 C# 规定 catch 块必须从“最具体”到“最不具体”排列的原因。例如，用于捕捉 System. Exception 的 catch 语句不能出现在捕捉 System.FormatException 的 catch 语句之前，因为 System.FormatException 较 System.Exception 具体。

一个方法可以抛出许多异常类型。表 5.2 总结了 .NET Framework 的一些较为常见的类型。

表 5.2　常见异常类型

异常类型	描　述
System.Exception	这是最“基本”的异常，其他所有异常类型都从它派生
System.ArgumentException	传给方法的参数无效
System.ArgumentNullException	不应该为 null 的参数为 null
System.ApplicationException	避免使用该异常。最开始是想区分系统异常和应用程序异常。貌似合理，实际不好用
System.FormatException	实参类型不符合形参规范
System.IndexOutOfRangeException	试图访问不存在的数组或其他集合元素
System.InvalidCastException	无效的类型转换
System.InvalidOperationException	发生非预期的情况，应用程序不再处于有效工作状态
System.NotImplementedException	虽然找到了对应的方法签名，但该方法尚未完全实现

（续）

异常类型	描　　述
System.NullReferenceException	引用为空，没有指向一个实例
System.ArithmeticException	发生被零除以外的无效数学运算
System.ArrayTypeMismatchException	试图将类型有误的元素存储到数组中
System.StackOverflowException	发生非预期的深递归

高级主题：常规 catch

可指定一个无参的 catch 块，如代码清单 5.25 所示。

代码清单 5.25　常规 catch 块

```
...
try
{
    age = int.Parse(ageText);
    System.Console.WriteLine(
        $"Hi { firstName }!  You are { age*12 } months old.");
}
catch (System.FormatException exception)
{
    System.Console.WriteLine(
        $"The age entered ,{ ageText }, is not valid.");
    result = 1;
}
catch(System.Exception exception)
{
    System.Console.WriteLine(
        $"Unexpected error:  { exception.Message }");
    result = 1;
}
catch
{
    System.Console.WriteLine("Unexpected error!");
    result = 1;
}
finally
{
    System.Console.WriteLine($"Goodbye { firstName }");
}
...
```

没有指定数据类型的 catch 块称为**常规 catch 块**，等价于获取 object 数据类型的 catch 块，例如 catch(object exception){...}。由于所有类最终都从 object 派生，所以没有数据类型的 catch 块必须放到最后。

Begin 2.0

常规 catch 块很少使用，因为没办法捕捉有关异常的任何信息。此外，C# 不允许抛出 object 类型的异常，只有使用 C++ 这样的语言写的库才允许任意类型的异常。

从 C# 2.0 起异常的行为稍微有别于之前的版本。在 C# 2.0 中，如果遇到用另一种语言写的代码，而且它会抛出不是从 System.Exception 类派生的异常，那么该异常对象会被封装到一个 System.Runtime.CompilerServices.RuntimeWrappedException 中，后者从 System.Exception 派生。换言之，在 C# 程序集中，所有异常（无论它们是否从 System.Exception 派生）都会表现得和从 System.Exception 派生一样。

结果就是，捕捉 System.Exception 的 catch 块会捕捉之前的块没有捕捉到的所有异常，同时，System.Exception catch 块之后的一个常规 catch 块永远得不到调用。所以，从 C# 2.0 开始，假如在捕捉 System.Exception 的 catch 块之后添加了一个常规 catch 块，编译器就会报告一条警告消息[⊖]，指出常规 catch 块永远不会执行。

End 2.0

设计规范

- 避免使用常规 catch 块，用捕捉 System.Exception 的 catch 块代替。
- 避免捕捉无法从中完全恢复的异常。这种异常不处理比不正确处理好。
- 避免在重新抛出前捕捉和记录异常。要允许异常逃脱（传播），直至它被正确处理。

5.9.2　使用 throw 语句报告错误

C# 允许开发人员从代码中抛出异常，代码清单 5.26 和输出 5.15 对此进行了演示。

代码清单 5.26　抛出异常

```
using System;
public class ThrowingExceptions
{
  public static void Main()
  {
      try
      {
          Console.WriteLine("Begin executing");
          Console.WriteLine("Throw exception");
              throw new Exception("Arbitrary exception");
          Console.WriteLine("End executing");
      }
      catch(FormatException exception)
      {
          Console.WriteLine(
              "A FormateException was thrown");
      }
      catch(Exception exception)
      {
```

⊖ 具体警告消息是“上一个 catch 子句已捕获所有异常。抛出的所有非异常均被包装在 System.Runtime.CompilerServices.RuntimeWrappedException 中”，其中的“非异常”翻译有误，实际应为“非 System. Exception 派生的异常”。——译者注

```
                Console.WriteLine(
                    $"Unexpected error: { exception.Message }");
            }
            catch
            {
                Console.WriteLine("Unexpected error!");
            }

            Console.WriteLine(
                "Shutting down...");
        }
    }
```

输出 5.15

```
Begin executing
Throw exception...
Unexpected error:  Arbitrary exception
Shutting down...
```

如代码清单 5.26 的箭头所示，抛出异常会使执行从异常的抛出点跳转到与抛出的异常类型兼容的第一个 catch 块。[⊖]本例是第二个 catch 块处理抛出的异常，它在屏幕上输出一条错误消息。由于没有 finally 块，所以随后执行 try/catch 块后的 System.Console.WriteLine() 语句。

抛出异常需要有 Exception 的实例。代码清单 5.26 使用关键字 new 后跟异常的数据类型创建了这样的实例。大多数异常类型都允许在抛出该类型的异常时传递消息，以便在发生异常时获取消息。

有时 catch 块能捕捉异常，但不能正确或完整地处理。这时可让该 catch 块重新抛出异常，具体方法是使用一个独立 throw 语句，不要在它后面指定任何异常，如代码清单 5.27 所示。

代码清单 5.27　重新抛出异常

```
...
        catch(Exception exception)
        {
            Console.WriteLine(
                $@"Rethrowing unexpected error:  {
                    exception.Message }");
            throw;
        }
...
```

注意代码清单 5.27 中的 throw 语句是“空”的，没有指定 exception 变量所引用的异常。区别在于，throw; 保留了异常中的“调用栈”信息，而 throw exception; 将那些信息替换成当前调用栈信息。而调试时一般需要知道原始调用栈。

⊖ 技术上说也可能被一个兼容的 catch 筛选器捕捉。

设计规范

- 要在捕捉并重新抛出异常时使用空的 throw 语句，以便保留调用栈。
- 要通过抛出异常而不是返回错误码来报告执行失败。
- 不要让公共成员将异常作为返回值或者 out 参数。抛出异常来指明错误，不要把它们作为返回值来指明错误。

避免使用异常处理来处理预料之中的情况

开发人员应避免为预料之中的情况或正常控制流程抛出异常。例如，开发者应事先料到用户可能在输入年龄时输入无效文本[⊖]，所以不要用异常来验证用户输入的数据。相反，应在尝试转换前对数据进行检查（甚至可以考虑从一开始就防止用户输入无效数据）。异常是专为跟踪例外的、事先没有预料到的、可能造成严重后果的情况而设计的。为预料之中的情况使用异常，会造成代码难以阅读、理解和维护。

此外，和大多数语言一样，C# 在抛出异常时会产生些许性能损失——相较于大多数操作都是纳秒级的速度，它可能造成毫秒级的延迟。人们平常注意不到这个延迟——除非异常没有得到处理。例如，执行代码清单 5.22 的程序并输入一个无效年龄，由于异常没有得到处理，所以当“运行时”在环境中搜索可以加载的调试器时，你会感觉到明显延迟。幸好，程序都已经在关闭了，性能好坏也无谓了。

设计规范

- 不要用异常处理正常的、预期的情况，用它们处理异常的、非预期的情况。

Begin 2.0

高级主题：使用 TryParse() 执行数值转换

Parse() 方法的问题在于，要知道转换能否成功，唯一办法就是尝试执行类型转换，并在失败时抛出并捕捉异常。由于异常处理代价高，所以更好的办法是尝试执行转换，同时不进行异常处理。C# 第一个版本唯一支持这样做的是 double 类型的 double.TryParse() 方法。而从 .NET Framework 2.0 起，所有基元数值类型都支持该方法。它要求使用 out 关键字，因为从 TryParse() 返回的是 bool 值而不是转换好的值。代码清单 5.28 演示了如何用 int.TryParse() 尝试转换：

代码清单 5.28　使用 int.TryParse() 执行转换

```
if (int.TryParse(ageText, out int age))
{
    Console.WriteLine(
        $"Hi { firstName }!  "
        + $"You are { age*12 } months old.");
}
```

⊖ 通常，开发者必须假定用户会采取非预期的行为，所以应防卫性地写代码，提前为所有想得到的“愚蠢用户行为”制订对策。

```
else
{
    Console.WriteLine(
        $"The age entered, { ageText }, is not valid.");
}
```

从 .NET Framework 4 起，枚举类型也开始支持 TryParse() 方法。

End 2.0

有了 TryParse() 方法，处理从字符串向数值的转换就不必兴师动众地使用 try/catch 块了。

5.10 小结

本章讨论了方法的声明和调用细节，包括如何使用关键字 out 和 ref 传递 / 返回变量而非其值。除方法声明，本章还介绍了基本的异常处理机制。

为写出容易理解的代码，要利用“方法”这种基本编程单元。但不要在一个方法中包含大量语句，而应当学会用方法为代码“分段”，一个方法通常不要超过 10 行代码。将较大的任务分解成多个较小的子任务来重构代码，可以使代码更容易理解和维护。

下一章讨论类，解释它如何将方法（行为）和字段（数据）封装为一个整体。

第 6 章 类

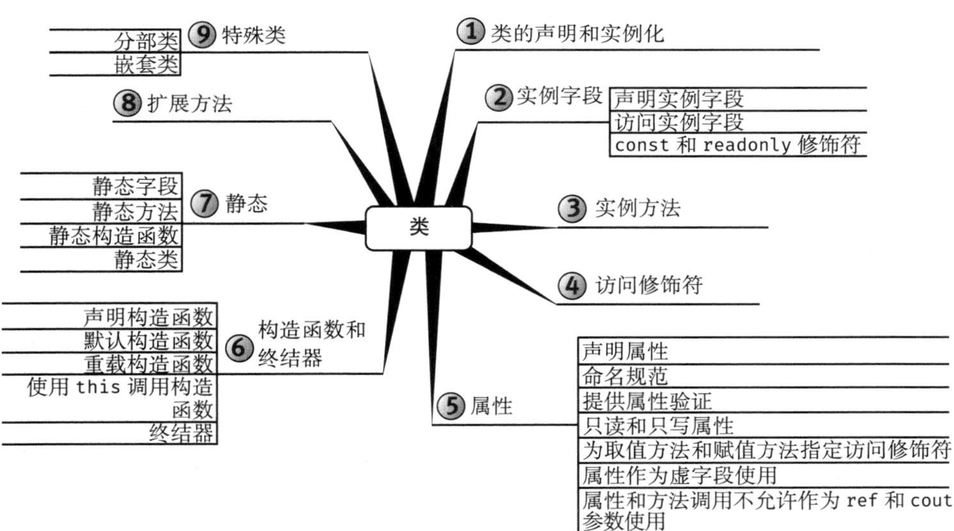

第1章简单介绍了如何声明一个名为 `HelloWorld` 的新类。第 2 章介绍了 C# 内置的基元类型。学习了控制流程以及如何声明方法之后，就可以学习如何定义自己的类型了。这是任何 C# 程序的核心构造。正是由于 C# 支持类以及根据类来创建对象，所以我们说 C# 是一种面向对象语言。

本章介绍 C# 面向对象编程的基础知识。重点在于如何定义**类**，可将类理解成对象的模板。

在面向对象编程中，之前学过的所有结构化编程构造仍然适用。但将那些构造封装在类中，可以创建更大、更有条理以及更容易维护的程序。从结构化的、基于控制流程的程序转向面向对象的程序，是因为面向对象编程提供了一个额外的组织层次。结果是较小的程序在某种程度上得到了简化。但更重要的是，现在更容易创建较大的程序，因为程序中的代码得到了更好的组织。

面向对象编程的一个关键优势是不必从头创建新程序，而是可以将现有的一系列对象组装到一起，用新功能扩展类，或添加更多的类。

还不熟悉面向对象编程的读者应阅读“初学者主题”获得对它的初步了解。“初学者主题”以外的内容将着重讨论如何使用 C# 进行面向对象编程，并假定读者已熟悉了面向对象思维模式。

为支持封装，C# 必须支持类、属性、访问修饰符以及方法等构造。本章着重讨论前三种，方法已在第 5 章讨论。掌握这些基础知识之后，第 7 章将讨论如何通过面向对象编程实现继承和多态性。

初学者主题：面向对象编程 (OOP)

如今，成功编程的关键在于提供恰当的组织和结构，以满足大型应用程序的复杂需求。面向对象编程能很好地实现该目标。有多好呢？可以这样说，开发人员一旦熟悉了面向对象编程，除非写一些极为简单的程序，否则很难回到结构化编程。

面向对象编程最基本的构造是类。一组类构成了编程抽象、模型或模板，通常对应现实世界的一个概念。例如，`OpticalStorageMedia`（光学存储媒体）类可能有一个 `Eject()` 方法，用于从播放机弹出光盘。`OpticalStorageMedia` 类是现实世界的 CD/DVD 播放机对象的编程抽象。

类是面向对象编程的三个主要特征——封装、继承和多态性——的基础。

封装

封装旨在隐藏细节。必要的时候细节仍可访问，但通过巧妙地封装细节，大的程序变得更容易理解，数据不会因为不慎而被修改，代码也变得更容易维护（因为对一处代码进行修改所造成的影响被限制在封装的范围之内）。方法就是封装的一个例子。虽然可以将代码从方法中拿出直接嵌入调用者的代码中，但将特定的代码重构成方法，能享受到封装所带来的好处。

继承

考虑这个例子：DVD 是光学存储媒体的一个类型。它具有特定的存储容量，能容纳一部数字电影。CD 也是光学存储媒体的一个类型，但它具有不同特征。CD 上的版权保护有别于 DVD 的版权保护，两者存储容量也不同。无论是 CD 还是 DVD，它们都有别于硬盘、U 盘和软盘。虽然所有这些都是“存储媒体”，但分别具有不同的特征——即使一些基本功能也是不同的，比如所支持的文件系统，以及媒体的实例是只读还是可读可写。

面向对象编程中的继承允许在这些相似但又不同的物件之间建立“属于”(is a) 关系。可合理地认为 DVD 和 CD 都“属于”存储媒体。因此它们都具有存储能力。类似地，CD 和 DVD 都“属于”光学存储媒体，后者又“属于”存储媒体。

为上面提到的每种存储媒体类型都定义一个类，就得到一个**类层次结构**，它由一系列“属于”关系构成。例如，可将基类型（所有存储媒体都从它派生）定义成 `StorageMedia`

（存储媒体）。CD、DVD、硬盘、U盘和软盘都属于StorageMedia。但CD和DVD不必直接从StorageMedia派生。相反，可从中间类型OpticalStorageMedia(光学存储媒体)派生。可用一幅UML（Unified Modeling Language，统一建模语言）风格的类关系图来查看类层次结构，如图6.1所示。

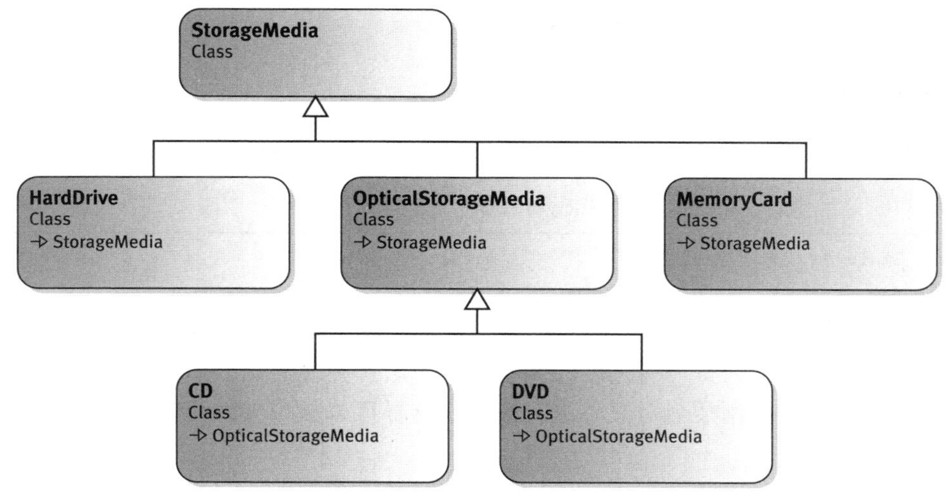

图6.1 类层次结构

继承关系至少涉及两个类，其中一个是另一个更具体的版本。图6.1中的HardDrive是更具体的StorageMedia。反之不成立，因为StorageMedia的一个实例并非肯定是HardDrive。如图6.1所示，继承涉及的类可能不止两个。

更具体的类型称为**派生类型**或**子类型**。更常规的类型称为**基类型**或者**超类型**。也经常将基类型称为“父”类型，将派生类型称为它的“子”类型。虽然这种说法很常见，但会带来混淆。“子”毕竟不是一种“父”！本书将采用“派生类型”和“基类型”的说法。

为了从一个类型**派生**或**继承**，需对类型进行**特化**，这意味着要对基类型进行自定义，为满足特定需求而调整它。基类型可能包含所有派生类型都适用的实现细节。

继承最关键的一点是所有派生类型都继承了基类型的成员。派生类型中可以修改基类型的成员，但无论如何，派生类型除了自己显式添加的成员，还包含了基类型的成员。

可用派生类型以一致性的层次结构组织类。在这个层次结构中，派生类型比它们的基类型更特别。

多态性

多态性这个词由一个表示“多”(poly)的词和一个表示“态”(morph)的词构成。讲到对象时，多态性意味着一个方法或类型可具有多种形式的实现。假定有一个媒体播放机，它既能播放音乐CD，也能播放包含MP3歌曲的DVD。但Play()方法的具体实现会随着媒体类型的变化而变化。在一个音乐CD对象上调用Play()方法，或者在一张音乐 DVD 上调用 Play() 方法，都能播放出音乐，因为每种类型都理解自己具体如何“播放”。媒体播放机唯一知道的就是公共基类型 OpticalStorageMedia 以及它定义了 Play() 方法签名的事实。多态性使不同类型能自己照料一个方法的实现细节，因为多个派生类型都包含了该方法，每个派生类型都共享同一个基类型（或接口），后者也包含了相同的方法签名。

6.1 类的声明和实例化

定义类首先指定关键字 class，后跟一个标识符，如代码清单 6.1 所示。

代码清单 6.1 定义类

```
class Employee
{
}
```

该类的所有代码放到类声明之后的大括号中。虽然并非必须，但一般应该将每个类都放到它自己的文件中，用类名对文件进行命名。这样可以更容易地寻找定义了一个特定类的代码。

设计规范

- 不要在一个源代码文件中放多个类。
- 要用所含公共类型的名称命名源代码文件。

定义好新类后，就可以像使用 .NET Framework 内置的类那样使用它了。换言之，可声明该类型的变量，或定义方法来接收该类型的参数。代码清单 6.2 对此进行了演示。

代码清单 6.2 声明类类型的变量

```
class Program
{
  static void Main()
  {
      Employee employee1, employee2;
      // ...
  }

  static void IncreaseSalary(Employee employee)
  {
      // ...
  }
}
```

初学者主题：对象和类

在非正式场合，类和对象这两个词经常互换着使用。但对象和类具有截然不同的含义。**类**是模板，定义了对象在实例化时看起来像什么样子。所以，**对象**是类的实例。类就像模具，定义了零件的样子。对象就是用这个模具创建的零件。从类创建对象的过程称为**实例化**，因为对象是类的实例。

现已定义了一个新的类类型，接着可实例化该类型的对象。效仿它的前任语言，C# 使用 new 关键字实例化对象（参见代码清单 6.3）。

代码清单 6.3　实例化一个类

```
class Program
{
  static void Main()
  {
      Employee employee1 = new Employee();
      Employee employee2;
      employee2 = new Employee();

      IncreaseSalary(employee1);
  }
}
```

毫不奇怪，声明和赋值既能在同一行上完成，也能分行完成。

和以前使用的基元数据类型（如 int）不同，不能用字面值指定一个 Employee。相反，要用 new 操作符指示"运行时"为 Employee 对象分配内存、实例化对象，并返回对实例的引用。

虽然有专门的 new 操作符分配内存，但没有对应的操作符回收内存。相反，"运行时"会在对象变得不可访问之后的某个时间自动回收内存。具体是由**垃圾回收器**回收。它判断哪些对象不再由其他活动对象引用，然后安排一个时间回收对象占用的内存。这样就不能在编译时判断在程序的什么位置回收并归还内存。

这个简单的例子中没有数据或方法与 Employee 关联，这样的对象完全没用。下一节重点讲述如何为对象添加数据。

语言对比：C++——delete 操作符

程序员应将 new 的作用理解成实例化对象而不是分配内存。在堆和栈上分配对象都支持 new 操作符，这进一步强调了 new 不是关于内存分配的，也不是关于是否有必要进行回收的。

所以，C# 不需要 C++ 中的 delete 操作符。内存分配和回收是"运行时"的细节。这使开发人员可以将注意力更多地放在业务逻辑上。然而，虽然"运行时"会管理内存，但它不会管理其他资源，比如数据库连接、网络端口等。和 C++ 不同，C# 不支持隐式确定性资源清理（在编译时确定的位置进行隐式对象析构）。幸好，C# 通过 using 语句支持显式确定性资源清理，通过终结器支持隐式非确定性资源清理。

初学者主题：封装（第一部分）——对象将数据和方法组合到一起

假定接收到一叠写有员工名字的索引卡、一叠写有员工姓氏的索引卡以及一叠写有他们工资的索引卡，那么除非知道每一叠卡片都按相同顺序排列，否则这些索引卡没有什么作用。即使符合这个条件，也很难使用上面的数据，因为要判断一个人的全名需要搜索两叠卡片。更糟的是，如丢掉其中的一叠卡片，就没有办法再将名字与姓氏和工资关联起来。这时需要的是一叠员工卡片，每个员工的数据都组合到一张卡片中。换言之，要将名字、姓氏和工资封装到一起。

日常生活中的封装是将一系列物品装入封套。类似地，面向对象编程将方法和数据装入对象。这提供了所有类**成员**（类的数据和方法）的一个分组，使它们不再需要单独处理。不需要将名字、姓氏和工资作为三个单独的参数传给方法。相反，可在调用时传递对一个员工对象的引用。一旦被调用的方法接收到对象引用，就可以向对象发送消息（例如调用像 AdjustSalary() 这样的方法）来执行特定的操作。

6.2 实例字段

面向对象设计的一个核心部分是分组数据来建立特定结构。本节讨论如何在 Employee 类中添加数据。在面向对象术语中，在类中存储数据的变量称为**成员变量**。这个术语在 C# 中很好理解，但更标准、更符合规范的术语是**字段**，它是与包容类型关联的具名存储单元。**实例字段**是在类的级别上声明的变量，用于存储与对象（实例）关联的数据。

6.2.1 声明实例字段

代码清单 6.4 对 Employee 进行了修改，在其中包含了三个字段：FirstName、LastName 和 Salary。

代码清单 6.4 声明字段

```
class Employee
{
  public string FirstName;
  public string LastName;
  public string Salary;
}
```

添加好字段后，就可随同每个 Employee 实例存储一些基本数据。本例添加访问修饰符 public 作为字段前缀。为字段添加 public 前缀，意味着可从 Employee 之外的其他类访问该字段中的数据（参见本章后面的 6.5 节）。

和局部变量声明一样，字段声明包含字段所引用的数据类型。此外，还可在声明的同时初始化为字段，如代码清单 6.5 的 Salary 字段所示。

代码清单 6.5　在声明时设置字段的初始值

```
class Employee
{
  public string FirstName;
  public string LastName;
  public string Salary = "Not enough";
}
```

字段命名和编码的设计规范稍后在介绍了 C#“属性”之后给出。现在只需知道代码清单 6.5 不符合规范。

6.2.2　访问实例字段

可设置和获取字段中的数据。注意字段不包含 static 修饰符，这意味着它是实例字段。只能从其包容类的实例（对象）中访问实例字段，无法直接从类中访问（换言之，不创建实例就不能访问）。

代码清单 6.6 展示了 Program 类更新后的样子，并展示了它利用 Employee 类的情况。输出 6.1 展示了结果。

代码清单 6.6　访问字段

```
class Program
{
  static void Main()
  {
      Employee employee1 = new Employee();
      Employee employee2;
      employee2 = new Employee();

      employee1.FirstName = "Inigo";
      employee1.LastName = "Montoya";
      employee1.Salary = "Too Little";
      IncreaseSalary(employee1);
      Console.WriteLine(
          "{0} {1}: {2}",
          employee1.FirstName,
          employee1.LastName,
          employee1.Salary);
      // ...
  }

  static void IncreaseSalary(Employee employee)
  {
      employee.Salary = "Enough to survive on";
  }
}
```

输出 6.1

```
Inigo Montoya: Enough to survive on
```

代码清单 6.6 实例化两个 Employee 对象，这和之前的例子一样。接着设置每个字段，调用 IncreaseSalary() 来更改工资，然后显示与 employee1 引用的对象关联的每个字段。

注意首先必须指定要操作哪个 Employee 实例。所以，在对字段进行赋值和访问（取值）时都要添加 employee1 变量作为字段名的前缀。

6.3 实例方法

在 Main() 中调用 WriteLine() 方法并对姓名进行格式化其实是笨办法。更好的办法是在 Employee 类中提供方法专门进行格式化。将功能修改成由 Employee 提供，而不是作为 Program 的成员，这符合类的封装原则。为什么不把与员工姓名相关的方法放到包含姓名数据的类中呢?

代码清单 6.7 演示了如何创建这样的一个方法。

代码清单 6.7 从包容类内部访问字段

```
class Employee
{
  public string FirstName;
  public string LastName;
  public string Salary;

  public string GetName()
  {
      return $"{ FirstName }  { LastName }";
  }
}
```

和第 5 章的同名方法相比，这里的 GetName() 没有太多特别之处，只是方法现在访问对象中的字段，而非访问局部变量。此外，方法声明没有用 static 来标记。本章稍后会讲到，静态方法不能直接访问类的实例字段。相反，必须先获得类的实例才能调用实例成员——无论该实例成员是方法还是字段。

添加 GetName() 方法后就可以在更新后的 Program.Main() 中使用它，如代码清单 6.8 和输出 6.2 所示。

代码清单 6.8 从包容类外部访问字段

```
class Program
{
  static void Main()
  {
      Employee employee1 = new Employee();
      Employee employee2;
      employee2 = new Employee();

      employee1.FirstName = "Inigo";
      employee1.LastName = "Montoya";
```

```
        employee1.Salary = "Too Little";
        IncreaseSalary(employee1);
        Console.WriteLine(
            $"{ employee1.GetName() }: { employee1.Salary }");
        // ...
    }
    // ...
}
```

输出 6.2

```
Inigo Montoya: Enough to survive on
```

6.4　使用 this 关键字

可在类的实例成员内部获取对该类的引用。C# 允许用关键字 this 显式指出当前访问的字段或方法是包容类的实例成员。调用任何实例成员时 this 都是隐含的，它返回对象本身的实例。来看看代码清单 6.9 中的 SetName() 方法。

代码清单 6.9　使用 this 显式标识字段的所有者

```
class Employee
{
  public string FirstName;
  public string LastName;
  public string Salary;

  public string GetName()
  {
      return $"{ FirstName }  { LastName }";
  }
  public void SetName(
      string newFirstName, string newLastName)
  {
      this.FirstName = newFirstName;
      this.LastName = newLastName;
  }
}
```

本例使用关键字 this 指出字段 FirstName 和 LastName 是类的实例成员。

虽然可为所有本地类成员引用添加 this 前缀，但设计规范是若非必要就不要在代码中"添乱"。所以，this 关键字只在必要时才应使用。本章后面的代码清单 6.12 是必须使用 this 的例子。代码清单 6.9 和 6.10 则不是。在代码清单 6.9 中，舍弃 this 不会改变代码含义。而代码清单 6.10 可修改字段命名规范来避免局部变量和字段之间的歧义。

初学者主题：依靠编码样式避免歧义

在 SetName() 方法中没必要使用 this 关键字，因为 FirstName 显然有别于

newFirstName。但现在假定参数不叫做 newFirstName，而叫做 FirstName（使用 PascalCase 风格的大小写规范），如代码清单 6.10 所示。

代码清单 6.10　使用 this 避免歧义

```
class Employee
{
  public string FirstName;
  public string LastName;
  public string Salary;

  public string GetName()
  {
      return $"{ FirstName }  { LastName }";
  }

  // Caution:  Parameter names use PascalCase
  public void SetName(string FirstName, string LastName)
  {
      this.FirstName = FirstName;
      this.LastName = LastName;
  }
}
```

本例要引用 FirstName 字段就必须显式指明它所在的 Employee 对象。this 就像在 Program.Main() 方法中使用的 employee1 变量前缀（参见代码清单 6.8），它引用要在其上调用 SetName() 方法的对象。

代码清单 6.10 不符合 C# 命名规范，即参数要像局部变量那样使用 camelCase 大小写风格来命名（除第一个单词，其他每个单词首字母大写）。这可能造成难以发现的 bug，因为将 FirstName（本来想引用字段）赋值给 FirstName（参数），代码仍能编译并运行。为避免该问题，最好是为参数和局部变量采用和字段不同的命名规范。本章稍后会演示该规范的实际应用。

语言对比：Visual Basic——使用 Me 访问类的实例

C# 关键字 this 完全等价于 Visual Basic 关键字 Me。

代码清单 6.9 和代码清单 6.10 中的 GetName() 方法没有使用 this 关键字，它确实可有可无。但假如存在与字段同名的局部变量或参数（参见代码清单 6.10 的 SetName() 方法），省略 this 将访问局部变量或参数而非字段。这时 this 就是必需的。

还可使用 this 关键字显式访问类的方法。例如，可在 SetName() 方法内使用 this.GetName() 输出新赋值的姓名（参见代码清单 6.11 和输出 6.3）。

代码清单 6.11　this 作为方法名前缀

```
class Employee
```

```
{
  // ...

  public string GetName()
  {
      return $"{ FirstName }  { LastName }";
  }

  public void SetName(string newFirstName, string newLastName)
  {
      this.FirstName = newFirstName;
      this.LastName = newLastName;
      Console.WriteLine(
          $"Name changed to '{ this.GetName() }'");
  }
}
```

```
class Program
{
  static void Main()
  {
      Employee employee = new Employee();

      employee.SetName("Inigo", "Montoya");
      // ...
  }
  // ...
}
```

输出 6.3

```
Name changed to 'Inigo Montoya'
```

有时需要使用 this 传递对当前对象的引用。如代码清单 6.12 中的 Save() 方法所示。

代码清单 6.12　在方法调用中传递 this

```
class Employee
{
  public string FirstName;
  public string LastName;
  public string Salary;
  public void Save()
  {
      DataStorage.Store(this);
  }
}
```

```
class DataStorage
{
  // Save an employee object to a file
  // named with the Employee name
```

```
  public static void Store(Employee employee)
  {
      // ...
  }
}
```

Save()方法调用 DataStorage 类的 Store()方法。但需要向 Store()方法传递准备进行持久化存储的 Employee 对象。这是使用关键字 this 来完成的，它传递了正在其上调用 Save()方法的 Employee 对象的实例。

存储和载入文件

在 DataStorage 内部，Store()方法的实现要用到 System.IO 命名空间中的类，如代码清单 6.13 所示。Store()内部首先要实例化一个 FileStream 对象，将它与一个对应员工全名的文件关联。FileMode.Create 参数指明如 <*firstname*><*lastname*>.dat 文件不存在，就新建一个；如文件存在，就覆盖它。接着创建一个 StreamWriter 对象将文本写入 FileStream。数据用 WriteLine()方法写入，就像向控制台写入一样。

代码清单 6.13　将数据持久化存储到文件

```
using System;
// IO namespace
using System.IO;

class DataStorage
{
  // Save an employee object to a file
  // named with the Employee name.
  // Error handling not shown.
  public static void Store(Employee employee)
  {
      // Instantiate a FileStream using FirstNameLastName.dat
      // for the filename. FileMode.Create will force
      // a new file to be created or override an
      // existing file.
      FileStream stream = new FileStream(
          employee.FirstName + employee.LastName + ".dat",
          FileMode.Create);⊖

      // Create a StreamWriter object for writing text
      // into the FileStream
      StreamWriter writer = new StreamWriter(stream);

      // Write all the data associated with the employee
      writer.WriteLine(employee.FirstName);
      writer.WriteLine(employee.LastName);
      writer.WriteLine(employee.Salary);
```

⊖ 该代码可用 using 语句改进，但因为还没有讲到，所以暂时未用。

```
        // Close the StreamWriter and its stream
        writer.Dispose();  // Automatically closes the stream
    }
    // ...
}
```

写入完成后应关闭 FileStream 和 StreamWriter，避免它们在等待垃圾回收期间处于“不确定性打开”状态。上述代码不含任何错误处理机制，所以如抛出异常，两个 Close() 方法都得不到调用。

文件载入过程与存储过程相似，如代码清单 6.14 和输出 6.4 所示。

代码清单 6.14　从文件获取数据

```
class Employee
{
  // ...
}
```

```
// IO namespace
using System;
using System.IO;

class DataStorage
{
  // ...
  public static Employee Load(string firstName, string lastName)
  {
      Employee employee = new Employee();

      // Instantiate a FileStream using FirstNameLastName.dat
      // for the filename. FileMode.Open will open
      // an existing file or else report an error.
      FileStream stream = new FileStream(
          firstName + lastName + ".dat", FileMode.Open);⊖

      // Create a StreamReader for reading text from the file
      StreamReader reader = new StreamReader(stream);

      // Read each line from the file and place it into
      // the associated property
      employee.FirstName = reader.ReadLine();
      employee.LastName = reader.ReadLine();
      employee.Salary = reader.ReadLine();

      // Close the StreamReader and its stream
      reader.Dispose();  // Automatically closes the stream

      return employee;
```

⊖ 该代码可用 using 语句改进，但因为还没有讲到，所以暂时未用。

```
  }
}
```

```
class Program
{
  static void Main()
  {
        Employee employee1;

        Employee employee2 = new Employee();
        employee2.SetName("Inigo", "Montoya");
        employee2.Save();

       // Modify employee2 after saving
        IncreaseSalary(employee2);

        // Load employee1 from the saved version of employee2
        employee1 = DataStorage.Load("Inigo", "Montoya");

        Console.WriteLine(
            $"{ employee1.GetName() }: { employee1.Salary }");

        // ...
  }
  // ...
}
```

输出 6.4

```
Name changed to 'Inigo Montoya'
Inigo Montoya:
```

代码清单 6.14 使用 StreamReader 而非 StreamWriter 展示和存储相反的过程。同样地，一旦数据读取完毕，就要在 FileStream 和 StreamReader 上调用 Close() 方法。

输出 6.4 没有在 Inigo Montoya: 之后显示任何工资信息，因为只有在调用 Save() 之后，才会通过调用 IncreaseSalary() 将 Salary 设为 Enough to survive on。

注意 Main() 可在员工实例上调用 Save()，但载入新员工调用的是 DataStorage.Load()。需要载入员工时，一般还没有可在其中载入（数据）的员工实例，所以 Employee 类的实例方法不可调用。除了在 DataStorage 类本身上调用 Load，另一个办法是为 Employee 类添加静态 Load() 方法（详情参见本章后面的 6.8 节），这样就可以调用 Employee.Load()——注意是直接在 Employee 类上调用，而不是在它的实例上调用。

注意代码清单顶部包含 using System.IO 指令，这样可直接访问每个 IO 类，无须为其附加完整的命名空间前缀。

6.5 访问修饰符

之前声明字段时，曾为字段声明添加关键字 public 作为前缀。public 是访问修饰符，它标识了所修饰成员的封装级别。可选择五个访问修饰符：public、private、protected、internal 和 protected internal。本节介绍前两个。

初学者主题：封装（第二部分）——信息隐藏

除了组合数据和方法，封装的另一个重要作用是隐藏对象的数据和行为的内部细节。方法在某种程度上也能做到这一点：在方法外部，调用者看见的只有方法声明，看不见内部实现。但面向对象编程更进一步，它能控制类成员在类外部的可视程度。类外部不可见的成员称为**私有成员**。

在面向对象编程中，封装的作用不仅仅是组合数据和行为，还能隐藏类中的数据和行为的实现细节，使类的内部工作机制不暴露。这减少了调用者对数据进行不恰当修改的几率，同时防止类的使用者根据类的内部实现来编程（以后若实现发生变化，程序将不得不跟着变）。

访问修饰符的作用是提供封装。public 显式指明可从 Employee 类的外部访问被它修饰的字段。例如，可以从 Program 类中访问那些字段。

但如果 Employee 类要包含一个 Password 字段，那么应该如何设计？这时应允许在一个 Employee 对象上调用 Logon() 方法来验证密码，但不应允许从类的外部访问 Employee 对象的 Password 字段。

为隐藏 Password 字段，禁止从它的包容类的外部访问，应使用 private 访问修饰符代替 public，如代码清单 6.15 所示。这样就无法在 Program 类中访问 Password 字段了。

代码清单 6.15　使用 private 访问修饰符

```
class Employee
{
  public string FirstName;
  public string LastName;
  public string Salary;
  private string Password;
  private bool IsAuthenticated;

  public bool Logon(string password)
  {
      if(Password == password)
      {
          IsAuthenticated = true;
      }
      return IsAuthenticated;
  }
  public bool GetIsAuthenticated()
  {
```

```
        return IsAuthenticated;
    }
    // ...
}
```

```
class Program
{
    static void Main()
    {
        Employee employee = new Employee();

        employee.FirstName = "Inigo";
        employee.LastName = "Montoya";

        // ...

        // Password is private, so it cannot be
        // accessed from outside the class
        // Console.WriteLine(
        //    $"Password = { employee.Password}");
    }
    // ...
}
```

虽然代码清单 6.15 没有演示使用 private 来修饰方法，但实际可以这么做。

注意，如果不为类成员添加访问修饰符，默认就是 private。也就是说，成员默认私有。公共成员必须显式指定。

6.6 属性

上一节演示如何使用 private 关键字封装密码，禁止从类的外部访问。但这种形式的封装通常过于严格。例如，可能希望字段在外部只读，但内部可以更改。又例如，可能希望允许对类中的一些数据执行写操作，但需要验证对数据的更改。再例如，可能希望动态构造数据。为满足这些需求，传统方式是将字段标记为私有，再提供取值和赋值方法（getter 和 setter）来访问和修改数据。代码清单 6.16 将 FirstName 和 LastName 更改为私有字段。每个字段的公共取值和赋值方法用于访问和更改它们的值。

代码清单 6.16　声明取值和赋值方法

```
class Employee
{

    private string FirstName;
    // FirstName getter
    public string GetFirstName()
    {
        return FirstName;
```

```
    }
    // FirstName setter
    public void SetFirstName(string newFirstName)
    {
        if(newFirstName != null && newFirstName != "")
        {
            FirstName = newFirstName;
        }
    }

    private string LastName;
    // LastName getter
    public string GetLastName()
    {
        return LastName;
    }
    // LastName setter
    public void SetLastName(string newLastName)
    {
        if(newLastName != null && newLastName != "")
        {
            LastName = newLastName;
        }
    }
    // ...
}
```

遗憾的是，这一更改会影响 Employee 类的可编程性。无法再用赋值操作符来设置类中的数据。此外也导致只能调用方法来访问数据。

6.6.1　声明属性

考虑到经常都会用到这种编程模式，C# 的设计者决定为它提供显式的语法支持。新语法称为**属性**（property），如代码清单 6.17 和输出 6.5 所示。

代码清单 6.17　定义属性

```
class Program
{
  static void Main()
  {
      Employee employee = new Employee();

      // Call the FirstName property's setter
      employee.FirstName = "Inigo";

      // Call the FirstName property's getter
      System.Console.WriteLine(employee.FirstName);
  }
}
```

```
class Employee
{
  // FirstName property
  public string FirstName
  {
      get
      {
          return _FirstName;
      }
      set
      {
          _FirstName = value;
      }
  }
  private string _FirstName;

  // ...
}
```

输出 6.5

```
Inigo
```

在这个代码清单中，最引人注目的不是属性本身，而是 Program 类的代码。现在其实已经没有 FirstName 和 LastName 字段了，但这一点从 Program 类本身看不出来。访问员工名字和姓氏所用的代码根本没有改变。仍然可以使用简单的赋值操作符对姓或名进行赋值，例如 employee.FirstName = "Inigo"。

属性的关键在于，它提供了从编程角度看类似于字段的 API。但事实上并不存在这样的字段。属性声明看起来和字段声明一样，但跟随在属性名之后的是一对大括号，要在其中添加属性的实现。属性的实现由两个可选的部分构成。其中，get 标志属性的取值方法（getter)，直接对应代码清单 6.16 定义的 GetFirstName() 和 GetLastName() 方法。访问 FirstName 属性需调用 employee.FirstName。类似地，set 标志属性的赋值方法（setter)，它实现了字段的赋值语法：

```
employee.FirstName = "Inigo";
```

属性的定义使用了三个上下文关键字。其中，get 和 set 关键字分别标识属性的取值和赋值部分。此外，赋值方法可用 value 关键字引用赋值操作的右侧部分。所以，当 Program.Main() 调用 employee.FirstName = "Inigo" 时，赋值方法中的 value 被设为 "Inigo"，该值可以赋给 _FirstName 字段。代码清单 6.17 的属性实现是最常见的。调用取值方法时，比如 Console.WriteLine(employee2.FirstName)，会获取字段（_FirstName）值并将其写入控制台。

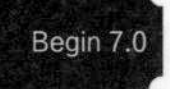

从 C# 7.0 起可用表达式主体方法声明属性的取值和赋值方法，如代码清单 6.18 所示。

代码清单 6.18　用表达式主体成员定义属性

```
class Employee
{
```

```
    // FirstName property
    public string FirstName
    {
        get
        {
            return _FirstName;
        }
        set
        {
            _FirstName = value;
        }
    }

    // LastName property
    public string LastName
    {
        get => _FirstName;
        set => _FirstName = value;
    }
    private string _LastName;
    // ...
}
```

代码清单 6.18 用两种不同的语法实现属性，实际编程时请统一。

Begin 3.0

6.6.2 自动实现的属性

从 C# 3.0 起属性语法有了简化版本。在属性中声明支持字段（比如上例的 `_FirstName`），并用取值方法和赋值方法来获取和设置该字段——由于这是十分常见的设计，而且代码比较琐碎（参考 `FirstName` 和 `LastName` 的实现就知道了），所以现在允许在声明属性时不添加取值或赋值方法，也不声明任何支持字段。一切都自动实现。代码清单 6.19 展示如用何该语法定义 `Title` 和 `Manager` 属性，输出 6.6 是结果。

代码清单 6.19 自动实现的属性

```
class Program
{
  static void Main()
  {
        Employee employee1 =
            new Employee();
        Employee employee2 =
            new Employee();

        // Call the FirstName property's setter
        employee1.FirstName = "Inigo";

        // Call the FirstName property's getter
        System.Console.WriteLine(employee1.FirstName);

        // Assign an auto-implemented property
```

```
        employee2.Title = "Computer Nerd";
        employee1.Manager = employee2;

        // Print employee1's manager's title
        System.Console.WriteLine(employee1.Manager.Title);
    }
}
```

```
class Employee
{
  // FirstName property
  public string FirstName
  {
      get
      {
          return _FirstName;
      }
      set
      {
          _FirstName = value;
      }
  }
  private string _FirstName;

  // LastName property
  public string LastName
  {
      get => _FirstName;
      set => _FirstName = value;
  }
  private string _LastName;

  public string Title { get; set; }

  public Employee Manager { get; set; }

  public string Salary { get; set; } = "Not Enough";
  // ...
}
```

输出 6.6

```
Inigo
Computer Nerd
```

自动实现的属性简化了写法，也使代码更易读。此外，如未来需添加一些额外的代码，比如要在赋值方法中进行验证，那么虽然要修改现在的属性声明来包含实现，但调用它们的代码不必进行任何修改。本书剩余部分主要使用这种语法，而不强调它是从 C# 3.0 才引入的。

End 3.0

Begin 6.0

关于自动实现的属性，最后要注意从 C# 6.0 开始可以像代码清单 6.19 最后一行进行初始化：

```
public string Salary { get; set; } = "Not Enough";
```

End6.0

在 C# 6.0 之前，只能通过方法（包括构造函数，本章稍后会讲到）来初始化属性。但现在可以用字段初始化那样的语法在声明时初始化自动实现的属性。

6.6.3 属性和字段的设计规范

由于可以写显式的赋值和取值方法而不是属性，所以有时会疑惑该用属性还是方法。一般原则是方法代表行动，而属性代表数据。属性旨在简化对简单数据的访问。调用属性的代价不应比访问字段高出太多。

至于命名，注意在代码清单 6.19 中属性名是 `FirstName`，它的支持字段名变成了 `_FirstName`。其实就是添加了下划线前缀的 `PascalCase` 大小写。对于为属性提供支持的私有字段，其他常见的命名规范还有 `_firstName` 和 `m_FirstName`（延续自 C++ 的命名规范，`m` 代表 member variable，即成员变量）。还可像局部变量那样[⊖]采用 camelCase 大小写规范。不过，应尽量避免 camelCase 大小写，因为局部变量和参数也经常采用这种大小写，造成名称的重复。另外，为符合封装原则，属性的支持字段不应声明为 `public` 或 `protected`。

设计规范

- 要使用属性简化对简单数据的访问（只进行简单计算）。
- 避免从属性取值方法抛出异常。
- 要在属性抛出异常时保留原始属性值。
- 如果不需要额外逻辑，要优先使用自动实现的属性，而不是属性加简单支持字段。

无论私有字段使用哪一种命名方案，属性都要使用 PascalCase 大小写规范。因此，属性应使用 `LastName` 和 `FirstName` 等形式的名词、名词短语或形容词。事实上，属性和类型同名的情况也不罕见，例如 `Person` 对象中的 `Address` 类型的 `Address` 属性。

设计规范

- 考虑为支持字段和属性使用相同的大小写风格，为支持字段附加“_”前缀。但不要使用双下划线，它是为 C# 编译器保留的。
- 要使用名词、名词短语或形容词命名属性。
- 考虑让某个属性和它的类型同名。
- 避免用 camelCase 大小写风格命名字段。
- 如果有意义的话，要为 Boolean 属性附加“Is”“Can”或“Has”前缀。
- 不要声明 `public` 或 `protected` 实例字段（而是通过属性公开）。
- 要用 PascalCase 大小写风格命名属性。
- 要优先使用自动实现的属性而不是字段。
- 如果没有额外的实现逻辑，要优先使用自动实现的属性而不是自己写完整版本。

⊖ 我个人更喜欢 `_FirstName`，下划线就足够了，名称前的 `m` 太多余。另外，使用与属性名称相同的大小写规范，Visual Studio 代码模板扩展工具中就可以只设置一个字符串，而不必为属性名和字段名各设一个。

6.6.4 提供属性验证

在代码清单 6.20 中，注意 Employee 的 Initialize() 方法使用属性而不是字段进行赋值。虽然并非必须如此，但这样做的结果是，无论在类的内部还是外部，属性的赋值方法中的任何验证都会得到调用。例如，假定更改 LastName 属性，在把 value 赋给 _LastName 之前检查它是否为 null 或空字符串，那么会发生什么？

代码清单 6.20 提供属性验证

```
class Employee
{
  // ...
  public void Initialize(
      string newFirstName, string newLastName)
  {
      // Use property inside the Employee
      // class as well
      FirstName = newFirstName;
      LastName = newLastName;
  }


  // LastName property
  public string LastName
  {
      get => _LastName;
      set
      {
          // Validate LastName assignment
          if(value == null)
          {
              // Report error
              // In C# 6.0 replace "value" with nameof(value)
              throw new ArgumentNullException("value");
          }
          else
          {
              // Remove any whitespace around
              // the new last name
              value = value.Trim();
              if(value == "")
              {
                  // Report error
                  // In C# 6.0 replace "value" with nameof(value)
                  throw new ArgumentException(
                      "LastName cannot be blank.", "value");⊖
              }
              else
                  _LastName = value;
          }
```

⊖ 向 Teller、Cher、Sting、Mandonna、Bono、Prince 和 Liberace 说声抱歉（这些都是《公主新娘》中的人物，都没有姓）。

```
        }
    }
    private string _LastName;
    // ...
}
```

在新实现中，如果为 LastName 赋了无效的值（要么从同一个类的另一个成员赋值，要么在 Program.Main() 内直接向 LastName 赋值），代码就会抛出异常。拦截赋值，并通过字段风格的 API 对参数进行验证，这是属性的优点之一。

一个好的实践是只从属性的实现中访问属性的支持字段。换言之，要一直使用属性，不要直接调用字段。许多时候，即使在属性所在的类中，也不应该从属性实现的外部访问其支持字段。这样只要为属性添加了验证代码，整个类就能马上利用这个逻辑。⊖

虽然很少见，但确实能在赋值方法中对 value 进行赋值。如代码清单 6.20 所示，调用 value.Trim() 会移除新姓氏值左右的空白字符。

设计规范

- 避免从属性外部（即使是从属性所在的类中）访问属性的支持字段。
- 创建 ArgumentException() 或 ArgumentNullException() 类型的异常时，要为 paramName 参数传递 "value"，它是属性赋值方法隐含的参数名。

高级主题：nameof 操作符

Begin 6.0

属性验证时如判断新赋值无效，就需要抛出 ArgumentException() 或 ArgumentNullException() 类型的异常。两个异常都获取 string 类型的实参 paramName 来标识无效参数的名称。代码清单 6.20 为该参数传递 "value"，但从 C# 6.0 起可用 nameof 操作符来改进。该操作符获取一个标识符（比如 value 变量）作为参数，返回该名称的字符串形式（本例是 "value"）。

nameof 操作符的优点在于，以后若标识符名称发生改变，重构工具能自动修改 nameof 的实参。不用重构工具代码将无法编译，强迫开发人员手动修改实参。

对于属性验证代码，参数始终是 value，不可修改。所以，这里使用 nameof 操作符的意义不大。但不管怎样，所有 paramName 参数都应坚持使用 nameof 操作符，保持与以下设计规范一致：对于 ArgumentNullException 和 ArgumentNullException 等要获取 paramName 参数的异常，总是为该参数使用 nameof 操作符。

End 6.0

6.6.5 只读和只写属性

可移除属性的取值方法或赋值方法来改变属性的可访问性。只有赋值方法的属性是只写属性，这种情况较罕见。类似地，只提供取值方法会得到只读属性，任何赋值企图都会造成

⊖ 本章后面会讲到，一个例外是在字段被标记为只读时。此时只能在构造函数中设置值。从 C# 6.0 起可直接对只读属性赋值，完全用不着只读字段了。

编译错误。例如，为了使 Id 只读，可以像代码清单 6.21 那样编码。

代码清单 6.21　C# 6.0 之前定义只读属性

```
class Program
{
  static void Main()
  {
      Employee employee1 = new Employee();
      employee1.Initialize(42);

      // ERROR:  Property or indexer 'Employee.Id'
      // cannot be assigned to; it is read-only
      // employee1.Id = "490";
  }
}

class Employee
{
  public void Initialize(int id)
  {
      // Use field because Id property has no setter;
      // it is read-only
      _Id = id.ToString();
  }
  // ...
  // Id property declaration
  public string Id
  {
      get => _Id;
      // No setter provided
  }
  private string _Id;

}
```

代码清单 6.21 从 Employee 的 Initialize() 方法（而不是属性）中对字段赋值（_Id = id）。通过属性来赋值会造成编译错误，如 Program.Main() 中注释掉的 employee1.Id = "490"; 代码所示。

C# 6.0 开始支持只读自动实现的属性，如下所示：

```
public bool[,] Cells { get; } = new bool[2, 3, 3];
```

这对 C# 6.0 之前的方式是一项重大改进，尤其是需要处理太多只读属性的时候，例如数组或代码清单 6.21 的 Id。

只读自动实现属性的一个重点在于，和只读字段一样，编译器要求通过一个初始化器（或通过构造函数）来初始化。上例是使用初始化器（初始化列表），但稍后就会讲到，也可在构造函数中对 Cells 进行赋值。

由于规范是不要从属性外部访问支持字段，所以在 C# 6.0 之后，几乎永远用不着之前的语法（比如代码清单 6.21）。相反，应总是使用只读自动实现属性。唯一例外是在字段和属性类型不匹配的时候。例如字段是 int 类型，只读属性是 double 类型。

设计规范

- 如属性值不变，要创建只读属性。
- 如属性值不变，从 C# 6.0 起要创建只读自动实现的属性而不是只读属性加支持字段。

End 6.0

6.6.6 属性作为虚字段

可以看出属性的行为与虚字段相似。有时甚至根本不需要支持字段。相反，可让属性的取值方法返回计算好的值，而让赋值方法解析值，并将值持久存储到其他成员字段中。注意代码清单 6.22 中 Name 属性的实现。输出 6.7 展示了结果。

代码清单 6.22 定义属性

```
class Program
{
  static void Main()
  {
      Employee employee1 = new Employee();

      employee1.Name = "Inigo Montoya";
      System.Console.WriteLine(employee1.Name);

      // ...
  }
}
```

```
class Employee
{
  // ...

  // FirstName property
  public string FirstName
  {
      get
      {
          return _FirstName;
      }
      set
      {
          _FirstName = value;
      }
  }
  private string _FirstName;

  // LastName property
  public string LastName
  {
      get => _LastName;
      set => _LastName = value;
```

```
    }
    private string _LastName;
    // ...
    // Name property
    public string Name
    {
        get
        {
            return $"{ FirstName } { LastName }";
        }
        set
        {
            // Split the assigned value into
            // first and last names
            string[] names;
            names = value.Split(new char[]{' '});
            if(names.Length == 2)
            {
                FirstName = names[0];
                LastName = names[1];
            }
            else
            {
                // Throw an exception if the full
                // name was not assigned
               throw new System. ArgumentException (
                    $"Assigned value '{ value }' is invalid", "value");⁶
            }
        }
    }
    public string Initials => $"{ FirstName[0] } { LastName[0] }";
    // ...
}
```

输出 6.7

```
Inigo Montoya
```

Name 属性的取值方法连接 FirstName 和 LastName 属性的返回值。事实上，所赋的姓名并没有真正存储下来。向 Name 属性赋值时，右侧的值会解析成名字和姓氏部分。

6.6.7 取值和赋值方法的访问修饰符

Begin 2.0

如前所述，好的实践是不要从属性外部访问其字段，否则为属性添加的验证逻辑或其他逻辑可能失去意义。遗憾的是，C# 1.0 不允许为属性的取值和赋值方法指定不同封装级别。换言之，不能为属性创建公共取值方法和私有赋值方法，使外部类只能对属性进行只读访问，而允许类内的代码向属性写入。

C# 2.0 的情况发生了变化，允许在属性的实现中为 get 或 set 部分指定访问修饰符（但不能为两者都指定），从而覆盖为声明属性指定的访问修饰符。代码清单 6.23 展示了一个例子。

代码清单 6.23　为赋值方法指定访问修饰符

```
class Program
{
  static void Main()
  {
      Employee employee1 = new Employee();
      employee1.Initialize(42);
      // ERROR: The property or indexer 'Employee.Id'
      // cannot be used in this context because the set
      // accessor is inaccessible
      employee1.Id = "490";
  }
}
```

```
class Employee
{
  public void Initialize(int id)
  {
      // Set Id property
      Id = id.ToString();
  }

  // ...
  // Id property declaration
  public string Id
  {
      get => _Id;
      // Providing an access modifier is possible in C# 2.0
      // and higher only
      private set => _Id = value;
  }
  private string _Id;

}
```

为赋值方法指定 private 修饰符，属性对于除 Employee 的其他类来说就是只读的。在 Employee 类内部，属性可读且可写，所以可在构造函数中对属性进行赋值。为取值或赋值方法指定访问修饰符时，注意该访问修饰符的“限制性”必须比应用于整个属性的访问修饰符更“严格”。例如，将属性声明为较严格的 private，但将它的赋值方法声明为较宽松的 public，就会发生编译错误。

设计规范

- 要为所有属性的取值和赋值方法应用适当的可访问性修饰符。
- 不要提供只写属性，也不要让赋值方法的可访问性比取值方法更宽松。

End 2.0

6.6.8　属性和方法调用不允许作为 ref 或 out 参数值

C# 允许属性像字段那样使用，只是不允许作为 ref 或 out 参数值传递。ref 和 out 参数内部要将内存地址传给目标方法。但由于属性可能是无支持字段的虚字段，也有可能只读或只写，所以不可能传递存储地址。同样的道理也适用于方法调用。如需将属性或方法调用作为 ref 或 out 参数值传递，首先必须将值拷贝到变量再传递该变量。方法调用结束后，再将变量的值赋回属性。

高级主题：属性的内部工作机制

代码清单 6.24 证明取值方法和赋值方法在 CIL 代码中以 get_FirstName() 和 set_FirstName() 的形式出现。

代码清单 6.24 属性的 CIL 代码

```
// ...

.field private string _FirstName
.method public hidebysig specialname instance string
        get_FirstName() cil managed
{
  // Code size       12 (0xc)
  .maxstack  1
  .locals init (string V_0)
  IL_0000:  nop
  IL_0001:  ldarg.0
  IL_0002:  ldfld      string Employee::_FirstName
  IL_0007:  stloc.0
  IL_0008:  br.s       IL_000a

  IL_000a:  ldloc.0
  IL_000b:  ret
} // End of method Employee::get_FirstName

.method public hidebysig specialname instance void
        set_FirstName(string 'value') cil managed
{
  // Code size       9 (0x9)
  .maxstack  8
  IL_0000:  nop
  IL_0001:  ldarg.0
  IL_0002:  ldarg.1
  IL_0003:  stfld      string Employee::_FirstName
  IL_0008:  ret
} // End of method Employee::set_FirstName

.property instance string FirstName()
{
  .get instance string Employee::get_FirstName()
  .set instance void Employee::set_FirstName(string)
} // End of property Employee::FirstName

// ...
```

除外观与普通方法无异，注意属性在 CIL 中也是一种显式的构造。如代码清单 6.25 所示，取值方法和赋值方法由 CIL 属性调用，而 CIL 属性是 CIL 代码中的一种显式构造。因此，语言和编译器并非总是依据一个惯例来解释属性。相反，正是由于反正最后都会回归 CIL 属性，所以编译器和代码编辑器能随便提供自己的特殊语法。

代码清单 6.25　属性是 CIL 的显式构造

```
.property instance string FirstName()
{
  .get instance string Program::get_FirstName()
  .set instance void Program::set_FirstName(string)
} // End of property Program::FirstName
```

注意在代码清单 6.24 中，作为属性一部分的取值方法和赋值方法包含了 `specialname` 元数据。IDE（比如 Visual Studio）根据该修饰符在“智能感知”(IntelliSense) 中隐藏成员。

自动实现的属性在 CIL 中看起来和显式定义支持字段的属性几乎完全一样。C# 编译器在 IL 中生成名为 `<PropertyName>k_BackingField` 的字段。该字段应用了名为 `System.Runtime.CompilerServices.CompilerGeneratedAttribute` 的特性（参见第 18 章）。无论取值还是赋值方法都用同一个特性修饰。

Begin 3.0

End 3.0

6.7　构造函数

现在已为类添加了用于存储数据的字段，接着应考虑数据的有效性。代码清单 6.6 展示了可用 `new` 操作符实例化对象。但这样可能创建包含无效数据的员工对象。

实例化 `employee1` 后得到的是姓名和工资尚未初始化的 `Employee` 对象。该代码清单中在实例化员工之后立即对尚未初始化的字段进行赋值。但假如忘了初始化，编译器也不会发出警告。结果是得到含有无效姓名的 `Employee` 对象。

6.7.1　声明构造函数

为解决该问题，必须提供一种方式在创建对象时指定必要的数据。这是用构造函数来实现的，如代码清单 6.26 所示。

代码清单 6.26　定义构造函数

```
class Employee
{
  // Employee constructor
  public Employee(string firstName, string lastName)
  {
    FirstName = firstName;
    LastName = lastName;
  }
  public string FirstName{ get; set; }
  public string LastName{ get; set; }
```

```
    public string Salary{ get; set; } = "Not Enough";

    // ...
}
```

定义构造函数需创建一个无返回类型的方法，方法名必须和类名完全一样。

构造函数是“运行时”用来初始化对象实例的方法。本例的构造函数获取员工名字和姓氏作为参数，允许程序员在实例化 Employee 对象时指定这些参数的值。代码清单 6.27 演示了如何调用构造函数。

代码清单 6.27 调用构造函数

```
class Program
{
    static void Main()
    {
        Employee employee;
        employee = new Employee("Inigo", "Montoya");
        employee.Salary = "Too Little";

        System.Console.WriteLine(
            "{0} {1}: {2}",
            employee.FirstName,
            employee.LastName,
            employee.Salary);
    }
    // ...
}
```

注意 new 操作符返回对实例化好的对象的一个引用（虽然在构造函数的声明或实现中没有显式指定返回类型，也没有使用返回语句）。另外已移除了名字和姓氏的初始化代码，因为现在是在构造函数内部初始化。本例由于没有在构造函数内部初始化 Salary，所以对工资进行赋值的代码仍然予以保留。

开发者应注意到既在声明中又在构造函数中赋值的情况。如字段在声明时赋值（比如代码清单 6.5 中的 string Salary = "Not enough"），那么只有在这个赋值发生之后，构造函数内部的赋值才会发生。所以，最终生效的是构造函数内部的赋值，它会覆盖声明时的赋值。如果不细心，很容易就会以为对象实例化后保留的是声明时的字段值。所以，有必要考虑一种编码风格，避免同一个类中既在声明时赋值，又在构造函数中赋值。

高级主题：new 操作符的实现细节

new 操作符内部和构造函数是像下面这样交互的。new 操作符从内存管理器获取“空白”内存，调用指定构造函数，将对“空白”内存的引用作为隐式的 this 参数传给构造函数。构造函数链剩余的部分开始执行，在构造函数之间传递引用。这些构造函数都没有返回类型（行为都像是返回 void）。构造函数链上的执行结束后，new 操作符返回内存引用。现在，该引用指向的内存处于初始化好的形式。

6.7.2 默认构造函数

必须注意，一旦显式添加了构造函数，在 Main() 中实例化 Employee 就必须指定名字和姓氏。代码清单 6.28 的代码无法编译。

代码清单 6.28 默认构造函数不再可用

```
class Program
{
  static void Main()
  {
      Employee employee;
      // ERROR: No overload because method 'Employee'
      // takes '0' arguments
      employee = new Employee();

      // ...
  }
}
```

如果类没有显式定义的构造函数，C# 编译器会在编译时自动添加一个。该构造函数不获取参数，称为**默认构造函数**。一旦为类显式添加了构造函数，C# 编译器就不再自动提供默认构造函数。因此，在定义了 Employee(string firstName, string lastName) 之后，编译器不再添加默认构造函数 Employee()。虽然可以手动添加，但会再度允许构造没有指定员工姓名的 Employee 对象。

没必要依赖编译器提供的默认构造函数。程序员任何时候都可显式定义默认构造函数，比如用它将某些字段初始化成特定值。无参构造函数就是默认构造函数。

6.7.3 对象初始化器

Begin 3.0

C# 3.0 新增了**对象初始化器**[⊖]，用于初始化对象中所有可以访问的字段和属性。具体地说，调用构造函数创建对象时，可在后面的一对大括号中添加成员初始化列表。每个成员的初始化操作都是一个赋值操作，等号左边是可以访问的字段或属性，右边是要赋的值。如代码清单 6.29 所示。

代码清单 6.29 调用对象初始化器

```
class Program
{
  static void Main()
  {
      Employee employee1 = new Employee("Inigo", "Montoya")
          { Title = "Computer Nerd", Salary = "Not enough"};
      // ...
  }
}
```

⊖ object initializer 有时也称为“对象初始化列表”。——译者注注意，使用对象初始化器时要遵守相同的构造函数规则。这实际只是一种语法糖，最终生成的 CIL 代码和创建对象实例后单独用语句对字段及属性进行赋值无异。C# 代码中的成员初始化顺序决定了在 CIL 中调用构造函数后的属性和字段赋值顺序。

总之，构造函数退出时，所有属性都应初始化成合理的默认值。利用属性的赋值方法的校验逻辑，可制止将无效数据赋给属性。但偶尔一个或多个属性的值可能导致同一个对象的其他属性暂时包含无效值。这时应推迟抛出异常，直到对象实际使用这些相关属性时再决定是否抛出异常。

设计规范

- 要为所有属性提供有意义的默认值，确保默认值不会造成安全漏洞或造成代码执行效率大幅下降。自动实现的属性通过构造函数设置默认值。
- 要允许属性以任意顺序设置，即使这会造成对象暂时处于无效状态。

高级主题：集合初始化器

C# 3.0 还增加了**集合初始化器**，采用和对象初始化器相似的语法，用于在集合实例化期间向集合项赋值。它借用数组语法来初始化集合中的每一项。例如，为初始化 Employee 列表，可在构造函数调用之后的一对大括号中指定每一项，如代码清单 6.30 所示。

代码清单 6.30　调用集合初始化器

```
class Program
{
  static void Main()
  {
      List<Employee> employees = new List<Employee>()
         {
            new Employee("Inigo", "Montoya"),
            new Employee("Kevin", "Bost")
         };
      // ...
  }
}
```

像这样为新集合实例赋值，编译器生成的代码会按顺序实例化每个对象，并通过 Add() 方法把它们添加到集合。

End 3.0

高级主题：终结器

构造函数定义了在类的实例化过程中发生的事情。为定义在对象销毁过程中发生的事情，C# 提供了终结器。和 C++ 的析构器不同，终结器不是在对一个对象的所有引用都消失后马上运行。相反，终结器是在对象被判定“不可到达”之后的不确定时间内执行。具体地说，垃圾回收器会在一次垃圾回收过程中识别出带有终结器的对象。但不是立即回收这些对象，而是将它们添加到一个终结队列中。一个独立的线程遍历终结队列中的每一个对象，调用其终结器，然后将其从队列中删除，使其再次可供垃圾回收器处理。第 10 章深入讨论了这个过程以及资源清理的主题。顺便说一句，C# 7.0 允许终结器作为表达式主体成员实现。

End 7.0

6.7.4 重载构造函数

构造函数可以重载。只要参数数量和类型有区别，可同时存在多个构造函数。如代码清单 6.31 所示，可提供一个构造函数，除了获取员工姓名还获取员工 ID，再提供一个构造函数只获取员工 ID。

代码清单 6.31 重载构造函数

```
class Employee
{
  public Employee(string firstName, string lastName)
  {
      FirstName = firstName;
      LastName = lastName;
  }

  public Employee(
      int id, string firstName, string lastName )
  {
      Id = id;
      FirstName = firstName;
      LastName = lastName;
  }

  public Employee(int id) => Id = id;

  public int Id
  {
      get => Id;
      private set
      {
          // Look up employee name...
          // ...
      }
  }
  public string FirstName { get; set; }
  public string LastName { get; set; }
  public string Salary { get; set; } = "Not Enough";

  // ...
}
```

这样当 Program.Main() 根据姓名来实例化员工对象时，既可只传递员工 ID，也可同时传递姓名和 ID。例如，创建新员工时调用同时获取姓名和 ID 的构造函数，而从文件或数据库加载现有员工时调用只获取 ID 的构造函数。

和方法重载一样，多个构造函数使用少量参数支持简单情况，使用附加的参数支持复杂情况。应优先使用可选参数而不是重载，以便在 API 中清楚地看出“默认”属性的默认值。例如，构造函数签名 Person(string firstName, string lastName, int? age = null) 清楚指明如 Person 的年龄未指定就默认为 null。

Begin 7.0

注意从 C# 7.0 开始支持构造函数的表达式主体成员实现，例如：

```
public Employee(int id) => Id = id;
```

End 7.0

设计规范

- 如构造函数的参数只是用于设置属性，构造函数参数（camelCase）要使用和属性（PascalCase）相同的名称，区别仅仅是首字母的大小写。
- 要为构造函数提供可选参数，并且 / 或者提供便利的重载构造函数，用好的默认值初始化属性。

6.7.5 构造函数链：使用 this 调用另一个构造函数

注意代码清单 6.31 对 Employee 对象进行初始化的代码在好几个地方重复，所以必须在多个地方维护。虽然本例代码量较小，但完全可以从一个构造函数中调用另一个构造函数，以避免重复输入代码。这称为**构造函数链**，用**构造函数初始化器**实现。构造函数初始化器会在执行当前构造函数的实现之前，判断要调用另外哪一个构造函数，如代码清单 6.32 所示。

代码清单 6.32 从一个构造函数中调用另一个

```
class Employee
{
  public Employee(string firstName, string lastName)
  {
      FirstName = firstName;
      LastName = lastName;
  }

  public Employee(
      int id, string firstName, string lastName )
      : this(firstName, lastName)
  {
      Id = id;
  }
  public Employee(int id)
  {
      Id = id;

      // Look up employee name...
      // ...
```

```
        // NOTE: Member constructors cannot be
        // called explicitly inline
        // this(id, firstName, lastName);
    }

    public int Id { get; private set; }
    public string FirstName { get; set; }
    public string LastName { get; set; }
    public string Salary { get; set; } = "Not Enough";

    // ...
}
```

针对相同对象实例，为了从一个构造函数中调用同一个类的另一个构造函数，C# 语法是在一个冒号后添加 this 关键字，再添加被调用构造函数的参数列表。本例是获取三个参数的构造函数调用获取两个参数的构造函数。但通常采取相反的调用模式——参数最少的构造函数调用参数最多的，为未知参数传递默认值。

初学者主题：集中初始化

如代码清单 6.32 所示，在 Employee(int id) 构造函数的实现中不能调用 this(id, firstName, lastName)，因为该构造函数没有 firstName 和 lastName 这两个参数。要将所有初始化代码都集中到一个方法中，必须创建单独的方法，如代码清单 6.33 所示。

代码清单 6.33　提供初始化方法

```
class Employee
{
  public Employee(string firstName, string lastName)
  {
      int id;
      // Generate an employee ID...
      // ...
      Initialize(id, firstName, lastName);
  }

  public Employee(int id, string firstName, string lastName )
  {
      Initialize(id, firstName, lastName);
  }

  public Employee(int id)
  {
      string firstName;
      string lastName;
      Id = id;

      // Look up employee data
      // ...
```

```
        Initialize(id, firstName, lastName);
    }

    private void Initialize(
        int id, string firstName, string lastName)
    {
        Id = id;
        FirstName = firstName;
        LastName = lastName;
    }
    // ...
}
```

本例是将方法命名为 Initialize()，它同时获取员工的名字、姓氏和 ID。注意，仍然可以从一个构造函数中调用另一个构造函数，就像代码清单 6.32 展示的那样。

Begin 7.0

6.7.6 解构函数

构造函数允许获取多个参数并把它们全部封装到一个对象中。但在 C# 7.0 之前没有一个显式的语言构造来做相反的事情，即把封装好的项拆分为它的各个组成部分。当然可以将每个属性手动赋给变量，但如果有太多这样的变量，就需要大量单独的语句。自 C# 7.0 推出元组语法后，该操作得到极大简化。如代码清单 6.34 所示，可声明一个 Deconstruct() 方法来做这件事情。

代码清单 6.34 解构用户自定义类型

```
class Employee
{
    public void Deconstruct(
        out int id, out string firstName,
        out string lastName, out string salary)
    {
        (id, firstName, lastName, salary) =
            (Id, FirstName, LastName, Salary);
    }
    // ...
}
```

```
class Program
{
    static void Main()
    {
        Employee employee;
        employee = new Employee("Inigo", "Montoya");
        employee.Salary = "Too Little";

        employee.Deconstruct(out _, out string firstName,
            out string lastName, out string salary);

        System.Console.WriteLine(
```

```
            "{0} {1}: {2}",
            firstName, lastName, salary);
    }
  }
```

该方法可直接调用。如第 5 章所述，调用前要以内联形式声明 out 参数。

从 C# 7.0 起可直接将对象实例赋给一个元组，从而隐式调用 Deconstruct() 方法（称为**解构函数**）。这时可认为被赋值的变量已声明。例如：

```
(_, firstName, lastName, salary) = employee;
```

该语法生成的 CIL 代码和代码清单 6-34 突出显示的语法完全一样，只是更简单（而且更让人注意不到调用了 Deconstruct() 方法）。

注意只允许用元组语法向那些和 out 参数匹配的变量赋值。不允许向元组类型的变量赋值，例如：

```
(int, string, string, string) tuple = employee;
```

也不允许向元组中的具名项赋值：

```
(int id, string firstName, string lastName, string salary) tuple = employee
```

为声明解构函数，方法名必须是 Deconstruct，其签名是返回 void 并接收两个或更多 out 参数。基于该签名，可将对象实例直接赋给一个元组而无须显式方法调用。

End 7.0

6.8 静态成员

在第 1 章的 HelloWorld 例子中简单接触过 static 关键字。本节将完整定义 static。

先考虑一个例子。假定每个员工 Id 值都必须不重复，一个解决方案是通过计数器来跟踪每个员工 ID。但如果值作为实例字段存储，每次实例化对象都要创建新的 NextId 字段，造成每个 Employee 对象实例都要消耗那个字段的内存。最大的问题在于，每次实例化 Employee 对象，以前实例化的所有 Employee 对象的 NextId 值都需要更新为下一个 ID 值。所以需要一个单独的字段，它能由所有 Employee 对象实例共享。

语言对比：C++/Visual Basic——全局变量和函数

和以前的许多语言不同，C# 没有全局变量或全局函数。C# 的所有字段和方法都在类的上下文中。在 C# 中，与全局字段或函数等价的是静态字段或方法。“全局变量 / 函数”和“C# 静态字段 / 方法”在功能上没有差异，只是静态字段 / 方法可包含访问修饰符（比如 private），从而限制访问并提供更好的封装。

6.8.1 静态字段

使用 static 关键字定义能由多个实例共享的数据，如代码清单 6.35 所示。

代码清单 6.35　声明静态字段

```
class Employee
```

```
{
  public Employee(string firstName, string lastName)
  {
      FirstName = firstName;
      LastName = lastName;
      Id = NextId;
      NextId++;
  }

  // ...

  public static int NextId;
  public int Id { get; set; }
  public string FirstName { get; set; }
  public string LastName { get; set; }
  public string Salary { get; set; } = "Not Enough";

  // ...
}
```

本例用 static 修饰符将 NextId 字段声明为**静态字段**。和 Id 不同，所有 Employee 实例都共享同一个 NextId 存储位置。Employee 构造函数先将 NextId 的值赋给新 Employee 对象的 Id，然后立即递增 NextId。创建另一个 Employee 对象时，由于 NextId 的值已递增，所以新 Employee 对象的 Id 字段将获得不同的值。

和**实例字段**（非静态字段）一样，静态字段也可在声明时初始化，如代码清单 6.36 所示。

代码清单 6.36　声明时向静态字段赋值

```
class Employee
{
  // ...
  public static int NextId = 42;
  // ...
}
```

和实例字段不同，未初始化的静态字段将获得默认值（0、null、false 等，即 default(T) 的结果，其中 T 是类型名）。所以，没有显式赋值的静态字段也是可以访问的。

每创建一个对象实例，非静态字段（实例字段）都要占用一个新的存储位置。静态字段从属于类而非实例。因此，是使用类名从类外部访问静态字段。代码清单 6.37 展示了一个新的 Program 类（使用代码清单 6.35 的 Employee 类）。

代码清单 6.37　访问静态字段

```
using System;

class Program
{
  static void Main()
  {
```

```
        Employee.NextId = 1000000;

        Employee employee1 = new Employee(
            "Inigo", "Montoya");
        Employee employee2 = new Employee(
            "Princess", "Buttercup");

        Console.WriteLine(
            "{0} {1} ({2})",
            employee1.FirstName,
            employee1.LastName,
            employee1.Id);
        Console.WriteLine(
            "{0} {1} ({2})",
            employee2.FirstName,
            employee2.LastName,
            employee2.Id);

        Console.WriteLine(
            $"NextId = { Employee.NextId }");
    }

    // ...
}
```

输出 6.8 显示了代码清单 6.37 的结果。

输出 6.8

```
Inigo Montoya (1000000)
Princess Buttercup (1000001)
NextId = 1000002
```

设置和获取静态字段 `NextId` 的初始值是通过类名 `Employee`，而不是通过对类的实例的引用。只有在类（或派生类）内部的代码中才能省略类名。换言之，`Employee(...)` 构造函数不需要使用 `Employee.NextId`。这些代码已经在 `Employee` 类的上下文中，所以不需要专门指出上下文。变量作用域是可以不加限定来引用的程序代码区域，而静态字段的作用域是类（及其任何派生类）。

虽然引用静态字段的方式与引用实例字段的方式稍有区别，但不能在同一个类中定义同名的静态字段和实例字段。由于引用错误字段的几率很高，C# 的设计者决定禁止这样的代码。所以，重复的名称在声明空间中会造成编译错误。

初学者主题：类和对象都能关联数据

类和对象都能关联数据。将类想象成模具，将对象想象成根据该模具浇铸的零件，可以更好地理解这一点。

例如，一个模具拥有的数据可能包括：到目前为止已用模具浇铸的零件数、下个零件的序列号、当前注入模具的液态塑料的颜色以及模具每小时生产零件数量。类似地，零件也拥有它自己的数据：序列号、颜色以及生产日期 / 时间。虽然零件颜色就是生产零件时在模具中注入的塑料的颜色，但它显然不包含模具中当前注入的塑料颜色数据，也不包含要生产的下个零件的序列号数据。

设计对象时，程序员要考虑字段和方法应声明为静态还是基于实例。一般应将不需要访问任何实例数据的方法声明为静态方法，将需要访问实例数据的方法（实例不作为参数传递）声明为实例方法。静态字段主要存储对应于类的数据，比如新实例的默认值或者已创建实例个数。而实例字段主要存储和对象关联的数据。

6.8.2 静态方法

和静态字段一样，直接在类名后访问静态方法（比如 Console.ReadLine()）。访问这种方法不需要实例。代码清单 6.38 展示了一个声明和调用静态方法的例子。

代码清单 6.38 为 DirectoryInfo 类定义静态方法

```
public static class DirectoryInfoExtension
{
  public static void CopyTo(
      DirectoryInfo sourceDirectory, string target,
      SearchOption option, string searchPattern)
  {
      if (target[target.Length - 1] !=
            Path.DirectorySeparatorChar)
      {
          target += Path.DirectorySeparatorChar;
      }
      if (!Directory.Exists(target))
      {
          Directory.CreateDirectory(target);
      }

      for (int i = 0; i < searchPattern.Length; i++)
      {
          foreach (string file in
              Directory.GetFiles(
                  sourceDirectory.FullName, searchPattern))
          {
              File.Copy(file,
                  target + Path.GetFileName(file), true);
          }
      }

      // Copy subdirectories (recursively)
      if (option == SearchOption.AllDirectories)
      {
          foreach(string element in
              Directory.GetDirectories(
                  sourceDirectory.FullName))
          {
              Copy(element,
```

```
                    target + Path.GetFileName(element),
                    searchPattern);
            }
        }
    }
}
    // ...
    DirectoryInfo directory = new DirectoryInfo(".\\Source");
    directory.MoveTo(".\\Root");
    DirectoryInfoExtension.CopyTo(
        directory, ".\\Target",
        SearchOption.AllDirectories, "*");
    // ...
```

DirectoryInfoExtension.CopyTo() 方法获取一个 DirectoryInfo 对象，将基础目录结构拷贝到新位置。

由于静态方法不通过实例引用，所以 this 关键字在静态方法中无效。此外，要在静态方法内部直接访问实例字段或实例方法，必须先获得对字段或方法所属的那个实例的引用。(Main() 就是静态方法。)

该方法本应由 System.IO.Directory 类提供，或作为 System.IO.DirectoryInfo 类的实例方法提供。但两个类都没提供，所以代码清单 6.38 在一个全新的类中定义该方法。本章后面讲述扩展方法的小节会解释如何使它表现为 DirectoryInfo 类的实例方法。

6.8.3 静态构造函数

除了静态字段和方法，C# 还支持**静态构造函数**，用于对类（而不是类的实例）进行初始化。静态构造函数不显式调用。相反，“运行时”在首次访问类时自动调用静态构造函数。“首次访问类”可能发生在调用普通构造函数时，也可能发生在访问类的静态方法或字段时。由于静态构造函数不能显式调用，所以不允许任何参数。

静态构造函数的作用是将类中的静态数据初始化成特定值，尤其是在无法通过声明时的一次简单赋值来获得初始值的时候。代码清单 6.39 展示了一个例子。

代码清单 6.39 声明静态构造函数

```
class Employee
{
  static Employee()
  {
      Random randomGenerator = new Random();
      NextId = randomGenerator.Next(101, 999);
  }

  // ...
  public static int NextId = 42;
  // ...
}
```

本例将 `NextId` 的初始值设为 100 ~ 1000 的随机整数。由于初始值涉及方法调用，所以 `NextId` 的初始化代码被放到一个静态构造函数中，而没有作为声明的一部分。

如本例所示，假如对 `NextId` 的赋值既在静态构造函数中进行，又在声明时进行，那么当初始化结束时，最终获得什么值？观察 C# 编译器生成的 CIL 代码，发现声明时的赋值被移动了位置，成为静态构造函数中的第一个语句。所以，`NextId` 最终包含由 `randomGenerator.Next(101, 999)` 生成的随机数，而不是声明 `NextId` 时所赋的值。结论是静态构造函数中的赋值优先于声明时的赋值，这和实例字段的情况一样。

注意没有"静态终结器"的说法。还要注意不要在静态构造函数中抛出异常，否则会造成类型在应用程序[⊖]剩余的生存期内无法使用。

高级主题：最好在声明时进行静态初始化（而不要使用静态构造函数）

静态构造函数在首次访问类的任何成员之前执行，无论该成员是静态字段，是其他静态成员，还是实例构造函数。为支持这个设计，编译器添加代码来检查类型的所有静态成员和构造函数，确保首先运行静态构造函数。

如果没有静态构造函数，编译器会将所有静态成员初始化为它们的默认值，而且不会添加对静态构造函数的检查。结果是静态字段会在访问前得到初始化，但不一定在调用静态方法或任何实例构造函数之前。有时对静态成员进行初始化的代价比较高，而且访问前确实没必要初始化，所以这个设计能带来一定的性能提升。有鉴于此，请考虑要么以内联方式初始化静态字段（而不要使用静态构造函数），要么在声明时初始化。

设计规范

- 考虑要么以内联方式初始化静态字段（而不要使用静态构造函数），要么在声明时初始化。

Begin 2.0

6.8.4 静态属性

属性也可声明为 `static`。代码清单 6.40 将 `NextId` 数据包装成属性。

代码清单 6.40 声明静态属性

```
class Employee
{
  // ...
  public static int NextId
  {
      get
      {
          return _NextId;
      }
      private set
      {
```

⊖ 更准确的说法是"应用程序域"(AppDomain)，即"操作系统进程"在 CLR 中的虚拟等价物。

```
            _NextId = value;
        }
    }
    public static int _NextId = 42;
    // ...
}
```

使用静态属性几乎肯定比使用公共静态字段好，因为公共静态字段在任何地方都能调用，而静态属性至少提供了一定程度的封装。

Begin 6.0

从 C# 6.0 开始，整个 `NextId`（含不可访问的支持字段）都可简化实现为带初始化器的自动实现属性：

```
public static int NextId { get; private set; } = 42;
```

End 6.0

6.8.5　静态类

有的类不含任何实例字段。例如，假定 `SimpleMath` 类包含与数学运算 `Max()` 和 `Min()` 对应的函数，如代码清单 6.41 所示。

代码清单 6.41　声明静态类

```
// Static class introduced in C# 2.0
public static class SimpleMath
{
  // params allows the number of parameters to vary
  public static int Max(params int[] numbers)
  {
      // Check that there is at least one item in numbers
      if(numbers.Length == 0)
      {
          throw new ArgumentException(
              "numbers cannot be empty", "numbers");
      }

      int result;
      result = numbers[0];
      foreach (int number in numbers)
      {
          if(number > result)
          {
              result = number;
          }
      }
      return result;
  }

  // params allows the number of parameters to vary
  public static int Min(params int[] numbers)
  {
      // Check that there is at least one item in numbers
      if(numbers.Length == 0)
```

```
        {
            throw new ArgumentException(
                "numbers cannot be empty", "numbers");
        }

        int result;
        result = numbers[0];
        foreach (int number in numbers)
        {
            if(number < result)
            {
                result = number;
            }
        }
        return result;
    }
}
```

```
public class Program
{
  public static void Main(string[] args)
  {
      int[] numbers = new int[args.Length];
      for (int count = 0; count < args.Length; count++)
      {
          numbers[count] = args[count].Length;
      }

      Console.WriteLine(
          $@"Longest argument length = {
              SimpleMath.Max(numbers) }");
      Console.WriteLine(
          $@"Shortest argument length = {
              SimpleMath.Min(numbers) }");
  }
}
```

该类不包含任何实例字段（或方法），创建能实例化的类没有意义。所以用 static 关键字修饰该类。声明类时使用 static 关键字有两方面的意义。首先，它防止程序员写代码来实例化 SimpleMath 类。其次，防止在类的内部声明任何实例字段或方法。既然类无法实例化，实例成员当然也就没有了意义。以前代码清单中的 Program 类也应设计成静态类，因为它只包含静态成员。

End 2.0

静态类的另一个特点是 C# 编译器自动在 CIL 代码中把它标记为 abstract 和 sealed。这会将类指定为不可扩展。换言之，不能从它派生出其他类。

Begin 6.0

End 6.0

上一章说过，可为 SimpleMath 这样的静态类使用 using static 指令。例如，在代码清单 6.41 顶部添加 using static SimpleMath; 指令，就可在不添加 SimpleMath 前缀的前提下调用 Max：

```
Console.WriteLine(
    $@"Longest argument length = { Max(numbers) }");
```

6.9　扩展方法

Begin 3.0

考虑用于处理文件系统目录的 System.IO.DirectoryInfo 类。该类支持的功能包括列出文件和子目录（DirectoryInfo.GetFiles()）以及移动目录（DirectoryInfo.Move()）。但它不直接支持拷贝功能。如果需要这样的方法就得自己实现，如本章前面的代码清单 6.38 所示。

当初声明的 DirectoryInfoExtension.CopyTo() 是标准静态方法。但 CopyTo() 方法在调用方式上有别于 DirectoryInfo.Move()。这是令人遗憾的一个设计。理想情况是为 DirectoryInfo 添加一个方法，用以在获得一个实例的情况下将 CopyTo() 作为实例方法来调用，例如 directory.CopyTo()。

C# 3.0 引入了**扩展方法**的概念，能模拟为其他类创建实例方法。只需更改静态方法的签名，使第一个参数成为要扩展的类型，并在类型名称前附加 this 关键字，如代码清单 6.42 所示。

代码清单 6.42　DirectoryInfo 的静态 CopyTo() 方法

```
public static class DirectoryInfoExtension
{
  public static void CopyTo(
      this DirectoryInfo sourceDirectory, string target,
      SearchOption option, string searchPattern)
  {
      // ...
  }
}
```

```
  // ...
      DirectoryInfo directory = new DirectoryInfo(".\\Source");
      directory.CopyTo(".\\Target",
          SearchOption.AllDirectories, "*");
  // ...
```

该设计允许为任何类添加“实例方法”，即使那些不在同一个程序集中的类。但查看 CIL 代码，会发现扩展方法是作为普通静态方法调用的。扩展方法的要求如下。

- 第一个参数是要扩展或者要操作的类型，称为“被扩展类型”。
- 为指定扩展方法，要在被扩展的类型名称前附加 this 修饰符。
- 为了将方法作为扩展方法来访问，要用 using 指令导入扩展类型[㊀]的命名空间，或将扩展类型和调用代码放在同一命名空间。

㊀ 即对“被扩展的类型”进行扩展的那个类型，或者说声明扩展方法的那个类型。——译者注

如扩展方法的签名和被扩展类型中现有的签名匹配（换言之，假如 DirectoryInfo 已经有一个 CopyTo() 方法了），扩展方法永远不会得到调用，除非是作为普通静态方法。

注意，通过继承（将于第 7 章讲述）来特化类型要优于使用扩展方法。扩展方法无益于建立清楚的版本控制机制，因为一旦在被扩展类型中添加匹配的签名，就会覆盖现有扩展方法，而且不会发出任何警告。如果对被扩展的类的源代码没有控制权，该问题将变得更加突出。另一个问题是，虽然 Visual Studio 的“智能感知”支持扩展方法，但假如只是查看调用代码（也就是调用了扩展方法的代码），是不易看出一个方法是不是扩展方法的。

总之，扩展方法要慎用。例如，不要为 object 类型定义扩展方法。第 8 章将讨论扩展方法如何与接口配合使用。扩展方法很少在没有这种配合的前提下定义。

设计规范

End 3.0

- 避免随便定义扩展方法，尤其是不要为自己无所有权的类型定义。

6.10 封装数据

除了本章前面讨论的属性和访问修饰符，还有其他几种特殊方式可将数据封装到类中。例如，还有另外两个字段修饰符：const（声明局部变量时见过）和 readonly。

6.10.1 const

和 const 值一样，const 字段（称为常量字段）包含在编译时确定的值，运行时不可修改。像 π 这样的值就很适合声明为常量字段。代码清单 6.43 展示了如何声明常量字段。

代码清单 6.43 声明常量字段

```
class ConvertUnits
{
   public const float CentimetersPerInch = 2.54F;
   public const int CupsPerGallon = 16;
   // ...
}
```

常量字段自动成为静态字段，因为不需要为每个对象实例都生成新的字段实例。但将常量字段显式声明为 static 会造成编译错误。另外，常量字段通常只声明为有字面值的类型（string，int 和 double 等）。Program 或 System.Guid 等类型则不能用于常量字段。

在 public 常量表达式中，必须使用随着时间推移不会发生变化的值。圆周率、阿伏伽德罗常数和赤道长度都是很好的例子。以后可能发生变化的值就不合适。例如，版本号、人口数量和汇率都不适合作为常量。

设计规范

- 要为永远不变的值使用常量字段。
- 不要为将来会发生变化的值使用常量字段。

高级主题：public 常量应该是恒定值

public 常量应恒定不变，因为如果修改它，在使用它的程序集中不一定能反映出最新改变。如一个程序集引用了另一个程序集中的常量，常量值将直接编译到引用程序集中。所以，如果被引用程序集中的值发生改变，而引用程序集没有重新编译，那么引用程序集将继续使用原始值而非新值。将来可能改变的值应指定为 readonly，不要指定为常量。

6.10.2　readonly

和 const 不同，readonly 修饰符只能用于字段（不能用于局部变量），它指出字段值只能从构造函数中更改，或在声明时通过初始化器指定。代码清单 6.44 演示如何声明 readonly 字段。

代码清单 6.44　声明 readonly 字段

```
class Employee
{
  public Employee(int id)
  {
      _Id = id;
  }

  // ...

  public readonly int _Id;
  public int Id
  {
      get { return _Id; }
  }

  // Error: A readonly field cannot be assigned to (except
  // in a constructor or a variable initializer)
  // public void SetId(int id) =>
  //          _Id = id;

  // ...
}
```

和 const 字段不同，每个实例的 readonly 字段值都可以不同。事实上，readonly 字段的值可在构造函数中更改。此外，readonly 字段可以是实例或静态字段。另一个关键区别是，可在执行时为 readonly 字段赋值，而非只能在编译时。由于 readonly 字段必须通过构造函数或初始化器来设置，所以编译器要求这种字段能从其属性外部访问。但除此之外，不要从属性外部访问属性的支持字段。

和 const 字段相比，readonly 字段的另一个重要特点是不限于有字面值的类型。例如，可声明 readonly System.Guid 实例字段：

```
public static readonly Guid ComIUnknownGuid =
      new Guid("00000000-0000-0000-C000-000000000046");
```

声明为常量则不行，因为没有 GUID 的 C# 字面值形式。

Begin 6.0

由于规范要求字段不要从其包容属性外部访问，所以从 C# 6.0 起 readonly 修饰符几乎完全没有了用武之地。相反，总是选择本章前面讨论的只读自动实现属性就可以了，如代码清单 6.45 所示。

代码清单 6.45 声明只读自动实现的属性

```
class TicTacToeBoard
{
   // Set both players' moves to all false (blank)
   //    |   |
   // ---+---+---
   //    |   |
   // ---+---+---
   //    |   |
      public bool[,,] Cells { get; } = new bool[2, 3, 3];
   // Error: The property Cells cannot
   // be assigned to because it is read-only
   // public void SetCells(bool[,,] value) =>
   //          Cells = new bool[2, 3, 3];

  // ...
}
```

无论用 C# 6.0 只读自动实现属性还是 readonly 修饰符，确保数组引用的“不可变”性质都是一项有用的防卫性编程技术。它确保数组实例保持不变，同时允许修改数组中的元素。不施加只读限制，很容易就会误将新数组赋给成员，这样会丢弃现有数组而不是更新其中的数组元素。换言之，向数组施加只读限制，不会冻结数组的内容。相反，它只是冻结数组实例（以及数组中的元素数量），因为不可能重新赋值来指向一个新的数组实例。数组中的元素仍然可写。

设计规范

- 从 C# 6.0 开始，要优先选择只读自动实现的属性而不是只读字段。
- 在 C# 6.0 之前，要为预定义对象实例使用 public static readonly 字段。
- 如要求版本 API 兼容性，在 C# 6.0 或更高版本中，避免将 C# 6.0 之前的 public readonly 字段修改成只读自动实现属性。

End 6.0

6.11 嵌套类

除了定义方法和字段，在类中还可定义另一个类。这称为嵌套类。假如一个类在它的包容类外部没有多大意义，就适合设计成嵌套类。

假定有一个类用于处理程序的命令行选项。通常，像这样的类在每个程序中的处理方式都是不同的，没有理由使 CommandLine 类能够从包含 Main() 的类的外部访问。代码清单 6.46 演示了这样的一个嵌套类。

代码清单 6.46　定义嵌套类

```
// CommandLine is nested within Program
class Program
{
  // Define a nested class for processing the command line
  private class CommandLine
  {
      public CommandLine(string[] arguments)
      {
          for(int argumentCounter=0;
              argumentCounter<arguments.Length;
              argumentCounter++)
          {
              switch (argumentCounter)
              {
                  case 0:
                      Action = arguments[0].ToLower();
                      break;
                  case 1:
                      Id = arguments[1];
                      break;
                  case 2:
                      FirstName = arguments[2];
                      break;
                  case 3:
                      LastName = arguments[3];
                      break;
              }
          }
      }
      public string Action;
      public string Id;
      public string FirstName;
      public string LastName;
  }

  static void Main(string[] args)
  {
    CommandLine commandLine = new CommandLine(args);

    switch (commandLine.Action)
    {
        case "new":
            // Create a new employee
            // ...
            break;
        case "update":
```

```
                // Update an existing employee's data
                // ...
                break;
            case "delete":
                // Remove an existing employee's file
                // ...
                break;
            default:
                Console.WriteLine(
                    "Employee.exe " +
              "new|update|delete <id> [firstname] [lastname]");
                break;
        }
    }
}
```

本例的嵌套类是 Program.CommandLine。和所有类成员一样，包容类内部没必要使用包容类名称前缀，直接把它引用为 CommandLine 就好。

嵌套类的独特之处是可以为类自身指定 private 访问修饰符。由于类的作用是解析命令行，并将每个实参放到单独字段中，所以它在该应用程序中只和 Program 类有关系。使用 private 访问修饰符可限定类的作用域，防止从类的外部访问。只有嵌套类才能这样做。

嵌套类中的 this 成员引用嵌套类而非包容类的实例。嵌套类要访问包容类的实例，一个方案是显式传递包容类的实例，比如通过构造函数或方法参数。

嵌套类另一个有趣的地方在于它能访问包容类的任何成员，其中包括私有成员。反之则不然，包容类不能访问嵌套类的私有成员。

嵌套类用得很少。要从包容类型外部引用，就不能定义成嵌套类。另外要警惕 public 嵌套类，它们意味着不良的编码风格，可能造成混淆和难以阅读。

设计规范

- 避免声明公共嵌套类型。少数高级自定义场景才需考虑。

语言对比：Java——内部类

Java 不仅支持嵌套类，还支持内部类（inner class）。内部类对应和包容类实例关联的对象，而非仅仅和包容类有语法上的包容关系。C# 允许在外层类中包含嵌套类型的一个实例字段，从而获得相同的结构。一个工厂方法或构造函数可确保在内部类的实例中也设置对外部类的相应实例的引用。

Begin 2.0

6.12 分部类

从 C# 2.0 起支持**分部类**。分部类是一个类的多个部分，编译器可把它们合并成一个完整的类。虽然可在同一个文件中定义两个或更多分部类，但分部类的目的就是将一个类的定义划分到多个文件中。这对生成或修改代码的工具尤其有用。通过分部类，由工具处理的文件可独立于开发者手动编码的文件。

6.12.1 定义分部类

C# 2.0（和更高版本）使用 `class` 前的上下文关键字 `partial` 来声明分部类，如代码清单 6.47 所示。

代码清单 6.47 定义分部类

```
// File: Program1.cs
partial class Program
{
}
```

```
// File: Program2.cs
partial class Program
{
}
```

本例将 `Program` 的每个部分都放到单独文件中（参见注释）。除了用于代码生成器，分部类另一个常见的应用是将每个嵌套类都放到它们自己的文件中。这符合编码规范“将每个类定义都放到它自己的文件中”。例如，代码清单 6.48 将 `Program.CommandLine` 类放到和核心 `Program` 成员分开的文件中。

代码清单 6.48 在分部类中定义嵌套类

```
// File: Program.cs
partial class Program
{
  static void Main(string[] args)
  {
    CommandLine commandLine = new CommandLine(args);

    switch (commandLine.Action)
    {
       // ...
    }
  }
}
```

```
// File: Program+CommandLine.cs
partial class Program
{
  // Define a nested class for processing the command line
  private class CommandLine
  {
     // ...
  }
}
```

End 2.0

不允许用分部类扩展编译好的类或其他程序集中的类。只能利用分部类在同一个程序集中将一个类的实现拆分成多个文件。

Begin 3.0

6.12.2 分部方法

C# 3.0 引入**分部方法**的概念，对 C# 2.0 的分部类进行了扩展。分部方法只能存在于分部类中，而且和分部类相似，主要作用是为代码生成提供方便。

假定代码生成工具能根据数据库中的 `Person` 表为 `Person` 类生成对应的 `Person.Designer.cs` 文件。该工具检查表并为表中每一列创建属性。问题在于，工具经常都不能生成必要的验证逻辑，因为这些逻辑依赖于未在表定义中嵌入的业务规则。所以，`Person` 类的开发者需要自己添加验证逻辑。`Person.Designer.cs` 是不好直接修改的，因为假如文件被重新生成（例如，为了适应数据库中新增的一个列），所做的更改就会丢失。相反，`Person` 类的代码结构应独立出来，使生成的代码在一个文件中，自定义代码（含业务规则）在另一个文件中，后者不受任何重新生成动作的影响。如上一节所示，分部类很适合将一个类打散成多个文件。但这样可能还不够。经常还需要**分部方法**。

分部方法允许声明方法而不需要实现。但如果包含了可选的实现，该实现就可放到某个姊妹分部类定义中，该定义可能在单独的文件中。代码清单 6.49 展示了如何为 `Person` 类声明和实现分部方法。

代码清单 6.49　为 Person 类声明和实现分部方法

```
// File: Person.Designer.cs
public partial class Person
{
    #region Extensibility Method Definitions
    partial void OnLastNameChanging(string value);
    partial void OnFirstNameChanging(string value);
    #endregion

    // ...
    public System.Guid PersonId
    {
        // ...
    }
    private System.Guid _PersonId;

    // ...
    public string LastName
    {
        get
        {
            return _LastName;
        }
        set
        {
            if ((_LastName != value))
            {
```

```
                OnLastNameChanging(value);
                _LastName = value;
            }
        }
    }
    private string _LastName;

    // ...
    public string FirstName
    {
        get
        {
            return _FirstName;
        }
        set
        {
            if ((_FirstName != value))
            {
                OnFirstNameChanging(value);
                _FirstName = value;
            }
        }
    }
    private string _FirstName;

}
```

```
// File: Person.cs
partial class Person
{
  partial void OnLastNameChanging(string value)
  {
      if (value == null)
      {
          throw new ArgumentNullException("value");
      }
      if(value.Trim().Length == 0)
      {
          throw new ArgumentException(
              "LastName cannot be empty.",
              "value");
      }
  }
}
```

Person.Designer.cs 包含 OnLastNameChanging() 和 OnFirstNameChanging() 方法的声明。此外，LastName 和 FirstName 属性调用了它们对应的 Changing 方法。虽然这两个方法只有声明而没有实现，但却能成功通过编译。关键在于方法声明附加了上下文关键字 partial，其所在的类也是一个 partial 类。

代码清单 6.49 只实现了 OnLastNameChanging() 方法。这个实现会检查建议的新的

LastName 值，无效就抛出异常。注意两个地方的 OnLastNameChanging() 签名是匹配的。

分部方法必须返回 void。假如其不返回 void 又未提供实现，调用未实现的方法返回什么才合理？为避免对返回值进行任何无端的猜测，C# 的设计者决定只允许方法返回 void。类似地，out 参数在分部方法中不允许。需要返回值可以使用 ref 参数。

总之，分部方法使生成的代码能调用并非一定要实现的方法。此外，如果没有为分部方法提供实现，CIL 中不会出现分部方法的任何踪迹。这样在保持代码规模尽量小的同时，还保证了高的灵活性。

End 3.0

6.13 小结

本章讲解了 C# 类以及面向对象程序设计。讨论了字段，并讨论了如何在类的实例上访问它们。

是在每个实例上都存储一份数据，还是为一个类型的所有实例统一存储一份？本章详细讲解了应如何取舍。静态数据同类关联，而实例数据在每个对象上存储。

本章以方法和数据的访问修饰符为背景探讨了封装问题。介绍了 C# 属性，并解释了如何用它封装私有字段。

下一章学习如何通过“继承”关联不同的类，并继续探索面向对象带来的好处。

第 7 章 继　承

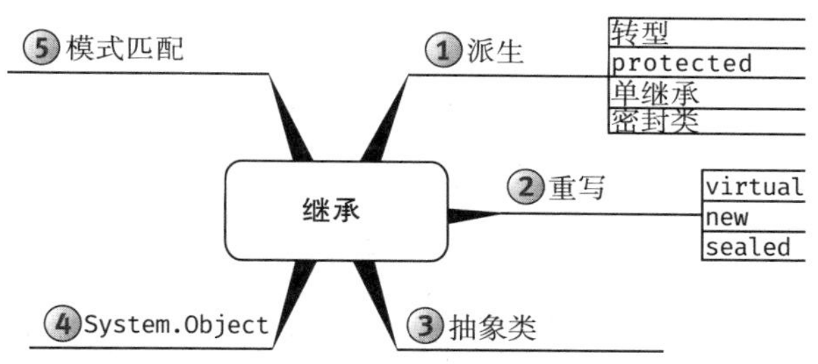

第 6 章讨论了一个类如何通过字段和属性来引用其他类。本章讨论如何利用类的继承关系建立类层次结构。

初学者主题：继承的定义

上一章已简单介绍了继承。下面是对已定义的术语的简单回顾。

- 派生 / 继承：对基类进行特化，添加额外成员或自定义基类成员。
- 派生类型 / 子类型：继承了较常规类型的成员的特化类型。
- 基 / 超 / 父类型：其成员由派生类型继承的常规类型。

继承建立了“属于”(is-a) 关系。派生类型总是隐式属于基类型。如同硬盘属于存储设备，从存储设备类型派生的其他任何类型都属于存储设备。反之则不成立。存储设备不一定是硬盘。

> **注意** 代码中的继承用于定义两个类的“属于”关系，派生类是对基类的特化。

7.1 派生

经常需要扩展现有类型来添加功能（行为和数据）。继承正是为了该目的而设计的。例如，假定已经有 `Person` 类，可创建 `Employee` 类并在其中添加 `EmployeeId` 和 `Department` 等员工特有的属性。也可采取相反的操作。例如，假定已有在 PDA（个人数字助理）中使用的 `Contact` 类，现在想为 PDA 添加行事历支持。可为此创建 `Appointment` 类。但不是重新定义这两个类都适用的方法和属性，而是对 `Contact` 类进行**重构**。具体地说，将两者都适用的方法和属性从 `Contact` 移至名为 `PdaItem` 的基类中，并让 `Contact` 和 `Appointment` 都从该基类派生，如图 7.1 所示。

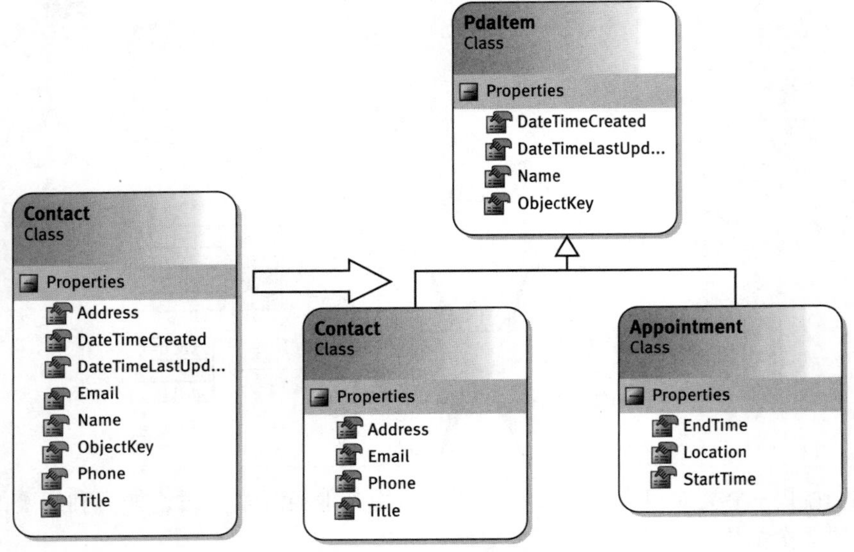

图 7.1 重构成基类

在本例中，两者共用的项是 `Created`、`LastUpdated`、`Name` 和 `ObjectKey` 等。通过派生，基类 `PdaItem` 定义的方法可从 `PdaItem` 的所有子类中访问。

定义派生类要在类标识符后添加冒号，接着添加基类名称，如代码清单 7.1 所示。

代码清单 7.1 从一个类派生出另一个类

```
public class PdaItem
{
  public string Name { get; set; }

  public DateTime LastUpdated { get; set; }
}
```

```
// Define the Contact class as inheriting the PdaItem class
public class Contact : PdaItem
{
```

```
  public string Address { get; set; }
  public string Phone { get; set; }
}
```

代码清单 7.2 展示如何访问 Contact 中定义的属性。

代码清单 7.2　使用继承的属性

```
public class Program
{
  public static void Main()
  {
      Contact contact = new Contact();
      contact.Name = "Inigo Montoya";

      // ...
  }
}
```

虽然 Contact 没有直接定义 Name 属性，但 Contact 的所有实例都可访问来自 PdaItem 的 Name 属性，并把它作为 Contact 的一部分使用。此外，从 Contact 派生的其他任何类也会继承 PdaItem 类（或者 PdaItem 的父类）的成员。该继承链没有限制，每个派生类都拥有由其所有基类公开的所有成员（参见代码清单 7.3）。换言之，虽然 Customer 不直接从 PdaItem 派生，它依然继承了 PdaItem 的成员。

注意　通过继承，基类的每个成员都出现在派生类构成的链条中。

代码清单 7.3　一个接一个继承构成了继承链

```
public class PdaItem : object
{
  // ...
}
```

```
public class Appointment : PdaItem
{
  // ...
}
```

```
public class Contact : PdaItem
{
  // ...
}
```

```
public class Customer : Contact
{
  // ...
}
```

代码清单7.3中的PdaItem显式地从object派生。虽然允许这样写，但没有必要。所有类都隐式派生自object。

> **注意** **除非明确指定基类，否则所有类都默认从object派生。**

7.1.1 基类型和派生类型之间的转型

如代码清单7.4所示，由于派生建立了“属于”关系，所以总是可以将派生类型的值直接赋给基类型的变量。

代码清单7.4 隐式基类型转换

```
public class Program
{
  public static void Main()
  {
      // Derived types can be implicitly converted to
      // base types
      Contact contact = new Contact();
      PdaItem item = contact;
      // ...

      // Base types must be cast explicitly to derived types
      contact = (Contact)item;
      // ...
  }
}
```

派生类型Contact“属于”PdaItem类型，可直接赋给PdaItem类型的变量。这称为隐式转型，不需要添加转型操作符。而且根据规则，转换总会成功，不会引发异常。

反之则不成立。PdaItem并非一定“属于”Contact。它可能是一个Appointment或其他派生类型。所以从基类型转换为派生类型要求执行**显式转型**，而显式转型在运行时可能失败。如代码清单7.4所示，执行显式转型要求在原始引用名称前，将要转换成的目标类型放到圆括号中。

执行显式转型，相当于程序员要求编译器信任他，或者说程序员告诉编译器他知道这样做的后果。只要圆括号中的目标类型确实从基类型派生，C#编译器就允许这个转换。但是，虽然在编译的时候，C#编译器允许在可能兼容的类型之间执行显式转型，但CLR仍会在运行时验证该显式转型。对象实例不属于目标类型将引发异常。

即使类型层次结构允许隐式转型，C#编译器也允许添加转型操作符（虽然多余）。例如，将contact赋给item可以像下面这样添加转型操作符：

```
item = (PdaItem)contact;
```

甚至在无须转型时也能添加转型操作符：

```
contact = (Contact)contact;
```

> **注意** **派生类型能隐式转型为它的基类。相反，基类向派生类的转换要求显式的转型操作符，因为转换可能失败。虽然编译器允许可能有效的显式转型，但“运行时”会坚持检查，无效转型将引发异常。**

初学者主题：在继承链中进行类型转换

隐式转型为基类不会实例化新实例，而是令同一个实例引用基类型，它现在提供的功能（可访问的成员）是基类型的。这类似于将 CD-ROM 驱动器说成是一种存储设备。由于并非所有存储设备都支持弹出操作，所以 CDROM 转型为存储设备后不再支持弹出。如调用 `storageDevice.Eject()`，即使被转型的对象原本是支持 `Eject()` 方法的 `CDROM` 对象，也无法通过编译。

类似地，将基类向下转型为派生类会引用更具体的类型，类型可用的操作也会得到扩展。但这种转换有限制，被转换的必须确实是目标类型（或者它的派生类型）的实例。

高级主题：定义自定义转换

类型间的转换并不限于单一继承链中的类型。完全不相关的类型也能相互转换，比如在 `Address` 和 `string` 之间转换。关键是要在两个类型之间提供转型操作符。C# 允许类型包含显式或隐式转型操作符。如转型可能失败，比如从 `long` 转型为 `int`，开发者应定义显式转型操作符。这样可提醒别人只有在确定转型会成功的时候才执行转换，否则就准备好在失败时捕捉异常。执行有损转换时也应优先执行显式转型而不是隐式转型。例如，将 `float` 转型为 `int`，小数部分会被丢弃。即使接着执行一次反向转换（`int` 转型回 `float`），丢失的部分也找不回来。

代码清单 7.5 展示了隐式转型操作符的例子（GPS 坐标转换成 UTM 坐标）。

代码清单 7.5　定义转型操作符

```
class GPSCoordinates
{
  // ...

  public static implicit operator UTMCoordinates(
      GPSCoordinates coordinates)
  {
      // ...
  }
}
```

本例实现从 `GPSCoordinates` 向 `UTMCoordinates` 的隐式转换。可以写类似的转换来反转上述过程。将 `implicit` 替换成 `explicit` 就是显式转换。

7.1.2 private 访问修饰符

派生类继承除构造函数和析构器之外的所有基类成员。但继承并不意味着一定能访问。例如在代码清单 7.6 中，private 字段 _Name 不可以在 Contact 类中使用，因为私有成员只能在声明它们的类型中访问。

代码清单 7.6 私有成员继承但不能访问

```
public class PdaItem
{
  private string _Name;
  // ...
}
```

```
public class Contact : PdaItem
{
  // ...
}
```

```
public class Program
{
  public static void Main()
  {
      Contact contact = new Contact();

      // ERROR:  'PdaItem. _Name' is inaccessible
      // due to its protection level
      // contact._Name = "Inigo Montoya";
  }
}
```

根据封装原则，派生类不能访问基类的 private 成员[⊖]。这就强迫基类开发者决定一个成员是否能由派生类访问。本例的基类定义了一个 API，其中 _Name 只能通过 Name 属性更改。假如以后在 Name 属性中添加了验证机制，那么所有派生类不需要任何修改就能马上享受到验证带来的好处，因为它们从一开始就不能直接访问 _Name 字段。

注意 派生类不能访问基类的私有成员。

7.1.3 protected 访问修饰符

public 或 private 代表两种极端情况，中间还可进行更细致的封装。可在基类中定义只有派生类才能访问的成员。以代码清单 7.7 的 ObjectKey 属性为例。

代码清单 7.7 protected 成员只能从派生类访问

```
public class Program
{
```

⊖ 一个极少见的例外情况是假如派生类同时是基类的一个嵌套类。

```
  public static void Main()
  {
      Contact contact = new Contact();
      contact.Name = "Inigo Montoya";

      // ERROR:  'PdaItem.ObjectKey' is inaccessible
      // due to its protection level
      // contact.ObjectKey = Guid.NewGuid();
  }
}
```

```
public class PdaItem
{
  protected Guid ObjectKey { get; set; }
  // ...
}
```

```
public class Contact : PdaItem
{
  void Save()
  {
      // Instantiate a FileStream using <ObjectKey>.dat
      // for the filename
      FileStream stream = System.IO.File.OpenWrite(
          ObjectKey + ".dat");
  }

  void Load(PdaItem pdaItem)
  {
      // ERROR:  'pdaItem.ObjectKey' is inaccessible
      // due to its protection level
      // pdaItem.ObjectKey = ...;

      Contact contact = pdaItem as Contact;
      if(contact != null)
      {
          contact.ObjectKey = ...;
      }

      // ...
  }
}
```

ObjectKey 用 protected 访问修饰符定义。结果是在 PdaItem 的外部，它只能从 PdaItem 的派生类中访问。由于 Contact 从 PdaItem 派生，所以 Contact 的所有成员都能访问 ObjectKey。相反，由于 Program 不是从 PdaItem 派生，所以在 Program 内使用 ObjectKey 属性会造成编译错误。

注意 **基类的受保护成员只能从基类及其派生链的其他类中访问。**

Contact.Load() 方法有一个容易被忽视的细节。开发者经常都会惊讶地发现，即使 Contact 从 PdaItem 派生，从 Contact 类内部也无法访问一个 PdaItem 实例的受保护 ObjectKey。这是由于万一 PdaItem 是一个 Address，Contact 不应访问 Address 的受保护成员。所以，封装成功阻止了 Contact 修改 Address 的 ObjectKey。成功转型为 Contact 可绕过该限制。基本规则是，要从派生类中访问受保护成员，必须能在编译时确定它是派生类（或者它的某个子类）中的实例。

7.1.4 扩展方法

Begin 3.0

扩展方法从技术上说不是类型的成员，所以不可继承。但由于每个派生类都可作为它的任何基类的实例使用，所以对一个类型进行扩展的方法也可扩展它的任何派生类型。如扩展基类（比如 PdaItem），所有扩展方法在派生类中也能使用。但和所有扩展方法一样，实例方法有更高的优先级。如果继承链中出现一个兼容的签名，那么它将优先于扩展方法。

很少为基类写扩展方法。扩展方法的一个基本原则是，如果手上有基类的代码，直接修改基类会更好。即使基类代码不可用，程序员也应考虑在基类或个别派生类实现的接口上添加扩展方法。下一章将具体讨论接口，并讨论它们如何与扩展方法配合使用。

End 3.0

7.1.5 单继承

继承树中的类理论上数量无限。例如，Customer 派生自 Contact，Contact 派生自 PdaItem，PdaItem 派生自 object。但 C# 是**单继承**语言，C# 编译成的 CIL 语言也是一样。这意味着一个类不能直接从两个类派生。例如，Contact 不能既直接派生自 PdaItem，又直接派生自 Person。

语言对比：C++——多继承

C# 的单继承是其在面向对象方面与 C++ 的主要区别之一。

极少数需要多继承类结构的时候，一般的解决方案是使用**聚合**（aggregation）。换言之，不是一个类从另一个类继承，而是一个类包含另一个类的实例。图 7.2 展示了这种类结构的一个例子。在关联关系中，定义包容对象的一个核心组件就会发生聚合。对于多继承，这涉及挑选一个类作为主要基类（PdaItem）并从中派生出一个新类（Contact）。第二个希望的基类（Person）作为派生类（Contact）中的一个字段添加。接着，字段（Person）上的所有非私有成员都在派生类（Contact）上重新定义。然后，派生类（Contact）将调用委托给字段（Person）。由于方法要重新声明，所以一些代码会重复。但重复的代码不会很多，因为实际的方法主体只在被聚合的类（Person）中实现。

在图 7.2 中，Contact 包含名为 InternalPerson 的私有属性，它被描绘成到 Person 类的一个关联。Contact 也包含 FirstName 和 LastName 属性，但没有对应的字段。相反，FirstName 和 LastName 属性将调用分别委托给 InternalPerson.FirstName 和 InternalPerson.LastName。代码清单 7.8 展示了最终代码。

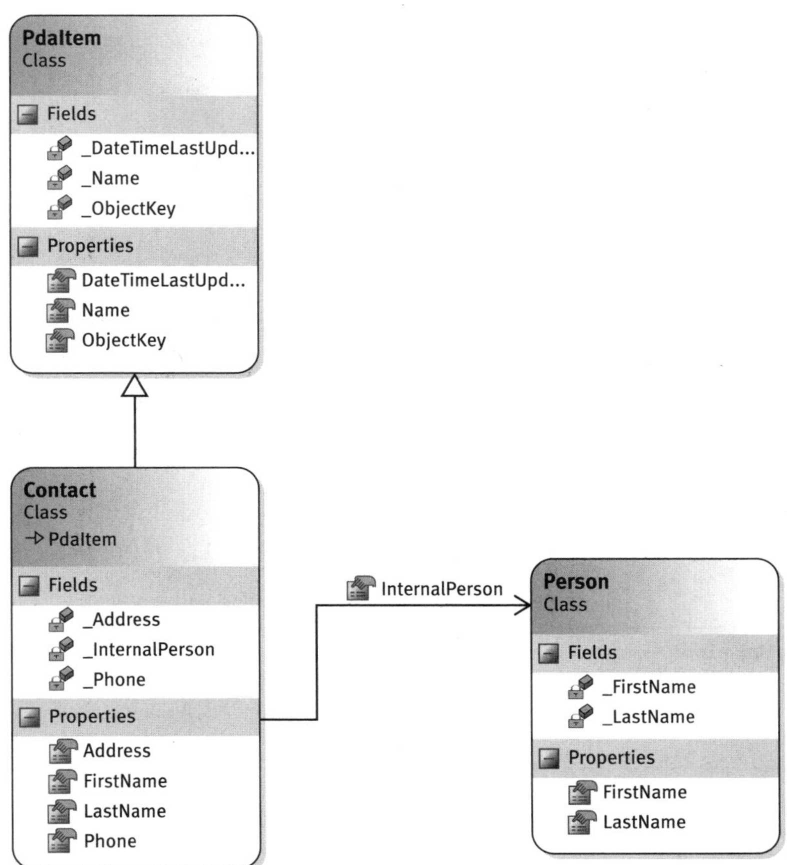

图 7.2 用聚合模拟多继承

代码清单 7.8 用聚合解决单继承问题

```
public class PdaItem
{
  // ...
}

public class Person
{
  // ...
}
public class Contact : PdaItem
{
  private Person InternalPerson { get; set; }

  public string FirstName
  {
      get { return InternalPerson.FirstName; }
```

```
        set { InternalPerson.FirstName = value; }
    }

    public string LastName
    {
        get { return InternalPerson.LastName; }
        set { InternalPerson.LastName = value; }
    }

    // ...
}
```

除了因委托而增加的复杂性，该方案的另一个缺点在于，在字段类（Person）上新增的任何方法都需要人工添加到派生类（Contact）中，否则 Contact 无法公开新增的功能。

7.1.6 密封类

为正确设计类，使其他人能通过派生来扩展功能，需对它进行全面测试，验证派生能成功进行。代码清单 7.9 将类标记为 sealed 来避免非预期的派生，并避免因此而出现的问题。

代码清单 7.9 用密封类禁止派生

```
public sealed class CommandLineParser
{
  // ...
}

// ERROR:  Sealed classes cannot be derived from
public sealed class DerivedCommandLineParser :
  CommandLineParser
{
  // ...
}
```

密封类用 sealed 修饰符禁止从其派生。string 类型就是用 sealed 修饰符禁止派生的例子。

7.2 重写基类

基类除构造函数和析构器之外的所有成员都会在派生类中继承。但某些情况下，一个成员可能在基类中没有得到最佳的实现。下面以 PdaItem 的 Name 属性为例。在由 Appointment 类继承的时候，它的实现或许是可以接受的。然而，对于 Contact 类，Name 属性应该返回 FirstName 和 LastName 属性合并起来的结果。类似地，对 Name 进行赋值时，应分解成 FirstName 和 LastName。换言之，对于派生类，基类属性的声明是合适的，但实现并非总是合适的。因此，需要一种机制在派生类中使用自定义的实现来**重写**（override，覆盖或覆写）基类中的实现。

7.2.1 virtual 修饰符

C# 支持重写实例方法和属性，但不支持字段和任何静态成员的重写。为进行重写，要求在基类和派生类中都显式执行一个操作。基类必须将允许重写的每个成员都标记为 virtual。如一个 public 或 protected 成员没有包含 virtual 修饰符，就不允许子类重写该成员。

语言对比：Java——默认虚方法

Java 的方法默认为虚，希望非虚的方法必须显式密封。相反，C# 默认非虚。

代码清单 7.10 展示了属性重写的一个例子。

代码清单 7.10　重写属性

```
public class PdaItem
{
    public virtual string Name { get; set; }
    // ...
}
public class Contact : PdaItem
{
    public override string Name
    {
        get
        {
            return $"{ FirstName } { LastName }";
        }

        set
        {
            string[] names = value.Split(' ');
            // Error handling not shown
            FirstName = names[0];
            LastName = names[1];
        }
    }

    public string FirstName { get; set; }
    public string LastName { get; set; }

    // ...
}
```

PdaItem 的 Name 属性使用了 virtual 修饰符，Contact 的 Name 属性则用关键字 override 修饰。本例拿掉 virtual 会报错，拿掉 override 会生成警告，稍后将详细讨论。C# 要求显式使用 override 关键字重写方法。换句话说，virtual 标志着方法或属性可在派生类中被替换（重写）。

语言对比：Java 和 C++——隐式重写

与 Java 和 C++ 不同，C# 应用于派生类的 override 关键字是必需的。C# 不允许隐式重写。为重写方法，基类和派生类成员必须匹配，而且要有对应的 virtual 和 override 关键字。此外，override 关键字意味着派生类的实现会替换基类的实现。

重写成员会造成“运行时”调用最深的或者说派生得最远的（most derived）实现，如代码清单 7.11 所示。

代码清单 7.11 “运行时”调用虚方法派生得最远的实现

```
public class Program
{
  public static void Main()
  {
        Contact contact;
        PdaItem item;

        contact = new Contact();
        item = contact;

        // Set the name via PdaItem variable
        item.Name = "Inigo Montoya";

        // Display that FirstName & LastName
        // properties were set
        Console.WriteLine(
            $"{ contact.FirstName } { contact.LastName }");
}
```

输出 7.1 展示了代码清单 7.11 的结果。

输出 7.1

```
Inigo Montoya
```

代码清单 7.11 调用 `item.Name` 来设置姓名，而 `item` 被声明为一个 `PdaItem`。不过，设置的仍然是 `contact` 的 `FirstName` 和 `LastName`。这里的规则是：“运行时”遇到虚方法时会调用虚成员派生得最远的重写。本例实例化一个 `Contact` 并调用 `Contact.Name`，因为 `Contact` 包含 `Name` 派生得最远的实现。

创建类时必须谨慎选择是否允许重写方法，因为控制不了派生的实现。虚方法不应包含关键代码，因为如果派生类重写了它，那些代码永远得不到调用。此外，将方法从虚修改为非虚，可能破坏重写了该方法的派生类。由于可能破坏代码，所以应避免这样的修改，尤其是在那些准备由第三方使用的程序集中。

代码清单 7.12 包含虚方法 `Run()`。`Controller` 的程序员在调用 `Run()` 时，假如粗心地以为关键的 `Start()` 和 `Stop()` 方法无论如何都会被调用，就会出问题。

代码清单 7.12　粗心地依赖虚方法的实现

```
public class Controller
{
  public void Start()
  {
      // Critical code
  }
  public virtual void Run()
  {
      Start();
      Stop();
  }
  public void Stop()
  {
      // Critical code
  }
}
```

别的开发者在重写 Run() 时，完全可能选择不调用关键的 Start() 和 Stop() 方法。为了强制调用 Start() 和 Stop()，Controller 的程序员应该像代码清单 7.13 那样定义类。

代码清单 7.13　强制 Run() 语义

```
public class Controller
{
    public void Start()
    {
        // Critical code
    }

    private void Run()
    {
        Start();
        InternalRun();
        Stop();
    }

    protected virtual void InternalRun()
    {
        // Default implementation
    }

    public void Stop()
    {
        // Critical code
    }
}
```

在新代码中，Controller 的程序员阻止用户错误地调用 InternalRun()，因为它是 protected 的。另一方面，将 Run() 声明为 public，可保证 Start() 和 Stop() 被正确调用。而通过在派生类中重写 InternalRun()，仍然可以修改默认的 Controller 执行方式。

虚方法只提供默认实现，这种实现可由派生类完全重写。但由于继承设计的复杂性，所以请事先想好是否需要虚方法。

语言对比：C++——构造期间对方法调用的调度

C++ 在构造期间不调度虚方法。相反，在构造期间，类型与基类型关联，而不是与派生类型关联，虚方法调用的是基类的实现。C# 则相反，会将虚方法调用调度给派生得最远的类型。这是为了与以下设计规范保持一致："总是调用派生得最远的虚成员，即使派生的构造函数尚未完全执行完毕。"但无论如何，在 C# 中应尽量避免出现这种情况。㊀

最后要说的是，虚暗示着实例，只有实例成员才可以是 virtual 的。CLR 根据实例化期间指定的具体类型判断将虚方法调用调度到哪里。所以 static virtual 方法毫无意义，编译器也不允许。

7.2.2 new 修饰符

如果重写方法没有使用 override 关键字，编译器会生成警告消息，如输出 7.2 和 7.3 所示。

输出 7.2

```
warning CS0114:"<派生类中的方法名>"隐藏继承的成员"<基类中的方法名>"。若要使当前成员重写该实现，请添加关键字 override。否则，添加关键字 new。
```

输出 7.3

```
warning CS0108:"<派生类中的属性名>"需要关键字 new，因为它隐藏了继承的成员"<基类中的属性名>"。
```

一个明显的解决方案是添加 override 修饰符（假定基类成员是 virtual 的）。但正如警告文本指出的那样，还可使用 new 修饰符。请思考表 7.1 总结的情形——这种情形称为**脆弱的基类**（brittle base class 或者 fragile base class）。

Person.Name 非虚表明程序员 A 希望 Display() 方法总是使用 Person 的实现，即便传给它的数据类型是 Person 的派生类型 Contact。但程序员 B 希望在变量数据类型为 Contact 的任何情况下都使用 Contact.Name（程序员 B 其实并不知道 Person.Name 属性，因为它最开始并不存在）。为允许添加 Person.Name，同时不破坏两个程序员预期的行为，你不能假定该属性是 virtual 的。此外，由于 C# 要求重写成员显式使用 override 修饰符，所以必须采用其他某种形式的语法，确保基类新增的成员不会造成派生类编译失败。

㊀ 说了这么多，意思就是不要在构造函数中调用会影响所构造对象的任何虚方法。原因是假如这个虚方法在当前要实例化的类型的派生类型中进行了重写，就会调用重写的实现。但在继承层次结构中，字段尚未完全初始化。这时调用虚方法将导致无法预测的行为。——译者注

表 7.1　在什么时候使用 new 修饰符

<table>
<tr><th>活　动</th><th>代　码</th></tr>
<tr><td>程序员 A 定义了 Person 类，其中包含属性 FirstName 和 LastName</td><td><pre>
public class Person
{
  public string FirstName { get; set; }
  public string LastName { get; set; }
}
</pre></td></tr>
<tr><td>程序员 B 从 Person 派生出 Contact，并添加了额外的属性 Name。另外还定义了 Program 类，其 Main() 方法会实例化一个 Contact，对 Name 赋值，然后打印姓名</td><td><pre>
public class Contact : Person
{
  public string Name
  {
      get
      {
          return FirstName + " " + LastName;
      }

      set
      {
          string[] names = value.Split(' ');
          // Error handling not shown
          FirstName = names[0];
          LastName = names[1];
      }
  }
}
</pre></td></tr>
<tr><td>不久，程序员 A 自己也添加了 Name 属性，但不是将取值方法实现成 FirstName + " " + LastName，而是实现成 LastName + ", " + FirstName。另外，没有将属性定义为 virtual，而且在 DisplayName() 方法中使用了该属性</td><td><pre>
// ...
public class Person
{
  public string Name
  {
      get
      {
          return LastName + ", " + FirstName;
      }

      set
      {
          string[] names = value.Split(", ");
          // Error handling not shown
          LastName = names[0];
          FirstName = names[1];
      }
  }
  public static void Display(Person person)
  {
      // Display <LastName>, <FirstName>
      Console.WriteLine(person.Name);
  }
}
</pre></td></tr>
</table>

这种语义要用 new 修饰符实现，它在基类面前隐藏了派生类重新声明的成员。这时不是调用派生得最远的成员。相反，是搜索继承链，找到使用 new 修饰符的那个成员之前的、派生得最远的成员，然后调用该成员。如继承链仅包含两个类，就使用基类的成员，就像是派生类没有声明那个成员（如派生的实现重写了基类成员）。虽然编译器会生成如输出 7.2 或 7.3 所示的警告，但假如既没有指定 override，也没有指定 new，就默认为 new，从而维持了版本的安全性。

来看看代码清单 7.14 的例子，输出 7.4 展示了结果。

代码清单 7.14　对比 override 与 new 修饰符

```
public class Program
{
  public class BaseClass
  {
      public void DisplayName()
      {
          Console.WriteLine("BaseClass");
      }
  }

    public class DerivedClass : BaseClass
    {
        // Compiler WARNING: DisplayName() hides inherited
        // member. Use the new keyword if hiding was intended.
        public virtual void DisplayName()
        {
            Console.WriteLine("DerivedClass");
        }
    }

  public class SubDerivedClass : DerivedClass
  {
      public override void DisplayName()
      {
          Console.WriteLine("SubDerivedClass");
      }
  }

  public class SuperSubDerivedClass : SubDerivedClass
  {
      public new void DisplayName()
      {
          Console.WriteLine("SuperSubDerivedClass");
      }
  }
  public static void Main()
  {
      SuperSubDerivedClass superSubDerivedClass
          = new SuperSubDerivedClass();
```

```
        SubDerivedClass subDerivedClass = superSubDerivedClass;
        DerivedClass derivedClass = superSubDerivedClass;
        BaseClass baseClass = superSubDerivedClass;

        superSubDerivedClass.DisplayName();
        subDerivedClass.DisplayName();
        derivedClass.DisplayName();
        baseClass.DisplayName();
    }
}
```

输出 7.4

```
SuperSubDerivedClass
SubDerivedClass
SubDerivedClass
BaseClass
```

之所以会得到输出 7.4 的结果，是由于以下几个原因。

- SuperSubDerivedClass.DisplayName() 显示 SuperSubDerivedClass，它下面没有派生类了。
- SubDerivedClass.DisplayName() 是重写了基类虚成员的派生得最远的成员。使用了 new 修饰符的 SuperSubDerivedClass.DisplayName() 被隐藏。
- DerivedClass.DisplayName() 是虚方法，而 SubDerivedClass.DisplayName() 是重写了它的派生得最远的成员。和前面一样，使用了 new 修饰符的 SuperSubDerived-Class.-DisplayName() 被隐藏。
- BaseClass.DisplayName() 没有重新声明任何基类成员，而且非虚。所以，它会被直接调用。

就 CIL 来说，new 修饰符对编译器生成的代码没有任何影响，但它会生成方法的 newslot 元数据特性。从 C# 的角度看，它唯一的作用就是移除编译器警告。

7.2.3 sealed 修饰符

为类使用 sealed 修饰符可禁止从该类派生。类似地，虚成员也可密封，如代码清单 7.15 所示。这会禁止子类重写基类的虚成员。例如，假定子类 B 重写了基类 A 的一个成员，并希望禁止子类 B 的派生类继续重写该成员，就可考虑使用 sealed 修饰符。

代码清单 7.15 密封成员

```
class A
{
  public virtual void Method()
  {
  }
}
class B : A
{
```

```
    public override sealed void Method()
    {
    }
  }

  class C : B
  {
    // ERROR:  Cannot override sealed members
    // public override void Method()
    // {
    // }
  }
```

本例为 B 类的 `Method()` 声明使用 `sealed` 修饰符将禁止 C 重写 `Method()`。

除非有很好的理由，一般很少将整个类标记为密封。事实上，人们越来越倾向于将类设置成非密封类，因为单元测试需要创建仿制对象（mock object，也称为测试替身或者 test double）来代替真正的实现。有时对单独虚成员进行密封的代价过高，还不如将整个类密封。但一般都倾向于对单独成员进行有针对性的密封（例如，可能需要依赖基类的实现来获得正确的行为）。

7.2.4　base 成员

重写成员时经常需要调用其基类版本，如代码清单 7.16 所示。

代码清单 7.16　访问基类成员

```
using static System.Environment;

public class Address
{
    public string StreetAddress;
    public string City;
    public string State;
    public string Zip;

    public override string ToString()
    {
        return $"{ StreetAddress + NewLine }"
            + $"{ City }, { State }  { Zip }";
    }
}

public class InternationalAddress : Address
{
    public string Country;

    public override string ToString()
    {
        return base.ToString() +
            NewLine + Country;
    }
}
```

在代码清单 7.16 中，InternationalAddress 从 Address 继承并实现了 ToString()。调用基类的实现需使用 base 关键字。base 的语法和 this 几乎完全一样，也允许作为构造函数的一部分使用（稍后详述）。

另外，即使在 Address.ToString() 实现中也要使用 override 修饰符，因为 ToString() 也是 object 的成员。用 override 修饰的任何成员都自动成为虚成员，子类能进一步“特化”实现。

> **注意　用 override 修饰的任何方法自动为虚。只有基类的虚方法才能重写，所以重写后的方法还是虚方法。**

7.2.5　构造函数

实例化派生类时，“运行时”首先调用基类构造函数，防止绕过基类的初始化机制。但假如基类没有可访问的（非私有）默认构造函数，就不知道如何构造基类，C# 编译器将会报错。

为避免因为缺少可访问的默认构造函数而造成错误，程序员需要在派生类构造函数的头部显式指定要运行哪一个基类构造函数，如代码清单 7.17 所示。

代码清单 7.17　指定要调用的基类构造函数

```
public class PdaItem
{
  public PdaItem(string name)
  {
      Name = name;
  }

  // ...
}
```

```
public class Contact : PdaItem
{
  public Contact(string name) :
      base(name)
  {
      Name = name;
  }

  public string Name { get; set; }
  // ...
}
```

通过在代码中明确指定基类构造函数，“运行时”就知道在调用派生类构造函数之前要调用哪一个基类构造函数。

7.3 抽象类

前面许多继承的例子都定义了一个名为 PdaItem 的类，它定义了在 Contact 和 Appointment 等派生类中通用的方法和属性。但 PdaItem 本身不适合实例化。PdaItem 的实例没有意义。只有作为基类，在从其派生的一系列数据类型之间共享默认的方法实现，才是 PdaItem 类真正的意义。这意味着 PdaItem 应被设计成**抽象类**。抽象类是仅供派生的类。无法实例化抽象类，只能实例化从它派生的类。不抽象、可直接实例化的类称为**具体类**。

初学者主题：抽象类

抽象类代表抽象实体。其**抽象成员**定义了从抽象实体派生的对象应包含什么，但这种成员不包含实现。抽象类的大多数功能通常都没有实现。一个类要从抽象类成功地派生，必须为抽象基类中的抽象方法提供具体的实现。

定义抽象类要求为类定义添加 abstract 修饰符，如代码清单 7.18 所示。

代码清单 7.18　定义抽象类

```
// Define an abstract class
public abstract class PdaItem
{
  public PdaItem(string name)
  {
      Name = name;
  }

  public virtual string Name { get; set; }
}
```

```
public class Program
{
  public static void Main()
  {
      PdaItem item;
      // ERROR:  Cannot create an instance of the abstract class
      // item = new PdaItem("Inigo Montoya");
  }
}
```

不能实例化还在其次，抽象类的主要特点在于它包含**抽象成员**。抽象成员是没有实现的方法或属性，作用是强制所有派生类提供实现。来看看代码清单 7.19 的例子。

代码清单 7.19　定义抽象成员

```
// Define an abstract class
public abstract class PdaItem
{
  public PdaItem(string name)
```

```
  {
      Name = name;
  }

  public virtual string Name { get; set; }
  public abstract string GetSummary();
}
```

```
using static System.Environment;

public class Contact : PdaItem
{
    public override string Name
    {
        get
        {
            return $"{ FirstName } { LastName }";
        }

        set
        {
            string[] names = value.Split(' ');
            // Error handling not shown
            FirstName = names[0];
            LastName = names[1];
        }
    }
    public string FirstName { get; set; }
    public string LastName { get; set; }
    public string Address { get; set; }

  public override string GetSummary()
  {
          return @"FirstName: { FirstName + NewLine }"
          + $"LastName: { LastName + NewLine }"
          + $"Address: { Address + NewLine }";
  }

  // ...
}

public class Appointment : PdaItem
{
  public Appointment(string name) :
    base(name)
  {
    Name = name;
  }

  public DateTime StartDateTime  { get; set; }
  public DateTime EndDateTime  { get; set; }
  public string Location  { get; set; }
```

```
    // ...

    public override string GetSummary()
    {
          return $"Subject: { Name + NewLine }"
              + $"Start: { StartDateTime + NewLine }"
              + $"End: { EndDateTime + NewLine }"
              + $"Location: { Location }";
    }
}
```

代码清单 7.19 将 GetSummary() 定义为抽象成员，所以它不包含任何实现。随即，代码在 Contact 中重写它并提供具体实现。由于我们将抽象成员设计为被重写，所以自动为虚（但不能显式这样声明）。此外，抽象成员不能声明为私有，否则派生类看不见它们。

开发具有良好设计的对象层次结构殊为不易。所以在编程抽象类型时，一定要自己实现至少一个（最好多个）从抽象类型派生的具体类型，以检验自己的设计。

注意　抽象成员必须被重写，所以自动为虚，但不能用 virtual 关键字显式声明。

语言对比：C++——纯虚函数

C++ 使用神秘的“=0”表示法来定义抽象函数。这些函数在 C++ 中称为纯虚函数。与 C# 相反，C++ 不要求类本身有任何特殊的声明。和 C# 的抽象类修饰符 abstract 不同，当 C++ 类包含纯虚函数时，不需要对该类的声明进行任何特殊处理。

若不在 Contact 中提供 GetSummary() 的实现，编译器会报错。

注意　通过声明抽象成员，抽象类的编程者清楚地指出：为了建立具体类与抽象基类（本例是 PdaItem）之间的“属于”关系，派生类必须实现抽象成员——抽象类无法为这种成员提供恰当的默认实现。

初学者主题：多态性

相同成员签名在不同类中有不同实现，这称为**多态性**（polymorphism）。英语“poly”代表“多”，“morph”代表“形态”，多态性是指同一个签名可以有多个实现。同一个签名不能在一个类中多次使用，所以该签名的每个实现必然包含在不同类中。

多态性的基本设计思想是：只有对象自己才知道如何最好地执行特定操作，通过规定调用这些操作的通用方式，多态性还促进了代码重用，因为通用的东西不必重复编码。例如，假定有多种类型的文档，每种文档都知道具体如何执行自己这种文档的 Print() 操作，那么不是定义单个 Print() 方法，在其中包含 switch 语句来处理每种文档类型的特殊打印逻辑，而是利用多态性调用与想要打印的文档类型对应的 Print() 方法。例如，为字处理文档类调用 Print()，会根据字处理文档的特点进行打印；而为图形文档类调用同一个方法，会根据图形文档的特点进行打印。无论如何，对于任意文档类型，打印它唯一要做的就是调用 Print()，其他不用考虑。

避免使用 switch 语句实现具体打印逻辑有利于维护。首先，具体的实现位于不同文档类的上下文中，而不是位于另一个较远的地方，这符合封装原则。其次，以后添加新文档类型不需要更改 switch 语句。相反，唯一要做的就是在新的文档类型中实现 Print() 签名。

抽象成员是实现多态性的一个手段。基类指定方法签名，派生类提供具体实现，如代码清单 7.20 所示。

代码清单 7.20 利用多态性列出 PdaItem

```
public class Program
{
  public static void Main()
  {
      PdaItem[] pda = new PdaItem[3];

      Contact contact = new Contact("Sherlock Holmes");
      contact.Address = "221B Baker Street, London, England";
      pda[0] = contact;

      Appointment appointment =
         new Appointment("Soccer tournament");
      appointment.StartDateTime = new DateTime(2008, 7, 18);
      appointment.EndDateTime = new DateTime(2008, 7, 19);
      appointment.Location = "Estádio da Machava";
      pda[1] = appointment;

      contact = new Contact("Hercule Poirot");
      contact.Address =
          "Apt 56B, Whitehaven Mansions, Sandhurst Sq, London";
      pda[2] = contact;

      List(pda);
  }

  public static void List(PdaItem[] items)
  {
      // Implemented using polymorphism. The derived
      // type knows the specifics of implementing
      // GetSummary().
      foreach (PdaItem item in items)
      {
          Console.WriteLine("________");
          Console.WriteLine(item.GetSummary());
      }
  }
}
```

代码清单 7.20 的结果如输出 7.5 所示。

输出 7.5

```
________
FirstName: Sherlock
LastName: Holmes
Address: 221B Baker Street, London, England
________
Subject: Soccer tournament
Start: 7/18/2008 12:00:00 AM
End: 7/19/2008 12:00:00 AM
Location: Estádio da Machava
________
FirstName: Hercule
LastName: Poirot
Address: Apt 56B, Whitehaven Mansions, Sandhurst Sq, London
```

这样就可调用基类的方法，但方法具体由派生类来实现。输出 7.5 证明 List() 方法能成功显示 Contact 和 Address 对象，而且每种对象都以自定义方式显示。调用抽象 GetSummary() 方法实际调用每个实例特有的重写方法。

7.4 所有类都从 System.Object 派生

任何类，不管是自定义类，还是系统内建的类，都定义好了如表 7.2 所示的方法。

表 7.2 System.Object 的成员

方法名	说明
public virtual bool Equals(object o)	如作为参数提供的对象和当前对象实例包含相同的值，就返回 true
public virtual int GetHashCode()	返回对象值的哈希码。它对于 HashTable 这样的集合非常有用
public Type GetType()	返回与对象实例的类型对应的 System.Type 类型的一个对象
public static bool ReferenceEquals(**object** a, **object** b)	如两个参数引用同一个对象，就返回 true
public virtual string ToString()	返回对象实例的字符串表示
public virtual void Finalize()	析构器的一个别名，通知对象准备终结。C# 禁止直接调用该方法
protected object MemberwiseClone()	执行浅拷贝来克隆对象。会拷贝引用，但被引用类型中的数据不会

所有这些方法都通过继承为所有对象所用，所有类都直接或间接从 object 派生。即使字面值也支持这些方法。所以，下面这种看起来颇为奇怪的代码实际是合法的：

```
Console.WriteLine( 42.ToString() );
```

即使类定义没有显式指明自己从 object 派生，也肯定是从 object 派生的。所以在代码清单 7.21 中，PdaItem 的两个声明会产生完全一致的 CIL。

代码清单 7.21　不显式指定从哪里派生，就隐式派生自 System.Object

```
public class PdaItem
{
  // ...
}
```

```
public class PdaItem : object
{
  // ...
}
```

如 object 的默认实现不好用，程序员可重写三个虚方法，第 10 章将详细介绍具体做法。

7.5　使用 is 操作符验证基础类型

由于 C# 允许在继承链中向下转型，因此有时需要在转换前判断基础类型是什么。此外，在没有实现多态性的情况下，一些要依赖特定类型的行为也可能要事先确定类型。C# 用 is 操作符判断基础类型，如代码清单 7.22 所示。

代码清单 7.22　用 is 操作符判断基础类型

```
public static void Save(object data)
{
  if (data is string)
  {
      string text = (string)data;
      if (text.Length > 0)
      {
          data = Encrypt(text);
          // ...
      }
  }
  else if (data == null)
  {
      throw new ArgumentNullException(nameof(data));
  }
  // ...
}
```

在代码清单 7.22 中，只有基础类型是 string 才加密数据。这比直接加密好，因为许多基础类型并非 string 的类型也支持转型为 string。

虽然在方法开头执行空检查可能更清晰，但本例是稍后检查，目的是演示即使目标为空，is 操作符也会返回 false，所以 else if 的空检查仍会执行。

注意通过显式转型，程序员宣布自己负责创建清晰的代码逻辑来避免无效的强制类型转换。如可能发生无效转型，应首选使用 is 操作符并完全避免异常。is 操作符的好处是能创建一个显式转型可能失败但又没有异常处理开销的代码路径。

虽然 is 操作符比较有用，但选择它之前仍应衡量多态性的问题。多态性允许将一个行为扩展到其他数据类型，同时不必对定义行为的实现进行任何修改。例如，从一个通用的基类型派生，然后将该类型作为 Save() 方法的参数使用，就可避免显式检查 string，并允许其他数据类型从同一个基类派生，以提供数据保存期间的加密支持。

7.6 用 is 操作符进行模式匹配

Begin 7.0

C# 7.0 增强了 is 操作符来支持**模式匹配**（pattern matching）。上个例子核实数据是 string 后，仍然必须把它转型为 string（前提是想把它作为 string 来访问）。更好的方案是执行检查，如结果为 true，就同时将结果赋给新变量。如代码清单 7.23 所示，可用 C# 7.0 的模式匹配实现这个功能。大多数时候都可用模式匹配 is 操作符替代基本 is 操作符。

代码清单 7.23 用模式匹配 is 操作符判断基础类型

```
public static void Save(object data)
{
  if (data is string text && text.Length > 0)
  {
      data = Encrypt(text);
      // ...
  }
  else if (data is null)
  {
      throw new ArgumentNullException(nameof(data));
  }
  // ...
}
```

代码使用具有模式匹配功能的 is 操作符检查类型是不是 string，声明新变量 text，并将数据强制转换为 string。随后，代码检查字符串长度是否大于 0。

注意可用模式匹配 is 操作符执行空检查。将相等性操作符替换成 is 操作符在可读性上完全没有区别。但我个人推荐选好一种就不要变。

7.7 switch 语句中的模式匹配

代码清单 7.23 是一个简单的 if-else 语句，但可设想用一个类似的例子来检查多个字符串。虽然还是可以使用 if 语句，但为了提供更好的可读性，应考虑其匹配表达式能支持任何类型的 switch 语句。代码清单 7.24 展示了使用 Storage 类的一个例子。

代码清单 7.24 switch 语句中的模式匹配

```
static public void Eject(Storage storage)
{
  switch (storage)
  {
```

```
        case null: // The location of case null doesn't matter
            throw new ArgumentNullException(nameof(storage));
        // ** Causes compile error because case statments below
        // ** are unreachable
        // case Storage tempStorage:
        //     throw new Exception();
        //     break;
        case UsbKey usbKey when usbKey.IsPluggedIn:
            usbKey.Unload();
            Console.WriteLine("USB Drive Unloaded!");
            break;
        case Dvd dvd when dvd.IsInserted:
            dvd.Eject();
            Console.WriteLine("DVD Ejected!");
            break;
        case Dvd dvd when !dvd.IsInserted:
            throw new ArgumentException(
                "There was no DVD present.", nameof(storage));
        case HardDrive hardDrive:
            throw new InvalidOperationException();
        default:   // The location of case default doesn't matter
            throw new ArgumentException(nameof(storage));
    }
}
```

和早期 C# 语言的基本 switch 语句（第 4 章介绍）相比，支持模式匹配的 switch 语句提供了许多新功能：

- 和基本 switch 语句不同，模式匹配 case 子句不限于有常量值的类型（string、int、long、enum 等）。相反，任何类型都可使用。
- 模式匹配 case 标签在类型后声明一个变量。例如：

```
case HardDrive hardDrive:
```

该变量的作用域限于当前 switch 小节。（始于 case 标签，中间是一个或多个语句，结束于跳转语句。）

- 模式匹配 case 标签支持条件表达式，允许对条件进行额外筛选。例如：

```
case Usbkey usbKey when usbKey.IsPluggedIn:
```

- 模式匹配 switch 小节的顺序变得重要。为基类写一个 case 标签，且不添加任何条件表达式（例如只写 case Storage storage:），后面为派生类写的 switch 块都不会执行。如果没有写条件表达式，编译器会报错。但如果基类的 case 标签写了条件表达式（编译时解析不了），之后的派生类标签都会被屏蔽。
- 为 null 写的 switch 小节可在任意位置，它解析为 true 的条件总是具有唯一性。（和基本 switch 语句一样，default 标签位置还是随意的。）
- 允许针对相同类型写多个模式匹配 case 标签，前提是其中最多一个没有条件表达式。例如：

```
case Dvd dvd ...
```

- 常量 switch 小节可以和模式匹配 switch 小节混合使用。当然优先考虑简化。例如：

```
case 42
```

和

```
case int i when i == 42
```

- 模式匹配 switch 小节仍然需要跳转语句。例如：

```
case HardDrive hardDrive:
   throw new InvalidOperationException();
```

- case 子句不允许使用可空类型（例如 int?），改为使用非可空版本。这是因为空值会匹配 case null，永远不会匹配针对可空类型的 case 子句。

和 is 操作符一样，模式匹配只有在无法选择多态性方案时才应使用。就本例来说，只有手上没有各种存储类的源码，没有普适的基类方法，导致无法选择以多态性的方式来设计，才能这样写。

7.8 使用 as 操作符进行转换

is 操作符的优点是允许验证一个数据项是否属于特定类型。as 操作符则更进一步，它会像一次转型所做的那样，尝试将对象转换为特定数据类型。但和转型不同的是，如对象不能转换，as 操作符会返回 null。这一点相当重要，因为它避免了可能因为转型而造成的异常。代码清单 7.25 演示了如何使用 as 操作符。

代码清单 7.25 使用 as 操作符进行数据类型转换

```
object Print(IDocument document)
{
  if(thing != null)
  {
      // Print document...
  }
  else
  {
  }
}

static void Main()
{
  object data;

  // ...

  Print(data as Document);
}
```

使用 as 操作符可避免用额外的 try-catch 代码处理转换无效的情况，因为 as 操作符提供了尝试执行转型但转型失败后不引发异常的一种方式。

is 操作符相较于 as 操作符的一个优点是后者不能成功判断基础类型。as 能在继承链中向上或向下隐式转型，也提供了支持转型操作符的类型。但 as 不能判断基础类型（而 is 能）。

更重要的是，as 操作符一般要求采取额外的步骤对被赋值的变量执行空检查。由于模式匹配 is 操作符自动包含该检查，所以几乎再也用不着 as 操作符了——前提是使用 C# 7.0 或更高版本。

7.9 小结

本章讨论了如何从一个类派生，并添加额外的方法和属性来“特化”该类。讨论了如何使用 private 和 protected 访问修饰符控制封装级别。

还详细讨论了如何重写基类实现，以及如何使用 new 修饰符隐藏基类实现。C# 提供 virtual 修饰符来控制重写，它告诉派生类的程序员需要重写哪些成员。要完全禁止派生，需要为类使用 sealed 修饰符。类似地，为成员使用 sealed 修饰符，会禁止子类继续重写该成员。

我们简单讨论了所有类型都是从 object 派生的，第 10 章将进一步讨论，届时会讲解 object 的三个虚方法为重写提出的具体规则和原则。但在此之前，首先要掌握在面向对象编程的基础上发展起来的另一种编程模式：接口。这是第 8 章的主题。

本章最后讨论了用 is 和 as 操作符进行类型转换的细节。讨论了 C# 7.0 的模式匹配功能以及它在 if 和 switch 语句中的应用。

第 8 章

接　　口

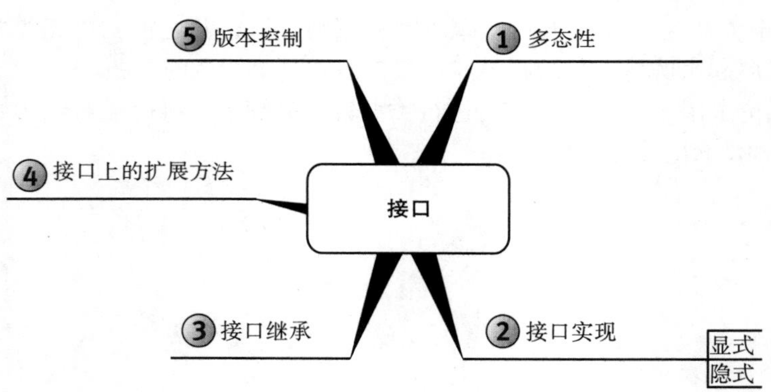

并非只能通过继承实现多态性（像第 7 章讨论的那样），还能通过接口实现。和抽象类不同，接口不包含任何实现。但和抽象类相似，接口也定义了一组成员，调用者可认为这些成员已实现。

类型通过实现接口来定义其功能。接口实现关系是一种“能做”(can do) 关系：类型“能做”接口所规定的事情。在“实现接口的类型”和“使用接口的代码”之间，接口订立了“契约”[⊖]。实现接口的类型必须使用接口要求的签名来定义方法。本章讨论了接口的实现和使用。

⊖ MSDN 文档称为“协定”。——译者注

8.1　接口概述

初学者主题：为什么需要接口

接口有用是因为和抽象类不同，它能完全隔离实现细节和提供的服务。接口就像电源插座。电如何输送到插座是实现细节：可能是煤电、核电或太阳能发电；发电机可能在隔壁，也可能在很远的地方。插座订立了“契约”。它以特定频率提供特定电压，要求使用该接口的电器提供兼容的插头。电器不必关心电如何输送到插座，只需提供兼容的插头。

来看看下面这个例子：目前有许多文件压缩格式，包括 .zip、.7-zip、.cab、.lha、.tar、.tar.gz、.tar. bz2、.bh、.rar、.arj、.arc、.ace、.zoo、.gz、.bzip2、.xxe、.mime、.uue 以及 .yenc 等。为每种压缩格式都单独创建一个类，每个压缩实现都可能有不同的方法签名，无法在它们之间提供标准调用规范。虽然方法可在基类中声明为抽象成员，但如果都从一个通用基类派生，会用掉唯一的基类机会（C# 只允许单继承）。不同的压缩实现没什么通用的代码可以放到基类中，从而使基类实现变得毫无意义。重点是，基类除了允许共享成员签名，还允许共享实现。但接口只允许共享成员签名，不允许共享实现。

所以此时不是共享一个通用基类，而是每个压缩类都实现一个通用接口。接口订立契约，类必须履行该契约才能同实现该接口的其他类交互。虽然存在着多种压缩算法，但假如它们都实现了 IFileCompression 接口以及该接口的 Compress() 和 Uncompress() 方法，那么在需要压缩和解压时，只需执行到 IFileCompression 接口的一次转型，然后调用其成员方法即可，根本不用关心具体是什么类在实现那些方法。这实现了多态性，每个压缩类都有相同的方法签名，但签名的具体实现不同。

代码清单 8.1 展示了示例接口 IFileCompression。根据约定（该约定是如此根深蒂固，以至于不好改动），接口名称采用 PascalCase 规范并附加“I”前缀。

代码清单 8.1　定义接口

```
interface IFileCompression
{
  void Compress(string targetFileName, string[] fileList);
  void Uncompress(
      string compressedFileName, string expandDirectoryName);
}
```

IFileCompression 定义了一个类为了同其他压缩类协作而必须实现的方法。接口的强大之处在于，调用者可随便切换不同的实现而不需要修改调用代码。

接口的关键之处是不包含实现和数据。注意其中的方法声明用分号取代了大括号。字段（数据）不能在接口声明中出现。如接口要求派生类包含特定数据，会声明属性而不是字段。由于属性不含任何作为接口声明一部分的实现，所以不会（也不能）引用支持字段。

接口声明的成员描述了在实现该接口的类型中必须能访问的成员。而所有非公共成员的目的都是阻止其他代码访问成员。所以，C# 不允许为接口成员使用访问修饰符。所有成员都自动公共。

设计规范

- 接口名称要使用 Pascal 大小写，加“I”前缀。

8.2 通过接口实现多态性

来看看代码清单 8.2 的例子。任何类要通过 `ConsoleListControl` 类显示，就必须实现 `IListable` 接口定义的成员。换言之，实现了 `IListable` 接口的任何类都可用 `ConsoleListControl` 显示它自身。`IListable` 接口目前只要求只读属性 `ColumnValues`。

代码清单 8.2 实现和使用接口

```
interface IListable
{
  // Return the value of each column in the row
  string[] ColumnValues
  {
      get;
  }
}
```

```
public abstract class PdaItem
{
  public PdaItem(string name)
  {
      Name = name;
  }

  public virtual string Name{get;set;}
}
```

```
class Contact : PdaItem, IListable
{
    public Contact(string firstName, string lastName,
        string address, string phone) : base(null)
    {
        FirstName = firstName;
        LastName = lastName;
        Address = address;
        Phone = phone;
    }

    public string FirstName { get; set; }
    public string LastName { get; set; }
    public string Address { get; set; }
```

```
    public string Phone { get; set; }

    public string[] ColumnValues
    {
        get
        {
            return new string[]
            {
                    FirstName,
                    LastName,
                    Phone,
                    Address
            };
        }
    }
    public static string[] Headers
    {
        get
        {
            return new string[] {
                "First Name", "Last Name    ",
                "Phone        ",
                "Address                         " };
        }
    }

    // ...
}
```

```
class Publication : IListable
{
    public Publication(string title, string author, int year)
    {
        Title = title;
        Author = author;
        Year = year;
    }

    public string Title { get; set; }
    public string Author { get; set; }
    public int Year { get; set; }

    public string[] ColumnValues
    {
        get
        {
            return new string[]
            {
                Title,
                Author,
                Year.ToString()
            };
        }
```

```
    }

    public static string[] Headers
    {
        get
        {
            return new string[] {
                "Title                                   ",
                "Author                 ",
                "Year" };
        }
    }

    // ...
}
```

```
class Program
{
    public static void Main()
    {
        Contact[] contacts = new Contact[]
        {
            new Contact(
                "Dick", "Traci",
                "123 Main St., Spokane, WA  99037",
                "123-123-1234"),
            new Contact(
                "Andrew", "Littman",
                "1417 Palmary St., Dallas, TX 55555",
                "555-123-4567"),
            new Contact(
                "Mary", "Hartfelt",
                "1520 Thunder Way, Elizabethton, PA 44444",
                "444-123-4567"),
            new Contact(
                "John", "Lindherst",
                "1 Aerial Way Dr., Monteray, NH 88888",
                "222-987-6543"),
            new Contact(
                "Pat", "Wilson",
                "565 Irving Dr., Parksdale, FL 22222",
                "123-456-7890"),
            new Contact(
                "Jane", "Doe",
                "123 Main St., Aurora, IL 66666",
                "333-345-6789")
        };

        // Classes are implicitly convertable to
        // their supported interfaces
        ConsoleListControl.List(Contact.Headers, contacts);

        Console.WriteLine();
```

```
        Publication[] publications = new Publication[3] {
            new Publication(
                "The End of Poverty: Economic Possibilities for Our Time",
                "Jeffrey Sachs", 2006),
            new Publication("Orthodoxy",
                "G.K. Chesterton", 1908),
            new Publication(
                "The Hitchhiker's Guide to the Galaxy",
                "Douglas Adams", 1979)
            };
        ConsoleListControl.List(
            Publication.Headers, publications);
    }
}
```

```
class ConsoleListControl
{
    public static void List(string[] headers, IListable[] items)
    {
        int[] columnWidths = DisplayHeaders(headers);

        for (int count = 0; count < items.Length; count++)
        {
            string[] values = items[count].ColumnValues;
            DisplayItemRow(columnWidths, values);
        }
    }

    /// <summary>Displays the column headers</summary>
    /// <returns>Returns an array of column widths</returns>
    private static int[] DisplayHeaders(string[] headers)
    {
        // ...
    }

    private static void DisplayItemRow(
        int[] columnWidths, string[] values)
    {
        // ...
    }
}
```

代码清单 8.2 的结果如输出 8.1 所示。

输出 8.1

```
First Name  Last Name         Phone        Address
Dick        Traci             123-123-1234 123 Main St., Spokane, WA  99037
Andrew      Littman           555-123-4567 1417 Palmary St., Dallas, TX 55555
Mary        Hartfelt          444-123-4567 1520 Thunder Way, Elizabethton, PA 44444
John        Lindherst         222-987-6543 1 Aerial Way Dr., Monteray, NH 88888
Pat         Wilson            123-456-7890 565 Irving Dr., Parksdale, FL 22222
Jane        Doe               333-345-6789 123 Main St., Aurora, IL 66666
```

```
Title                                                Author             Year
The End of Poverty: Economic Possibilities for Our Time  Jeffrey Sachs      2006
Orthodoxy                                            G.K. Chesterton    1908
The Hitchhiker's Guide to the Galaxy                 Douglas Adams      1979
```

在代码清单 8.2 中，ConsoleListControl 可显示看似无关的类（Contact 和 Publication）。一个类能否显示，只取决于是否实现了必需的接口。ConsoleListControl.List() 方法依赖多态性正确显示传给它的对象集。每个类都有自己的 ColumnValues 实现，将类转换成 IListable 就可调用特定的实现。

8.3 接口实现

声明类来实现接口类似于从基类派生——要实现的接口和基类名称以逗号分隔（基类在前，接口顺序任意）。类可实现多个接口，但只能从一个基类直接派生，如代码清单 8.3 所示。

代码清单 8.3 实现接口

```
public class Contact : PdaItem, IListable, IComparable
{
  // ...

  #region IComparable Members
  /// <summary>
  ///
  /// </summary>
  /// <param name="obj"></param>
  /// <returns>
  /// Less than zero:      This instance is less than obj
  /// Zero                 This instance is equal to obj
  /// Greater than zero    This instance is greater than obj
  /// </returns>
  public int CompareTo(object obj)
  {
      int result;
      Contact contact = obj as Contact;

      if (obj == null)
      {
          // This instance is greater than obj
          result = 1;
      }
      else if (obj.GetType() != typeof(Contact))
      {
          // Use C# 6.0 nameof operator in message to
          // ensure consistency in the Type name
          throw new ArgumentException(
              $"The parameter is not a value of type { nameof(Contact) }",
              nameof(obj));
      }
```

```
        else if (Contact.ReferenceEquals(this, obj))
        {
            result = 0;
        }
        else
        {
            result = LastName.CompareTo(contact.LastName);
            if (result == 0)
            {
                result = FirstName.CompareTo(contact.FirstName);
            }
        }
        return result;
    }
    #endregion

    #region IListable Members
    string[] IListable.ColumnValues
    {
        get
        {
            return new string[]
            {
                FirstName,
                LastName,
                Phone,
                Address
            };
        }
    }
    #endregion
}
```

实现接口时，接口的所有成员都必须实现。抽象类可将接口方法映射成自己的抽象方法，非抽象实现可在方法主体中抛出 NotImplementedException 异常，但无论如何都要提供成员的一个“实现”。例如，给定以下接口定义：

```
interface IFoo
{
    void Bar();
}
```

在抽象类中可将接口方法映射成自己的抽象方法，将责任推给具体子类：

```
abstract class Foo : IFoo
{
    public abstract void Bar();
}
```

也可拿掉 abstract 关键字并添加方法主体：

```
abstract class Foo : IFoo
{
```

```
    public void Bar();
    {
        throw new NotImplementedException();
    }
}
```

接口的重点在于永远不能实例化，即不能用 new 创建接口。所以接口没有构造函数或终结器。只有实例化实现了接口的类型，才能使用接口实例。此外，接口不能包含静态成员。接口为多态性而生，而假如没有实现接口的那个类型的实例，多态性就没什么价值了。

每个接口成员的行为和抽象方法相似，都是强迫派生类实现成员，但不能为接口成员显式添加 abstract 修饰符。

在类型中实现接口成员时有两种方式：**显式**和**隐式**。之前看到的是隐式实现，是用类型的公共成员实现接口成员。

8.3.1 显式成员实现

显式实现的方法只能通过接口本身调用，最典型的做法是将对象转型为接口。例如在代码清单 8.4 中，是将 Contact 对象转型为 IListable 来调用 Contact 类显式实现的 ColumnValues 成员。

代码清单 8.4 调用显式接口成员实现

```
string[] values;
Contact contact1, contact2;

// ...

// ERROR:  Unable to call ColumnValues() directly
//         on a contact
// values = contact1.ColumnValues;

// First cast to IListable
values = ((IListable)contact2).ColumnValues;
// ...
```

本例是在同一个语句中执行强制类型转换和调用 ColumnValues。也可在调用 ColumnValues 之前将 contact2 赋给一个 IListable 变量。

在接口成员名称前附加接口名称前缀来显式实现接口成员，如代码清单 8.5 所示。

代码清单 8.5 显式接口实现

```
public class Contact : PdaItem, IListable, IComparable
{
  // ...

  public int CompareTo(object obj)
  {
      // ...
  }
```

```
    #region IListable Members
    string[] IListable.ColumnValues
    {
        get
        {
            return new string[]
            {
                FirstName,
                LastName,
                Phone,
                Address
            };
        }
    }
    #endregion
}
```

代码清单 8.5 通过为属性名附加 IListable 前缀来显式实现 ColumnValues。此外，由于显式接口实现直接和接口关联，所以没必要使用 virtual、override 或者 public 来修饰它们。事实上，这些修饰符是不被允许的。这些成员不被视为类的公共成员，标注 public 有误导之嫌。

8.3.2 隐式成员实现

代码清单 8.5 的 CompareTo() 没有附加 IComparable 前缀，所以是隐式实现的。要隐式实现成员，只要求成员是公共的，且签名与接口成员签名相符。接口成员实现不需要 override 关键字或者其他任何表明该成员与接口关联的指示符。此外，由于成员像其他类成员那样声明，所以可像调用其他类成员那样直接调用隐式实现的成员：

```
result = contact1.CompareTo(contact2);
```

换言之，隐式成员实现不要求执行转型，因为成员可直接调用，没有在实现它的类型中被隐藏起来。

显式实现不允许的许多修饰符对于隐式实现都是必须或可选的。例如，隐式成员实现必须是 public 的。而 virtual 是可选的，具体取决于是否允许派生类重写实现。去掉 virtual 会导致成员被密封。

8.3.3 显式与隐式接口实现的比较

对于隐式和显式实现的接口成员，关键区别不在于成员声明的语法，而在于通过类型的实例而不是接口访问成员的能力。

建立类层次结构时需要建模真实世界的“属于”（is a）关系——例如，长颈鹿“属于”哺乳动物。这些是“语义”（semantic）关系。而接口用于建模“机制”（mechanism）关系。PdaItem“不属于”一种“可比较”(comparable）的东西，但它仍可实现 IComparable 接口。该接口和语义模型无关，只是实现机制的细节。显式接口实现的目的就是将“机制问题”和“模型问题”分开。要求调用者先将对象转换为接口（比如 IComparable)，然后才能认为对象“可比较”，从而显式区分你想在什么时候和模型沟通，以及想在什么时候处理实现机制。

一般来说，最好的做法是将一个类的公共层面限制成“全模型”，尽量少地涉及无关的机制。遗憾的是，有的机制在 .NET 中是不可避免的。不能获得长颈鹿的哈希码，或者将长颈鹿转换成字符串。但可获得 `Giraffe`（长颈鹿）类的哈希码（`GetHashCode()`），并把它转换成字符串（`ToString()`）。将 `object` 作为通用基类，.NET 混合了模型代码和机制代码——即使混合程度仍然比较有限。

可通过回答以下问题来决定显式还是隐式实现。

- 成员是不是核心的类功能？

  以 `Contact` 类的 `ColumnValues` 属性实现为例。该成员并非 `Contact` 类型的一个密不可分的部分，仅仅是辅助成员，可能只有 `ConsoleListControl` 类才会访问它。所以没必要把它设计成 `Contact` 对象的一个直接可见的成员，使本来就很庞大的成员列表变得更拥挤。

  再来看看 `IFileCompression.Compress()` 成员。在 `ZipCompression` 类中包含隐式的 `Compress()` 实现是一个非常合理的选择，因为 `Compress()` 是 `ZipCompression` 类的核心功能，所以应当能从 `ZipCompression` 类直接访问。

- 接口成员名称作为类成员名称是否恰当？

  假定 `ITrace` 接口的 `Dump()` 成员将类的数据写入跟踪日志。在 `Person` 或者 `Truck`（卡车）类中隐式实现 `Dump()` 会混淆该方法的作用[⊖]。所以，更好的选择是显式实现，确保只能通过 `ITrace` 数据类型调用 `Dump()`，使该方法不会产生歧义。总之，假如成员的用途在实现类中不明确，就考虑显式实现。

- 是否已经有相同签名的类成员？

  显式接口成员实现不会在类型的声明空间添加具名元素。所以，如果类型已存在可能冲突的成员，那么显式接口成员可与之同签名。

大多数时候都是凭直觉选择隐式或显式接口成员实现。但在选择时参考上述问题可做出更稳妥的选择。由于从隐式变成显式会造成版本中断，因此较稳妥的做法是全部显式实现接口成员，使它们以后能安全地变成隐式。另外，隐式还是显式不需要在所有接口成员间保持一致，所以完全可以将部分成员定义成显式，将其他定义成隐式。

设计规范

- 避免显式实现接口成员，除非有很好的理由。但如果不确定，优先显式。

8.4 在实现类和接口之间转换

类似于派生类和基类的关系，实现类可隐式转换为接口，无须转型操作符。实现类的实例总是包含接口的全部成员，所以总是能成功转换为接口类型。

虽然从实现类型向接口的转换总是成功，但可能有多个类型实现了同一个接口。所以，

⊖ Dump 本来的意思是“转储”类的数据，但用于 Truck 类会把它同“卸货”联系起来，从而造成混淆。——译者注

无法保证从接口向实现类型的向下转型能成功。接口必须显式转型为它的某个实现类型。

8.5　接口继承

一个接口可以从另一个接口派生，派生的接口将继承“基接口”的所有成员。如代码清单 8.6 所示，直接从 IReadableSettingsProvider 派生的接口是显式基接口。

代码清单 8.6　从一个接口派生出另一个接口

```
interface IReadableSettingsProvider
{
    string GetSetting(string name, string defaultValue);
}
```

```
interface ISettingsProvider : IReadableSettingsProvider
{
    void SetSetting(string name, string value);
}
```

```
class FileSettingsProvider : ISettingsProvider
{
    #region ISettingsProvider Members
    public void SetSetting(string name, string value)
    {
        // ...
    }
    #endregion

    #region IReadableSettingsProvider Members
    public string GetSetting(string name, string defaultValue)
    {
        // ...
    }
    #endregion
}
```

本例的 ISettingsProvider 从 IReadableSettingsProvider 派生，所以会继承其成员。如后者还有一个显式基接口，ISettingsProvider 也将继承其成员。

有趣的是，假如显式实现 GetSetting()，那么必须通过 IReadableSettingsProvider 进行。在代码清单 8.7 中，通过 ISettingsProvider 进行将无法编译。

代码清单 8.7　未提供正确的包容接口

```
// ERROR:  GetSetting() not available on ISettingsProvider
string ISettingsProvider.GetSetting(
  string name, string defaultValue)
{
  // ...
}
```

编译代码清单 8.7，会获得如输出 8.2 所示的错误信息。

输出 8.2

```
显式接口声明中的“ISettingsProvider.GetSetting”不是接口的成员。
```

伴随这个输出，还有一条错误信息指出 IReadableSettingsProvider.GetSetting() 尚未实现。显式实现接口成员时，必须在完全限定的接口成员名称中引用最初声明它的接口的名称。

即使类实现的是从基接口（IReadableSettingsProvider）派生的接口（ISettingsProvider），仍可明确声明自己要实现这两个接口，如代码清单 8.8 所示。

代码清单 8.8 在类声明中使用基接口

```
class FileSettingsProvider : ISettingsProvider,
    IReadableSettingsProvider
{
    #region ISettingsProvider Members
    public void SetSetting(string name, string value)
    {
        // ...
    }
    #endregion

    #region IReadableSettingsProvider Members
    public string GetSetting(string name, string defaultValue)
    {
        // ...
    }
    #endregion
}
```

在这个代码清单中，类的接口实现并没有改变。虽然突出显示的接口实现声明纯属多余，但它提供了更好的可读性。

提供多个接口，而非单独提供一个复合接口，这个决策在很大程度上依赖于接口设计者对实现类有什么要求。提供一个 IReadableSettingsProvider 接口，设计者告诉实现者只需实现设置的读取功能，不需要实现写入，从而减轻了实现者的负担。

相反，实现 ISettingsProvider 的前提是任何类都不可能只能写入而不能读取设置。所以，ISettingsProvider 和 IReadableSettingsProvider 之间的继承关系强迫 FileSettingsProvider 类同时实现这两个接口。

最后要说的是，虽然“继承”这个词用得没错，但更准确的说法是接口代表契约，一份契约可指定另一份契约也必须遵守的条款。所以，ISettingsProvider : IReadableSettingsProvider 从概念上是说 ISettingsProvider 契约还要求遵守 IReadableSettingsProvider 契约，而不是说 ISettingsProvider“属于一种”IReadableSettingsProvider。话虽这么说，但为了和标准的 C# 术语保持一致，本章剩余部分仍会使用继承关系术语。

8.6 多接口继承

就像类能实现多个接口那样，接口也能从多个接口继承，而且语法和类的继承与实现语法一致，如代码清单 8.9 所示。

代码清单 8.9　多接口继承

```
interface IReadableSettingsProvider
{
  string GetSetting(string name, string defaultValue);
}
```

```
interface IWriteableSettingsProvider
{
  void SetSetting(string name, string value);
}
```

```
interface ISettingsProvider : IReadableSettingsProvider,
    IWriteableSettingsProvider
{
}
```

很少有接口没有成员。但如果要求同时实现两个接口，这种情况就很正常。代码清单 8.9 和代码清单 8.6 的区别在于，现在可以在不提供任何读取功能的前提下实现 `IWriteableSettingsProvider`。代码清单 8.6 的 `FileSettingsProvider` 不受影响，但假如它使用的是显式成员实现，就要以稍微不同的方式指定成员从属于哪个接口。

8.7 接口上的扩展方法

Begin 3.0

扩展方法的一个重要特点是除了能作用于类，还能作用于接口。语法和作用于类时一样。方法第一个参数是要扩展的接口，该参数必须附加 this 修饰符。代码清单 8.10 展示了在 `Listable` 类上声明、作用于 `IListable` 接口的一个扩展方法。

代码清单 8.10　接口扩展方法

```
class Program
{
  public static void Main()
  {
      Contact[] contacts = new Contact[] {
          new Contact(
              "Dick", "Traci",
              "123 Main St., Spokane, WA  99037",
              "123-123-1234")
           // ...
      };
```

```
        // Classes are implicitly converted to
        // their supported interfaces
        contacts.List(Contact.Headers);

        Console.WriteLine();

        Publication[] publications = new Publication[3] {
            new Publication(
                "The End of Poverty: Economic Possibilities for Our Time",
                "Jeffrey Sachs", 2006),
            new Publication("Orthodoxy",
                "G.K. Chesterton", 1908),
            new Publication(
                "The Hitchhiker's Guide to the Galaxy",
                "Douglas Adams", 1979)
            };
        publications.List(Publication.Headers);
    }
}
```

```
static class Listable
{
  public static void List(
      this IListable[] items, string[] headers)
  {
      int[] columnWidths = DisplayHeaders(headers);

      for (int itemCount = 0; itemCount < items.Length; itemCount++)
      {
          string[] values = items[itemCount].ColumnValues;

          DisplayItemRow(columnWidths, values);
      }
  }
  // ...
}
```

注意本例被扩展的不是 `IListable`（虽然也可以）而是 `IListable[]`。这证明 C# 不仅能为特定类型的实例添加扩展方法，还允许为该类型的对象集合添加。对扩展方法的支持是实现 LINQ 的基础。`IEnumerable` 是所有集合都要实现的基本接口。通过为 `IEnumerable` 定义扩展方法，所有集合都能享受 LINQ 支持。这显著改变了对象集合的编程方式，该主题将在第 15 章详细讨论。

8.8 通过接口实现多继承

如代码清单 8.3 所示，虽然类只能从一个基类派生，但可实现任意数量的接口。这在一定程度上解决了 C# 类不支持多继承的问题。为此，要像上一章讲述的那样使用聚合（参见 7.1.5 节），但可以稍微改变一下结构，在其中添加一个接口，如代码清单 8.11 所示。

代码清单 8.11　使用接口和聚合来实现多继承

```
public class PdaItem
{
  // ...
}
```

```
interface IPerson
{
    string FirstName
    {
        get;
        set;
    }

    string LastName
    {
        get;
        set;
    }
}
```

```
public class Person : IPerson
{
  // ...
}
```

```
public class Contact : PdaItem, IPerson
{
  private Person Person
  {
      get { return _Person; }
      set { _Person = value; }
  }
  private Person _Person;

  public string FirstName
  {
      get { return _Person.FirstName; }
      set { _Person.FirstName = value; }
  }

  public string LastName
  {
      get { return _Person.LastName; }
      set { _Person.LastName = value; }
  }

  // ...
}
```

IPerson 确保 Person 的成员和拷贝到 Contact 的成员具有一致的签名。但该实现仍未做到与“多继承”真正同义，因为添加到 Person 的新成员不会同时添加到 Contact。

如果被实现的成员是方法（而非属性），那么有一个办法可对此进行改进。具体就是为从第二个基类“派生”的附加功能定义接口扩展方法。例如，可为 IPerson 定义扩展方法 VerifyCredentials()。这样，实现 IPerson（即使 IPerson 接口没有成员，只有扩展方法）的所有类都有 VerifyCredentials() 的默认实现。之所以可行，是因为对多态性和重写的支持仍然存在。之所以还支持重写，是因为方法的任何实例实现都优先于具有相同静态签名的扩展方法。

设计规范

- 考虑定义接口获得和多继承相似的效果。

初学者主题：接口图示

UML 图中[⊖]的接口可能有两种形式。第一种，可将接口显示成与类继承相似的继承关系。在图 8.1 中，IPerson 和 IContact 之间的关系就是这样的。第二种，可以使用小圆圈显示接口，一般将这种小圆圈称为“棒棒糖”（lollipop），如图 8.1 的 IPerson 和 IContact 所示。

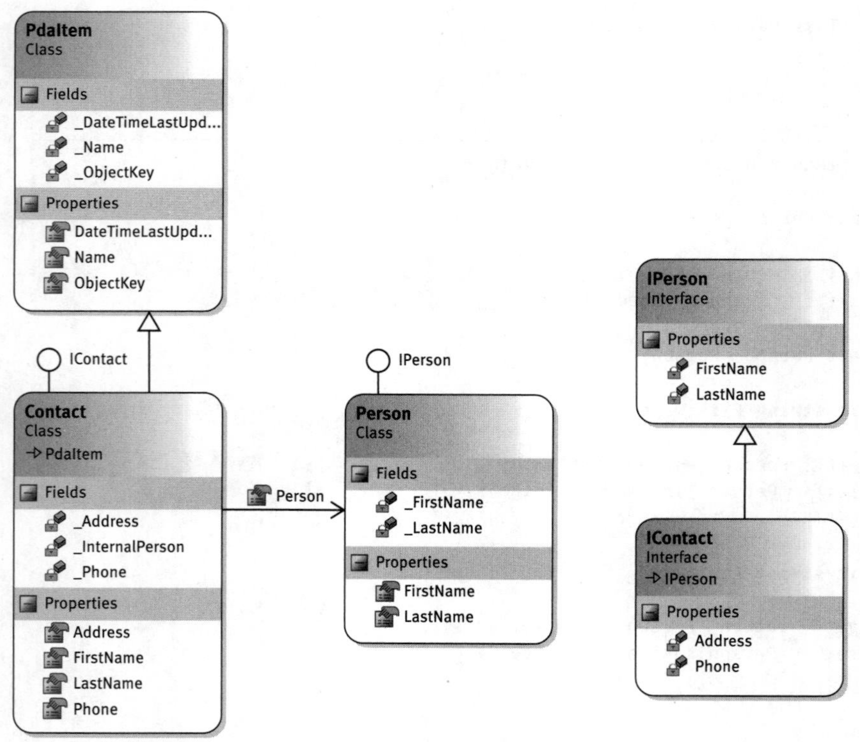

图 8.1 通过聚合和接口解决单继承限制

⊖ UML 是 Unified Modeling Language 的简称，即“统一建模语言”，是用图示来建模对象设计的一个标准规范。

> 在图 8.1 中，Contact 从 PdaItem 派生并实现 IContact。此外，它还聚合了 Person 类，后者实现了 IPerson。虽然 Visual Studio 类设计器不支持，但接口有时也可使用与派生关系相似的箭头来显示。例如，在图 8.1 中，Person 可以连接一条箭头线到 IPerson，而不是画一个“棒棒糖”来表示。

8.9 版本控制

如组件或应用程序正在供其他开发者使用，创建新版本时不要修改接口。接口在实现接口的类和使用接口的类之间订立了契约，修改接口相当于修改契约，会使基于接口写的代码失效。

更改或删除特定接口成员的签名明显会造成现有代码的中断，因为除非进行修改，否则对该成员的任何调用都不再能够编译。更改类的 public 或 protected 成员签名也会这样。但和类不同，在接口中添加成员也可能造成代码无法编译——除非进行额外的修改。问题在于，实现接口的任何类都必须完整地实现，必须提供针对所有成员的实现。添加新接口成员后，编译器会要求开发者在实现接口的类中添加新的接口成员。

设计规范

- 不要为已交付的接口添加成员。

来看看代码清单 8.12 的 IDistributedSettingsProvider 接口，它很好地演示了如何以一种版本兼容的方式扩展现有接口。假定最开始只定义了 ISettingsProvider 接口（如代码清单 8.6 所示）。但新版本要求能单独存取每台机器的设置。为此创建了 IDistributedSettingsProvider，它从 ISettingsProvider 派生。

代码清单 8.12　一个接口从另一个派生

```
interface IDistributedSettingsProvider : ISettingsProvider
{
  /// <summary>
  /// Get the settings for a particular machine.
  /// </summary>
  /// <param name="machineName">
  /// The machine name the setting is related to.</param>
  /// <param name="name">The name of the setting.</param>
  /// <param name="defaultValue">
  /// The value returned if the setting is not found.</param>
  /// <returns>The specified setting.</returns>
  string GetSetting(
      string machineName, string name, string defaultValue);

  /// <summary>
  /// Set the settings for a particular machine.
  /// </summary>
  /// <param name="machineName">
```

```
    /// The machine name the setting is related to.</param>
    /// <param name="name">The name of the setting.</param>
    /// <param name="value">The value to be persisted.</param>
    /// <returns>The specified setting.</returns>
    void SetSetting(
        string machineName, string name, string value);
}
```

该设计的重点在于，其他实现了 `ISettingsProvider` 的程序员可选择升级实现来包含 `IDistributedSettingsProvider`，也可选择忽略它。

但如果不是新建接口，而是在现有的 `ISettingsProvider` 接口中添加与机器相关的方法，那么在新的接口定义下，实现该接口的类就不再能成功编译。这个改变造成版本中断。

开发阶段当然能随便修改接口，虽然开发者可能要为此付出不少劳动（为了面面俱到）。但发布了就不要修改。相反，此时应创建第二个接口（可从原始接口派生）。

（代码清单 8.12 包含描述接口成员的 XML 注释，第 10 章会详细解释。）

8.10 比较接口和类

接口引入了另一个类别的数据类型（是少数不扩展 `System.Object` 的类型之一[⊖]）。但和类不同，接口永远不能实例化。只能通过对实现接口的一个对象的引用来访问接口实例。不能用 `new` 操作符创建接口实例，所以接口不能包含任何构造函数或终结器。此外，接口不允许静态成员。

接口近似于抽象类，有一些共同特点，比如都缺少实例化能力。表 8.1 对它们进行了比较。

表 8.1 抽象类和接口的比较

抽象类	接口
不能直接实例化，只能实例化一个派生类	不能直接实例化，只能实例化一个实现类型
派生类要么自己也是抽象的，要么必须实现所有抽象成员	实现类型必须实例化所有接口成员
可添加额外的非抽象成员，由所有派生类继承，不会破坏跨版本兼容性	为接口添加额外的成员会破坏版本兼容性
可声明方法、属性和字段（以及其他成员类型，包括构造函数和终结器）	可声明方法和属性但不能声明字段、构造函数或终结器
成员可以是实例、虚、抽象或静态，非抽象成员可提供默认实现供派生类使用	所有成员都基于实例（而非静态），而且自动视为抽象，所以不能包含任何实现
派生类只能从一个基类派生（单继承）	实现类型可实现任意多的接口

⊖ 此外还有指针类型和类型参数类型。但每个接口类型都可转换为 `System.Object`，并允许在接口的任何实例上调用 `System.Object` 的方法，所以这个区别或许有点儿吹毛求疵。

抽象类和接口各有优缺点，必须根据表 8.1 和下面的设计规范做出最佳选择。

设计规范

- 一般要优先选择类而不是接口。用抽象类分离契约（类型做什么）与实现细节（类型怎么做）。
- 如果需要使已从其他类型派生的类型支持接口定义的功能，**考虑**定义接口。

8.11　比较接口和特性

有时用无任何成员的接口（不管是不是继承的）来描述关于类型的信息。例如，有人会创建名为 `IObsolete` 的标记接口（marker interface）指出某类型已被另一类型取代。一般认为这是对接口机制的“滥用”：接口应表示类型能执行的功能，而非陈述关于类型的事实。所以这时不要使用标记接口，改为使用特性（attributes）。详情参见第 18 章。

设计规范

- 避免使用无成员的标记接口，改为使用特性。

8.12　小结

接口是 C# 面向对象编程的关键元素，提供了和抽象类相似的功能，但没有浪费单继承的机会，还支持实现多个接口。

C# 的接口可显式或隐式实现，具体取决于实现类是直接公开接口成员，还是通过到接口的强制转换来公开。此外，对显式和隐式的决定是在接口成员的级别上做出的。一个成员可以是隐式的，而同一接口的另一个成员可以是显式的。

下一章探讨值类型，讨论定义自定义值类型的重要性。同时指出值类型可能带来的一些问题。

第 9 章

值 类 型

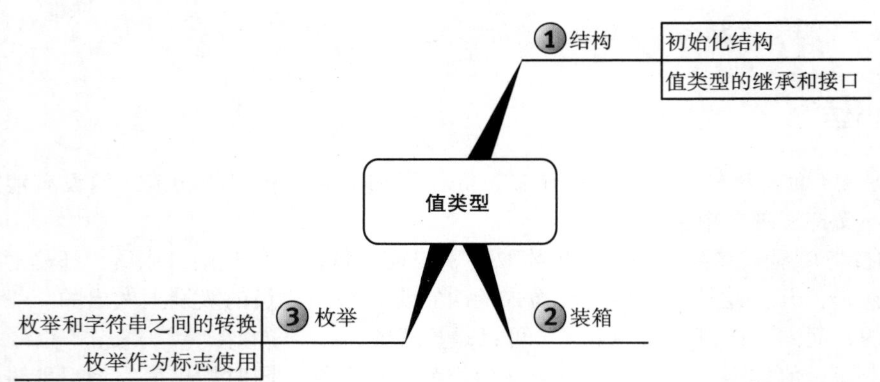

到目前为止，本书已使用了大量值类型，例如 int。本章不仅要讨论值类型的使用，还要讨论如何自定义值类型。有两种自定义值类型。第一种是结构。本章讨论如何利用结构定义新的值类型，使之具有与第 2 章讨论的大多数预定义类型相似的行为。关键在于，任何新定义的值类型都有它自己的数据和方法。第二种是枚举。本章讨论如何利用枚举定义常量值的集合。

初学者主题：类型的分类

迄今为止讨论的所有类型都属于两个类别之一：引用类型和值类型。两者区别在于拷贝策略。不同策略造成每种类型在内存中以不同方式存储。为巩固之前所学，这里重新总结一下值类型和引用类型，以便温故而知新。

值类型

值类型的变量直接包含数据，如图 9.1 所示。换言之，变量名称直接和值的存储位置关联。因此，将原始变量的值赋给另一个变量，会在新变量的位置创建原始变量值的内存拷贝。两个变量不可能引用同一个内存位置（除非其中一个或两个是 out 或 ref 参数，根据定义，这种参数是另一个变量的别名）。更改一个变量的值不会影响另一个变量。

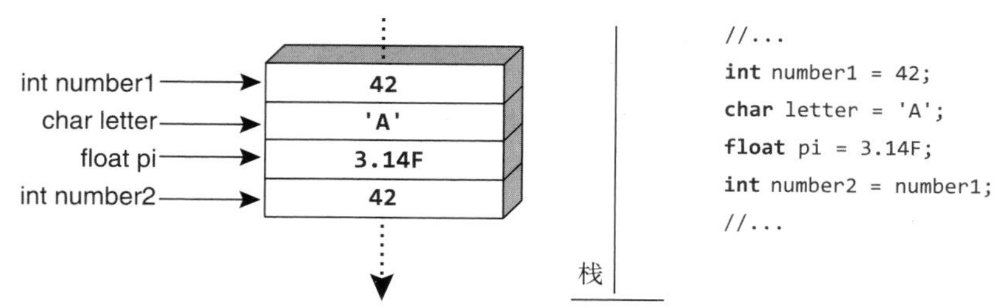
int number1
char letter
float pi
int number2
42
'A'
3.14F
42
栈
//...
int number1 = 42;
char letter = 'A';
float pi = 3.14F;
int number2 = number1;
//...

图 9.1　值类型的变量直接包含数据

值类型的变量就像上面写了数字的纸。要更改数字，可以擦除并写不同的数字。可将数字从这张纸拷贝到另一张纸。但两张纸相互独立。在一张上面擦除和替换不影响另一张。

类似地，将值类型的实例传给 Console.WriteLine() 这样的方法会创建一个内存拷贝，具体就是从实参的存储位置到形参的存储位置建立一份内存拷贝。在方法内部对形参变量进行任何修改都不会影响调用者中的原始值。由于值类型要求创建内存拷贝，所以定义时不要让它们消耗太多内存（一般小于 16 字节）。

设计规范

- 不要创建消耗内存大于 16 字节的值类型

值类型的值一般只是短时间存在。通常作为表达式的一部分，或用于激活方法。在这些情况下，值类型的变量和临时值经常存储在称为栈的临时存储池中。（用词不太恰当，临时池并非一定要从栈中分配存储。事实上，它经常选择从可用的寄存器中分配存储。不过这属于实现细节。）

临时池清理起来的代价低于需要垃圾回收的堆。不过，值类型要比引用类型更频繁地拷贝，会对性能造成一定影响。总之，不要觉得“值类型因为能在栈上分配所以更快”。

引用类型

相反，引用类型变量的值是对一个对象实例的引用（参见图 9.2）。引用类型的变量存储的是引用（通常作为内存地址实现），要去那个位置找到对象实例的数据。因此，为了访问数据，“运行时”要从变量读取引用，进行“解引用”[⊖]才能到达实际包含实例数据的内存位置。

所以，引用类型的变量关联了两个存储位置：直接和变量关联的存储位置，以及由变量中存储的值引用的存储位置。

⊖ 引用（reference）是地址；解引用（dereference）从地址获取资源。后者还有“提领”和“用引”等译法。——译者注

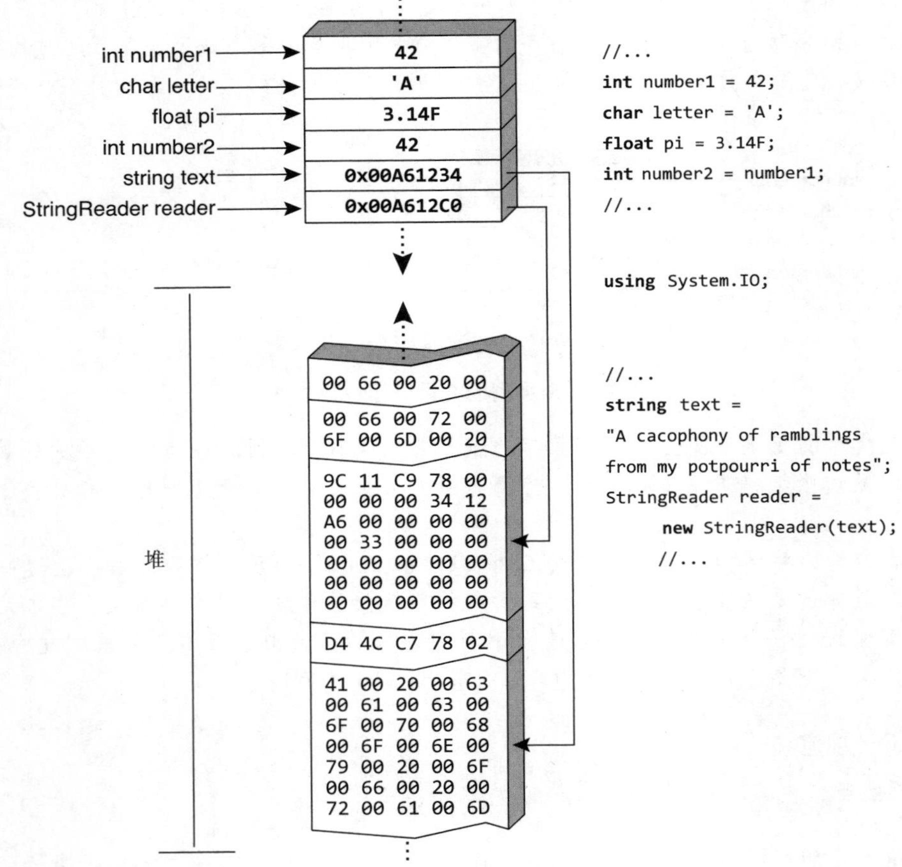

图 9.2 引用类型指向堆

引用类型的变量也像是一张上面总是写了东西的纸。例如，假定一张纸上写了家庭地址“123 Sesame Street, New York City”。纸是变量，地址是对一幢建筑物的引用。纸和上面写的地址都不是建筑物本身，而且纸在哪里跟建筑物在哪里没有任何关系。在另一张纸上拷贝该引用，两张纸的内容都引用同一幢建筑物。以后将建筑物漆成绿色，可观察到两张纸引用的建筑物变成绿色，因为引用的还是同样的东西。

处理直接与变量（或临时值）关联的存储位置时，方式和处理与值类型变量关联的存储位置没有区别。如已知变量仅短时间存在，就在临时存储池中分配。对于引用类型的变量，它的值要么是 null，要么是对需要进行垃圾回收的堆上的一个存储位置的引用。

值类型的变量直接存储实例的数据；相反，要进行一次额外的“跳转”才能访问到与引用关联的数据。首先要对引用进行“解引用”来找到实际数据的存储位置，然后才能读取或写入数据。拷贝引用类型的值时拷贝的只是引用，这个引用非常小。（引用的大小保证不超过处理器的“bit size”，32 位机器是 4 字节的引用，64 位机器是 8 字节的引用，以此类推。）拷贝值类型的值会拷贝所有数据，这些数据可能很大。所以，有时拷贝引用类型的效率更高。这正是设计规范要求值类型不得大于 16 字节的原因。如拷贝值类型的代价比拷贝引用高出四倍，就应考虑把它设计成引用类型了。

由于引用类型只拷贝对数据的引用，因此两个变量可引用相同的数据。此外，通过一个变量对数据的更改可通过另一个变量观察到。赋值和方法调用都会如此。

还是前面的例子，将建筑物的地址传给方法，将生成包含引用的那张纸的拷贝，并将该拷贝传给方法。方法无法改变原始纸张的内容来引用不同的建筑物。但如果方法将引用的建筑物漆成别的颜色，当方法返回时，调用者将观察到这个变化。

9.1 结构

除了 `string` 和 `object` 是引用类型，其他所有 C# 内建类型（比如 `bool` 和 `decimal`）都是值类型。框架还提供了其他大量值类型。开发者甚至能定义自己的值类型。

定义自己的值类型使用和定义类及接口相似的语法。区别在于值类型使用关键字 `struct`，如代码清单 9.1 所示。该值类型表示的是高精度角，即用度、分、秒来表示的角度。1 度 =60 分 =3600 秒。该系统在导航系统中使用，赤道海平面上沿子午线航行 1 分所走过的弧线正好 1 海里[⊖]。

Begin 6.0

代码清单 9.1 定义结构

```
// Use keyword struct to declare a value type
struct Angle
{
  public Angle(int degrees, int minutes, int seconds)
  {
      Degrees = degrees;
      Minutes = minutes;
      Seconds = seconds;
  }

  // Using C# 6.0 read-only, automatically implemented properties
  public int Degrees { get; }
  public int Minutes { get; }
  public int Seconds { get; }

  public Angle Move(int degrees, int minutes, int seconds)
  {
      return new Angle(
          Degrees + degrees,
          Minutes + minutes,
          Seconds + seconds);
  }
}
```

⊖ 1 海里 =1852 米。——编辑注

```
// Declaring a class as a reference type
// (declaring it as a struct would create a value type
// larger than 16 bytes)
class Coordinate
{
  public Angle Longitude { get; set; }

  public Angle Latitude { get; set; }
}
```

上述代码定义值类型 Angle 来存储角度（无论经度还是纬度）的时、分、秒。这样生成的 C# 类型称为**结构**。

注意 Angle 结构不可变（immutable，不可修改），因为所有属性都用 C# 6.0 的只读自动实现属性功能来声明。在 C# 6.0 之前要创建只读属性，程序员需声明仅含一个取值方法（getter）的属性，该取值方法访问一个 readonly 字段中的数据（参见代码清单 9.3）。从 C# 6.0 起，定义不可变类型就不需要这么多代码了。

Begin 7.0

从 C# 7.2 起甚至可在编译时验证结构只读，只需像下面这样声明：

```
readonly struct Angle {}
```

End 7.0

编译时发现某个字段非只读或某个属性含赋值方法（setter）将报错。

注意 虽然语言本身未作要求，但好的实践是使值类型不可变。换言之，值类型一旦实例化，就不能修改该实例。要修改应创建新实例。代码清单 9.1 提供了一个 Move() 方法，它不修改 Angle 的实例，而是返回一个全新实例。该实践出于两方面的考虑。首先，值类型应表示值。两个整数相加，其中任何一个都不应改变。所以，应该使两个加数不可变，生成第三个值作为结果。其次，值类型拷贝的是值而非引用，很容易混淆并错误地以为对一个值类型变量的变动会造成另一个值类型的变动，就像引用类型那样。

设计规范

- 要创建不可变的值类型。

9.1.1 初始化结构

除了属性和字段，结构还可包含方法和构造函数，但不可包含用户自定义的默认（无参）构造函数。相反，编译器自动生成默认构造函数将所有字段初始化为默认值。具体就是将引用类型的字段初始化为 null，数值类型初始化为零，Boolean 类型初始化为 false。

为确保局部值类型变量被构造函数完整初始化，结构中的每个构造函数都必须初始化结构的所有字段（和只读自动实现属性）。注意在 C# 6.0 中初始化只读自动实现属性已经足够，不用初始化它的支持字段，因为该字段未知。未初始化结构的所有数据将发生编译时错误。另外要注意，C# 不允许在结构声明中初始化字段。例如在代码清单 9.2 中，不将 int_Degrees = 42; 那一行注释掉会发生编译时错误。

代码清单 9.2 在结构声明中初始化字段会报错

```
struct Angle
{
  // ...
  // ERROR:  Fields cannot be initialized at declaration time
  // int _Degrees = 42;
  // ...
}
```

如果不用 new 操作符来调用构造函数从而显式实例化结构，结构中的所有数据都隐式初始化为对应数据类型的默认值。但值类型中的所有数据都必须显式初始化来避免编译时错误。这带来一个问题：一个值类型在什么时候会隐式初始化而不显式实例化呢？实例化含有未赋值的值类型字段的一个引用类型，或者实例化值类型的一个数组而不使用数组初始化器（初始化列表）时，就会发生这种情况。

为满足结构初始化要求，所有显式声明的字段都必须初始化。这种初始化必须直接进行。例如在代码清单 9.3 中，如果不去掉注释，初始化属性而不是字段的构造函数将造成编译错误。

代码清单 9.3 不初始化字段就访问属性

```
struct Angle
                {
// ERROR:  The "this" object cannot be used before
//         all of its fields are assigned to
// public Angle(int degrees, int minutes, int seconds)
// {
//     Degrees = degrees;
//     Minutes = minutes;
//     Seconds = seconds;
// }

public Angle(int degrees, int minutes, int seconds)
{
    _Degrees = degrees;
    _Minutes = minutes;
    _Seconds = seconds;
}

public int Degrees { get { return _Degrees; } }
readonly private int _Degrees;

public int Minutes { get { return _Minutes; } }
readonly private int _Minutes;

public int Seconds { get { return _Seconds; } }
readonly private int _Seconds;

// ...
}
```

访问 Degrees 会隐式访问 this.Degrees，但除非编译器知道所有字段都已初始化，否则访问 this 非法。为解决该问题，要像代码清单 9.3 未注释掉的构造函数那样直接初始化字段。

考虑到结构的字段初始化要求、简洁的 C# 6.0 只读自动实现属性语法，以及“避免从包容属性外部访问字段”这一设计规范，所以从 C# 6.0 起在结构中应首选只读自动实现属性而非字段。

设计规范

- 要确保结构的默认值有效。总是可以获得结构的默认“全零”值。

高级主题：将 new 用于值类型

为引用类型使用 new 操作符，“运行时”会在托管堆上创建对象的新实例，将所有字段初始化为默认值，再调用构造函数，将对实例的引用以 this 的形式传递。new 操作符最后返回对实例的引用，该引用被拷贝到和变量关联的内存位置。相反，为值类型使用 new 操作符，“运行时”会在临时存储池中创建对象的新实例，将所有字段初始化为默认值，调用构造函数，将临时存储位置作为 ref 变量以 this 的形式传递。结果是值被存储到临时存储位置，然后可将该值拷贝到和变量关联的内存位置。

和类不同，结构不支持终结器。结构以值的形式拷贝，不像引用类型那样具有“引用同一性”，所以难以知道什么时候能安全执行终结器并释放结构占用的非托管资源。垃圾回收器知道在什么时候没有了对引用类型实例的“活动”引用，可在此之后的任何时间运行终结器。但“运行时”没有任何机制能跟踪值类型在特定时刻有多少个拷贝。

语言对比：C++——struct 定义带公共成员的类型

在 C++ 中，对于用 struct 和 class 声明的类型，区别在于默认的可访问性是公共还是私有。两者在 C# 中的区别则大得多，在于类型的实例是以值还是引用的形式拷贝。

9.1.2 使用 default 操作符

如前所述，结构不能自定义默认构造函数。相反，编译器为所有值类型生成自动定义的默认构造函数，将值类型的存储初始化为默认状态。所以，任何值类型都可合法使用 new 操作符创建值类型的实例。此外，还可使用 default 操作符生成结构的默认值。代码清单 9.4 为 Angle 结构添加第二个构造函数，向之前声明的三参数构造函数传递 default(int) 作为实参。

代码清单 9.4　用 default 操作符获取类型的默认值

```
// Use keyword struct to declare a value type
struct Angle
{
  public Angle(int degrees, int minutes)
      : this( degrees, minutes, default(int) )
  {
  }

  // ...
}
```

default(int) 和 new int() 生成一样的值。另外，访问隐式初始化的值类型是有效操作，而访问引用类型的默认值会抛出 NullReferenceException 异常。所以，假如 default(T) 对一个类型来说不能产生有效状态，实例化该类型后应考虑显式初始化值类型。

End 6.0

Begin 7.1

注意从 C# 7.1 起可直接使用 default 而不加 (int)，例如：

```
public Angle(int degrees, int minutes)
: this( degrees, minutes, default ) { ... }
```

End 7.1

第 12 章会更多地讲解 default 操作符。

9.1.3　值类型的继承和接口

所有值类型都隐式密封。此外，除枚举之外的所有值类型都派生自 System.ValueType。这意味着结构的继承链总是从 object 到 System.ValueType 到结构。

值类型也能实现接口。框架内建的许多值类型都实现了 IComparable 和 IFormattable 这样的接口。

System.ValueType 规定了值类型的行为，但没有包含任何附加成员。System.ValueType 重写了 object 的所有虚成员。在结构中重写基类方法的规则和类基本一样（参见第 10 章），但一个区别在于，对于值类型，GetHashCode() 的默认实现是将调用转发给结构中的第一个非空字段。此外，Equals() 大量利用了反射。所以，假如一个值类型在集合中频繁使用，尤其是使用了哈希码的字典类型的集合，那么值类型应该同时包含对 Equals() 和 GetHashCode() 的重写以获得好的性能。详情参见第 10 章。

设计规范

- 如需比较相等性，要在值类型上重写相等性操作符（Equals()，== 和 !=）并考虑实现 IEquatable<T> 接口。

9.2　装箱

我们知道值类型的变量直接包含它们的数据，而引用类型的变量包含对另一个存储位置的引用。但将值类型转换成它实现的某个接口或 object 时会发生什么？结果必然是对一个存储位置的引用。该位置表面上包含引用类型的实例，但实际包含值类型的值。这种转换称为**装箱**（boxing），它具有一些特殊行为。从值类型的变量（直接引用其数据）转换为引用类型（引用堆上的一个位置）会涉及以下几个步骤。

1. 首先在堆上分配内存。它将用于存放值类型的数据以及少许额外开销（`SyncBlockIndex` 和方法表指针）。这些开销使对象看起来像引用类型的托管对象实例。

2. 接着发生一次内存拷贝动作，当前存储位置的值类型数据拷贝到堆上分配好的位置。

3. 最后，转换结果是对堆上的新存储位置的引用。

相反的过程称为**拆箱**（unboxing）。具体是核实已装箱值的类型兼容于要拆箱成的值的类型，再拷贝堆中存储的值，结果是堆上存储的值的拷贝。

装箱和拆箱之所以重要，是因为装箱会影响性能和行为。除了学习如何在 C# 代码中识别它们之外，开发者还应通过查看 CIL，在一个特定的代码片段中统计 `box`/`unbox` 指令数量。如表 9.1 所示，每个操作都有对应的指令。

表 9.1 CIL 中的装箱代码

<table>
<tr><th>C# 代 码</th><th>CIL 代 码</th></tr>
<tr><td><pre>
static void Main()

{

    int number;
    object thing;

    number = 42;

    // Boxing
    thing = number;

    // Unboxing
    number = (int)thing;

return;
}
</pre></td><td><pre>
.method private hidebysig
    static void Main() cil managed
{
  .entrypoint
  // Code size   21 (0x15)
  .maxstack 1
  .locals init ([0] int32 number,
           [1] object thing)
  IL_0000: nop
  IL_0001: ldc.i4.s   42
  IL_0003: stloc.0
  IL_0004: ldloc.0
  IL_0005: box   [mscorlib]System.Int32
  IL_000a: stloc.1
  IL_000b: ldloc.1
  IL_000c: unbox.any [mscorlib]System.Int32
  IL_0011: stloc.0
  IL_0012: br.s   IL_0014
  IL_0014: ret
} // end of method Program::Main
</pre></td></tr>
</table>

装箱和拆箱如果不是很频繁，性能问题不大。但有时装箱很容易被忽视，而且会非常频繁地发生，这可能大幅影响性能。代码清单 9.5 和输出 9.1 展示了一个例子。`ArrayList` 类型维护的是对象引用列表，所以在列表中添加整数或浮点数会造成对值进行装箱以获取引用。

代码清单 9.5 容易忽视的 box 和 unbox 指令

```
class DisplayFibonacci
{
  static void Main()
```

```
    {
        int totalCount;
        System.Collections.ArrayList list =
            new System.Collections.ArrayList();

        Console.Write("Enter a number between 2 and 1000:");
        totalCount = int.Parse(Console.ReadLine());

        // Execution-time error:
        // list.Add(0);  // Cast to double or 'D' suffix required.
                         // Whether cast or using 'D' suffix,
                         // CIL is identical.
        list.Add((double)0);
        list.Add((double)1);
        for (int count = 2; count < totalCount; count++)
        {
            list.Add(
                ((double)list[count - 1] +
                (double)list[count - 2]) );
        }

        foreach (double count in list)
        {
            Console.Write("{0}, ", count);
        }
    }
}
```

输出 9.1

```
Enter a number between 2 and 1000:42
0, 1, 1, 2, 3, 5, 8, 13, 21, 34, 55, 89, 144, 233, 377, 610, 987, 1597,
2584, 4181, 6765, 10946, 17711, 28657, 46368, 75025, 121393, 196418,
317811, 514229, 832040, 1346269, 2178309, 3524578, 5702887, 9227465,
14930352, 24157817, 39088169, 63245986, 102334155, 165580141,
```

代码编译后在 CIL 中生成 5 个 box 指令和 3 个 unbox 指令。

1. 前两个 box 指令是在对 list.Add() 的初始调用中发生的。方法的签名是 int Add(object value)。所以，传给该方法的任何值类型都会被装箱。

2. 接着是在 for 循环内部 Add() 调用中的两个 unbox 指令。因为 ArrayList 包含 object，ArrayList 的索引操作符返回的总是 object。但为了将两个值加到一起，需要将它们转换回 double。从 object 向值类型的转换作为 unbox 调用来实现。

3. 现在要获取加法运算的结果并将其放到 ArrayList 实例中，这又造成了一次 box 操作。注意，前两个 unbox 指令和这个 box 指令是在一次循环迭代中发生的。

4. foreach 遍历 ArrayList 中的每一项并把它们的值赋给 count。但 ArrayList 包含的是对象引用，所以每次赋值都要执行 unbox 操作。

5. 对于 foreach 循环中调用的 Console.WriteLine() 方法，它的签名是 void Console.

Write(string format, object arg)，所以每次调用都要执行从 double 到 object 的装箱。

每次装箱都涉及内存分配和拷贝，每次拆箱都涉及类型检查和拷贝。如所有操作都用已拆箱的类型完成，就可避免内存分配和类型检查。显然，可通过避免许多装箱操作来提升代码性能。例如上例的 foreach 循环可将 double 换成 object 来改进。另一个改进是将 ArrayList 数据类型更改为泛型集合（参见第 12 章）。但这里的重点在于，有的装箱操作很容易被人忽视，开发者要留意那些可能反复装箱并大幅影响性能的情况。

还有一个装箱相关问题也发生在运行时。假如修改最开始的两个 Add() 调用，不是使用强制类型转换（或 double 字面值），而是直接在数组列表中插入整数。由于 int 会隐式转型为 double，所以这个修改似乎没什么大不了。但后来在 for 循环中以及在 foreach 循环对 count 的赋值中转型为 double 就会出问题。这相当于是在 unbox 操作后执行从已装箱 int 向 double 的内存拷贝。该操作要成功必须先转型为 int，否则代码会在执行时引发 InvalidCastException 异常。代码清单 9.6 展示了注释掉的一个类似的错误，在它后面才是正确的转型方式。

代码清单 9.6　必须先拆箱为基础类型

```
// ...
int number;
object thing;
double bigNumber;

number = 42;
thing = number;
// ERROR: InvalidCastException
// bigNumber = (double)thing;
bigNumber = (double)(int)thing;
// ...
```

高级主题：lock 语句中的值类型

C# 支持用于同步代码的 lock 语句。该语句实际编译成 System.Threading.Monitor 的 Enter() 和 Exit() 方法。两个方法必须成对调用。Enter() 记录由其唯一的引用类型参数传递的一个 lock，这样使用同一个引用调用 Exit() 时就可释放该 lock。值类型的问题在于装箱，所以每次调用 Enter() 或 Exit() 都会在堆上创建新值。将一个拷贝的引用同另一个拷贝的引用比较总是返回 false。所以，无法将 Enter() 与对应的 Exit() 钩到一起。因此，不允许在 lock() 语句中使用值类型。

代码清单 9.7 揭示了更多的运行时装箱问题，输出 9.2 展示了结果。

代码清单 9.7　容易忽视的装箱问题

```
interface IAngle
{
    void MoveTo(int degrees, int minutes, int seconds);
```

```
}
```

```
struct Angle : IAngle
{
  // ...

  // NOTE:  This makes Angle mutable, against the general
  //        guideline
  public void MoveTo(int degrees, int minutes, int seconds)
  {
          _Degrees = degrees;
          _Minutes = minutes;
          _Seconds = seconds;
  }
}
```

```
class Program
{
  static void Main()
  {
      // ...

      Angle angle = new Angle(25, 58, 23);
      // Example 1: Simple box operation
      object objectAngle = angle;  // Box
      Console.Write( ((Angle)objectAngle).Degrees);

      // Example 2: Unbox, modify unboxed value, and discard value
      ((Angle)objectAngle).MoveTo(26, 58, 23);
      Console.Write(", " +  ((Angle)objectAngle).Degrees);

      // Example 3: Box, modify boxed value, and discard reference to box
      ((IAngle)angle).MoveTo(26, 58, 23);
      Console.Write(", " + ((Angle)angle).Degrees);

      // Example 4: Modify boxed value directly
      ((IAngle)objectAngle).MoveTo(26, 58, 23);
      Console.WriteLine(", " + ((Angle)objectAngle).Degrees);

      // ...
  }
}
```

输出 9.2

```
25, 25, 25, 26
```

代码清单 9.7 使用了 Angle 结构和 IAngle 接口。注意 IAngle.MoveTo() 使 Angle 成为可变（mutable）值类型。这带来了一些问题。通过演示这些问题，你将理解使值类型不可变（immutable）的重要性。

在代码清单 9.7 的 Example 1 中，初始化 angle 后把它装箱到 objectAngle 变量中。接着，Example 2 调用 MoveTo() 将 _Degrees 更改为 26。但正如输出演示的那样，这次不会发生实际的改变。这里的问题是，为了调用 MoveTo()，编译器要对 objectAngle 进行拆箱，并且（根据定义）创建值的拷贝。值类型拷贝的是值，这正是它们叫值类型的原因。虽然结果值在执行时被成功修改，但值的这个拷贝会被丢弃。objectAngle 引用的堆位置未发生任何改变。

前面说过，值类型的变量就像上面写了值的纸。对值进行装箱相当于对纸进行复印，将复印件放到箱子中。对值进行拆箱是复印箱子中的纸。编辑第二个复印件不影响箱子中的纸。

在 Example 3 中，类似的问题在反方向上发生。这次不是直接调用 MoveTo()，而是将值强制转换为 IAngle。转换为接口类型会对值进行装箱，所以“运行时”将 angle 中的数据拷贝到堆，并返回对该箱子的引用。接着，方法修改被引用的箱子中的值。angle 中的数据保持未修改状态。

最后一种情况（Example 4），向 IAngle 的强制类型转换是引用转换而不是装箱转换。值已通过向 object 的转换而装箱了。所以，这次转换不会发生值的拷贝。对 MoveTo() 的调用将更新箱子中存储的 _Degrees 值，代码的行为符合预期。

从这个例子可以看出，可变值类型容易使人迷惑，因为往往修改的是值的拷贝，而不是真正想要修改的存储位置。如第一时间避免使用可变值类型，就不会有这样的迷惑了。

设计规范

- 避免可变值类型。

高级主题：如何在方法调用期间避免装箱

任何时候在值类型上调用方法，接收调用的值类型（在方法主体中用 this 表示）必须是变量而不是值，因为方法可能尝试修改接收者。显然，它必须修改接收者的存储位置，而不是修改接收者的值的拷贝再丢弃该拷贝。代码清单 9.7 的 Example 2 和 Example 4 演示了在已装箱值类型上调用方法时，这一事实对性能的影响。

在 Example 2 中，拆箱逻辑上生成已装箱的值，而不是生成对包含已装箱拷贝的“堆上存储位置”（箱子）的引用。那么，哪个存储位置作为 this 传给方法调用呢？不可能是堆上箱子的位置，因为拆箱生成那个值的拷贝而不是对存储位置的引用。

在需要值类型的变量但只有一个值可用的情况下，会发生以下两件事之一：要么是 C# 编译器生成代码来创建一个新的临时存储位置，将值从箱子拷贝到新位置，使临时存储位置成为所需的变量；要么不允许该操作并报错。本例采用第一个策略。新的临时存储位置成为该调用的接收者。MoveTo() 方法完成修改后，该临时存储位置被丢弃。

每次“拆箱后调用”，无论方法是否真的修改变量都会重复该过程：对已装箱值进行类型检查，拆箱以生成已装箱值的存储位置，分配临时变量，将值从箱子拷贝到临时变量，再调用方法并传递临时存储位置。显然，如果不修改变量，很多工作都可避免。但 C# 编译器不知道一个方法会不会修改接收者，所以只好“宁错杀，不放过”。

在已装箱值类型上调用接口方法，所有这些开销都可避免。这时预期的接收者是箱子中的存储位置。如接口方法要修改存储位置，修改的是已装箱的位置。执行类型检查、分配新的临时存储和生成拷贝的开销不再需要。相反，“运行时”直接将箱子中的存储位置作为结构方法调用的接收者。

代码清单 9.8 调用 int 值类型实现的 IFormattable 接口中的 ToString() 的双参数版本。在本例中，方法调用的接收者是已装箱值类型，但在调用接口方法时不会拆箱。

代码清单 9.8　避免拆箱和拷贝

```
int number;
object thing;
number = 42;
// Boxing
thing = number;
// No unboxing conversion
string text = ((IFormattable)thing).ToString(
    "X", null);
Console.WriteLine(text);
```

你或许会问，如果将值类型的实例作为接收者来调用 object 声明的虚方法 ToString() 会发生什么？实例会装箱、拆箱还是什么？这要视情况而定：

- 如果接收者已拆箱，而且结构重写了 ToString()，将直接调用重写的方法。没必要以虚方式调用，因为方法不能被更深的派生类重写了。所有值类型隐式密封。
- 如果接收者已拆箱，而且结构没有重写 ToString()，就必须调用基类的实现，该实现预期的接收者是一个对象引用。所以，接收者被装箱。
- 如果接收者已装箱，而且结构重写了 ToString()，就将箱子中的存储位置传给重写方法而不拆箱。
- 如果接收者已装箱，而且结构没有重写 ToString()，就将对箱子的引用传给基类的实现，该实现预期的正是一个引用。

9.3　枚举

对比如代码清单 9.9 所示的两个代码片段。

代码清单 9.9　比较整数 switch 和枚举 switch

```
int connectionState;
// ...
switch (connectionState)
{
    case 0:
        // ...
        break;
    case 1:
        // ...
```

```
        break;
    case 2:
        // ...
        break;
    case 3:
        // ...
        break;
}
```

```
ConnectionState connectionState;
// ...
switch (connectionState)
{
    case ConnectionState.Connected:
        // ...
        break;
    case ConnectionState.Connecting:
        // ...
        break;
    case ConnectionState.Disconnected:
        // ...
        break;
    case ConnectionState.Disconnecting:
        // ...
        break;
}
```

两者在可读性上区别明显。在第二个代码片段中，各个 case 让人一目了然。不过，两者在运行时的性能完全一样，因为第二个代码片段在每个 case 中使用了**枚举值**。

枚举是可由开发者声明的值类型。枚举的关键特征是在编译时声明了一组具名常量值，这使代码更易读。代码清单 9.10 是一个典型的枚举声明。

代码清单 9.10　定义枚举

```
enum ConnectionState
{
  Disconnected,
  Connecting,
  Connected,
  Disconnecting
}
```

> **注意　用枚举替代布尔值能改善可读性。例如，SetState(DeviceState.On) 的可读性优于 SetState(true)。**

使用枚举值需要为其附加枚举名称前缀。例如，使用 Connected 值的语法是 ConnectionState.Connected。枚举值名称不要包含枚举名称，避免出现像 ConnectionState.ConnectionStateConnected 这样啰唆的写法。根据约定，除了位标志（稍后讨论）之外的枚举名称应该是单数形式。例如，应该是 ConnectionState 而不是 ConnectionStates。

枚举值实际作为整数常量实现。默认第一个枚举值是 0，后续每一项都递增 1。但可以显式地为枚举赋值，如代码清单 9.11 所示。

代码清单 9.11 定义枚举类型

```
enum ConnectionState : short
{
  Disconnected,
  Connecting = 10,
  Connected,
  Joined = Connected,
  Disconnecting
}
```

Disconnected 仍然具有默认值 0，Connecting 则被显式赋值为 10，所以它后面的 Connected 会被赋值为 11。随后，Joined 也被赋值为 11，也就是赋给 Connected 的值（此时不需要为 Connected 附加枚举名称前缀，因为目前正处在枚举的作用域内）。最后，Disconnecting 自动递增 1，所以值是 12。

枚举总是具有一个基础类型，可以是除 char 之外的任意整型。事实上，枚举类型的性能完全取决于基础类型的性能。默认基础类型是 int，但可用继承语法指定其他类型。例如在代码清单 9.11 中，使用的不是 int 而是 short。为保持一致性，这里的语法模拟了继承的语法，但并没有真正建立继承关系。所有枚举的基类都是 System.Enum，后者从 System.ValueType 派生。另外，这些类都是密封的，不能从现有枚举类型派生以添加额外成员。

设计规范

- 考虑使用默认 32 位整型作为枚举基础类型。只有出于互操作性或性能方面的考虑才使用较小的类型，只有创建标志（flag）数超过 32 个的标志枚举才使用较大的类型。

枚举不过是基础类型上的一组名称，对于枚举类型的变量，它的值并不限于声明中命名的值。例如，由于整数 42 能转型为 short，所以也能转型为 ConnectionState，即使它没有对应的 ConnectionState 枚举值。值能转换成基础类型，就能转换成枚举类型。

该设计的优点在于可在未来的 API 版本中为枚举添加新值，同时不会破坏早期版本。另外，枚举值为已知值提供了名称，同时允许在运行时分配未知的值。该设计的缺点在于编码时须谨慎，要主动考虑到未命名值的可能性。例如，将 case ConnectionState.Disconnecting 替换成 default，并认定 default case 唯一可能的值就是 ConnectionState.Disconnecting，那么就是不明智的。相反，应显式处理 Disconnecting 这一 case，而让 default case 报告一个错误，或者执行其他无害的行为。然而，正如前面讲到的，从枚举转换为基础类型以及从基础类型转换为枚举类型都涉及显式转型，而不是隐式转型。例如，假定方法签名是 void ReportState(ConnectionState state)，就不能调用 ReportState(10)。唯一的例外是传递 0，因为 0 能隐式转换为任何枚举。

虽然允许在代码将来的版本中为枚举添加额外的值，但这样做时要小心。在枚举中部插入枚举值，会使其后的所有枚举值发生顺移。(例如，在 Connected 之前添加 Flooded 或 Locked 值，会造成 Connected 值改变)。这会影响根据新枚举来重新编译的所有版本。不过，任何基于旧枚举编译的代码都会继续使用旧值。除了在列表末尾插入新的枚举值，避免旧枚举值改变的另一个办法是显式赋值。

设计规范

- 考虑在现有枚举中添加新成员，但要注意兼容性风险。
- 避免创建代表“不完整”值（如版本号）集合的枚举。
- 避免在枚举中创建“保留给将来使用”的值。
- 避免包含单个值的枚举。
- 要为简单枚举提供值 0 来代表无。注意若不显式初始化，0 就是默认值。

枚举和其他值类型稍有不同，因为枚举的继承链是从 System.ValueType 到 System.Enum，再到枚举。

9.3.1 枚举之间的类型兼容性

C# 不支持不同枚举数组之间的直接转型。但 CLR 允许，前提是两个枚举具有相同的基础类型。为避开 C# 的限制，技巧是先转型为 System.Array，如代码清单 9.12 末尾所示。

代码清单 9.12 枚举数组之间的转型

```
enum ConnectionState1
{
  Disconnected,
  Connecting,
  Connected,
  Disconnecting
}

enum ConnectionState2
{
  Disconnected,
  Connecting,
  Connected,
  Disconnecting
}

class Program
{
  static void Main()
  {
      ConnectionState1[] states =
          (ConnectionState1[])(Array)new ConnectionState2[42];
  }
}
```

这个技巧利用了 CLR 的赋值兼容性比 C# 宽松这一事实。(还可用同样的技巧进行非法转换，比如 int[] 转换成 uint[]。) 但使用该技巧务必慎重，因为 C# 规范没有说这个技巧在不同 CLR 实现中都能发挥作用。

9.3.2 在枚举和字符串之间转换

枚举的一个好处是 ToString() 方法（通过 System.Console.WriteLine() 这样的方法来调用）会输出枚举值标识符：

```
System.Diagnostics.Trace.WriteLine(
    $"The connection is currently { ConnectionState.Disconnecting }");
```

上述代码将输出 9.3 的文本写入跟踪缓冲区（trace buffer）。

输出 9.3

```
The connection is currently Disconnecting.
```

字符串向枚举的转换刚开始较难掌握，因为它涉及由 System.Enum 基类提供的一个静态方法。代码清单 9.13 展示了在不利用泛型（参见第 12 章）的前提下如何做，输出 9.4 展示了结果。

代码清单 9.13 使用 Enum.Parse() 将字符串转换为枚举

```
ThreadPriorityLevel priority = (ThreadPriorityLevel)Enum.Parse(
  typeof(ThreadPriorityLevel), "Idle");
Console.WriteLine(priority);
```

输出 9.4

```
Idle
```

Enum.Parse() 的第一个参数是类型，用关键字 typeof() 指定。这是在编译时判断类型的一种方式，可把它看成类型值的字面值（参见第 18 章）。

.NET Framework 4 之前没有 TryParse() 方法，所以为它之前的平台写的代码应包含恰当的异常处理机制，以防范字符串和枚举值标识符不匹配的情况。.NET Framework 4 的 TryParse<T>() 方法使用了泛型，但类型参数可以推断出来。所以，可以像代码清单 9.14 那样转换为枚举。

代码清单 9.14 使用 Enum.TryParse<T>() 将字符串转换成枚举

```
System.Diagnostics.ThreadPriorityLevel priority;
if(Enum.TryParse("Idle", out priority))
{
  Console.WriteLine(priority);
}
```

该技术的优点在于，不必使用异常处理机制来防范转换不成功的情况，检查 TryParse<T>() 返回的 Boolean 结果就可以了。

不管是用“Parse”还是“TryParse”模式来编码，从字符串向枚举的转换都是不可本地化的。所以，如果本地化是一项硬性要求，只有对那些不公开给用户的消息，开发人员才可进行这种形式的转换。

设计规范

- 如果字符串必须本地化成用户语言，避免枚举 / 字符串直接转换。

9.3.3 枚举作为标志使用

开发者许多时候不仅希望枚举值独一无二，还希望能对其进行组合以表示复合值。以 `System.IO.FileAttributes` 为例。如代码清单 9.15 所示，该枚举用于表示文件的各种特性：只读、隐藏、存档等。在前面定义的 `ConnectionState` 枚举中，每个值都是互斥的。而 `FileAttributes` 枚举值允许而且本来就设计为自由组合。例如，一个文件可能同时只读和隐藏。为支持该行为，每个枚举值都是位置唯一的二进制位。

代码清单 9.15 枚举作为位标志

```
[Flags] public enum FileAttributes
{
  ReadOnly =          1<<0,      // 000000000000000001
  Hidden =            1<<1,      // 000000000000000010
  System =            1<<2,      // 000000000000000100
  Directory =         1<<4,      // 000000000000010000
  Archive =           1<<5,      // 000000000000100000
  Device =            1<<6,      // 000000000001000000
  Normal =            1<<7,      // 000000000010000000
  Temporary =         1<<8,      // 000000000100000000
  SparseFile =        1<<9,      // 000000001000000000
  ReparsePoint =      1<<10,     // 000000010000000000
  Compressed =        1<<11,     // 000000100000000000
  Offline =           1<<12,     // 000001000000000000
  NotContentIndexed = 1<<13,     // 000010000000000000
  Encrypted =         1<<14,     // 000100000000000000
  IntegrityStream =   1<<15,     // 001000000000000000
  NoScrubData  =      1<<17,     // 100000000000000000
}
```

注意位标志枚举名称通常是复数，因为它的值代表一个标志（flags）的集合。

使用按位 OR 操作符联接（join）枚举值，使用 `HasFlags()` 方法（.NET Framework 4.0 后加入）或按位 AND 操作符测试特定位是否存在。代码清单 9.16 展示了这两种情况。

代码清单 9.16 为标志枚举值使用按位 OR 和 AND[⊖]

```
using System;
using System.IO;
```

⊖ 注意 Linux 不支持 `FileAttributes.Hidden` 值。

```
public class Program
{
  public static void Main()
  {
      // ...

      string fileName = @"enumtest.txt";

      System.IO.FileInfo file =
          new System.IO.FileInfo(fileName);

      file.Attributes = FileAttributes.Hidden |
          FileAttributes.ReadOnly;

      Console.WriteLine($"{file.Attributes} = {(int)file.Attributes}");

        // Added in C# 4.0/Microsoft .NET Framwork 4.0
      if (!file.Attributes.HasFlag(FileAttributes.Hidden))
      {
           throw new Exception("File is not hidden.");
      }
      // Use bit operators prior to C# 4.0/.NET 4.0
      if (( file.Attributes & FileAttributes.ReadOnly) !=
          FileAttributes.ReadOnly)
      {
          throw new Exception("File is not read-only.");
      }

      // ...
}
```

输出 9.5 展示了代码清单 9.16 的结果。

输出 9.5

```
Hidden | ReadOnly = 3
```

本例用按位 OR 操作符将文件同时设为只读和隐藏。枚举中的每个值不一定只对应一个标志。完全可为常用标志组合定义额外的枚举值，如代码清单 9.17 所示。

代码清单 9.17　为常用组合定义枚举值

```
[Flags] enum DistributedChannel
{
  None = 0,
  Transacted = 1,
  Queued = 2,
  Encrypted = 4,
  Persisted = 16,
  FaultTolerant =
      Transacted | Queued | Persisted
}
```

一个好习惯是在标志枚举中包含值为 0 的 None 成员，因为无论枚举类型的字段，还是枚举类型的一个数组中的元素，其初始默认值都是 0。避免最后一个枚举值对应像 Maximum（最大）这样的东西，因为 Maximum 可能被解释成有效枚举值。要检查枚举是否包含某个值，请使用 System.Enum.IsDefined() 方法。

设计规范

- 要用 FlagsAttribute 标记包含标志的枚举。
- 要为所有标志枚举提供等于 0 的 None 值。
- 避免将标志枚举中的零值设定为“所有标志都未设置”之外的其他意思。
- 考虑为常用标志组合提供特殊值。
- 不要包含“哨兵”值（如 Maximum），这种值会使用户困惑。
- 要用 2 的乘方确保所有标志组合都不重复。

高级主题：FlagsAttribute

如决定使用位标志枚举，枚举的声明应该用 FlagsAttribute 来标记。该特性应包含在一对方括号中（具体参见第 18 章），并放在枚举声明之前，如代码清单 9.18 所示。

代码清单 9.18　使用 FlagsAttribute

```
// FileAttributes defined in System.IO

[Flags]  // Decorating an enum with FlagsAttribute
public enum FileAttributes
{
  ReadOnly =          1<<0,      // 000000000000001
  Hidden =            1<<1,      // 000000000000010
  // ...
}
```

```
using System;
using System.Diagnostics;
using System.IO;

class Program
{
  public static void Main()
  {
      string fileName = @"enumtest.txt";
      FileInfo file = new FileInfo(fileName);
      file.Open(FileMode.Create).Close();

      FileAttributes startingAttributes =
          file.Attributes;

      file.Attributes = FileAttributes.Hidden |
```

```
            FileAttributes.ReadOnly;

        Console.WriteLine("\"{0}\" outputs as \"{1}\"",
            file.Attributes.ToString().Replace(",", " |"),
            file.Attributes);

        FileAttributes attributes =
            (FileAttributes) Enum.Parse(typeof(FileAttributes),
            file.Attributes.ToString());

        Console.WriteLine(attributes);

        File.SetAttributes(fileName,
            startingAttributes);
        file.Delete();
    }
}
```

输出 9.6 展示了代码清单 9.18 的结果。

输出 9.6

```
"ReadOnly | Hidden" outputs as "ReadOnly, Hidden"
ReadOnly, Hidden
```

该特性指出枚举值可以组合。它还改变了 ToString() 和 Parse() 方法的行为。例如，为用 FlagsAttribute 修饰的枚举调用 ToString() 方法，会为已设置的每个枚举标志输出对应的字符串。在代码清单 9.18 中，file.Attributes.ToString() 返回 ReadOnly,Hidden。而如果没有用 FlagsAttributes 修饰，返回的就是 3。如两个枚举值相同，ToString() 返回第一个。但如前所述，因为无法本地化，使用需谨慎。

将值从字符串解析成枚举也是可行的。每个枚举值标识符都以逗号分隔。

注意 FlagsAttribute 不会自动分配唯一的标志值，也不会核实它们有唯一的值。那样做也没有意义，因为经常都需要重复值和组合值。相反，应显式分配每个枚举项的值。

9.4 小结

本章首先讨论如何创建自定义值类型。由于修改值类型很容易写出令人困惑或者含有 bug 的代码，而且由于值类型一般用于建模不可变的值，所以最好使值类型不可变。还讨论了如何对值类型进行“装箱”，作为引用类型以多态的形式对待。

装箱容易使人犯迷糊，容易在执行时（而非编译时）出问题。虽然需要清楚认识它以避免问题，但也不必过于紧张。值类型很有用，具有性能上的优势，不要害怕用它。值类型渗透到本书几乎每一章，容易出问题的时候并不多。虽然罗列了装箱可能发生的问题，并用代码进行了演示，但现实中其实很少遇到相同情形。遵守“不要创建可变值类型”这一规范，就可避免其中的多数问题。这正是你在内建值类型中没有遇到这些问题的原因。

或许最容易出的问题就是循环内的反复装箱操作。不过，泛型显著减少了装箱。而且即使没有泛型，该问题对性能造成的影响也微乎其微，除非你确定某个算法因为装箱而成为性能瓶颈。

另外，自定义值类型（`struct`）平时用得较少。虽然它们在 C# 开发中扮演了重要角色，但相较于类，自定义结构的数量还是非常少的——只有在需要与托管代码进行互操作的时候，才需要大量用到自定义结构。

设计规范

- 不要定义结构，除非它逻辑上代表单个值，消耗 16 字节或更少存储空间，不可变，而且很少装箱。

本章还介绍了枚举。枚举类型是大多数编程语言都有的标准构造，在改进 API 可用性与代码可读性方面功不可没。

下一章介绍更多设计规范帮助你创建“合式”（well-formed）的值类型和引用类型。首先讨论如何重写对象的虚成员，以及如何定义操作符重载方法。这两个主题同时适用于结构和类，但更重要的意义还是在于完善结构定义，使其做到“合式”。

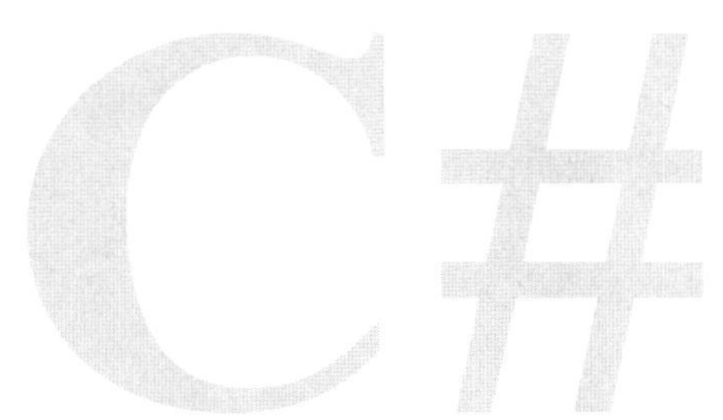

第 10 章

合式类型[⊖]

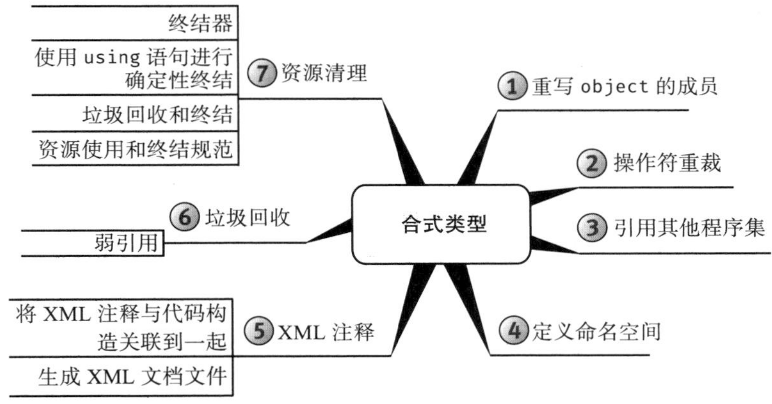

第 6 章讲述了用于定义类和结构的大多数构造。但目前的类型定义并不完美，还缺少一些合用且完备的功能。本章讨论如何完善类型定义。

10.1 重写 object 的成员

第 6 章说过，object 是终极基类，所有类和结构都从它派生。还讨论了 object 提供的方法，并提到其中一些是虚方法。本节讨论对虚方法进行重写的细节。

10.1.1 重写 ToString()

在对象上调用 ToString() 默认返回类的完全限定名称。例如，在一个 System.IO.FileStream

⊖ 合式原文是“Well-Formed”，这是出版社为该词确定的译法。个人倾向于“良构”、“格式良好”或“格式正确”。——译者注对象上调用ToString()会返回字符串"System.IO.FileStream"。但ToString()对于某些类应返回更有意义的结果。以string类为例，ToString()应返回字符串值本身。类似地，返回一个Contact的姓名显然更有意义。代码清单10.1重写了ToString()，返回Coordinate（坐标）的字符串表示。

代码清单10.1 重写ToString()

```
public struct Coordinate
{
  public Coordinate(Longitude longitude, Latitude latitude)
  {
      Longitude = longitude;
      Latitude = latitude;
  }

  public Longitude Longitude { get; }
  public Latitude Latitude { get; }

  public override string ToString()
  {
      return $"{ Longitude } { Latitude }";
  }

  // ...
}
```

Console.WriteLine()和System.Diagnostics.Trace.Write()等方法会调用对象的ToString()方法，所以可重写ToString()输出比默认实现更有意义的信息。总之，如果能输出更能说明问题的诊断信息（特别是当目标用户是开发者时），就考虑重写ToString()方法。object.ToString()默认只是输出类型名称，对用户不太友好。在IDE中调试或者向日志文件写入时，ToString()相当有用。考虑到这个原因，字符串不要太长（不要超过屏幕宽度）。不过，由于缺乏本地化和其他高级格式化功能，所以它不太适合向最终用户显示文本。

设计规范

- 如需返回有用的、面向开发人员的诊断字符串，就要重写ToString()。
- 要使ToString()返回的字符串简短。
- 不要从ToString()返回空字符串来代表“空”(null)。
- 避免ToString()引发异常或造成可观察到的副作用（改变对象状态）。
- 如果返回值与语言文化相关或要求格式化（例如DateTime），就要重载ToString(string format)或实现IFormattable。
- 考虑从ToString()返回独一无二的字符串以标识对象实例。

10.1.2 重写GetHashCode()

重写GetHashCode()远比重写ToString()复杂。但底线是重写Equals()就要重写 GetHashCode()，否则编译器会显示警告。将类作为哈希表集合（比如 System.Collections.Hashtable 和 System.Collections.Generic.Dictionary）的键（key）使用也应重写 GetHashCode()。

哈希码（hash code）作用是生成和对象值对应的数字，从而**高效地平衡哈希表**[⊖]。要获得良好的 GetHashCode() 实现，请参照以下实现原则（“必须”是指必须满足的要求，“性能”是指为了增强性能而需要采取的措施，“安全性”是指为了保障安全性而需要采取的措施）。

- **必须**：相等的对象必然有相等的哈希码（若 a.Equals(b)，则 a.GetHashCode() == b.GetHashCode()）。
- **必须**：在特定对象的生存期内，GetHashCode() 始终返回相同的值，即使对象的数据发生了改变。许多时候应缓存方法的返回值，从而确保这一点。
- **必须**：GetHashCode() 不应引发任何异常；GetHashCode() 总是成功返回一个值。
- **性能**：哈希码应尽可能唯一。但由于哈希码只是返回一个 int，所以只要一种对象包含的值比一个 int 能够容纳得多（这就几乎涵盖所有类型了），那么哈希码肯定存在重复。一个很容易想到的例子是 long，因为 long 的取值范围大于 int，所以假如规定每个 int 值都只能标识一个不同的 long 值，那么肯定剩下大量 long 值没法标识。
- **性能**：可能的哈希码值应当在 int 的范围内平均分布。例如，创建哈希码时如果没有考虑到字符串在拉丁语言中的分布主要集中在初始的 128 个 ASCII 字符上，就会造成字符串值的分布非常不平均，所以不能算是好的 GetHashCode() 算法。
- **性能**：GetHashCode() 的性能应该优化。GetHashCode() 通常在 Equals() 实现中用于“短路”一次完整的相等性比较（哈希码都不同，自然没必要进行完整的相等性比较了）。所以，当类型作为字典集合中的键类型使用时，会频繁调用该方法。
- **性能**：两个对象的细微差异应造成哈希值的极大差异。理想情况下，1 bit 的差异应造成哈希码平均 16 bits 的差异。这有助于确保不管哈希表如何对哈希值进行“装桶”（bucketing），也能保持良好的平衡性。
- **安全性**：攻击者应难以伪造具有特定哈希码的对象。攻击手法是向哈希表中填写大量哈希为同一个值的数据。如哈希表的实现不高效，就易于受到 DOS（拒绝服务）攻击。

当然，许多原则是相互对立的。很难有一种哈希算法既快又满足所有这些要求。和任何设计问题一样，好的解决方案必然是综合考虑的结果。

代码清单 10.2 展示了如何为 Coordinate 类型实现 GetHashCode()。

代码清单 10.2 实现 GetHashCode()

```
public struct Coordinate
{
  public Coordinate(Longitude longitude, Latitude latitude)
  {
      Longitude = longitude;
      Latitude = latitude;
  }
```

⊖ 也就是要提供良好的随机分布，使哈希表获得最佳性能。——译者注

```
    public Longitude Longitude { get; }
    public Latitude Latitude { get; }

    public override int GetHashCode()
    {
        int hashCode = Longitude.GetHashCode();
        // As long as the hash codes are not equal
        if(Longitude.GetHashCode() != Latitude.GetHashCode())
        {
            hashCode ^= Latitude.GetHashCode();  // eXclusive OR
        }
        return hashCode;
    }

    // ...
}
```

一般方案是向来自相关类型的哈希码应用 XOR 操作符，并确保操作数不相近或相等（否则结果全零）。在操作数相近或相等的情况下，考虑改为使用移位（bit shift）和加法（add）操作。其他备选的操作符——AND 和 OR——具有类似的限制，但这些限制会发生得更加频繁。多次应用 AND，会逐渐变成全为 0；多次应用 OR，会逐渐变成全为 1。

为进行更细致的控制，应使用移位操作符分解比 int 大的类型。例如，假定有一个名为 value 的 long 类型，它的 GetHashCode() 方法可以像下面这样实现。

```
int GetHashCode() { return ((int)value ^ (int)(value >> 32)) };
```

另外，如基类不是 object，应在 XOR 赋值中包含 base.GetHashCode()。

最后，Coordinate 没有缓存哈希码的值。由于参与执行哈希码计算的每个字段都只读，所以值不会变。但假如计算得到的值可能改变，或者在缓存值之后能显著优化性能，就应该对哈希码进行缓存。

10.1.3 重写 Equals()

重写 Equals() 而不重写 GetHashCode()，会得到如输出 10.1 所示的一个警告。

输出 10.1

```
warning CS0659: '<类名>' 重写 Object.Equals(object o) 但不重写 Object.GetHashCode()
```

一些程序员认为重写 Equals() 是再简单不过的事情。但事实上，其中存在大量容易被人忽视的细节，必须通盘考虑和测试。

1. “对象同一性”和“相等的对象值”

两个引用假如引用同一个实例，就说这两个引用是同一的。object（因而延展到所有派生类型）提供名为 ReferenceEquals() 的静态方法来显式检查对象同一性，如图 10.1 所示。

但引用同一性只是“相等性”的一个例子。两个对象实例的成员值部分或全部相等，也可以说它们相等。来看代码清单 10.3 中对两个 ProductSerialNumber 的比较。

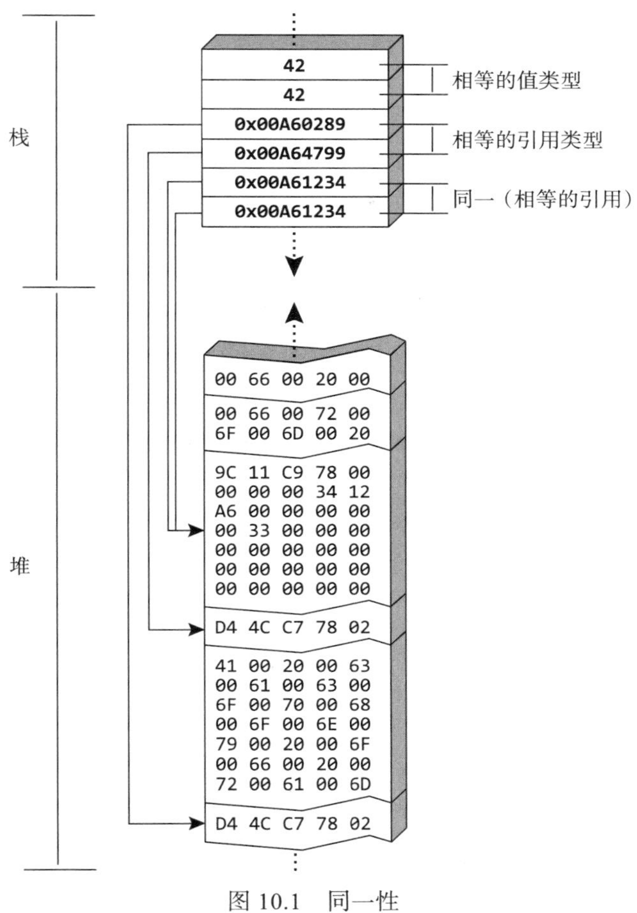

图 10.1　同一性

代码清单 10.3　重写相等性操作符

```
public sealed class ProductSerialNumber
{
  // ...
}
```

```
class Program
{
  static void Main()
  {
      ProductSerialNumber serialNumber1 =
          new ProductSerialNumber("PV", 1000, 09187234);
      ProductSerialNumber serialNumber2 = serialNumber1;
      ProductSerialNumber serialNumber3 =
          new ProductSerialNumber("PV", 1000, 09187234);

      // These serial numbers ARE the same object identity
```

```
        if(!ProductSerialNumber.ReferenceEquals(serialNumber1,
            serialNumber2))
        {
            throw new Exception(
                "serialNumber1 does NOT " +
                "reference equal serialNumber2");
        }
        // And, therefore, they are equal
        else if(!serialNumber1.Equals(serialNumber2))
        {
            throw new Exception(
                "serialNumber1 does NOT equal serialNumber2");
        }
        else
        {
            Console.WriteLine(
                "serialNumber1 reference equals serialNumber2");
            Console.WriteLine(
                "serialNumber1 equals serialNumber2");
        }


        // These serial numbers are NOT the same object identity
        if (ProductSerialNumber.ReferenceEquals(serialNumber1,
                serialNumber3))
        {
            throw new Exception(
                "serialNumber1 DOES reference " +
                "equal serialNumber3");
        }
        // But they are equal (assuming Equals is overloaded)
        else if(!serialNumber1.Equals(serialNumber3) ||
            serialNumber1 != serialNumber3)
        {
            throw new Exception(
                "serialNumber1 does NOT equal serialNumber3");
        }

        Console.WriteLine( "serialNumber1 equals serialNumber3" );
    }
}
```

代码清单 10.3 的结果如输出 10.2 所示。

输出 10.2

```
serialNumber1 reference equals serialNumber2
serialNumber1 equals serialNumber3
```

正如最后一个 ReferenceEquals() 断言所演示的，serialNumber1 和 serialNumber3 引用不相等。但两者用相同的值来构造，而且逻辑上和同一个物理产品关联。假如一个实例基于数据库中的数据创建，另一个基于人工输入的数据创建，两个实例就应该相等，从而确保产品不会在数据库中重复（被重复录入）。两个同一的引用显然是相等的，但两个引用不相等的对象也可能是相等的对象。对象标识不同，不一定关键数据不同。

只有引用类型才可能引用相等，因此提供了对同一性概念的支持。为值类型调用 ReferenceEquals() 总是返回 false，因为值类型转换成 object 时要装箱。即使向 ReferenceEquals() 的两个参数传递同一个值类型变量，结果也是 false，因为两个值会单独装箱。代码清单 10.4 演示了这个行为。每个实参都“装到不同的箱子”中，所以永远不会引用相等。

注意　为值类型调用 ReferenceEquals() 总是返回 false。

代码清单 10.4　值类型本身不可能引用相等

```
public struct Coordinate
{
  public Coordinate(Longitude longitude, Latitude latitude)
  {
      Longitude = longitude;
      Latitude = latitude;
  }

  public Longitude Longitude { get; }
  public Latitude Latitude { get; }
  // ...
}
```

```
class Program
{
  public void Main()
  {
      //...

      Coordinate coordinate1 =
          new Coordinate( new Longitude(48, 52),
                          new Latitude(-2, -20));

      // Value types will never be reference equal
      if ( Coordinate.ReferenceEquals(coordinate1,
          coordinate1) )
      {
          throw new Exception(
              "coordinate1 reference equals coordinate1");
      }

      Console.WriteLine(
          "coordinate1 does NOT reference equal itself" );
  }
}
```

第 9 章将 Coordinate 定义成引用类型。本例将它定义成值类型（struct），因经纬度数据的组合在逻辑上被认为是一个值，且大小不超过 16 字节（第 9 章的 Coordinate 聚合

Angle 而不是 Longitude 和 Latitude)。将 Coordinate 声明为值类型的另一个理由在于，它是支持特定运算的复数（complex number)。相反，像 Employee 这样的引用类型不是一个能以数值方式操作的值，而是对实际存在的一个对象的引用。

2. 实现 Equals()

判断两个对象是否相等（包含相同的标识数据）使用的是对象的 Equal() 方法。在 object 中，该虚方法的实现只是调用 ReferenceEquals() 判断同一性。这显然并不充分，所以一般都有必要用更恰当的实现重写 Equals()。

> **注意** object.Equals() 的实现只是简单调用了一下 ReferenceEquals()。

两个对象要**相等**，其标识数据（identifying data）[⊖]必须相等。例如，对于 ProductSerialNumber 对象，ProductSeries，Model 和 Id 必须相同。但对于 Employee 对象，可能比较 EmployeeId 就足够了。只有重写才能解决 object.Equals() 实现不充分的问题。例如，值类型就重写了 Equals() 实现，使用类型包含的字段进行比较。

你自己重写 Equals() 的步骤如下：

（1）检查是否为 null。

（2）如果是引用类型，就检查引用是否相等。

（3）检查数据类型是否相同。

（4）调用一个指定了具体类型的辅助方法，它的操作数是具体要比较的类型而不是 object（例如代码清单 10.5 中的 Equals(Coordinate obj) 方法）。

（5）可能要检查哈希码是否相等来短路一次全面的、逐字段的比较。（相等的两个对象不可能哈希码不同。）

（6）如基类重写了 Equals()，就检查 base.Equals()。

（7）比较每一个标识字段（关键字段），判断是否相等。

（8）重写 GetHashCode()。

（9）重写 == 和 != 操作符（参见下一节）。

代码清单 10.5 展示了一个示例 Equals() 实现。

代码清单 10.5　重写 Equals()

```
public struct Longitude
{
  // ...
}
```

```
public struct Latitude
{
  // ...
}
```

⊖ 个人更喜欢“关键数据”这种说法。——译者注

```
public struct Coordinate: IEquatable<T>
{
  public Coordinate(Longitude longitude, Latitude latitude)
  {
      Longitude = longitude;
      Latitude = latitude;
  }

  public Longitude Longitude { get; }
  public Latitude Latitude { get; }

  public override bool Equals(object obj)
  {
      // STEP 1: Check for null
      if (obj == null)
      {
          return false;
      }
      // STEP 3: Equivalent data types;
      // can be avoided if type is sealed
      if (this.GetType() != obj.GetType())
      {
          return false;
      }
      return Equals((Coordinate)obj);
  }
  public bool Equals(Coordinate obj)
  {
      // STEP 1: Check for null if a reference type
      // (e.g., a reference type)
      // if (ReferenceEquals(obj, null))
      // {
      //     return false;
      // }
      // STEP 2: Check for ReferenceEquals if this
      // is a reference type
      // if (ReferenceEquals(this, obj))
      // {
      //   return true;
      // }

      // STEP 4: Possibly check for equivalent hash codes
      // if (this.GetHashCode() != obj.GetHashCode())
      // {
      //    return false;
      // }

      // STEP 5: Check base.Equals if base overrides Equals()
      // System.Diagnostics.Debug.Assert(
      //     base.GetType() != typeof(object) );
      // if ( !base.Equals(obj) )
      // {
      //    return false;
```

```
        // }

        // STEP 6: Compare identifying fields for equality
        // using an overload of Equals on Longitude
        return ( (Longitude.Equals(obj.Longitude)) &&
            (Latitude.Equals(obj.Latitude)) );
    }

    // STEP 7: Override GetHashCode
    public override int GetHashCode()
    {
        int hashCode = Longitude.GetHashCode();
        hashCode ^= Latitude.GetHashCode(); // Xor (eXclusive OR)
        return hashCode;
    }

}
```

该实现的前两个检查很容易理解。但注意如果类型密封，步骤 3 可以省略。（这里的“步骤”以代码中的为准。）

步骤 4 ~ 6 在 Equals() 的一个重载版本中进行，它获取 Coordinate 类型的对象作为参数。这样在比较两个 Coordinate 对象时，就可完全避免执行 Equals(object obj) 及其 GetType() 检查。

由于 GetHashCode() 没有缓存，而且效率比不上步骤 5，因此 GetHashCode() 比较代码被注释掉，没有实际执行。类似地，也没有使用 base.Equals()，因为基类没有重写 Equals()（断言中检查 base 是不是 object 类型，但没有检查基类是否重写了 Equals()。而调用 base.Equals() 要求基类重写 Equals()）。无论如何，由于 GetHashCode() 并非一定返回“独一无二”的值（它只能表明操作数不同），所以不能仅依赖它判断两个对象是否相等。

类似于 GetHashCode()，Equals() 永远不应引发任何异常。对象相互之间应该能随意比较，这样做永远都不应该造成异常。

设计规范

- 要一起实现 GetHashCode()、Equals()、== 操作符和 != 操作符，缺一不可。
- 要用相同算法实现 Equals()、== 和 !=。
- 避免在 GetHashCode()、Equals()、== 和 != 的实现中引发异常。
- 避免在可变引用类型上重载相等性操作符（如重载的实现速度过慢，也不要重载）。
- 要在实现 IComparable 时实现与相等性相关的所有方法。

10.1.4 用元组重写 GetHashCode() 和 Equals()

如前所述，Equals() 和 GetHashCode() 的实现相当烦琐，实际代码又比较模板化。Equals() 需要比较包含的所有标识（关键）数据结构，同时避免无限递归或空引用异常。GetHashCode() 则需要通过 XOR 运算来合并所有非空标识（关键）数据结构的唯一哈希码。

现在利用 C# 7.0 元组就相当简单了。

对于 Equals(Coordinate coordinate)，可将每个标识（关键）成员合并到一个元组中，并将它们和同类型的目标实参比较：

```
public bool Equals(Coordinate coordinate) =>
  return (Longitude, Latitude).Equals(
    (coordinate.Longitude, coordinate.Latitude));
```

可能有人质疑改为显式比较每个标识（关键）成员的可读性会好一些，但我把这留给读者自行判断。元组（System.ValueTuple<...>）内部使用了 EqualityComparer<T>，它依赖 IEquatable<T> 的类型参数实现（其中只包含一个 Equals<T>(T other) 成员）。因此，正确重写 Equals 需遵循以下规范：重写 Equals() 要实现 IEquatable<T>。这样你的自定义数据类型将使用 Equals() 的自定义实现而不是 Object.Equals()。

GetHashCode() 用元组来实现之后发生了翻天覆地的变化。不需要对标识（关键）成员执行复杂的 XOR 运算，只需实例化所有这些成员的一个元组，返回该元组的 GetHashCode() 结果：

```
public override int GetHashCode() =>
  return (Radius, StartAngle, SweepAngle).GetHashCode();
```

从 C# 7.3 起元组实现了 == 和 !=，这其实一开始就应该实现，我们将在下一节讨论该主题。

10.2 操作符重载

上一节讨论了如何重写 Equals()，并指出类还应实现 == 和 !=。实现操作符的过程称为**操作符重载**。本节的内容不只适合 == 和 != 操作符，还适合其他支持的操作符。

例如，string 支持用 + 操作符连接两个字符串。这或许并不奇怪，string 毕竟是预定义类型，可能获得了特殊的编译器支持。但 C# 允许为任何类或结构添加 + 操作符支持。事实上，除了 x.y、f(x)、new、typeof、default、checked、unchecked、delegate、is、as、= 和 => 之外，其他所有操作符都支持。尤其要注意不能实现赋值操作符。= 操作符的行为无法改变。

重载的操作符无法通过 IntelliSense 呈现。除非故意要使类型表现得像基元类型（比如数值类型），否则不要重载操作符。

10.2.1 比较操作符（==, !=, <, >, <=, >=）

重写 Equals() 后可能出现不一致的情况。对两个对象执行 Equals() 可能返回 true。但 == 操作符可能返回 false，因为 == 默认也只是执行引用相等性检查。为解决该问题，有必要重载相等（==）和不相等（!=）操作符。

从很大程度上说，这些操作符的实现都可以将逻辑委托给 Equals() 进行。反之亦然。但首先要执行一些初始的 null 检查，如代码清单 10.6 所示。

代码清单 10.6 实现 == 和 != 操作符

```
public sealed class ProductSerialNumber
{
  // ...

  public static bool operator ==(
      ProductSerialNumber leftHandSide,
      ProductSerialNumber rightHandSide)
  {

      // Check if leftHandSide is null
      // (operator== would be recursive)
      if(ReferenceEquals(leftHandSide, null))
      {
          // Return true if rightHandSide is also null
          // and false otherwise
          return ReferenceEquals(rightHandSide, null);
      }

      return (leftHandSide.Equals(rightHandSide));
  }

  public static bool operator !=(
      ProductSerialNumber leftHandSide,
      ProductSerialNumber rightHandSide)
  {
      return !(leftHandSide == rightHandSide);
  }
}
```

注意本例用 `ProductSerialNumber` 类而不是 `Coordinate` 结构演示针对引用类型的逻辑，要考虑到空值的复杂性。

一定不要用相等性操作符执行空检查（`leftHandSide == null`）。否则会递归调用方法，造成只有栈溢出才会终止的死循环。相反，应调用 `ReferenceEquals()` 检查是否为空。

设计规范

- 避免在 == 操作符的重载实现中使用该操作符。

10.2.2 二元操作符 (+, −, *, /, %, &, |, ^, <<, >>)

可将一个 `Arc` 加到一个 `Coordinate` 上。但到目前为止，代码一直没有提供对加操作符的支持。相反，需自己定义这样的一个方法，如代码清单 10.7 所示。

代码清单 10.7 添加操作符

```
struct Arc
{
  public Arc(
      Longitude longitudeDifference,
```

```
        Latitude latitudeDifference)
    {
        LongitudeDifference = longitudeDifference;
        LatitudeDifference = latitudeDifference;
    }

    public Longitude LongitudeDifference { get; }
    public Latitude LatitudeDifference { get; }
}
```

```
struct Coordinate
{
    // ...
    public static Coordinate operator +(
        Coordinate source, Arc arc)
    {
        Coordinate result = new Coordinate(
            new Longitude(
                source.Longitude + arc.LongitudeDifference),
            new Latitude(
                source.Latitude + arc.LatitudeDifference));
        return result;
    }
}
```

+、-、*、/、%、&、|、^、<< 和 >> 操作符都作为二元静态方法实现，其中至少有一个参数的类型是包容类型（当前正在实现该操作符的类型）。方法名由 operator 加操作符构成。如代码清单 10.8 所示，定义好 - 和 + 二元操作符之后就可在 Coordinate 上加减 Arc。注意 Longitude 和 Latitude 也需实现 + 操作符，它们由 source.Longitude + arc.LongitudeDifference 和 source.Latitude + arc.LatitudeDifference 调用。

代码清单 10.8 调用 - 和 + 二元操作符

```
public class Program
{
    public static void Main()
    {
        Coordinate coordinate1,coordinate2;
        coordinate1 = new Coordinate(
            new Longitude(48, 52), new Latitude(-2, -20));
        Arc arc = new Arc(new Longitude(3), new Latitude(1));

        coordinate2 = coordinate1 + arc;
        Console.WriteLine(coordinate2);

        coordinate2 = coordinate2 - arc;
        Console.WriteLine(coordinate2);

        coordinate2 += arc;
        Console.WriteLine(coordinate2);
```

```
    }
}
```

代码清单 10.8 的运行结果如输出 10.3 所示。

输出 10.3

```
51° 52' 0 E  -1° -20' 0 N
48° 52' 0 E  -2° -20' 0 N
51° 52' 0 E  -1° -20' 0 N
```

Coordinate 的 - 和 + 操作符会在加减 Arc 后返回坐标位置。这就允许将多个操作符和操作数串联起来，例如 result = ((coordinate1 + arc1) + arc2) + arc3。另外，通过让 Arc 支持相同的操作符（参见代码清单 10.9），就连圆括号都可以省略。之所以允许这样写，是因为第一个操作数（coordinate1 + arc1）的结果也是 Coordinate，可把它加到下一个 Arc 或 Coordinate 类型的操作数上。

相反，假定重载一个 - 操作符，获取两个 Coordinate 作为参数，并返回 double 值来代表两个坐标之间的距离。由于 Coordinate 和 double 相加没有定义，所以不能像前面那样串联多个操作符和操作数。定义返回不同类型的操作符要当心，因为这样做有违直觉。

10.2.3 二元操作符复合赋值（+=, −=, *=, /=, %=, &=…）

如前所述，赋值操作符不能重载。但只要重载了二元操作符，就自动重载了其复合赋值形式（+=、-=、*=、/=、%=、&=、|=、^=、<<= 和 >>=），所以能直接使用下面这样的代码：

```
coordinate += arc;
```

它等价于：

```
coordinate = coordinate + arc;
```

10.2.4 条件逻辑操作符（&&, ||）

和赋值操作符相似，条件逻辑操作符不能显式重载。但由于逻辑操作符 & 和 | 可以重载，而条件操作符由逻辑操作符构成，所以实际能间接重载条件操作符。x && y 可以作为 x & y 处理，其中 y 必须求值为 true。类似地，在 x 求值为 false 的时候，x || y 可以作为 x | y 处理。要允许将类型求值为 true 或 false（比如在 if 语句中），就需要重载 true/false 一元操作符。

10.2.5 一元操作符（+, −, !, ~, ++, −−, true, false）

一元操作符的重载和二元操作符很相似，但只获取一个参数，该参数也必须是包容类型（正在重载操作符的类型）。代码清单 10.9 为 Longitude 和 Latitude 重载了 + 和 - 操作符。然后，在 Arc 中重载相同的操作符时使用了这些操作符。

代码清单 10.9 重载 - 和 + 一元操作符

```
public struct Latitude
{
  // ...
  public static Latitude operator -(Latitude latitude)
  {
      return new Latitude(-latitude.DecimalDegrees);
  }
  public static Latitude operator +(Latitude latitude)
  {
      return latitude;
  }
}
```

```
public struct Longitude
{
  // ...
  public static Longitude operator -(Longitude longitude)
  {
      return new Longitude(-longitude.DecimalDegrees);
  }
  public static Longitude operator +(Longitude longitude)
  {
      return longitude;
  }
}
```

```
public struct Arc
{
  // ...
  public static Arc operator -(Arc arc)
  {
      // Uses unary – operator defined on
      // Longitude and Latitude
      return new Arc(-arc.LongitudeDifference,
          -arc.LatitudeDifference);
  }
  public static Arc operator +(Arc arc)
  {
      return arc;
  }
}
```

和数值类型一样，代码清单 10.9 中的 + 操作符没有任何实际效果，提供它只是为了保持对称。

重载 true 和 false 时多了一个要求，即两者都要重载。签名和其他操作符重载相同，但返回的必须是一个 bool 值，如代码清单 10.10 所示。

代码清单 10.10　重载 true 和 false 操作符

```
public static bool operator false(IsValid item)
{
    // ...
}
public static bool operator true(IsValid item)
{
    // ...
}
```

重载了 true 和 false 操作符的类型可在 if、do、while 和 for 语句的控制表达式中使用。

10.2.6　转换操作符

目前，Longitude、Latitude 和 Coordinate 还不支持其他类型转换。例如，没办法将 double 转换为 Longitude 或 Latitude 实例。类似地，也不支持使用 string 向 Coordinate 赋值。幸好，C# 允许定义方法来处理一种类型向另一种类型的转型，还允许在方法声明中指定该转换是隐式的还是显式的。

高级主题：转型操作符（()）

从技术上说，实现显式和隐式转换操作符并不是重载转型操作符（()）。但由于效果一样，所以一般都将"实现显式或隐式转换"说成"定义转型操作符"。

定义转换操作符在形式上类似于定义其他操作符，只是"operator"成了转换的结果类型。另外，operator 要放在表示隐式或显式转换的 implicit 或 explicit 关键字后面，如代码清单 10.11 所示。

代码清单 10.11　在 Latitude 和 double 之间提供隐式转换

```
public struct Latitude
{
  // ...
  public Latitude(double decimalDegrees)
  {
      DecimalDegrees = Normalize(decimalDegrees);
  }

  public double DecimalDegrees { get; }

  // ...

  public static implicit operator double(Latitude latitude)
  {
      return latitude.DecimalDegrees;
  }
  public static implicit operator Latitude(double degrees)
  {
```

```
        return new Latitude(degrees);
    }

    // ...
}
```

定义好这些转换操作符之后，就可将 double 隐式转型为 Latitude 对象，或者将 Latitude 对象隐式转型为 double。假定为 Longitude 也定义了类似的转换，那么为了创建 Coordinate 对象，可以像下面这样写：

coordinate = new Coordinate(43, 172);).

> **注意　实现转换操作符时，为了保证封装性，要么返回值、要么参数必须是包容类型。C# 不允许在被转换类型的作用域之外指定转换。**[⊖]

10.2.7　转换操作符规范

定义隐式和显式转换操作符的差别主要在于，后者能避免不小心执行的隐式转换，造成不希望的行为。使用显式转换操作符通常是出于两方面的考虑。首先，会引发异常的转换操作符始终都应该是显式的。例如，从 string 转换为 Coordinate 时，提供的 string 不一定具有正确格式（这极有可能发生）。由于转换可能失败，所以应将转换操作符定义为显式，从而明确要进行转换的意图，并要求用户确保格式正确，或者由你提供代码来处理可能发生的异常。通常采用的转换模式是：单方向（string 到 Coordinate）显式，反方向（Coordinate 到 string）隐式。

第二个要考虑的是某些转换是有损的。例如，虽然完全可以从 float（4.2）转换成 int，但前提是用户知道 float 小数部分会丢失这一事实。任何转换只要会丢失数据，而且不能成功转换回原始类型，就应定义成显式转换。如显式转换出乎意料地丢失了数据，或转换无效，考虑引发 System.InvalidCastException。

> **设计规范**
> - 不要为有损转换提供隐式转换操作符。
> - 不要从隐式转换中引发异常。

10.3　引用其他程序集

不需要将所有代码都放到单独一个二进制文件中，C# 和底层 CLI 平台允许将代码分散到多个程序集中。这样就可在多个可执行文件中重用程序集。

⊖ 换言之，转换操作符只能从它的包容类型转换为其他某个类型，或从其他某个类型转换为它的包容类型。——译者注

初学者主题：类库

HelloWorld.exe 程序是你写过的最简单的程序之一。现实世界的程序复杂得多，而且随着复杂性的增加，有必要将程序分解成多个小的部分，以便控制复杂性。为此，开发者可将程序的不同部分转移到单独的编译单元中，这些单元称为**类库**，或简称为**库**。然后，程序可引用并依赖于类库来提供自己的一部分功能。这样两个程序就可依赖同一个类库，从而在两个程序中共享该类库的功能，并减少所需的编码量。

总之，特定功能只需编码一次并放到类库中。然后，多个程序可引用同一个类库来提供该功能。以后，如开发者修正了 bug，或者在类库中添加了新功能，所有程序都能获得增强的功能，因为它们现在引用的是改善过的类库。

我们写的代码通常都能使多个程序受益。例如，地图软件、支持地理位置的数码照片软件或者一个普通的命令行分析程序都可利用之前写的 Longitude、Latitude 和 Coordinate 类。这些类只需只写一次，就在多个不同的程序中使用。所以，最好把它们分组到一个程序集（称为库或类库）中以便重用，而不是只在单独一个程序中写好。

要创建库而不是控制台项目，请遵循和第 1 章描述的一样的指令，只是 Dotnet CLI 要将模板从 console 替换成 "Class library" 或 classlib。类似地，如使用 Visual Studio 2017，在“新建项目”窗口中利用“搜索”框查找“类库”并选择“类库 (.NET Standard) – Visual C#”。项目名称填入 GeoCoordinates。在“解决方案”下拉框中选择“添加到解决方案”。最后一步可简化在当前项目（比如 HelloWorld 项目）中添加项目引用的过程。

接着将代码清单 10.9 中每个结构的代码放到单独文件中（文件名就是结构名）并生成项目。这样可将 C# 代码编译成单独的 GeoCoordinates.dll 程序集文件，它位于 .\bin\ 的一个子目录中。

10.3.1 引用库

有了库之后需要从程序中引用它。以代码清单 10.8 用 Program 类创建的新控制台程序为例，现在需要添加对 GeoCoordinates.dll 程序集的引用，指定库的位置，并在程序中嵌入元数据来唯一地标识库。可通过几种方式实现。第一种方式是引用库项目文件，指出库的源代码在哪个项目中，并在两个项目之间建立依赖关系。编译好库之后才能编译引用了该库的程序。该依赖关系会导致在编译程序时先编译库（如果还没有编译的话）。

第二种方式是引用程序集文件本身。换言之，引用编译好的库而不是项目。如果库和程序分开编译，比如由企业内的另一个团队编译，这种方式就非常合理。

第三种方式是引用 NuGet 包，详情参见下一节。

注意库和包并非只能由控制台程序引用。事实上，任何程序集都能引用其他任何程序集。经常是一个库引用另一个库，创建一个依赖链。

10.3.2 用 Dotnet CLI 引用项目或库

第 1 章讨论了如何创建包含一个 Main 方法（程序开始执行的入口）的控制台程序。为添加对新建程序集的引用，可在第 1 章的操作完成后添加一条额外的命令来添加引用：

```
dotnet add .\HelloWorld\HelloWord.csproj package .\GeoCordinates\bin\
↳Debug\netcoreapp2.0\GeoCoordinates.dll
```

package 参数后添加了要由项目引用的程序集文件路径。也可不引用程序集，而是引用项目文件。如前所述，这样在生成程序时会首先编译类库（如果还没有编译的话）。优点是当程序编译时，会自动寻找编译好的类库程序集（无论在 debug 还是 release 目录中）。下面是引用项目文件所需的命令行：

```
dotnet add .\HelloWorld\HelloWord.csproj reference .\GeoCoordinates \
↳GeoCoordinates.csproj
```

如拥有类库的源代码，而且这些代码经常修改，请考虑引用项目文件而不是编译好的程序集。引用了程序集之后，代码清单 10.8 的 Program 类源代码就可以编译了。

10.3.3 用 Visual Studio 2017 引用项目或库

第 1 章还讨论了用 Visual Studio 创建包含一个 Main 方法的控制台程序。为添加对 GeoCoordinates 程序集的引用，可选择“项目” | “添加引用”。单击左侧的“项目” | “解决方案”标签，单击“浏览”来找到 GeoCoordinates 项目或 GeoCordinates.dll 并添加对它的引用。和 Dotnet CLI 一样，随后可用代码清单 10.8 的 Porgram 类源代码编译程序。

Begin 4.0

10.3.4 NuGet 打包

Microsoft 从 Visual Studio 2010 起引入了称为 NuGet 的库打包系统，目的是在项目之间和企业之间方便地共享库。库程序集通常就是一个编译好的文件。它可能关联了配置文件、附加的资源和元数据。遗憾的是，在 NuGet 之前没有清单来标识所有依赖项。另外，也没有标准的提供者或包库来查找想引用的程序集。

NuGet 解决了这两个问题。NuGet 不仅包含一个清单来标识作者、公司、依赖项等，还在 NuGet.org 提供了一个默认包提供者以便上传、更新、索引和下载包。可在项目中引用一个 NuGet 包（*.nupkg），从你事先配置好的 NuGet 提供者 URL 处自动安装。

NuGet 包提供了一个清单文件（*.nuspec），其中列出了包中所含的所有附加元数据。还提供了你可能想要的所有附加资源，包括本地化文件、配置文件、内容文件等等。最后，NuGet 包将所有单独的资源合并成单个 ZIP 文件（虽然使用 .nupkg 扩展名）。所以，用 .ZIP 扩展名重命名文件，就可用任何常规压缩工具打开并检查文件内容。

10.3.5 用 Dotnet CLI 引用 NuGet 包

Begin 7.0

用 Dotnet CLI 在项目中添加 NuGet 包需执行以下命令：

```
>dotnet add .\HelloWorld\HelloWorld.csproj package Microsoft.Extensions.
↳CommandLineUtils
```

该命令检查指定包已注册的 NuGet 包提供者并下载它。（还可使用 dotnet restore 命令显式触发下载。）

可用 `dotnet pack` 命令创建本地 NuGet 包。该命令生成 GeoCoordinates.1.0.0.nupkg 文件，然后可用 `add ... package` 命令引用它。

程序集名称后的数字对应包的版本号。要显式指定版本号，请编辑项目文件 (`*.csproj`)，为 `PropertyGroup` 元素添加一个 `<Version>...</Version>` 子元素。

10.3.6 用 Visual Studio 2017 引用 NuGet 包

以第 1 章创建的 HelloWorld 项目为基础，可用 Visual Studio 2017 添加一个 NuGet 包：

1. 选择“项目” | “管理 NuGet 程序包”，如图 10.2 所示。

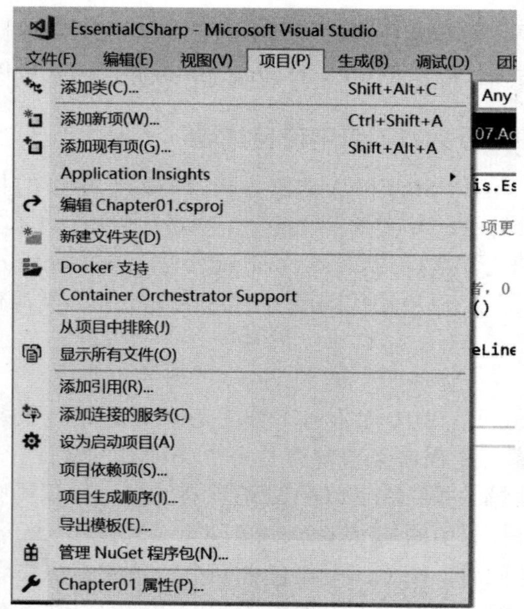

图 10.2 “项目”菜单

2. 单击“浏览”标签，在“搜索 (Ctrl + E)”框中输入 **Microsoft.Extensions.CommandLineUtils**。注意可以只输入部分名称（比如 **CommandLineUtils**），如图 10.3 所示。

图 10.3 浏览 NuGet 包

3. 单击“安装”将包安装到项目。

完成这些步骤即可开始使用 Microsoft.Extensions.CommandLineUtils 库。和 Dotnet CLI 一样，可用 Visual Studio 2017 生成自己的 NuGet 包，方法是选择“生成” | “打包 <项目名称>”。类似地，可在项目属性的“打包”标签页中指定包的版本号。

10.3.7 调用 NuGet 包

添加了对包的引用后，就好比它的所有源代码都已包含到自己的项目中。代码清单 10.12 展示了如何使用 Microsoft.Extensions.CommandLineUtils 库（请自行添加相应的 using 指令），输出 10.4 展示了结果。

代码清单 10.12　调用 NuGet 包

```
public class Program
{
  public static void Main(string[] args)
  {
      CommandLineApplication commandLineApplication =
          new CommandLineApplication(throwOnUnexpectedArg: false);
      CommandArgument name = commandLineApplication.Argument(
          "name", "Enter the full name of the person to be greeted.");
      CommandOption greeting = commandLineApplication.Option(
        "-$|-g |--greeting <greeting>",
        "The greeting to display. The greeting supports"
        + " a format string where '{name}' will be "
        + "substituted with the name.",
        CommandOptionType.SingleValue);
      commandLineApplication.HelpOption("-? | -h | --help");
      commandLineApplication.Execute(args);
      if (!greeting.HasValue())
      {
          Console.WriteLine($"Hello { name.Value }.");
      }
      else
      {
          Console.WriteLine(
              greeting.Value().Replace("{name}", name.Value));
      }
  }
}
```

输出 10.4

```
>dotnet run "Inigo Montoya" -g "Hello {name}. Welcome!"
Hello Inigo Montoya.  Welcome!"
```

该库用于解析命令行实参和选项，选项有开关，实参则没有。表 10.1 列举了几个例子。

表 10.1　Microsoft.Extension.CommandUtils 示例

实参类型	示例	解释
选项	`Program.exe -f=Inigo, -l Montoya -hello`	选项 -f，值 "Inigo" 选项 -l，值 "Montoya" 选项 -hello，值 "on"
带实参的命令	`Program.exe "hello", "Inigo", "Montoya"`	命令 "hello" 实参 "Inigo" 实参 "Montoya"
符号	`Program.exe -?`	显示帮助

高级主题：

类型封装

类封装行为和数据，而程序集封装一组类型。开发者可将一个系统分解成多个程序集，在多个应用程序之间共享，或将它们与第三方提供的程序集集成。

类型声明中的 public 或 internal 访问修饰符

不添加任何访问修饰符的类默认定义成 internal[⊖]。这种类无法从程序集外部访问。即使另一个程序集引用了该类所在的程序集，被引用程序集中的所有 internal 类都无法访问。

类似于为类成员使用 private 和 protected 访问修饰符来指定不同封装级别，C# 允许为类添加访问修饰符以控制类在程序集中的封装级别。可用的访问修饰符包括 public 和 internal。想在程序集外部可见的类必须标记成 public。所以，在编译 Coordinates.dll 程序集之前，需要像代码清单 10.13 那样将类型声明修改为 public。

代码清单 10.13　使类型在程序集外部可用

```
public struct Coordinate
{
  // ...
}
```

```
public struct Latitude
{
  // ...
}
```

```
public struct Longitude
{
  // ...
}
```

⊖ 嵌套类型除外，它们默认为 private。

```
public struct Arc
{
  // ...
}
```

类似地，class 和 enum 声明也可指定为 public 或 internal。[⊖]

internal 访问修饰符并非只能用于类型声明，还能用于类型的成员。所以，可将某个类型标记为 public，而只将其中一些方法标记为 internal，确保成员只在程序集内部可用。成员的可访问性无法大于它所在的类型。例如，将类声明为 internal，它的 public 成员也只能从程序集中访问。

protected internal 类型成员修饰符

protected internal 是另一种类型成员访问修饰符。这种成员可从其所在程序集的任何位置以及类型的派生类中访问（即使派生类在不同程序集中）。由于默认是 private，所以随便指定别的一个访问修饰符（public 除外），成员的可见性都会稍微增大。类似地，添加两个修饰符，可访问性会复合到一起，变得更大。

注意　protected internal 成员可从所在程序集的任何位置以及类型的派生类中访问（即使派生类不在同一个程序集中）。

Begin 7.2

初学者主题：类型成员的可访问性修饰符

表 10.2 提供了完整的访问修饰符列表。

表 10.2　可访问性修饰符

修饰符	描述
public	凡是能访问类型的地方，都能访问类型的成员。如果类是 internal 的，则成员只在程序集内部可见。如果包容类型是 public 的，public 成员可从程序集外部访问
internal	成员只能从当前程序集中访问
private	成员可从包容类型中访问，但其他任何地方都不能访问
protected	成员可从包容类型以及任何派生类型中访问，即使派生类型在不同程序集中
protected internal	成员可从包容程序集的任何地方访问，还可从包容类型的任何派生类中访问，即使派生类在不同程序集中
private protected	成员可从同一程序集中包容类型的任何派生类型中访问，于 C# 7.2 添加

End 7.2

⊖ 嵌套类可使用其他类成员能使用的任何访问修饰符（例如 private）。但在类作用域外部，唯一可用的访问修饰符是 public 和 internal。

10.4 定义命名空间

第 2 章讲过，任何数据类型都用命名空间与类型名称的组合来标识。事实上，CLR 对“命名空间”一无所知。类型名称都是完全限定的，其中包含了命名空间。早先定义的类没有显式声明命名空间。这些类自动声明为默认的全局命名空间的成员。但这极有可能造成名称冲突。试图定义两个同名类时，冲突就会发生。一旦开始引用第三方程序集，名称冲突机率变得更大。

更重要的是，CLI 框架内部有成千上万个类型，外部则更多。所以，为特定问题寻找适当的类型可能十分费劲。

解决问题的方案是组织所有类型，用**命名空间**对它们进行逻辑分组。例如，`System` 命名空间外部的类通常应该放到与公司名、产品名或者“公司名 + 产品名”对应的命名空间中。例如，来自 `Addison-Wesley` 的类应该放到 `Awl` 或 `AddisonWesley` 命名空间中，而来自 `Microsoft` 的类（`System` 中的类除外）应该放到 `Microsoft` 命名空间中。命名空间的第二级是不会随着版本升级而改变的稳定产品名称。事实上，稳定性在所有级别上都是关键。改变命名空间名称会影响版本兼容性，所以应该避免。有鉴于此，不要使用容易变化的名称（组织层次结构、短期品牌等）。

命名空间应使用 PascalCase 大小写，但如果你的品牌使用非传统大小写，也可以使用和品牌相符的大小写。（一致性是关键，所以如果面临两难选择——是 PascalCase 还是品牌名称，就使用一致性最好的。）

用 `namespace` 关键字创建命名空间，并将类分配给该命名空间，如代码清单 10.14 所示。

代码清单 10.14 定义命名空间

```
// Define the namespace AddisonWesley
namespace AddisonWesley
{
  class Program
  {
      // ...
  }
}
// End of AddisonWesley namespace declaration
```

命名空间大括号之间的所有内容都从属于该命名空间。在代码清单 10.14 中，`Program` 被放到命名空间 `AddisonWesley` 中，所以它的全名是 `AddisonWesley.Program`。

> **注意** CLR 中没有“命名空间”这种东西。类型名称必然完全限定。

和类相似，命名空间也支持嵌套，以便对类进行层次化的组织。例如，与网络 API 相关的所有系统类都放到 `System.Net` 命名空间中，而与 Web 相关的放到 `System.Web` 中。

有两个办法嵌套命名空间。第一个办法是逐级嵌套（和类一样），如代码清单 10.15 所示。

代码清单 10.15 逐级嵌套命名空间

```
// Define the namespace AddisonWesley
namespace AddisonWesley
{
  // Define the namespace AddisonWesley.Michaelis
  namespace Michaelis
  {
    // Define the namespace
    // AddisonWesley.Michaelis.EssentialCSharp
    namespace EssentialCSharp
    {
      // Declare the class
      // AddisonWesley.Michaelis.EssentialCSharp.Program
      class Program
      {
          // ...
      }
    }
  }
}
// End of AddisonWesley namespace declaration
```

这样嵌套会将 Program 类分配给 AddisonWesley.Michaelis.EssentialCSharp 命名空间。

第二个办法是在 namespace 声明中使用完整命名空间名称，每个标识符都以句点分隔，如代码清单 10.16 所示。

代码清单 10.16 使用句点分隔每个标识符，从而嵌套命名空间

```
// Define the namespace AddisonWesley.Michaelis.EssentialCSharp
namespace AddisonWesley.Michaelis.EssentialCSharp
{
  class Program
  {
      // ...
   }
}
// End of AddisonWesley namespace declaration
```

无论像代码清单 10.15 或代码清单 10.16 那样，还是采取两者的组合方式来声明命名空间，最终的 CIL 代码都完全一致。同一个命名空间可多次出现，可在多个文件中出现，甚至可跨越多个程序集。例如，规范是将每个类放到单独的文件中。所以可为每个类定义一个文件，并用同一个命名空间声明把类包容起来。

由于命名空间是组织类型的关键，所以经常都用命名空间组织所有类文件。具体是为每个命名空间都创建一个文件夹，将 AddisonWesley.Fezzik.Services.Registration 这样的类放到和名称对应的文件夹层次结构中。

使用 Visual Studio 项目时，如项目名是 AddisonWesley.Fezzik。就创建子文件夹

Services，将 RegistrationService.cs 放到其中。然后创建另一个子文件夹 Data，在其中放入和程序中的实体有关的类，比如 RealestateProperty、Buyer 和 Seller。

设计规范

- 要为命名空间附加公司名前缀，防止不同公司使用同一个名称。
- 要为命名空间二级名称使用稳定的、不随版本升级而变化的产品名称。
- 不要定义没有明确放到一个命名空间中的类型。
- 考虑创建和命名空间层次结构匹配的文件夹结构。

10.5 XML 注释

第 1 章介绍了注释。但 XML 注释更胜一筹，它不仅仅是向其他审阅代码的程序员显示的注解。XML 注释遵循随 Java 开始流行起来的实践准则。虽然 C# 编译器在最终生成的可执行文件中忽略所有注释，但开发者可利用命令行选项，指示编译器[⊖]将 XML 注释提取到单独的 XML 文件中。这样就可根据 XML 注释生成 API 文档。此外，C# 编辑器可解析代码中的 XML 注释，并对其进行分区显示（例如，可使用有别于其他代码的一种颜色），或者解析 XML 注释数据元素并向开发者显示。

图 10.4 演示 IDE 如何利用 XML 注释向开发者提示如何编码。这种提示能为大型应用程序的开发提供重要帮助，尤其是多个开发者需要共享代码的时候。但为了让它起作用，开发者必须花时间在代码中输入 XML 注释内容，然后指示编译器创建 XML 文件。下一节解释具体如何做。

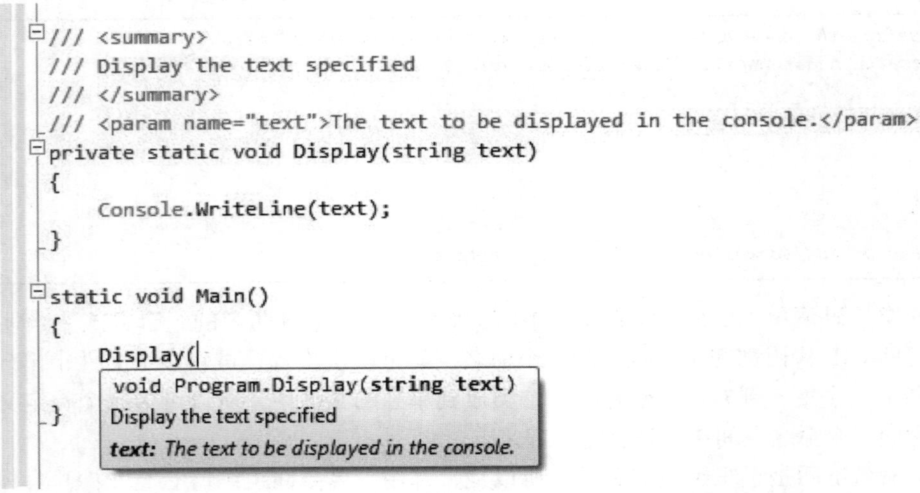

```
/// <summary>
/// Display the text specified
/// </summary>
/// <param name="text">The text to be displayed in the console.</param>
private static void Display(string text)
{
    Console.WriteLine(text);
}

static void Main()
{
    Display(
      void Program.Display(string text)
      Display the text specified
      text: The text to be displayed in the console.
}
```

图 10.4 利用 XML 注释在 Visual Studio IDE 中显示编码提示

⊖ C# 标准没有硬性规定要由 C# 编译器还是单独的实用程序来提取 XML 数据。但所有主流 C# 编译器都通过一个编译开关提供了该功能，而不是通过一个额外的实用程序。

10.5.1 将 XML 注释和编程构造关联

Begin 2.0

来看看代码清单 10.17 展示的 `DataStorage` 类。

代码清单 10.17 使用 XML 注释添加代码注释

```
/// <summary>
/// DataStorage is used to persist and retrieve
/// employee data from the files
/// </summary>
class DataStorage
{
  /// <summary>
  /// Save an employee object to a file
  /// named with the employee name
  /// </summary>
  /// <remarks>
  /// This method uses
  /// <seealso cref="System.IO.FileStream"/>
  /// in addition to
  /// <seealso cref="System.IO.StreamWriter"/>
  /// </remarks>
  /// <param name="employee">
  /// The employee to persist to a file</param>
  /// <data>January 1, 2000</date>
  public static void Store(Employee employee)
  {
      // ...
  }
  /**  <summary>
   *  Loads up an employee object
   *  </summary>
   *  <remarks>
   *  This method uses
   *  <seealso cref="System.IO.FileStream"/>
   *  in addition to
   *  <seealso cref="System.IO.StreamReader"/>
   *  </remarks>
   *  <param name="firstName">
   *  The first name of the employeee</param>
   *  <param name="lastName">
   *  The last name of the employee</param>
   *  <returns>
   *  The employee object corresponding to the names
   *  </returns>
   *  <date>January 1, 2000</date>**/
  public static Employee Load(
      string firstName, string lastName)
  {
      // ...
  }
}
```

XML 单行注释

XML 带分隔符的注释（C#2.0）

```
class Program
{
  // ...
}
```

代码清单 10.17 既使用了跨越多行的 XML 带分隔符的注释，也使用了每行都要求单独使用一个 /// 分隔符的 XML 单行注释。

由于 XML 注释 旨在提供 API 文档，所以一般只和 C# 声明（比如代码清单 10.17 中的类或方法）配合使用。如试图将 XML 注释嵌入代码，同时不和一个声明关联，就会造成编译器显示一个警告。编译器判断是否关联的依据很简单——如 XML 注释恰好在一个声明之前，两者就是关联的。

End 2.0

虽然 C# 允许在注释中使用任意 XML 标记，但 C# 标准明确定义了一组可以使用的标记。`<seealso cref="System.IO.StreamWriter"/>` 是使用 seealso 标记的一个例子。该标记在文本和 System.IO.StreamWriter 类之间创建了一个链接。

10.5.2 生成 XML 文档文件

编译器检查 XML 注释是否合式，不是会显示警告。生成 XML 文件需要为 ProjectProperties 元素添加一个 DocumentationFile 子元素：

```
<DocumentationFile>$(OutputPath)\$(TargetFramework)\$(AssemblyName).
xml</DocumentationFile>
```

该子元素导致在生成期间使用 <程序集名称>.xml 作为文件名在输出目录生成一个 XML 文件。代码清单 10.18 展示了最终生成的 CommentSamples.XML 文件的内容。

代码清单 10.18　CommentSamples.xml

```
<?xml version="1.0"?>
<doc>
    <assembly>
        <name>DataStorage</name>
    </assembly>
    <members>
        <member name="T:DataStorage">
            <summary>
            DataStorage is used to persist and retrieve
            employee data from the files.
            </summary>
        </member>
        <member name="M:DataStorage.Store(Employee)">
            <summary>
            Save an employee object to a file
            named with the Employee name.
            </summary>
            <remarks>
            This method uses
            <seealso cref="T:System.IO.FileStream"/>
            in addition to
```

```
            <seealso cref="T:System.IO.StreamWriter"/>
            </remarks>
            <param name="employee">
            The employee to persist to a file</param>
            <date>January 1, 2000</date>
        </member>
        <member name="M:DataStorage.Load(
                 System.String,System.String)">
            <summary>
            Loads up an employee object
            </summary>
            <remarks>
            This method uses
            <seealso cref="T:System.IO.FileStream"/>
            in addition to
            <seealso cref="T:System.IO.StreamReader"/>
            </remarks>
            <param name="firstName">
            The first name of the employee</param>
            <param name="lastName">
            The last name of the employee</param>
            <returns>
            The employee object corresponding to the names
            </returns>
            <date>January 1, 2000</date>*
        </member>
    </members>
</doc>
```

文件只包含将元素关联回对应 C# 声明所需的最基本的元数据。这一点需要注意，因为为了生成任何有意义的文档，一般都有必要将 XML 输出和生成的程序集配合起来使用。幸好，可利用一些工具（比如免费的 GhostDoc[1]和开源项目 NDoc[2]）来生成文档。

设计规范

- 如果签名不能完全说明问题，要为公共 API 提供 XML 文档，其中包括成员说明、参数说明和 API 调用示例。

10.6 垃圾回收

垃圾回收是“运行时”的核心功能，旨在回收不再被引用的对象所占用的内存。这句话的重点是“内存”和“引用”。垃圾回收器只回收内存，不处理其他资源，比如数据库连接、句柄（文件、窗口等）、网络端口以及硬件设备（比如串口）。此外，垃圾回收器根据是否存在任何引用来决定要清理什么。这暗示垃圾回收器处理的是引用对象，只回收堆上的内存。另外，还意味着假如维持对一个对象的引用，就会阻止垃圾回收器重用对象所用的内存。

[1] 请访问 http://submain.com，更多地了解这个工具。

[2] 请访问 http://ndoc.sourceforge.net，更多地了解这个工具。

高级主题：.NET 中的垃圾回收

垃圾回收器的许多细节都依赖于 CLI 框架，所以各不相同。本节讨论最常见的 Microsoft .NET 框架实现。

.NET 的垃圾回收器采用 mark-and-compact 算法[⊖]。一次垃圾回收周期开始时，它识别对象的所有**根引用**。根引用是来自静态变量、CPU 寄存器以及局部变量或参数实例（以及本节稍后会讲到的 f-reachable 对象）的任何引用。基于该列表，垃圾回收器可遍历每个根引用所标识的树形结构，并递归确定所有根引用指向的对象。这样，垃圾回收器就可识别出所有**可达对象**。

执行垃圾回收时，垃圾回收器不是枚举所有访问不到的对象；相反，它将所有可达对象紧挨着放到一起，从而覆盖不可访问的对象（也就是垃圾，或者不可达对象）所占用的内存。

为定位和移动所有可达对象，系统要在垃圾回收器运行期间维持状态的一致性。为此，进程中的所有托管线程都会在垃圾回收期间暂停。这显然会造成应用程序出现短暂的停顿。不过，除非垃圾回收周期特别长，否则这个停顿是不太引人注意的。为尽量避免在不恰当的时间执行垃圾回收，`System.GC` 对象包含一个 `Collect()` 方法。可在执行关键代码之前调用它（执行这些代码时不希望 GC 运行）。这样做不会阻止垃圾回收器运行，但会显著减小它运行的可能性——前提是关键代码执行期间不会发生内存被大量消耗的情况。

.NET 垃圾回收的特别之处在于，并非所有垃圾都一定会在一个垃圾回收周期中清除。研究对象的生存期，发现相较于长期存在的对象，最近创建的对象更有可能需要垃圾回收。为此，.NET 垃圾回收器支持“代”（generation）的概念，它会以更快的频率尝试清除生存时间较短的对象（新生对象）。而那些已在一次垃圾回收中“存活”下来的对象（老对象）会以较低的频率清除。具体地说，共有 3 代对象。一个对象每次在一个垃圾回收周期中存活下来，它都会移动到下一代，直至最终移动到第二代（从第零代开始）。相较于第二代对象，垃圾回收器会以更快的频率对第零代的对象执行垃圾回收。

在 .NET 的 beta 测试阶段，一些舆论认为它的性能比不上非托管代码，但时间已经证明，.NET 的垃圾回收机制是相当高效的。更重要的是，它带来了开发过程的总体效率的提高——虽然在极少数情况下，因为要对特定算法进行优化，托管代码的性能会出现打折扣的情况。

弱引用

迄今为止讨论的所有引用都是**强引用**，因其维持着对象的可访问性，阻止垃圾回收器清除对象所占用的内存。此外，框架还支持**弱引用**。弱引用不阻止对对象进行垃圾回收，但会维持一个引用。这样，对象在被垃圾回收器清除之前可以重用。

⊖ 所谓 mark-and-compact 算法，mark 是指先确定所有可达对象，compact 是指移动这些对象，使它们紧挨着存放。整个过程有点儿像磁盘碎片整理。注意 MSDN 文档中把 compact 不恰当地翻译成“压缩”。——译者注

弱引用是为创建起来代价较高（开销很大），而且维护开销特别大的对象而设计的。例如，假定一个很大的对象列表要从一个数据库中加载并向用户显示。在这种情况下，加载列表的代价是很高的。一旦列表被用户关闭，就应该可以进行垃圾回收。但假如用户多次请求这个列表，那么每次都要执行代价高昂的加载动作。解决方案是使用弱引用。这样就可使用代码检查列表是否清除。如尚未清除，就重新引用同一个列表。这样，弱引用就相当于对象的一个内存缓存。缓存中的对象可被快速获取。但假如垃圾回收器已回收了这些对象的内存，就还是要重新创建它们。

如认为对象（或对象集合）应该进行弱引用，就把它赋给 `System.WeakReference`（参见代码清单 10.19）。

代码清单 10.19 使用弱引用

```
// ...

private WeakReference Data;

public FileStream GetData()
{
    FileStream data = (FileStream)Data.Target;
    if (data != null)
    {
        return data;
    }
    else
    {
        // Load data
        // ...

        // Create a weak reference
        // to data for use later
        Data.Target = data;
    }
    return data;
}

// ...
```

创建弱引用（`Data`）之后，可查看弱引用是否为 `null` 来检查垃圾回收。但这里的关键是先将弱引用赋给一个强引用（`FileStream data = Data`），避免在“检查 `null` 值”和“访问数据”这两个动作之间，垃圾回收器运行并清除弱引用。强引用明显会阻止垃圾回收器清除对象，所以它必须先被赋值（而不是先检查 `Target` 是不是为 `null`）。

10.7 资源清理

垃圾回收是“运行时”的重要职责。但要注意，垃圾回收旨在提高内存利用率，而非清理文件句柄、数据库连接字符串、端口或其他有限的资源。

10.7.1 终结器

终结器（finalizer）允许程序员写代码来清理类的资源。但和使用 new 显式调用构造函数不同，终结器不能从代码中显式调用。没有和 new 对应的操作符（比如像 delete 这样的操作符）。相反，是垃圾回收器负责为对象实例调用终结器。因此，开发者不能在编译时确定终结器的执行时间。唯一确定的是终结器会在对象最后一次使用之后，并在应用程序正常关闭前的某个时间运行。（如进程异常终止，终结器将不会运行。例如，计算机断电或进程被强行终止，就会阻止终结器的运行。）

> **注意** 编译时不能确定终结器的确切运行时间。

终结器的声明与 C++ 析构器的语法完全一致。如代码清单 10.20 所示，终结器声明要求在类名之前添加一个“~”字符。

代码清单 10.20 定义终结器

```
using System.IO;

class TemporaryFileStream
{
  public TemporaryFileStream(string fileName)
  {
      File = new FileInfo(fileName);
      Stream = new FileStream(
          File.FullName, FileMode.OpenOrCreate,
          FileAccess.ReadWrite);
  }

  public TemporaryFileStream()
      : this(Path.GetTempFileName()) { }

  // Finalizer
  ~TemporaryFileStream()
  {
      Close();
  }
  public FileStream Stream { get; }
  public FileInfo File { get; }

  public void Close()
  {
      Stream?.Close();
      File?.Delete();
  }
}
```

终结器不允许传递任何参数，所以不可重载。此外，终结器不能显式调用。调用终结器的只能是垃圾回收器。因此，为终结器添加访问修饰符没有意义（也不支持）。基类中的终结器作为对象终结调用的一部分被自动调用。

注意 终结器不能显式调用，只有垃圾回收器才能调用。

由于垃圾回收器负责所有内存管理，所以终结器不负责回收内存。相反，它们负责释放像数据库连接和文件句柄这样的资源，这些资源需通过一次显式的行动来进行清理，而垃圾回收器不知道具体如何采取这些行动。

注意终结器在自己的线程中执行，这使它们的执行变得更不确定。这种不确定性使终结器中（调试器外）未处理的异常变得难以诊断，因为造成异常的情况是不明朗的。从用户的角度看，未处理异常的引发时机显得相当随机，跟用户当时执行的任何操作都没有太大关系。有鉴于此，一定要在终结器中避免异常。为此需采取一些防卫性编程技术，比如空值检查（参见代码清单 10.20）。

10.7.2 使用 using 语句进行确定性终结

终结器的问题在于不支持确定性终结（也就是预知终结器在何时运行）。相反，终结器是对资源进行清理的备用机制。假如类的使用者忘记显式调用必要的清理代码，就得依赖终结器清理资源。

例如，假定 `TemporaryFileStream` 不仅包含终结器，还包含 `Close()` 方法。该类使用了一个可能大量占用磁盘空间的文件资源。使用 `TemporaryFileStream` 的开发者可显式调用 `Close()` 回收磁盘空间。

很有必要提供进行确定性终结的方法，避免依赖终结器不确定的计时行为。即使开发者忘记显式调用 `Close()`，终结器也会调用它。虽然终结器运行得会晚一些（相较于显式调用 `Close()`），但该方法肯定会得到调用。

由于确定性终结的重要性，基类库为这个使用模式包含了特殊接口，而且 C# 已将这个模式集成到语言中。`IDisposable` 接口用名为 `Dispose()` 的方法定义了该模式的细节。开发者可针对资源类调用该方法，从而 `dispose`[⊖] 当前占用的资源。代码清单 10.21 演示了 `IDisposable` 接口以及调用它的一些代码。

代码清单 10.21 使用 IDisposable 清理资源

```
using System;
using System.IO;

class Program
{
  // ...
  static void Search()
```

⊖ dispose 在本书没有翻译。在英语语境中，它的意思是“摆脱”或“除去”（get rid of）一个东西，尤其是在这个东西很难除去的情况下。MSDN 文档把它翻译成“释放”，意思是显式释放或清理对象包装的资源。之所以认为“释放”不恰当，除了和 release 一词冲突之外，还因为 dispose 强调了“清理资源”，而且在完成（它包装的）资源的清理之后，对象本身的内存并不会释放。所以，“dispose 一个对象”或者“close 一个对象”真正的意思是：清理对象中包装的资源（比如它的字段所引用的对象），然后等待垃圾回收器自动回收该对象本身占用的内存。——译者注

```
    {
        TemporaryFileStream fileStream =
            new TemporaryFileStream();

        // Use temporary file stream
        // ...

        fileStream.Dispose();

        // ...
    }
}
```

```
class TemporaryFileStream : IDisposable
{
    public TemporaryFileStream(string fileName)
    {
        File = new FileInfo(fileName);
        Stream = new FileStream(
            File.FullName, FileMode.OpenOrCreate,
            FileAccess.ReadWrite);
    }

    public TemporaryFileStream()
        : this(Path.GetTempFileName()) { }

    ~TemporaryFileStream()
    {
        Dispose(false);
    }

    public FileStream Stream { get; }
    public FileInfo File { get; }

    public void Close()
    {
        Dispose();
    }

    #region IDisposable Members
    public void Dispose()
    {
        Dispose(true);

        // Turn off calling the finalizer
        System.GC.SuppressFinalize(this);
    }
    #endregion
    public void Dispose(bool disposing)
    {
        // Do not dispose of an owned managed object (one with a
        // finalizer) if called by member finalize,
```

```
        // as the owned managed objects finalize method
        // will be (or has been) called by finalization queue
        // processing already
        if (disposing)
        {
            Stream?.Close();
        }
        File?.Delete();
    }
}
```

Program.Search() 在用完 TemporaryFileStream 之后显式调用 Dispose()。Dispose() 负责清理和内存无关的资源（本例是一个文件），这些资源不会由垃圾回收器隐式清理。但在执行过程中，仍有一个漏洞会阻止 Dispose() 执行。实例化 TemporaryFileStream 后，调用 Dispose() 前，有可能发生一个异常。这造成 Dispose() 得不到调用，资源清理不得不依赖于终结器。为避免这个问题，调用者需要实现一个 try/finally 块。但开发者不需要显式地写一个这样的块。因为 C# 为此提供了 using 语句。最终代码如代码清单 10.22 所示。

代码清单 10.22 执行 using 语句

```
class Program
{
  // ...

  static void Search()
  {
      using (TemporaryFileStream fileStream1 =
          new TemporaryFileStream(),
          fileStream2 = new TemporaryFileStream())
      {
          // Use temporary file stream
      }
  }
}
```

最终生成的 CIL 代码与写一个显式的 try/finally 块完全一样。如果自己写 try/finally 块，那么 fileStream.Dispose() 应该在 finally 块中调用。总之，using 语句只是提供了 try/finally 块的语法快捷方式。

可在 using 语句内实例化多个变量，只需用逗号分隔每个变量即可。关键是所有变量都具有相同的类型，都实现了 IDisposable。为强制使用同一类型，数据类型只能指定一次，而不是在每个变量声明之前都指定一次。

10.7.3 垃圾回收、终结和 IDisposable

代码清单 10.21 还有另外几个值得注意的地方。首先，IDisposable.Dispose() 方法包含对 System.GC.SuppressFinalize() 的调用，作用是从终结（f-reachable）队列中移除 TemporaryFileStream 类实例。这是因为所有清理都在 Dispose() 方法中完成了，而不是等着终结器执行。

不调用 SuppressFinalize()，对象的实例会包括到 f-reachable 队列中。该队列中的对象已差不多准备好了进行垃圾回收，只是它们还有终结方法没有运行。这种对象只有在其终结方法被调用之后，才能由“运行时”进行垃圾回收。但垃圾回收器本身不调用终结方法。相反，对这种对象的引用会添加到 f-reachable 队列中，并由一个额外的线程根据执行上下文，挑选合适的时间进行处理。讽刺的是，这造成了托管资源的垃圾回收时间的推迟——而许多这样的资源本应更早一些清理。推迟是由于 f-reachable 队列是“引用”列表。所以，对象只有在它的终结方法得到调用，而且对象引用从 f-reachable 队列中删除之后，才会真正变成“垃圾”。

注意 **有终结器的对象如果不显式 dispose，其生存期会被延长，因为即使对它的所有显式引用都不存在了，f-reachable 队列仍然包含对它的引用，使对象一直生存，直至 f-reachable 队列处理完毕。**

正是由于这个原因，Dispose() 才调用 System.GC.SuppressFinalize 告诉“运行时”不要将该对象添加到 f-reachable 队列，而是允许垃圾回收器在对象没有任何引用（包括任何 f-reachable 引用）时清除对象。

其次，Dispose() 调用了 Dispose(bool disposing) 方法，并传递实参 true。结果是为 Stream 调用 Dispose() 方法（清理它的资源并阻止终结）。接着，临时文件在调用 Dispose() 后立即删除。这个重要的调用避免了一定要等待终结队列处理完毕才能清理资源的限制。

第三，终结器现在不是调用 Close()，而是调用 Dispose(bool disposing)，并传递实参 false。结果是即使文件被删除，Stream 也不会关闭（disposed）。原因是从终结器中调用 Dispose(bool disposing) 时，Stream 实例本身还在等待终结（或者已经终结，系统会以任意顺序终结对象）。所以，在执行终结器时，拥有托管资源的对象不应清理，那应该是终结队列的职责。

第四，同时创建 Close() 和 Dispose() 方法需谨慎。只看 API 并不知道 Close() 会调用 Dispose()。所以开发人员搞不清楚是不是需要显式调用 Close() 和 Dispose()。

设计规范

- 要只为使用了稀缺或昂贵资源的对象实现终结器方法，即使终结会推迟垃圾回收。
- 要为有终结器的类实现 IDisposable 接口以支持确定性终结。
- 要为实现了 IDisposable 的类实现终结器方法，以防 Dispose() 没有被显式调用。
- 要重构终结器方法来调用与 IDisposable 相同的代码，可能就是调用一下 Dispose() 方法。
- 不要在终结器方法中抛出异常。
- 要从 Dispose() 中调用 System.GC.SuppressFinalize()，以使垃圾回收更快地发生，并避免重复性的资源清理。

- 要保证 Dispose() 可以重入（可被多次调用）。
- 要保持 Dispose() 的简单性，把重点放在终结所要求的资源清理上。
- 避免为自己拥有的、带终结器的对象调用 Dispose()。相反，依赖终结队列清理实例。
- 避免在终结方法中引用未被终结的其他对象。
- 要在重写 Dispose() 时调用基类的实现。
- 考虑在调用 Dispose() 后将对象状态设为不可用。对象被 dispose 之后，调用除 Dispose() 之外的方法应引发 ObjectDisposedException. 异常。（Dispose() 应该能多次调用。）
- 要为含有可 dispose 字段（或属性）的类型实现 IDisposable 接口，并 dispose 这些字段引用的对象。

语言对比：C++——确定性析构

虽然终结器类似于 C++ 析构器，但由于编译时无法确定终结器的执行时间，因此两者实际存在相当大的差别。垃圾回收器调用 C# 终结器是在对象最后一次使用之后、应用程序关闭之前的某个时间。相反，只要对象（而非指针）超出作用域，C++ 析构器就自动调用。

虽然运行垃圾回收器可能代价相当高，但事实上垃圾回收器拥有足够的判断力，会一直等到处理器占用率较低的时候才运行。在这一点上，我们认为它优于确定性析构器。确定性析构器会在编译时定义的位置运行——即使当前处理器处于重负荷下。

高级主题：从构造函数传播的异常

即使有异常从构造函数传播出来，对象仍会实例化，只是没有新实例从 new 操作符返回。如类型定义了终结器，对象一旦准备好进行垃圾回收，就会运行该方法（即使只构造了一部分的对象，终结方法也会运行）。另外要注意，如构造函数过早共享它的 this 引用，即使构造函数引发异常，也能访问该引用。不要让这种情况发生。

高级主题：对象复活

调用对象的终结方法时，对该对象的引用都已消失。垃圾回收前唯一剩下的步骤就是运行终结代码。但完全可能无意中重新引用一个待终结的对象。这样，被重新引用的对象就不再是不可访问的，所以不能当作垃圾被回收掉。但假如对象的终结方法已经运行，那么除非显式标记为要进行终结（使用 GC.ReRegisterFinalize() 方法），否则终结方法不一定会再次运行。

显然，像这样的对象复活是非常罕见的，而且通常应该避免发生。终结代码应该简单，只清理它引用的资源。

10.8 推迟初始化

上一节讨论了如何用 using 语句确定性 dispose 对象，以及在没有进行确定性 dispose 的时候终结队列如何清理资源。

与此相关的模式称为**推迟初始化**或者**推迟加载**。使用推迟初始化，可在需要时才创建（或获取）对象，而不是提前创建好——尤其是它们永远都不使用的前提下。来考虑代码清单 10.23 中的 FileStream 属性。

代码清单 10.23 推迟加载属性

```
using System.IO;

class DataCache
{
  // ...

        public TemporaryFileStream FileStream =>
            InternalFileStream??(InternalFileStream =
                new TemporaryFileStream());
        private TemporaryFileStream InternalFileStream
            { get; set; } = null;
  // ...
}
```

在 FileStream 表达式主体属性中，我们在直接返回 InternalFileStream 的值之前检查它是否为空。如为空，就先实例化 TemporaryFileStream 对象，在返回新实例前先把它赋给 InternalFileStream。这样只有当调用 FileStream 属性的 get 访问器方法时才实例化属性要求的 TemporaryFileStream 对象。get 访问器方法永不调用，TemporaryFileStream 对象永不实例化。这样就可省下进行实例化所需的时间。显然，如实例化代价微不足道或不可避免（而且不适合推迟这个必然要做的事情），就应直接在声明时或在构造函数中赋值。

Begin 4.0

高级主题：为泛型和 Lambda 表达式使用推迟加载

从 .NET Framework 4.0 开始，CLR 添加了一个新类来帮助进行推迟初始化，这个类就是 System.Lazy<T>。代码清单 10.24 演示了如何使用。

代码清单 10.24 使用 System.Lazy<T> 推迟加载属性

```
using System.IO;

class DataCache
{
  // ...

 public TemporaryFileStream FileStream =>
     InternalFileStream.Value;
 private Lazy<TemporaryFileStream> InternalFileStream { get; }
     = new Lazy<TemporaryFileStream>(
```

```
            () => new TemporaryFileStream() );

      // ...
    }
```

System.Lazy<T> 获取一个类型参数（T），该参数标识了 System.Lazy<T> 的 Value 属性要返回的类型。不是将一个完全构造好的 TemporaryFileStream 赋给属性的支持字段。相反，赋给它的是 Lazy<TemporaryFileStream> 的一个实例（一个轻量级的调用），将 TemporaryFileStream 本身的实例化推迟到访问 Value 属性（进而访问 FileStream 属性）的时候才进行。

如除了类型参数（泛型）还使用了委托，甚至可提供一个函数指定在访问 Value 属性值时如何初始化对象。代码清单 10.25 演示了如何将委托（本例是一个 Lambda 表达式）传给 System.Lazy<T> 的构造函数。

注意，Lambda 表达式本身，即 () => new TemporaryFileStream()，是直到调用 Value 时才执行的。Lambda 表达式提供了一种方式为将来发生的事情传递指令，但除非显式请求，否则那些指令不会执行。

End 4.0

10.9　小结

本章围绕如何构建健壮的类库展开了全面讨论。所有主题也适用于内部开发，但它们更重要的作用是构建健壮的类。最终目标是构建更健壮、可编程性更好的 API。同时涉及健壮性和可编程性的主题包括“命名空间”和“垃圾回收”。涉及可编程性的其他主题还有“重写 object 的虚成员”、“操作符重载”以及“用 XML 注释来编档”。

异常处理通过定义一个异常层次结构，并强迫自定义异常进入该层次结构，从而充分地利用了继承。此外，C# 编译器利用继承来验证 catch 块顺序。下一章将解释为什么继承是异常处理的核心部分。

第 11 章

异常处理

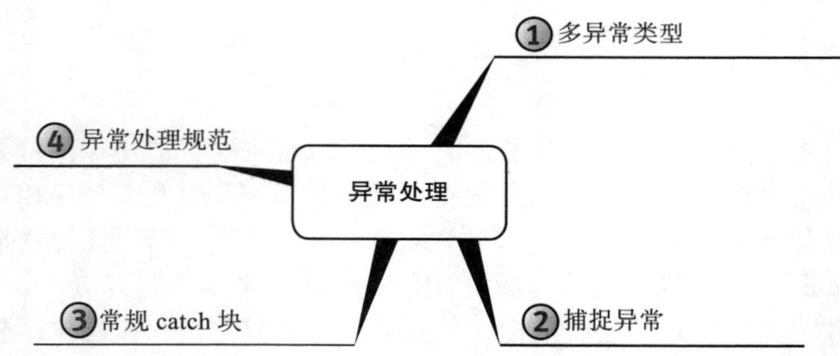

第 5 章讨论了如何使用 try/catch/finally 块执行标准异常处理。在那一章中，catch 块主要捕捉 System.Exception 类型的异常。本章讨论了异常处理的更多细节，包括其他异常类型、定义自定义异常类型以及用于处理每种异常类型的多个 catch 块。本章还详细描述了异常对继承的依赖。

11.1 多异常类型

代码清单 11.1 抛出 System.ArgumentException 而不是第 5 章演示的 System.Exception。C# 允许代码抛出从 System.Exception 直接或间接派生的任何异常类型。

用关键字 throw 抛出异常实例。所选的异常类型应该能最好地说明发生异常的背景。

Begin 6.0

Begin 7.0

代码清单 11.1 抛出异常

```
public sealed class TextNumberParser
{
```

```
    public static int Parse(string textDigit)
    {
        string[] digitTexts =
            { "zero", "one", "two", "three", "four",
                "five", "six", "seven", "eight", "nine" };

        int result = Array.IndexOf(
            digitTexts,
              // Leveraging C# 2.0's null coelesce operator
            (textDigit??
              // Leveraging C# 7.0's throw expression
              throw new ArgumentNullException(nameof(textDigit))
            ).ToLower());
        if (result < 0)
        {
            // Leveraging C# 6.0's nameof operator
            throw new ArgumentException(
                "The argument did not represent a digit",
                nameof(textDigit));
        }

        return result;
    }
}
```

以代码清单 11.1 的 TextNumberParser.Parse() 方法为例。调用 Array.IndexOf() 时，在 textDigit 为空的前提下利用了 C# 7.0 的 throw 表达式功能。C# 7.0 之前不支持 throw 表达式，只支持 throw 语句，所以需要两个单独的语句：一个进行空检查，另一个抛出异常。但这样就无法在同一个语句中嵌入 throw 和空合并操作符（??）。

End 7.0

程序不是抛出 System.Exception，而是抛出更合适的 ArgumentException，因为类型本身指出什么地方出错（参数异常），并包含了特殊的参数来指出具体是哪一个参数出错。

ArgumentNullException 和 NullReferenceException 这两个异常很相似。前者应在错误传递了空值时抛出。空值是无效参数的特例。非空的无效参数则应抛出 ArgumentException 或 ArgumentOutOfRangeException。一般只有在底层“运行时”解引用 null 值（想调用对象的成员，但发现对象的值为空）时才抛出 NullReferenceException。开发人员不要自己抛出 NullReferenceException。相反，应在访问参数前检查它们是否为空，为空就抛出 ArgumentNullException，这样能提供更具体的上下文信息，比如参数名等。如果在实参为空时可以无害地继续，请一定使用 C# 6.0 的空条件操作符（?.）来避免“运行时”抛出 NullReferenceException。

参数异常类型（包括 ArgumentNullException、ArgumentNullException 和 ArgumentOutOfRangeException）的一个重要特点是构造函数支持用一个字符串参数来标识参数名。C# 6.0 以前需硬编码一个字符串（例如 "textDigit"）来标识参数名。参数名发生更改，开发人员必须手动更新该字符串。幸好，C# 6.0 增加了一个 nameof 操作符，它获取参数名标识符并在编译时生成参数名，如代码清单 11.1 的 nameof(textDigit) 所示。它的好处在于，现在 IDE 可利用重构工具（比如自动重命名）自动更改标识符，包括在作为实参传给 nameof 操作符的时候。另外，如参数名发生更改（不是通过重构工具），在传给 nameof 操作符的标识符不复存在时会报告编译错误。从 C# 6.0 起，编程规范是在抛出参数异常时总是为参数名使用 nameof 操作符。第 18 章完整解释了 nameof 操作符。目前只需知道 nameof 返回所标识的实参的名称。

还有几个直接或间接从 System.SystemException 派生的异常仅供"运行时"抛出，其中包括 System.StackOverflowException、System.OutOfMemoryException、System.Runtime.InteropServices.COMException、System.ExecutionEngineException 和 System.Runtime.InteropServices.SEHException。不要自己抛出这些异常。类似地，不要抛出 System.Exception 或 System.ApplicationException。它们过于宽泛，为问题的解决提供不了太多帮助。相反，要抛出最能说明问题的异常。虽然开发人员应避免创建可能造成系统错误的 API，但假如代码的执行达到一种再执行就会不安全或者不可恢复的状态，就应该果断地调用 System.Environment.FailFast()。这会向 Windows Application 事件日志写入一条消息，然后立即终止进程。（如用户事先进行了设置，消息还会发送给"Windows 错误报告"。）

设计规范

- 要在向成员传递了错误参数时抛出 ArgumentException 或者它的某个子类型。抛出尽可能具体的异常（例如 ArgumentNullException）。
- 要在抛出 ArgumentException 或者它的某个子类时设置 ParamName 属性。
- 要抛出最能说明问题的异常（最具体或者派生得最远的异常）。
- 不要抛出 NullReferenceException。相反，在值意外为空时抛出 ArgumentNullException。
- 不要抛出 System.SystemException 或者它的派生类型。
- 不要抛出 System.Exception 或者 System.ApplicationException。
- 考虑在程序继续执行会变得不安全时调用 System.Environment.FailFast() 来终止进程。
- 要为传给参数异常类型的 paramName 实参使用 nameof 操作符。接收这种实参的异常类型包括 ArgumentException，ArgumentOutOfRangeException 和 ArgumentNullException。

End 6.0

11.2 捕捉异常

可通过捕捉特定的异常类型来识别并解决问题。换言之，不需要捕捉异常并使用一个 switch 语句，根据异常消息来决定要采取的操作。相反，C# 允许使用多个 catch 块，每个块都面向一个具体的异常类型，如代码清单 11.2 所示。

代码清单 11.2 捕捉不同的异常类型

```
using System;

public sealed class Program
{
  public static void Main(string[] args)
  {
      try
      {
              // ...
              throw new InvalidOperationException(
                  "Arbitrary exception");
              // ...
      }
      catch(Win32Exception exception)
          when(exception.NativeErrorCode == 42)
      {
          // Handle Win32Exception where
          // ErrorCode is 42
      }
      catch (NullReferenceException exception)
      {
          // Handle NullReferenceException
      }
      catch (ArgumentException exception)
      {
          // Handle ArgumentException
      }
      catch (InvalidOperationException exception)
      {
         bool exceptionHandled=false;
          // Handle InvalidOperationException
         // ...
          if(!exceptionHandled)
          {
               throw;
          }
       }
       catch (Exception exception)
       {
           // Handle Exception
       }
       finally
       {
           // Handle any cleanup code here as it runs
           // regardless of whether there is an exception
       }
  }
}
```

代码清单 11.2 总共有 5 个 catch 块，每个处理一种异常类型。发生异常时，会跳转到与异常类型最匹配的 catch 块执行。匹配度由继承链决定。例如，即使抛出的是 System.

Exception 类型的异常，由于 System.InvalidOperationException 派生自 System.Exception，因此 InvalidOperationException 与抛出的异常匹配度最高。最终，将由 catch(InvalidOperationException...) 捕捉到异常，而不是由 catch(Exception ...) 块捕捉。

Begin 6.0

从 C# 6.0 起，catch 块支持一个额外的条件表达式。不是只根据异常类型来匹配，现在可以添加 when 子句来提供一个 Boolean 表达式。条件为 true，catch 块才处理异常。

代码清单 11.2 在 when 子句中使用的是一个相等性比较操作符，但可以在这里使用任何条件表达式。例如，可以执行一次方法调用来验证条件。

当然可以在 catch 主体中用 if 语句执行条件检查。但这样做会造成该 catch 块先成为异常的“处理程序”，再执行条件检查，导致难以在条件不满足时改为使用一个不同的 catch 块。而使用异常条件表达式，就可先检查程序状态（包括异常），而不需要先捕捉再重新抛出异常。

End 6.0

条件子句使用需谨慎。如条件表达式本身抛出异常，新异常会被忽略，且条件被视为 false。所以，要避免异常条件表达式抛出异常。

catch 块必须按从最具体到最常规的顺序排列以避免编译错误。例如，将 catch (Exception ...) 块移到其他任何一种异常之前都会造成编译错误。因为之前的所有异常都直接或间接从 System.Exception 派生。

catch 块并非一定需要具名参数，例如 catch (SystemException){...}。事实上，如下一节所述，最后一个 catch 甚至连类型参数都可以不要。

语言对比：Java——异常指示符

C# 没有与 Java 异常指示符 (exception specifiers) 对应的东西。通过异常指示符，Java 编译器可验证一个函数（或函数的调用层次结构）中抛出的所有可能的异常是已被捕捉到还是被声明为可以重新抛出。C# 团队考虑过这种设计，但认为它的好处不足以抵消维护所带来的负担。所以，最终的决定是没必要维持一个特定调用栈上所有可能异常的列表。当然，这也造成不能轻松判断所有可能的异常。事实上，Java 也做不到这一点。由于可能调用虚方法或使用晚期绑定（比如反射），所以编译时不可能完整分析一个方法可能抛出的异常。

11.2.1 重新抛出异常

注意在捕捉 InvalidOperationException 的 catch 块中，虽然当前 catch 块的范围内有一个异常实例（exception）可供重新抛出，但还是使用了一个未注明要抛出什么异常的 throw 语句（一个独立的 throw 语句）。如选择抛出具体异常，会更新所有栈信息来匹配新的抛出位置。这会导致指示异常最初发生位置的所有栈信息丢失，使问题变得更难诊断。有鉴于此，C# 支持不指定具体异常、但只能在 catch 块中使用的 throw 语句。这使代码可以检查异常，判断是否能完整处理该异常，不能就重新抛出异常（虽然没有显式指定这个动作）。结果是异常似乎从未捕捉，也没有任何栈信息被替换。

Begin 5.0

高级主题：抛出现有异常而不替换栈信息

C# 5.0 新增了一个机制，允许抛出之前抛出的异常而不丢失原始异常中的栈跟踪信息。这样即使在 catch 块外部也能重新抛出异常，而不是像以前那样只能在 catch 块内部使用 throw; 语句来重新抛出。虽然很少需要这样做，但偶尔需要包装或保存异常，直到程序执行离开 catch 块。例如，多线程代码可能用 AggregateException 包装异常。.NET 4.5 Framework 提供了 System.Runtime.ExceptionServices.ExceptionDispatchInfo 类来专门处理这种情况。你需要使用它的静态方法 Catch() 和实例方法 Throw()。遗憾的是，该类在 .NET Core 中不可用（至少 2.0 如此）。

代码清单 11.3 演示如何在不重置栈跟踪信息或使用空 throw 语句的前提下重新抛出异常。

代码清单 11.3　使用 ExceptionDispatchInfo 重新抛出异常

```
using System
using System.Runtime.ExceptionServices;
using System.Threading.Tasks;
Task task = WriteWebRequestSizeAsync(url);
try
{
  while (!task.Wait(100))
  {
      Console.Write(".");
  }
}
catch(AggregateException exception)
{
  exception = exception.Flatten();
  ExceptionDispatchInfo.Capture(
      exception.InnerException).Throw();
}
```

ExeptionDispatchInfo.Throw() 值得注意的一个地方是，编译器不认为它是像普通 throw 语句那样的一个返回语句。例如，如方法签名返回一个值，但没有值从 ExceptionDispatchInfo.Throw() 所在的代码路径返回，编译器就会报错，指出没有返回值。所以，开发人员有时不得不在 ExceptionDispatchInfo.Throw() 后面跟随一个 return 语句，即使该语句在运行时永远不会执行（相反是抛出异常）。

End 5.0

11.3　常规 catch 块

Begin 2.0

C# 要求代码抛出的任何对象都必须从 System.Exception 派生。但并非所有语言都如此要求。例如，C/C++ 允许抛出任意对象类型，包括不是从 System.Exception 派生的托管异常。从 C# 2.0 起，不管是不是从 System.Exception 派生的所有异常在进入程序集之后，都会被“包装”成从 System.Exception 派生。结果是捕捉 System.Exception 的 catch 块现在可捕捉前面的块不能捕捉的所有异常。

C# 还支持**常规 catch 块**，即 catch{}，其行为和 catch(System.Exception exception) 块完全一致，只是没有类型名或变量名。此外，常规 catch 块必须是所有 catch 块的最后一个。由于常规 catch 块在功能上完全等价于 catch(System.Exception exception) 块，而且必须放在最后，所以在同一个 try/catch 语句中，假如这两个 catch 块同时出现，编译器就会显示一条警告消息，因为常规 catch 块永远得不到调用。（参见“高级主题：C# 1.0 中的常规 catch 块”，更多地了解常规 catch 块。）

高级主题：C# 1.0 中的常规 catch 块

在 C# 1.0 中，从不是用 C# 写的程序集中的一个方法调用中抛出不是从 System.Exception 派生的异常，该异常不会被 catch(System.Exception) 捕捉到。例如，假如一种不同的语言抛出一个 string，异常就会进入未处理状态。为避免这个问题，C# 允许写一个无参 catch 块。C# 团队将其称为常规 catch 块，如代码清单 11.4 所示。

代码清单 11.4　捕捉任意异常

```
using System

public sealed class Program
{
  public static void Main()
  {
      try
      {
              // ...
              throw new InvalidOperationException (
                  "Arbitrary exception");
              // ...
      }
      catch (NullReferenceException exception)
      {
          // Handle NullReferenceException
      }
      catch (ArgumentException exception)
      {
          // Handle ArgumentException
      }
      catch (InvalidOperationException exception)
      {
          // Handle ApplicationException
       }
      catch (Exception exception)
      {
          // Handle Exception
      }
      catch
      {
          // Any unhandled exception
      }
      finally
```

```
        {
            // Handle any cleanup code here as it runs
            // regardless of whether there is an exception
        }
    }
}
```

常规 catch 块捕捉前面的 catch 块没有捕捉到的所有异常，不管它们是否从 System.Exception 派生。该 catch 块的缺点在于没有一个可供访问的异常实例，所以无法确定最佳对策，甚至无法确定这是不是一个无害异常（虽然这种情况很少见）。最好的做法就是在关闭应用程序之前，用一些清理代码去处理异常。例如，在关闭应用程序或重新抛出异常之前，常规 catch 块应保存任何易失的数据。

End 2.0

高级主题：常规 catch 块的内部原理

事实上，与常规 catch 块对应的 CIL 代码是一个 catch(object) 块。这意味着不管抛出什么类型，空 catch 块都能捕捉到它。有趣的是，不能在 C# 代码中显式声明 catch(object) 块。所以，没办法捕捉一个非 System.Exception 派生的异常，并拿一个异常实例仔细检查问题。

事实上，来自 C++ 等语言的非托管异常通常会造成 System.Runtime.InteropServices.SEHException 类型的异常，它从 System.Exception 派生。所以，常规 catch 块不仅能捕捉非托管类型的异常，还能捕捉非 System.Exception 托管类型的异常，比如 string 类型。

11.4 异常处理规范

异常处理为它前面的错误处理机制提供了必要的结构。但若使用不当，仍有可能造成一些令人不快的后果。以下规范是异常处理的最佳实践。

- **只捕捉能处理的异常。**

通常，一些类型的异常能处理，但另一些不能。例如，试图打开使用中的文件进行独占式读 / 写访问会抛出一个 System.IO.IOException。捕捉这种类型的异常，代码可向用户报告该文件正在使用，并允许用户选择取消或重试。只应捕捉那些已知怎么处理的异常。其他异常类型应留给栈中较高的调用者去处理。

- **不要隐藏（bury）不能完全处理的异常。**

新手程序员常犯的一个错误是捕捉所有异常，然后假装什么都没有发生，而不是向用户报告未处理的异常。这可能导致严重的系统问题逃过检测。除非代码执行显式的操作来处理异常，或显式确定异常无害，否则 catch 块应重新抛出异常，而不是在捕捉了之后在调用者面前隐藏它们。catch(System.Exception) 和常规 catch 块大多数时候应放在调用栈中较高的位置，除非在块的末尾重新抛出异常。

Begin 4.0

❑**尽量少用 System.Exception 和常规 catch 块。**

几乎所有异常都从 `System.Exception` 派生。但某些 `System.Exception` 的最佳处理方式是不处理，或尽快得体地关闭应用程序。这些异常包括 `System.OutOfMemoryException` 和 `System.StackOverflowException` 等等。在 CLR 4 中，这些异常默认"不可恢复"。所以，如捕捉但又不重新抛出，会造成 CLR 重新抛出。这些属于运行时异常，开发人员不能写代码从中恢复。所以，最好的做法就是关闭应用程序——在 CLR 4 和更高版本中，这是"运行时"会强制采取的操作。CLR 4 之前的代码在捕捉到这种异常后，也只应运行清理或紧急代码（比如保存任何易失的数据），然后马上关闭应用程序，或使用 `throw;` 语句重新抛出。

End 4.0

❑**避免在调用栈较低的位置报告或记录异常。**

新手程序员倾向于异常一发生就记录它，或者向用户报告。但由于当前正处在调用栈中较低的位置，而这些位置很少能完整处理异常，所以只好重新抛出异常。像这样的 `catch` 块不应记录异常，也不应向用户报告。如异常被记录，又被重新抛出（调用栈中较高的调用者可能做同样的事情），就会造成重复出现的异常记录项。更糟的是，取决于应用程序的类型，向用户显示异常可能并不合适。例如，在 Windows 应用程序中使用 `System.Console.WriteLine()`，用户永远看不到显示的内容。类似地，在无人值守的命令行进程中显示对话框，可能根本不会被人看到，而且可能使应用程序冻结在这个位置。日志记录和与异常相关的用户界面应保留到调用栈中较高的位置。

❑**在 catch 块中使用 throw; 而不是 throw < 异常对象 > 语句。**

可在 `catch` 块中重新抛出异常。例如，可在 `catch(ArgumentNullException exception)` 的实现中包含一个 `throw exception` 调用。但像这样重新抛出，会将栈追踪重置为重新抛出的位置，而不是重用原始抛出位置。所以，只要不是重新抛出不同的异常类型，或者不是想故意隐藏原始调用栈，就应使用 `throw;` 语句，允许相同的异常在调用栈中向上传播。

Begin 6.0

❑**想好异常条件来避免在 catch 块中重新抛出异常。**

如果发现会捕捉到不能恰当处理所以需要重新抛出的异常，那么最好优化异常条件，从一开始就避免捕捉。

❑**避免在异常条件表达式中抛出异常。**

如提供了异常条件表达式，要避免在表达式中抛出异常，否则会造成条件变成 false，新异常被忽略。因此，可考虑在一个单独的方法中执行复杂的条件检查，用 `try/catch` 块包装该方法调用来显式处理异常。

❑**避免以后可能变化的异常条件表达式。**

如异常条件可能因本地化等情况而改变，预期的异常条件将不被捕捉，进而改变业务逻辑。因此，要确保异常条件不会因时间而改变。

End 6.0

❑**重新抛出不同异常时要小心。**

在 `catch` 块中重新抛出不同的异常，不仅会重置抛出点，还会隐藏原始异常。要保留原始异常，需设置新异常的 `InnerException` 属性（该属性通常可通过构造函数来赋值）。只有以下情况才可重新抛出不同的异常。

a）**更改异常类型可更好地澄清问题。**

例如，在对 `Logon(User user)` 的一个调用中，如遇到用户列表文件不能访问的情况，那么重新抛出一个不同的异常类型，要比传播 `System.IO.IOException` 更合适。

b）**私有数据是原始异常的一部分。**

在上例中，如文件路径包含在原始的 `System.IO.IOException` 中，就会暴露敏感的系统信息，所以应该使用其他异常类型来包装它（当然前提是原始异常没有设置 `InnerException` 属性）。有趣的是，CLR v1 的一个非常早的版本（比 alpha 还要早的一个版本）有一个异常会报告这样的消息："安全性异常：无足够权限确定 c:\temp\foo.txt 的路径"。

c）**异常类型过于具体，以至于调用者不能恰当地处理。**

例如，不要抛出数据库系统的专有异常，而应抛出一个较常规的异常，避免在调用栈较高的位置写数据库的专有代码。

设计规范

- 避免在调用栈较低的位置报告或记录异常。
- 不该捕捉的异常不要捕捉。要允许异常在调用栈中向上传播，除非能通过程序准确处理栈中较低位置的错误。
- 如理解特定异常在给定上下文中为何发生，并能通过程序处理错误，就考虑捕捉该异常。
- 避免捕捉 `System.Exception` 或 `System.SystemException`，除非是在顶层异常处理程序中先执行最终的清理操作再重新抛出异常。
- 要在 `catch` 块中使用 `throw;` 而不是 `throw` <异常对象>语句。
- 要先想好异常条件，避免在 `catch` 块重新抛出异常。
- 重新抛出不同异常时要当心。
- 值意外为空时**不要**抛出 `NullReferenceException`，而应抛出 `ArgumentNullException`。
- 避免在异常条件表达式中抛出异常。
- 避免以后可能变化的异常条件表达式。

11.5 自定义异常

必须抛出异常时，应首选框架内建的异常，因其得到构建良好，能被很好地理解。例如，首选的不是抛出自定义的"无效参数"异常，而应抛出 `System.ArgumentException`。但假如使用特定 API 的开发人员需采取特殊行动（例如要用不同逻辑处理错误），就适合定义一个自定义异常。例如，某个地图 API 接收到邮编无效的地址时不应抛出 `System.ArgumentException`，而应抛出自定义 `InvalidAddressException`。这里的关键在于调用者是否愿意编写专门的 `InvalidAddressException catch` 块来进行特殊处理，而不是用一个常规 `System.ArgumentException catch` 块。

定义自定义异常时，从 System.Exception 或者其他异常类型派生就可以了。代码清单 11.5 展示了一个例子。

代码清单 11.5 创建自定义异常

```
class DatabaseException : System.Exception
{
  public DatabaseException(
      System.Data.SqlClient.SQLException exception)
  {
      InnerException = exception;
      // ...
  }

  public DatabaseException(
      System.Data.OracleClient.OracleException exception)
  {
      InnerException = exception;
      // ...
  }

  public DatabaseException()
  {
      // ...
  }

  public DatabaseException(string message)
  {
      // ...
  }

  public DatabaseException(
      string message, Exception innerException)
  {
      InnerException = innerException;
      // ...
  }
}
```

可用该自定义异常包装多个专有的数据库异常。例如，由于 Oracle 和 SQL Server 会为类似的错误抛出不同的异常，所以可创建自定义异常，将数据库专有异常标准化到一个通用异常包装器中，使应用程序能以标准方式处理。这样不管应用程序的后端数据库是 Oracle 还是 SQL Server，都可在调用栈较高的位置用同一个 catch 块处理。

自定义异常唯一的要求是必须从 System.Exception 或者它的某个子类派生。此外，使用自定义异常时应遵守以下最佳实践。

- 所有异常都应该使用 "Exception" 后缀，彰显其用途。
- 所有异常通常都应包含以下三个构造函数：无参构造函数、获取一个 string 参数的构造函数以及同时获取一个字符串和一个内部异常作为参数的构造函数。另外，由于异常通常在抛出它们的语句中构造，所以还应允许其他任何异常数据成为构造函数的一部分。（当然，假如特定数据是必需的，而某个构造函数无法满足要求，则不应创建该构造函数。）

❑避免使用深的继承层次结构（一般应小于 5 级）。

如需重新抛出与捕捉到的不同的异常，内部异常将发挥重要作用。例如，假定一个数据库调用抛出了 System.Data.SqlClient.SqlException，但该异常在数据访问层捕捉到，并作为一个 DatabaseException 重新抛出，那么获取 SqlException（或内部异常）的 DatabaseException 构造函数会将原始 SqlException 保存到 InnerException 属性中。这样，在请求与原始异常有关的附加细节时，开发者就可从 InnerException 属性（例如 exception.InnerException）中获取异常。

设计规范

- 如果异常不以有别于现有 CLR 异常的方式处理，就不要创建新异常。相反，应抛出现有的框架异常。
- 要创建新异常类型来描述特别的程序错误。这种错误无法用现有的 CLR 异常来描述，而且需要采取有别于现有 CLR 异常的方式以程序化的方式处理。
- 要为所有自定义异常类型提供无参构造函数。还要提供获取消息和内部异常的构造函数。
- 要为异常类的名称附加“Exception”后缀。
- 要使异常能由“运行时”序列化。
- 考虑提供异常属性，以便通过程序访问关于异常的额外信息。
- 避免异常继承层次结构过深。

高级主题：可序列化异常

可序列化对象是“运行时”可以持久化成一个流（例如文件流），然后根据这个流来重新实例化的对象。某些分布式通信技术可能要求异常使用该技术。为支持序列化，异常声明应包含 System.SerializableAttribute 特性或实现 ISerializable。此外，必须包含一个构造函数来获取 System.Runtime.Serialization.SerializationInfo 和 System.Runtime.Serialization.StreamingContext。代码清单 11.6 展示了使用 System.SerializableAttribute 的一个例子。

代码清单 11.6 定义可序列化异常

```
// Supporting serialization via an attribute
[Serializable]
class DatabaseException : System.Exception
{
  // ...

  // Used for deserialization of exceptions
  public DatabaseException(
```

```
        SerializationInfo serializationInfo,
        StreamingContext context)
    {
        // ...
    }
}
```

这个 `DatabaseException` 例子演示了可序列化异常对特性和构造函数的要求。

注意在.NET Core的情况下，直到它支持.NET Standard 2.0才可使用`System.SerializableAttribute`。如代码要实现跨框架编译（包括低于2.0的某个.NET Standard版本），请考虑将自己的`System.SerializableAttribute`定义成一个polyfill。polyfill是技术的某个早期版本的“填空”代码，目的是添加功能，或至少为缺失的东西提供一个shim。[⊖]

11.6 重新抛出包装的异常

有时，栈中较低位置抛出的异常在高处捕捉到时已没有意义。例如，假定服务器上因磁盘空间耗尽而抛出`System.IO.IOException`。客户端捕捉到该异常，却理解不了为什么居然会有I/O活动。类似地，假定地理坐标请求API抛出`System.UnauthorizedAccessException`（和调用的API完全无关的异常），调用者理解不了API调用和安全性有什么关系。从调用API的代码的角度看，这些异常带来的更多是困惑而不是帮助。所以不应向客户端公开这些异常，而是捕捉异常，并抛出一个不同的异常，比如`InvalidOperationException`（或自定义异常），从而告诉用户系统处于无效状态。这种情况下一定要设置“包装异常”（wrapping exception）的`InnerException`属性（一般是通过构造函数调用，例如`new InvalidOperationException(String, Exception)`）。这样，就有一个额外的上下文供较接近所调用框架的人进行诊断。

包装并重新抛出异常时要记住，原始栈跟踪（提供了“原始异常”抛出位置的上下文）将被替换成新的栈跟踪（提供了“包装异常”抛出位置的上下文）。幸好，将原始异常嵌入包装异常，原始栈跟踪仍然可用。

最后，记住异常的目标接收者是写代码来调用（可能以不正确的方式调用）你的API的程序员。所以，要提供尽量多的信息来描述他哪里做错了以及如何修正（后者可能更重要）。异常类型是这个沟通机制的重要一环。所以，要精心选择类型。

⊖ polyfill和shim这两个术语源自JavaScript。shim是一个库，用于将新API引入旧环境，但只使用该环境已有的技术。而polyfill是一段代码（或插件），用于提供开发人员希望环境原生支持的技术，从而丰富API。所以，一个polyfill就是环境API的一个shim。通常我们检查环境是否支持一个API，不支持就加载一个polyfill。这样在两种情况下都可使用API。两个词都是家装术语，polyfill是腻子（把缺损的地方填充抹平），shim是垫圈或垫片（截取API调用、修改传入参数，最后自行处理对应操作或者将操作交由其他地方执行。垫片可以在新环境中支持老API，也可以在老环境里支持新API。一些程序并没有针对某些平台开发，也可以通过使用垫片来辅助运行）。——译者注

设计规范

- 如果低层抛出的特定异常在高层运行的上下文中没有意义，**考虑**将低层异常包装到更恰当的异常中。
- 要在包装异常时设置内部异常属性。
- 要将开发人员作为异常的接收者，尽量说清楚问题和解决问题的办法。

初学者主题：checked 和 unchecked 转换

正如第 2 章的“高级主题：checked 和 unchecked 转换”讨论的那样，C# 提供了特殊的关键字来标识代码块，指出假如目标数据类型太小，以至于不能包含所赋的数据，那么“运行时”应该怎么办。默认情况下，假如目标数据类型容不下所赋的数据，那么数据会被截短。代码清单 11.7 展示了一个例子。

代码清单 11.7　溢出一个整数值

```
using System;

public class Program
{
  public static void Main()
  {
      // int.MaxValue equals 2147483647
      int n = int.MaxValue;
      n = n + 1 ;
      System.Console.WriteLine(n);
  }
}
```

输出 11.1 展示了结果。

输出 11.1

```
-2147483648
```

会在控制台上显示值 -2147483648。但将代码放到 checked 块中或者在编译时使用 checked 选项就会造成“运行时”抛出 System.OverflowException 异常。checked 块使用关键字 checked，它的语法如代码清单 11.8 所示。

代码清单 11.8　checked 块示例

```
using System;

public class Program
{
  public static void Main()
  {
      checked
      {
```

```
            // int.MaxValue equals 2147483647
            int n = int.MaxValue;
            n = n + 1 ;
            System.Console.WriteLine(n);
        }
    }
}
```

如计算只涉及常量，那么计算默认就是 checked 的。输出 11.2 展示了代码清单 11.8 的结果。

输出 11.2

```
未处理的异常： System.OverflowException: 算术运算导致溢出。
在 Program.Main() 位置 ...Program.cs: 行号 12
```

此外，依据 Windows 版本以及是否安装了调试器，可能会出现一个对话框，提示用户选择向微软发送错误信息、检查解决方案或者对应用程序进行调试。另外，只有在调试编译中才会出现位置信息（Program.cs: 行号 X）。调试编译请使用微软的 csc.exe 编译器的 /Debug 选项。在 checked 块内，如果在运行时发生溢出的赋值，就会抛出异常。

C# 编译器提供了命令行选项将默认行为从 unchecked 改成 checked。除此之外，C# 还支持 unchecked 块，它会将数据截短，不会报告溢出错误，如代码清单 11.9 所示。

代码清单 11.9 unchecked 块示例

```
using System;

public class Program
{
  public static void Main()
  {
      unchecked
      {
          // int.MaxValue equals 2147483647
          int n = int.MaxValue;
          n = n + 1 ;
          System.Console.WriteLine(n);
      }
  }
}
```

输出 11.3 展示了代码清单 11.9 的结果。

输出 11.3

```
-2147483648
```

即使编译时打开了 checked 选项，上述代码执行期间，unchecked 关键字也会阻止“运行时”抛出异常。

> 如果不允许使用语句（比如在初始化字段的时候），那么可以使用 checked 和 unchecked 表达式，如下例所示：
>
> ```
> int _Number = unchecked(int.MaxValue + 1);
> ```

11.7 小结

抛出异常会显著影响性能。发生异常需加载和处理大量额外的运行时栈信息，整个过程会花费可观的时间。正如第 5 章指出的那样，只应使用异常处理异常情况。API 应提供相应的机制来检查是否抛出了异常，而不是非要调用特定 API 来判断是否抛出异常。

下一章介绍泛型，这是自 C# 2.0 引入的功能，能显著增强用 C# 1.0 写的代码。事实上，它使 `System.Collections` 命名空间几乎完全失去用处，而 2.0 之前的几乎每个项目都使用了该命名空间。

第 12 章

泛　　型

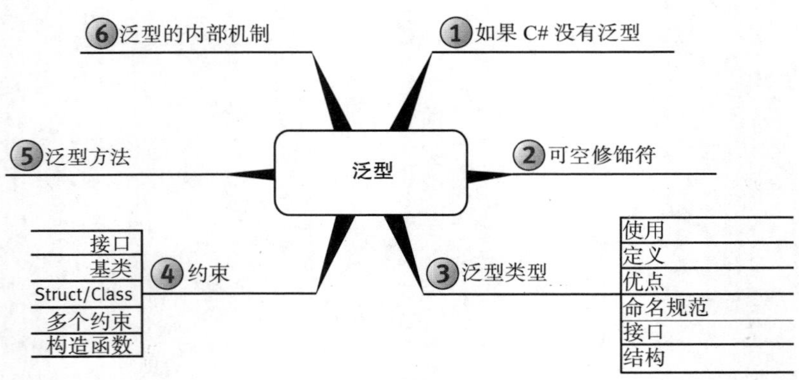

Begin 2.0

随着项目日趋复杂，需要更好的方式重用和定制现有软件。C# 通过**泛型**来促进代码重用，尤其是算法重用。方法因为能获取参数而强大。类似地，类型和方法也会因为能获取类型参数而变得强大。

泛型在词义上等价于 Java 泛型类型和 C++ 模板。在三种语言中，该功能都使算法和模式只需实现一次，而不必为每个类型都实现一次。但相较于 Java 泛型和 C++ 模板，C# 泛型在实现细节和对类型系统的影响方面差异甚大。泛型是自 C# 2.0 起添加到"运行时"的。

12.1　如果 C# 没有泛型

开始讨论泛型前，先看看一个没有使用泛型的类 `System.Collections.Stack`。它表示一个对象集合，加入集合的最后一项是从集合中获取的第一项（称为后入先出或 LIFO）。`Push()` 和 `Pop()` 是 `Stack` 类的两个主要方法，分别用于在栈中添加和移除数据项。代码清单 12.1 展示了 Stack 类的 Pop() 和 Push() 方法声明。

代码清单 12.1　System.Collections.Stack 类的方法签名

```
public class Stack
{
   public virtual object Pop() { ... }
   public virtual void Push(object obj) { ... }
   // ...
}
```

程序经常使用栈类型的集合实现多次撤销（undo）操作。例如，代码清单 12.2 利用 Stack 类在 Etch A Sketch 游戏程序中执行撤销。

代码清单 12.2　在 Etch A Sketch 游戏程序中支持撤销

```
using System;
using System.Collections;

class Program
{
  // ...

  public void Sketch()
  {
      Stack path = new Stack();
      Cell currentPosition;
      ConsoleKeyInfo key;  // Added in C# 2.0

      do
      {
          // Etch in the direction indicated by the
          // arrow keys that the user enters
          key = Move();
          switch (key.Key)
          {
              case ConsoleKey.Z:
                  // Undo the previous Move
                  if (path.Count >= 1)
                  {
                      currentPosition = (Cell)path.Pop();
                      Console.SetCursorPosition(
                          currentPosition.X, currentPosition.Y);
                      Undo();
                  }
                  break;

              case ConsoleKey.DownArrow:
              case ConsoleKey.UpArrow:
              case ConsoleKey.LeftArrow:
              case ConsoleKey.RightArrow:
                  // SaveState()
                  currentPosition = new Cell(
```

```
                Console.CursorLeft, Console.CursorTop);
            path.Push(currentPosition);
            break;

        default:
            Console.Beep();  // Added in C# 2.0
            break;
    }

  }
  while (key.Key != ConsoleKey.X);  // Use X to quit

 }
}

public struct Cell
{
    // Use read-only field prior to C# 6.0
    public int X { get; }
    public int Y { get; }
    public Cell(int x, int y)
    {
        X = x;
        Y = y;
    }
}
```

代码清单 12.2 的结果如输出 12.1 所示。

输出 12.1

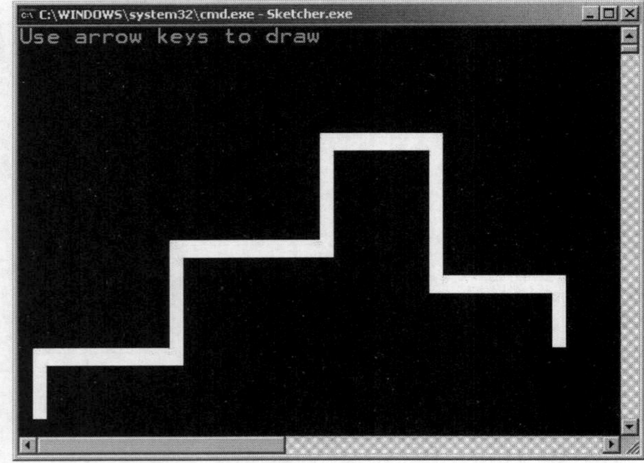

path 是声明为 System.Collections.Stack 的一个变量。为利用 path 保存上一次移动，只需使用 path.Push(currentPosition) 方法，将一个自定义类型 Cell 传入 Stack.Push() 方法。如用户输入 Z（或按 Ctrl+Z），表明需撤销上一次移动。为此，程序使用一个 Pop() 方法获取上一次移动，将光标位置设为上一个位置，然后调用 Undo()。

虽然代码能正常工作，但 System.Collections.Stack 类存在重大缺陷。如代码清单 12.1 所示，Stack 类收集 object 类型的值。由于 CLR 的每个对象都从 object 派生，所以 Stack 无法验证放到其中的元素是不是希望的类型。例如，传递的可能不是 currentPosition 而是 string，其中 X 和 Y 坐标通过小数点连接。不过，编译器必须允许不一致的数据类型。因为栈类设计成获取任意对象，包括较具体的类型。

此外，使用 Pop() 方法从栈中获取数据时，必须将返回值转型为 Cell。但假如 Pop() 返回的不是 Cell，就会引发异常。通过强制类型转换将类型检查推迟到运行时进行会使程序变得更脆弱。在不用泛型的情况下创建支持多种数据类型的类时，一个根本的问题是它们必须支持一个公共基类（或接口）——通常是 object。

为使用 object 的方法使用 struct 或整数这样的值类型，情况变得更糟。将值类型的实例传给 Stack.Push() 方法，“运行时”将自动对它进行装箱。类似地，获取值类型的实例时需要显式拆箱，将从 Pop() 获取的对象引用转型为值类型。引用类型转换为基类或接口对性能的影响可忽略不计，但值类型装箱的开销较大，因为必须分配内存、拷贝值以及进行垃圾回收。

C# 鼓励“类型安全”。许多类型错误（比如将整数赋给 string 变量）能在编译时捕捉到。目前的根本问题是 Stack 类不是类型安全的。在不使用泛型的前提下，要修改 Stack 类来确保类型安全，强迫它存储特定的数据类型，只能创建如代码清单 12.3 所示的一个特殊 Stack 类。

代码清单 12.3　定义特殊 Stack 类

```
public class CellStack
{
  public virtual Cell Pop();
  public virtual void Push(Cell cell);
  // ...
}
```

由于 CellStack 只能存储 Cell 类型的对象，所以该解决方案要求对栈的各个方法进行自定义实现，所以不是理想的解决方案。例如，为实现类型安全的整数栈，就需要另一个自定义实现。所有实现看起来都差不多。最终将产生大量重复、冗余的代码。

初学者主题：另一个例子——可空值类型

第 3 章讲过，可在声明值类型变量时使用可空修饰符 ? 声明允许包含 null 值的变量。C# 从 2.0 起才支持该功能，因其需要泛型才能正确实现。在引入泛型之前，程序员主要有两个选择。

第一个选择是为需要处理 null 值的每个值类型都声明可空数据类型，如代码清单 12.4 所示。

代码清单 12.4　为各个值类型声明可以存储 null 的版本

```
struct NullableInt
{
```

```
    /// <summary>
    /// Provides the value when HasValue returns true
    /// </summary>
    public int Value{ get; private set; }

    /// <summary>
    /// Indicates whether there is a value or whether
    /// the value is "null"
    /// </summary>
    public bool HasValue{ get; private set; }

    // ...
}

struct NullableGuid
{
    /// <summary>
    /// Provides the value when HasValue returns true
    /// </summary>
    public Guid Value{ get; private set; }

    /// <summary>
    /// Indicates whether there is a value or whether
    /// the value is "null"
    /// </summary>
    public bool HasValue{ get; private set; }

    ...
}
...
```

代码清单 12.4 只显示了 `NullableInt` 和 `NullableGuid` 的实现。如程序需要更多可空值类型，就不得不创建更多 `struct`，并修改属性来使用所需的值类型。如可空值类型的实现发生改变（例如，为了支持从基础类型向可空类型的隐式转换），就不得不修改所有可空类型声明。

第二个选择是声明可空类型，在其中包含 `object` 类型的 `Value` 属性，如代码清单 12.5 所示。

代码清单 12.5　声明可空类型，其中包含 `object` 类型的 `Value` 属性

```
struct Nullable
{
    /// <summary>
    /// Provides the value when HasValue returns true
    /// </summary>
    public object Value{ get; private set; }

    /// <summary>
    /// Indicates whether there is a value or whether
    /// the value is "null"
    /// </summary>
```

```
        public bool HasValue{ get; private set; }

        ...
    }
```

虽然该方案只需可空类型的一个实现，但“运行时”在设置 Value 属性时总是对值类型装箱。另外，从 Nullable.Value 获取基础值需要一次强制类型转换，而该操作在运行时可能无效。

两个方案都不理想。为解决问题，C# 2.0 引入了泛型。事实上，可空类型是作为泛型类型 Nullable<T> 实现的。

12.2 泛型类型概述

可利用泛型创建一个数据结构，该数据结构能进行特殊化以处理特定类型。程序员定义这种**参数化类型**，使泛型类型的每个变量都具有相同的内部算法，但数据类型和方法签名可随为类型参数提供的类型实参而变。

为减轻开发者的学习负担，C# 的设计者选择了与 C++ 模板相似的语法。所以，C# 泛型类和结构要求用尖括号声明泛型**类型参数**以及提供泛型**类型实参**[⊖]。

12.2.1 使用泛型类

代码清单 12.6 展示了如何指定泛型类使用的实际类型。为指示 path 变量使用 Cell 类型，在实例化和声明语句中都要用尖括号记号法指定 Cell。换言之，声明泛型类型的变量（本例是 path）时要指定泛型类型使用的类型实参。代码清单 12.6 展示了新的泛型 Stack 类。

代码清单 12.6 使用泛型 Stack 类实现撤销

```
using System;
using System.Collections.Generic;

class Program
{
  // ...

  public void Sketch()
  {
      Stack<Cell> path;          // Generic variable declaration
      path = new Stack<Cell>();  // Generic object instantiation
      Cell currentPosition;
      ConsoleKeyInfo key;

      do
      {
          // Etch in the direction indicated by the
          // arrow keys entered by the user
```

⊖ 本章很少区分类型参数和类型实参（实际上作者也不是特别严格），因为不影响理解。——译者注

```
            key = Move();

            switch (key.Key)
            {
                case ConsoleKey.Z:
                    // Undo the previous Move
                    if (path.Count >= 1)
                    {
                        // No cast required
                        currentPosition = path.Pop();
                        Console.SetCursorPosition(
                            currentPosition.X, currentPosition.Y);
                        Undo();
                    }
                    break;

                case ConsoleKey.DownArrow:
                case ConsoleKey.UpArrow:
                case ConsoleKey.LeftArrow:
                case ConsoleKey.RightArrow:
                    // SaveState()
                    currentPosition = new Cell(
                        Console.CursorLeft, Console.CursorTop);
                    // Only type Cell allowed in call to Push()
                    path.Push(currentPosition);
                    break;

                default:
                    Console.Beep();  // Added in C# 2.0
                    break;
            }

        } while (key.Key != ConsoleKey.X);  // Use X to quit
    }
}
```

代码清单 12.6 的结果如输出 12.2 所示。

输出 12.2

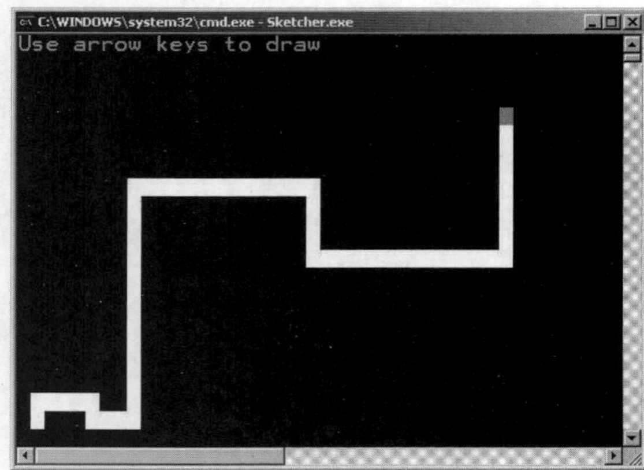

代码清单 12.6 声明并初始化 System.Collections.Generic.Stack<Cell> 类型的 path 变量。尖括号中指定栈中的元素类型为 Cell。结果是添加到 path 以及从 path 取回的每个对象都是 Cell 类型。所以，不再需要对 path.Pop() 的返回值进行转型，也不需要在 Push() 方法中确保只有 Cell 类型的对象才能添加到 path。

12.2.2 定义简单泛型类

泛型允许开发人员创建算法和模式，并为不同数据类型重用代码。代码清单 12.7 创建泛型 Stack<T> 类，它与代码清单 12.6 使用的 System.Collections.Generic.Stack<T> 类相似。在类名之后，需要在一对尖括号中指定**类型参数**（本例是 T）。以后可向泛型 Stack<T> 提供类型实参来“替换”类中出现的每个 T。这样栈就可以存储指定的任何类型的数据项，不需要重复代码，也不需要将数据项转换成 object。代码清单 12.7 将类型参数 T 用于内部 Items 数组、Push() 方法的参数类型以及 Pop() 方法的返回类型。

代码清单 12.7 声明泛型类 Stack<T>

```
public class Stack<T>
{
    // Use read-only field prior to C# 6.0
    private T[] InternalItems { get; }

    public void Push(T data)
    {
        ...
    }

    public T Pop()
    {
        ...
    }
}
```

12.2.3 泛型的优点

使用泛型类而不是非泛型版本（比如使用 System.Collections.Generic.Stack<T> 类而不是原始的 System.Collections.Stack 类型）有以下几方面的优点。

1. 泛型促进了类型安全。它确保在参数化的类中，只有成员明确希望的数据类型才可使用。在代码清单 12.7 中，参数化栈类限制为 Stack<Cell> 的所有实例使用 Cell 数据类型。例如，执行 path.Push("garbage") 会造成编译时错误，指出没有 System.Collections.Generic.Stack<T>.Push(T) 方法的重载版本能处理字符串 "garbage"，因其不能被转换成 Cell。

2. 编译时类型检查减小了在运行时发生 InvalidCastException 异常的概率。

3. 为泛型类成员使用值类型，不再造成到 object 的装箱转换。例如，path.Pop() 和 path.Push() 不需要在添加一个项时装箱，或者在删除一个项时拆箱。

4. C# 泛型缓解了代码膨胀。泛型类型既保持了具体类版本的优势，又没有具体类版本的开销（例如，没必要定义像 CellStack 这样的一个具体类）。

5. 性能得以提高。一个原因是不再需要从 object 的强制转换，从而避免了类型检查。另一个原因是不需要为值类型装箱。

6. 内存消耗减少。由于避免了装箱，因此减少了堆上的内存消耗。

7. 代码可读性更好。一个原因是转型检查次数变少了。另一个原因是减少了针对具体类型的实现。

8. 支持"智能感知"的代码编辑器现在能直接处理来自泛型类的返回参数。没必要为了使"智能感知"工作起来而对返回数据执行转型。

最核心的是，泛型允许写代码来实现模式，并在以后出现这种模式的时候重用该实现。模式描述了在代码中反复出现的问题，而泛型类型为这些反复出现的模式提供了单一的实现。

12.2.4 类型参数命名规范

和方法参数的命名相似，类型参数的命名应尽量具有描述性。此外，为了强调它是类型参数，名称应包含 T 前缀，例如 EntityCollection<TEntity>。

唯一不需要使用描述性类型参数名称的时候是描述没有意义的时候。例如，在 Stack<T> 中使用 T 就够了，因为 T 足以说明问题——栈适合任意类型。

12.3 节将介绍约束。一个好的实践是使用对约束进行描述的类型名称。例如，假定约束类型参数必须实现 IComponent，则类型名称可以是"TComponent"。

设计规范

- 要为类型参数选择有意义的名称，并为名称附加"T"前缀。
- 考虑在类型参数的名称中指明约束。

12.2.5 泛型接口和结构

C# 全面支持泛型，其中包括接口和结构。语法和类的语法完全一样。要声明泛型接口，将类型参数放到接口名称后的一对尖括号中即可，比如代码清单 12.8 中的 IPair<T>。

代码清单 12.8 声明泛型接口

```
interface IPair<T>
{
    T First { get; set; }
    T Second { get; set; }
}
```

该接口代表一个数对，或者说一对相似对象，比如一个点的平面坐标、一个人的生身父母，或者一个二叉树的节点，等等。数对中的两个数据项具有相同的类型。

实现接口的语法与实现非泛型类的语法相同。如代码清单 12.9 所示，一个泛型类型的类型实参可成为另一个泛型类型的类型参数，这既合法又普遍。接口的类型实参是类所声明的类型参数。此外，本例使用结构而不是类，目的是演示 C# 对自定义泛型值类型的支持。

代码清单 12.9　实现泛型接口

```
public struct Pair<T>: IPair<T>
{
    public T First { get; set; }
    public T Second { get; set; }
}
```

对泛型接口的支持对集合类尤其重要。使用泛型最多的地方就是集合类。假如没有泛型，开发者就要依赖 System.Collections 命名空间中的一系列接口。和它们的实现类一样，这些接口只能使用 object 类型，结果是进出这些集合类的所有访问都要执行转型。使用类型安全的泛型接口，就可避免转型。

高级主题：在类中多次实现同一个接口

相同泛型接口的不同构造被视为不同类型，所以类或结构能多次实现“同一个”泛型接口。来看看代码清单 12.10 的例子。

代码清单 12.10　在类中多次实现接口

```
public interface IContainer<T>
{
    ICollection<T> Items  { get; set; }
}
public class Person: IContainer<Address>,
    IContainer<Phone>, IContainer<Email>
{
    ICollection<Address> IContainer<Address>.Items
    {
        get{...}
        set{...}
    }
    ICollection<Phone> IContainer<Phone>.Items
    {
        get{...}
        set{...}
    }
    ICollection<Email> IContainer<Email>.Items
    {
        get{...}
        set{...}
    }
}
```

在本例中，Items 属性通过显式接口实现多次出现，每次类型参数都有所不同。没有泛型这是不可能的。在没有泛型的情况下，编译器只允许一个显式的 IContainer.Items 属性。

但像这样实现“同一个”接口的多个版本是不好的编码风格，因为它会造成混淆（尤其是在接口允许协变或逆变转换的情况下)。此外,Person 类的设计也似乎有问题,因为一般不会认为人是“能提供一组电子邮件地址”的东西。与其实现接口的三个版本,不如实现三个属性:EmailAddresses、PhoneNumbers 和 MailingAddresses,每个属性都返回泛型接口的相应构造。

设计规范

- 避免在类型中实现同一泛型接口的多个构造。

12.2.6 定义构造函数和终结器

令人惊讶的是,泛型类或结构的构造函数(和终结器)不要求类型参数。换言之,不要求写成 Pair<T>(){...} 这样的形式。在代码清单 12.11 的数对例子中,构造函数声明为 public Pair(T first, T second)。

代码清单 12.11 声明泛型类型的构造函数

```
public struct Pair<T>: IPair<T>
{
  public Pair(T first, T second)
  {
      First = first;
      Second = second;
  }

  public T First  { get; set; }
  public T Second  { get; set; }
}
```

12.2.7 指定默认值

代码清单 12.11 的构造函数获取 First 和 Second 的初始值,并将其赋给 First 和 Second。由于 Pair<T> 是结构,所以提供的任何构造函数都必须初始化所有字段和自动实现的属性。但这带来一个问题。假定有一个 Pair<T> 的构造函数,它在实例化时只对数对的一半进行初始化。

如代码清单 12.12 所示,定义这样的构造函数会造成编译错误,因为在构造结束时,字段 Second 仍处于未初始化的状态。

代码清单 12.12 不初始化所有字段造成编译错误

```
public struct Pair<T>: IPair<T>
{
  // ERROR:  Field 'Pair<T>.Second' must be fully assigned
  //         before control leaves the constructor
  // public Pair(T first)
  // {
```

```
    //     First = first;
    // }

    // ...
}
```

但要初始化 Second 会出现一个问题，因为不知道 T 的数据类型。引用类型能初始化成 null。但如果 T 是不允许为空的值类型，null 就不合适。为应对这样的局面，C# 提供了 default 操作符。第 9 章讲过，可用 default(int) 指定 int 的默认值。相应地，可用 default(T) 来初始化 Second，如代码清单 12.13 所示。

代码清单 12.13 用 default 操作符初始化字段

```
public struct Pair<T>: IPair<T>
{
  public Pair(T first)
  {
      First = first;
      Second = default(T);
  }

  // ...
}
```

default 操作符可为任意类型提供默认值，包括类型参数。

从 C# 7.1 起，只要能推断出数据类型，使用 default 时就可不指定参数。例如，在变量初始化或赋值时，可用 Pair<T> pair = default 代替 Pair<T> pair = default (Pair<T>)。另外，如方法返回 int，直接写 return default 就可以了，编译器能从方法返回类型中推断出应返回一个 default(int)。其他能进行这种推断的场合包括默认参数（可选）值以及方法调用中传递的实参。

12.2.8 多个类型参数

泛型类型可使用任意数量的类型参数。前面的 Pair<T> 例子只包含一个类型参数。为存储不同类型的两个对象，比如一个“名称 / 值”对，可创建类型的新版本来声明两个类型参数，如代码清单 12.14 所示。

代码清单 12.14 声明具有多个类型参数的泛型

```
interface IPair<TFirst, TSecond>
{
    TFirst First { get; set; }
    TSecond Second { get; set; }
}
public struct Pair<TFirst, TSecond>: IPair<TFirst, TSecond>
{
    public Pair(TFirst first, TSecond second)
    {
        First = first;
```

```
        Second = second;
    }

    public TFirst First { get; set; }
    public TSecond Second { get; set; }
}
```

使用 Pair<TFirst, TSecond> 类时，只需在声明和实例化语句的尖括号中指定多个类型参数。调用方法时，则提供与方法参数匹配的类型。如代码清单 12.15 所示。

代码清单 12.15 使用具有多个类型参数的类型

```
Pair<int, string> historicalEvent =
    new Pair<int, string>(1914,
        "Shackleton leaves for South Pole on ship Endurance");
Console.WriteLine("{0}: {1}",
    historicalEvent.First, historicalEvent.Second);
```

类型参数的数量（或者称为**元数**，即 arity）区分了同名类。例如，由于类型参数的数量不同，所以可在同一命名空间中定义 Pair<T> 和 Pair<TFirst, TSecond>。此外，由于在语义上的密切联系，仅元数不同的泛型应放到同一个 C# 文件中。

设计规范

- 要将只是类型参数数量不同的多个泛型类放到同一个文件中。

初学者主题：元组——无尽的元数

第 3 章提到，自 C# 7.0 起支持元组语法。在其内部，实现元组语法的底层类型实际是泛型，具体说就是 System.ValueTuple。和 Pair<...> 一样，同一个名字可因元数不同而重用（每个类都有不同数量的类型参数），如代码清单 12.16 所示。

代码清单 12.16 通过元数的区别来重载类型定义

```
public class ValueTuple { ... }
public class ValueTuple<T1>:
  IStructuralEquatable, IStructuralComparable, IComparable {...}
public class ValueTuple<T1, T2>: ... {...}
public class ValueTuple<T1, T2, T3>: ... {...}
public class ValueTuple<T1, T2, T3, T4>: ... {...}
public class ValueTuple<T1, T2, T3, T4, T5>: ... {...}
public class ValueTuple<T1, T2, T3, T4, T5, T6>: ... {...}
public class ValueTuple<T1, T2, T3, T4, T5, T6, T7>: ... {...}
public class ValueTuple<T1, T2, T3, T4, T5, T6, T7, TRest>: ... {...}
```

这一组 ValueTuple<...> 类出于和 Pair<T> 与 Pair<TFirst, TSecond> 类相同的目的而设计，只是它们加起来最多能同时处理 8 个类型参数。但使用代码清单 12.16 的最后一个 ValueTuple，可在 TRest 中存储另一个 ValueTuple。这样元数实际就是无限的。另外，如使用 C# 7.0 的元组语法，甚至根本不用关心具体使用哪一个重载版本。

在这一组元组类中，非泛型的 ValueTuple 类很有意思。该类有 8 个静态工厂方法[⊖]用于实例化各个泛型元组类型。虽然每个泛型类型都可用自己的构造函数直接实例化，但 ValueTuple 类型的工厂方法允许推断类型参数。该功能在 C# 7.0 中无关紧要，因为代码可简化成 var keyValuePair = ("555-55-5555", new Contact("Inigo Montoya"))（假定无具名项）。但如代码清单 12.17 所示，在 C# 7.0 之前，Create() 方法结合类型推断显得更简单。

代码清单 12.17 比较 System.ValueTuple 的不同实例化途径

```
#if !PRECSHARP7
  (string, Contact) keyValuePair;
  keyValuePair =
      ("555-55-5555", new Contact("Inigo Montoya"));
#else  // Use System.ValueTupe<string,Contact> prior to C# 7.0
  ValueTuple<string, Contact> keyValuePair;
  keyValuePair =
      ValueTuple.Create(
          "555-55-5555", new Contact("Inigo Montoya"));
  keyValuePair =
      new ValueTuple<string, Contact>(
          "555-55-5555", new Contact("Inigo Montoya"));
#endif // !PRECSHARP7
```

显然，当 ValueTuple 变大（元数增大）时，如果不用 Create() 工厂方法，要指定的类型参数的数量会变得非常恐怖。

注意 C# 4.0 引入了一个类似的元组类 System.Tuple。但自 C# 7.0 起基本用不着它了（除非要向后兼容），因为元组语法实在太好用了，而且底层的 System.ValueTuple 是值类型，性能上也获得了大幅提高。

Begin 4.0

End 4.0

基于框架库声明了 8 个不同 System.ValueTuple 类型这一事实，可推断 CLR 类型系统并不支持所谓的“元数可变”泛型类型。方法可以通过“参数数组”获取任意数量的实参，但泛型类型不可以。每个泛型类型的元数都必须固定。

End 7.0

12.2.9 嵌套泛型类型

嵌套类型自动获得包容类型的类型参数。例如，假如包容类型声明类型参数 T，则所有嵌套类型都是泛型，也可使用类型参数 T。如嵌套类型包含自己的类型参数 T，它会隐藏包容类型的类型参数 T。在嵌套类型中引用 T，引用的是嵌套类型的 T 类型参数。幸好，在嵌套类型中重用相同的类型参数名，会造成编译器报告一条警告消息，防止开发者因为不慎而使用了同名参数，如代码清单 12.18 所示。

包容类型的类型参数能从嵌套类型中访问，这类似于能从嵌套类型中访问包容类型的成员。规则很简单：在声明类型参数的类型主体的任何地方都能访问该类型参数。

⊖ “生产”对象的方法就是“工厂”方法。——译者注

代码清单 12.18　嵌套泛型类型

```
class Container<T, U>
{
  // Nested classes inherit type parameters.
  // Reusing a type parameter name will cause
  // a warning.
  class Nested<U>
  {
      void Method(T param0, U param1)
      {
      }
  }
}
```

设计规范

- 避免在嵌套类型中用同名参数隐藏外层类型的类型参数。

12.3　约束

泛型允许为类型参数定义**约束**，强迫作为类型实参提供的类型遵守各种规则。来看看代码清单 12.19 的 BinaryTree<T> 类。

代码清单 12.19　声明无约束的 BinaryTree<T> 类

```
public class BinaryTree<T>
{
    public BinaryTree ( T item)
    {
        Item = item;
    }

    public T Item { get; set; }
    public Pair<BinaryTree<T>> SubItems { get; set; }
}
```

（一个有趣的地方是，BinaryTree<T> 内部使用了 Pair<T>。能这样做的原因很简单——Pair<T> 是另一个类型。）

现在，假定当 Pair<T> 中的值赋给 SubItems 属性的时候，你希望二叉树对这些值进行排序。为实现排序，SubItems 的赋值方法（称为 setter）使用当前所提供键的 CompareTo() 方法，如代码清单 12.20 所示。

代码清单 12.20　类型参数需支持接口

```
public class BinaryTree<T>
{
    public T Item { get; set; }
    public Pair<BinaryTree<T>> SubItems
    {
```

```
        get{ return _SubItems; }
        set
        {
            IComparable<T> first;
            // ERROR: Cannot implicitly convert type...
            first = value.First;  // Explicit cast required

            if (first.CompareTo(value.Second) < 0)
            {
                // first is less than second
                // ...
            }
            else
            {
                // first and second are the same or
                // second is less than first
                // ...
            }
            _SubItems = value;
        }
    }
    private Pair<BinaryTree<T>> _SubItems;
}
```

编译时，类型参数 T 是无约束的泛型。所以，编译器认为 T 当前只有从基类型 object 继承的成员，因为 object 是所有类型的终极基类（换言之，只能为类型参数 T 的实例调用像 ToString() 这样的已经由 object 定义的方法）。结果是编译器显示一个编译错误，因为 object 类型没有定义 CompareTo() 方法。

可将 T 参数强制转换为 IComparable<T> 接口来访问 CompareTo() 方法，如代码清单 12.21 所示。

代码清单 12.21　类型参数需支持接口，否则会引发异常

```
public class BinaryTree<T>
{
    public T Item { get; set; }
    public Pair<BinaryTree<T>> SubItems
    {
        get{ return _SubItems; }
        set
        {
            IComparable<T> first;
            first = (IComparable<T>)value.First.Item;

            if (first.CompareTo(value.Second.Item) < 0)
            {
                // first is less than second
                ...
            }
            else
            {
```

```
                // second is less than or equal to first
                ...
            }
            _SubItems = value;
        }
    }
    private Pair<BinaryTree<T>> _SubItems;
}
```

遗憾的是，现在如果声明一个 BinaryTree<SomeType> 类的变量，但类型参数没有实现 IComparable<SomeType> 接口，就会发生运行时错误。具体地说，会抛出 InvalidCastException 异常。这就失去了用泛型增强类型安全的意义。

为避免该异常，代之以报告编译时错误，C# 允许为泛型类中声明的每个类型参数提供可选的**约束**列表。约束描述了泛型要求的类型参数的特征。声明约束需要使用 where 关键字，后跟一对"参数 : 要求"。其中，"参数"必须是泛型类型中声明的一个参数，而"要求"描述了类型参数要能转换成的类或接口，是否必须有默认构造函数，或者是引用还是值类型。

12.3.1 接口约束

二叉树节点正确排序需使用 BinaryTree 类的 CompareTo() 方法。为此，最高效的做法是为 T 类型参数施加约束，规定 T 必须实现 IComparable<T> 接口。具体语法如代码清单 12.22 所示。

代码清单 12.22 声明接口约束

```
public class BinaryTree<T>
    where T: System.IComparable<T>
{
    public T Item { get; set; }
    public Pair<BinaryTree<T>> SubItems
    {
        get{ return _SubItems; }
        set
        {
            IComparable<T> first;
            // Notice that the cast can now be eliminated
            first = value.First.Item;

            if (first.CompareTo(value.Second.Item) < 0)
            {
                // first is less than second
                ...
            }
            else
            {
                // second is less than or equal to first
                ...
            }
            _SubItems = value;
```

```
        }
    }
    private Pair<BinaryTree<T>> _SubItems;
}
```

代码清单 12.22 添加了接口约束之后，编译器会确保每次使用 BinaryTree 类的时候，所提供的类型参数都实现了 IComparable<T> 接口。此外，调用 CompareTo() 方法不需要先将变量显式转型为 IComparable<T> 接口。即使访问显式实现的接口成员也不需要转型（其他情况下若不转型会导致成员被隐藏）。调用 T 的某个方法时，编译器会检查它是否匹配所约束的任何接口的任何方法。

试图使用 System.Text.StringBuilder 作为类型参数来创建一个 BinaryTree<T> 变量，会报告一个编译错误，因为 StringBuilder 没有实现 IComparable<StringBuilder>。输出 12.3 展示了这样的一个错误。

输出 12.3

```
error CS0311: 不能将类型“System.Text.StringBuilder”用作泛型类型或方法“BinaryTree<T>”中的类型参数“T”。没有从“System.Text.StringBuilder”到“System.IComparable<System.Text.StringBuilder>”的隐式引用转换。
```

为规定某个数据类型必须实现某个接口，需声明一个**接口类型约束**。这种约束避免了非要转型才能调用一个显式的接口成员实现。

12.3.2　类类型约束

有时要求能将类型实参转换为特定的类类型。这是用**类类型约束**做到的，如代码清单 12.23 所示。

代码清单 12.23　声明类类型约束

```
public class EntityDictionary<TKey, TValue>
    : System.Collections.Generic.Dictionary<TKey, TValue>
    where TValue : EntityBase
{
    ...
}
```

在代码清单 12.23 中，EntityDictionary <TKey, TValue> 要求为类型参数 TValue 提供的所有类型实参都能隐式转换为 EntityBase 类。这样就可在泛型实现中为 TValue 类型的值使用 EntityBase 的成员，因为约束已确保所有类型实参都能隐式转换为 EntityBase 类。

类类型约束的语法和接口约束基本相同。但假如同时指定了多个约束，那么类类型约束必须第一个出现（就像在类声明中，基类必须先于所实现的接口出现）。和接口约束不同的是不允许多个类类型约束，因为不可能从多个不相关的类派生。类似地，类类型约束不能指定密封类或者不是类的类型。例如，C# 不允许将类型参数约束为 string 或 System.Nullable<T>。否则只有单一类型实参可供选择，还有什么“泛型”可言？如类型参数被约束为单一类型，类型参数就没有存在的必要了，直接使用那个类型即可。

一些“特殊”类型不能作为类类型约束，详情参见稍后的“高级主题：约束的限制”。

12.3.3 struct/class 约束

另一个重要的泛型约束是将类型参数限制为任何非可空值类型或任何引用类型。如代码清单 12.24 所示，不是指定 T 必须从中派生的一个类，而是直接使用关键字 struct 或 class。

代码清单 12.24 规定类型参数必须是值类型

```
public struct Nullable<T> :
    IFormattable, IComparable,
    IComparable<Nullable<T>>, INullable
    where T : struct
{
    // ...
}
```

注意一个容易混淆的地方，class 约束不是将类型实参限制为类类型，而是限制为引用类型，所以类、接口、委托和数组类型都符合条件。

class 约束要求引用类型，struct 和 class 约束一起使用会产生冲突，所以是不允许的。

struct 约束有一个很特别的地方：可空值类型不符合条件。为什么？可空值类型作为泛型 Nullable<T> 来实现，而后者本身向 T 应用了 struct 约束。如可空值类型符合条件，就可定义毫无意义的 Nullable<Nullable<int>> 类型。双重可空的整数当然没有意义。（如同预期的那样，快捷语法 int?? 也不允许。）

12.3.4 多个约束

可为任意类型参数指定任意数量的接口类型约束，但类类型约束只能指定一个（如同类可实现任意数量的接口，但只从一个类派生）。所有约束都在一个以逗号分隔的列表中声明。约束列表跟在泛型类型名称和一个冒号之后。如果有多个类型参数，每个类型参数前面都要使用 where 关键字。在代码清单 12.25 中，泛型 EntityDictionary 类声明了两个类型参数：TKey 和 TValue。TKey 类型参数有两个接口类型约束，而 TValue 类型参数有一个类类型约束。

代码清单 12.25 指定多个约束

```
public class EntityDictionary<TKey, TValue>
    : Dictionary<TKey, TValue>
    where TKey : IComparable<TKey>, IFormattable
    where TValue : EntityBase
{
  ...
}
```

本例的 TKey 有多个约束，而 TValue 只有一个。一个类型参数的多个约束默认存在 AND 关系。例如，假定提供类型 C 作为 TKey 的类型实参，C 必须实现 IComparable<C> 和 IFormattable。

注意，两个 where 子句之间并不存在逗号。

12.3.5　构造函数约束

有时要在泛型类中创建类型实参的实例。在代码清单 12.26 中，EntityDictionary<TKey, TValue> 类的 MakeValue() 方法必须创建与类型参数 TValue 对应的类型实参的实例。

代码清单 12.26　用约束规定必须有默认构造函数

```
public class EntityBase<TKey>
{
    public TKey Key { get; set; }
}

public class EntityDictionary<TKey, TValue> :
    Dictionary<TKey, TValue>
    where TKey: IComparable<TKey>, IFormattable
    where TValue : EntityBase<TKey>, new()
{
    // ...

    public TValue MakeValue(TKey key)
    {
        TValue newEntity = new TValue();
        newEntity.Key = key;
        Add(newEntity.Key, newEntity);
        return newEntity;
    }

    // ...
}
```

并非所有对象都肯定有公共默认构造函数，所以编译器不允许为未约束的类型参数调用默认构造函数。为克服编译器的这一限制，要在指定了其他所有约束之后添加 new()。这就是所谓的**构造函数约束**，它要求类型实参必须有默认构造函数。只能对默认构造函数进行约束。不能为有参构造函数指定约束。

12.3.6　约束继承

无论泛型类型参数，还是它们的约束，都不会被派生类继承，因为泛型类型参数不是成员。（记住，类继承的特点在于派生类拥有基类的所有成员。）经常采取的做法是使新泛型类型从其他泛型类型派生。由于派生的泛型类型的类型参数现在是泛型基类的类型实参，所以类型参数必须具有等同（或更强）于基类的约束。是不是很拗口？来看看代码清单 12.27 的例子。

在代码清单 12.27 中，EntityBase<T> 要求为 T 提供的类型实参 U 实现 IComparable<U>，所以子类 Entity<U> 要对 U 进行相同的约束，否则会造成编译时错误。这使程序员在使用派生类时能注意到基类的约束，避免在使用派生类的时候发现了一个约束，却不知道该约束来自哪里。

代码清单 12.27　显式指定继承的约束

```
class EntityBase<T> where T : IComparable<T>
{
  // ...
}
```

```
// ERROR:
// The type 'U' must be convertible to
// 'System.IComparable<U>' to use it as parameter
// 'T' in the generic type or method
// class Entity<U> : EntityBase<U>
// {
//     ...
// }
```

本章要到后面才会讲到泛型方法。但简单地说，方法也可以泛型，也可向类型参数应用约束。那么，当虚泛型方法被继承并重写时，约束是如何来处理的呢？和泛型类声明的类型参数相反，重写虚泛型方法时，或者创建显式接口方法实现[⊖]时，约束是隐式继承的，不可以重新声明。代码清单 12.28 对此进行了演示。

代码清单 12.28　禁止虚成员重复继承的约束

```
class EntityBase
{
  public virtual void Method<T>(T t)
      where T : IComparable<T>
  {
      // ...
  }
}
```

```
class Order : EntityBase
{
  public override void Method<T>(T t)
  //    Constraints may not be repeated on overriding
  //    members
  //    where T : IComparable<T>
  {
    // ...
  }
}
```

在泛型类继承的情况下，不仅可以保留基类本来的约束（这是必需的），还可添加额外的约束，从而对派生类的类型参数进行更大的限制。但重写虚泛型方法时，需遵守和基类方法完全一样的约束。额外的约束会破坏多态性，所以不允许新增约束。另外，重写版本的类型参数约束是隐式继承的。

⊖ 如第 8 章所述，显式接口方法实现（Explicit Interface Method Implementation，EIMI）是指在方法名前附加接口名前缀。——译者注

高级主题：约束的限制

约束进行了一些适当的限制，以避免产生无意义的代码。例如，写了类类型约束，就不能再写 struct/class 约束。另外，不能限制从一些特殊类型继承，比如 object、数组、System.ValueType、System.Enum（或 enum）、System.Delegate 和 System.MulticastDelegate。

下面讨论另一些不支持的约束。

不支持操作符约束

不支持用约束限制类必须实现特定方法或操作符。只能通过接口约束（限制方法）和类类型约束（限制方法和操作符）来提供不完整的支持。因此，代码清单 12.29 的泛型 Add() 方法是不能工作的。

代码清单 12.29　约束表达式不能提出对操作符的要求

```
public abstract class MathEx<T>
{
    public static T Add(T first, T second)
    {
        // Error: Operator '+' cannot be applied to
        // operands of type 'T' and 'T'
        // return first + second;
    }
}
```

在这个例子中，方法假定 + 操作符可以在为 T 提供的所有类型实参上使用。但没有约束能限制类型实参必须支持 + 操作符，所以发生了一个错误。这里只能使用一个类类型约束，限制从实现了 + 操作符的类继承。

从更常规的意义上，不能限制类型必须有一个静态方法。

不支持 OR 条件

假如为一个类型参数提供多个接口或类约束，编译器认为不同约束之间总是存在一个 AND 关系。例如，where TKey : IComparable<T>, IFormattable 要求同时支持 IComparable<T> 和 IFormattable。不能在约束之间指定 OR 关系。因此，代码清单 12.30 的写法是不允许的。

代码清单 12.30　不允许使用 OR 来合并两个约束

```
public class BinaryTree<T>
    // Error: OR is not supported
    // where T: System.IComparable<T> || System.IFormattable
{
    ...
}
```

如支持 OR，编译器就无法在编译时判断要调用哪一个方法。

委托和枚举类型的约束无效

委托类型、数组类型和枚举类型不能在类类型约束中使用，因为它们实际全是“密封”类型（委托的主题将在第 13 章讨论）。它们的基类型 System.Delegate、System.MultiCastDelegate、System.Array 和 System.Enum 也不可在约束中使用。例如，代码清单 12.31 的类声明会报告编译时错误。

代码清单 12.31　继承约束不能是 System.Delegate 类型的

```
// Error:  Constraint cannot be special class 'System.Delegate'
public class Publisher<T>
    where T : System.Delegate
{
    public event T Event;
    public void Publish()
    {
        if (Event != null)
        {
            Event(this, new EventArgs());
        }
    }
}
```

所有委托类型都是不能作为类型实参提供的特殊类。否则编译时无法对 Event() 调用进行验证，因为对于 System.Delegate 和 System.MulticastDelegate 类型来说，所触发事件的签名是未知的。同样的限制也适用于任何枚举类型。

构造函数约束只针对默认构造函数

代码清单 12.26 包含一个构造函数约束，要求 TValue 必须提供默认构造函数（公共无参构造函数）。不能要求 TValue 必须提供一个有参构造函数。例如，你可能想约束 TValue 必须提供一个构造函数来获取为 TKey 提供的类型实参，但这是不可能的。代码清单 12.32 进行了演示。

代码清单 12.32　只能为默认构造函数指定构造函数约束

```
public TValue New(TKey key)
{
    // Error: 'TValue': Cannot provide arguments
    // when creating an instance of a variable type
    TValue newEntity = null;
    // newEntity = new TValue(key);
    Add(newEntity.Key, newEntity);
    return newEntity;
}
```

为克服该限制，一个办法是提供工厂接口来包含对类型进行实例化的方法。实现接口的工厂负责实例化实体而不是 EntityDictionary 本身（参见代码清单 12.33）。

代码清单 12.33　使用工厂接口代替构造函数约束

```
public class EntityBase<TKey>
{
```

```
    public EntityBase(TKey key)
    {
        Key = key;
    }
    public TKey Key { get; set; }
}

public class EntityDictionary<TKey, TValue, TFactory> :
      Dictionary<TKey, TValue>
  where TKey : IComparable<TKey>, IFormattable
  where TValue : EntityBase<TKey>
  where TFactory : IEntityFactory<TKey, TValue>, new()
{
  ...
  public TValue New(TKey key)
  {
      TFactory factory = new TFactory();
      TValue newEntity = factory.CreateNew(key);
      Add(newEntity.Key, newEntity);
      return newEntity;
  }
  ...
}

public interface IEntityFactory<TKey, TValue>
{
    TValue CreateNew(TKey key);
}
...
```

像这样声明，就可将新key传给一个要获取参数的TValue工厂方法（而不是无参的默认构造函数）。本例不再为TValue使用构造函数约束，因为现在由TFactory负责实例化值。还可修改代码清单12.33来保存对工厂的引用（如需多线程支持，可利用Lazy<T>）。这样就可重用工厂，不必每次都重新实例化。

声明EntityDictionary<TKey, TValue, TFactory>类型的变量，会造成与代码清单12.34的Order实体类似的实体声明。

代码清单12.34 声明在EntityDictionary<...>中使用的实体

```
public class Order : EntityBase<Guid>
{
  public Order(Guid key) :
      base(key)
  {
      // ...
  }
}

public class OrderFactory : IEntityFactory<Guid, Order>
{
```

```
        public Order CreateNew(Guid key)
        {
            return new Order(key);
        }
    }
```

12.4 泛型方法

通过前面的学习，你知道可以在泛型类中轻松添加方法来使用类型声明的泛型类型参数。在迄今为止的所有泛型类例子中，我们一直是这样做的。但这些不是泛型方法。

泛型方法要使用泛型类型参数，这一点和泛型类型一样。在泛型或非泛型类型中都能声明泛型方法。在泛型类型中声明，其类型参数要和泛型类型的类型参数有区别。为声明泛型方法，要按照与泛型类型一样的方式指定泛型类型参数，也就是在方法名之后添加类型参数声明，例如代码清单 12.35 中的 `MathEx.Max<T>` 和 `MathEx.Min<T>`。

代码清单 12.35 定义泛型方法

```
public static class MathEx
{
  public static T Max<T>(T first, params T[] values)
      where T : IComparable<T>
  {
      T maximum = first;
      foreach (T item in values)
      {
          if (item.CompareTo(maximum) > 0)
          {
              maximum = item;
          }
      }
      return maximum;
  }

  public static T Min<T>(T first, params T[] values)
      where T : IComparable<T>
  {
      T minimum = first;

        foreach (T item in values)
        {
            if (item.CompareTo(minimum) < 0)
            {
                minimum = item;
            }
        }
      return minimum;
  }
}
```

本例声明的是静态方法，但这并非必需。注意和泛型类型相似，泛型方法可包含多个类型参数。类型参数的数量（元数）可用于区分方法签名。换言之，两个方法可以有相同的名称和形参类型，只要类型参数的数量不同。

12.4.1 泛型方法类型推断

使用泛型类型时，是在类型名称之后提供类型实参。类似地，调用泛型方法时，是在方法名之后提供类型实参。代码清单 12.36 展示了用于调用 Min<T> 和 Max<T> 方法的代码。

代码清单 12.36 显式指定类型参数

```
Console.WriteLine(
    MathEx.Max<int>(7, 490));
Console.WriteLine(
    MathEx.Min<string>("R.O.U.S.", "Fireswamp"));
```

输出 12.4 展示了代码清单 12.36 的结果。

输出 12.4

```
490
Fireswamp
```

int 和 string 是调用泛型方法时提供的类型实参。但类型实参纯属多余，因为编译器能根据传给方法的实参推断类型。为避免多余的编码，当编译器可以逻辑推断出想要的类型参数时，调用时可以不指定类型实参。这称为**方法类型推断**。代码清单 12.37 展示了一个例子，结果如输出 12.5 所示。

代码清单 12.37 根据方法实参推断类型

```
Console.WriteLine(
    MathEx.Max(7, 490)); // No type arguments!
Console.WriteLine(
    MathEx.Min("R.O.U.S'", "Fireswamp"));
```

输出 12.5

```
490
Fireswamp
```

方法类型推断要想成功，实参类型必须与泛型方法的形参“匹配”以推断出正确的类型实参。一个有趣的问题是，推断自相矛盾怎么办？例如，使用 MathEx.Max(7.0, 490) 调用 Max<T>，从第一个方法实参推断出类型实参是 double，从第二个推断出是 int，自相矛盾。在 C# 2.0 中这确实会造成错误。但更全面地分析，就知道这个矛盾能够解决。因为每个 int 都能转换成 double，所以 double 是类型实参的最佳选择。从 C# 3.0 开始改进了方法类型推断算法，允许编译器进行这种更全面的分析。

如分析仍然不够全面，不能推断出正确类型，那么要么对方法实参进行强制类型转换，向编译器澄清推断时应使用的参数类型，要么放弃类型推断，显式指定类型实参。

还要注意，推断时算法只考虑泛型方法的实参、实参类型以及形参类型。本来其他因素也可考虑在内，比如方法的返回类型、方法返回值所赋给的变量的类型以及对方法类型参数的约束。但这些都被算法忽视了。

12.4.2 指定约束

泛型方法的类型参数也允许使用与泛型类型的类型参数相同的方法指定约束。例如，可指定类型参数必须实现某个接口，或必须能转换成某个类类型。约束在参数列表和方法主体之间指定，如代码清单 12.38 所示。

代码清单 12.38 约束泛型方法的类型参数

```
public class ConsoleTreeControl
{
    // Generic method Show<T>
    public static void Show<T>(BinaryTree<T> tree, int indent)
        where T :  IComparable<T>
    {
        Console.WriteLine("\n{0}{1}",
            "+ --".PadLeft(5*indent, ' '),
            tree.Item.ToString());
        if (tree.SubItems.First != null)
            Show(tree.SubItems.First, indent+1);
        if (tree.SubItems.Second != null)
            Show(tree.SubItems.Second, indent+1);
    }
}
```

注意 Show<T> 的实现没有直接使用 IComparable<T> 接口的任何成员，所以你可能奇怪为什么需要约束。记住，BinaryTree<T> 类需要这个接口（参见代码清单 12.39）。

代码清单 12.39 BinaryTree<T> 需要 IComparable<T> 类型参数

```
public class BinaryTree<T>
    where T: System.IComparable<T>
{
    ...
}
```

因为 BinaryTree<T> 类为 T 施加了这个约束，而 Show<T> 使用了 BinaryTree<T>，所以 Show<T> 也需要提供约束。

高级主题：泛型方法中的转型

有时应避免使用泛型——例如在使用它会造成一次转型操作被“隐藏”的时候。来看看下面这个方法，它的作用是将一个流转换成给定类型的对象：

```
public static T Deserialize<T>(
    Stream stream, IFormatter formatter)
{
    return (T)formatter.Deserialize(stream);
}
```

formatter 负责将数据从流中移除，把它转换成 object。为 formatter 调用 Deserialize()，会返回 object 类型的数据。如使用 Deserialize() 的泛型版本进行调用，那么会写出下面这样的代码：

```
string greeting =
    Deserialization.Deserialize<string>(stream, formatter);
```

上述代码的问题在于，对于方法的调用者来说，Deserialize<T>() 似乎类型安全。但仍然会为调用者隐式（而非显式）执行一次转型。下面是等价的非泛型调用：

```
string greeting =
    (string)Deserialization.Deserialize(stream, formatter);
```

运行时转型可能失败，所以方法不像表面上那样类型安全。Deserialize<T> 方法是纯泛型的，会向调用者隐藏转型动作，这存在一定风险。更好的做法是使方法成为非泛型的，返回 object，使调用者注意到它不是类型安全的。开发者在泛型方法中执行转型时，假如没有约束来验证转型的有效性，那么一定要非常小心。

设计规范

- 避免用看似类型安全的泛型方法误导调用者。

12.5 协变性和逆变性

刚接触泛型类型的人经常问一个问题：为什么不能将 List<string> 类型的表达式赋给 List<object> 类型的变量。既然 string 能转换成 object，string 列表也应兼容于 object 列表呀？但实际情况并非如此，这个赋值动作既不类型安全，也不合法。用不同类型参数声明同一个泛型类的两个变量，这两个变量不是类型兼容的——即使是将一个较具体的类型赋给一个较泛化的类型。也就是说，它们不是**协变量**（covariant）。

"协变量"是借鉴自范畴论的术语，意思很容易明白。假定两个类型 X 和 Y 具有特殊关系，即每个 X 类型的值都能转换成 Y 类型。如 I<X> 和 I<Y> 也总是具有同样的特殊关系，就说" I<T> 对 T 协变"。使用仅一个类型参数的泛型类型时，可以简单地说" I<T> 是协变的"。从 I<X> 向 I<Y> 的转换称为**协变转换**。

例如，泛型类 Pair<Contact> 和 Pair<PdaItem> 的实例就不是类型兼容的，即使两者的类型实参兼容。换言之，编译器禁止隐式或显式地将 Pair<Contact> 转换为 Pair<PdaItem>，即使 Contact 从 PdaItem 派生。类似地，从 Pair<Contact> 转换为接口类型 IPair<PdaItem> 也会失败，如代码清单 12.40 所示。

但为什么不合法？为什么 List<T> 和 Pair<T> 不是协变的？代码清单 12.41 展示了假如 C# 语言允许不受限制的泛型协变性，那么会发生什么。

代码清单 12.40 在类型参数不同的泛型之间转换

```
// ...
// Error: Cannot convert type ...
Pair<PdaItem> pair = (Pair<PdaItem>) new Pair<Contact>();
IPair<PdaItem> duple = (IPair<PdaItem>) new Pair<Contact>();
```

代码清单 12.41 禁止协变性以维持同质性（homogeneity）

```
//...
Contact contact1 = new Contact("Princess Buttercup"),
Contact contact2 = new Contact("Inigo Montoya");
Pair<Contact> contacts = new Pair<Contact>(contact1, contact2);


// This gives an error: Cannot convert type ...,
// but suppose it did not
// IPair<PdaItem> pdaPair = (IPair<PdaItem>) contacts;
// This is perfectly legal but not type-safe
// pdaPair.First = new Address("123 Sesame Street");
...
```

一个 `IPair<PdaItem>` 中可包含地址，但 `Pair<Contact>` 对象只能包含联系人，不能包含地址。若允许不受限制的泛型协变性，类型安全将完全失去保障。

现在应该很清楚为什么字符串列表不能作为对象列表使用了。在字符串列表中不能插入整数，但在对象列表中可以，所以从字符串列表转换成对象列表一定要被视为非法，使编译器能预防错误。

Begin 4.0

12.5.1 从 C# 4.0 起使用 out 类型参数修饰符允许协变性

你或许已经注意到了，不限制协变性之所以会造成刚才描述的问题，是因为泛型 `Pair<T>` 和泛型 `List<T>` 都允许向其内容写入。如创建只读 `IReadOnlyPair<T>` 接口，只允许 T 从接口中“出来”(换言之，作为方法或只读属性的返回类型)，永远不“进入”接口（换言之，不作为形参或可写属性的类型)，就不会出问题了，如代码清单 12.42 所示。

代码清单 12.42 理论上的协变性

```
interface IReadOnlyPair<T>
{
  T First { get; }
  T Second { get; }
}
```

```
interface IPair<T>
{
  T First { get; set; }
  T Second { get; set; }
}
```

```
public struct Pair<T> : IPair<T>, IReadOnlyPair<T>
{
  // ...
}
```

```
class Program
{
  static void Main()
  {
      // Error: Only theoretically possible without
      // the out type parameter modifier
      Pair<Contact> contacts =
          new Pair<Contact>(
              new Contact("Princess Buttercup"),
              new Contact("Inigo Montoya") );
      IReadOnlyPair<PdaItem> pair = contacts;
      PdaItem pdaItem1 = pair.First;
      PdaItem pdaItem2 = pair.Second;
  }
}
```

通过限制泛型类型声明，让它只向接口的外部公开数据，编译器就没理由禁止协变性了。在 IReadOnlyPair<PdaItem> 实例上进行的所有操作都将 Contact（从原始 Pair<Contact> 对象）向上转换为基类 PdaItem——这是完全有效的转换。没有办法将地址“写入”实际是一对联系人的对象，因为接口没有公开任何可写属性。

代码清单 12.42 的代码仍然编译不了。但从 C# 4 开始加入了对安全协变性的支持。要指出泛型接口应该对它的某个类型参数协变，就用 out 修饰符来修饰该类型参数。代码清单 12.43 展示了如何修改接口声明，指出它应该允许协变。

代码清单 12.43　用 out 类型参数修饰符实现协变

```
...
interface IReadOnlyPair<out T>
{
  T First { get; }
  T Second { get; }
}
```

用 out 修饰 IReadOnlyPair<out T> 接口的类型参数，会导致编译器验证 T 是否真的只用作“输出”（方法的返回类型和只读属性的返回类型），且永远不用于形参或属性的赋值方法。验证通过，编译器就会放行对接口的任何协变转变。代码清单 12.42 进行了这个修改之后，程序就能成功编译和执行了。

协变转换存在一些重要限制：

- 只有泛型接口和泛型委托（第 13 章）才可以协变。泛型类和结构永远不是协变的。
- 提供给“来源”和“目标”泛型类型的类型实参必须是引用类型，不能是值类型。例如，一个 IReadOnlyPair<string> 能协变转换为 IReadOnlyPair<object>，因为 string 和 object 都是引用类型。但 IReadOnlyPair<int> 不能转换为 IReadOnlyPair<object>，因为

int 不是引用类型。

- 接口或委托必须声明为支持协变，编译器必须验证协变所针对的类型参数确实只用在“输出”位置。

12.5.2 从 C# 4.0 起使用 in 类型参数修饰符允许逆变性

协变性的反方向称为**逆变性**（contravariance）。同样地，假定 X 和 Y 类型彼此相关，每个 X 类型的值都能转换成 Y 类型。如果 I<X> 和 I<Y> 类型总是具有相反的特殊关系——也就是说，I<Y> 类型的每个值都能转换成 I<X> 类型——就说“I<T> 对 T 逆变”。

大多数人都觉得逆变理解起来比协变难。“比较器”（comparer）是逆变的典型例子。假定有一个派生类型 Apple（苹果）和一个基类型 Fruit（水果）。它们明显具有特殊关系。Apple 类型的每个值都能转换成 Fruit。

现在，假定有一个接口 ICompareThings<T>，它包含方法 bool FirstIsBetter(T t1, T t2) 来获取两个 T，返回一个 bool 指明第一个是否比第二个好。

提供类型实参会发生什么？ICompareThings<Apple> 的方法获取两个 Apple 并比较它们。ICompareThings<Fruit> 的方法获取两个 Fruit 并比较它们。由于所有 Apple 都是 Fruit，所以凡是需要一个 ICompareThings<Apple> 的地方，都可安全地使用 ICompareThings<Fruit> 类型的值。转换方向变反了，这正是“逆变”一词的由来。

毫不奇怪，为了安全地进行逆变，对协变接口的限制必须反着来。对某个类型参数逆变的接口只能在“输入”位置使用那个类型参数。这种位置主要就是形参，极少见的是只写属性的类型。如代码清单 12.44 所示，用 in 修饰符声明类型参数，从而将接口标记为逆变。

代码清单 12.44 使用 in 类型参数修饰符指定逆变性

```
class Fruit {}
class Apple : Fruit {}
class Orange : Fruit {}

interface ICompareThings<in T>
{
  bool FirstIsBetter(T t1, T t2);

}

class Program
{
  class FruitComparer : ICompareThings<Fruit>
  { ... }
  static void Main()
  {
      // Allowed in C# 4.0 and later
      ICompareThings<Fruit> fc = new FruitComparer();
      Apple apple1 = new Apple();
      Apple apple2 = new Apple();
```

```
      Orange orange = new Orange();
      // A fruit comparer can compare apples and oranges:
      bool b1 = fc.FirstIsBetter(apple1, orange);
      // or apples and apples:
      bool b2 = fc.FirstIsBetter(apple1, apple2);
      // This is legal because the interface is
      // contravariant
      ICompareThings<Apple> ac = fc;
      // This is really a fruit comparer, so it can
      // still compare two apples
      bool b3 = ac.FirstIsBetter(apple1, apple2);
  }
}
```

注意和协变性相似，逆变性要求在声明接口的类型参数时使用修饰符 `in`。它指示编译器核对 T 未在属性的取值方法（getter）中使用，也没有作为方法的返回类型使用。核对无误，就启用接口的逆变转换。

逆变转换存在与协变转变相似的限制：只有泛型接口和委托类型才能是逆变的，发生变化的类型实参只能是引用类型，而且编译器必须能验证接口的安全逆变。

接口可以一个类型参数协变，另一个逆变。但除了委托之外其实很少需要这样做。例如，`Func<A1, A2, ..., R>` 系列委托是返回类型 R 协变，所有实参类型逆变。

最后要注意，编译器要在整个源代码的范围内检查协变性和逆变性类型参数修饰符的有效性。以代码清单 12.45 的 `PairInitializer<in T>` 接口为例。

代码清单 12.45　可变性的编译器验证

```
// ERROR:  Invalid variance; the type parameter 'T' is not
//         invariantly valid
interface IPairInitializer<in T>
{
  void Initialize(IPair<T> pair);
}
```

```
// Suppose the code above were legal, and see what goes
// wrong:
class FruitPairInitializer : IPairInitializer<Fruit>
{
  // Let's initiaize our pair of fruit with an
  // apple and an orange:
  public void Initialize(IPair<Fruit> pair)
  {
    pair.First = new Orange();
    pair.Second = new Apple();
  }
}
```

```
  // ... later ...
  var f = new FruitPairInitializer();
```

```
// This would be legal if contravariance were legal:
IPairInitializer<Apple> a = f;
// And now we write an orange into a pair of apples:
a.Initialize(new Pair<Apple>());
```

如果对协变性和逆变性研究得不是很透彻，可能认为既然 IPair<T> 只是一个输入参数，所以在 IPairInitializer 上将 T 限制为 in 是有效的。但 IPair<T> 接口不能安全变化，所以不能用可以变化的类型实参构造它。由于不是类型安全的，所以编译器一开始就不允许将 IPairInitializer<T> 接口声明为逆变。

12.5.3 数组对不安全协变性的支持

之前一直将协变性和逆变性描述成泛型类型的特点。在所有非泛型类型中，数组最像泛型。如同平时思考泛型"list of T"或泛型"pair of T"一样，也可以用相同的模式思考"array of T"。由于数组同时支持读取和写入，基于刚学到的协变和逆变知识，你可能以为数组既不能安全逆变，也不能安全协变。只有在从不写入时才能安全协变，只有在从不读取时才能安全逆变。两个限制似乎都不现实。

遗憾的是，C# 确实支持数组协变，即使这样并不类型安全。例如，Fruit[] fruits = new Apple[10] 在 C# 中完全合法。但如果接着写 fruits[0] = new Orange();，"运行时"就会引发异常来报告违反了类型安全性。将 Orange 赋给 Fruit 数组并非总是合法（因为后者实际可能是一个 Apple 数组），这对开发人员造成了极大的困扰。但这个问题并非只是 C# 才有。事实上，使用了"运行时"所实现的数组的所有 CLR 语言都存在相同问题。

尽量避免使用不安全的数组协变。每个数组都能转换成只读（进而安全协变）的 IEnumerable<T> 接口。换言之，IEnumerable<Fruit> fruits = new Apple[10] 既类型安全又合法，因为在只有只读接口的前提下，无法在数组中插入一个 Orange。

设计规范

- 避免不安全的数组协变。相反，考虑将数组转换成只读接口 IEnumerable<T>，以便通过协变转换来安全地转换。

End 4.0

12.6 泛型的内部机制

在之前的章节中，我们描述了对象在 CLI 类型系统中的广泛应用。所以，假如告诉你泛型也是对象，相信你一点儿都不会觉得奇怪。事实上，泛型类的"类型参数"成了元数据，"运行时"在需要时会利用它们构造恰当的类。所以，泛型支持继承、多态性以及封装。可用泛型定义方法、属性、字段、类、接口和委托。

为此，泛型需要来自底层"运行时"的支持。将泛型引入 C# 语言，编译器和平台需共同发力。例如，为避免装箱，对于基于值的类型参数，其泛型实现和引用类型参数的泛型实现是不同的。

高级主题：泛型的 CIL 表示

泛型类编译后与普通类无太大差异。编译结果无非就是元数据和 CIL。CIL 是参数化的，接受在代码中别的地方由用户提供的类型。代码清单 12.46 声明了一个简单的 Stack 类。

代码清单 12.46　Stack<T> 声明

```
public class Stack<T> where T : IComparable
{
    T[] items;
    // rest of the class here
}
```

编译类所生成的参数化 CIL 如代码清单 12.47 所示。

代码清单 12.47　Stack<T> 的 CIL 代码

```
.class private auto ansi beforefieldinit
    Stack'1<([mscorlib]System.IComparable)T>
    extends [mscorlib]System.Object
{
  ...
}
```

首先注意第二行 Stack 之后的 '1。这是元数（参数数量），声明了泛型类要求的类型实参的数量。对于像 EntityDictionary<TKey, TValue> 这样的声明，元数是 2。

此外，在生成的 CIL 中，第二行显示了施加在类上的约束。可以看出 T 类型参数有一个 IComparable 约束。

继续研究 CIL 代码，会发现类型 T 的 items 数组声明进行了修改，使用“感叹号表示法”包含了一个类型参数，这是自 CIL 开始支持泛型后引入的新功能。感叹号指出为类指定的第一个类型参数的存在，如代码清单 12.48 所示。

代码清单 12.48　CIL 用感叹号表示法来支持泛型

```
.class public auto ansi beforefieldinit
     'Stack'1'<([mscorlib]System.IComparable) T>
     extends [mscorlib]System.Object
{
    .field private !0[ ] items
    ...
}
```

除了在类的头部包含元数和类型参数，并在代码中用感叹号指出存在类型参数之外，泛型类和非泛型类的 CIL 代码并无太大差异。

高级主题：实例化基于值类型的泛型

用值类型作为类型参数首次构造一个泛型类型时，“运行时”会将指定的类型参数放到 CIL 中合适的位置，从而创建一个具体化的泛型类型。总之，“运行时”会针对每个新的“参数值类型”创建一个新的具体化泛型类型。

例如，假定声明一个整数 Stack，如代码清单 12.49 所示。

代码清单 12.49　Stack<int> 定义

```
Stack<int> stack;
```

第一次使用 Stack<int> 类型时，“运行时”会生成 Stack 类的一个具体化版本，用 int 替换它的类型参数。以后，每当代码使用 Stack<int> 的时候，“运行时”都重用已生成的具体化 Stack<int> 类。代码清单 12.50 声明 Stack<int> 的两个实例，两个实例都使用已由“运行时”为 Stack<int> 生成的代码。

代码清单 12.50　声明 Stack<T> 类型的变量

```
Stack<int> stackOne = new Stack<int>();
Stack<int> stackTwo = new Stack<int>();
```

如果以后在代码中创建另一个 Stack，但用不同的值类型作为它的类型参数（比如 long 或自定义结构），“运行时”会生成泛型类型的另一个版本。使用具体化值类型的类，好处在于能获得较好的性能。另外，代码能避免转换和装箱，因为每个具体的泛型类都原生包含值类型。

高级主题：实例化基于引用类型的泛型

对于引用类型，泛型的工作方式稍有不同。使用引用类型作为类型参数首次构造一个泛型类型时，“运行时”会在 CIL 代码中用 object 引用替换类型参数来创建一个具体化的泛型类型（而不是基于所提供的类型实参来创建一个具体化的泛型类型）。以后，每次用引用类型参数实例化一个构造好的类型，“运行时”都重用之前生成好的泛型类型的版本——即使提供的引用类型与第一次不同。

例如，假定现在有两个引用类型，一个 Customer 类和一个 Order 类，而且创建了 Customer 类型的一个 EntityDictionary，如下例所示：

```
EntityDictionary<Guid, Customer> customers;
```

访问这个类之前，“运行时”会生成 EntityDictionary 类的一个具体化版本。它不是将 Customer 作为指定的数据类型来存储，而是存储 object 引用。假定下一行代码创建 Order 类型的一个 EntityDictionary：

```
EntityDictionary<Guid, Order> orders =
    new EntityDictionary<Guid, Order>();
```

和值类型不同，不会为使用 Order 类型的 EntityDictionary 创建 EntityDictionary

类的一个新的具体化版本。相反，会实例化基于 object 引用的 EntityDictionary 的一个实例，orders 变量将引用该实例。

为确保类型安全性，会分配 Order 类型的一个内存区域，用于替换类型参数的每个 object 引用都指向该内存区域。

假定随后用一行代码来实例化 Customer 类型的 EntityDictionary：

```
customers = new EntityDictionary<Guid, Customer>();
```

和之前使用 Order 类型来创建 EntityDictionary 类一样，现在会实例化基于 object 引用的 EntityDictionary 的另一个实例，其中包含的指针被设为引用一个 Customer 类型。由于编译器为引用类型的泛型类创建的具体化类被减少到了一个，所以泛型极大减少了代码量。

泛型引用类型的类型参数在发生变化时，“运行时”使用的是相同的内部泛型类型定义。但假如类型参数是值类型，就不是这个行为了。例如，Dictionary<int, Customer>、Dictionary<Guid, Order> 和 Dictionary<long, Order> 要求不同的内部类型定义。

语言对比：Java——泛型

Java 完全是在编译器中实现泛型，而不是在 JVM（Java 虚拟机）中。这样做是为了防止因为使用了泛型而需要分发新的 JVM。

Java 的实现使用了与 C++ 中的“模板”和 C# 中的“泛型”相似的语法，其中包括类型参数和约束。但由于它不区分对待值类型和引用类型，所以未修改的 JVM 不能为值类型支持泛型。所以，Java 中的泛型不具有 C# 那样的执行效率。Java 编译器需要返回数据的时候，都会插入来自指定约束的自动向下转型（如果声明了这样的一个转型的话），或者插入基本 Object 类型（如果没有声明的话）。此外，Java 编译器在编译时生成一个具体化类型，它随即用于实例化任何已构造类型。最后，由于 JVM 没有提供对泛型的原生支持，所以在执行时无法确定一个泛型类型实例的类型参数，“反射”的其他运用也受到了严重限制。

12.7 小结

自 C# 2.0 引入的泛型类型和泛型方法从根本上改变了 C# 开发人员的编码风格。在 C# 1.0 代码中，凡是使用了 object 的地方，在 C# 2.0 和更高的版本中都最好用泛型来代替。至少，集合问题应考虑用泛型来解决。避免转型对类型安全性的提升、避免装箱对性能的提升以及重复代码的减少为泛型赋予了无穷魅力。

第 15 章将讨论最常用的泛型命名空间 System.Collections.Generic。该命名空间几乎完全由泛型类型构成。它清楚演示了如何修改最初使用 object 的类型来使用泛型。但在深入接触这些主题之前，先要探讨一下 Lambda 表达式。作为 C# 3.0（和以后版本）最引人注目的一项增强，它极大地改进了操作集合的方式。

第 13 章

委托和 Lambda 表达式

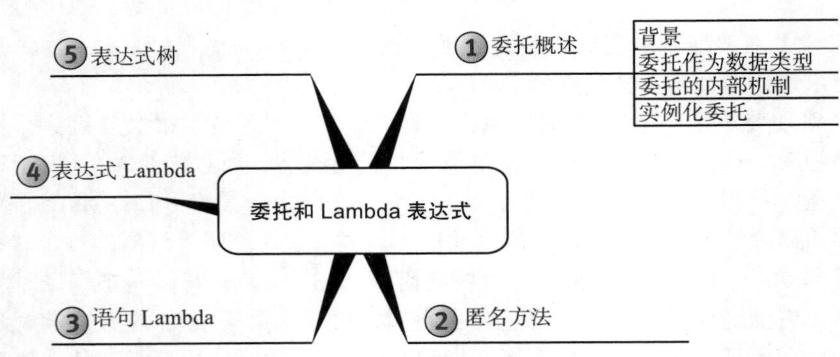

Begin 3.0

前几章全面讨论了如何创建类来封装数据和操作。随着创建的类越来越多，会发现它们的关系存在固定模式。一个常见模式是向方法传递对象，该方法再调用对象的一个方法。例如，向方法传递一个 `IComparer<int>` 引用，该方法本身可在你提供的对象上调用 `Compare()` 方法。在这种情况下，接口的作用只不过是传递一个方法引用。第二个例子是在调用新进程时，不是阻塞或反复检查（轮询）进程是否完成。理想情况是让方法异步运行并调用一个回调函数，当异步调用结束时通过该函数来通知调用者。

似乎不需要每次传递一个方法引用时都定义新接口。本意讲述如何创建和使用称为**委托**的特殊类，它允许像处理其他任何数据那样处理对方法的引用。然后讲述如何使用 **Lambda 表达式**快速和简单地创建自定义委托。

Lambda 表达式自 C# 3.0 引入。C# 2.0 支持用一种称为**匿名方法**的不太优雅的语法创建自定义委托。2.0 之后的每个 C# 版本都支持匿名方法以保持向后兼容，但新写的代码应该弃用它，代之以 Lambda 表达式。本章将通过“高级主题”来描述如何使用匿名方法。只有要使用遗留的 C# 2.0 代码时才需了解这些主题，否则可以忽略。

本章最后讨论表达式树，它允许在运行时使用编译器对 Lambda 表达式进行分析。

13.1　委托概述

经验丰富的 C 和 C++ 程序员长期以来利用"函数指针"将对方法的引用作为实参传给另一个方法。C# 使用**委托**提供相似的功能，委托允许捕捉对方法的引用，并像传递其他对象那样传递该引用，像调用其他方法那样调用被捕捉的方法。来看看下面的例子。

13.1.1　背景

虽然效率不高，但冒泡排序或许是最简单的排序算法了。代码清单 13.1 展示了 BubbleSort() 方法。

代码清单 13.1　BubbleSort() 方法

```
static class SimpleSort1
{
  public static void BubbleSort(int[] items)
  {
      int i;
      int j;
      int temp;

      if(items==null)
      {
        return;
      }

      for (i = items.Length - 1; i >= 0; i--)
      {
          for (j = 1; j <= i; j++)
          {
              if (items[j - 1] > items[j])
              {
                  temp = items[j - 1];
                  items[j - 1] = items[j];
                  items[j] = temp;
              }
          }
      }
  }
  // ...
}
```

该方法对整数数组执行升序排序。

为了能选择升级或降序，有两个方案：一是拷贝上述代码，将大于操作符替换成小于操作符，但拷贝这么多代码只是为了改变一个操作符，似乎不是一个好主意；二是传递一个附加参数，指出如何排序，如代码清单 13.2 所示。

代码清单 13.2 BubbleSort( ) 方法，升序或降序

```
class SimpleSort2
{
  public enum SortType
  {
      Ascending,
      Descending
  }

  public static void BubbleSort(int[] items, SortType sortOrder)
  {
      int i;
      int j;
      int temp;

      if(items==null)
      {
        return;
      }
      for (i = items.Length - 1; i >= 0; i--)
      {
          for (j = 1; j <= i; j++)
          {
              bool swap = false;
              switch (sortOrder)
              {
                  case SortType.Ascending :
                      swap = items[j - 1] > items[j];
                      break;

                  case SortType.Descending :
                      swap = items[j - 1] < items[j];
                      break;
              }
              if (swap)
              {
                  temp = items[j - 1];
                  items[j - 1] = items[j];
                  items[j] = temp;
              }
          }
      }
  }
  // ...
}
```

但上述代码只照顾到了两种可能的排序方式。如果想按字典顺序排序（即 1，10，11，12，2，20，…），或者按其他方式排序，SortType 值以及对应的 switch case 的数量很快就会变得非常“恐怖”。

13.1.2　委托数据类型

为增强灵活性和减少重复代码，可将比较方法作为参数传给 BubbleSort() 方法。为了能将方法作为参数传递，要有一个能表示方法的数据类型。该数据类型就是**委托**，因为它将调用“委托”给对象引用的方法。可将方法名作为委托实例。从 C# 3.0 开始还可使用 Lambda 表达式作为委托来内联一小段代码，而不必非要为其创建方法。从 C# 7.0 开始则支持创建本地函数（嵌套方法）并将函数名用作委托。代码清单 13.3 修改 BubbleSort() 方法来获取一个 Lambda 表达式参数。本例的委托数据类型是 Func<int, int, bool>。

代码清单 13.3　带委托参数的 BubbleSort() 方法

```
class DelegateSample
{
  // ...

  public static void BubbleSort(
      int[] items, Func<int, int, bool> compare)
  {
      int i;
      int j;
      int temp;

      if(compare == null)
      {
          throw new ArgumentNullException(nameof(compare));
      }

      if(items==null)
      {
        return;
      }

      for (i = items.Length - 1; i >= 0; i--)
      {
          for (j = 1; j <= i; j++)
          {
              if (compare(items[j - 1], items[j]))
              {
                temp = items[j - 1];
                items[j - 1] = items[j];
                items[j] = temp;
              }
          }
      }
  }
  // ...
}
```

Func<int, int, bool> 类型的委托代表对两个整数进行比较的方法。在 BubbleSort() 方法中，可用由 compare 参数引用的 Func<int, int, bool> 实例来判断哪个整数更大。由于 compare 代表方法，所以调用它的语法与调用其他任何方法无异。在本例中，Func<int, int, bool> 委托获取两个整数参数，返回一个 bool 值来指出第一个整数是否大于第二个。

```
if (compare(items[j - 1], items[j])) { ... }
```

注意 Func<int, int, bool> 委托是强类型的，代表返回 bool 值并正好接受两个整数参数的方法。和其他任何方法调用一样，对委托的调用也是强类型的。如实参数据类型不兼容，C# 编译器会报错。

13.2 声明委托类型

前面描述了如何定义使用委托的方法，展示了如何将委托变量当作方法来发出对委托的调用。但还必须学习如何声明委托类型。声明委托类型要使用 delegate 关键字，后跟像是方法声明的内容。该方法的签名就是委托能引用的方法的签名。正常方法声明中的方法名要替换成委托类型的名称。例如，代码清单 13.3 的 Func<...> 是这样声明的：

```
public delegate TResult Func<in T1, in T2, out TResult>(
    in T1 arg1, in T2 arg2)
```

（in/out 类型修饰符自 C# 4.0 引入，本章稍后会讨论。）

13.2.1 常规用途的委托类型：System.Func 和 System.Action

幸好从 C# 3.0 起很少需要（甚至根本不必）自己声明委托。为减少定义自己的委托类型的必要，.NET 3.5“运行时”库（对应 C# 3.0）包含一组常规用途的委托，其中大多为泛型。System.Func 系列委托代表有返回值的方法，而 System.Action 系列代表返回 void 的方法。代码清单 13.4 展示了这些委托的签名。

代码清单 13.4 Func 和 Action 委托声明

```
public delegate void Action ();
public delegate void Action<in T>(T arg)
public delegate void Action<in T1, in T2>(
    in T1 arg1, in T2 arg2)
public delegate void Action<in T1, in T2, in T3>(
    T1 arg1, T2 arg2, T3 arg3)
public delegate void Action<in T1, in T2, in T3, in T4(
    T1 arg1, T2 arg2, T3 arg3, T4 arg4)
...
public delegate void Action<
    in T1, in T2, in T3, in T4, in T5, in T6, in T7, in T8,
    in T9, in T10, in T11, in T12, in T13, in T14, in T16(
        T1 arg1, T2 arg2, T3 arg3, T4 arg4,
        T5 arg5, T6 arg6, T7 arg7, T8 arg8,
        T9 arg9, T10 arg10, T11 arg11, T12 arg12,
```

```
        T13 arg13, T14 arg14, T15 arg15, T16 arg16)
```

```
public delegate TResult Func<out TResult>();
public delegate TResult Func<in T, out TResult>(T arg)
public delegate TResult Func<in T1, in T2, out TResult>(
    in T1 arg1, in T2 arg2)
public delegate TResult Func<in T1, in T2, in T3, out TResult>(
    T1 arg1, T2 arg2, T3 arg3)
public delegate TResult Func<in T1, in T2, in T3, in T4,
    out TResult>(T1 arg1, T2 arg2, T3 arg3, T4 arg4)
...
public delegate TResult Func<
    in T1, in T2, in T3, in T4, in T5, in T6, in T7, in T8,
    in T9, in T10, in T11, in T12, in T13, in T14, in T16,
    out TResult>(
        T1 arg1, T2 arg2, T3 arg3, T4 arg4,
        T5 arg5, T6 arg6, T7 arg7, T8 arg8,
        T9 arg9, T10 arg10, T11 arg11, T12 arg12,
        T13 arg13, T14 arg14, T15 arg15, T16 arg16)
```

```
public delegate bool Predicate<in T>( T obj)
```

由于是泛型委托定义，所以可用它们代替自定义委托（稍后详述）。

代码清单 13.4 的第一组委托类型是 `Action<...>`，代表无返回值并支持最多 16 个参数的方法。如需返回结果，则使用第二组 `Func<...>` 委托。`Func<...>` 的最后一个类型参数是 `TResult`，即返回值的类型。`Func<...>` 的其他类型参数按顺序对应委托参数的类型。例如，代码清单 13.3 的 `BubbleSort` 方法要求返回 `bool` 并获取两个 `int` 参数的一个委托。

清单中最后一个委托是 `Predicate<in T>`。若用一个 Lambda 返回 `bool`，则该 Lambda 称为**谓词**（predicate）。通常用谓词筛选或识别集合中的数据项。换言之，向谓词传递一个数据项，它返回 `true` 或 `false` 指出该项是否符合条件。而在我们的 `BubbleSort()` 例子中，是接收两个参数来比较它们，所以要用 `Func<int, int, bool>` 而不是谓词。

设计规范

- 考虑定义自己的委托类型对于可读性的提升，是否比使用预定义泛型委托类型所带来的便利性来得更重要。

高级主题：声明委托类型

如前所述，借助从 Microsoft .NET Framework 3.5 开始提供的 `Func` 和 `Action` 委托，许多时候都无须定义自己的委托类型。但若能显著提高代码可读性，还是应考虑声明自己的委托类型。例如，名为 `Comparer` 的委托使人对其用途一目了然，而 `Func<int, int, bool>` 这种呆板的名字只能看出委托的参数和返回类型。代码清单 13.5 展示如何声明获取两个 `int` 并返回 `bool` 的 `Comparer` 委托类型。

代码清单 13.5 声明委托类型

```
public delegate bool Comparer (
  int first, int second);
```

基于新的委托数据类型，可用 Comparer 替换 Func<int, int, bool> 来更新代码清单 13.3 的方法签名：

```
public static void BubbleSort(int[] items, Comparer compare)
```

就像类能嵌套在其他类中一样，委托也能嵌套在类中。如委托声明出现在另一个类的内部，委托类型就成为嵌套类型，如代码清单 13.6 所示。

代码清单 13.6 声明嵌套委托类型

```
class DelegateSample
{
  public delegate bool ComparisonHandler (
    int first, int second);
}
```

本例声明委托数据类型 DelegateSample.ComparisonHandler，因其被定义成 DelegateSample 中的嵌套类型。如仅在包容类中有用，就应考虑嵌套。

13.2.2 实例化委托

本节讲述使用委托来实现 BubbleSort() 方法的最后一步，在此将学习如何调用方法并传递委托实例（即 Func<int, int, bool> 类型的一个实例）。实例化委托需要和委托类型自身签名对应的一个方法。方法名无关紧要，但签名剩余部分必须兼容委托签名。代码清单 13.7 展示了与委托类型兼容的 GreaterThan() 方法。

代码清单 13.7 声明与 Func<int, int, bool> 兼容的方法

```
class DelegateSample
{
  public static void BubbleSort(
    int[] items, Func<int, int, bool> compare)
  {
      // ...
  }

  public static bool GreaterThan(int first, int second)
  {
    return first > second;
  }
  // ...
}
```

定义好方法后，可调用 BubbleSort() 并传递要由委托捕捉的方法名作为实参，如代码

清单 13.8 所示。

代码清单 13.8　方法名作为实参

```
class DelegateSample
{
  public static void BubbleSort(
      int[] items, Func<int, int, bool> compare)
  {
       // ...
  }

  public static bool GreaterThan(int first, int second)
  {
      return first > second;
  }

  static void Main()
  {
      int i;
      int[] items = new int[5];

      for (i=0; i < items.Length; i++)
      {
          Console.Write("Enter an integer: ");
          items[i] = int.Parse(Console.ReadLine());
      }

      BubbleSort(items, GreaterThan);

      for (i = 0; i < items.Length; i++)
      {
          Console.WriteLine(items[i]);
      }
  }

}
```

注意委托是引用类型，但不需要用 new 实例化。从 C# 2.0 开始，从方法组（为方法命名的表达式）向委托类型的转换会自动创建新的委托对象。

高级主题：C# 1.0 中的委托实例化

在代码清单 13.8 中，调用 BubbleSort() 时传递方法名（GreaterThan）即可实例化委托。C# 的第一个版本要求如代码清单 13.9 所示的较复杂的语法来实例化委托。

代码清单 13.9　C# 1.0 中将委托作为参数传递

```
BubbleSort(items,
    new Comparer(GreaterThan));
```

本例使用 Comparer 而非 Func<int, int, bool>，因为后者在 C# 1.0 中不可用。

之后的版本支持两种语法。本书只使用更现代、更简洁的语法。

高级主题：委托的内部机制

委托实际是特殊的类。虽然 C# 标准没有明确说明类的层次结构，但委托必须直接或间接派生自 `System.Delegate`。事实上，.NET 委托总是派生自 `System.MulticastDelegate`，后者又从 `System.Delegate` 派生，如图 13.1 所示。

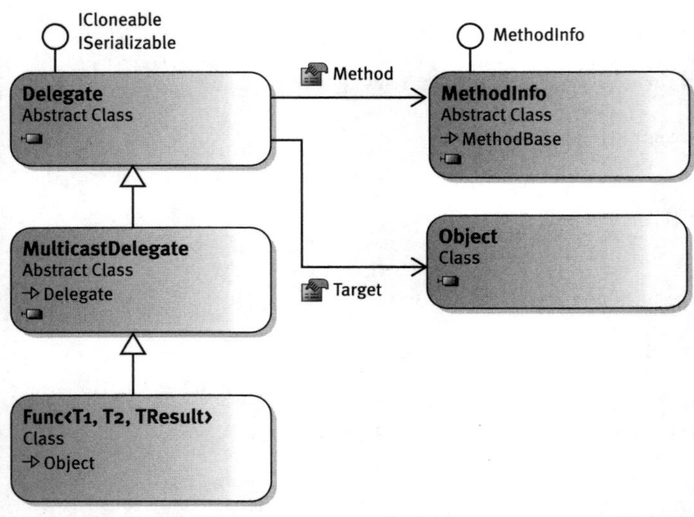

图 13.1　委托类型的对象模型

第一个属性是 `System.Reflection.MethodInfo` 类型。`MethodInfo` 描述方法签名，包括名称、参数和返回类型。除了 `MethodInfo`，委托还需要一个对象实例来包含要调用的方法。这正是第二个属性 `Target` 的作用。在静态方法的情况下，`Target` 对应于类型自身。`MulticastDelegate` 类的作用将在下一章详细描述。

注意所有委托都不可变（immutable）。换言之，委托创建好后无法更改。如变量包含委托引用，并想引用不同的方法，只能创建新委托再把它赋给变量。

虽然所有委托数据类型都间接从 `System.Delegate` 派生，但 C# 编译器不允许声明直接或间接从 `System.Delegate` 或者 `System.MulticastDelegate` 派生的类。代码清单 13.10 的代码无效。

代码清单 13.10　`System.Delegate` 不能是显式的基类

```
// ERROR: Func<T1, T2, TResult> cannot
// inherit from special class System.Delegate
public class Func<T1, T2, TResult>: System.Delegate
{
  // ...
}
```

通过传递委托来指定排序方式显然比本章开头的方式灵活得多。例如，要改为按字母排序，只需添加一个委托，比较时将整数转换为字符串。代码清单 13.11 是按字母排序的完整代码，输出 13.1 展示了结果。

代码清单 13.11　使用其他与 Func<int, int, bool> 兼容的方法

```
using System;
class DelegateSample
{
  public static void BubbleSort(
      int[] items, Func<int, int, bool> compare)
  {
      int i;
      int j;
      int temp;

      for (i = items.Length - 1; i >= 0; i--)
      {
          for (j = 1; j <= i; j++)
          {
              if (compare(items[j - 1], items[j]))
              {
                  temp = items[j - 1];
                  items[j - 1] = items[j];
                  items[j] = temp;
              }
          }
      }
  }

  public static bool GreaterThan(int first, int second)
  {
      return first > second;
  }

  public static bool AlphabeticalGreaterThan(
      int first, int second)
  {
      int comparison;
      comparison = (first.ToString().CompareTo(
          second.ToString()));

      return comparison > 0;
  }

  static void Main(string[] args)
  {
      int i;
      int[] items = new int[5];

      for (i=0; i<items.Length; i++)
      {
```

```
            Console.Write("Enter an integer: ");
            items[i] = int.Parse(Console.ReadLine());
        }

        BubbleSort(items, AlphabeticalGreaterThan);

        for (i = 0; i < items.Length; i++)
        {
            Console.WriteLine(items[i]);
        }
    }
}
```

输出 13.1

```
Enter an integer: 1
Enter an integer: 12
Enter an integer: 13
Enter an integer: 5
Enter an integer: 4
1
12
13
4
5
```

按字母排序与按数值排序的结果不同。和本章开头描述的方式相比，现在添加一个附加的排序机制是多么简单！要按字母排序，唯一要修改的就是添加 AlphabeticalGreaterThan 方法，在调用 BubbleSort() 的时候传递该方法。

13.3 Lambda 表达式

代码清单 13.8 和代码清单 13.11 展示了如何将表达式 GreaterThan 和 AlphabeticalGreaterThan 转换成和这些具名方法的参数类型和返回类型兼容的委托类型。你可能已注意到了，GreaterThan 方法的声明（public static bool GreaterThan(int first, int second)）比主体（return first > second;）冗长多了。这么简单的方法居然需要如此复杂的准备，这实在说不过去，而这些“前戏”的目的只是为了能转换成委托类型。

为解决问题，C# 2.0 引入了非常精简的语法创建委托，C# 3.0 则引入了更精简的。C# 2.0 的称为**匿名方法**，C# 3.0 的称为 **Lambda 表达式**。这两种语法统称为**匿名函数**。两种都合法，但新代码应优先使用 Lambda 表达式。除非要专门讲述 C# 2.0 匿名方法，否则本书都使用 Lambda 表达式。[⊖]

⊖ 作者在这里故意区分了匿名函数和匿名方法。一般情况下，两者可以互换使用。如果非要区分，那么编译器生成的全都是“匿名函数”，这才是最开始的叫法。从 C# 2.0 开始引入了“匿名方法”功能，它的作用就是简化生成匿名函数而需要写的代码。在新的 C# 版本中 (3.0 和以后)，更是建议用 lambda 表达式来进一步简化语法，不再推荐使用 C# 2.0 引入的“匿名方法”。但归根结底，所有这些语法糖都是为了更简单地生成匿名函数。——译者注

Lambda 表达式本身分为两种：**语句 Lambda** 和**表达式 Lambda**。图 13.2 展示了这些术语的层次关系。

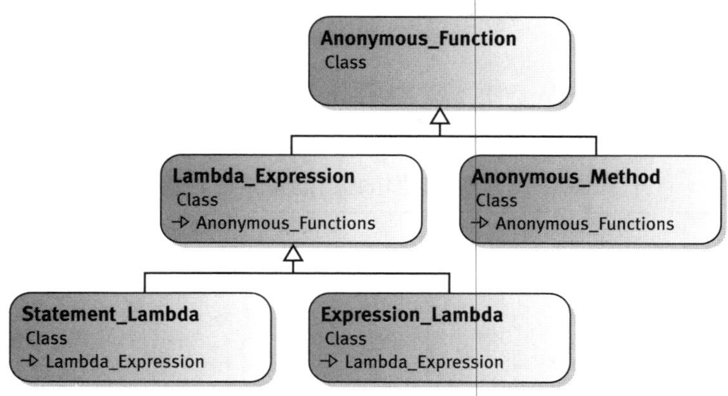

图 13.2　与匿名函数有关的术语

13.3.1　语句 Lambda

Lambda 表达式的目的是在需要基于很简单的方法生成委托时，避免声明全新成员的麻烦。Lambda 表达式有几种不同的形式。例如，**语句 Lambda** 由形参列表、Lambda 操作符 => 和代码块构成。

代码清单 13.12 展示了和代码清单 13.8 的 `BubbleSort` 调用等价的功能，只是用语句 Lambda 代表比较方法，而不是创建完整的 `GreaterThan` 方法。如你所见，语句 Lambda 包含 `GreaterThan` 方法声明中的大多数信息：形参和代码块都在，但方法名和修饰符没有了。

代码清单 13.12　用语句 Lambda 创建委托

```
// ...

    BubbleSort(items,
        (int first, int second) =>
        {
            return first < second;
        }
    );

// ...
```

查看含有 Lambda 操作符的代码时，可自己在脑海中将该操作符替换成"用于"（go/goes to）。例如在代码清单 13.12 中，可将 `BubbleSort()` 的第二个参数理解成"将整数 `first` 和 `second` 用于返回（`first` 小于 `second`）的结果"。

如你所见，代码清单 13.12 的语法和代码清单 13.8 几乎完全一样，只是比较方法现在合理地出现在转换成委托类型的地方，而不是随便出现在别的地方并只能按名称来查找。方法名不见了，这正是此类方法称为"匿名函数"的原因。返回类型不见了，但编译器知道

Lambda 表达式要转换成返回类型为 bool 的委托。编译器检查语句 Lambda 的代码块，验证每个 return 语句都返回 bool。public 修饰符不见了，因为方法不再是包容类的一个可访问成员，没必要描述它的可访问性。类似地，static 修饰符也不见了。围绕方法进行的“前戏”大大减少了。

但语法还能精简。我们已从委托类型推断 Lambda 表达式返回 bool。类似地，还能推断两个参数都是 int，如代码清单 13.13 所示。

代码清单 13.13 在语句 Lambda 中省略参数类型

```
// ...

    BubbleSort(items,
        (first, second) =>
        {
            return first < second;
        }
    );

// ...
```

通常，只要编译器能从 Lambda 表达式所转换成的委托推断出类型，所有 Lambda 表达式都不需要显式声明参数类型。不过，若指定类型能使代码更易读，C# 也允许这样做。在不能推断的情况下，C# 要求显式指定 Lambda 参数类型。显式指定一个 Lambda 参数类型，所有参数类型都必须显式指定，而且必须和委托参数类型完全一致。

设计规范

- 如类型对于读者显而易见，或者是无关紧要的细节，就考虑在 Lambda 形参列表中省略类型。

语法或许还能进一步精简，如代码清单 13.14 所示。假如只有单个参数，且类型可以推断，Lambda 表达式就可拿掉围绕参数列表的圆括号。但假如无参，参数不止一个，或者包含显式指定了类型的单个参数，Lambda 表达式就必须将参数列表放到圆括号中。

代码清单 13.14 单个输入参数的语句 Lambda

```
using System.Collections.Generic;
using System.Diagnostics;
using System.Linq;
  // ...
  IEnumerable<Process> processes = Process.GetProcesses().Where(
      process => { return process.WorkingSet64 > 1000000000; });
  // ...
```

在代码清单 13.14 中，Where() 返回对物理内存占用超过 1GB 的进程的一个查询。

代码清单 13.15 包含的则是一个无参语句 Lambda。空参数列表要求圆括号。还要注意，代码清单 13.15 的语句 Lambda 主体包含多个语句。虽然语句 Lambda 允许包含任意数量的语句，但一般都限制在两三个语句之内。

代码清单 13.15　无参语句 Lambda

```
// ...
Func<string> getUserInput =
    () =>
    {
        string input;
        do
        {
            input = Console.ReadLine();
        }
        while(input.Trim().Length == 0);
        return input;
    };
// ...
```

13.3.2　表达式 Lambda

语句 Lambda 的语法比完整的方法声明简单得多，可以不指定方法名、可访问性和返回类型，有时甚至可以不指定参数类型。表达式 Lambda 则更进一步。在代码清单 13.12 到代码清单 13.15 中，所有语句 Lambda 的代码块都只有一个 return 语句。其实在这种 Lambda 块中，唯一需要的就是要返回的表达式。这正是表达式 Lambda 的作用，它只包含要返回的表达式，完全没有语句块。代码清单 13.16 等价于代码清单 13.12，只是使用了表达式 Lambda 而不是语句 Lambda。

代码清单 13.16　使用表达式 Lambda 传递委托

```
// ...
BubbleSort(items, (first, second) => first < second );
// ...
```

通常，可像阅读语句 Lambda 那样将表达式 Lambda 中的 => 理解成“用于”。但在委托作为“谓词”使用时（返回布尔值），将 => 理解成“满足……条件”（such that 或 where）会更清楚一些。所以，代码清单 13.16 的 Lambda 可读成：“first 和 second 满足 first 小于 second 的条件”。

类似于 null 字面值，匿名函数不和任何类型关联。其类型由转换成的类型决定。也就是说，目前为止的所有 Lambda 表达式并非天生就是 Func<int, int, bool> 或 Comparer 类型。它们只是与那个类型兼容，能转换成它。所以，不能对匿名方法使用 typeof() 操作符。另外，只有在将匿名方法转换成具体类型后才能调用 GetType()。

表 13.1 总结了关于 Lambda 表达式的其他注意事项。

表 13.1 Lambda 表达式的注意事项和例子

<table>
<tr><th>注意事项</th><th>例 子</th></tr>
<tr><td>Lambda 表达式本身没有类型。所以，没有能直接从 Lambda 表达式中访问的成员，就连 object 的方法也没有</td><td><pre>// 错误：运算符 '.' 无法应用于
// 'lambda 表达式 ' 类型的操作数
string s = ((int x) => x).ToString();</pre></td></tr>
<tr><td>由于 Lambda 表达式没有类型，所以不能出现在 is 操作符的左侧</td><td><pre>// 错误：'is' 或 'as' 运算符的第一个操作数
// 不能是 Lambda 表达式、匿名方法或方法组
bool b = ((int x) => x) is Func<int, int>;</pre></td></tr>
<tr><td>Lambda 表达式只能转换成兼容委托类型。在例子中，返回 int 的 Lambda 不能转换成代表“返回 bool 的方法”的委托类型</td><td><pre>// 错误：Lambda 表达式不兼容于
// Func<int, bool> 类型
Func<int, bool> f = (int x) => x;</pre></td></tr>
<tr><td>Lambda 表达式没有类型，所以不能用于推断局部变量的类型</td><td><pre>// 错误：无法将 Lambda 表达式赋予
// 隐式类型化的变量
var v = x => x;</pre></td></tr>
<tr><td>C# 不允许在 Lambda 表达式内部使用跳转语句（break、goto、continue）跳转到 Lambda 表达式外部；反之亦然。在例子中，Lambda 中的 break 语句试图跳转到 Lambda 外部的 switch 语句末尾</td><td><pre>// 错误：控制不能离开匿名方法
// 或 Lambda 表达式主体
string[] args;
Func<string> f;
switch(args[0])
{
  case "/File":
      f = () =>
      {
          if (!File.Exists(args[1]))
              break;
          return args[1];
      };
      // ...
}</pre></td></tr>
<tr><td>对一个 Lambda 表达式引入的参数和局部变量，其作用域仅限于 Lambda 主体</td><td><pre>// 错误：名称 'first' 在当前
// 上下文中不存在
Func<int, int, bool> expression =
    (first, second) => first > second;
  first++;</pre></td></tr>
<tr><td>编译器的确定性赋值分析机制在 Lambda 表达式内部检测不到对外部局部变量进行初始化的情况</td><td><pre>int number;
Func<string, bool> f =
  text => int.TryParse(text, out number);
if (f("1"))
{
  // 错误：使用未赋值的局部变量
  System.Console.Write(number);
}</pre>
<hr>
<pre>int number;
Func<int, bool> isFortyTwo =
  x => 42 == (number = x);
if (isFortyTwo(42))
{
    // 错误：使用未赋值的局部变量
    System.Console.Write(number);
}</pre></td></tr>
</table>

13.4　匿名方法

Begin2.0

C# 2.0 不支持 Lambda 表达式，而是使用称为**匿名方法**的语法。匿名方法像语句 Lambda，但缺少使 Lambda 变得简洁的许多功能。匿名方法必须显式指定每个参数的类型，而且必须有代码块。参数列表和代码块之间不使用 Lambda 操作符 =>。相反，是在参数列表前添加关键字 `delegate`，强调匿名方法必须转换成委托类型。代码清单 13.17 展示了如何重写代码清单 13.8、代码清单 13.12 和代码清单 13.13 来使用匿名方法。

代码清单 13.17　在 C# 2.0 中传递匿名方法

```
// ...
BubbleSort(items,
    delegate(int first, int second)
    {
        return first < second;
    }
);
// ...
```

所以在 C# 3.0 和以后的版本中，可用两种相似的方式定义匿名函数，这多少令人有点遗憾。

设计规范

- 避免在新代码中使用匿名方法语法，优先使用更简洁的 Lambda 表达式语法。

但有一个小功能是匿名方法支持但 Lambda 表达式不支持的：匿名方法在某些情况下能完全省略参数列表。

高级主题：无参匿名方法

和 Lambda 表达式不同，匿名方法允许省略完全参数列表，前提是主体中不使用任何参数，而且委托类型只要求"值"参数。（也就是说，不要求将参数标记为 `out` 或 `ref`。）例如，对于以下匿名方法表达式：

```
delegate { return Console.ReadLine() != ""; }
```

它可转换成要求返回 `bool` 的任意委托类型，不管委托需要多少个参数。这个功能较少使用，但阅读遗留代码时可能用得着。

End 2.0

高级主题："Lambda"源起

"匿名方法"挺好理解。看起来和普通的方法声明相似，只是无方法名。但"Lambda"是怎么来的？

Lambda 表达式的概念来自阿隆佐·邱奇，他于 20 世纪 30 年代发明了用于函数研究的 λ 演算（lambda calculus）系统。用邱奇的记号法，如函数要获取参数 x，最终的

> 表达式是 y，就将希腊字母 λ 作为前缀，再用点号分隔参数和表达式。所以，C# 的 Lambda 表达式 x=>y 用邱奇的记号法应写成 λx.y。
>
> 由于在 C# 代码中不便输入希腊字母，而且点号在 C# 中有太多含义，所以 C# 委托选择“胖箭头”(fat arrow）记号法（=>)。“Lambda 表达式”提醒人们匿名函数的理论基础是 λ 演算，即使根本没有使用希腊字母 λ。

Begin 4.0

13.4.1 委托没有结构相等性

.NET 委托类型不具备**结构相等性**（structural equality）。也就是说，不能将一个委托类型的对象引用转换成一个不相关的委托类型，即使两者的形参和返回类型完全一致。例如，不能将一个 Comparer 引用赋给一个 Func<int, int, bool> 类型的变量，即使两者都代表获取两个 int 并返回一个 bool 的方法。非常遗憾，如果需要结构一致但不相关的新委托类型，为了使用该类型的委托，唯一的办法就是创建新委托并让它引用旧委托的 Invoke 方法。例如，假定有 Comparer 类型的变量 c，需要把它的值赋给 Func<int, int, bool> 类型的变量 f，那么可以这样写：f = c.Invoke;。

但通过 C# 4.0 添加的对可变性的支持，现在可在某些委托类型之间进行引用转换。来考虑一个逆变的例子：由于 void Action<in T>(T arg) 有 in 类型参数修饰符，所以可将 Action<object> 委托引用赋给 Action<string> 类型的变量。

许多人都觉得委托的逆变不好理解。只需记住，适合任何对象的行动必定适合任何字符串。反之则不然，只适合字符串的行动不适合每个对象。类似地，Func 系列委托类型对它的返回类型协变，这通过 TResult 的 out 类型参数修饰符来指示。所以，Func<string> 委托引用可以赋给 Func<object> 类型的变量。代码清单 13.18 展示了委托的协变和逆变。

代码清单 13.18 委托的可变性

```
// Contravariance
Action<object> broadAction =
  (object data) =>
  {
      Console.WriteLine(data);
  };
Action<string> narrowAction = broadAction;

// Covariance
Func<string> narrowFunction =
  () =>Console.ReadLine();
Func<object> broadFunction = narrowFunction;

// Contravariance and covariance combined
Func<object, string> func1 =
  (object data) => data.ToString();
Func<string, object> func2 = func1;
```

代码清单最后一部分在一个例子中合并了两种可变性的概念，演示假如同时涉及 in 和 out 类型参数，协变性和逆变性是如何同时发生的。

实现泛型委托类型的引用转换，是 C# 4.0 添加协变和逆变转换的关键原因之一。（另一个原因是为 IEnumerable<out T> 提供协变支持。）

End 4.0

高级主题：Lambda 表达式和匿名方法的内部机制

CLR 不知道何谓 Lambda 表达式（和匿名方法）。相反，编译器遇到匿名方法时，会把它转换成特殊的隐藏类、字段和方法，从而实现你希望的语义。也就是说，C# 编译器为这个模式生成实现代码，避免开发人员自己去实现。例如，给定代码清单 13.12、13.13、13.16 或 13.17，C# 编译器将生成如代码清单 13.19 所示的代码。

代码清单 13.19　与 Lambda 表达式的 CIL 代码等价的 C# 代码

```
class DelegateSample
{
  // ...
  static void Main(string[] args)
  {
      int i;
      int[] items = new int[5];

      for (i=0; i<items.Length; i++)
      {
          Console.Write("Enter an integer:");
          items[i] = int.Parse(Console.ReadLine());
      }


      BubbleSort(items,
          DelegateSample.__AnonymousMethod_00000000);

      for (i = 0; i < items.Length; i++)
      {
          Console.WriteLine(items[i]);
      }

  }
  private static bool __AnonymousMethod_00000000(
      int first, int second)
  {
      return first < second;
  }

}
```

在本例中，匿名方法被转换成单独的、由编译器内部声明的静态方法。该静态方法再实例化成一个委托并作为参数传递。毫不奇怪，编译器生成的代码有点像代码清单 13.8 的原始代码，也就是后来用匿名函数进行简化的代码。但在涉及“外部变量”时，编译器执行的代码转换要复杂得多，不是只将匿名函数重写成静态方法那样简单。

13.4.2 外部变量

在 Lambda 表达式外部声明的局部变量（包括包容方法的参数）称为该 Lambda 的**外部变量**。（this 引用虽然技术上说不是变量，但也被视为外部变量。）如 Lambda 表达式主体使用一个外部变量，就说该变量被该 Lambda 表达式**捕捉**。代码清单 13.20 利用外部变量统计 BubbleSort() 执行了多少次比较。输出 13.2 展示了结果。

代码清单 13.20 在 Lambda 表达式中使用外部变量

```
class DelegateSample
{

  // ...

  static void Main(string[] args)
  {

      int i;
      int[] items = new int[5];
      int comparisonCount=0;

      for (i=0; i<items.Length; i++)
      {
          Console.Write("Enter an integer:");
          items[i] = int.Parse(Console.ReadLine());
      }
      BubbleSort(items,
          (int first, int second) =>
          {
              comparisonCount++;
              return first < second;
          }
      );

      for (i = 0; i < items.Length; i++)
      {
          Console.WriteLine(items[i]);
      }

      Console.WriteLine("Items were compared {0} times.",
                        comparisonCount);
  }
}
```

输出 13.2

```
Enter an integer:5
Enter an integer:1
Enter an integer:4
Enter an integer:2
Enter an integer:3
5
```

```
4
3
2
1
Items were compared 10 times.
```

comparisonCount 在 Lambda 表达式外部声明，在其内部递增。调用 BubbleSort() 方法之后，在控制台上输出 comparisonCount 的值。

局部变量的生存期一般和它的作用域绑定。一旦控制离开作用域，变量的存储位置就不再有效。但如果从 Lambda 表达式创建的委托捕捉了外部变量，该委托可能具有比局部变量一般情况下更长（或更短）的生存期。委托每次被调用时，都必须能安全地访问外部变量。在这种情况下，被捕捉的变量的生存期被延长了。这个生存期至少和存活时间最长的委托对象一样长。（也许更长：编译器如何生成代码来延长外部变量生存期是一种实现细节，可能会发生变化。）

总之，是由 C# 编译器生成 CIL 代码在匿名函数和声明它的方法之间共享 comparison-Count。

高级主题：外部变量的 CIL 实现

C# 编译器为捕捉外部变量的匿名函数生成的 CIL 代码要比为什么都不捕捉的简单匿名方法生成的 CIL 代码复杂。代码清单 13.21 是与“实现代码清单 13.20 的外部变量的 CIL 代码”对应的 C# 代码。

代码清单 13.21　与外部变量 CIL 代码对应的 C# 代码

```
class DelegateSample
{
  // ...
  private sealed class __LocalsDisplayClass_00000001
  {
      public int comparisonCount;
      public bool __AnonymousMethod_00000000(
          int first, int second)
      {
              comparisonCount++;
              return first < second;
      }
  }
  // ...
  static void Main(string[] args)
  {
      int i;
      __LocalsDisplayClass_00000001 locals =
          new __LocalsDisplayClass_00000001();
      locals.comparisonCount=0;
      int[] items = new int[5];

      for (i=0; i<items.Length; i++)
      {
```

```
                Console.Write("Enter an integer:");
                items[i] = int.Parse(Console.ReadLine());
            }

            BubbleSort(items, locals.__AnonymousMethod_00000000);
            for (i = 0; i < items.Length; i++)
            {
                Console.WriteLine(items[i]);
            }
            Console.WriteLine("Items were compared {0} times.",
                              locals.comparisonCount);
        }
    }
```

注意，被捕捉的局部变量永远不会被“传递”到别的地方，也永远不会被“拷贝”到别的地方。相反，被捕捉的局部变量（comparisonCount）作为实例字段（而非局部变量）实现，从而延长了其生存期。所有使用局部变量的地方都改为使用那个字段。

生成的 __LocalsDisplayClass 类称为**闭包**（closure），它是一个数据结构（一个 C# 类），其中包含一个表达式以及对表达式进行求值所需的变量（C# 中的公共字段）。

Begin 5.0

高级主题：不小心捕捉循环变量

思考一下代码清单 13.22 的输出是什么？

代码清单 13.22　在 C# 5.0 中捕捉循环变量

```
class CaptureLoop
{
  static void Main()
  {
      var items = new string[] { "Moe", "Larry", "Curly" };
      var actions = new List<Action>();
      foreach (string item in items)
      {
          actions.Add( ()=> { Console.WriteLine(item); } );
      }
      foreach (Action action in actions)
      {
          action();
      }
  }
}
```

大多数人都觉得结果应该如输出 13.3 所示。在 C# 5.0 中确实如此。但在之前的 C# 版本中，结果如输出 13.4 所示。

输出 13.3　C# 5.0 的输出

```
Moe
Larry
Curly
```

输出 13.4　C# 4.0 的输出

```
Curly
Curly
Curly
```

Lambda 表达式捕捉变量并总是使用其最新的值——而不是捕捉并保留变量在委托创建时的值。这通常正是你希望的行为。例如，代码清单 13.20 捕捉变量 comparisonCount，目的正是确保递增时使用其最新的值。循环变量没什么两样。捕捉循环变量时，每个委托都捕捉同一个循环变量。循环变量发生变化时，捕捉它的每个委托都看到了变化。所以无法指责 C# 4.0 的行为——虽然这几乎肯定不是代码作者想要的。

C# 5.0 对此进行了更改，认为每一次循环迭代，foreach 循环变量都应该是“新”变量。所以，每次创建委托，捕捉的都是不同的变量，不再共享同一个变量。但注意这个更改不适用于 for 循环。用 for 循环写类似的代码，for 语句头中声明的任何循环变量在被捕捉时，都被看成是同一个外部变量。要写在 C# 5.0 和之前的版本中行为一致的代码，请使用如代码清单 13.23 所示的模式。

代码清单 13.23　C# 5.0 之前的循环变量捕捉方案

```
class DoNotCaptureLoop
{
  static void Main()
  {
      var items = new string[] { "Moe", "Larry", "Curly" };
      var actions = new List<Action>();
      foreach (string item in items)
      {
          string _item = item;
          actions.Add(
              ()=> { Console.WriteLine(_item); } );
      }
      foreach (Action action in actions)
      {
          action();
      }
  }
}
```

这样可保证每次循环迭代都有一个新变量，每个委托捕捉的都是一个不同的变量。

设计规范

- 避免在匿名函数中捕捉循环变量。

End 5.0

13.4.3　表达式树

Lambda 表达式提供了一种简洁的语法来定义代码中“内联”的方法，使其能转换成委托类型。表达式 Lambda（但不包括语句 Lambda 和匿名方法）还能转换成表达式树。委托是对象，允许像传递其他任何对象那样传递方法，并在任何时候调用该方法。表达式树也是对象，允许传递编译器对 Lambda 主体的分析。但这个分析有什么用呢？显然，编译器的分析在生成 CIL 时对编译器有用。程序执行时，开发人员拿代表这种分析的一个对象干什么呢？下面看一个例子。

1. Lambda 表达式作为数据使用

来看看以下代码中的 Lambda 表达式：

```
persons.Where(
    person => person.Name.ToUpper() == "INIGO MONTOYA");
```

假定 persons 是 Person 数组，和 Lambda 表达式实参对应的 Where 方法形参具有委托类型 Func<Person, bool>。编译器生成方法来包含 Lambda 表达式主体代码，再创建委托实例来代表所生成的方法，并将该委托传给 Where 方法。Where 方法返回一个查询对象，一旦执行查询，就将委托应用于数组的每个成员来判断查询结果。

现在假定 persons 不是 Person[] 类型，而是代表远程数据库表的对象，表中含有数百万人的数据。表中每一行的信息都可从服务器传输到客户端，客户端可创建一个 Person 对象来代表该行。调用 Where 将返回代表查询的一个对象。现在客户端如何请求查询结果？

一个技术是将几百万行数据从服务器传输到客户端。为每一行都创建 Person 对象，根据 Lambda 创建委托，再针对每个 Person 执行委托。概念上和数组的情况一致，但代价过于高昂。

第二个技术则要好很多，它是将 Lambda 的含义（筛选掉姓名不是 Inigo Montoya 的每一行）发送给服务器。数据库服务器本来就很擅长快速执行这种筛选。然后，服务器只将符合条件的少数几行传输到客户端，而不是先创建几百万个 Person 对象，再把它们几乎全部否决。客户端只创建服务器判断与查询匹配的对象。但怎样将 Lambda 的含义发送给服务器呢？

这正是要在语言中添加**表达式树**的原因。转换成表达式树的 Lambda 表达式对象代表的是对 Lambda 表达式进行描述的数据，而不是编译好的、用于实现匿名函数的代码。由于表达式树代表数据而非编译好的代码，所以能在执行时分析 Lambda，用分析得到的数据来构造一个针对数据库执行的查询。如代码清单 13.24 所示，Where() 方法获得的表达式树可转换成 SQL 查询并传给数据库。

代码清单 13.24 将表达式树转换成 SQL where 子句

```
persons.Where( person => person.Name.ToUpper() == "INIGO MONTOYA");


select * from Person where upper(Name) = 'INIGO MONTOYA';
```

传给 Where() 的表达式树指出 Lambda 实参由以下几部分构成：

- ❑对 Person 的 Name 属性的读取
- ❑对 string 的 ToUpper() 方法的调用
- ❑常量值 "INIGO MONTOYA"
- ❑相等性操作符 ==

Where() 方法获取这些数据，检查数据，构造 SQL 查询字符串，将这些数据转换成 SQL where 子句。但表达式树并非只能转换成 SQL 语句。可构造表达式树计算程序（evaluator），将表达式转换成任意查询语言。

2. 表达式树作为对象图使用

在执行时，转换成表达式树的 Lambda 成为一个对象图，其中包含来自 System.Linq.Expressions 命名空间的对象。图中的“根”对象代表 Lambda 本身，该对象引用了代表参数、返回类型和主体表达式的对象，如图 13.3 所示。对象图包含编译器根据 Lambda 推断出来的所有信息。执行时可利用这些信息创建查询。另外，根 Lambda 表达式有一个 Compile 方法，能动态生成 CIL 并创建实现了指定 Lambda 的委托。

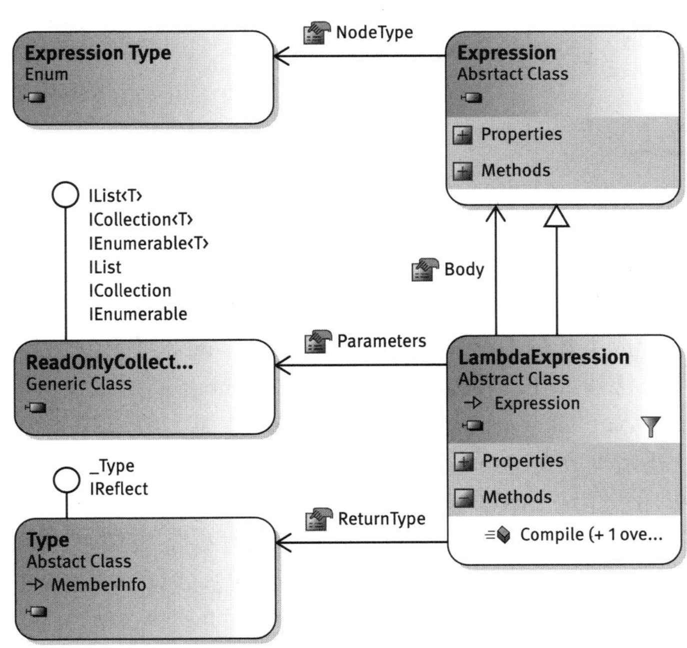

图 13.3　Lambda 表达式树类型

图 13.4 展示了一个 Lambda 主体中的一元和二元表达式的对象图中的类型。

UnaryExpression 代表 -count 这样的表达式。它具有 Expession 类型的单个子操作数（Operand）。BinaryExpression 有两个子表达式，Left 和 Right。两个类型都通过 NodeType 属性标识具体的操作符，而且两者都从基类 Expression 派生。还有其他 30 多个表达式类型，比如 NewExpression、ParameterExpression、MethodCallExpression、

LoopExpression 等等，能表示 C# 和 Visual Basic 中的几乎所有表达式。

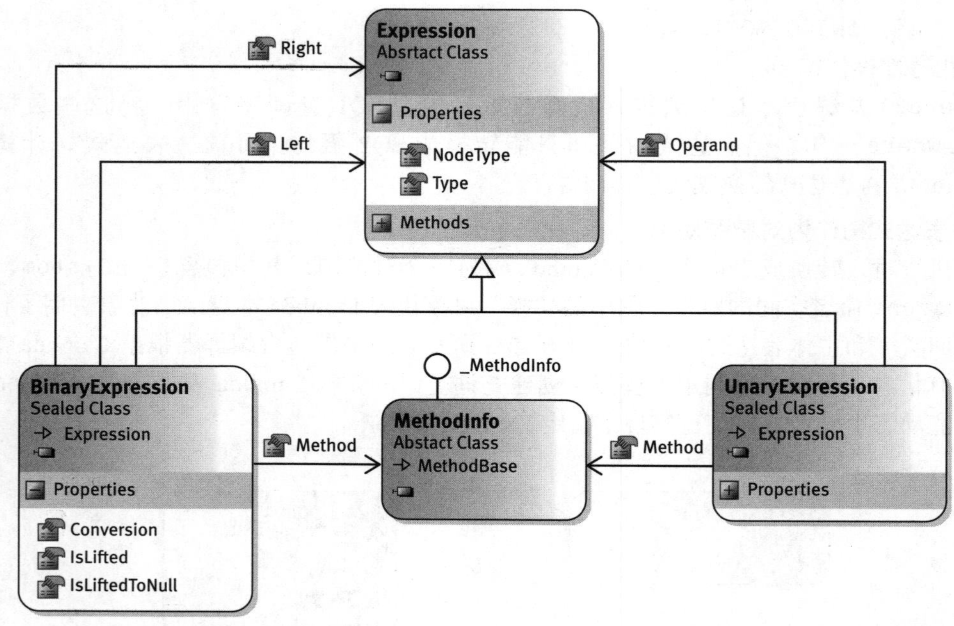

图 13.4　一元和二元表达式树类型

3. 比较委托和表达式树

不管转换成委托还是表达式树的 Lambda 表达式都会在编译时进行全面的语义分析，从而验证其有效性。转换成委托的 Lambda 造成编译器将 Lambda 作为方法生成，并生成代码在执行时创建对那个方法的委托。转换成表达式树的 Lambda 造成编译器生成代码，在执行时创建 LambdaExpression 的一个实例。但在使用 LINQ 时，编译器怎么知道是生成委托，是在本地执行查询，还是生成表达式将查询信息发送给远程数据库服务器呢？

像 Where() 这样用于生成 LINQ 查询的方法是扩展方法。扩展 IEnumerable<T> 接口的获取委托参数，扩展 IQueryable<T> 接口的获取表达式树参数。所以，编译器能根据查询的集合类型判断是从作为实参提供的 Lambda 创建委托还是表达式树。例如以下 Where() 方法：

```
persons.Where( person => person.Name.ToUpper() ==
    "INIGO MONTOYA");
```

System.Linq.Enumerable 类中声明的扩展方法签名是：

```
public IEnumerable<TSource> Where<TSource>(
    this IEnumerable<TSource> collection,
    Func<TSource, bool> predicate);
```

System.Linq.Queryable 类中声明的扩展方法签名是：

```
public IQueryable<TSource> Where<TSource>(
    this IQueryable<TSource> collection,
    Expression<Func<TSource, bool>> predicate);
```

编译器根据 persons 在编译时的类型决定使用哪个扩展方法：如果是能转换成 IQueryable<Person> 的类型，就选择来自 System.Linq.Queryable 的方法。它将 Lambda 转换成表达式树。执行时，persons 引用的对象接收表达式树数据，用那些数据构造 SQL 查询，在请求查询结果时将查询传给数据库。所以，调用 Where 的结果是一个对象。一旦请求查询结果，就将查询发送给数据库并生成结果。

如果 persons 不能隐式转换成 IQueryable<Person>，但能隐式转换成 IEnumerable <Person>，就选择来自 System.Linq.Enumerable 的方法，Lambda 被转换成委托。所以，调用 Where 的结果是一个对象，一旦请求查询结果，就将生成的委托作为谓词应用于集合的每个成员，生成与谓词匹配的结果。

4. 解析表达式树

如前所述，将 Lambda 表达式转换成 Expression<TDelegate> 将创建表达式树而不是委托。本章前面讲过如何将 (x,y)=>x>y 这样的 Lambda 转换成 Func<int, int, bool> 这样的委托类型。要将同样的 Lambda 转换成表达式树，只需把它转换成 Expression <Func<int, int, bool>>，如代码清单 13.25 所示。然后就可检查生成的对象，显示和它的结构相关的信息，并可显示更复杂的表达式树的信息。

将表达式树的实例传给 Console.WriteLine() 方法，会自动将表达式树转换成一个描述性的字符串。为表达式树生成的所有对象都重写了 ToString()，以便在调试时能一眼看出表达式树的内容。

代码清单 13.25　解析表达式树

```
using System;
using System.Linq.Expressions;

public class Program
{
    public static void Main()
    {
        Expression<Func<int, int, bool>> expression;
        expression = (x, y) => x > y;
        Console.WriteLine("------------- {0} -------------",
            expression);
        PrintNode(expression.Body, 0);
        Console.WriteLine();
        Console.WriteLine();
        expression = (x, y) => x * y > x + y;
        Console.WriteLine("------------- {0} -------------",
            expression);
        PrintNode(expression.Body, 0);
    }
    public static void PrintNode(Expression expression,
```

```
        int indent)
    {
        if (expression is BinaryExpression)
            PrintNode(expression as BinaryExpression, indent);
        else
            PrintSingle(expression, indent);
    }
    private static void PrintNode(BinaryExpression expression,
      int indent)
    {
        PrintNode(expression.Left, indent + 1);
        PrintSingle(expression, indent);
        PrintNode(expression.Right, indent + 1);
    }
    private static void PrintSingle(
        Expression expression, int indent)
    {
        Console.WriteLine("{0," + indent * 5 + "}{1}",
          "", NodeToString(expression));
    }
    private static string NodeToString(Expression expression)
    {
        switch (expression.NodeType)
        {
            case ExpressionType.Multiply:
                return "*";
            case ExpressionType.Add:
                return "+";
            case ExpressionType.Divide:
                return "/";
            case ExpressionType.Subtract:
                return "-";
            case ExpressionType.GreaterThan:
                return ">";
            case ExpressionType.LessThan:
                return "<";
            default:
                return expression.ToString() +
                    " (" + expression.NodeType.ToString() + ")";
        }
    }
}
```

如输出 13.5 所示，`Main()` 中的 `Console.WriteLine()` 语句将表达式树主体打印成文本。

输出 13.5

```
------------- (x, y) => (x > y) -------------
     x (Parameter)
>
     y (Parameter)

------------- (x, y) => ((x * y) > (x + y)) -------------
```

```
        x (Parameter)
    *
        y (Parameter)
>
        x (Parameter)
    +
        y (Parameter)
```

注意表达式树是数据集合，可通过遍历数据将其转换成另一种格式。本例是将表达式树转换成描述性字符串。但也可转换成另一种查询语言中的表达式。

PrintNode()方法使用递归证明表达式树由零个或者多个其他表达式树构成。代表 Lambda 的“根”树通过其 Body 属性引用 Lambda 的主体。每个表达式树节点都包含枚举类型 ExpressionType 的一个 NodeType 属性，描述了它是哪一种表达式。有多种表达式，例如 BinaryExpression、ConditionalExpression、LambdaExpression、MethodCall-Expression、ParameterExpression 和 ConstantExpression。每个类型都从 Expression 派生。

注意，虽然表达式树库包含的对象能表示 C# 和 Visual Basic 的大多数语句，但两种语言都不支持将语句 Lambda 转换成表达式树。只有表达式 Lambda 才能转换成表达式树。

13.5　小结

本章首先讨论委托以及如何把它作为方法引用或回调来使用。可用委托传递一组能在不同位置调用的指令（而不是立即调用）。

Lambda 表达式语法取代（但不是消除）了 C# 2.0 的匿名方法语法。不管哪种语法，程序员都可直接将一组指令赋给变量，而不必显式定义一个包含这些指令的方法。这使得程序员可以在方法内部动态地编写指令——这是一个很强大的概念，它通过 LINQ API 大幅简化了集合编程。

本章最后讨论了表达式树的概念，描述了它们如何编译成对象来表示对 Lambda 表达式的语义分析，而不是表示委托实现本身。该功能用于支持像 Entity Framework 和 LINQ to XML 这样的库。这些库解释表达式树，并在非 CIL 的上下文中使用它。

“Lambda 表达式”这个术语兼具“语句 Lambda”和“表达式 Lambda”的意思。换言之，语句 Lambda 和表达式 Lambda 都是 Lambda 表达式。

本章提到但未详述的一个概念是多播委托。下一章将讲解如何利用它实现事件的“发布—订阅”模式。

End 3.0

第 14 章

事　　件

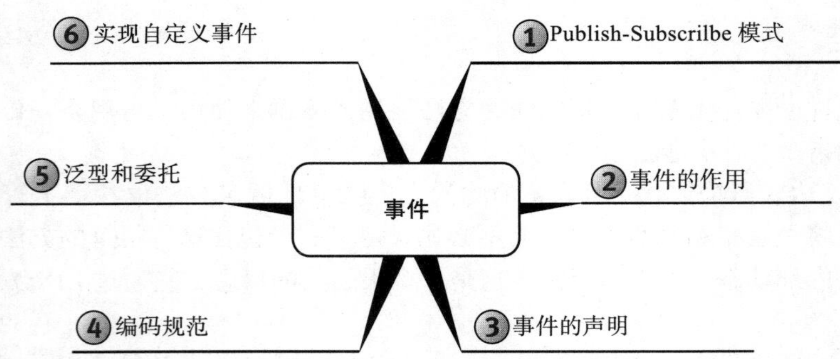

Begin 2.0

上一章讲述了如何用委托类型的实例引用方法，并通过委托调用方法。委托本身又是一个更大的模式（pattern）的基本单位，该模式称为 Publish-Subscribe（发布—订阅）或者 Observer（观察者）。⊖委托的使用及其对 Publish-Subscribe 模式的支持是本章的重点。本章描述的所有内容几乎都能单独用委托实现。但本章强调的“事件”构造提供了额外的“封装性”，使 Publish-Subscribe 模式更容易实现，更不容易出错。

上一章的所有委托都只引用一个方法。但一个委托值是可以引用一系列方法的，这些方法将顺序调用。这样的委托称为**多播委托**。这样单一事件（比如对象状态的改变）的通知就可以发布给多个订阅者。

虽然事件在 C# 1.0 中就有了，但 C# 2.0 泛型的引入显著改变了编码规范，因为使用泛

⊖ C# 的多播委托实现是一个通用模式，目的是避免大量手工编码。该模式称为 Observer 或者 Publish-Subscribe，它要应对的是要将单一事件的通知（比如对象状态发生的一个变化）广播给多个订阅者（subscriber）的情况。——译者注

型委托数据类型意味着不再需要为每种可能的事件签名声明一个委托。所以，本章的最低起点是 C# 2.0。但仍在使用 C# 1.0 的读者也不是不能使用事件，只是必须声明自己的委托数据类型（参见第 13 章）。

14.1　使用多播委托编码 Publish-Subscribe 模式

来考虑一个温度控制的例子。一个加热器（Heater）和一个冷却器（Cooler）连接到同一个恒温器（Thermostat）。控制设备开关需要向它们通知温度变化。恒温器将温度变化发布给多个订阅者——也就是加热器和冷却器。⊖下一节研究具体代码。

14.1.1　定义订阅者方法

首先定义 Heater 和 Cooler 对象，如代码清单 14.1 所示。

代码清单 14.1　Heater 和 Cooler 事件订阅者的实现

```
class Cooler
{
  public Cooler(float temperature)
  {
      Temperature = temperature;
  }
  // Cooler is activated when ambient temperature is higher than this
  public float Temperature { get; set; }

  // Notifies that the temperature changed on this instance
  public void OnTemperatureChanged(float newTemperature)
  {
      if (newTemperature > Temperature)
      {
          System.Console.WriteLine("Cooler: On");
      }
      else
      {
          System.Console.WriteLine("Cooler: Off");
      }
  }
}

class Heater
{
  public Heater(float temperature)
  {
      Temperature = temperature;
  }
```

⊖ 本例使用"**调温器**"（thermostat）这个词，因为人们习惯于它在加热或冷却系统中的使用。但从技术上说，"**温度计**"（thermometer）一词更恰当。

```
    public float Temperature { get; set; }

    public void OnTemperatureChanged(float newTemperature)
    {
        if (newTemperature < Temperature)
        {
            System.Console.WriteLine("Heater: On");
        }
        else
        {
            System.Console.WriteLine("Heater: Off");
        }
    }
}
```

除了温度比较，两个类几乎完全一样（事实上，在 OnTemperatureChanged 方法中使用一个比较方法委托，两个类还能再减少一个）。每个类都存储了启动设备所需的温度。此外，两个类都提供了 OnTemperatureChanged() 方法。调用 OnTemperatureChanged() 方法的目的是向 Heater 和 Cooler 类指出温度已发生改变。在方法的实现中，用 newTemperature 同存储好的触发温度进行比较，从而决定是否让设备启动。

两个 OnTemperatureChanged() 方法都是订阅者（或侦听者）方法，其参数和返回类型必须与来自 Thermostat 类的委托匹配。（Thermostat 类的详情马上讨论。）

14.1.2 定义发布者

Thermostat 类负责向 heater 和 cooler 对象实例报告温度变化。代码清单 14.2 展示了 Thermostat 类。

代码清单 14.2 定义事件发布者 Thermostat

```
public class Thermostat
{
  // Define the event publisher (initially without the sender)
  public Action<float> OnTemperatureChange { get; set; }

  public float CurrentTemperature { get; set; }
}
```

Thermostat 包含一个名为 OnTemperatureChange 的属性，它具有 Action<float> 委托类型。OnTemperatureChange 存储了订阅者列表。注意，只需一个委托字段即可存储所有订阅者。换言之，来自一个发布者的温度变化通知会同时被 Cooler 和 Heater 实例接收。

Thermostat 的最后一个成员是 CurrentTemperature 属性。它负责设置和获取由 Thermostat 类报告的当前温度值。

14.1.3 连接发布者和订阅者

最后将所有这些东西都放到一个 Main() 方法中。代码清单 14.3 展示了一个示例 Main()。

代码清单 14.3　连接发布者和订阅者

```
class Program
{
  public static void Main()
  {
      Thermostat thermostat = new Thermostat();
      Heater heater = new Heater(60);
      Cooler cooler = new Cooler(80);
      string temperature;

      thermostat.OnTemperatureChange +=
          heater.OnTemperatureChanged;
      thermostat.OnTemperatureChange +=
          cooler.OnTemperatureChanged;
          Console.Write("Enter temperature: ");
          temperature = Console.ReadLine();
          thermostat.CurrentTemperature = int.Parse(temperature);
      }
    }
```

代码通过 += 操作符直接赋值向 OnTemperatureChange 委托注册了两个订阅者，即 heater.OnTemperatureChanged 和 cooler.OnTemperatureChanged。

从用户获取的值用于设置 thermostat（恒温器）的 CurrentTemperature（当前温度）。但目前还没有写任何代码将温度变化发布给订阅者。

14.1.4　调用委托

Thermostat 类的 CurrentTemperature 属性每次发生变化，你都希望调用委托向订阅者（heater 和 cooler）通知温度的变化。为此需要修改 CurrentTemperature 属性来保存新值，并向每个订阅者发出通知，如代码清单 14.4 所示。

代码清单 14.4　调用委托（尚未检查 null 值）

```
public class Thermostat
{
  ...
  public float CurrentTemperature
  {
      get { return _CurrentTemperature; }
      set
      {
          if (value != CurrentTemperature)
          {
              _CurrentTemperature = value;

              // INCOMPLETE: Check for null needed
              // Call subscribers
              OnTemperatureChange(value);
          }
      }
```

```
    }
    private float _CurrentTemperature;
}
```

对 CurrentTemperature 的赋值包含向订阅者通知 CurrentTemperature 变化的特殊逻辑。只需执行 C# 语句 OnTemperatureChange(value); 即可向所有订阅者发出通知。该语句将温度的变化发布给 cooler 和 heater 对象。执行一个调用，即可向多个订阅者发出通知——这正是“多播委托”的由来。

14.1.5 检查空值

Begin 6.0

代码清单 14.4 遗漏了事件发布代码的一个重要部分。假如当前没有订阅者注册接收通知，则 OnTemperatureChange 为 null，执行 OnTemperatureChange(value) 语句会抛出 NullReferenceException 异常。避免该问题需在触发事件之前检查空值。代码清单 14.5 演示了如何在调用 Invoke() 前使用 C# 6.0 的空条件操作符来达成目标。

代码清单 14.5 调用委托

```
public class Thermostat
{
    ...
    public float CurrentTemperature
    {
        get { return _CurrentTemperature; }
        set
        {
            if (value != CurrentTemperature)
            {
                _CurrentTemperature = value;
                // If there are any subscribers,
                // notify them of changes in temperature
                // by invoking said subscribers
                OnTemperatureChange?.Invoke(value);  // C# 6.0
            }
        }
    }
    private float _CurrentTemperature;
}
```

注意是在空条件检测后再调用 Invoke()。虽然可以拿掉问号，只用点操作符来调用该方法，但意义不大，因为那样相当于直接调用委托（参考代码清单 14.4 的 OnTemperatureChange(value)）。空条件操作符的优点在于，它采用特殊逻辑防范在执行空检查后订阅者调用一个过时处理程序（空检查后有变）导致委托再度为空。

End 6.0

遗憾的是，C# 6.0 之前不存在这种特殊的、不会被干扰的空检查逻辑。如代码清单 14.6 所示，老版本 C# 中的实现要稍微麻烦一些。

代码清单 14.6　C# 6.0 之前先执行空检查再调用委托

```
public class Thermostat
{
  ...
  public float CurrentTemperature
  {
      get{return _CurrentTemperature;}
      set
      {
          if (value != CurrentTemperature)
          {
              _CurrentTemperature = value;
              // If there are any subscribers,
              // notify them of changes in temperature
              // by invoking said subscribers
              Action<float> localOnChange =
                  OnTemperatureChange;
              if(localOnChange != null)
              {
                  // Call subscribers
                  localOnChange(value);
              }
          }
      }
  }
  private float _CurrentTemperature;
}
```

不是一上来就检查空值，而是先将 `OnTemperatureChange` 赋给第二个委托变量 `localOnChange`。这个简单的修改可确保在检查空值和发送通知之间，如一个不同的线程移除了所有 `OnTemperatureChange` 订阅者，将不会引发 `NullReferenceException` 异常。

本书剩下的所有例子都依赖 C# 6.0 的空条件操作符进行委托调用。

设计规范

- 要在调用委托前检查它的值是不是空值。
- 要从 C# 6.0 起在调用 `Invoke()` 前使用空条件操作符。

高级主题：将“-=”操作符应用于委托会返回新实例

既然委托是引用类型，肯定有人会感觉疑惑：为什么赋值给一个局部变量，再用那个局部变量就能保证 `null` 检查的线程安全性？由于 `localOnChange` 指向的位置就是 `OnTemperatureChange` 指向的位置，所以很自然的结论是：`OnTemperatureChange` 中发生的任何变化都将在 `localOnChange` 中反映。

但实情并非如此。事实上，对 `OnTemperatureChange -= <subscriber>` 的任何调用都不会从 `OnTemperatureChange` 删除一个委托而使它包含的委托比之前少一个。相反，该调用会赋值一个全新的多播委托，原始多播委托不受任何影响（localOnChange 指向的正是原始的那个）。

高级主题：线程安全的委托调用

如前所述，由于订阅者可由不同线程从委托中增删，所以有必要像前面描述的那样条件性地调用委托，或者在空检查前将委托引用拷贝到局部变量中。虽然这样能防范调用空委托，但不能防范所有可能的竞态条件。例如，一个线程拷贝委托，另一个将委托重置为 null，然后原始线程调用委托之前的值（该值已过时），向一个已经不在列表中的订阅者发送通知。在多线程程序中，订阅者应确保在这种情况下的健壮性，随时做好调用一个“过时”订阅者的准备。

14.1.6 委托操作符

合并 Thermostat 例子中的两个订阅者要使用“+=”操作符。它获取第一个委托并将第二个委托添加到委托链。第一个委托的方法返回后会调用第二个委托。从委托链中删除委托则要使用“-=”操作符，如代码清单 14.7 所示。

代码清单 14.7 使用 += 和 -= 委托操作符

```
// ...
Thermostat thermostat = new Thermostat();
Heater heater = new Heater(60);
Cooler cooler = new Cooler(80);

Action<float> delegate1;
Action<float> delegate2;
Action<float> delegate3;

delegate1 = heater.OnTemperatureChanged;
delegate2 = cooler.OnTemperatureChanged;

Console.WriteLine("Invoke both delegates:");
delegate3 = delegate1;
delegate3 += delegate2;
delegate3(90);

Console.WriteLine("Invoke only delegate2");
delegate3 -= delegate1;
delegate3(30);
// ...
```

代码清单 14.7 的结果如输出 14.1 所示。

输出 14.1

```
Invoke both delegates:
Heater: Off
Cooler: On
```

```
Invoke only delegate2
Cooler: Off
```

如代码清单 14.8 所示，还可使用“+”和“-”操作符合并委托。

代码清单 14.8 使用 + 和 - 委托操作符

```
// ...
Thermostat thermostat = new Thermostat();
Heater heater = new Heater(60);
Cooler cooler = new Cooler(80);
Action<float> delegate1;
Action<float> delegate2;
Action<float> delegate3;

// Note: Use new Action (cooler.OnTemperatureChanged)
// for C# 1.0 syntax
delegate1 = heater.OnTemperatureChanged;
delegate2 = cooler.OnTemperatureChanged;

Console.WriteLine("Combine delegates using + operator:");
delegate3 = delegate1 + delegate2;
delegate3(60);

Console.WriteLine("Uncombine delegates using - operator:");
delegate3 = delegate3 - delegate2;
delegate3(60);
// ...
```

使用赋值操作符会清除之前的所有订阅者，允许用新订阅者替换。这是委托很容易让人犯错的一个设计，因为在本来应该使用“+=”操作符的时候，很容易就会错误地写成“=”。解决方案是使用本章稍后要讲述的事件。

无论“+”“-”还是它们的复合赋值版本（“+=”和“-=”），内部都用静态方法 System.Delegate.Combine() 和 System.Delegate.Remove() 来实现。两个方法都获取 delegate 类型的两个参数。第一个方法 Combine() 连接两个参数，将两个委托的调用列表按顺序连接到一起。第二个方法 Remove() 则搜索由第一个参数指定的委托链，删除由第二个参数指定的委托。

Combine() 方法的一个有趣的地方是两个参数都可为 null。任何参数为 null，Combine() 返回非空的那个。两个都为 null，Combine() 返回 null。这解释了为什么调用 thermostat.OnTemperatureChange += heater.OnTemperatureChanged; 不会引发异常（即使 thermostat.OnTemperatureChange 的值仍然为 null）。

14.1.7 顺序调用

图 14.1 展示了 heater 和 cooler 的顺序通知。

虽然代码中只是一个简单的 OnTemperatureChange() 调用，但这个调用会广播给两个订阅者，使 cooler 和 heater 都会收到温度发生变化的通知。添加更多订阅者，它们也会

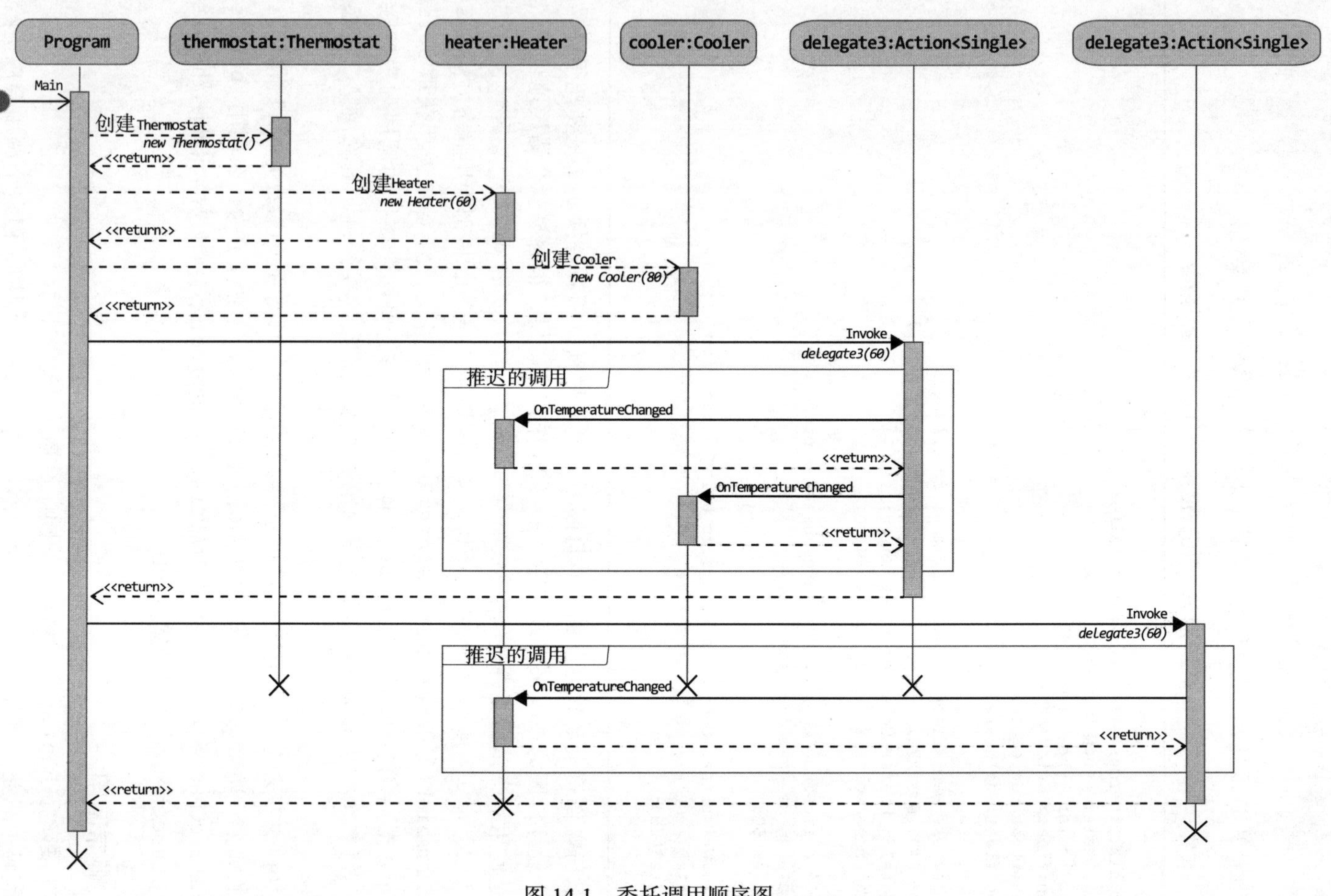

图 14.1 委托调用顺序图

收到通知。

虽然一个 OnTemperatureChange() 调用造成每个订阅者都收到通知，但它们仍然是顺序调用的，而不是同时，因为它们全都在一个执行线程上调用。

高级主题：多播委托的内部机制

要理解委托是如何工作的，你需要复习 13.2.2 节，那里第一次在高级主题中探讨了 System.Delegate 类型的内部机制。delegate 关键字是派生自 System.MulticastDelegate 的一个类型的别名。System.MulticastDelegate 则从 System.Delegate 派生，后者由一个对象引用（以满足非静态方法的需要）和一个方法引用构成。创建委托时，编译器自动使用 System.MulticastDelegate 类型而不是 System.Delegate 类型。MulticastDelegate 类包含对象引用和方法引用，这和它的 Delegate 基类一样。但除此之外，它还包含对另一个 System.MulticastDelegate 对象的引用。

向多播委托添加方法时，MulticastDelegate 类会创建委托类型的一个新实例，在新实例中为新增的方法存储对象引用和方法引用，并在委托实例列表中添加新的委托实例作为下一项。所以 MulticastDelegate 类事实上维护着一个 Delegate 对象链表。图 14.2 展示了恒温器的概念图。

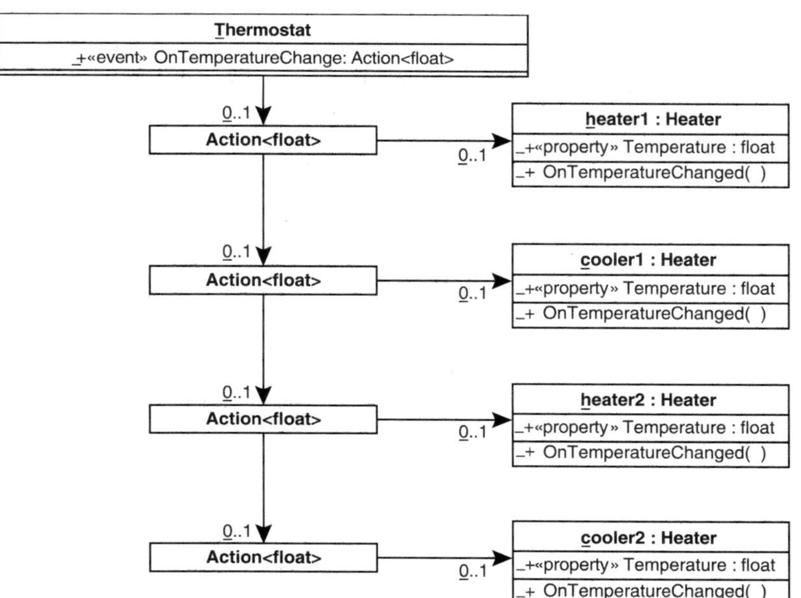

图 14.2 链接到一起的多播委托

调用多播委托时，链表中的委托实例被顺序调用。通常，委托按它们添加的顺序调用，但 CLI 规范并未对此做出规定，而且该顺序可能被覆盖，所以程序员不应依赖特定调用顺序。

14.1.8 错误处理

Begin 3.0

错误处理凸显了顺序通知潜在的问题。一个订阅者引发异常，链中的后续订阅者就收不到通知。例如，修改 `Heater` 的 `OnTemperatureChanged()` 方法使其引发异常会发生什么？如代码清单 14.9 所示。

代码清单 14.9 `OnTemperatureChanged()` 引发异常

```
class Program
{
  public static void Main()
  {
      Thermostat thermostat = new Thermostat();
      Heater heater = new Heater(60);
      Cooler cooler = new Cooler(80);
      string temperature;

      thermostat.OnTemperatureChange +=
          heater.OnTemperatureChanged;
      // Using C# 3.0. Change to anonymous method
      // if using C# 2.0
      thermostat.OnTemperatureChange +=
          (newTemperature) =>
              {
                  throw new InvalidOperationException();
              };
      thermostat.OnTemperatureChange +=
          cooler.OnTemperatureChanged;

      Console.Write("Enter temperature: ");
      temperature = Console.ReadLine();
      thermostat.CurrentTemperature = int.Parse(temperature);
  }
}
```

图 14.3 是更新过的顺序图。虽然 `cooler` 和 `heater` 已订阅接收消息，但 Lambda 表达式异常中止了链，造成 `cooler` 对象收不到通知。

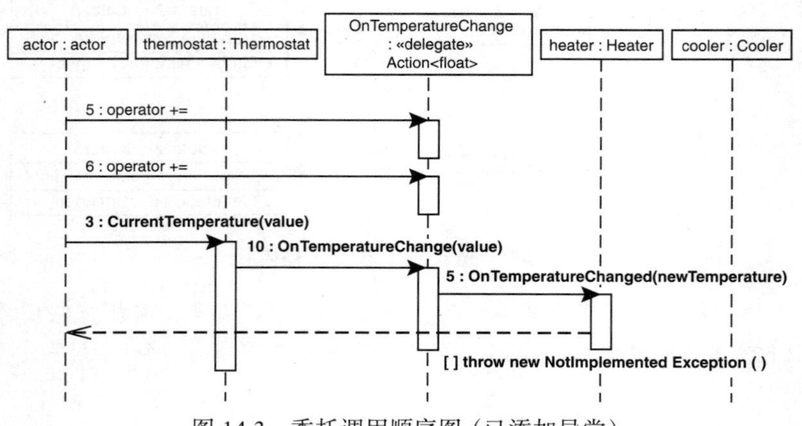

图 14.3 委托调用顺序图（已添加异常）

End 3.0

为避免该问题，使所有订阅者都能收到通知（不管之前的订阅者有过什么行为），必须手动遍历订阅者列表，并单独调用它们。代码清单 14.10 展示了需要在 CurrentTemperature 属性中进行的更新。结果如输出 14.2 所示。

代码清单 14.10　处理来自订阅者的异常

```
public class Thermostat
{
  // Define the event publisher
  public Action<float> OnTemperatureChange;

  public float CurrentTemperature
  {
      get { return _CurrentTemperature; }
      set
      {
          if (value != CurrentTemperature)
          {
              _CurrentTemperature = value;
              Action<float> onTemperatureChange = OnTemperatureChange;
              if(onTemperatureChange != null)
              {
                  List<Exception> exceptionCollection =
                      new List<Exception>();
                  foreach (
                      Action<float> handler in
                      onTemperatureChange.GetInvocationList())
                  {
                      try
                      {
                          handler(value);
                      }
                      catch (Exception exception)
                      {
                          exceptionCollection.Add(exception);
                      }
                  }
                  if (exceptionCollection.Count > 0)
                  {
                      throw new AggregateException(
                          "There were exceptions thrown by
OnTemperatureChange Event subscribers.",
                          exceptionCollection);
                  }
              }
          }
      }
  }
  private float _CurrentTemperature;
}
```

输出 14.2

```
Enter temperature: 45
Heater: On
Error in the application
Cooler: Off
```

这个代码清单演示了可以从委托类的 GetInvocationList() 方法获得一份订阅者列表。枚举列表中的每一项以返回单独的订阅者。随后将每个订阅者调用都放到一个 try/catch 块中，就可以先处理好任何出错的情形，再继续循环迭代。本例即使订阅者引发异常，cooler 仍能收到温度变化通知。所有通知都发送完毕之后，代码清单 14.10 通过引发 AggregateException 来报告所有已发生的异常。AggregateException 包装一个异常集合，集合中的异常可通过 InnerExceptions 属性访问。结果是所有异常都得到报告，同时所有订阅者都不会错过通知。

附带说明本例没有使用空条件操作符，因为大量代码都依赖于非空委托。

14.1.9 方法返回值和传引用

还有一种情形需要遍历委托调用列表而非直接激活一个通知。这种情形涉及的委托要么不返回 void，要么具有 ref 或 out 参数。在恒温器的例子中，OnTemperatureChange 委托是 Action<float> 类型，它返回 void，而且没有 ref 或 out 参数。结果是没有数据返回给发布者。这一点相当重要，因为调用委托可能将一个通知发送给多个订阅者。如每个订阅者都返回值，就无法确定应该使用哪个订阅者的返回值。

如修改 OnTemperatureChange，让它不是返回 void，而是返回枚举值，指出设备是否因温度的改变而启动，新的委托就应该是 Func<float, Status>，其中 Status 是包含元素 On 和 Off 的枚举。由于所有订阅者方法都要使用和委托一样的方法签名，所以都必须返回状态值。由于 OnTemperatureChange 可能和一个委托链对应，所以需要遵循和错误处理一样的模式。也就是说，必须使用 GetInvocationList() 方法遍历每一个委托调用列表来获取每一个单独的返回值。类似地，使用 ref 和 out 参数的委托类型也需特别对待。虽然极少数情况下需采取这样的做法，但一般原则是通过只返回 void 来彻底避免该情形。

14.2 理解事件

到目前为止使用的委托存在两个重要问题。C# 使用关键字 event（事件）来解决这些问题。本节描述了如何使用事件，以及它们是如何工作的。

14.2.1 事件的作用

本章前面已全面描述了委托是如何工作的。但委托结构中存在的缺陷可能造成程序员在不经意中引入 bug。问题和封装有关，无论事件的订阅还是发布，都不能得到充分的控制。

1. 对订阅的封装

如前所述，可用赋值操作符将一个委托赋给另一个。遗憾的是，这可能造成 bug。来看看代码清单 14.11 的例子。

代码清单 14.11 错误使用赋值操作符“=”而不是“+=”

```
class Program
{
  public static void Main()
  {
      Thermostat thermostat = new Thermostat();
      Heater heater = new Heater(60);
      Cooler cooler = new Cooler(80);
      string temperature;

      // Note: Use new Action (cooler.OnTemperatureChanged)
      // if C# 1.0
      thermostat.OnTemperatureChange =
          heater.OnTemperatureChanged;

      // Bug: Assignment operator overrides
      // previous assignment
      thermostat.OnTemperatureChange =
          cooler.OnTemperatureChanged;

      Console.Write("Enter temperature: ");
      temperature = Console.ReadLine();
      thermostat.CurrentTemperature = int.Parse(temperature);
  }
}
```

代码清单 14.11 和代码清单 14.7 如出一辙，只是不是使用“+=”操作符，而是使用简单赋值操作符 =。其结果就是，当代码将 cooler.OnTemperatureChanged 赋给 OnTemperatureChange 时，heater.OnTemperatureChanged 会被清除，因为一个全新的委托链替代了之前的链。在本该使用“+=”操作符的地方使用了赋值操作符“=”，由于这是一个十分容易犯的错误，所以最好的解决方案是根本不要为包容类外部的对象提供对赋值操作符的支持。event 关键字的作用就是提供额外的封装，避免不小心取消其他订阅者。

2. 对发布的封装

委托和事件的第二个重要区别在于，事件确保只有包容类才能触发事件通知。来看看代码清单 14.12 的例子。

代码清单 14.12 从事件包容者的外部触发事件

```
class Program
{
  public static void Main()
  {
      Thermostat thermostat = new Thermostat();
      Heater heater = new Heater(60);
```

```
        Cooler cooler = new Cooler(80);
        string temperature;

        // Note: Use new Action (cooler.OnTemperatureChanged)
        // if C# 1.0
        thermostat.OnTemperatureChange +=
            heater.OnTemperatureChanged;

        thermostat.OnTemperatureChange +=
            cooler.OnTemperatureChanged;

        thermostat.OnTemperatureChange(42);
    }
}
```

代码清单 14.12 的问题在于，即使 thermostat 的 CurrentTemperature 没有变化，Program 也能调用 OnTemperatureChange 委托。所以 Program 触发了对所有 thermostat 订阅者的一个通知，告诉它们温度发生变化，而事实上 thermostat 的温度没有变化。和之前一样，委托的问题在于封装不充分。Thermostat 应禁止其他任何类调用 OnTemperatureChange 委托。

14.2.2 声明事件

C# 用 event 关键字解决上述两个问题。虽然看起来像是一个字段修饰符，但 event 定义了新的成员类型，如代码清单 14.13 所示。

代码清单 14.13 为 Event-Coding（事件编码）模式使用 event 关键字

```
public class Thermostat
{
    public class TemperatureArgs: System.EventArgs
    {
        public TemperatureArgs( float newTemperature )
        {
            NewTemperature = newTemperature;
        }

        public float NewTemperature { get; set; }
    }

    // Define the event publisher
    public event EventHandler<TemperatureArgs> OnTemperatureChange =
        delegate { };

    public float CurrentTemperature
    {
        ...
    }
    private float _CurrentTemperature;
}
```

新的 Thermostat 类进行了 4 处修改。首先，OnTemperatureChange 属性被移除了。相反，OnTemperatureChange 被声明为公共字段。表面上似乎并不是在解决早先描述的封装问题。因为现在需要的是增强封装，而不是让字段变成公共来削弱封装。但我们进行的第二处修改是在字段声明前添加 event 关键字。这一处简单的修改提供了所需的全部封装。添加 event 关键字后，会禁止为公共委托字段使用赋值操作符（比如 thermostat.OnTemperatureChange = cooler.OnTemperatureChanged）。此外，只有包容类才能调用向所有订阅者发出通知的委托（例如，不允许在类的外部执行 thermostat.OnTemperature-Change (42)）。换言之，event 关键字提供了必要的封装来防止任何外部类发布一个事件或删除之前不是由其添加的订阅者。这样就完美解决了普通委托存在的两个问题，这是在 C# 中提供 event 关键字的关键原因之一。

普通委托另一个潜在缺陷在于很容易忘记在调用委托前检查 null 值（C# 6.0 起应使用空条件操作符）。这可能造成非预期的 NullReferenceException 异常。幸好，如代码清单 14.13 所示，通过 event 关键字提供的封装，可在声明时（或在构造函数中）采用一个替代方案。注意在声明事件时，我赋的值是 delegate{}，这是一个空白委托，代表包含零个订阅者的一个集合。通过赋值空白委托，就可引发事件而不必检查是否有任何订阅者。（该行为类似于向变量赋一个包含零个元素的数组，这样调用一个数组成员时就不必先检查变量是否为 null。）当然，如委托存在被重新赋值为 null 的任何可能，那么仍需进行 null 值检查。但由于 event 关键字限制赋值只能在类中发生，所以要重新对委托进行赋值，只能在类中进行。如从未在类中赋过 null 值，就不必在每次调用委托时检查 null。

14.2.3 编码规范

为获得希望的功能，唯一要做的就是将原始委托变量声明更改为字段并添加 event 关键字。进行这两处修改后，就可提供全部必要的封装，其他功能没有变化。但在代码清单 14.13 中，委托声明还进行了另一处修改。为遵循标准的 C# 编码规范，要将 Action<float> 替换成新的委托类型 EventHandler<TemperatureArgs>，这是一个 CLR 类型，其声明如代码清单 14.14 所示。

代码清单 14.14　泛型 EventHandler 类型

```
public delegate void EventHandler<TEventArgs>(
   object sender, TEventArgs e);
```

结果是 Action<TEventArgs> 委托类型中的单个温度参数被替换成两个新参数，一个代表发送者（发布者），一个代表事件数据。这一处修改并不是 C# 编译器强制的。但声明准备作为事件使用的委托时，约定就是传递这些类型的两个参数。

第一个参数 sender 应包含调用委托的类的实例。如一个订阅者方法注册了多个事件，该参数就尤其有用。例如，假定两个 Thermostat 实例都注册了 heater.OnTemperature-Changed 事件，那么任何一个 Thermostat 实例都可能触发对 heater.OnTemperatureChanged 的调用。为判断具体是哪个 Thermostat 实例触发了事件，要在 Heater.OnTemperature-

Changed() 内部利用 sender 参数进行判断。当然，静态事件无法做出这种判断，此时要为 sender 传递 null 值。

第二个参数 TEventArgs e 是 Thermostat.TemperatureArgs 类型。TemperatureArgs 的重点在于它从 System.EventArgs 派生。(事实上，一直到 .NET Framework 4.5，都通过一个泛型约束来强制从 System.EventArgs 派生。) System.EventArgs 唯一重要的属性是 Empty，用于指出没有事件数据。但从 System.EventArgs 派生出 TemperatureArgs 时添加了一个属性，名为 NewTemperature，用于将温度从恒温器传递给订阅者。

简单总结一下事件的编码规范：第一个参数 sender 是 object 类型，包含对调用委托的对象的一个引用（静态事件则为 null）。第二个参数是 System.EventArgs 类型（或者从 System.EventArgs 派生，但包含了事件的附加数据）。调用委托的方式和以前几乎完全一样，只是要提供附加的参数。代码清单 14.15 展示了一个例子。

代码清单 14.15 触发事件通知

```
public class Thermostat
{
  ...
  public float CurrentTemperature
  {
      get{return _CurrentTemperature;}
      set
      {
          if (value != CurrentTemperature)
          {
              _CurrentTemperature = value;
              // If there are any subscribers,
              // notify them of changes in temperature
              // by invoking said subscribers
              OnTemperatureChange?.Invoke(  // Using C# 6.0
                    this, new TemperatureArgs(value) );
          }
      }
  }
  private float _CurrentTemperature;
}
```

通常将 sender 指定为容器类（this），因其是唯一能为事件调用委托的类。

在本例中，订阅者除了通过 TemperatureArgs 实例来访问当前温度，还可将 sender 参数强制转型为 Thermostat 来访问当前温度。但 Thermostat 实例上的当前温度可能由一个不同的线程改变。如因状态改变而引发事件，常见编程模式是连同新值传递旧值，这样可控制允许哪些状态变化。

设计规范

- 要在调用委托前验证它的值不为 null。(C# 6.0 起应使用空条件操作符。)

- **不要**为非静态事件的 sender 传递 null 值，但要为静态事件的 sender 传递 null 值。
- **不要**为 eventArgs 传递 null 值。
- **要**为事件使用 EventHandler<TEventArgs> 委托类型。
- 要为 TEventArgs 使用 System.EventArgs 类型或者它的派生类型。
- 考虑使用 System.EventArgs 的子类作为事件参数类型（TEventArgs），除非确定事件永远不需要携带任何数据。

14.2.4 泛型和委托

上一节指出，在定义事件类型时，规范是使用委托类型 EventHandler<TEventArgs>。理论上任何委托类型都可以，但按照约定，第一个参数 sender 是 object 类型，第二个参数 e 是从 System.EventArgs 派生的类型。C# 1.0 委托的一个麻烦的地方在于，一旦事件处理程序[⊖]的参数发生改变，就不得不声明新的委托类型。每次从 System.EventArgs 派生（这是相当常见的一个情形），都要声明新的委托数据类型来使用新的 EventArgs 派生类型。例如，为了使用代码清单 14.15 的事件通知代码中的 TemperatureArgs，必须声明委托类型 TemperatureChangeHandler 并将 TemperatureArgs 作为参数，如代码清单 14.16 所示。

代码清单 14.16 使用自定义委托类型

```
public class Thermostat
{
  public class TemperatureArgs: System.EventArgs
  {
      public TemperatureArgs( float newTemperature )
      {
          NewTemperature = newTemperature;
      }

      public float NewTemperature
      {
          get { return _NewTemperature; }
          set { _NewTemperature = value; }
      }
      private float _NewTemperature;
  }

  public delegate void TemperatureChangeHandler(
      object sender, TemperatureArgs newTemperature);

  public event TemperatureChangeHandler
      OnTemperatureChange;

  public float CurrentTemperature
  {
```

⊖ 本书按约定俗成的译法将 event handler 翻译成“事件处理程序”，但请把它理解成“事件处理方法”（在 VB 中，则理解成“事件处理 Sub 过程”）。——译者注

```
    ...
  }
  private float _CurrentTemperature;
}
```

虽然通常应优先使用 EventHandler<TEventArgs>，而非创建 TemperatureChange-Handler 这样的自定义委托类型，但后者也是有一些优点的。具体地说，使用自定义类型，可以使用事件特有的参数名。例如代码清单 14.16 调用委托来引发事件时，第二个参数名是 newTemperature，而非一个让人摸不着头脑的 e。

使用自定义委托类型的另一个原因涉及 C# 2.0 之前定义的 CLR API。处理遗留代码时，不难遇到具体的委托类型而不是事件的泛型形式。但无论如何，在 C# 2.0 和之后使用事件的大多数情形中，都没必要声明自定义委托数据类型。

设计规范

- 要为事件处理程序使用 System.EventHandler<T> 而非手动创建新的委托类型，除非必须用自定义类型的参数名加以澄清。

高级主题：事件的内部机制

事件限制外部类只能通过“+=”操作符向发布者添加订阅方法，用“-=”操作符取消订阅。此外，还禁止除包容类之外的其他任何类调用事件。为此，C# 编译器获取带有 event 修饰符的 public 委托变量，在内部将委托声明为 private，并添加了两个方法和两个特殊的事件块。简单地说，event 关键字是编译器生成合适封装逻辑的 C# 快捷方式。来看看代码清单 14.17 的事件声明示例。

代码清单 14.17　声明 OnTemperatureChange 事件

```
public class Thermostat
{
  public event EventHandler<TemperatureArgs> OnTemperatureChange;

  ...
}
```

C# 编译器遇到 event 关键字后生成的 CIL 代码等价于代码清单 14.18 的 C# 代码。

代码清单 14.18　与编译器生成的事件 CIL 代码对应的 C# 代码

```
public class Thermostat
{
  // ...
  // Declaring the delegate field to save the
  // list of subscribers
  private EventHandler<TemperatureArgs> _OnTemperatureChange;

  public void add_OnTemperatureChange(
```

```
        EventHandler<TemperatureArgs> handler)
    {
        System.Delegate.Combine(_OnTemperatureChange, handler);
    }

    public void remove_OnTemperatureChange(
        EventHandler<TemperatureArgs> handler)
    {
        System.Delegate.Remove(_OnTemperatureChange, handler);
    }

    public event EventHandler<TemperatureArgs> OnTemperatureChange
    {
        add
        {
            add_OnTemperatureChange(value)
        }
        remove
        {
            remove_OnTemperatureChange(value)
        }
    }
}
```

换言之，代码清单 14.17 的代码会导致编译器自动对代码进行扩展，生成大致如代码清单 14.18 所示的代码。（“大致”一词不可或缺，因为为了简化问题，和线程同步有关的细节从代码清单中拿掉了。）

C# 编译器获取原始事件定义，原地定义一个私有委托变量。结果是从任何外部类中都无法使用该委托——即使是从派生类中。

接着定义 add_OnTemperatureChange() 和 remove_OnTemperatureChange() 方法。其中，OnTemperatureChange 后缀是从原始事件名称中截取的。这两个方法分别实现“+=”和“-=”赋值操作符。如代码清单 14.18 所示，这两个方法是使用本章前面讨论的静态方法 System.Delegate.Combine() 和 System.Delegate.Remove() 来实现的。传给方法的第一个参数是私有的 EventHandler<TemperatureArgs> 委托实例 OnTemperatureChange。

在从 event 关键字生成的代码中，或许最奇怪的就是最后一部分。其语法与属性的取值和赋值方法非常相似，只是方法名变成了 add 和 remove。其中，add 块负责处理“+=”操作符，将调用传给 add_OnTemperatureChange()。类似地，remove 块处理“-=”操作符，将调用传给 remove_OnTemperatureChange()。

必须重视这段代码与属性代码的相似性。本书之前讲过，C# 在实现属性时会创建 get_*<propertyname>* 和 set_*<propertyname>*，然后将对 get 和 set 块的调用传给这些方法。显然，事件的语法与此非常相似。

另外要注意，最终的 CIL 代码仍然保留了 event 关键字。换言之，事件是 CIL 代码能够显式识别的一样东西，并非只是一个 C# 构造。在 CIL 代码中保留等价的 event 关键字，所有语言和编辑器都能将事件识别为一个特殊的类成员并正确处理。

14.2.5 实现自定义事件

编译器为“+=”和“-=”生成的代码是可以自定义的。例如，假定改变 OnTemperature-Change 委托的作用域，使它成为 protected 而不是 private。这样从 Thermostat 派生的类也能直接访问委托，而无须受到和外部类一样的限制。为此，C# 允许使用和代码清单 14.16 一样的属性语法。换言之，C# 允许添加自定义的 add 和 remove 块，为事件封装的各个组成部分提供自己的实现。代码清单 14.19 展示了一个例子。

代码清单 14.19 自定义 add 和 remove 处理程序

```
public class Thermostat
{
  public class TemperatureArgs: System.EventArgs
  {
      ...
  }

    // Define the event publisher
  public event EventHandler<TemperatureArgs> OnTemperatureChange
  {
      add
      {
          _OnTemperatureChange = (TemperatureChangeHandler)
          System.Delegate.Combine(value, _OnTemperatureChange);
      }
      remove
      {
          _OnTemperatureChange = (TemperatureChangeHandler)
          System.Delegate.Remove(_OnTemperatureChange, value);
      }
  }
  protected EventHandler<TemperatureArgs> _OnTemperatureChange;

  public float CurrentTemperature
  {
      ...
  }
  private float _CurrentTemperature;
}
```

在本例中，存储每个订阅者的委托 _OnTemperatureChange 变成了 protected。此外，add 块的实现交换了两个委托存储的位置，使添加到链中的最后一个委托是接收通知的第一个委托。

14.3 小结

本章讨论了事件。注意若不用到事件，唯一适合与委托变量配合使用的就是方法引用。换言之，由于事件提供了额外的封装性，而且允许在必要时自定义实现，所以最佳做法就是始终为 Publish-Subscribe 模式使用事件。

可能需要一段时间的练习，才能脱离示例代码熟练进行事件编程。但只有熟练之后，才能更好地理解以后要讲述的异步、多线程编码。

End 2.0

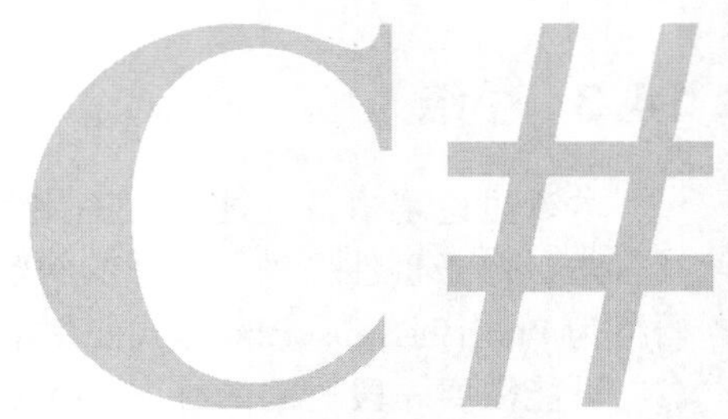

第 15 章

支持标准查询操作符的集合接口

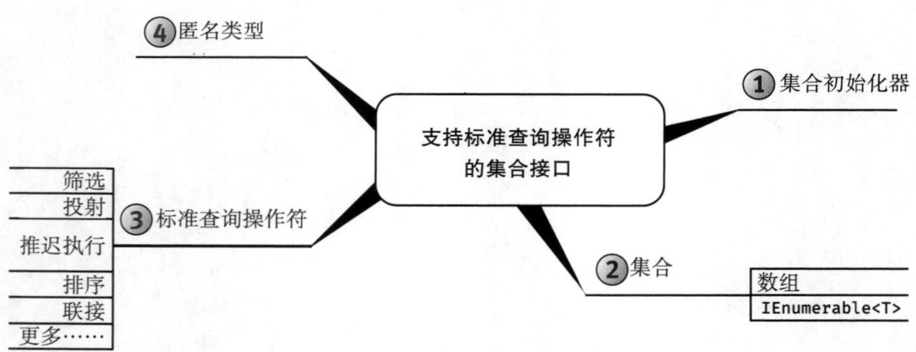

集合在 C# 3.0 中通过称为**语言集成查询**（Language Integrated Query，LINQ）的一套编程 API 进行了大刀阔斧的改革。通过一系列扩展方法和 Lambda 表达式，LINQ 提供了一套功能超凡的 API 来操纵集合。事实上，在本书前几版中，“集合”这一章是被放在“泛型”和“委托”这两章之间的。但由于 Lambda 表达式是 LINQ 的重中之重，现在只有先理解了委托（Lambda 表达式的基础），才好展开对集合的讨论。前两章已为理解 Lambda 表达式打下了良好基础，从现在起将连续用三章的篇幅来详细讨论集合。本章的重点是**标准查询操作符**，它通过直接调用扩展方法来发挥 LINQ 的作用。

介绍了集合初始化器（collection initializer）之后，本章探讨了各种集合接口及其相互关系。这是理解集合的基础，请务必掌握。在讲解集合接口的同时，还介绍了 C# 3.0 新增的为 `IEnumerable<T>` 定义的扩展方法，这些方法是标准查询操作符的基础。

有两套与集合相关的类和接口：支持泛型的和不支持泛型的。本章主要讨论泛型集合接口。通常，只有组件需要和老版本"运行时"进行互操作才使用不支持泛型的集合类。这是由于任何非泛型的东西，现在都有了一个强类型的泛型替代物。虽然要讲的概念同时适合两种形式，但我们不会专门讨论非泛型版本。[1]

本章最后深入讨论匿名类型，该主题仅在第 3 章的几个"高级主题"中进行了简单介绍。有趣的是，匿名类型目前已因 C# 7.0 引入的"元组"而失色。章末将进一步讨论元组。

15.1　集合初始化器

集合初始化器（collection initializers）[2]允许采用和数组声明相似的方式，在集合实例化期间用一组初始成员构造该集合。不用集合初始化器，就只能在集合实例化好之后将成员显式添加到集合——使用像 `System.Collections.Generic.ICollection<T>` 的 `Add()` 方法类似的操作。而使用集合初始化器，`Add()` 调用将由 C# 编译器自动生成，不必由开发人员显式编码。代码清单 15.1 展示了如何用集合初始化器初始化集合。

代码清单 15.1　集合初始化

```
using System;
using System.Collections.Generic;

class Program
{
  static void Main()
  {
      List<string> sevenWorldBlunders;
      sevenWorldBlunders = new List<string>()
      {
          // Quotes from Ghandi
          "Wealth without work",
          "Pleasure without conscience",
          "Knowledge without character",
          "Commerce without morality",
          "Science without humanity",
          "Worship without sacrifice",
          "Politics without principle"
      };

      Print(sevenWorldBlunders);

  }
```

[1] 事实上，.NET Standard 和 .NET Core 已移除了非泛型集合。

[2] 译者注：也可翻译为"集合初始化列表"。

```
    private static void Print<T>(IEnumerable<T> items)
    {
        foreach (T item in items)
        {
            Console.WriteLine(item);
        }
    }
}
```

该语法不仅和数组初始化的语法相似，也和对象初始化器（参见 6.7.3 节）的语法相似，都是在构造函数调用的后面添加一对大括号，再在大括号内添加初始化列表。如调用构造函数时不传递参数，则数据类型名称之后的圆括号可选（和对象初始化器一样）。

Begin 6.0

成功编译集合初始化器需满足几个基本条件。理想情况下，集合初始化器应用于的集合类型应实现 System.Collections.Generic.ICollection<T> 接口，从而确保集合包含 Add() 方法，以便由编译器生成的代码调用。但这个要求可以放宽，集合类型可以只实现 IEnumerable<T> 而不实现 ICollection<T>，但要将一个或多个 Add() 方法定义成接口的扩展方法（C# 6.0）或者集合类型的实例方法。当然，Add() 方法要能获取与集合初始化器中指定的值兼容的参数。

字典的集合初始化语法稍微复杂一些，因为字典中的每个元素都同时要求键（key）和值（value）。代码清单 15.2 展示了语法。

代码清单 15.2　用集合初始化器初始化一个 Dictionary<>

```
using System;
using System.Collections.Generic;
#if !PRECSHARP6
  // C# 6.0 or later
  Dictionary<string, ConsoleColor> colorMap =
      new Dictionary<string, ConsoleColor>
      {
          ["Error"] = ConsoleColor.Red,
          ["Warning"] = ConsoleColor.Yellow,
          ["Information"] = ConsoleColor.Green,
          ["Verbose"] = ConsoleColor.White
      };
#else
  // Before C# 6.0
  Dictionary<string, ConsoleColor> colorMap =
      new Dictionary<string, ConsoleColor>
      {
          { "Error", ConsoleColor.Red },
          { "Warning", ConsoleColor.Yellow },
          { "Information", ConsoleColor.Green },
          { "Verbose", ConsoleColor.White}
        };
#endif
```

End 6.0

注意用了两个版本的初始化。第一个演示 C# 6.0 引入的新语法，它通过赋值操作符明确哪个值和哪个键关联，准确传达“名称 / 值”对的意图。第二个语法（C# 6.0 起仍支持）使用大括号关联名称和值。

之所以允许为不支持 ICollection<T> 的集合使用初始化器，是出于两方面的原因。首先，大多数集合（实现了 IEnumerable<T> 的类型）都没有同时实现 ICollection<T>。其次，由于要匹配方法名，而且方法的签名要和集合的初始化项兼容，所以可以在集合中初始化更加多样化的数据项。例如，初始化器现在支持 new DataStore(){ a, {b, c}}——前提是一个 Add() 方法的签名兼容于 a，而另一个 Add() 方法兼容于 b，c。

15.2　IEnumerable<T> 使类成为集合

根据定义，.NET 的集合本质上是一个类，它最起码实现了 IEnumerable<T>（或非泛型类型 IEnumerable）。这个接口很关键，因为遍历集合最起码要实现 IEnumerable<T> 所规定的方法。

第 4 章讲述了如何用 foreach 语句遍历由多个元素构成的数组。foreach 的语法很简单，而且不用事先知道有多少个元素。但“运行时”根本不知 foreach 语句为何物。相反，正如下面要描述的那样，C# 编译器会对代码进行必要的转换。

15.2.1　foreach 之于数组

代码清单 15.3 演示了一个简单的 foreach 循环，它遍历一个整数数组并打印每个整数。

代码清单 15.3　对数组执行 foreach

```
int[] array = new int[]{1, 2, 3, 4, 5, 6};

foreach (int item in array)
{
    Console.WriteLine(item);
}
```

C# 编译器在生成 CIL 时，为这段代码创建了一个等价的 for 循环，如代码清单 15.4 所示。

代码清单 15.4　编译器实现的数组 foreach 操作

```
int[] tempArray;
int[] array = new int[]{1, 2, 3, 4, 5, 6};

tempArray = array;
for (int counter = 0; (counter < tempArray.Length); counter++)
{
  int item = tempArray[counter];

  Console.WriteLine(item);
}
```

在本例中，注意 foreach 要依赖对 Length 属性和数组索引操作符（[]）的支持。知道 Length 属性的值之后，C# 编译器才可用 for 语句遍历数组中的每一个元素。

15.2.2 foreach 之于 IEnumerable<T>

代码清单 15.4 的代码对数组来说没有任何问题，因为数组长度固定，而且肯定支持索引操作符（[]）。但不是所有类型的集合都包含已知数量的元素。另外，包括 Stack<T>、Queue<T> 以及 Dictionary<Tkey, Tvalue> 在内的许多集合类都不支持按索引检索元素。因此，需要一种更常规的方式遍历元素集合。迭代器（iterator）模式应运而生。只要能确定第一个、下一个和最后一个元素，就不需要事先知道元素总数，也不需要按索引获取元素。

System.Collections.Generic.IEnumerator<T> 和非泛型 System.Collections.IEnumerator 接口的设计目标就是允许用迭代器模式来遍历元素集合，而不是使用如代码清单 15.4 所示的长度—索引（Length-Index）模式。图 15.1 展示了它们的类关系图。

IEnumerator<T> 从 IEnumerator 派生，后者包含三个成员。第一个成员 bool MoveNext() 从集合的一个元素移动到下一个元素，同时检测是否已遍历完集合中的每个元素。第二个成员是只读属性 Current，用于返回当前元素。Current 在 IEnumerator<T> 中进行了重载，提供了类型特有的实现。利用集合类的这两个成员，只需用一个 while 循环即可遍历集合，如代码清单 15.5 所示（Reset() 方法一般抛出 NotImplementedException 异常，所以永远都不应调用它。要重新开始枚举，只需创建一个新的枚举数[⊖]）。

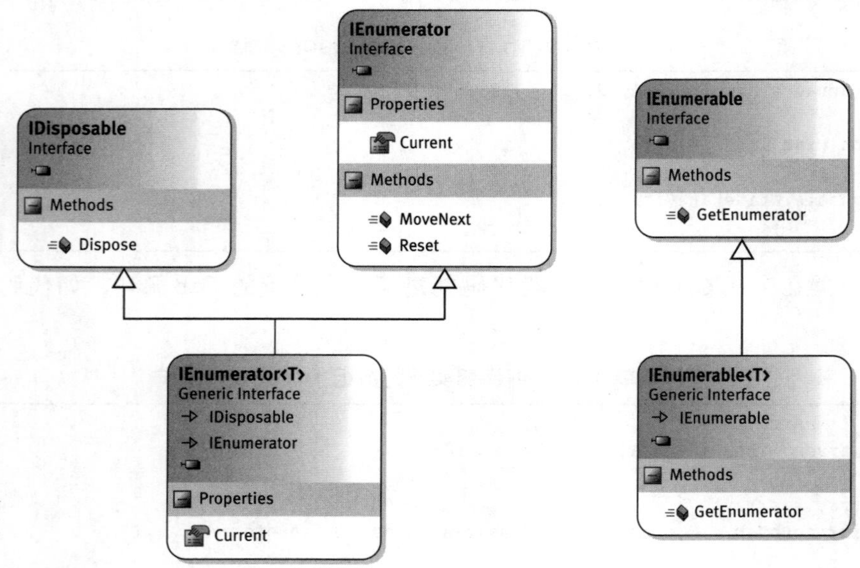

图 15.1 IEnumerator<T> 和 IEnumerator 接口

⊖ MSDN 文档将 enumerator 翻译为“枚举数”。枚举数在最开始的时候定位在集合第一个元素前。——译者注

代码清单 15.5　使用 while 遍历集合

```
System.Collections.Generic.Stack<int> stack =
  new System.Collections.Generic.Stack<int>();
int number;
// ...

// This code is conceptual, not the actual code
while (stack.MoveNext())
{
  number = stack.Current;
  Console.WriteLine(number);
}
```

在代码清单 15.5 中，MoveNext() 方法在越过集合末尾之后将返回 false，避免循环时还要对元素计数。

代码清单 15.5 使用的集合类型是 System.Collections.Generic.Stack<T>。还有其他许多集合类型。Stack<T> 是“后入先出”(last in, first out，LIFO）的集合。注意类型参数 T 标识集合项的类型。泛型集合的一个关键特点是将一种类型的对象全都收拢到集合中。程序员在添加、删除或访问集合中的项时，必须理解这些项的数据类型是什么。

本例只是演示了 C# 编译器生成的代码的要点，但和真实的 CIL 代码并不完全一致，因其遗漏了两个重要的实现细节：交错和错误处理。

1. 状态共享

代码清单 15.5 的问题在于，如同时有两个循环交错遍历同一个集合（一个 foreach 嵌套了另一个 foreach，两者都用同一个集合），则集合必须维持当前元素的一个状态指示器，确保调用 MoveNext() 时能正确定位下一个元素。现在的问题是，交错的循环可能相互干扰（如循环由多个线程执行，将发生同样的问题）。

为解决该问题，集合类不直接支持 IEnumerator<T> 和 IEnumerator 接口。如图 15.1 所示，还有第二个接口 IEnumerable<T>，它唯一的方法就是 GetEnumerator()。该方法的作用是返回支持 IEnumerator<T> 的一个对象。在这里，不是由集合类来维持状态。相反，是由一个不同的类（通常是嵌套类，以便访问到集合内部）来支持 IEnumerator<T> 接口，并负责维护循环遍历的状态。枚举数相当于一个“游标”或“书签”。可以有多个书签，每个书签都独立于其他书签。移动一个书签来遍历集合不会干扰到其他书签。基于这个模式，代码清单 15.6 展示了与 foreach 循环等价的 C# 代码。

代码清单 15.6　循环遍历期间，由一个单独的枚举数来维持状态

```
System.Collections.Generic.Stack<int> stack =
  new System.Collections.Generic.Stack<int>();
int number;
System.Collections.Generic.Stack<int>.Enumerator
  enumerator;

// ...
```

```
// If IEnumerable<T> is implemented explicitly,
// then a cast is required:
// ((IEnumerable<int>)stack).GetEnumerator();
enumerator = stack.GetEnumerator();
while (enumerator.MoveNext())
{
  number = enumerator.Current;
  Console.WriteLine(number);
}
```

2. 清理状态

由于是由实现了 IEnumerator<T> 接口的类来维持状态，所以在退出循环之后，有时需要对状态进行清理（之所以退出循环，要么是由于所有循环迭代都已结束，要么是中途抛出了异常）。为此，IEnumerator<T> 接口从 IDisposable 派生。实现 IEnumerator 的枚举数不一定要实现 IDisposable。但只要实现了 IDisposable，就会同时调用 Dispose() 方法（将在 foreach 循环退出后调用 Dispose()）。代码清单 15.7 展示了和最终的 CIL 代码等价的 C# 代码。

代码清单 15.7　对集合执行 foreach 的编译结果

```
System.Collections.Generic.Stack<int> stack =
  new System.Collections.Generic.Stack<int>();
System.Collections.Generic.Stack<int>.Enumerator
  enumerator;
IDisposable disposable;

enumerator = stack.GetEnumerator();
try
{
  int number;
  while (enumerator.MoveNext())
  {
      number = enumerator.Current;
      Console.WriteLine(number);
  }
}
finally
{
  // Explicit cast used for IEnumerator<T>
  disposable = (IDisposable) enumerator;
  disposable.Dispose();

  // IEnumerator will use the as operator unless IDisposable
  // support is known at compile time
  // disposable = (enumerator as IDisposable);
  // if (disposable != null)
  // {
  //     disposable.Dispose();
  // }
}
```

注意，由于 IEnumerator<T> 支持 IDisposable 接口，所以可用 using 关键字简化代码清单 15.7 的 C# 代码，如代码清单 15.8 所示。

代码清单 15.8　使用 using 的错误处理和资源清理

```
System.Collections.Generic.Stack<int> stack =
  new System.Collections.Generic.Stack<int>();
int number;

using(
  System.Collections.Generic.Stack<int>.Enumerator
      enumerator = stack.GetEnumerator())
{
  while (enumerator.MoveNext())
  {
      number = enumerator.Current;
      Console.WriteLine(number);
  }
}
```

但要记住 CIL 本身并不懂得 using 关键字，所以实际上代码清单 15.7 的 C# 代码才更准确地对应于 foreach 的 CIL 代码。

高级主题：没有 IEnumerable 的 foreach

C# 编译器不要求一定要实现 IEnumerable/IEnumerable<T> 才能对一个数据类型进行遍历。相反，编译器采用称为"Duck typing"的概念[⊖]，也就是查找会返回"包含 Current 属性和 MoveNext() 方法的一个类型"的 GetEnumerator() 方法。Duck typing 按名称查找方法，而不依赖接口或显式方法调用。Duck typing 找不到可枚举模式的恰当实现，编译器才会检查集合是否实现了接口。

15.2.3　foreach 循环内不要修改集合

第 4 章讲过，编译器禁止对 foreach 变量（number）赋值。如代码清单 15.7 所示，对 number 赋值并不会改变集合元素本身。所以，为避免产生混淆，C# 编译器干脆禁止了此类赋值。

另外，在 foreach 循环执行期间，集合中的元素计数不能变，集合项本身也不能修改。例如，假定在 foreach 循环中调用 stack.Push(42)，那么 iterator 应该忽略还是集成对 stack 的更改？或者说，迭代器应该遍历新添加的项，还是应该忽略该项并假定状态没变（仍为迭代器当初实例化时的状态）？

⊖ Duck typing 来自英国谚语：If it walks like a duck and quacks like a duck, it must be a duck。（如果它走起路来像一只鸭子，叫起来像一只鸭子，那么肯定是一只鸭子。）对于 C# 这样的动态语言，它的意思是说，可将一个对象传给正在期待一个特定类型的方法，即使它并非继承自该类型。唯一要做的就是支持该方法想要使用的、由原本期待的类型定义的方法和属性。就当前的情况来说，是指对象要想被当成是一只鸭子，只需实现 Quack() 方法，不需要实现 IDuck 接口。——译者注由于存在上述歧义，所以假如在 foreach 循环期间对集合进行修改，重新访问枚举数就会抛出 System.InvalidOperationException 异常，指出在枚举数实例化之后，集合已发生了变化。

15.3 标准查询操作符

将 System.Object 的方法排除在外，实现 IEnumerable<T> 的任何类型只需实现 GetEnumerator() 这一个方法。但看问题不能只看表面。事实上，任何类型在实现 IEnumerable<T> 之后，都有超过 50 个方法可供使用，其中还不包括重载版本。而为了享受到所有这一切，除了 GetEnumerator() 之外，根本不需要显式实现其他任何方法。附加功能由 C# 3.0 开始引入的扩展方法提供，所有方法都在 System.Linq.Enumerable 类中定义。所以，为了用到这些方法，只需简单地添加以下语句：

Begin 3.0

```
using System.Linq;
```

IEnumerable<T> 上的每个方法都是**标准查询操作符**，用于为所操作的集合提供查询功能。后续小节将探讨一些最重要的标准查询操作符。许多例子都要依赖如代码清单 15.9 所示的 Inventor 和 / 或 Patent 类。

代码清单 15.9 用于演示标准查询操作符的示例类

```
using System;
using System.Collections.Generic;
using System.Linq;

public class Patent
{
  // Title of the published application
  public string Title { get; set; }

  // The date the application was officially published
  public string YearOfPublication { get; set; }

  // A unique number assigned to published applications
  public string ApplicationNumber { get; set; }

  public long[] InventorIds { get; set; }

  public override string ToString()
  {
      return $"{ Title } ({ YearOfPublication })";
  }
}

public class Inventor
{
  public long Id { get; set; }
  public string Name { get; set; }
```

```
  public string City { get; set; }
  public string State { get; set; }
  public string Country { get; set; }

  public override string ToString()
  {
      return $"{ Name } ({ City }, { State })";
  }
}

class Program
{
  static void Main()
  {
    IEnumerable<Patent> patents = PatentData.Patents;
    Print(patents);

    Console.WriteLine();

    IEnumerable<Inventor> inventors = PatentData.Inventors;
    Print(inventors);
  }
  private static void Print<T>(IEnumerable<T> items)
  {
      foreach (T item in items)
      {
          Console.WriteLine(item);
      }
  }
}

public static class PatentData
{
  public static readonly Inventor[] Inventors = new Inventor[]
      {
          new Inventor(){
              Name="Benjamin Franklin", City="Philadelphia",
              State="PA", Country="USA", Id=1 },
          new Inventor(){
              Name="Orville Wright", City="Kitty Hawk",
              State="NC", Country="USA", Id=2},
          new Inventor(){
              Name="Wilbur Wright", City="Kitty Hawk",
              State="NC", Country="USA", Id=3},
          new Inventor(){
              Name="Samuel Morse", City="New York",
              State="NY", Country="USA", Id=4},
          new Inventor(){
              Name="George Stephenson", City="Wylam",
              State="Northumberland", Country="UK", Id=5},
          new Inventor(){
              Name="John Michaelis", City="Chicago",
              State="IL", Country="USA", Id=6},
```

```
            new Inventor(){
                Name="Mary Phelps Jacob", City="New York",
                State="NY", Country="USA", Id=7},
        };

    public static readonly Patent[] Patents = new Patent[]
        {
            new Patent(){
                Title="Bifocals", YearOfPublication="1784",
                InventorIds=new long[] {1}},
            new Patent(){
                Title="Phonograph", YearOfPublication="1877",
                InventorIds=new long[] {1}},
            new Patent(){
                Title="Kinetoscope", YearOfPublication="1888",
                InventorIds=new long[] {1}},
            new Patent(){
                Title="Electrical Telegraph",
                YearOfPublication="1837",
                InventorIds=new long[] {4}},
            new Patent(){
                Title="Flying Machine", YearOfPublication="1903",
                InventorIds=new long[] {2,3}},
            new Patent(){
                Title="Steam Locomotive",
                YearOfPublication="1815",
                InventorIds=new long[] {5}},
            new Patent(){
                Title="Droplet Deposition Apparatus",
                YearOfPublication="1989",
                InventorIds=new long[] {6}},
            new Patent(){
                Title="Backless Brassiere",
                YearOfPublication="1914",
                InventorIds=new long[] {7}},
        };
}
```

代码清单 15.9 还提供了一些示例数据。输出 15.1 展示了结果。

输出 15.1

```
Bifocals (1784)
Phonograph (1877)
Kinetoscope (1888)
Electrical Telegraph (1837)
Flying Machine (1903)
Steam Locomotive (1815)
Droplet Deposition Apparatus (1989)
Backless Brassiere (1914)

Benjamin Franklin (Philadelphia, PA)
Orville Wright (Kitty Hawk, NC)
Wilbur Wright (Kitty Hawk, NC)
Samuel Morse (New York, NY)
```

```
George Stephenson (Wylam, Northumberland)
John Michaelis (Chicago, IL)
Mary Phelps Jacob (New York, NY)
```

15.3.1　使用 Where() 来筛选

为了从集合中筛选数据，需提供筛选器方法来返回 `true` 或 `false` 以指明特定元素是否应被包含。获取一个实参并返回 Boolean 值的委托表达式称为**谓词**（predicate）。集合的 `Where()` 方法依据谓词来确定筛选条件。代码清单 15.10 展示了一个例子。（从技术上说，`Where()` 方法的结果是一个 monad [⊖]，它封装了根据一个给定谓词对一个给定序列进行筛选的操作。）输出 15.2 展示了结果。

代码清单 15.10　使用 `System.Linq.Enumerable.Where()` 来筛选

```
using System;
using System.Collections.Generic;
using System.Linq;

class Program
{
  static void Main()
  {
      IEnumerable<Patent> patents = PatentData.Patents;
      patents = patents.Where(
          patent => patent.YearOfPublication.StartsWith("18"));
      Print(patents);
  }

  // ...
}
```

输出 15.2

```
Phonograph (1877)
Kinetoscope (1888)
Electrical Telegraph (1837)
Steam Locomotive (1815)
```

注意代码将 `Where()` 的输出赋还给 `IEnumerable<T>`。换言之，`IEnumerable<T>.Where()` 输出的是一个新的 `IEnumerable<T>` 集合。具体到代码清单 15.10，就是 `IEnumerable<Patent>`。

许多人不知道的是，`Where()` 方法的表达式实参并非一定在赋值时求值。这一点适合许多标准查询操作符。在 `Where()` 的情况下，表达式传给集合，“保存”起来但不马上执行。相反，只有在需要遍历集合中的项时，才会真正对表达式进行求值。例如，`foreach` 循环（例

⊖ monad 一词来源于希腊哲学概念，大致相当于“unit”。在函数式编程中，一个 monad 代表的是一种用于表示计算（而不是在域模型中表示数据）的抽象数据类型。monad 允许程序员将不同的行动（操作）链接到一起来构成一个管道。其中每个行动都用由 monad 提供的附加处理规则进行修饰。在以函数式风格写的程序中，可利用 monad 来结构化含有顺序操作的过程，或者定义任意控制流（比如处理并发操作、延续性操作或者异常）。——译者注

如代码清单 15.9 的 Print() 方法中的那一个）会导致表达式针对集合中的每一项进行求值。至少从概念上说，应认为 Where() 方法只是描述了集合中应该有什么，而没有描述具体应该如何遍历数据项并生成新集合（并在其中填充数量可能减少了的数据项）。

15.3.2 使用 Select() 来投射

由于 IEnumerable<T>.Where() 输出的是一个新的 IEnumerable<T> 集合，所以完全可以在这个集合的基础上再调用另一个标准查询操作符。例如，从原始集合中筛选好数据后，可以接着对这些数据进行转换，如代码清单 15.11 所示。

代码清单 15.11 使用 System.Linq.Enumerable.Select() 来投射

```
using System;
using System.Collections.Generic;
using System.Linq;

class Program
{
  static void Main()
  {
      IEnumerable<Patent> patents = PatentData.Patents;
      IEnumerable<Patent> patentsOf1800 = patents.Where(
          patent => patent.YearOfPublication.StartsWith("18"));
      IEnumerable<string> items = patentsOf1800.Select(
          patent => patent.ToString());

      Print(items);
  }

  // ...
}
```

代码清单 15.11 创建了一个新的 IEnumerable<string> 集合。虽然添加了一个 Select() 调用，但并未造成输出的任何改变。但这纯属巧合，因为 Print() 中的 Console. WriteLine() 调用恰好会使用 ToString()。事实上，针对每个数据项都会发生一次转换：从原始集合的 Patent 类型转换成 items 集合的 string 类型。

代码清单 15.12 展示了使用 System.IO.FileInfo 的一个例子。

代码清单 15.12 使用 System.Linq.Enumerable.Select() 和 new 来投射

```
// ...
IEnumerable<string> fileList = Directory.GetFiles(
    rootDirectory, searchPattern);
IEnumerable<FileInfo> files = fileList.Select(
    file => new FileInfo(file));
// ...
```

fileList 是 IEnumerable<string> 类型。但利用 Select 的投射功能，可将集合中的每一项转换成 System.IO.FileInfo 对象。

最后关注一下元组。创建 `IEnumerable<T>` 集合时，`T` 可以是元组，如代码清单 15.13 和输出 15.3 所示。

代码清单 15.13　投射成元组

```
// ...
IEnumerable<string> fileList = Directory.EnumerateFiles(
    rootDirectory, searchPattern);
IEnumerable<(string FileName, long Size)> items = fileList.Select(
    file =>
    {
        FileInfo fileInfo = new FileInfo(file);
        return (
            FileName: fileInfo.Name,
            Size: fileInfo.Length
        );
    });
// ...
```

输出 15.3

```
FileName = AssemblyInfo.cs, Size = 1704
FileName = CodeAnalysisRules.xml, Size = 735
FileName = CustomDictionary.xml, Size = 199
FileName = EssentialCSharp.sln, Size = 40415
FileName = EssentialCSharp.suo, Size = 454656
FileName = EssentialCSharp.vsmdi, Size = 499
FileName = EssentialCSharp.vssscc, Size = 256
FileName = intelliTechture.ConsoleTester.dll, Size = 24576
FileName = intelliTechture.ConsoleTester.pdb, Size = 30208
```

在为元组生成的 `ToString()` 方法中，会自动添加用于显示属性名称及其值的代码。

用 `select()` 进行“投射”是很强大的一个功能。上一节讲述如何用 `Where()` 标准查询操作符在“垂直”方向上筛选集合[⊖]（减少集合项数量）。现在使用 `Select()` 标准查询操作符，还可在“水平”方向上减小集合规模（减少列的数量）或者对数据进行完全转换。可综合运用 `Where()` 和 `Select()` 来获得原始集合的子集，从而满足当前算法的要求。这两个方法各自提供了一个功能强大的、对集合进行操纵的 API。以前要获得同样的效果，必须手动写大量难以阅读的代码。

Begin 4.0

高级主题：并行运行 LINQ 查询

随着多核处理器的普及，人们迫切希望能简单地利用这些额外的处理能力。为此，需要修改程序来支持多线程，使工作可以在计算机的不同内核上同时进行。代码清单 15.14 演示了使用并行 LINQ（PLING）来达到这个目标的一个途径。

⊖ 将集合想象成一个表格就好理解了。在表格的垂直方向上，`Where()` 可以减少集合中的项的数量。——译者注

代码清单 15.14 并行执行 LINQ 查询

```
// ...
IEnumerable<string> fileList = Directory.EnumerageFiles(
    rootDirectory, searchPattern);
var items = fileList.AsParallel().Select(
    file =>
    {
        FileInfo fileInfo = new FileInfo(file);
        return new
        {
            FileName = fileInfo.Name,
            Size = fileInfo.Length
        };
    });
// ...
```

在代码清单 15.14 中，简单修改代码即可实现并行。唯一要做的就是利用 .NET Framework 4 引入的标准查询操作符 `AsParallel()`，它是静态类 `System.Linq.ParallelEnumerable` 的成员。使用这个简单的扩展方法，“运行时”一边遍历 `fileList` 中的数据项，一边返回结果对象。两个操作并行发生。本例中的每个并行操作开销不大（虽然只是相对于其他正在进行的操作），但在执行 CPU 密集型处理时（比如加密或压缩），累积起来的开销还是相当大的。在多个 CPU 之间并行执行，执行时间将根据 CPU 的数量成比例缩短。

但有一点很重要（这也是为什么将 `AsParallel()` 放在“高级主题”而不是正文中讨论的原因），并行执行可能引入竞态条件（race conditions）。也就是说，一个线程上的一个操作可能会与一个不同的线程上的一个操作混合，造成数据被破坏。为避免该问题，需要向多个线程共享访问的数据应用同步机制，在必要时强制保证操作的原子性。但同步本身可能引入死锁，造成执行被“冻结”，使并行编程变得更复杂。

End 4.0

第 19 章和第 20 章将更多地讨论该问题和其他多线程主题。

15.3.3 使用 Count() 对元素进行计数

对数据项集合执行的另一个常见操作是获取计数。LINQ 为此提供了 `Count()` 扩展方法。

代码清单 15.15 演示如何使用重载的 `Count()` 来统计所有元素的数量（无参）或者获取一个谓词作为参数，只对谓词表达式标识的数据项进行计数。

代码清单 15.15 用 `Count()` 进行元素计数

```
using System;
using System.Collections.Generic;
using System.Linq;

class Program
{
  static void Main()
```

```
    {
        IEnumerable<Patent> patents = PatentData.Patents;
        Console.WriteLine($"Patent Count: { patents.Count() }");
        Console.WriteLine($@"Patent Count in 1800s: {
            patents.Count(patent =>
                patent.YearOfPublication.StartsWith("18"))
        }");
    }

    // ...
}
```

虽然 Count() 语句写起来简单，但 IEnumerable<T> 没有变，所以执行的代码仍会遍历集合中的所有项。有 Count 属性的集合应首选属性，而不要用 LINQ 的 Count() 方法（这是一个容易忽视的差异）。幸好，ICollection<T> 包含了 Count 属性，所以如果集合支持 ICollection<T>，在它上面调用 Count() 方法会对集合进行转型，并直接调用 Count。但如果不支持 ICollection<T>，Enumerable.Count() 就会枚举集合中的所有项，而不是调用内建的 Count 机制。如计数的目的只是为了看这个计数是否大于 0（if(patents.Count() > 0){...}），那么首选做法是使用 Any() 操作符（if(patents.Any()) {...}）。Any() 只尝试遍历集合中的一个项，成功就返回 true，而不会遍历整个序列。

设计规范

- 要在检查是否有项时使用 System.Linq.Enumerable.Any() 而不是调用 Count() 方法。
- 要使用集合的 Count 属性（如果有的话），而不是调用 System.Linq.Enumerable.Count() 方法。

15.3.4　推迟执行

使用 LINQ 时要记住的一个重要概念是推迟执行。来看看代码清单 15.16 和输出 15.4。

代码清单 15.16　使用 System.Linq.Enumerable.Where() 来筛选

```
using System;
using System.Collections.Generic;
using System.Linq;

// ...

        IEnumerable<Patent> patents = PatentData.Patents;
        bool result;
        patents = patents.Where(
            patent =>
            {
                if (result =
                    patent.YearOfPublication.StartsWith("18"))
```

```
            {
                // Side effects like this in a predicate
                // are used here to demonstrate a
                // principle and should generally be
                // avoided
                Console.WriteLine("\t" + patent);
            }
            return result;
        });
    Console.WriteLine("1. Patents prior to the 1900s are:");
    foreach (Patent patent in patents)
    {
    }

    Console.WriteLine();
    Console.WriteLine(
        "2. A second listing of patents prior to the 1900s:");
    Console.WriteLine(
        $@"   There are { patents.Count()
            } patents prior to 1900.");

    Console.WriteLine();
    Console.WriteLine(
        "3. A third listing of patents prior to the 1900s:");
    patents = patents.ToArray();
    Console.Write("   There are ");
    Console.WriteLine(
        $"{ patents.Count() } patents prior to 1900.");

// ...
```

输出 15.4

```
1. Patents prior to the 1900s are:
        Phonograph (1877)
        Kinetoscope (1888)
        Electrical Telegraph (1837)
        Steam Locomotive (1815)

2. A second listing of patents prior to the 1900s:
        Phonograph (1877)
        Kinetoscope (1888)
        Electrical Telegraph (1837)
        Steam Locomotive (1815)
   There are 4 patents prior to 1900.

3. A third listing of patents prior to the 1900s:
        Phonograph (1877)
        Kinetoscope (1888)
        Electrical Telegraph (1837)
        Steam Locomotive (1815)
   There are 4 patents prior to 1900.
```

注意 `Console.WriteLine("1. Patents prior…)` 先于 Lambda 表达式执行。这是很

容易被人忽视的一个地方[⊖]。任何谓词通常都只应做一件事情：对一个条件进行求值。它不应该有任何“副作用”（即使是像本例这样打印到控制台的动作）。

为理解背后发生的事情，记住 Lambda 表达式是可以四处传递的委托（方法引用）。在 LINQ 和标准查询操作符的背景下，每个 Lambda 表达式都构成了要执行的总体查询的一部分。

Lambda 表达式在声明时不执行。事实上，Lambda 表达式中的代码只有在 Lambda 表达式被调用时才开始执行。图 15.2 展示了具体顺序。

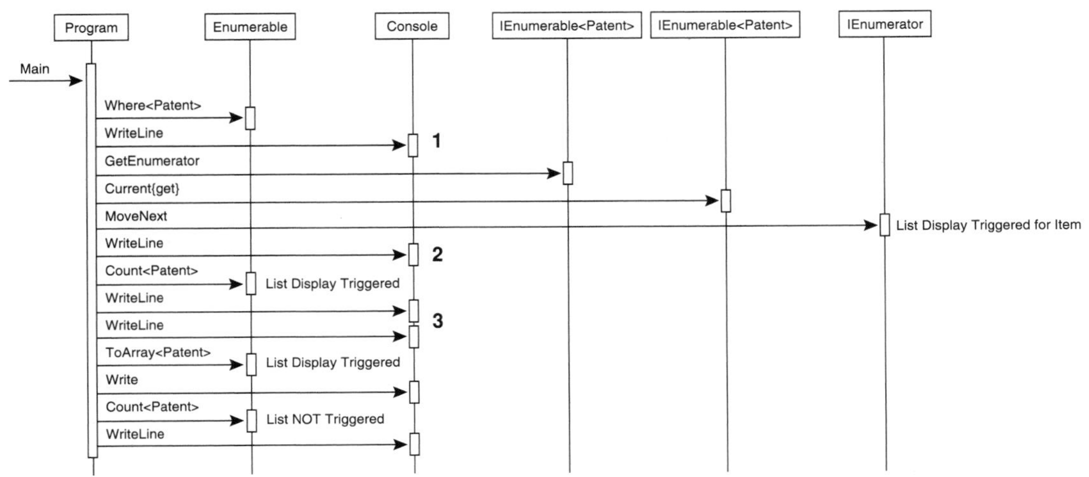

图 15.2　调用 Lambda 表达式时的操作顺序

如图 15.2 所示，代码清单 15.16 中的三个调用都触发了 Lambda 表达式的执行，每次都不明显。假如 Lambda 表达式执行的代价比较高（比如查询数据库），那么为了优化代码，很重要的一点就是尽量减少 Lambda 表达式的执行。

首先，`foreach` 循环触发了 Lambda 表达式的执行。本章前面说过，`foreach` 循环被分解成一个 `MoveNext()` 调用，而且每个调用都会导致为原始集合中的每一项执行 Lambda 表达式。在循环迭代期间，“运行时”为每一项调用 Lambda 表达式，判断该项是否满足谓词。

其次，调用 `Enumerable` 的 `Count()` 函数，会再次为每一项触发 Lambda 表达式。这同样很容易被人忽视，因为以前可能习惯了使用 Count 属性。

最后，调用 `ToArray()`（或 `ToList()`、`ToDictionary()`、`ToLookup()`）会为每一项触发 Lambda 表达式。但是，使用这些“To*XXX*”方法来转换集合是相当有用的。这样返回的是已由标准查询操作符处理过的集合。在代码清单 15.16 中，转换成数组意味着在最后一个 `Console.WriteLine()` 语句中调用 `Length` 时，`patents` 指向的基础对象实际是一个数组（它显然实现了 `IEnumerable<T>`），所以调用的 `Length` 由 `System.Array` 实现，而不是由 `System.Linq.Enumerable` 实现。因此，用“To*XXX*”方法转换成集合类型之后，一般可以安全地操纵集合（直接调用另一个标准查询操作符）。但注意这会导致整个结果集都加载

⊖　这行代码被故意放到了 Lambda 表达式的后面，但却先于 Lambda 表达式执行。——译者注

到内存（在此之前可能驻留在一个数据库或文件中）。除此之外，“ToXXX”方法会创建基础数据的“快照”，所以重新查询“ToXXX”方法的结果时，不会返回新的结果。

强烈建议好好体会一下图 15.2 展示的顺序图，拿实际的代码去对照一下，理解由于标准查询操作符存在“推迟执行”的特点，所以可能在不知不觉间触发标准查询操作符。开发者应提高警惕，防止出乎预料的调用。查询对象代表的是查询而非结果。向查询要结果时，整个查询都会执行（甚至可能是再次执行），因为查询对象不确定结果和上次执行的结果（如果存在的话）是不是一样。

> **注意** 要避免反复执行，一个查询在执行之后，有必要把它获取的数据缓存起来。为此，可以使用一个“ToXXX”方法（比如 ToArray()）将数据赋给一个局部集合。将“ToXXX”方法的返回结果赋给一个集合，显然会造成查询的执行。但在此之后，对已赋好值的集合进行遍历，就不会再涉及查询表达式。一般情况下，如果“内存中的集合快照”是你所想要的，那么最好的做法就是将查询表达式赋给一个缓存的集合，避免无谓的遍历。

15.3.5 使用 OrderBy() 和 ThenBy() 来排序

另一个常见的集合操作是排序。这涉及对 System.Linq.Enumerable 的 OrderBy() 的调用，如代码清单 15.17 和输出 15.5 所示。

代码清单 15.17 使用 System.Linq.Enumerable.OrderBy()/ThenBy() 排序

```
using System;
using System.Collections.Generic;
using System.Linq;

// ...

    IEnumerable<Patent> items;
    Patent[] patents = PatentData.Patents;
    items = patents.OrderBy(
        patent => patent.YearOfPublication).ThenBy(
        patent => patent.Title);
    Print(items);
    Console.WriteLine();
    items = patents.OrderByDescending(
        patent => patent.YearOfPublication).ThenByDescending(
        patent => patent.Title);
    Print(items);

// ...
```

输出 15.5

```
Bifocals (1784)
Steam Locomotive (1815)
Electrical Telegraph (1837)
```

```
Phonograph (1877)
Kinetoscope (1888)
Flying Machine (1903)
Backless Brassiere (1914)
Droplet Deposition Apparatus (1989)

Droplet Deposition Apparatus (1989)
Backless Brassiere (1914)
Flying Machine (1903)
Kinetoscope (1888)
Phonograph (1877)
Electrical Telegraph (1837)
Steam Locomotive (1815)
Bifocals (1784)
```

OrderBy() 获取一个 Lambda 表达式，该表达式标识了要据此进行排序的键。在代码清单 15.17 中，第一次排序使用专利的发布年份（YearOfPublication）作为键。

但要注意，OrderBy() 只获取一个称为 keySelector 的参数来排序。要依据第二个列来排序，需使用一个不同的方法 ThenBy()。类似地，更多的排序要使用更多的 ThenBy()。

OrderBy() 返回的是一个 IOrderedEnumerable<T> 接口，而不是一个 IEnumerable<T>。此外，IOrderedEnumerable<T> 从 IEnumerable<T> 派生，所以能为 OrderBy() 的返回值使用全部标准查询操作符（包括 OrderBy()）。但假如重复调用 OrderBy()，会撤销上一个 OrderBy() 的工作，只有最后一个 OrderBy() 的 keySelector 才真正起作用。所以，注意不要在上一个 OrderBy() 调用的基础上再调用 OrderBy()。

指定额外排序条件需使用扩展方法 ThenBy()。ThenBy() 扩展的不是 IEnumerable<T> 而是 IOrderedEnumerable<T>。该方法也在 System.Linq.Enumerable 中定义，声明如下：

```
public static IOrderedEnumerable<TSource>
  ThenBy<TSource, TKey>(
    this IOrderedEnumerable<TSource> source,
    Func<TSource, TKey> keySelector)
```

总之，要先使用 OrderBy()，再执行零个或多个 ThenBy() 调用来提供额外的排序“列”。OrderByDescending() 和 ThenByDescending() 提供了相同的功能，只是变成按降序排序。升序和降序方法混用没有问题，但进一步排序就要用一个 ThenBy() 调用（无论升序还是降序）。

关于排序，还有两个重要问题需要注意。首先，要等到开始访问集合中的成员时，才会实际开始排序，那时整个查询都会被处理。显然，除非拿到所有需要排序的项，否则无法排序，因为无法确定是否已获得第一项。排序被推迟到开始访问成员时才开始，这要“归功”于本章前面讨论的“推迟执行”。其次，执行后续的数据排序调用时（例如，先调用 Orderby()，再调用 ThenBy()，再调用 ThenByDescending()），会再次调用之前的 keySelector Lambda 表达式。换言之，如果先调用 OrderBy()，那么在遍历集合时，会调用对应的 keySelector Lambda 表达式。如果接着调用 ThenBy()，会导致那个 OrderBy() 的 keySelector 被再次调用。

设计规范

- 不要为 OrderBy() 的结果再次调用 OrderBy()。附加的筛选依据用 ThenBy() 指定。

初学者主题：联接（join）操作

来考虑两个对象集合，如图 15.3 的维恩图所示。左边的圆包含所有发明者，右边的圆包含所有专利。交集中既有发明者也有专利。另外，凡是发明者和专利存在一个匹配，就用一条线来连接。如图所示，每个发明者都可能有多项专利，而每项专利可能有一个或者多个发明者。每项专利至少有一个发明者，但某些情况下，一个发明者可能还没有任何专利。

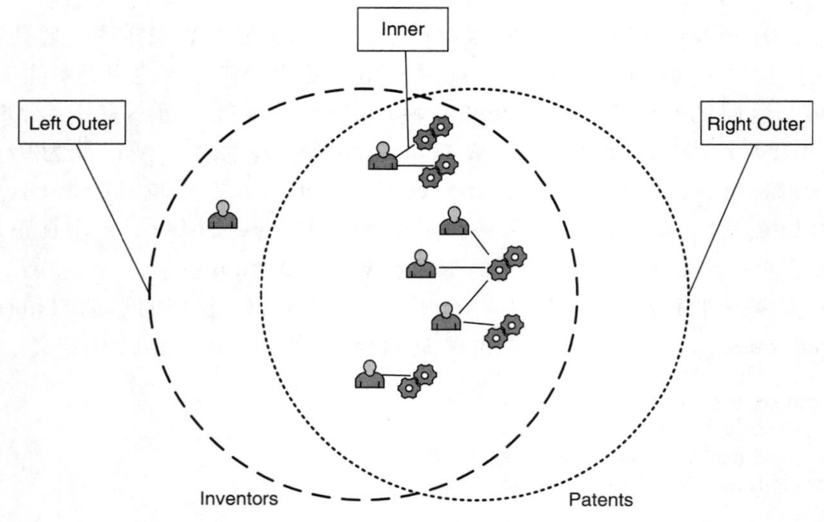

图 15.3 发明者和专利集合的维恩图

在交集中将发明者与专利匹配，这称为内部联接（inner join）。结果是一个“发明者–专利”集合，在每一对“发明者–专利”中，专利和发明者都同时存在。左外部联接（left outer join）包含左边那个圆中的所有项，不管它们是否有一项对应的专利。在本例中，右外部联接（right outer join）和内部联接一样，因为所有专利都有发明者。此外，谁在左边，谁在右边，这是任意指定的，所以左外联接和右外联接实际并无区别。但如果执行完全外部联接（full outer join），就需同时包含来自两侧的记录，只是极少需要执行这种联接罢了。

对于发明者和专利的关系，另一个重要特点在于它是“多对多”关系。每一项专利都可能有一个或多个发明者（例如飞机由莱特兄弟发明）。此外，每个发明者都可能有一项或多项专利（本杰明·富兰克林发明了双焦距眼镜和留声机）。

还有一个常见的关系是“一对多”关系。例如，公司的一个部门可能有多个员工。

但每个员工同时只能隶属于一个部门。（然而，在“一对多”关系中引入时间因素，就可使之成为“多对多”关系。例如，一名员工可能从一个部门调换到另一个部门，所以随着时间的推移，他可能和多个部门关联，形成“多对多”关系。）

代码清单 15.18 展示了示范的员工和部门数据，输出 15.6 是结果。

代码清单 15.18　示范员工和部门数据

```
public class Department
{
    public long Id { get; set; }
    public string Name { get; set; }
    public override string ToString()
    {
        return Name;
    }
}
```

```
public class Employee
{
    public int Id { get; set; }
    public string Name { get; set; }
    public string Title { get; set; }
    public int DepartmentId { get; set; }
    public override string ToString()
    {
        return $"{ Name } ({ Title })";
    }
}
```

```
public static class CorporateData
{
    public static readonly Department[] Departments =
        new Department[]
      {
          new Department(){
              Name="Corporate", Id=0},
          new Department(){
              Name="Human Resources", Id=1},
          new Department(){
              Name="Engineering", Id=2},
          new Department(){
              Name="Information Technology",
              Id=3},
          new Department(){
              Name="Philanthropy",
              Id=4},
          new Department(){
              Name="Marketing",
              Id=5},
      };
```

```
    public static readonly Employee[] Employees = new Employee[]
      {
          new Employee(){
              Name="Mark Michaelis",
              Title="Chief Computer Nerd",
              DepartmentId = 0},
          new Employee(){
              Name="Michael Stokesbary",
              Title="Senior Computer Wizard",
              DepartmentId=2},
          new Employee(){
              Name="Brian Jones",
              Title="Enterprise Integration Guru",
              DepartmentId=2},
          new Employee(){
              Name="Anne Beard",
              Title="HR Director",
              DepartmentId=1},
          new Employee(){
              Name="Pat Dever",
              Title="Enterprise Architect",
              DepartmentId = 3},
          new Employee(){
              Name="Kevin Bost",
              Title="Programmer Extraordinaire",
              DepartmentId = 2},
          new Employee(){
              Name="Thomas Heavey",
              Title="Software Architect",
              DepartmentId = 2},
          new Employee(){
              Name="Eric Edmonds",
              Title="Philanthropy Coordinator",
              DepartmentId = 4}
      };
}
```

```
class Program
{
    static void Main()
    {
        IEnumerable<Department> departments =
            CorporateData.Departments;
        Print(departments);
        Console.WriteLine();

        IEnumerable<Employee> employees =
            CorporateData.Employees;
        Print(employees);
    }

    private static void Print<T>(IEnumerable<T> items)
```

```
        {
            foreach (T item in items)
            {
                Console.WriteLine(item);
            }
        }
    }
```

输出 15.6

```
Corporate
Human Resources
Engineering
Information Technology
Philanthropy
Marketing

Mark Michaelis (Chief Computer Nerd)
Michael Stokesbary (Senior Computer Wizard)
Brian Jones (Enterprise Integration Guru)
Anne Beard (HR Director)
Pat Dever (Enterprise Architect)
Kevin Bost (Programmer Extraordinaire)
Thomas Heavey (Software Architect)
Eric Edmonds (Philanthropy Coordinator)
```

后面讨论如何联接数据时会用到这些数据。

15.3.6　使用 Join() 执行内部联接

Begin 7.0

在客户端上，对象和对象的关系一般已经建立好了。例如，文件和其所在目录的关系是由 `DirectoryInfo.GetFiles()` 方法和 `FileInfo.Directory` 方法预先建立好的。但从非对象存储（nonobject stores）加载的数据则一般不是这种情况。相反，这些数据需联接到一起，以便以适合数据的方式从一种对象类型切换到下一种。

以员工和公司部门为例。代码清单 15.19 将每个员工都联接到他 / 她的部门，然后列出每个员工及其对应部门。由于每个员工都只隶属于一个（而且只有一个）部门，所以列表中的数据项的总数等于员工总数——每个员工保证只出现一次（每个员工都被**正规化**了）。这段代码的结果如输出 15.7 所示。

代码清单 15.19　使用 `System.Linq.Enumerable.Join()` 进行内部联接

```
using System;
using System.Linq;

// ...

        Department[] departments = CorporateData.Departments;
        Employee[] employees = CorporateData.Employees;

        IEnumerable<(int Id, string Name, string Title, Department
    Department)> items =
```

```
            employees.Join(
                departments,
                employee => employee.DepartmentId,
                department => department.Id,
                (employee, department) => (
                    employee.Id,
                    employee.Name,
                    employee.Title,
                    department
                ));

        foreach (var item in items)
        {
            Console.WriteLine(
                $"{ item.Name } ({ item.Title })");
            Console.WriteLine("\t" + item.Department);
        }

    // ...
```

输出 15.7

```
Mark Michaelis (Chief Computer Nerd)
        Corporate
Michael Stokesbary (Senior Computer Wizard)
        Engineering
Brian Jones (Enterprise Integration Guru)
        Engineering
Anne Beard (HR Director)
        Human Resources
Pat Dever (Enterprise Architect)
        Information Technology
Kevin Bost (Programmer Extraordinaire)
        Engineering
Thomas Heavey (Software Architect)
        Engineering
Eric Edmonds (Philanthropy Coordinator)
        Philanthropy
```

`Join()`的第一个参数称为`inner`，指定了`employees`要联接到的集合，即`departments`。接着两个参数都是Lambda表达式，指定两个集合要如何联接。第一个Lambda表达式是`employee => employee.DepartmentId`，这个参数称为`outerKeySelector`，指定每个员工的键是`DepartmentId`。下一个Lambda表达式是`department => department.Id`，将`Department`的`Id`属性指定为键。换言之，每个员工都联接到`employee.DepartmentId`等于`department.Id`的部门。最后一个参数指定最终要选择的结果项。本例是一个元组，包含员工的`Id`（最后未打印）、`Name`、`Title`和部门名称。

注意在输出结果中，*Engineering*多次显示，工程部的每个员工都会显示一次。在本例中，调用`Join()`生成了所有部门和所有员工的一个**笛卡儿乘积**。换言之，假如一条记录在两个集合中都能找到，且指定的部门ID相同，就创建一条新记录。这种类型的联接是**内部联接**。

也可以反向联接，即将部门联接到每个员工，从而列出所有“部门—员工”匹配。注意输出的记录数要多于部门数，因为每个部门都可能包含多个员工，而每个匹配的情形都要输出一条记录。和前面一样，*Engineering* 部门会多次显示，为每个在这个部门的员工显示一次。

代码清单 15.20（输出 15.8）和代码清单 15.19（输出 15.7）相似，区别在于两者的对象（`Departments` 和 `Employees`）是相反的。`Join()` 的第一个参数变成了 `employees`，表明 `departments` 要联接到 `employees`。接下来两个参数是 Lambda 表达式，指定了两个集合如何联接。其中，`department => department.Id` 针对的是 `departments`，而 `employee => employee.DepartmentId` 针对的是 `employees`。和以前一样，凡是 `department.Id` 等于 `employee.EmployeeId` 的情形，都会发生一次联接。最后的元组参数包含部门 Id、部门名称和员工姓名（冒号前的名称可以拿掉，这里只是为了澄清）。

代码清单 15.20　使用 `System.Linq.Enumerable.Join()` 执行的另一个内部联接

```
using System;
using System.Linq;

// ...

    Department[] departments = CorporateData.Departments;
    Employee[] employees = CorporateData.Employees;

    IEnumerable<(long Id, string Name, Employee Employee)> items =
        departments.Join(
            employees,
            department => department.Id,
            employee => employee.DepartmentId,
            (department, employee) => (
                department.Id,
                department.Name,
                employee
        ));

    foreach (var item in items)
    {
        Console.WriteLine(item.Name);
        Console.WriteLine("\t" + item.Employee);
    }

// ...
```

输出 15.8

```
Corporate
        Mark Michaelis (Chief Computer Nerd)
Human Resources
        Anne Beard (HR Director)
Engineering
        Michael Stokesbary (Senior Computer Wizard)
Engineering
        Brian Jones (Enterprise Integration Guru)
```

```
Engineering
        Kevin Bost (Programmer Extraordinaire)
Engineering
        Thomas Heavey (Software Architect)
Information Technology
        Pat Dever (Enterprise Architect)
Philanthropy
        Eric Edmonds (Philanthropy Coordinator)
```

15.3.7 使用 GroupBy 分组结果

除了排序和联接对象集合，经常还要对具有相似特征的对象进行分组。对于员工数据，可按部门、地区、职务等对员工进行分组。代码清单 15.21 展示如何使用 GroupBy() 标准查询操作符进行分组，输出 15.9 展示了结果。

代码清单 15.21 使用 System.Linq.Enumerable.GroupBy() 对数据项进行分组

```
using System;
using System.Linq;

// ...

      IEnumerable<Employee> employees = CorporateData.Employees;

      IEnumerable<IGrouping<int, Employee>> groupedEmployees =
        employees.GroupBy((employee) => employee.DepartmentId);

      foreach(IGrouping<int, Employee> employeeGroup in
          groupedEmployees)
      {
          Console.WriteLine();
          foreach(Employee employee in employeeGroup)
          {
              Console.WriteLine("\t" + employee);
          }
          Console.WriteLine(
            "\tCount: " + employeeGroup.Count());
      }
// ...
```

输出 15.9

```
Mark Michaelis (Chief Computer Nerd)
    Count: 1

Michael Stokesbary (Senior Computer Wizard)
Brian Jones (Enterprise Integration Guru)
Kevin Bost (Programmer Extraordinaire)
Thomas Heavey (Software Architect)
    Count: 4

Anne Beard (HR Director)
    Count: 1

Pat Dever (Enterprise Architect)
```

```
    Count: 1

Eric Edmonds (Philanthropy Coordinator)
    Count: 1
```

注意 GroupBy() 返回 IGrouping<TKey, TElement> 类型的数据项，该类型有一个属性指定了作为分组依据的键（employee.DepartmentId）。但没有为组中的数据项准备一个属性。相反，由于 IGrouping<TKey, TElement> 从 IEnumerable<T> 派生，所以可以用 foreach 语句枚举组中的项，或者将数据聚合成像计数这样的东西（employeeGroup.Count()）。

15.3.8 使用 GroupJoin() 实现一对多关系

代码清单 15.19 和代码清单 15.20 几乎完全一致。改变一下元组定义，两个 Join() 调用就可产生相同的输出。如果要创建员工列表，代码清单 15.19 提供了正确结果。在代表所联接员工的两个元组中，department 都是其中一个数据项。但代码清单 15.20 不理想。既然支持集合，表示部门的理想方案是显示一个部门的所有员工的集合，而不是为每个部门—员工关系都创建一个元组。代码清单 15.22 展示了具体做法，输出 15.10 展示了结果。

代码清单 15.22　使用 System.Linq.Enumerable.GroupJoin() 创建子集合

```
    using System;
    using System.Linq;

    // ...

        Department[] departments = CorporateData.Departments;
        Employee[] employees = CorporateData.Employees;

        IEnumerable<(long Id, string Name, IEnumerable<Employee> Employees)>
    items =
            departments.GroupJoin(
                employees,
                department => department.Id,
                employee => employee.DepartmentId,
                (department, departmentEmployees) => (
                    department.Id,
                    department.Name,
                    departmentEmployees
                ));

        foreach (var item in items)
        {
            Console.WriteLine(item.Name);
        foreach (Employee employee in item.Employees)
        {
            Console.WriteLine("\t" + employee);
        }
    }

// ...
```

输出 15.10

```
Corporate
        Mark Michaelis (Chief Computer Nerd)
Human Resources
        Anne Beard (HR Director)
Engineering
        Michael Stokesbary (Senior Computer Wizard)
        Brian Jones (Enterprise Integration Guru)
        Kevin Bost (Programmer Extraordinaire)
        Thomas Heavey (Software Architect)
Information Technology
        Pat Dever (Enterprise Architect)
Philanthropy
        Eric Edmonds (Philanthropy Coordinator)
```

获得理想结果要使用 `System.Linq.Enumerable` 的 `GroupJoin()` 方法。参数和代码清单 15.19 差不多，区别在于最后一个元组参数。在代码清单 15.22 中，Lambda 表达式的类型是 `Func<Department, IEnumerable<Employee>, (long Id, string Name, IEnumerable<Employee>Employees)>`。注意是用第二个类型参数（`IEnumerable<Employee>`）将每个部门的员工集合投射到结果的部门元组中。这样在最终生成的集合中，每个部门都包含一个员工列表。

（熟悉 SQL 的读者会注意到，和 `Join()` 不同，SQL 没有与 `GroupJoin()` 等价的东西，这是由于 SQL 返回的数据基于记录，不分层次结构。）

高级主题：使用 GroupJoin() 实现外部联接

前面描述的内部联接称为**同等联接**（equi-joins），因为它们基于同等的键求值——只有在两个集合中都有对象，它们的记录才会出现在结果集中。但在某些情况下，即使对应的对象不存在，也有必要创建一条记录。例如，虽然 Marketing 部门还没有员工，但在最终的部门列表中，是不应该把它忽略掉的。更好的做法是列出这个部门的名称，同时显示一个空白的员工列表。为此，可以执行一次左外部联接，这是通过组合使用 `GroupJoin()`、`SelectMany()` 和 `DefaultIfEmpty()` 来实现的。如代码清单 15.23 和输出 15.11 所示。

代码清单 15.23 使用 `GroupJoin()` 和 `SelectMany()` 实现外部联接

```
using System;
using System.Linq;

// ...

      Department[] departments = CorporateData.Departments;
      Employee[] employees = CorporateData.Employees;

      var items = departments.GroupJoin(
          employees,
          department => department.Id,
```

```
            employee => employee.DepartmentId,
            (department, departmentEmployees) => new
            {
                department.Id,
                department.Name,
                Employees = departmentEmployees
            }).SelectMany(
                departmentRecord =>
                    departmentRecord.Employees.DefaultIfEmpty(),
                (departmentRecord, employee) => new
                    {
                        departmentRecord.Id,
                        departmentRecord.Name,
                        Employees =
                            departmentRecord.Employees
                    }).Distinct();

        foreach (var item in items)
        {
            Console.WriteLine(item.Name);
            foreach (Employee employee in item.Employees)
            {
                Console.WriteLine("\t" + employee);
            }
        }

    // ...
```

输出 15.11

```
Corporate
        Mark Michaelis (Chief Computer Nerd)
Human Resources
        Anne Beard (HR Director)
Engineering
        Michael Stokesbary (Senior Computer Wizard)
        Brian Jones (Enterprise Integration Guru)
        Kevin Bost (Programmer Extraordinaire)
        Thomas Heavey (Software Architect)
Information Technology
        Pat Dever (Enterprise Architect)
Philanthropy
        Eric Edmonds (Philanthropy Coordinator)
Marketing
```

15.3.9 调用 SelectMany()

偶尔需要处理集合的集合。代码清单 15.24 展示了一个例子。teams 数组包含两个球队，每个都有一个包含了球员的字符串数组。

代码清单 15.24　调用 SelectMany()

```
using System;
using System.Collections.Generic;
```

```
using System.Linq;

// ...

    (string Team, string[] Players)[] worldCup2006Finalists = new[]
    {
        (
            TeamName: "France",
            Players: new string[]
            {
                "Fabien Barthez", "Gregory Coupet",
                "Mickael Landreau", "Eric Abidal",
                "Jean-Alain Boumsong", "Pascal Chimbonda",
                "William Gallas", "Gael Givet",
                "Willy Sagnol", "Mikael Silvestre",
                "Lilian Thuram", "Vikash Dhorasoo",
                "Alou Diarra", "Claude Makelele",
                "Florent Malouda", "Patrick Vieira",
                "Zinedine Zidane", "Djibril Cisse",
                "Thierry Henry", "Franck Ribery",
                "Louis Saha", "David Trezeguet",
                "Sylvain Wiltord",
            }
        ),
        (
            TeamName: "Italy",
            Players: new string[]
            {
                "Gianluigi Buffon", "Angelo Peruzzi",
                "Marco Amelia", "Cristian Zaccardo",
                "Alessandro Nesta", "Gianluca Zambrotta",
                "Fabio Cannavaro", "Marco Materazzi",
                "Fabio Grosso", "Massimo Oddo",
                "Andrea Barzagli", "Andrea Pirlo",
                "Gennaro Gattuso", "Daniele De Rossi",
                "Mauro Camoranesi", "Simone Perrotta",
                "Simone Barone", "Luca Toni",
                "Alessandro Del Piero", "Francesco Totti",
                "Alberto Gilardino", "Filippo Inzaghi",
                "Vincenzo Iaquinta",
            }
        )
    };

    IEnumerable<string> players =
        worldCup2006Finalists.SelectMany(
            team => team.Players);

    Print(players);

// ...
```

在输出中，会按每个球员在代码中出现的顺序逐行显示其姓名。Select() 和 SelectMany() 的区别在于，Select() 会返回两个球员数组，每个都对应原始集合中的球员数组。Select() 可以一边投射一边转换，但项的数量不会发生改变。例如，teams.Select (team => team.Players) 会返回一个 IEnumerable<string[]>。

而 SelectMany() 遍历由 Lambda 表达式（之前由 Select() 选择的数组）标识的每一项，并将每一项都放到一个新集合中。新集合整合了子集合中的所有项。所以，不像 Select() 那样返回两个球员数组，SelectMany() 是将选择的每个数组都整合起来，把其中的项整合到一个集合中[⊖]。

End 7.0

15.3.10　更多标准查询操作符

代码清单 15.25 展示了如何使用由 Enumerable 提供的一些更简单的 API。输出 15.12 展示了结果。

代码清单 15.25　更多的 System.Linq.Enumerable 方法调用

```
using System;
using System.Collections.Generic;
using System.Linq;
using System.Text;

class Program
{
  static void Main()
  {
      IEnumerable<object> stuff =
        new object[] { new object(), 1, 3, 5, 7, 9,
            "\"thing\"", Guid.NewGuid() };
      Print("Stuff: { stuff }");
      IEnumerable<int> even = new int[] { 0, 2, 4, 6, 8 };
      Print("Even integers: {0}", even);

      IEnumerable<int> odd = stuff.OfType<int>();
      Print("Odd integers: {0}", odd);
```

⊖ 作者的这个例子过于复杂以至于可能不好理解。下面是一个简单的例子：

```
string[] text = { "Zhou Jing",  "walking in",  "the sideway" };
var tokens = text.Select(s => s.Split(' '));
foreach (string[] line in tokens)
    foreach (string token in line)
        Console.Write("{0}-", token);
```

如果使用 Select()，那么获得的 tokens 是一个 string[] 数组，还需遍历每个 string[]，才能解析出其中的 string。相反，如换用 SelectMany()，不仅代码量减少了，也更容易理解：

```
string[] text = { "Zhou Jing",  "walking in",  "the sideway" };
var tokens = text.SelectMany(s => s.Split(' '));
foreach (string token in tokens)
        Console.Write("{0}-", token);
```

——译者注

```
        IEnumerable<int> numbers = even.Union(odd);
        Print("Union of odd and even: {0}", numbers);

        Print("Union with even: {0}", numbers.Union(even));
        Print("Concat with odd: {0}", numbers.Concat(odd));
        Print("Intersection with even: {0}",
            numbers.Intersect(even));
        Print("Distinct: {0}", numbers.Concat(odd).Distinct());
        if (!numbers.SequenceEqual(
            numbers.Concat(odd).Distinct()))
        {
            throw new Exception("Unexpectedly unequal");
        }
        else
        {
            Console.WriteLine(
                @"Collection ""SequenceEquals""" +
                    $" {nameof(numbers)}.Concat(odd).Distinct())")
        }
        Print("Reverse: {0}", numbers.Reverse());
        Print("Average: {0}", numbers.Average());
        Print("Sum: {0}", numbers.Sum());
        Print("Max: {0}", numbers.Max());
        Print("Min: {0}", numbers.Min());
    }

    private static void Print<T>(
            string format, IEnumerable<T> items) =>
        Console.WriteLine(format, string.Join(
            ", ", items.Select(x => x.ToString())));
    private static void Print<T>(string format, T item)
    {
        Console.WriteLine(format, item);
    }
}
```

输出 15.12

```
Stuff: System.Object, 1, 3, 5, 7, 9, "thing"
24c24a41-ee05-41b9-958e-50dd12e3981e
Even integers: 0, 2, 4, 6, 8
Odd integers: 1, 3, 5, 7, 9
Union of odd and even: 0, 2, 4, 6, 8, 1, 3, 5, 7, 9
Union with even: 0, 2, 4, 6, 8, 1, 3, 5, 7, 9
Concat with odd: 0, 2, 4, 6, 8, 1, 3, 5, 7, 9, 1, 3, 5, 7, 9
Intersection with even: 0, 2, 4, 6, 8
Distinct: 0, 2, 4, 6, 8, 1, 3, 5, 7, 9
Collection "SequenceEquals" numbers.Concat(odd).Distinct())
Reverse: 9, 7, 5, 3, 1, 8, 6, 4, 2, 0
Average: 4.5
Sum: 45
Max: 9
Min: 0
```

在代码清单 15.25 中，所有 API 调用都不需要 Lambda 表达式。表 15.1 和表 15.2 对这些方法进行了总结。System.Linq.Enumerable 提供了一系列聚合函数（表 15.2），它们能枚举集合并计算结果。本章已利用了其中一个聚合函数 Count()。

注意，表 15.1 和表 15.2 列出的所有方法都会触发“推迟执行”。

表 15.1　更简单的查询操作符

方　法	描　述
OfType<T>()	构造查询来查询集合，只返回特定类型的项，类型由 OfType<T>() 的类型参数指定
Union()	合并两个集合，生成两个集合中的所有项的超集。结果集合不包含重复的项，即使同一个项在两个集合中都存在
Concat()	合并两个集合，生成两个集合的超集。重复项不从结果集中删除。Concat() 会保留原先的顺序。也就是说，{A, B} 和 {C, D} 连接，结果是 {A, B, C, D}
Intersect()	在结果集合中填充两个原始集合中都有的项
Distinct()	筛选集合中重复的项，使结果集合中的每一项都是不重复的
SequenceEquals()	比较两个集合，返回 Boolean 值来指出集合是否一致，项的顺序也是作比较依据之一（这有助于测试结果是否符合预期）
Reverse()	反转集合中各个项的顺序，以便在遍历集合时以相反的顺序进行遍历

表 15.2　System.Linq.Enumerable 提供的聚合函数

聚合函数	描　述
Count()	返回集合中的项的总数
Average()	计算数值集合（由一个数值键选择器指定）的平均值
Sum()	数值集合求和
Max()	判断数值集合的最大值
Min()	判断数值集合最小值

高级主题：IQuerable<T> 的 Queryable 扩展

有个接口几乎和 IEnumerable<T> 完全一样，这就是 IQueryable<T>。由于 IQueryable<T> 是从 IEnumerable<T> 派生的，所以它有 IEnumerable<T> 的“全部”成员——但只有那些直接声明的，例如 GetEnumerator()。扩展方法是不会继承的。所以，IQueryable<T> 没有 Enumerable 的任何扩展方法。但它有一个类似的扩展类，称为 System.Linq.Queryable。Enumerable 为 IEnumerable<T> 添加的几乎所有方法，

Queryable 都会为 IQueryable<T> 添加。所以，IQueryable<T> 提供了一个非常相似的编程接口。

那么，是什么使 IQueryable<T> 显得与众不同呢？答案是可通过它实现自定义的 LINQ Provider（LINQ 提供程序）。LINQ Provider 将表达式分解成各个组成部分。一经分解，表达式就可转换成另一种语言，可序列化以便在远程执行，可通过异步执行模式来注入，等等。简单地说，LINQ Provider 为标准集合 API 提供了“解释”机制。利用这种潜力无限的功能，可注入与查询和集合有关的行为。

例如，可利用 LINQ Provider 将查询表达式从 C# 转换成 SQL，然后在远程数据库中执行。这样 C# 程序员就可继续使用他/她熟悉的面向对象语言，将向 SQL 的转换留给底层的 LINQ Provider 去完成。通过这种类型的表达式，程序语言可轻松协调“面向对象编程”和“关系数据库”。

在 IQueryable<T> 的情况下，尤其要警惕推迟执行的问题。例如，假定一个 LINQ Provider 负责从数据库返回数据，那么不是不顾选择条件，直接从数据库中获取数据。相反，Lambda 表达式应提供 IQueryable<T> 的一个实现，其中可能要包含上下文信息，比如连接字符串，但不要包含数据。除非调用 GetEnumerator()（甚至 MoveNext()），否则不会发生真正的数据获取操作。然而，GetEnumerator() 调用一般是隐式发生的，比如在用 foreach 遍历集合，或者调用一个 Enumerable 方法时（比如 Count<T>() 或 Cast<T>()）。很明显，针对此类情况，开发人员需提防在不知不觉中反复调用代价高昂的、可能涉及推迟执行的操作。例如，假定调用 GetEnumerator() 会通过网络来分布式地访问数据库，就应避免因调用 Count() 或 foreach 而不经意地造成对集合的重复遍历。

15.4 匿名类型之于 LINQ

C# 3.0 通过 LINQ 显著增强了集合处理。令人印象深刻的是，为支持这个高级 API，语言本身只进行了 8 处增强。而正是由于这些增强，才使 C# 3.0 成为语言发展史上的一个重要里程碑。其中两处增强是匿名类型和隐式局部变量。但随着 C# 7.0 元组语法的发布，匿名类型终于也要“功成身退”了。事实上，在本书这一版中，所有之前使用匿名类型的 LINQ 例子都更新为使用元组。不过，本节仍然保留了对匿名类型的讨论。如果不用 C# 7.0（或更高版本），或者要处理 C# 7.0 之前写的代码，仍然可以通过本节了解一下匿名类型。（当然，不需要使用 C# 6.0 或更老的版本来编程，则完全可以跳过本节。）

15.4.1 匿名类型

匿名类型是编译器声明的数据类型，而不是像第 6 章那样通过显式的类定义来声明。和匿名函数相似，当编译器看到匿名类型时，会执行一些后台操作来生成必要的代码，允许像显式声明的那样使用它。代码清单 15.26 展示了这样的一个声明。

代码清单 15.26　使用匿名类型的隐式局部变量

```
using System;

class Program
{
  static void Main()
  {
      var patent1 =
          new
          {
              Title = "Bifocals",
              YearOfPublication = "1784"
          };
      var patent2 =
          new
          {
              Title = "Phonograph",
              YearOfPublication = "1877"
          };
      var patent3 =
          new
          {
              patent1.Title,
              // Renamed to show property naming.
              Year = patent1.YearOfPublication
          };

      Console.WriteLine(
          $"{ patent1.Title } ({ patent1.YearOfPublication })");
      Console.WriteLine(
          $"{ patent2.Title } ({ patent2.YearOfPublication })");

      Console.WriteLine();
      Console.WriteLine(patent1);
      Console.WriteLine(patent2);

      Console.WriteLine();
      Console.WriteLine(patent3);
  }
}
```

输出 15.13 展示了执行这个程序的结果。

输出 15.13

```
Bifocals (1784)
Phonograph (1784)

{ Title = Bifocals, YearOfPublication = 1784 }
{ Title = Phonograph, YearOfPublication = 1877 }

{ Title = Bifocals, Year = 1784 }
```

匿名类型纯粹是一项 C# 语言功能，不是“运行时”中的新类型。编译器遇到匿名类型时，会自动生成 CIL 类，其属性对应于在匿名类型声明中命名的值和数据类型。

初学者主题：隐式类型的局部变量 (var)

匿名类型没有名称，所以不可能将局部变量显式声明为匿名类型。相反，局部变量的类型要替换成 var。但不是说隐式类型的变量就没有类型了。相反，只是说它们的类型在编译时确定为所赋值的数据类型。将匿名类型赋给隐式类型的变量，在为局部变量生成的 CIL 代码中，它的数据类型就是编译器生成的类型。类似地，将一个 string 赋给隐式类型的变量，在最终生成的 CIL 中，变量的数据类型就是 string。事实上，对于隐式类型的变量，假如赋给它的是非匿名的类型（比如 string），那么最终生成的 CIL 代码和直接声明为 string 类型并无区别。如果声明语句是：

```
string text = "This is a test of the...";
```

那么和以下隐式类型的声明相比：

```
var text = "This is a test of the...";
```

最终生成的 CIL 代码完全一样。遇到隐式类型的变量时，编译器根据所赋的数据类型来确定该变量的数据类型。遇到显式类型的局部变量时（而且声明的同时已赋值），比如：

```
string s = "hello";
```

编译器首先根据左侧明确声明的类型来确定 s 的类型，然后分析右侧的表达式，验证右侧的表达式是否适合赋给该类型的变量。但对于隐式类型的局部变量，这个过程是相反的：首先分析右侧的表达式，确定它的类型，再用这个类型替换“var”（在逻辑上）。

虽然 C# 匿名类型没有名称，但它仍然是强类型的。例如，类型的属性完全可以访问。在代码清单 15.26 中，Console.WriteLine 语句在内部调用 patent1.Title 和 patent2.YearOfPublication。调用不存在的成员会造成编译时错误。在 IDE 中，就连“智能感知”功能都能很好地支持匿名类型。

隐式类型的变量要少用。匿名类型确实无法事先指定数据类型，只能使用 var。但将非匿名类型的数据赋给变量时，首选的还是显式数据类型，而不要使用 var。常规原则是在让编译器验证变量是你希望的类型的同时，保证代码的易读性。为此，应该只有在赋给变量的类型是显而易见的前提下，才使用隐式类型的局部变量。例如在以下语句中：

```
var items = new Dictionary<string, List<Account>>();
```

可以清楚地看出赋给 items 变量的数据是什么类型，所以像这样编码显得简洁和易读。相反，假如类型不是那么容易看出，例如将方法返回值赋给变量，最好还是使用显式类型的变量：

```
Dictionary<string, List<Account>> dictionary = GetAccounts();
```

15.4.2　用 LINQ 投射成匿名类型

可基于匿名类型创建一个 IEnumerable<T> 集合，其中 T 是匿名类型，如代码清单 15.27 和输出 15.14 所示。

代码清单 15.27　投射成匿名类型

```
// ...
IEnumerable<string> fileList = Directory.EnumerateFiles(
    rootDirectory, searchPattern);
var items = fileList.Select(
    file =>
    {
        FileInfo fileInfo = new FileInfo(file);
        return new
        {
            FileName = fileInfo.Name,
            Size = fileInfo.Length
        };
    });
// ...
```

输出 15.14

```
FileName = AssemblyInfo.cs, Size = 1704 }
FileName = CodeAnalysisRules.xml, Size = 735 }
FileName = CustomDictionary.xml, Size = 199 }
FileName = EssentialCSharp.sln, Size = 40415 }
FileName = EssentialCSharp.suo, Size = 454656 }
FileName = EssentialCSharp.vsmdi, Size = 499 }
FileName = EssentialCSharp.vssscc, Size = 256 }
FileName = intelliTechture.ConsoleTester.dll, Size = 24576 }
FileName = intelliTechture.ConsoleTester.pdb, Size = 30208 }
```

通过为匿名类型生成的 ToString() 方法，输出匿名类型会自动列出属性名及其值。用 select() 进行“投射”是很强大的一个功能。之前讲述了如何用 Where() 标准查询操作符在“垂直”方向上筛选集合（减少集合项数量）。现在使用 Select() 标准查询操作符，还可在“水平”方向上减小集合规模（减少列的数量）或者对数据进行完全转换。利用匿名类型，可对任意对象执行 Select() 操作，只提取原始集合中满足当前算法的内容，而不必声明一个新类来专门包含这些内容。

15.4.3　匿名类型和隐式局部变量的更多注意事项

在代码清单 15.26 中，匿名类型的成员名称通过 patent1 和 patent2 中的赋值来显式确定（例如 Title = "Phonograph"）。但假如所赋的值是属性或字段调用，就无须指定名称。相反，名称将默认为字段或属性名。例如，定义 patent3 时使用了属性名称 Title，而不是赋值给一个显式指定的名称。如输出 15.13 所示，最终获得的属性名称由编译器决定，这些名称与从中获取值的属性是匹配的。

patent1和patent2使用了相同的属性名称和相同的数据类型。所以，C#编译器只为这两个匿名类型声明生成一个数据类型。但patent3迫使编译器创建第二个匿名类型，因为用于存储专利年份的属性名（Year）有别于patent1和patent2使用的名称（YearOfPublication）。除此之外，如patent1和patent2中的两个属性的顺序发生交换，那么这两个匿名类型就不再是“类型兼容”的。换言之，两个匿名类型要在同一个程序集中做到类型兼容[⊖]，属性名、数据类型和属性顺序都必须完全匹配。只要满足这些条件，类型就是兼容的——即使它们出现在不同的方法或类中。代码清单15.28演示了类型不兼容的情况。

代码清单15.28 类型安全性和匿名类型的“不可变”性质

```
class Program
{
  static void Main()
  {
      var patent1 =
          new
          {
              Title = "Bifocals",
              YearOfPublication = "1784"
          };
      var patent2 =
          new
          {
              YearOfPublication = "1877",
              Title = "Phonograph"
          };

      var patent3 =
          new
          {
              patent1.Title,
              Year = patent1.YearOfPublication
          };

      // ERROR: Cannot implicitly convert type
      //        'AnonymousType#1' to 'AnonymousType#2'
      patent1 = patent2;
      // ERROR: Cannot implicitly convert type
      //        'AnonymousType#3' to 'AnonymousType#2'
      patent1 = patent3;

      // ERROR: Property or indexer 'AnonymousType#1.Title'
      //        cannot be assigned to -- it is read-only
      patent1.Title = "Swiss Cheese";
  }
}
```

⊖ 即最终只生成一个CIL类型。——译者注前两个编译错误证明类型不兼容，无法从一个转换成另一个。

第三个编译错误是由于重新对 `Title` 属性进行赋值造成的。匿名类型“不可变”（immutable），一经实例化，再更改它的某个属性，就会造成编译错误。

虽然代码清单 15.28 没有显示，但记住无法声明具有隐式数据类型参数（`var`）的方法。所以，在创建匿名类型的方法的内部，只能以两种方式将匿名类型的实例传到外部。首先，如方法参数是 `object` 类型，则匿名类型的实例可传到方法外部，因为匿名类型将隐式转换。第二种方式是使用方法类型推断。在这种情况下，匿名类型的实例以一个方法的“类型参数”的形式传递，编译器能成功推断具体类型。所以，使用 `Function(patent1)` 调用 `void Method<T>(T parameter)` 会成功编译——尽管在 `Function()` 内部，`parameter` 允许的操作仅限于 `object` 支持的那些。

虽然 C# 支持像代码清单 15.26 那样的匿名类型，但一般不建议像那样定义它们。匿名类型与 C# 3.0 新增的“投射”（projections）功能相配合，能提供许多重要的功能，比如本章之前讨论的集合联接 / 关联（joining/associating）。但除非真的需要（比如聚合来自多个类型的数据），否则一般不要定义匿名类型。

Begin 7.0

匿名方法推出时，语言的开发者已经有了一个重大突破：能动态声明临时类型而不必显式声明一个完整类型。虽然如此，正如我之前描述的那样，它还是存在几处缺陷。幸好，C# 7.0 元组没有这些缺陷，而且事实上，它们从根本上消除了再用匿名类型的必要。具体地说，相较于匿名类型，元组具有以下优点：

- 提供具名类型，任何能使用类型的地方都能使用元组，包括声明和类型参数。
- 实例化元组的方法外部也能使用该元组。
- 避免生成很少使用的类型，发生类型“污染”。

元组和匿名类型的一个区别在于，匿名类型事实上是引用类型，而元组是值类型。哪个有利取决于类型的使用模式。如类型经常拷贝，且内存占位超过 128 位，引用类型可能更佳。否则元组更佳，也是更好的默认选择。

End 7.0

高级主题：匿名类型的生成

虽然 `Console.WriteLine()` 的实现是调用 `ToString()`，但注意在代码清单 15.26 中，`Console.WriteLine()` 的输出并不是默认的 `ToString()`（默认的 `ToString()` 输出的是完全限定的数据类型名称）。相反，现在输出的是一对对的 *`PropertyName = value`*，匿名类型的每个属性都有一对这样的输出。之所以会得到这样的结果，是因为编译器在生成匿名类型的代码时重写了 `ToString()` 方法，对输出进行了格式化。类似地，生成的类型还重写了 `Equals()` 和 `GetHashCode()` 的实现。

正是由于 `ToString()` 会被重写，所以一旦属性的顺序发生了变化，就会导致最终生成一个全新的数据类型。假如不是这样设计，而是为属性顺序不同的两个匿名类型（它们可能在完全不同的类型中，甚至可能在完全不同的命名空间中）生成同一个 CIL 类型，那么一个实现在属性顺序上发生的变化，就会对另一个实现的 `ToString()` 输出造成显著的、甚至可能是令人无法接受的影响。此外，程序执行时可能反射一个类型，并检查类型的成员——甚至动态调用成员（所谓动态调用成员，是指在程序运行期间，根据具体情况决定调用哪个成员）。两个貌似相同的类型在成员顺序上有所区别，就可能造成出乎预料的结果。为避免这些问题，C# 的设计者决定：如属性顺序不同，就生成两个不同的类型。

高级主题：集合初始化器之于匿名类型

匿名类型不能使用集合初始化器，因为集合初始化器要求执行一次构造函数调用，但根本没办法命名这个构造函数。解决方案是定义像下面这样的方法：

static List<T> CreateList<T>(T t) { return new List<T>(); }

由于能进行方法类型推断，因此类型参数可以隐式，不用显式指定。所以，采用这个方案，就可成功创建匿名类型的集合。

初始化匿名类型的集合的另一个方案是使用数组初始化器。由于无法在构造函数中指定数据类型，匿名数组初始化器允许使用 `new[]` 来实现数组初始化语法，如代码清单 15.29 所示。

代码清单 15.29　初始化匿名类型数组

```
using System;
using System.Collections.Generic;
using System.Linq;

class Program
{
  static void Main()
  {
      var worldCup2006Finalists = new[]
      {
      new
      {
          TeamName = "France",
          Players = new string[]
          {
              "Fabien Barthez", "Gregory Coupet",
              "Mickael Landreau", "Eric Abidal",
              // ...
          }
      },
      new
      {
          TeamName = "Italy",
          Players = new string[]
          {
              "Gianluigi Buffon", "Angelo Peruzzi",
              "Marco Amelia", "Cristian Zaccardo",
              // ...
          }
      }
```

```
        };


        Print(worldCup2006Finalists);
    }

    private static void Print<T>(IEnumerable<T> items)
    {
        foreach (T item in items)
        {
            Console.WriteLine(item);
        }
    }
}
```

最终的变量是由匿名类型的项构成的数组。由于是数组，所以每一项的类型必须相同。

15.5 小结

本章描述了 foreach 循环的内部工作机制以及为了执行它需要什么接口。此外，开发者经常都要筛选集合来减少数据项的数量。另外，还经常要对集合进行投射，使数据项改换一种不同的格式。针对这些问题，本章讨论了如何用标准查询操作符（通过 LINQ 引入的在 System.Linq.Enumerable 类上的扩展方法）来执行集合处理。

介绍标准查询操作符时，详细描述了推迟执行的原理，并提醒开发者注意这个问题。一个不经意的调用可能重新执行表达式，造成无谓地枚举集合内容。推迟执行会造成标准查询操作符被"隐式"地执行。这是影响代码执行效率的一个重要因素，尤其是查询开销比较大的时候。程序员应将查询对象视为查询而不是结果。而且，即使查询已经执行过，它也有可能要再次从头执行，因为查询对象不知道结果和上次执行是否一样。

之所以将代码清单 15.23 放到"高级主题"，是因为连续调用多个标准查询操作符有一定的复杂性。虽然可能经常遇到这样的需求，但并非一定要直接依赖标准查询操作符。C# 3.0 支持"查询表达式"。这是一种类似 SQL 的语法，可利用它来更方便地操纵集合，关键是写出来的代码更容易理解。这将是下一章的主题。

本章最后详细讨论了匿名类型，解释了为什么 C# 7.0 之后改为元组更佳。

第 16 章

使用查询表达式的 LINQ

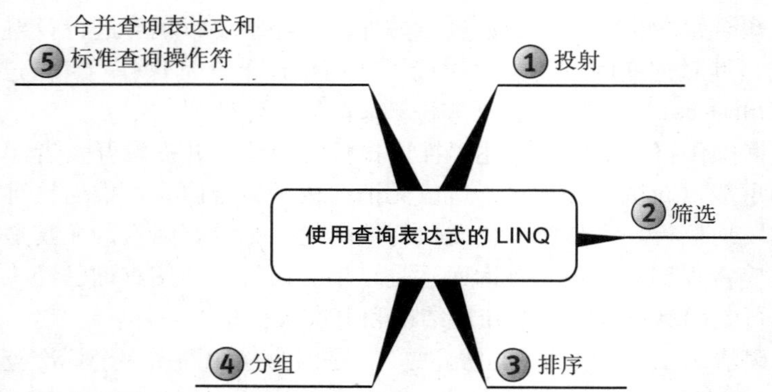

上一章的代码清单 15.23 展示了一个同时使用标准查询操作符 `GroupJoin()`、`SelectMany()` 和 `Distinct()` 的查询。结果是一个跨越多行的语句。相较于只用老版本 C# 的功能来写的语句，它显得更复杂，更不好理解。但是，要处理富数据集的现代程序经常需要这种复杂的查询，所以语言本身花些功夫把它们变得更易读就好了。像 SQL 这样的专业查询语言虽然容易阅读和理解，但又缺乏 C# 语言的完整功能。这正是 C# 语言的设计者决定在 C# 3.0 中添加**查询表达式**语法的原因，它使许多标准查询操作符都能转换成更易读的、SQL 风格的代码。

本章将介绍查询表达式，并用它们改写上一章的许多查询。

16.1 查询表达式概述

开发者经常对集合进行**筛选**来删除不想要的项，以及对集合进行**投射**将其中的项变成其他形式。例如，可以筛选一个文件集合来创建新集合，其中只包含 .cs 文件，或者只包含超过 1MB 的文件。还可投射文件集合来创建新集合，其中只包含两项数据：文件的目录路径以及目录的大小。查询表达式为这两种常规操作提供了直观易懂的语法。代码清单 16.1 展示了用于筛选字符串集合的一个查询表达式，结果如输出 16.1 所示。

代码清单 16.1　简单查询表达式

```
using System;
using System.Collections.Generic;
using System.Linq;

// ...

  static string[] Keywords = {
      "abstract", "add*", "alias*", "as", "ascending*",
      "async*", "await*", "base","bool", "break",
      "by*", "byte", "case", "catch", "char", "checked",
      "class", "const", "continue", "decimal", "default",
      "delegate", "descending*", "do", "double",
      "dynamic*", "else", "enum", "event", "equals*",
      "explicit", "extern", "false", "finally", "fixed",
      "from*", "float", "for", "foreach", "get*", "global*",
      "group*", "goto", "if", "implicit", "in", "int",
      "into*", "interface", "internal", "is", "lock", "long",
      "join*", "let*", "nameof*", "namespace", "new", "null",
      "object", "on*", "operator", "orderby*", "out",
      "override", "params", "partial*", "private", "protected",
      "public", "readonly", "ref", "remove*", "return", "sbyte",
      "sealed", "select*", "set*", "short", "sizeof",
      "stackalloc", "static", "string", "struct", "switch",
      "this", "throw", "true", "try", "typeof", "uint", "ulong",
      "unsafe", "ushort", "using", "value*", "var*", "virtual",
      "unchecked", "void", "volatile", "where*", "while", "yield*"};
  private static void ShowContextualKeywords1()
  {
      IEnumerable<string> selection =
          from word in Keywords
              where !word.Contains('*')
              select word;

      foreach (string keyword in selection)
      {
          Console.Write(keyword + " ");
      }
  }

// ...
```

输出 16.1

```
abstract as base bool break byte case catch char checked class const
continue decimal default delegate do double else enum event explicit
```

```
extern false finally fixed float for foreach goto if implicit in int
interface internal is lock long namespace new null object operator out
override params private protected public readonly ref return sbyte
sealed short sizeof stackalloc static string struct switch this throw
true try typeof uint ulong unchecked unsafe ushort using virtual void
volatile while
```

查询表达式将 C# 保留关键字集合赋给 selection。where 子句筛选出非上下文关键字（不含星号的那些）。

查询表达式总是以“from 子句”开始，以“select 子句”或者“group...by 子句”结束。这些子句分别用上下文关键字 from、select 或 group...by 标识。from 子句中的标识符 word 称为**范围变量**（range variable），代表集合中的每一项。这类似于 foreach 循环变量代表集合中的每一项。

熟悉 SQL 的开发者会发现，查询表达式采用了和 SQL 非常相似的语法。这个设计是故意的，目的是使 SQL 的熟手很容易掌握 LINQ。但两者存在一些明显区别。其中最明显的是 C# 查询的子句顺序是 from、where 和 select。而对应的 SQL 查询是首先 SELECT 子句，然后 FROM 子句，最后 WHERE 子句。

之所以要采用这个设计，一个目的是支持 IDE 的“智能感知”功能，以便通过界面元素（比如下拉列表）描述给定对象的成员。由于最开始出现的是 from，并将字符串数组 Keywords 指定为数据源，所以代码编辑器推断出范围变量 word 是 string 类型。这样 Visual Studio IDE 的“智能感知”功能就可立即发挥作用——在 word 后输入成员访问操作符（一个圆点符号），将只显示 string 的成员。

相反，如果 from 子句出现在 select 之后（就像 SQL 那样），from 子句之前的任何圆点操作符都无法确定 word 的数据类型是什么，所以无法显示 word 的成员列表。例如在代码清单 16.1 中，将无法预测到 Contains() 可能是 word 的一个成员。

C# 查询表达式的顺序其实更接近各个操作在逻辑上的顺序。对查询进行求值时，首先指定集合（from 子句），再筛选出想要的项（where 子句），最后描述希望的结果（select 子句）。

最后，C# 查询表达式的顺序确保范围变量的作用域规则与局部变量的规则一致。例如，子句（一般是 from 子句）必须先声明范围变量，然后才能使用它。这类似于局部变量必须先声明再使用。

16.1.1 投射

查询表达式的结果是 IEnumerable<T> 或 IQueryable<T> 类型的集合[⊖]。T 的实际类型从 select 或 group by 子句推断。例如在代码清单 16.1 中，编译器知道 keywords 是 string[] 类型，能转换成 IEnumerable<string>。所以推断 word 是 string 类型。查询

⊖ 在实际应用中，查询表达式输出的几乎总是 IEnumerable<T> 或者它的派生类型。但理论上不一定非要这样。完全可以实现查询操作符方法来返回其他类型。语言不要求查询表达式的结果必须能转换成 IEnumerable<T>。

以 select word 结尾，所以查询表达式的结果肯定是字符串集合，所以查询表达式的类型是 IEnumerable<string>。

在本例中，查询的“输入”和“输出”都是字符串集合。但“输出”类型可以有别于“输入”类型，select 子句中的表达式可以是完全不同的类型。代码清单 16.2 和输出 16.2 展示了一个例子。

代码清单 16.2　使用查询表达式来投射

```
using System;
using System.Collections.Generic;
using System.Linq;
using System.IO;

// ...

  static void List1(string rootDirectory, string searchPattern)
  {
      IEnumerable<string> fileNames = Directory.GetFiles(
          rootDirectory, searchPattern);
      IEnumerable<FileInfo> fileInfos =
          from fileName in fileNames
          select new FileInfo(fileName);

      foreach (FileInfo fileInfo in fileInfos)
      {
            Console.WriteLine(
                $@".{ fileInfo.Name } ({
                    fileInfo.LastWriteTime })");
      }
  }

// ...
```

输出 16.2

```
Account.cs (11/22/2011 11:56:11 AM)
Bill.cs (8/10/2011 9:33:55 PM)
Contact.cs (8/19/2011 11:40:30 PM)
Customer.cs (11/17/2011 2:02:52 AM)
Employee.cs (8/17/2011 1:33:22 AM)
Person.cs (10/22/2011 10:00:03 PM)
```

查询表达式的结果是一个 IEnumerable<FileInfo>，而不是 Directory.GetFiles() 返回的 IEnumerable<string> 数据类型。查询表达式的 select 子句将 from 子句的表达式所收集到的东西投射到完全不同的数据类型中。

本例选择 FileInfo 是因为它恰好有两个想要输出的字段：文件名和上一次写入时间。如果想要 FileInfo 对象没有的信息，就可能找不到现成的类型。这时可以考虑元组（C# 7.0 之前则使用匿名类型），它能简单、方便地投射你需要的数据，同时不必寻找或创建一个显式的类型。代码清单 16.3 产生和代码清单 16.2 相似的输出，但它通过元组语法而不是 FileInfo。

代码清单 16.3　在查询表达式中使用元组

```
using System;
using System.Collections.Generic;
using System.Linq;
using System.IO;

// ...

  static void List2(string rootDirectory, string searchPattern)
  {
        var fileNames =Directory.EnumerateFiles(
            rootDirectory, searchPattern)
        var fileResults =
            from fileName in fileNames
            select
            (
                Name: fileName,
                LastWriteTime: File.GetLastWriteTime(fileName)
            );

        foreach (var fileResult in fileResults)
        {
            Console.WriteLine(
                $@"{ fileResult.Name } ({
                    fileResult.LastWriteTime })");
        }
  }

// ...
```

本例在查询结果中只投射出了文件名和它的上一次写入时间。如处理的数据规模不大（比如 FileInfo），像代码清单 16.3 这样的投射对效率的提升并不是特别明显。但假如数据量非常大，而且检索这些数据的代价非常高（例如要通过 Internet 从一台远程计算机上获取），那么像这样在“水平”方向上投射，从而减少与集合中每一项关联的数据量，效率的提升将非常明显。使用元组（C# 7.0 之前使用匿名类型），执行查询时可以不必获取全部数据，而是只在集合中存储和获取需要的数据。

例如，假定大型数据库的某个表包含 30 个以上的列。不用元组，开发人员要么使用含有不需要信息的对象，要么定义一些小的专用类，这些类只存储需要的特定数据。而元组允许由编译器（动态）定义类型，其中只包含当前情况所需的数据。其他情况则投射其他需要的属性。

初学者主题：查询表达式和推迟执行

上一章已讲过“推迟执行”的主题，同样的道理也适用于查询表达式。来考虑代码清单 16.1 中对 selection 的赋值。创建查询和向变量赋值不会执行查询；相反，只是生成代表查询的对象。换言之，查询对象创建时不会调用 word.Contains("*") 方法。查询表达式只是存储了一个选择条件（查询标准）。以后在遍历由 selection 变量所标识的集合时会用到这个条件。

为了体验这具体是如何发生的，来看看代码清单 16.4 和输出 16.3。

代码清单 16.4　推迟执行和查询表达式（例 1）

```
using System;
using System.Collections.Generic;
using System.Linq;

// ...

  private static void ShowContextualKeywords2()
  {
      IEnumerable<string> selection = from word in Keywords
                                      where IsKeyword(word)
                                      select word;
      Console.WriteLine("Query created.");
      foreach (string keyword in selection)
      {
          // No space output here
          Console.Write(keyword);
      }
  }

  // The side effect of console output is included
  // in the predicate to demonstrate deferred execution;
  // predicates with side effects are a poor practice in
  // production code
  private static bool IsKeyword(string word)
  {
      if (word.Contains('*'))
      {
          Console.Write(" ");
          return true;
      }
      else
      {
          return false;
      }
  }
// ...
```

输出 16.3

```
Query created.
add* alias* ascending* async* await* by* descending* dynamic*
equals* from* get* global* group* into* join* let* nameof* on*
orderby* partial* remove* select* set* value* var* where* yield*
```

注意在代码清单 16.4 中，foreach 循环内部是没有输出空格的。上下文关键字之间的空格是在 IsKeyword() 方法中输出的，这证明了在代码遍历 selection 的时候 IsKeyword() 方法才会得到调用，而不是在对 selection 赋值的时候就调用。所以，虽然 selection 是集合（毕竟它的类型是 IEnumerable<T>），但在赋值时，from 子句之后的一切都构成了选择条件。遍历 selection 时才会真正应用这些条件。

来考虑第二个例子，如代码清单 16.5 和输出 16.4 所示。

代码清单 16.5　推迟执行和查询表达式（例 2）

```
using System;
using System.Collections.Generic;
using System.Linq;

// ...
private static void CountContextualKeywords()
{
    int delegateInvocations = 0;
    Func<string, string> func =
        text=>
        {
            delegateInvocations++;
            return text;
        };

    IEnumerable<string> selection =
        from keyword in Keywords
        where keyword.Contains('*')
        select func(keyword);


    Console.WriteLine(
        $"1. delegateInvocations={ delegateInvocations }");

    // Executing count should invoke func once for
    // each item selected
    Console.WriteLine(
        $"2. Contextual keyword count={ selection.Count() }");

    Console.WriteLine(
        $"3. delegateInvocations={ delegateInvocations }");

    // Executing count should invoke func once for
    // each item selected
    Console.WriteLine(
        $"4. Contextual keyword count={ selection.Count() }");

    Console.WriteLine(
        $"5. delegateInvocations={ delegateInvocations }");

    // Cache the value so future counts will not trigger
    // another invocation of the query
```

```
        List<string> selectionCache = selection.ToList();

        Console.WriteLine(
            $"6. delegateInvocations={ delegateInvocations }");

        // Retrieve the count from the cached collection
        Console.WriteLine(
            $"7. selectionCache count={ selectionCache.Count() }");

        Console.WriteLine(
            $"8. delegateInvocations={ delegateInvocations }");

    }

// ...
```

输出 16.4

```
1. delegateInvocations=0
2. Contextual keyword count=27
3. delegateInvocations=27
4. Contextual keyword count=27
5. delegateInvocations=54
6. delegateInvocations=81
7. selectionCache count=27
8. delegateInvocations=81
```

代码清单 16.5 不是定义一个单独的方法，而是用一个语句 Lambda 来统计方法调用次数。

输出中有三个地方值得注意。首先，注意在 selection 被赋值之后，delegateInvocations 保持为零。在对 selection 进行赋值时，还没有发生对 Keywords 的遍历。如果 Keywords 是属性，那么属性调用会发生。换言之，from 子句会在赋值时执行。但除非代码开始遍历 selection 中的值，否则无论投射、筛选，还是 from 子句之后的一切都不会执行。与其说对 selection 进行赋值，不如说只是用它定义了一个查询。

但一旦调用 Count()，selection 或者 items 等暗示容器或集合的名称就显得恰当了，因为我们要开始对集合中的项进行计数。换言之，变量 selection 扮演着双重角色，第一是保存查询，第二是作为可从中获取数据的容器。

第二个要注意的地方是，每次为 selection 调用 Count()，都会对每个被选择的项执行 func。由于 selection 兼具查询和集合两个角色，所以请求计数要求再次执行查询，遍历 selection 引用的 IEnumerable<string> 集合并统计数据项个数。C# 编译器不知道是否有人修改了数组中的字符串而造成计数发生变化，所以每次都要重新计数，保证答案总是正确和最新的。类似地，对 selection 执行 foreach 循环，也会针对 selection 中的每一项调用 func。调用 System.Linq.Enumerable 提供的其他所有扩展方法时，这个道理都是适用的。

高级主题：实现推迟执行

推迟执行通过委托和表达式树来实现。委托允许创建和操纵方法引用，方法含有可以后调用的表达式。类似地，可利用表达式树创建和操纵与表达式有关的信息，这种表达式能在以后检查和处理。

在代码清单 16.5 中，where 子句的谓词表达式和 select 子句的投射表达式由编译器转换成表达式 Lambda，再转换成委托。查询表达式的结果是包含了委托引用的对象。只有在遍历查询结果时，查询对象才实际地执行委托。

16.1.2 筛选

代码清单 16.1 用 where 子句筛选出除了上下文关键字之外的其他 C# 关键字。where 子句在“垂直”方向上筛选集合，结果集合将包含较少的项（每个数据项都相当于数据表中的一行记录）。筛选条件用**谓词**表示。所谓**谓词**，本质上就是返回 bool 值的 Lambda 表达式，例如 word.Contains()（代码清单 16.1）或者 File.GetLastWriteTime(file) <DateTime.Now.AddMonths(-1)（代码清单 16.6 和输出 16.5）。

代码清单 16.6 用 where 子句进行筛选

```
using System;
using System.Collections.Generic;
using System.Linq;
using System.IO;

// ...

  static void FindMonthOldFiles(
      string rootDirectory, string searchPattern)
  {
      IEnumerable<FileInfo> files =
          from fileName in Directory.EnumerateFiles(
              rootDirectory, searchPattern)
          where File.GetLastWriteTime(fileName) <
              DateTime.Now.AddMonths(-1)
          select new FileInfo(fileName);
          foreach (FileInfo file in files)
          {
              // As simplification, current directory is
              // assumed to be a subdirectory of
              // rootDirectory
              string relativePath = file.FullName.Substring(
                      Environment.CurrentDirectory.Length);
              Console.WriteLine(
                  $".{ relativePath } ({ file.LastWriteTime })");
          }
      }

  // ...
```

输出 16.5

```
.\TestData\Bill.cs (8/10/2011 9:33:55 PM)
.\TestData\Contact.cs (8/19/2011 11:40:30 PM)
.\TestData\Employee.cs (8/17/2011 1:33:22 AM)
.\TestData\Person.cs (10/22/2011 10:00:03 PM)
```

16.1.3　排序

在查询表达式中对数据项进行排序的是 orderby 子句，如代码清单 16.7 所示。

代码清单 16.7　使用 orderby 子句进行排序

```
using System;
using System.Collections.Generic;
using System.Linq;
using System.IO;

// ...
  static void ListByFileSize1(
      string rootDirectory, string searchPattern)
  {
      IEnumerable<string> fileNames =
          from fileName in Directory.EnumerateFiles(
              rootDirectory, searchPattern)
          orderby (new FileInfo(fileName)).Length descending,
              fileName
          select fileName;

      foreach (string fileName in fileNames)
      {
          Console.WriteLine(fileName);
      }
  }
// ...
```

代码清单 16.7 使用 orderby 子句来排序由 Directory.GetFiles() 返回的文件，首先按文件长度降序排序，再按文件名升序排序。多个排序条件以逗号分隔。在这个例子中，如两个文件的长度相同，就再按文件名排序。ascending 和 descending 是上下文关键字，分别指定以升序或降序排序。将排序顺序指定为升序或降序是可选的（例如，filename 就没有指定）。没有指定排序顺序就默认为 ascending。

16.1.4　let 子句

代码清单 16.8 的查询与代码清单 16.7 的查询非常相似，只是 IEnumerable<T> 的类型实参是 FileInfo。注意该查询有一个问题：FileInfo 要创建两次（在 orderby 和 select 子句中）。

代码清单 16.8 投射一个 FileInfo 集合并按文件长度排序

```
using System;
using System.Collections.Generic;
using System.Linq;
using System.IO;

// ...
  static void ListByFileSize2(
      string rootDirectory, string searchPattern)
  {
      IEnumerable<FileInfo> files =
          from fileName in Directory.EnumerateFiles(
              rootDirectory, searchPattern)
          orderby new FileInfo(fileName).Length, fileName
          select new FileInfo(fileName);

      foreach (FileInfo file in files)
      {
          //  As a simplification, the current directory
          //  is assumed to be a subdirectory of
          //  rootDirectory
          string relativePath = file.FullName.Substring(
              Environment.CurrentDirectory.Length);
          Console.WriteLine(
              $".{ relativePath }({ file.Length })");
      }
  }
// ...
```

遗憾的是，虽然结果正确，但代码清单 16.8 会为来源集合中的每一项都实例化 FileInfo 对象两次。可用 let 子句避免这种无谓的、可能非常昂贵的开销，如代码清单 16.9 所示。

代码清单 16.9 用 let 避免多余的实例化

```
// ...
IEnumerable<FileInfo> files =
    from fileName in Directory.EnumerateFiles(
        rootDirectory, searchPattern)
    let file = new FileInfo(fileName)
    orderby file.Length, fileName
    select file;
// ...
```

let 子句引入一个新的范围变量，它容纳的表达式值可在查询表达式剩余部分使用。可添加任意数量的 let 表达式，只需把它放在第一个 from 子句之后、最后一个 select/group by 子句之前。

16.1.5 分组

另一个常见的数据处理情形是对相关数据项进行分组。在 SQL 中，这通常涉及对数据项进行聚合以生成 summary 、total 或其他聚合值（aggregate value）。但 LINQ 的表达力更强一些。LINQ 表达式允许将单独的项分组到一系列子集合中，还允许那些组与所查询的集合中的项关联。例如，可将 C# 的上下文关键字和普通关键字分成两组，并自动将单独的单词与这两个组关联。代码清单 16.10 和输出 16.6 对此进行了演示。

代码清单 16.10　分组查询结果

```
using System;
using System.Collections.Generic;
using System.Linq;

// ...
  private static void GroupKeywords1()
  {
      IEnumerable<IGrouping<bool, string>> selection =
          from word in Keywords
          group word by word.Contains('*');

      foreach (IGrouping<bool, string> wordGroup
          in selection)
      {
          Console.WriteLine(Environment.NewLine + "{0}:",
              wordGroup.Key ?
                  "Contextual Keywords" : "Keywords");
          foreach (string keyword in wordGroup)
          {
              Console.Write(" " +
                  (wordGroup.Key ?
                      keyword.Replace("*", null) : keyword));
          }
      }
  }

 // ...
```

输出 16.6

```
Keywords:
abstract as base bool break byte case catch char checked class
const continue decimal default delegate do double else enum event
explicit extern false finally fixed float for foreach goto if
implicit in int interface internal is lock long namespace new null
operator out override object params private protected public
readonly ref return sbyte sealed short sizeof stackalloc static
string struct switch this throw true try typeof uint ulong unsafe
ushort using virtual unchecked void volatile while
Contextual Keywords:
add alias ascending async await by descending dynamic equals from
get global group into join let nameof on orderby partial remove
select set value var where yield
```

有几个地方需要注意。首先，查询结果是一系列 `IGrouping<bool, string>` 类型的元素。第一个类型实参指出 by 关键字后的“group key”(分组依据)表达式是 bool 类型,第二个类型实参指出 group 关键字后的“group element”(分组元素)表达式是 string 类型。也就是说,查询将生成一系列分组,将同一个 Boolean key 应用于组内的每个 string。

由于含有 group by 子句的查询会生成一系列集合,所以对结果进行遍历的常用模式是创建嵌套 foreach 循环。在代码清单 16.10 中,外层循环遍历各个分组,打印关键字的类型作为标题。嵌套的 foreach 循环则在标题下打印组中的每个关键字。

由于这个查询表达式的结果本身是一个序列,所以可像查询其他任何序列那样查询它。代码清单 16.11 和输出 16.7 展示了如何创建附加的查询,为生成一系列分组的查询增加投射。(下一节会讨论查询延续,将展示如何采用更顺眼的语法为一个完整的查询添加额外的查询子句。)

代码清单 16.11 在 group by 子句后面选择一个元组

```
using System;
using System.Collections.Generic;
using System.Linq;

// ...

  private static void GroupKeywords1()
  {
      IEnumerable<IGrouping<bool, string>> keywordGroups =
          from word in Keywords
          group word by word.Contains('*');

      IEnumerable<(bool IsContextualKeyword, IGrouping<bool, string> Items)>
 selection =
          from groups in keywordGroups
          select
          (
              IsContextualKeyword: groups.Key,
              Items: groups
          );

      foreach (
          (bool IsContextualKeyword, IGrouping<bool, string> Items)
              wordGroup in selection)
      {
          Console.WriteLine(Environment.NewLine + "{0}:",
              wordGroup.IsContextualKeyword ?
                  "Contextual Keywords" : "Keywords");
          foreach (string keyword in wordGroup.Items)
          {
              Console.Write(" " +
                  keyword.Replace("*", null));
          }
      }
  }

// ...
```

输出 16.7

```
Keywords:
abstract as base bool break byte case catch char checked class
const continue decimal default delegate do double else enum
event explicit extern false finally fixed float for foreach goto if
implicit in int interface internal is lock long namespace new null
operator out override object params private protected public
readonly ref return sbyte sealed short sizeof stackalloc static
string struct switch this throw true try typeof uint ulong unsafe
ushort using virtual unchecked void volatile while
Contextual Keywords:
add alias ascending async await by descending dynamic equals from
get global group into join let nameof on orderby partial remove
select set value var where yield
```

group 子句使查询生成由 IGrouping<TKey, TElement> 对象构成的集合——这和第 15 章讲过的 GroupBy() 标准查询操作符一致。接着的 select 子句用元组将 IGrouping<TKey, TElement>.Key 重命名为 IsContextualKeyword，并命名了子集合属性 Items。进行这些修改后，嵌套的 foreach 循环就可使用 wordGroup.Items，而不必像代码清单 16.10 那样直接使用 wordGroup。另外，有的人认为还可以在元组中添加一个属性来表示子集合中的数据项的个数。但这个功能已由 LINQ 的 wordGroup.Items.Count() 方法提供，所以直接把它添加到元组中是没有必要的。

16.1.6　使用 into 实现查询延续

如代码清单 16.11 所示，一个现有的查询可作为第二个查询的输入。但要将一个查询的结果作为另一个的输入，没必要写全新的查询表达式。相反，可以使用上下文关键字 into，通过**查询延续子句**来扩展任何查询。查询延续是语法糖，能简单地表示“创建两个查询并将第一个用作第二个的输入”。into 子句引入的范围变量（代码清单 16.11 中的 groups）成为查询剩余部分的范围变量；之前的任何范围变量在逻辑上是之前查询的一部分，不可在查询延续中使用。代码清单 16.12 展示了如何重写代码清单 16.11 来使用查询延续，而不是使用两个查询。

代码清单 16.12　用查询延续子句扩展查询

```
using System;
using System.Collections.Generic;
using System.Linq;

// ...

  private static void GroupKeywords1()
  {
      IEnumerable<(bool IsContextualKeyword, IGrouping<bool, string> Items)>
          selection =
          from word in Keywords
          group word by word.Contains('*')
```

```
            into groups
                select
                (
                    IsContextualKeyword: groups.Key,
                    Items: groups
                );

        // ...

    }

  // ...
```

使用 into 在现有查询结果上运行附加查询，这不是只有以 group 子句结尾的查询才有的福利。相反，它可用于所有查询表达式。查询延续简单地实现了在查询表达式中使用其他查询表达式的结果。into 相当于一个管道操作符，它将第一个查询的结果“管道传送”给第二个查询。用这种方式可以链接任意数量的查询。

16.1.7 用多个 from 子句“平整”序列的序列

经常需要将一个序列的序列“平整”（flatten）成单个序列。例如，一系列客户中的每个客户都可能关联了一系列订单，或者一系列目录中的每个目录都关联了一系列文件。SelectMany 序列操作符（第 15 章讨论过）可以连接所有子序列。要用查询表达式语法做相同的事情，可以使用多个 from 子句，如代码清单 16.13 所示。

代码清单 16.13 多个选择

```
var selection =
    from word in Keywords
    from character in word
    select character;
```

上述查询生成字符序列 a,b,s,t,r,a,c,t,a,d,d,*,a,l,i,a,…。还可用多个 from 子句生成笛卡尔乘积——几个序列所有可能的组合，如代码清单 16.14 所示。

代码清单 16.14 笛卡尔乘积

```
var numbers = new[] { 1, 2, 3 };
IEnumerable<(string Word, int Number)> product =
    from word in Keywords
    from number in numbers
    select (word, number);
```

这样生成的是一系列 pairs，包括 (abstract, 1),(abstract, 2),(abstract, 3), (as, 1), (as, 2), …。

初学者主题：不重复的成员

经常需要在集合中只保留不重复的项——丢弃重复项。查询表达式没有专门的语法来做到这一点。但如上一章所述，可通过查询操作符 Distinct() 来实现这个功能。为了向查询表达式应用查询操作符，表达式必须放到圆括号中，防止编译器以为对 Distinct() 的调用是 select 子句的一部分。代码清单 16.15 和输出 16.8 展示了一个例子。

代码清单 16.15　从查询表达式获取不重复的成员

```
using System;
using System.Collections.Generic;
using System.Linq;

// ...
        public static void ListMemberNames()
        {
            IEnumerable<string> enumerableMethodNames = (
                from method in typeof(Enumerable).GetMembers(
                    System.Reflection.BindingFlags.Static |
                    System.Reflection.BindingFlags.Public)
                    orderby method.Name
                    select method.Name).Distinct();
            foreach(string method in enumerableMethodNames)
            {
                Console.Write($"{ method }, ");
            }
        }

 // ...
```

输出 16.8

```
Aggregate, All, Any, AsEnumerable, Average, Cast, Concat, Contains,
Count, DefaultIfEmpty, Distinct, ElementAt, ElementAtOrDefault,
Empty, Except, First, FirstOrDefault, GroupBy, GroupJoin,
Intersect, Join, Last, LastOrDefault, LongCount, Max, Min, OfType,
OrderBy, OrderByDescending, Range, Repeat, Reverse, Select,
SelectMany, SequenceEqual, Single, SingleOrDefault, Skip,
SkipWhile, Sum, Take, TakeWhile, ThenBy, ThenByDescending, ToArray,
ToDictionary, ToList, ToLookup, Union, Where, Zip,
```

在这个例子中，typeof(Enumerable).GetMembers() 返回 System.Linq.Enumerable 的所有成员（方法和属性等等）的列表。但许多成员是重载的，有的甚至不止一次。为避免同一个成员多次显示，为查询表达式调用了 Distinct()。这样就可避免在列表中显示重复名称。(typeof() 和反射的细节将在第 18 章讲述。)

16.2　查询表达式只是方法调用

令人惊讶的是，C# 3.0 引入查询表达式并未对 CLR 或 CIL 语言进行任何改动。相反，是由 C# 编译器将查询表达式转换成一系列方法调用。代码清单 16.16 摘录了代码清单 16.1

的查询表达式。

代码清单 16.16　简单查询表达式

```
private static void ShowContextualKeywords1()
{
    IEnumerable<string> selection =
        from word in Keywords
            where word.Contains('*')
            select word;
    // ...
}
```

编译之后，代码清单 16.16 的表达式会转换成一个由 System.Linq.Enumerable 提供的 IEnumerable<T> 扩展方法调用，如代码清单 16.17 所示。

代码清单 16.17　查询表达式转换成标准查询操作符语法

```
private static void ShowContextualKeywords3()
{
    IEnumerable<string> selection =
        Keywords.Where(word => word.Contains('*'));

    // ...
}
```

如第 15 章所述，Lambda 表达式随后由编译器进行转换来生成一个方法。方法主体就是 Lambda 的主体，使用时会分配一个对该方法的委托。

每个查询表达式都能（而且必须能）转换成方法调用，但不是每一系列的方法调用都有对应的查询表达式。例如，扩展方法 TakeWhile<T>(Func<T, bool> predicate) 就没有与之等价的查询表达式。该扩展方法只要谓词返回真，就反复返回集合中的项。

如果一个查询既有方法调用形式，也有查询表达式形式，那么哪个更好？这个问题没有固定答案，有的更适合使用查询表达式，有的使用方法调用反而更易读。

设计规范

- 要用查询表达式使查询更易读，尤其是涉及复杂的 from，let，join 或 group 子句时。
- 考虑在查询所涉及的操作没有对应的查询表达式语法时使用标准查询操作符（方法调用），例如 Count()，TakeWhile() 或者 Distinct()。

16.3　小结

本章介绍了一种新语法，即查询表达式。熟悉 SQL 的读者很快就会看出查询表达式和 SQL 共通的地方。但查询表达式还引入了一些附加功能，比如分组成一套层次化的新对象集合，这是 SQL 不支持的。查询表达式的所有功能都可通过标准查询操作符（方法调用）来提供，但查询表达式往往提供了更简单的语法。但无论使用标准查询操作符（方法调用）还是查询表达式，结果都大幅改进了开发者编码集合 API 的方式。现在，熟悉面向对象编程的开发者可以更顺畅地同关系数据库打交道了。

下一章继续讨论集合。将具体讨论一些 .NET Framework 集合类型，并解释如何创建自定义集合。

第 17 章

构建自定义集合

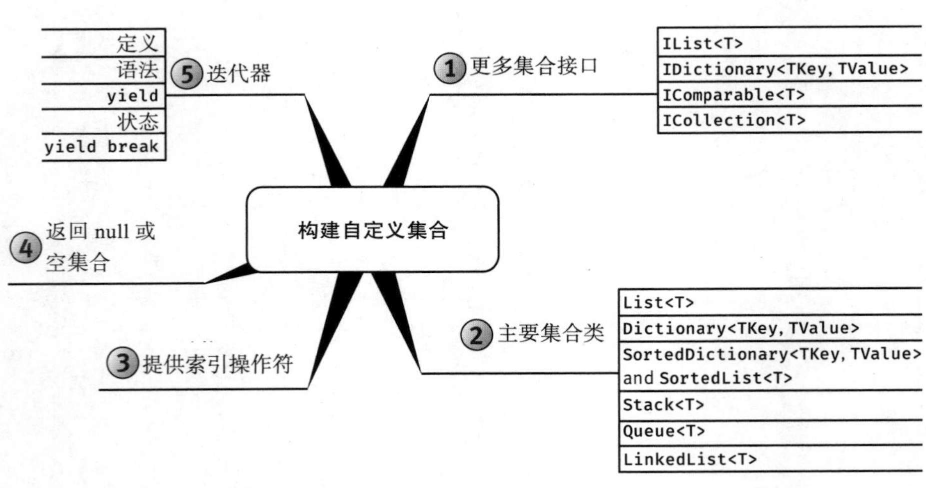

Begin 2.0

第 15 章讨论了标准查询操作符，它们是由 `IEnumerable<T>` 提供的一套扩展方法，适合所有集合 。但它们并不能使所有集合都适合所有任务，仍需其他集合类型。有的集合适合根据键来搜索，有的则适合根据位置来访问。有的集合像“队列”（先入先出），有的则像栈（先入后出）。还有一些根本没有顺序。

.NET Framework 针对多种场景提供了一系列集合类型。本章将介绍其中部分集合类型及其实现的接口。还介绍了如何创建支持标准集合功能（比如索引）的自定义集合。还讨论了如何用 `yield return` 语句创建类和方法来实现 `IEnumerable<T>`。利用这个 C# 2.0 引入的功能，可以简单地实现能由 foreach 语句遍历的集合。

.NET Framework 有许多非泛型集合类和接口，但它们主要是为了向后兼容。泛型集合类不仅更快（因为避免了装箱开销），还更加类型安全。所以，新代码应该总是使用泛型集合类。本书假定你主要使用泛型集合类型。

17.1　更多集合接口

以前讨论了集合如何实现 `IEnumerable<T>`，这是实现集合元素遍历（枚举）功能的主要接口。更复杂的集合还实现了许多其他接口。图 17.1 展示了集合类实现的接口的层次结构。

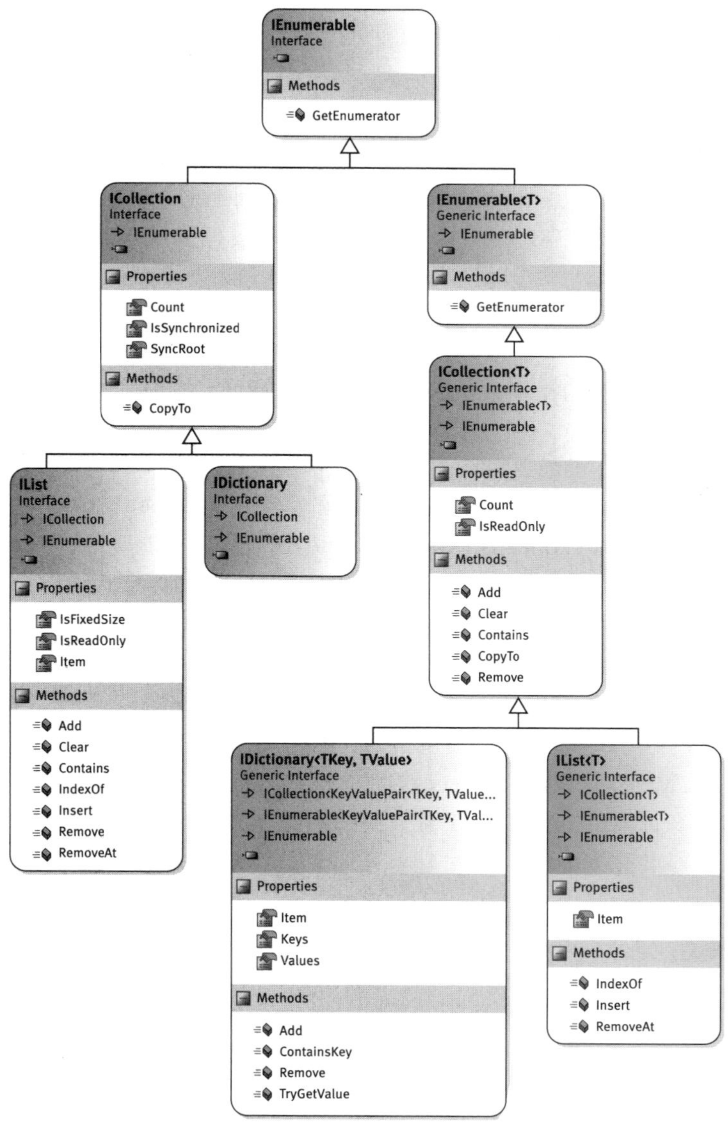

图 17.1　泛型集合接口层次结构

这些接口提供了一种标准的方式来执行常规任务，包括遍历、索引和计数。本节将讨论这些接口（至少所有泛型的那些），先从图 17.1 底部的接口开始，逐渐上移。

17.1.1 IList<T> 和 IDictionary<TKey, TValue>

可将英语字典看成是一个定义集合：查找“键”（被定义的单词）即可快速找到定义。类似地，字典集合类是值的集合：每个值都可通过关联的、唯一的键来快速访问。但要注意，英语字典一般按照“键”的字母顺序存储定义。字典类也可选择这样，但一般都不会。除非文档专门指定了排序方式，否则最好将字典集合看成是键及其关联值的无序列表。类似地，一般不说查找“字典中的第 6 个定义”。字典类一般只按键索引，不按位置。

列表则相反，它按特定顺序存储值并按位置访问它们。从某种意义上说，列表是字典的一个特例，其中“键”总是一个整数，“键集”总是从 0 开始的非负整数的连续集合。但由于两者存在重大差异，所以有必要用完全不同的类来表示列表。

所以，选择集合类来解决数据存储或者数据获取问题时，首先要考虑的两个接口就是 IList<T> 和 IDictionary<TKey, TValue>。这两个接口决定了集合类型是侧重于通过位置索引来获取值，还是侧重于通过键来获取值。

实现这两个接口的类都必须提供索引器。对于 IList<T>，索引器的操作数是要获取的元素的位置：索引器获取一个整数，以便访问列表中的第 *n* 个元素。对于 IDictionary<TKey, TValue>，索引器的操作数是和值关联的键，以便访问值。

17.1.2 ICollection<T>

IList<T> 和 IDictionary<TKey, TValue> 都实现了 ICollection<T>。此外，即使集合没有实现 IList<T> 或 IDictionary<TKey, TValue>，也极有可能实现了 ICollection<T>（但并非绝对，因为集合可以实现要求较少的 IEnumerable 或 IEnumerable<T>）。ICollection<T> 从 IEnumerable<T> 派生，包含两个成员：Count 和 CopyTo()。

- Count 属性返回集合中的元素总数。表面看只需要用一个 for 循环就可以遍历集合的每个元素。但要真正做到这一点，集合还必须支持按索引来获取（检索）值，而这个功能是 ICollection<T> 接口不包括的（虽然 IList<T> 包括）。
- CopyTo() 方法允许将集合转换成数组。该方法包含一个 index 参数，允许指定在目标数组的什么位置插入元素。注意，要使用这个方法，必须初始化目标数组并使其具有足够大的容量：从 index 开始，一直到能装下 ICollection<T> 中的所有元素。

17.2 主要集合类

共有 5 种主要的集合类，区别在于数据的插入、存储以及获取方式。所有泛型类都位于 System.Collections.Generic 命名空间，等价的非泛型版本位于 System.Collections 命名空间。

17.2.1　列表集合：List<T>

List<T> 类的性质和数组相似。关键区别是随着元素增多，这种类会自动扩展（与之相反，数组长度固定）。此外，列表可通过显式调用 TrimToSize() 或 Capacity 来缩小（参见图 17.2）。

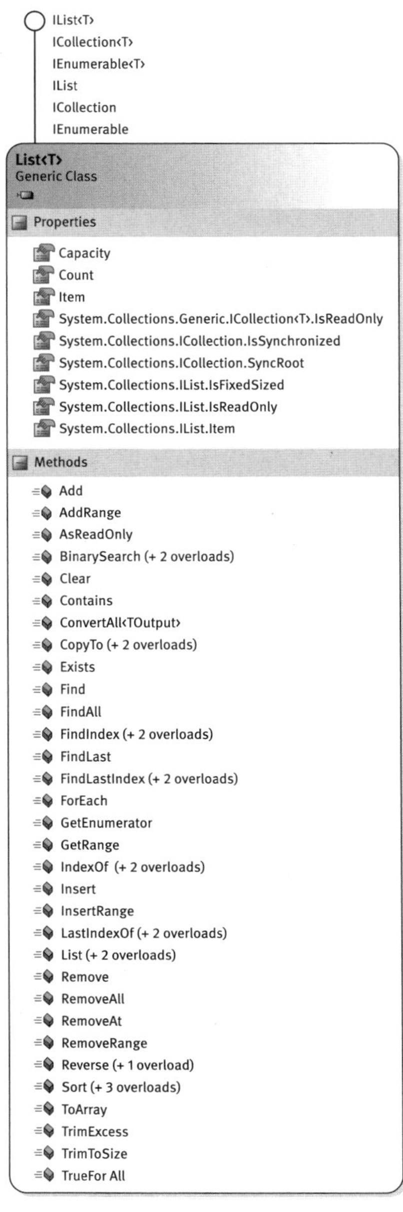

图 17.2　List<> 类关系图

这种类称为**列表集合**，和数组一样，其独特功能是每个元素都可根据索引来单独访问。所以可用索引操作符来设置和访问列表元素，索引参数值就是元素在集合中的位置。代码清单 17.1 展示了一个例子，输出 17.1 展示了结果。

代码清单 17.1 使用 List<T>

```
using System;
using System.Collections.Generic;

class Program
{
  static void Main()
  {
      List<string> list = new List<string>();

      // Lists automatically expand as elements
      // are added
      list.Add("Sneezy");
      list.Add("Happy");
      list.Add("Dopey");
      list.Add("Doc");
      list.Add("Sleepy");
      list.Add("Bashful");
      list.Add("Grumpy");

      list.Sort();

      Console.WriteLine(
          $"In alphabetical order { list[0] } is the "
          + $"first dwarf while { list[6] } is the last.");

      list.Remove("Grumpy");
  }
}
```

输出 17.1

```
In alphabetical order Bashful is the first dwarf while Sneezy is the last.
```

C# 的索引基于零，代码清单 17.1 中的索引 0 对应第一个元素，而索引 6 对应第七个元素。按索引获取元素不会产生搜索操作，而只需快速和简单地“跳”到一个内存位置。

List<T> 是有序集合。Add() 方法将指定项添加到列表末尾。所以在代码清单 17.1 中，在调用 Sort() 之前，"Sneezy" 是第一项，而 "Grumpy" 是最后一项。调用 Sort() 之后，列表按字母顺序排序，而不是按添加时的顺序。有的集合能在元素添加时自动排序，但 List<T> 不能。显式调用 Sort() 以排序元素。

移除元素使用的是 Remove() 或 RemoveAt() 方法，它们分别用于移除指定元素或移除指定索引位置的元素。

高级主题：自定义集合排序

你可能好奇代码清单 17.1 的 List<T>.Sort() 方法如何知道怎样按字母顺序排序列表元素？string 类型实现了 IComparable<string> 接口，它有一个 CompareTo() 方法。该方法返回一个整数来指出所传递的元素是大于、小于还是等于当前元素。如元素类型实现了泛型 IComparable<T> 接口或非泛型 IComparable 接口，排序算法就默认用它决定排序顺序。

但如果元素类型没有实现 IComparable<T>，或者默认的比较逻辑不符合要求，又该怎么办呢？指定非默认排序顺序可调用 List<T>.Sort() 的一个重载版本，它获取一个 IComparer<T> 作为实参。

IComparable<T> 和 IComparer<T> 的区别很细微，却很重要。前者说"我知道如何将我自己和我的类型的另一个实例进行比较"，后者说"我知道如何比较给定类型的两个实例"。

如果可采取多种方式对一个数据类型进行排序，但没有一种占绝对优势，就适合使用 IComparer<T> 接口。例如，Contact（联系人）对象集合可能按姓名、地点、生日、地区或者其他许多条件来排序。这时就不该固定一个排序策略并让 Contact 类实现 IComparable<Contact>，而应创建几个不同的类来实现 IComparer<Contact>。代码清单 17.2 展示了 LastName, FirstName 比较的一个示例实现。

代码清单 17.2　实现 IComparer<T>

```
class Contact
{
  public string FirstName { get; private set; }
  public string LastName { get; private set; }
  public Contact(string firstName, string lastName)
  {
    this.FirstName = firstName;
    this.LastName = lastName;
  }
}
```

```
using System;
using System.Collections.Generic;

class NameComparison : IComparer<Contact>
{
  public int Compare(Contact x, Contact y)
  {
      if (Object.ReferenceEquals(x, y))
          return 0;
      if (x == null)
          return 1;
      if (y == null)
          return -1;
      int result = StringCompare(x.LastName, y.LastName);
```

```
        if (result == 0)
            result = StringCompare(x.FirstName, y.FirstName);
        return result;
    }

    private static int StringCompare(string x, string y)
    {
        if (Object.ReferenceEquals(x, y))
            return 0;
        if (x == null)
            return 1;
        if (y == null)
            return -1;
        return x.CompareTo(y);
    }
}
```

要先按 LastName 排序，再按 FirstName 排序，调用 contactList.Sort(new NameComparison()) 即可。

17.2.2 全序

实现 IComparable<T> 或 IComparer<T> 时必须生成一个**全序**（total order）。CompareTo 的实现必须为任何可能的数据项排列组合提供一致的排序结果。排序必须满足一些基本条件。例如，每个元素都和它自己相等。如果元素 X 等于元素 Y，元素 Y 等于元素 Z，那么全部三个元素（X，Y，Z）都必须互等。如果元素 X 大于 Y，那么 Y 必须小于 X。而且不能存在"传递悖论"：不能 X 大于 Y，Y 大于 Z，但 Z 大于 X。没有提供全序，排序算法的行为就是"未定义"的，可能产生令人不解的排序结果，可能崩溃，可能进入无限循环，等等。

例如，观察代码清单 17.2 的比较器（comparer）是如何确保全序的，它连实参是 null 的情况都考虑到了。不能"任何一个元素为 null 就返回零"，否则可能出现两个非 null 元素等于 null 但不互等的情况。

设计规范

- 要确保自定义比较逻辑产生一致的"全序"。

17.2.3 搜索 List<T>

在 List<T> 中查找特定元素可以使用 Contains()、Indexof()、LastIndexOf() 和 Binary-Search() 方法。前三个除了 LastIndexOf() 从最后一个元素开始之外，其他都从第一个元素开始搜索。它们检查每个元素，直到发现目标元素。这些算法的执行时间与发现匹配项之前实际搜索的元素数量成正比。注意集合类不要求所有元素都唯一。如集合中有两个或更多元素相同，则 IndexOf() 返回第一个索引，LastIndexOf() 返回最后一个。

BinarySearch() 采用快得多的二叉搜索算法，但要求元素已排好序。BinarySearch()

方法的一个有用的功能是假如元素没有找到，会返回一个负整数。该值的按位取反（~）结果是“大于被查找元素的下一个元素”的索引。没有更大的值则是元素的总数。这样就可在列表的特定位置方便地插入新值，同时还能保持已排序状态，如代码清单 17.3 所示。

代码清单 17.3 对 BinarySearch() 的结果进行按位取反

```
using System;
using System.Collections.Generic;

class Program
{
  static void Main()
  {
      List<string> list = new List<string>();
      int search;

      list.Add("public");
      list.Add("protected");
      list.Add("private");

      list.Sort();

      search = list.BinarySearch("protected internal");
      if (search < 0)
      {
        list.Insert(~search, "protected internal");
      }

      foreach (string accessModifier in list)
      {
          Console.WriteLine(accessModifier);
      }
  }
}
```

要注意的是，假如列表事先没有排好序，那么不一定能找到指定元素，即使它确实在列表中。代码清单 17.3 的结果如输出 17.2 所示。

输出 17.2

```
private
protected
protected internal
public
```

高级主题：使用 FindAll() 查找多个数据项

有时必须在列表中找到多个项，而且搜索条件要比搜索一个特定的值复杂得多。为此，System.Collections.Generic.List<T> 包含了一个 FindAll() 方法。FindAll() 获取 Predicate<T> 类型的一个参数，它是对称为“委托”的一个方法的引用。代码清单 17.4 演示如何使用 FindAll() 方法。

代码清单 17.4　演示 FindAll() 及其谓词参数

```
using System;
using System.Collections.Generic;

class Program
{
  static void Main()
  {
      List<int> list = new List<int>();
      list.Add(1);
      list.Add(2);
      list.Add(3);
      list.Add(2);

      List<int> results = list.FindAll(Even);

      foreach(int number in results)
      {
          Console.WriteLine(number);
      }
  }

  public static bool Even(int value) =>
      (value % 2) == 0;
}
```

调用 FindAll() 时传递了一个委托实例 Even()，后者在整数实参是偶数的前提下返回 true。FindAll() 获取委托实例，并为列表中的每一项调用 Even()（此时利用了 C# 2.0 的委托类型推断）。每次返回值为 true 时，相应的项就添加到一个新的 List<T> 实例中。检查完列表中的每一项之后就返回该实例。第 13 章已详细讨论了委托。

17.2.4　字典集合：Dictionary<TKey, TValue>

另一种主要集合类是字典，具体就是 Dictionary<Tkey, Tvalue>（参见图 17.3）。和列表集合不同，字典类存储的是“名称 / 值”对。其中，名称相当于独一无二的键，可利用它像在数据库中利用主键来访问一条记录那样查找对应的元素。这会为访问字典元素带来一定的复杂性，但由于利用键来进行查找效率非常高，所以这是一个有用的集合。注意键可为任意数据类型，而非仅能为字符串或数值。

要在字典中插入元素，一个选择是使用 Add() 方法，向它传递键和值，如代码清单 17.5 所示。

代码清单 17.5　向 Dictionary<TKey, TValue> 添加项

```
using System;
using System.Collections.Generic;
```

```
class Program
{
  static void Main()
  {
      // C# 6.0 (use {"Error", ConsoleColor.Red} pre-C# 6.0)
      var colorMap = new Dictionary<string, ConsoleColor>
          {
              ["Error"] = ConsoleColor.Red,
              ["Warning"] = ConsoleColor.Yellow,
              ["Information"] = ConsoleColor.Green
          };

      colorMap.Add("Verbose", ConsoleColor.White);
      // ...
  }
}
```

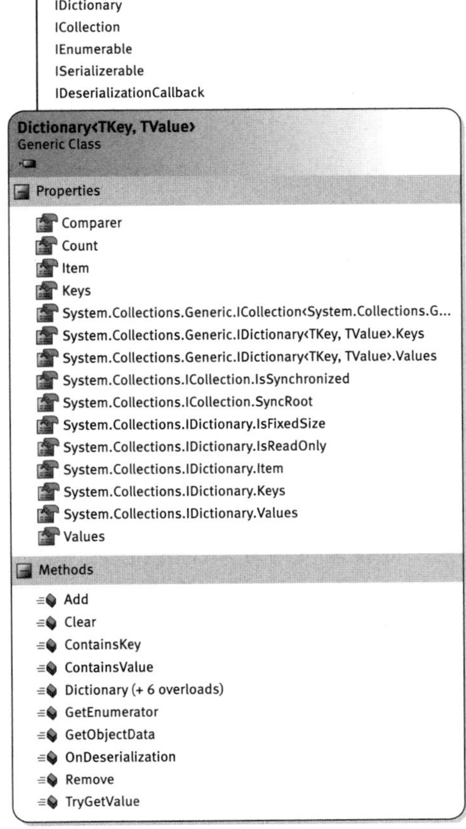

图 17.3　Dictionary 类关系图

代码清单 17.5 通过 C# 6.0 字典初始化语法（参见 15.1 节）初始化字典，为 "Verbose" 这个键插入值 ConsoleColor.White。如存在已具有该键的元素，将抛出 System.ArgumentException 异常。添加元素的另一个选择是使用索引器，如代码清单 17.6 所示[⊖]。

代码清单 17.6　使用索引器在 Dictionary<TKey, TValue> 中插入项

```
using System;
using System.Collections.Generic;

class Program
{
  static void Main()
  {
      // C# 6.0 (use {"Error", ConsoleColor.Red} pre-C# 6.0)
      var colorMap = new Dictionary<string, ConsoleColor>
          {
              ["Error"] = ConsoleColor.Red,
              ["Warning"] = ConsoleColor.Yellow,
              ["Information"] = ConsoleColor.Green
          };

      colorMap["Verbose"] = ConsoleColor.White;
      colorMap["Error"] = ConsoleColor.Cyan;

      // ...
  }
}
```

在代码清单 17.6 中，要注意的第一件事情是索引器不要求整数。相反，索引器的操作数的类型由第一个类型实参（string）指定。索引器设置或获取的值的类型由第二个类型实参（ConsoleColor）指定。

要注意的第二件事情是同一个键（"Error"）使用了两次。第一次赋值时，没有与指定键对应的字典值，所以字典集合类插入具有指定键的新值。第二次赋值时，具有指定键的元素已经存在，所以此时不是插入新元素，而是删除旧值 ConsoleColor.Red，将新值 ConsoleColor.Cyan 与键关联。

从字典读取键不存在的值将引发 KeyNotFoundException 异常。可用 ContainsKey() 方法在访问与一个键对应的值之前检查该键是否存在以免引发异常。

Dictionary<TKey, TValue> 作为“哈希表”实现：这种数据结构在根据键来查找值时速度非常快——无论字典中存储了多少值。相反，检查特定值是否在字典集合中相当花时间，其性能和搜索无序列表一样是“线性”的——该操作使用 ContainsValue() 方法，它顺序搜索集合中的每个元素。

移除字典元素用 Remove() 方法，需要向它传递键而不是元素的值。

由于在字典中添加一个值同时需要键和值，所以 foreach 循环变量必须是一个 KeyValuePair<TKey, TValue>。代码清单 17.7 演示如何用 foreach 遍历字典中的键和值，

⊖ 索引器即索引操作符，即 []。——译者注

输出 17.3 展示了结果。

代码清单 17.7 使用 foreach 遍历 Dictionary<TKey, TValue>

```
using System;
using System.Collections.Generic;
class Program
{
  static void Main()
  {
      // C# 6.0 (use {"Error", ConsoleColor.Red} pre-C# 6.0)
      Dictionary<string, ConsoleColor> colorMap =
          new Dictionary<string, ConsoleColor>
          {
              ["Error"] = ConsoleColor.Red,
              ["Warning"] = ConsoleColor.Yellow,
              ["Information"] = ConsoleColor.Green,
              ["Verbose"] = ConsoleColor.White
          };

          Print(colorMap);
      }

      private static void Print(
          IEnumerable<KeyValuePair<string, ConsoleColor>> items)
      {
          foreach (KeyValuePair<string, ConsoleColor> item in items)
          {
              Console.ForegroundColor = item.Value;
              Console.WriteLine(item.Key);
          }
  }
}
```

输出 17.3

```
Error
Warning
Information
Verbose
```

注意数据项的显示顺序是它们添加到字典的顺序，和添加到列表一样。字典的实现通常按照添加时的顺序枚举键和值，但这既不是必需的，也没有编入文档，所以不要依赖它。

设计规范

- **不要**对集合元素的顺序进行任何假定。如果集合的文档没有指明它按特定顺序枚举，就不能保证以任何特定顺序生成元素。

可利用 Keys 和 Values 属性只处理字典类中的键或值。返回的数据类型是 ICollection<T>。返回的是对原始字典集合中的数据的引用，而不是返回拷贝。字典中的变化会在 Keys 和 Values

属性返回的集合中自动反映。

高级主题：自定义字典相等性

为判断指定的键是否与字典中现有的键匹配，字典必须能比较两个键的相等性。这就像列表必须能比较两个项来判断其顺序（参见本章前面的“高级主题：自定义集合排序”）。值类型的两个实例进行比较，默认是检查两者是否包含了一样的数据。引用类型的实例则是检查是否引用同一个对象。但偶尔也需要在两个实例不包含相同的值，或者不引用同一样东西的情况下判定它们相等。

例如，你可能想用代码清单 17.2 的 Contact 类型创建一个 Dictionary<Contact, string>，并希望假如两个 Contact 对象具有相同的 FirstName 和 LastName，就判定两者相等——无论两个对象是否引用相等。以前是实现 IComparer<T> 对列表进行排序。类似地，可以提供 IEqualityComparer<T> 的一个实现来判断两个键是否相等。该接口要求两个方法：一个返回 bool 值指出两个项是否相等，另一个返回“哈希码”来实现字典的快速索引。代码清单 17.8 展示了一个例子。

代码清单 17.8　实现 IEqualityComparer<T>

```
using System;
using System.Collections.Generic;

class ContactEquality : IEqualityComparer<Contact>
{
  public bool Equals(Contact x, Contact y)
  {
      if (Object.ReferenceEquals(x, y))
          return true;
      if (x == null || y == null)
          return false;
      return x.LastName == y.LastName &&
          x.FirstName == y.FirstName;
  }

  public int GetHashCode(Contact x)
  {
      if (Object.ReferenceEquals(x, null))
          return 0;
      int h1 = x.FirstName == null ? 0 : x.FirstName.GetHashCode();
      int h2 = x.LastName == null ? 0 : x.LastName.GetHashCode();
      return h1 * 23 + h2;
  }
}
```

调用构造函数 new Dictionary<Contact, string>(new ContactEquality)，即可创建使用了该相等性比较器的字典。

初学者主题：相等性比较的要求

如第 10 章所述，相等性和哈希码算法有几条重要规则。集合更需遵守这些规则。就像列表排序要求自定义的排序器提供“全序”，哈希表也对自定义的相等性比较提出了一些要求。其中最重要的是如果 `Equals()` 为两个对象返回 `true`，`GetHashCode()` 必须为同样的对象返回相同的值。反之则不然：两个不相等的项可能具有相同的哈希码。（事实上必然有两个不相等的项具有相同的哈希码，因为总共只有 2^{32} 个可能的哈希码，不相等的对象多于这个数字！）

第二个重要要求是至少当数据项在哈希表中的时候，对其的 `GetHashCode()` 调用必须生成相同的结果。但要注意，在程序两次运行期间，两个“看起来相等”的对象并不一定产生相同的哈希码。例如，可以今天为指定联系人分配一个哈希码，两周后当程序再次运行时，为该联系人分配不同的哈希码，这完全合法。不要将哈希码持久存储到数据库中，并指望每次运行程序都不变。

理想情况下，`GetHashCode()` 的结果应该是“随机”的。也就是说，输入的小变化应造成输出的大变化，结果应在整数区间大致均匀地分布。但是，很难设计出既非常快又产生非常良好分布的输出，应尝试在两者之间取得平衡。

最后，`GetHashCode()` 和 `Equals()` 千万不能引发异常。例如，代码清单 17.8 就非常小心地避免了对空引用进行解引用。

下面总结了一些基本点：

- ❑相等的对象必然有相等的哈希码。
- ❑实例生存期间（至少当其在哈希表中的时候），其哈希码应一直不变。
- ❑哈希算法应快速生成良好分布的哈希码。
- ❑哈希算法应避免在所有可能的对象状态中引发异常。

17.2.5　已排序集合：`SortedDictionary<TKey, TValue>` 和 `SortedList<T>`

已排序集合类（参见图 17.4）的元素是排好序的。具体地说，对于 `SortedDictionary<TKey, TValue>`，元素是按照键排序的；对于 `SortedList<T>`，元素则是按照值排序的。如修改代码清单 17.7 的代码来使用 `SortedDictionary<string, ConsoleColor>` 而不是 `Dictionary<string, ConsoleColor>`，将获得如输出 17.4 所示的结果。

输出 17.4

```
Error
Information
Verbose
Warning
```

注意元素按键而不是按值排序。由于要保持集合中元素的顺序，所以相对于无序字典，已排序集合插入和删除元素要稍慢一些。由于已排序集合必须按特定顺序存储数据项，所以既可按键访问，也可按索引访问。按索引访问请使用 `Keys` 和 `Values` 属性，它们分别返回

IList<TKey> 和 IList<TValue> 实例。结果集合可像其他列表那样索引。

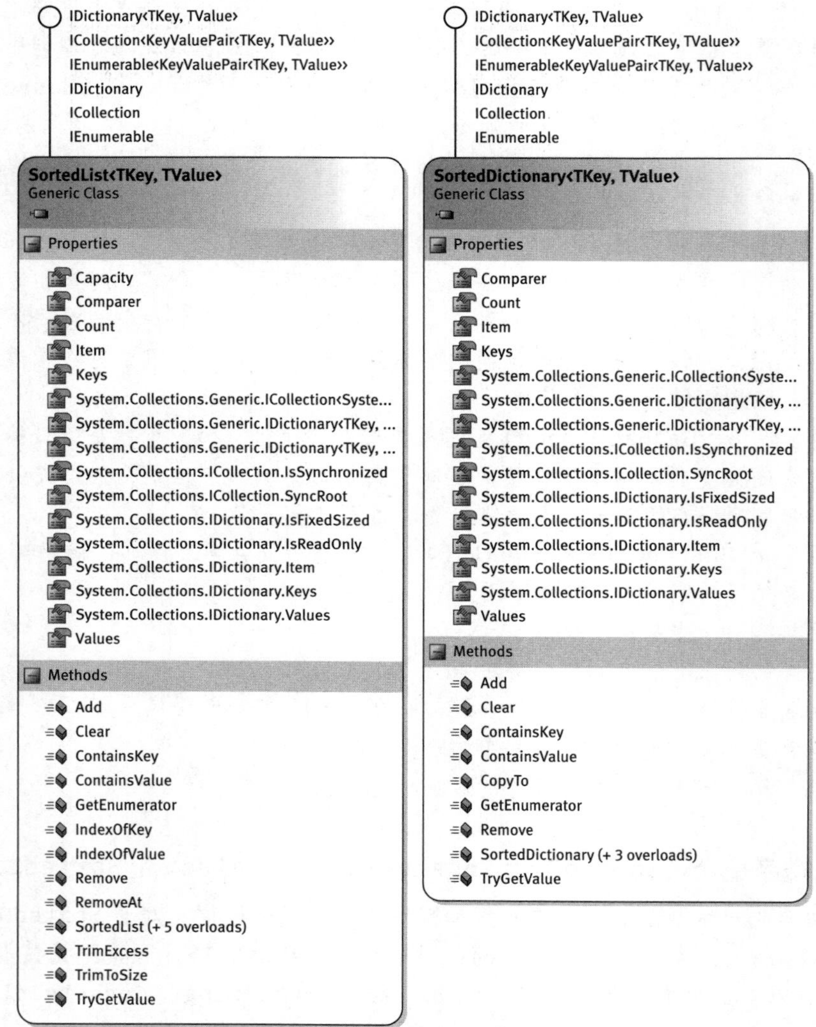

图 17.4 SortedList<> 和 SortedDictionary<> 类关系图

17.2.6 栈集合：Stack<T>

第 12 章讨论了栈集合类（如图 17.5 所示）。栈集合类被设计成后入先出集合。两个关键的方法是 Push() 和 Pop()。

- Push() 将元素送入集合。元素不必唯一。
- Pop() 按照与添加时相反的顺序获取并删除元素。

为了在不修改栈的前提下访问栈中的元素，要使用 Peek() 和 Contains() 方法。

Peek() 返回 Pop() 将获取的下一个元素。

和大多数集合类一样，Contains() 判断一个元素是否在栈的某个地方。和所有集合一样，还可以用 foreach 循环来遍历栈中的元素。这样可访问栈中任何地方的值。但要注意，用 foreach 循环访问值不会把它从栈中删除。只有 Pop() 才会。

17.2.7 队列集合：Queue<T>

如图 17.6 所示，队列集合类与栈集合类基本相同，只是遵循先入先出排序模式。代替 Pop() 和 Push() 的分别是 Enqueue() 和 Dequeue() 方法，前者称为入队方法，后者称为出队方法。队列集合像是一根“管子”。Enqueue() 方法在队列的一端将对象放入队列，Dequeue() 从另一端移除它们。和栈集合类一样，对象不必唯一。另外，队列集合类会根据需要自动增大。队列缩小时不一定回收之前使用的存储空间，因为这会使插入新元素的动作变得很昂贵。如确定队列将长时间大小不变，可用 TrimToSize() 方法提醒它你希望回收存储空间。

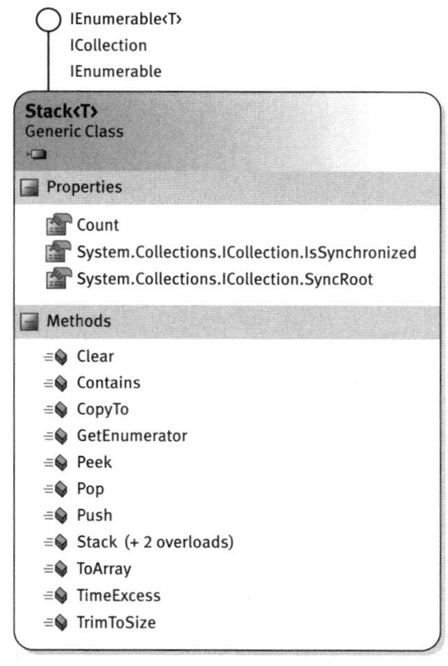

图 17.5　Stack<T> 类关系图

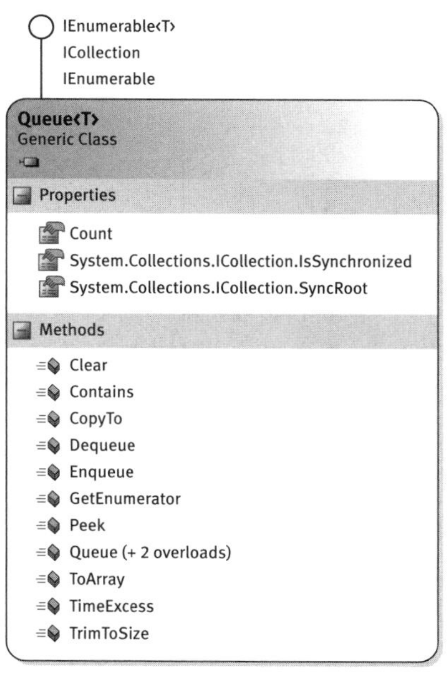

图 17.6　Queue<T> 类关系图

17.2.8 链表：LinkedList<T>

System.Collections.Generic 还支持一个链表集合，允许正向和反向遍历。图 17.7 展示了类关系图。注意没有对应的非泛型类型。

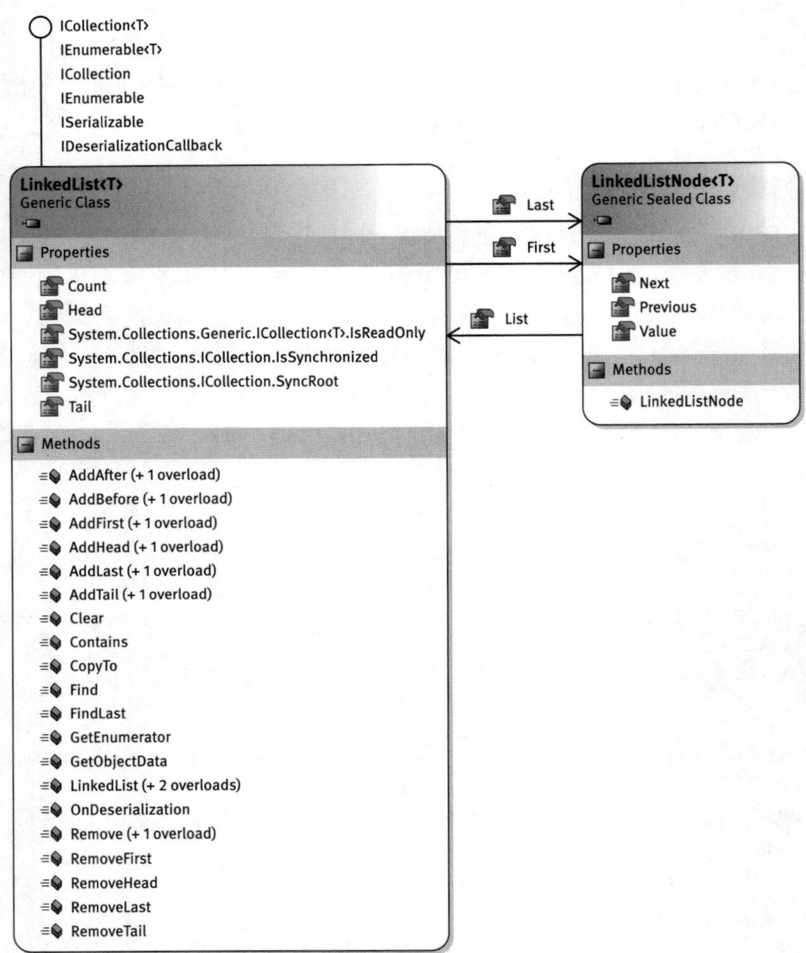

图 17.7　LinkedList<T> 和 LinkedListNode<T> 类关系图

17.3 提供索引器

数组、字典和列表都提供了**索引器**（indexer）以便根据键或索引来获取 / 设置成员。如前所述，为了使用索引器，只需将索引放到集合后的方括号中。可定义自己的索引器，代码清单 17.9 用 Pair<T> 展示了一个例子。

代码清单 17.9　定义索引器

```
interface IPair<T>
{
  T First { get;  }
```

```
  T Second { get;  }

  T this[PairItem index] { get; }
}
```

```
public enum PairItem
{
    First,
    Second
}
```

```
public struct Pair<T> : IPair<T>
{
  public Pair(T first, T second)
  {
      First = first;
      Second = second;
  }
  public T First { get; }  // C# 6.0 Getter-only Autoproperty
  public T Second { get; } // C# 6.0 Getter-only Autoproperty

  public T this[PairItem index]
  {
      get
      {
          switch (index)
          {
              case PairItem.First:
                  return First;
              case PairItem.Second:
                  return Second;
              default :
                  throw new NotImplementedException(
                      $"The enum { index.ToString() } has not been
➥implemented");
          }
      }
  }
}
```

索引器的声明和属性很相似，但不是使用属性名，而是使用关键字 this，后跟方括号中的参数列表。主体也像属性，也有 get 和 set 块。如代码清单 17.9 所示，参数不一定是 int。事实上，索引可获取多个参数，甚至可以重载。本例使用 enum 防止调用者为不存在的项提供索引。

C# 编译器为索引器创建的 CIL 代码是名为 Item 的特殊属性，它获取一个实参。接受实参的属性不可以在 C# 中显式创建，所以 Item 属性在这方面相当特殊。使用了标识符 Item 的其他任何成员，即使它有完全不同的签名，都会和编译器创建的成员冲突，所以不允许。

高级主题：使用 IndexerName 指定索引器属性名称

如前所述，索引器（[ ]）的 CIL 属性名称默认为 Item。但可用 IndexerNameAttibute 特性指定一个不同的名称。代码清单 17.10 将名称更改为 "Entry"。

代码清单 17.10　更改索引器的默认名称

```
[System.Runtime.CompilerServices.IndexerName("Entry")]
public T this[params PairItem[] branches]
{
    // ...
}
```

这个更改对于索引的 C# 调用者来说没有任何区别，它只是为不直接支持索引器的语言指定了名称。

该特性只是一个编译器指令，它指示为索引器使用不同的名称。特性不会实际进入编译器生成的元数据，所以不能通过反射获得这个名称。

高级主题：定义参数可变的索引操作符

索引器还可获取一个可变的参数列表。例如，代码清单 17.11 为第 12 章讨论（下一节也会讨论）的 BinaryTree<T> 定义了一个索引器。

代码清单 17.11　定义接受可变参数的索引器

```
using System;

public class BinaryTree<T>
{

  // ...

  public BinaryTree<T> this[params PairItem[] branches]
  {
      get
      {
          BinaryTree<T> currentNode = this;

          // Allow either an empty array or null
          // to refer to the root node
          int totalLevels = branches?.Length ?? 0;
          int currentLevel = 0;

          while (currentLevel < totalLevels)
          {
              System.Diagnostics.Debug.Assert(branches != null,
                  $"{ nameof(branches) } != null");
              currentNode = currentNode.SubItems[
                  branches[currentLevel]];
              if (currentNode == null)
              {
                  // The binary tree at this location is null
```

```
                    throw new IndexOutOfRangeException();
                }
                currentLevel++;
            }
            return currentNode;
        }
    }
}
```

branches 中的每一项都是一个 PairItem，指出二叉树中向下导航到哪个分支。

17.4 返回 null 或者空集合

返回数组或集合时，必须允许返回 null，或者返回不包含任何数据项的集合实例，从而指出包含零个数据项的情况。通常，更好的选择是返回不含数据项的集合实例。这样可避免强迫调用者在遍历集合前检查 null 值。例如，假定现在有一个长度为零的 IEnumerable<T> 集合，调用者可立即用一个 foreach 循环来安全遍历集合，不必担心生成的 GetEnumerator() 调用会抛出 NullReferenceException 异常。应考虑使用 Enumerable.Empty<T>() 方法来简单地生成给定类型的空集合。

但这个准则也有例外的时候，比如 null 被有意用来表示有别于“零个项目”的情况。例如，网站用户名集合可能用 null 表示出于某种原因未能获得最新集合，在语义上有别于空集合。

设计规范

- 不要用 null 引用表示空集合。
- 考虑改为使用 Enumerable.Empty<T>() 方法。

17.5 迭代器

第 14 章详细探讨了 foreach 循环的内部工作方式。本节将讨论如何利用**迭代器**（iterators）为自定义集合实现自己的 IEnumerator<T>、IEnumerable<T> 和对应的非泛型接口。迭代器用清楚的语法描述了如何循环遍历（也就是迭代）集合类中的数据，尤其是如何使用 foreach 来遍历。迭代器使集合的用户能遍历集合的内部结构，同时不必了解结构的内部实现。

高级主题：迭代器源起

1972 年，麻省理工学院的 Barbara Liskov 和一组科学家开始研究新的编程方法，他们将重点放在对用户自定义数据的抽象上。为了检验他们的大多数工作，他们创建了一种名为 CLU 的语言。这种语言提出了一个名为“群集”（cluster，注意前三个字母是 CLU）的概念，这是当今程序员使用的主要数据抽象概念——对象——的前身。作为其

> 研究工作的一部分，团队意识到 CLU 语言虽然能从最终用户使用的类型中抽象出一些数据表示，但经常都不得不揭示数据的内部结构，其他人才能正确使用它。为摆脱这方面的困扰，他们创建了一种名为迭代器的语言结构。（当年由 CLU 提出的许多概念最终都在面向对象编程中成为非常基本的东西。）

类要支持用 `foreach` 进行迭代，就必须实现枚举数（enumerator）模式。如第 15 章所述，C# `foreach` 循环结构被编译器扩展成 `while` 循环结构，它以从 `IEnumerable<T>` 接口获取的 `IEnumerator<T>` 接口为基础。

枚举数模式的问题在于手工实现比较麻烦，因为它需要维持对集合中的当前位置进行描述所需的全部状态。对于列表集合类型，这个内部状态可能比较简单，当前位置的索引就足够。但对于需要以递归方式遍历的数据结构（比如二叉树），状态就可能相当复杂。为此，C# 2.0 引入了迭代器的概念，它使一个类可以更容易地描述 `foreach` 循环如何遍历它的内容。

17.5.1 定义迭代器

迭代器是实现类的方法的一个途径，是更复杂的枚举数模式的语法简化形式。C# 编译器遇到迭代器时，会把它的内容扩展成实现了枚举数模式的 CIL 代码。因此，迭代器的实现对"运行时"没有特别的依赖。由于 C# 编译器在生成的 CIL 代码中仍然采用枚举数模式，所以在使用迭代器之后，并不会带来真正的运行时性能优势。不过，选择使用迭代器，而不是手动实现枚举数模式，能显著提高程序员的编程效率。先看看迭代器在代码中如何定义。

17.5.2 迭代器语法

迭代器提供了迭代器接口（也就是 `IEnumerable<T>` 和 `IEnumerator<T>` 这两个接口的组合）的一个快捷实现。代码清单 17.12 通过创建一个 `GetEnumerator()` 方法为泛型 `BinaryTree<T>` 类型声明了一个迭代器。然后要添加对迭代器接口的支持。

代码清单 17.12 迭代器接口模式

```
using System;
using System.Collections.Generic;

public class BinaryTree<T>:
    IEnumerable<T>
{
  public BinaryTree ( T value)
  {
      Value = value;
  }

  #region IEnumerable<T>
  public IEnumerator<T> GetEnumerator()
  {
      //...
  }
```

```
  #endregion IEnumerable<T>

  public T Value { get; }  // C# 6.0 Getter-only Autoproperty
  public Pair<BinaryTree<T>> SubItems { get; set; }
}

public struct Pair<T>
{
  public Pair(T first, T second) : this()
  {
      First = first;
      Second = second;
  }
  public T First { get; }  // C# 6.0 Getter-only Autoproperty
  public T Second { get; } // C# 6.0 Getter-only Autoproperty
}
```

如代码清单 17.12 所示，还要为 GetEnumerator() 方法提供一个实现。

17.5.3　从迭代器生成值

迭代器类似于函数，但它不是返回（return）一个值，而是生成（yield）一系列值。在 BinaryTree<T> 的情况下，迭代器生成的值的类型是提供给 T 的类型实参。如使用 IEnumerator 的非泛型版本，生成的值就是 object 类型。

正确实现迭代器模式需维护一些内部状态，以便在枚举集合时跟踪记录当前位置。在 BinaryTree<T> 的情况下，要记录的是树中哪些元素已被枚举，哪些还没有。迭代器由编译器转换成“状态机”来跟踪记录当前位置，它还知道如何将自己移动到下一个位置。

每次迭代器遇到 yield return 语句都生成一个值，之后控制立即回到请求数据项的调用者。然后，当调用者请求下一项时，会紧接在上一个 yield return 语句之后执行。代码清单 17.13 顺序返回 C# 内建的数据类型关键字。

代码清单 17.13　顺序 yield 一些 C# 关键字

```
using System;
using System.Collections.Generic;

public class CSharpBuiltInTypes: IEnumerable<string>
{
  public IEnumerator<string> GetEnumerator()
  {
      yield return "object";
      yield return "byte";
      yield return "uint";
      yield return "ulong";
      yield return "float";
      yield return "char";
      yield return "bool";
      yield return "ushort";
      yield return "decimal";
```

```
        yield return "int";
        yield return "sbyte";
        yield return "short";
        yield return "long";
        yield return "void";
        yield return "double";
        yield return "string";
    }
        // The IEnumerable.GetEnumerator method is also required
        // because IEnumerable<T> derives from IEnumerable
    System.Collections.IEnumerator
        System.Collections.IEnumerable.GetEnumerator()
    {
        // Invoke IEnumerator<string> GetEnumerator() above
        return GetEnumerator();
    }
}

public class Program
{
    static void Main()
    {
        var keywords = new CSharpBuiltInTypes();
        foreach (string keyword in keywords)
        {
            Console.WriteLine(keyword);
        }
    }
}
```

代码清单 17.13 的结果如输出 17.5 所示。

输出 17.5

```
object
byte
uint
ulong
float
char
bool
ushort
decimal
int
sbyte
short
long
void
double
string
```

输出的是 C# 内建类型的一个列表。

17.5.4　迭代器和状态

GetEnumerator() 在 foreach 语句（比如代码清单 17.13 的 foreach (string keyword in keywords)）中被首次调用时，会创建一个迭代器对象，其状态被初始化为特殊的“起始”状态，表示迭代器尚未执行代码，所以尚未生成任何值。只要 foreach 语句继续，迭代器就会一直维持其状态。循环每一次请求下一个值，控制就会进入迭代器，从上一次离开的位置继续。该位置是根据迭代器对象中存储的状态信息来判断的。foreach 语句终止，迭代器的状态就不再保存了。

总是可以安全地再次调用迭代器。如有必要，会创建新的枚举器对象。

图 17.8 展示了所有事件的发生顺序。记住，MoveNext() 方法由 IEnumerator<T> 接口提供。

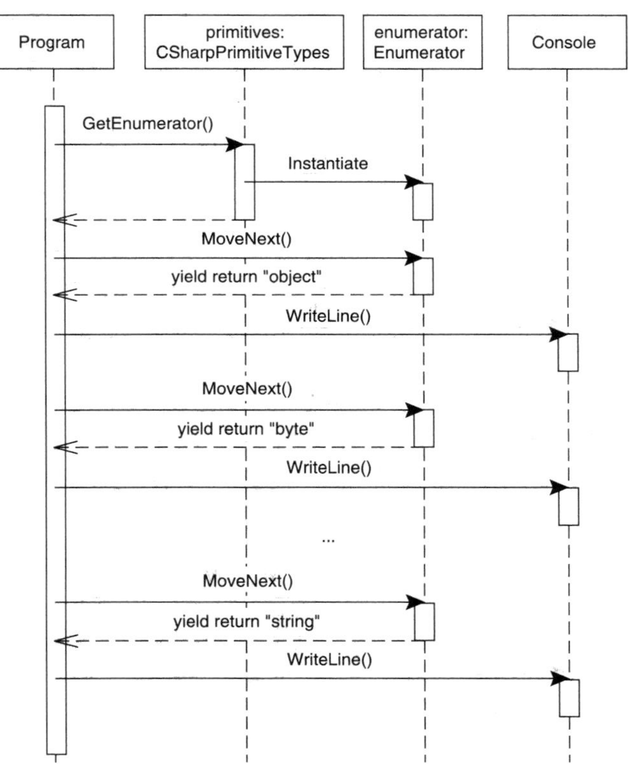

图 17.8　yield return 顺序示意图

在代码清单 17.13 中，foreach 语句在名为 keywords 的一个 CSharpBuiltInTypes 实例上发起对 GetEnumerator() 的调用。获得迭代器实例（由 iterator 引用）后，foreach 的每次循环迭代都以一个 MoveNext() 调用开始。迭代器内部生成一个值，并把它返回给 foreach 语句。执行了 yield return 语句之后，GetEnumerator() 方法暂停并等待下一个 MoveNext() 请求。现在回到循环主体，foreach 语句在屏幕上显示生成的值。然后，它开始下一次循环迭代，再次在迭代器上调用 MoveNext()。注意第二次循环执行的是第二个 yield return 语句。同样地，foreach 在屏幕上显示 CSharpBuiltInTypes 生成的值，并开始下一次循环迭代。这个过程会一直继续下去，直至迭代器中没有更多的 yield return 语句。届时 foreach 循环将终止，因为 MoveNext() 返回 false。

17.5.5 更多的迭代器例子

修改 BinaryTree<T> 之前必须修改 Pair<T>，以使用迭代器来支持 IEnumerable<T> 接口。代码清单 17.14 展示了如何生成 Pair<T> 中的每个元素（其实就两个元素，First 和 Second）。

代码清单 17.14 使用 yield 来实现 BinaryTree<T>

```
public struct Pair<T>: IPair<T>,
    IEnumerable<T>
{
  public Pair(T first, T second) : this()
  {
      First = first;
      Second = second;
  }
  public T First { get; }  // C# 6.0 Getter-only Autoproperty
  public T Second { get; } // C# 6.0 Getter-only Autoproperty

  #region IEnumerable<T>
  public IEnumerator<T> GetEnumerator()
  {
      yield return First;
      yield return Second;
  }
#endregion IEnumerable<T>

  #region IEnumerable Members
  System.Collections.IEnumerator
      System.Collections.IEnumerable.GetEnumerator()
  {
      return GetEnumerator();
  }
  #endregion
}
```

在代码清单 17.14 中，遍历 Pair<T> 数据类型将循环迭代两次。第一次是通过 yield return First，第二次是通过 yield return Second。在 GetEnumerator() 中每次遇到 yield return 语句，状态都会保存，而且执行似乎“跳出” GetEnumerator() 方法的上下文并回到循环主体。第二次循环迭代开始时，GetEnumerator() 从 yield return Second 语句恢复执行。

System.Collections.Generic.IEnumerable<T> 从 System.Collections.IEnumerable 继承。所以实现 IEnumerable<T> 还需实现 IEnumerable。在代码清单 17.14 中，这个实现

是显式进行的。不过这个实现很简单，就是调用了一下 IEnumerable<T> 的 GetEnumerator() 实现。由于 IEnumerable<T> 和 IEnumerable 之间的类型兼容性（通过继承），所以从 IEnumerable.GetEnumerator() 中调用 IEnumerable<T>.GetEnumerator() 始终合法。由于两个 GetEnumerator() 的签名完全一致（返回类型不是签名的区分因素），所以要么必须其中一个实现是显式的，要么必须两个都显式。考虑到 IEnumerable<T> 的版本提供了额外的类型安全性，所以选择显式实现 IEnumerable 的。

代码清单 17.15 使用 Pair<T>.GetEnumerator() 方法在连续两行上显示 "Inigo" 和 "Montoya"。

代码清单 17.15　通过 foreach 来使用 Pair<T>.GetEnumerator()

```
var fullname = new Pair<string>("Inigo", "Montoya");
foreach (string name in fullname)
{
    Console.WriteLine(name);
}
```

注意对 GetEnumerator() 的调用在 foreach 循环中是隐式进行的。

17.5.6　将 yield return 语句放到循环中

在前面的 CSharpBuiltInTypes 和 Pair<T> 中，是对每个 yield return 语句都进行硬编码。但实际并不需要如此。可用 yield return 语句从循环结构中返回值。在代码清单 17.16 中，GetEnumerator() 中的 foreach 每一次执行都会返回下一个值。

代码清单 17.16　将 yield return 语句放到循环中

```
public class BinaryTree<T>: IEnumerable<T>
{
  // ...

  #region IEnumerable<T>
  public IEnumerator<T> GetEnumerator()
  {
      // Return the item at this node
      yield return Value;

      // Iterate through each of the elements in the pair
      foreach (BinaryTree<T> tree in SubItems)
      {
          if (tree != null)
          {
              // Since each element in the pair is a tree,
              // traverse the tree and yield each element
              foreach (T item in tree)
              {
                  yield return item;
              }
          }
```

```
        }
    }
    #endregion IEnumerable<T>

    #region IEnumerable Members
    System.Collections.IEnumerator
        System.Collections.IEnumerable.GetEnumerator()
    {
        return GetEnumerator();
    }
    #endregion
}
```

在代码清单 17.16 中，第一次循环迭代会返回二叉树的根元素。第二次循环迭代时，将遍历由两个子元素构成的一个 pair。假如子元素 pair 包含非空的值，就进入子节点并生成它的元素。注意 foreach(T item in tree) 是对子节点的递归调用。

和 CSharpBuiltInTypes 和 Pair<T> 的情况一样，现在就可以使用 foreach 循环来遍历一个 BinaryTree<T>。代码清单 17.17 对此进行了演示，输出 17.6 展示了结果。

代码清单 17.17　将 foreach 用于 BinaryTree<string>

```
// JFK
var jfkFamilyTree = new BinaryTree<string>(
    "John Fitzgerald Kennedy");

jfkFamilyTree.SubItems = new Pair<BinaryTree<string>>(
    new BinaryTree<string>("Joseph Patrick Kennedy"),
    new BinaryTree<string>("Rose Elizabeth Fitzgerald"));

// Grandparents (Father's side)
jfkFamilyTree.SubItems.First.SubItems =
    new Pair<BinaryTree<string>>(
    new BinaryTree<string>("Patrick Joseph Kennedy"),
    new BinaryTree<string>("Mary Augusta Hickey"));

// Grandparents (Mother's side)
jfkFamilyTree.SubItems.Second.SubItems =
    new Pair<BinaryTree<string>>(
    new BinaryTree<string>("John Francis Fitzgerald"),
    new BinaryTree<string>("Mary Josephine Hannon"));

foreach (string name in jfkFamilyTree)
{
    Console.WriteLine(name);
}
```

输出 17.6

```
John Fitzgerald Kennedy
Joseph Patrick Kennedy
Patrick Joseph Kennedy
```

```
Mary Augusta Hickey
Rose Elizabeth Fitzgerald
John Francis Fitzgerald
Mary Josephine Hannon
```

高级主题：递归迭代器的危险性

代码清单 17.16 在遍历二叉树时创建新的“嵌套”迭代器。这意味着当值由一个节点生成时，值由节点的迭代器生成，再由父的迭代器生成，再由父的迭代器生成……直到最后由根的迭代器生成。如果有 *n* 级深度，值就要在包含 *n* 个迭代器的一个链条中向上传递。对于很浅的二叉树，这一般不是问题。但不平衡的二叉树可能相当深，造成递归迭代的高昂成本。

设计规范

- 考虑在迭代较深的数据结构时使用非递归算法。

初学者主题：struct 与 class

将 Pair<T> 定义成一个 struct 而不是 class，会造成一个有趣的副作用：SubItems.First 和 SubItems.Second 不能被直接赋值——即使赋值方法是 public 的。若将赋值方法修改为 public，以下代码会造成编译错误，指出 SubItems 不能被修改，“因为它不是变量”。

```
jfkFamilyTree.SubItems.First =
    new BinaryTree<string>("Joseph Patrick Kennedy");
```

上述代码的问题在于，SubItems 是 Pair<T> 类型的属性，是一个 struct。因此，当属性返回值时，会生成 SubItems 的一个拷贝，该拷贝在语句执行完毕之后就会丢失。所以，对一个马上就要丢失的拷贝上的 First 进行赋值，显然会引起误解。幸好，C# 编译器禁止这样做。

为解决问题，可以选择不赋值 First（代码清单 17.17 用的就是这种方式），为 Pair<T> 使用 class 而不是 struct，不创建 SubItems 属性而改为使用字段，或者在 BinaryTree<T> 中提供属性以直接访问 SubItems 的成员。

17.5.7　取消更多的迭代：yield break

有时需要取消更多的迭代。为此，可以包含一个 if 语句，不执行代码中余下的语句。但也可使用 yield break 使 MoveNext() 返回 false，使控制立即回到调用者并终止循环。代码清单 17.18 展示了一个例子。

代码清单 17.18 用 yield break 取消迭代

```
public System.Collections.Generic.IEnumerable<T>
    GetNotNullEnumerator()
{
  if((First == null) || (Second == null))
  {
      yield break;
  }
  yield return Second;
  yield return First;
}
```

上述代码中，Pair<T> 类中的任何一个元素为 null，都会取消迭代。

yield break 语句类似于在函数顶部放一个 return 语句，判断函数无事可做的时候就执行。执行该语句可避免进行更多迭代，同时不必使用 if 块来包围余下的所有代码。另外，它使设置多个出口成为可能，所以使用需谨慎，因为阅读代码时如果不小心，就可能错过某个靠前的出口。

高级主题：迭代器是如何工作的

C# 编译器遇到一个迭代器时，会根据枚举数模式（enumerator pattern）将代码展开成恰当的 CIL。在生成的代码中，C# 编译器首先创建一个嵌套的私有类来实现 IEnumerator<T> 接口，以及它的 Current 属性和 MoveNext() 方法。Current 属性返回与迭代器的返回类型对应的一个类型。在代码清单 17.14 中，Pair<T> 包含的迭代器能返回一个 T 类型。C# 编译器检查包含在迭代器中的代码，并在 MoveNext 方法和 Current 属性中创建必要的代码来模拟它的行为。对于 Pair<T> 迭代器，C# 编译器生成的是大致一一对应的代码（参见代码清单 17.19）。

代码清单 17.19 与迭代器的 CIL 代码等价的 C# 代码

```
using System;
using System.Collections.Generic;

public class Pair<T> : IPair<T>, IEnumerable<T>
{
  // ...
  // The iterator is expanded into the following
  // code by the compiler
  public virtual IEnumerator<T> GetEnumerator()
  {
      __ListEnumerator result = new __ListEnumerator(0);
      result._Pair = this;
      return result;
  }
  public virtual System.Collections.IEnumerator
      System.Collections.IEnumerable.GetEnumerator()
  {
      return new GetEnumerator();
```

```
        }

        private sealed class __ListEnumerator<T> : IEnumerator<T>
        {
            public __ListEnumerator(int itemCount)
            {
                _ItemCount = itemCount;
            }

            Pair<T> _Pair;
            T _Current;
            int _ItemCount;

            public object Current
            {
                get
                {
                    return _Current;
                }
            }

            public bool MoveNext()
            {
                switch (_ItemCount)
                {
                    case 0:
                        _Current = _Pair.First;
                        _ItemCount++;
                        return true;
                    case 1:
                        _Current = _Pair.Second;
                        _ItemCount++;
                        return true;
                    default:
                        return false;
                }
            }
        }
    }
```

因为编译器拿掉了 yield return 语句，而且生成的类和手工编写的类基本一致，所以 C# 迭代器的性能与手工实现枚举数模式一致。虽然性能没有提升，但开发效率显著提高了。

高级主题：上下文关键字

许多 C# 关键字都是“保留”的，除非附加 @ 前缀，否则不可以作为标识符使用。yield 关键字是上下文关键字，不是保留关键字。可以合法地声明名为 yield 的局部变量（虽然这样会令人混淆）。事实上，C# 1.0 之后加入的所有关键字都是上下文关键字，这是为了防止升级老程序来使用语言的新版本时出问题。

> 如果 C# 的设计者为迭代器选择使用 yield value; 而不是 yield return value;，就会造成歧义。例如，yield(1+2); 是生成值，还是将值作为实参传给一个名为 yield 的方法呢？
>
> 由于以前本来就不能在 return 或 break 之前添加标识符 yield，所以 C# 编译器知道在这样的“上下文”中，yield 必然是关键字而非标识符。

17.5.8 在一个类中创建多个迭代器

之前的迭代器例子实现了 IEnumerable<T>.GetEnumerator()。这是 foreach 要隐式寻找的方法。有时需要不同的迭代顺序，比如逆向迭代、筛选结果或者遍历对象投射等。为了在类中声明额外的迭代器，可将它们封装到返回 IEnumerable<T> 或 IEnumerable 的属性或方法中。例如，要逆向遍历 Pair<T> 中的元素，可提供如代码清单 17.20 所示的 GetReverseEnumerator() 方法。

代码清单 17.20 在返回 IEnumerable<T> 的方法中使用 yield return

```
public struct Pair<T>: IEnumerable<T>
{
    // ...

    public IEnumerable<T> GetReverseEnumerator()
    {
        yield return Second;
        yield return First;
    }
    // ...
}

public void Main()
{
    var game = new Pair<string>("Redskins", "Eagles");
    foreach (string name in game.GetReverseEnumerator())
    {
        Console.WriteLine(name);
    }
}
```

注意返回的是 IEnumerable<T>，而不是 IEnumerator<T>。这有别于 IEnumerable<T>.GetEnumerator()，后者返回的是 IEnumerator<T>。Main() 中的代码演示了如何使用 foreach 循环来调用 GetReverseEnumerator()。

17.5.9 yield 语句的要求

只有在返回 IEnumerator<T> 或者 IEnumerable<T> 类型（或者它们的非泛型版本）的成员中，才能使用 yield return 语句。主体包含 yield return 语句的成员不能包含一个简单 return 语句（也就是普通的、没有添加 yield 的 return 语句）。如成员使用了 yield return 语句，C# 编译器会生成必要的代码来维护迭代器的状态。相反，如方法使用 return 语句而非 yield return，就要由程序员负责维护自己的状态机，并返回其中一个迭代器接口的实例。另外，我们知道，在有返回类型的方法中，所有代码路径都必须用一个 return 语句返回值（前提是代码路径中没有引发异常）。类似地，迭代器中的所有代码路径都必须包含一个 yield return 语句（如果这些代码路径要返回任何数据的话）。

yield 语句的其他限制包括如下方面（违反将造成编译错误）。

- yield 语句只能在方法、用户自定义操作符或者索引器 / 属性的 get 访问器方法中出现。成员不可获取任何 ref 或 out 参数。
- yield 语句不能在匿名方法或 Lambda 表达式（参见第 13 章）中出现。
- yield 语句不能在 try 语句的 catch 和 finally 块中出现。此外，yield 语句在 try 块中出现的前提是没有 catch 块。

17.6　小结

本章讨论了主要集合类及其对应接口的支持。每个类都着重于依据键、索引或 FIFO/LIFO 等条件来插入和获取数据项。还讨论了如何遍历集合。另外，本章解释了如何使用自定义迭代器来定义自定义集合。迭代器的作用就是遍历集合中的每一项。（迭代器涉及上下文关键字 yield，C# 看到它会生成底层 CIL 代码来实现 foreach 循环所用的迭代器模式。）

下一章将讨论反射。之前简单地接触过它，但几乎没怎么解释。可通过反射在运行时检查 CIL 代码中的某个类型的结构。

第 18 章

反射、特性和动态编程

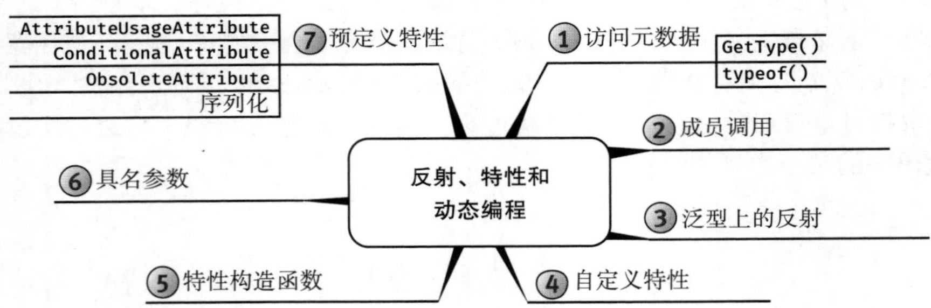

特性（attribute）的作用是在程序集中插入额外元数据，将元数据同编程构造（比如类、方法或者属性）关联。本章讨论框架内建特性的细节，并讨论如何创建自定义特性。自定义特性要用起来就必须能被识别。这是通过反射（reflection）来实现的。本章首先讨论反射，其中包括如何用它在运行时实现动态绑定——依据的是编译时按成员名称（或元数据）的成员调用。像代码生成器这样的工具会频繁用到反射。此外，在执行时调用目标未知的情况下，也要用到反射。

本章最后讨论了动态编程，这是 C# 4.0 新增的功能，可利用它简化对动态数据的处理（这种动态数据要求执行时而非编译时绑定）。

18.1 反射

可利用反射做下面这些事情。

❑访问程序集中类型的元数据。其中包括像完整类型名和成员名这样的构造，以及对一个构造进行修饰的任何特性。

- 使用元数据在运行时动态调用类型的成员，而不是使用编译时绑定。

反射是指对程序集中的元数据进行检查的过程。以前当代码编译成一种机器语言时，关于代码的所有元数据（比如类型和方法名）都会被丢弃。相反，当 C# 编译成 CIL 时，它会维持关于代码的大部分元数据。此外，可利用反射枚举程序集中的所有类型，找出满足特定条件的那些。我们是通过 System.Type 的实例来访问类型的元数据，该对象包含了对类型实例的成员进行枚举的方法。此外，可在被检查类型的特定对象上调用那些成员。

人们基于反射发展出了一系列前所未有的编程模式。例如，反射允许枚举程序集中的所有类型及其成员。可在此过程中创建对程序集 API 进行编档所需的存根（stub）。然后，可将通过反射获取的元数据与通过 XML 注释（使用 /doc 开关）创建的 XML 文档合并，从而创建 API 文档。类似地，程序员可利用反射元数据来生成代码，从而将业务对象（business object）持久化（序列化）到数据库中。可在显示对象集合的列表控件中使用反射。基于该集合，列表控件可利用反射来遍历集合中的一个对象的所有属性，并在列表中为每个属性都定义一个列。此外，通过调用每个对象的每个属性，列表控件可利用对象中包含的数据来填充每一行和每一列——即使对象的数据类型在编译时未知。

.NET Framework 所提供的 XmlSerializer、ValueType 和 DataBinder 类也在其部分实现中利用了反射技术。

18.1.1　使用 System.Type 访问元数据

读取类型的元数据，关键在于获得 System.Type 的一个实例，它代表了目标类型实例。System.Type 提供了获取类型信息的所有方法。可用它回答以下问题。

- 类型的名称是什么（Type.Name）？
- 类型是 public 的吗（Type.IsPublic）？
- 类型的基类型是什么（Type.BaseType）？
- 类型支持任何接口吗（Type.GetInterfaces()）？
- 类型在哪个程序集中定义（Type.Assembly）？
- 类型的属性、方法、字段是什么（Type.GetProperties()、Type.GetMethods()、Type.GetFields()）？
- 都有什么特性在修饰一个类型（Type.GetCustomAttributes()）？

还有其他成员未能一一列出，但总而言之，它们都提供了与特定类型有关的信息。很明显，现在的关键是获得对类型的 Type 对象的引用。主要通过 object.GetType() 和 typeof() 来达到这个目的。

注意 GetMethods() 调用不能返回扩展方法，扩展方法只能作为实现类型的静态成员使用。

1. GetType()

object 包含一个 GetType() 成员。因此所有类型都包含该方法。调用 GetType() 可获得与原始对象对应的 System.Type 实例。代码清单 18.1 对此进行了演示，它使用来自

DateTime 的一个 Type 实例。输出 18.1 展示了结果。

代码清单 18.1 使用 Type.GetProperties() 获取对象的 public 属性

```
DateTime dateTime = new DateTime();

Type type = dateTime.GetType();
foreach (
    System.Reflection.PropertyInfo property in
        type.GetProperties())
{
    Console.WriteLine(property.Name);
}
```

输出 18.1

```
Date
Day
DayOfWeek
DayOfYear
Hour
Kind
Millisecond
Minute
Month
Now
UtcNow
Second
Ticks
TimeOfDay
Today
Year
```

程序在调用 GetType() 后遍历 Type.GetProperties() 返回的每个 System.Reflection.PropertyInfo 实例并显示属性名。成功调用 GetType() 的关键在于获得一个对象实例。但有时这样的实例无法获得。例如，静态类无法实例化，无法调用 GetType()。

2. typeof()

获得 Type 对象的另一个办法是使用 typeof 表达式。typeof 在编译时绑定到特定的 Type 实例，并直接获取类型作为参数。代码清单 18.2 演示如何为 Enum.Parse() 使用 typeof。

代码清单 18.2 使用 typeof() 创建 System.Type 实例

```
using System.Diagnostics;
// ...
    ThreadPriorityLevel priority;
    priority = (ThreadPriorityLevel)Enum.Parse(
            typeof(ThreadPriorityLevel), "Idle");
// ...
```

Enum.Parse() 获取标识了一个枚举的 Type 对象，然后将一个字符串转换成特定的枚举值。在本例中，它将 "Idle" 转换成 System.Diagnostics.ThreadPriorityLevel.Idle。

类似地，下一节的代码清单 18.3 在 CompareTo(object obj) 方法中使用 typeof 表达式验证 obj 参数的类型符合预期：

```
if(obj.GetType() != typeof(Contact)) { ... }
```

typeof 表达式在编译时求值，使一次类型比较（例如和 GetType() 调用返回的类型比较）能判断对象是否具有希望的类型。

18.1.2 成员调用

反射并非仅可用于获取元数据。下一步是获取元数据并动态调用它引用的成员。假定现在定义一个类来代表应用程序的命令行，并把它命名为 CommandLineInfo。[⊖]对于这个类来说，最困难的地方在于如何在类中填充启动应用程序时的实际命令行数据。但利用反射，可将命令行选项映射到属性名，并在运行时动态设置属性。代码清单 18.3 对此进行了演示。

代码清单 18.3 动态调用成员

```
using System;
using System.Diagnostics;

public partial class Program
{
  public static void Main(string[] args)
  {
      string errorMessage;
      CommandLineInfo commandLine = new CommandLineInfo();
      if (!CommandLineHandler.TryParse(
          args, commandLine, out errorMessage))
      {
          Console.WriteLine(errorMessage);
          DisplayHelp();
      }

      if (commandLine.Help)
      {
          DisplayHelp();
      }
      else
      {
          if (commandLine.Priority !=
              ProcessPriorityClass.Normal)
          {
              // Change thread priority
          }

      }
      // ...
```

⊖ .NET Standard 1.6 添加了 CommandLineUtils NuGet 包来提供命令行解析机制。详情参见 http://t.cn/EZsdDn9。

```
    }

    private static void DisplayHelp()
    {
        // Display the command-line help
        Console.WriteLine(
                "Compress.exe / Out:< file name > / Help \n"
                + "/ Priority:RealTime | High | "
                + "AboveNormal | Normal | BelowNormal | Idle");
    }
}
```

```
using System;
using System.Diagnostics;

public partial class Program
{
    private class CommandLineInfo
    {
        public bool Help { get; set; }

        public string Out { get; set; }

        public ProcessPriorityClass Priority { get; set; }
            = ProcessPriorityClass.Normal;
    }
}
```

```
using System;
using System.Diagnostics;
using System.Reflection;

public class CommandLineHandler
{
    public static void Parse(string[] args, object commandLine)
    {
        string errorMessage;
        if (!TryParse(args, commandLine, out errorMessage))
        {
            throw new ApplicationException(errorMessage);
        }
    }

    public static bool TryParse(string[] args, object commandLine,
        out string errorMessage)
    {
        bool success = false;
        errorMessage = null;
        foreach (string arg in args)
        {
            string option;
```

```
if (arg[0] == '/' || arg[0] == '-')
{
    string[] optionParts = arg.Split(
        new char[] { ':' }, 2);

    // Remove the slash|dash
    option = optionParts[0].Remove(0, 1);
    PropertyInfo property =
        commandLine.GetType().GetProperty(option,
            BindingFlags.IgnoreCase |
            BindingFlags.Instance |
            BindingFlags.Public);
    if (property != null)
    {
        if (property.PropertyType == typeof(bool))
        {
            // Last parameters for handling indexers
            property.SetValue(
                commandLine, true, null);
            success = true;
        }
        else if (
            property.PropertyType == typeof(string))
        {
            property.SetValue(
                commandLine, optionParts[1], null);
            success = true;
        }
        else if (property.PropertyType.IsEnum)
        {
            try
            {
                property.SetValue(commandLine,
                    Enum.Parse(
                        typeof(ProcessPriorityClass),
                        optionParts[1], true),
                    null);
                success = true;
            }
            catch (ArgumentException )
            {
                success = false;
                errorMessage =
                      errorMessage =
                          $@"The option '{
                              optionParts[1]
                              }' is invalid for '{
                              option }'";
            }
        }
        else
        {
            success = false;
```

```
                            errorMessage =
                                $@"Data type '{
                                    property.PropertyType.ToString()
                                    }' on {
                                    commandLine.GetType().ToString()
                                    } is not supported."
                        }
                    }
                    else
                    {
                        success = false;
                            errorMessage =
                              $"Option '{ option }' is not supported.";
                    }
                }
            }
            return success;
        }
    }
```

虽然程序很长，但代码结构是相当简单的。Main()首先实例化一个CommandLineInfo类。这个类型专门用来包含当前程序的命令行数据。每个属性都对应程序的一个命令行选项，具体的命令行如输出18.2所示。

输出 18.2

```
Compress.exe /Out:<file name> /Help
    /Priority:RealTime|High|AboveNormal|Normal|BelowNormal|Idle
```

CommandLineInfo对象被传给CommandLineHandler的TryParse()方法。该方法首先枚举每个选项，并分离出选项名（比如Help或Out）。确定名称后，代码在CommandLineInfo对象上执行反射，查找同名的一个实例属性。找到属性就通过一个SetValue()调用并指定与属性类型对应的数据来完成对属性的赋值。SetValue()的参数包括要设置值的对象、新值以及一个额外的index参数（除非属性是索引器，否则该参数为null）。上述代码能处理三种属性类型：bool、string和枚举。在枚举的情况下，要解析选项值，并将文本的枚举等价值赋给属性。如TryParse()调用成功，方法会退出，用来自命令行的数据初始化CommandLineInfo对象。

有趣的是，虽然CommandLineInfo是嵌套在Program中的一个private类，但CommandLineHandler在它上面执行反射没有任何问题，甚至可以调用它的成员。换言之，只要设置了恰当的权限，反射就可绕过可访问性规则。例如，Out是private的，TryParse()方法仍可向其赋值。考虑到这一点，CommandLineHandler可转移到一个单独的程序集中，并在多个程序之间共享，每个程序都有它们自己的Command LineInfo类。

本例用PropertyInfo.SetValue()调用CommandLineInfo的一个成员。PropertyInfo还包含一个GetValue()方法，用于从属性中获取数据。对于方法，则有一个MethodInfo类可供利用，它提供了一个Invoke()成员。MethodInfo和PropertyInfo都从

MemberInfo 继承（虽然并非直接），如图 18.1 所示。

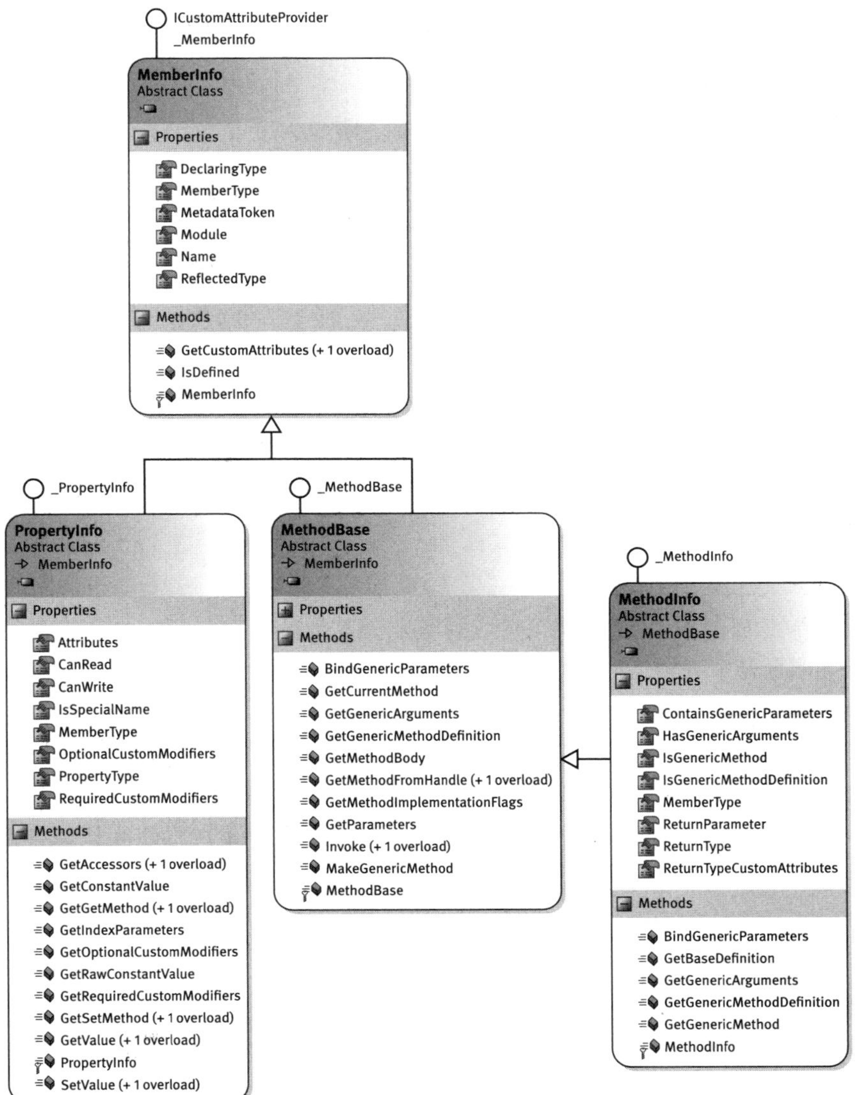

图 18.1 MemberInfo 的派生类

本例之所以设置权限（由称为“代码访问安全性”或 CAS 的一个运行时组件进行管理）来允许私有成员调用，是因为程序从本地电脑运行。默认情况下，本地安装的程序是受信任区域的一部分，已被授予了恰当的权限。但从远程位置运行的程序需要被显式授予这样的权限。

Begin 2.0

18.1.3 泛型类型上的反射

CLR 2.0 引入泛型类型后也带来了更多的反射功能。在泛型类型上执行运行时反射，可判断类或方法是否包含泛型类型，以及其中可能包含的任何类型参数 / 类型实参。

1. 判断类型参数的类型

我们曾对非泛型类型使用 typeof 运算符来获取 System.Type 的实例。类似地，也可对泛型类型或泛型方法中的类型参数使用 typeof 运算符。代码清单 18.4 对 Stack 类的 Add 方法的类型参数应用了 typeof 运算符。

代码清单 18.4 声明 Stack<T> 类

```
public class Stack<T>
{
    // ...
    public void Add(T i)
    {
        // ...
        Type t = typeof(T);
        // ...
    }
    // ...
}
```

获得类型参数的 Type 对象实例以后，就可在类型参数上执行反射，从而判断它的行为，并针对具体类型来调整 Add 方法，使其能更有效地支持这种类型。

2. 判断类或方法是否支持泛型

CLR 2.0 的 System.Type 类新增了一系列方法来判断给定类型是否支持泛型参数和泛型实参。泛型实参是在实例化泛型类时提供的类型参数。如代码清单 18.5 所示，可查询 Type.ContainsGenericParameters 属性判断类或方法是否包含尚未设置的泛型参数。

代码清单 18.5 泛型反射

```
using System;

public class Program
{
  static void Main()
  {
      Type type;
      type = typeof(System.Nullable<>);
      Console.WriteLine(type.ContainsGenericParameters);
      Console.WriteLine(type.IsGenericType);

      type = typeof(System.Nullable<DateTime>);
      Console.WriteLine(!type.ContainsGenericParameters);
      Console.WriteLine(type.IsGenericType);
  }
}
```

输出 18.3 展示了代码清单 18.5 的结果。

输出 18.3

```
True
True
True
True
```

Type.IsGenericType 是指示类型是否泛型的 Boolean 属性。

3. 为泛型类或方法获取类型参数

可调用 GetGenericArguments() 方法从泛型类获取泛型实参（或类型参数）的列表。这样得到的是由 System.Type 实例构成的一个数组，这些实例的顺序就是它们作为泛型类的类型参数被声明的顺序。代码清单 18.6 反射一个泛型类型，获取它的每个类型参数。输出 18.4 展示了结果。

代码清单 18.6　泛型类型反射

```
using System;
using System.Collections.Generic;
public partial class Program
{
  public static void Main()
  {

      Stack<int> s = new Stack<int>();

      Type t = s.GetType();

      foreach(Type type in t.GetGenericArguments())
      {
          System.Console.WriteLine(
              "Type parameter: " + type.FullName);
      }
      // ...
  }
}
```

输出 18.4

```
Type parameter: System.Int32
```

End 2.0

Begin 6.0

18.1.4　nameof 操作符

第 11 章简单介绍了 nameof 操作符，当时是用它在参数异常中提供参数名：

```
throw new ArgumentException(
    "The argument did not represent a digit", nameof(textDigit));
```

C# 6.0 引入的这个上下文关键字生成一个常量字符串来包含被指定为实参的任何程

序元素的非限定名称。本例的 textDigit 是方法实参，所以 nameof(textDigit) 返回 "textDigit"（由于这个行动在编译时发生，所以 nameof 技术上说不是反射。在这里介绍它是因为它最终接收的是有关程序集及其结构的数据）。

你可能好奇为什么要用 nameof(textDigit) 而不是简单地写 "textDigit"（尤其是后者似乎更容易看懂）。有两方面的好处：

- C# 编译器确保 nameof 操作符的实参是有效程序元素。这样如果程序元素名称发生变化，或者出现拼写错误，编译时就能知道出错。
- 相较于字符串字面值，IDE 工具使用 nameof 操作符能工作得更好。例如，“查找所有引用”工具能找到 nameof 表达式中提到的程序元素，在字符串字面值中就不行。自动重命名重构也能工作得更好。

在前面的代码中，nameof(textDigit) 生成的是参数名，但它实际支持任何程序元素。例如，代码清单 18.7 用 nameof 将属性名传给 INotifyPropertyChanged.PropertyChanged。

代码清单 18.7　动态调用成员

```
using System.ComponentModel;

public class Person : INotifyPropertyChanged
{
    public event PropertyChangedEventHandler PropertyChanged;
    public Person(string name)
    {
        Name = name;
    }
    private string _Name;
    public string Name
    {
        get { return _Name; }
        set
        {
            if (_Name != value)
            {
                _Name = value;
                // Using C# 6.0 conditional null reference
                PropertyChanged?.Invoke(
                    this,
                    new PropertyChangedEventArgs(
                        nameof(Name)));
            }
        }
    }
    // ...
}
```

End 6.0

注意无论只提供非限定名称 Name（因其在作用域中），还是使用完全（或部分）限定名称 Person.Name，结果都是最后一个标识符（Person.Name 就只取 Name）。现在仍然可用 C#

5.0 的 CallerMemberName 参数特性来获取属性名，详情参见 *http://t.cn/Ew4X3Pw*。

18.2　特性

详细讨论**特性**（attribute）前，先来研究一个演示其用途的例子。代码清单 18.3 的 CommandLineHandler 例子根据与属性名匹配的命令行选项来动态设置类的属性。但假如命令行选项是无效属性名，这个办法就失效了。例如，/? 就无法被支持。另外，也没有办法指出选项是必须还是可选。

特性完美解决了该问题，它不依赖于选项名与属性名的完全匹配。可利用特性指定与被修饰的构造（本例就是命令行选项）有关的额外元数据。可用特性将一个属性修饰为 Required（必须），并提供 /? 选项别名。换言之，特性是将额外数据关联到属性（以及其他构造）的一种方式。

特性要放到所修饰构造前的一对方括号中。例如，代码清单 18.8 修改 CommandLineInfo 类来包含特性。

代码清单 18.8　用特性修饰属性

```
class CommandLineInfo
{
  [CommandLineSwitchAlias("?")]
  public bool Help { get; set; }

  [CommandLineSwitchRequired]
  public string Out { get; set; }

  public System.Diagnostics.ProcessPriorityClass Priority
      { get; set; } =
          System.Diagnostics.ProcessPriorityClass.Normal;
}
```

在代码清单 18.8 中，Help 和 Out 属性均用特性进行了修饰。这些特性的目的是允许使用别名 /? 来取代 /Help，以及指出 /Out 是必需的参数。思路是从 CommandLineHandler.TryParse() 方法中启用对选项别名的支持。另外，如解析成功，可检查是否指定了所有必需的开关。

在同一构造上合并多个特性有两个办法。既可在同一对方括号中以逗号分隔多个特性，也可将每个特性放在它自己的一对方括号中，如代码清单 18.9 所示。

代码清单 18.9　用多个特性来修饰一个属性

```
[CommandLineSwitchRequired]
[CommandLineSwitchAlias("FileName")]
   public string Out { get; set; }
```

```
[CommandLineSwitchRequired,
CommandLineSwitchAlias("FileName")]
   public string Out { get; set; }
```

除了修饰属性，特性还可修饰类、接口、结构、枚举、委托、事件、方法、构造函数、字段、参数、返回值、程序集、类型参数和模块。大多数构造都可以像代码清单 18.9 那样使用方括号语法来应用特性。但该语法不适用于返回值、程序集和模块。

程序集的特性用于添加有关程序集的额外元数据。例如，Visual Studio 的“项目向导”会生成一个 AssemblyInfo.cs 文件，其中包含与程序集有关的大量特性。代码清单 18.10 展示了该文件的一个例子。

代码清单 18.10 AssemblyInfo.cs 中保存的程序集特性

```
using System.Reflection;
using System.Runtime.CompilerServices;
using System.Runtime.InteropServices;

// General information about an assembly is controlled
// through the following set of attributes. Change these
// attribute values to modify the information
// associated with an assembly.
[assembly: AssemblyTitle("CompressionLibrary")]
[assembly: AssemblyDescription("")]
[assembly: AssemblyConfiguration("")]
[assembly: AssemblyCompany("IntelliTect")]
[assembly: AssemblyProduct("Compression Library")]
[assembly: AssemblyCopyright("Copyright© IntelliTect 2006-2018")]
[assembly: AssemblyTrademark("")]
[assembly: AssemblyCulture("")]
// Setting ComVisible to false makes the types in this
// assembly not visible to COM components. If you need to
// access a type in this assembly from COM, set the ComVisible
// attribute to true on that type.
[assembly: ComVisible(false)]

// The following GUID is for the ID of the typelib
// if this project is exposed to COM
[assembly: Guid("417a9609-24ae-4323-b1d6-cef0f87a42c3")]

// Version information for an assembly consists
// of the following four values:
//
//      Major Version
//      Minor Version
//      Build Number
//      Revision
//
// You can specify all the values or you can
// default the Revision and Build Numbers
// by using the '*' as shown below:
// [assembly: AssemblyVersion("1.0.*")]
[assembly: AssemblyVersion("1.0.0.0")]
[assembly: AssemblyFileVersion("1.0.0.0")]
```

assembly 特性定义类似公司、产品和程序集版本号的事物。类似地，作用于模块的特性需使用 module: 前缀。assembly 和 module 特性的限制是它们必须位于 using 指令之后，任何命名空间或类声明之前。代码清单 18.10 的特性由 Visual Studio 项目向导生成，所有项目都应包括，以便使用与可执行文件或 DLL 的内容有关的信息来标记生成的二进制文件。

return 特性（如代码清单 18.11 所示）出现在方法声明之前，语法没有变。

代码清单 18.11　指定 return 特性

```
[return: Description(
    "Returns true if the object is in a valid state.")]
public bool IsValid()
{
  // ...
  return true;
}
```

除了 assembly: 和 return:，C# 还允许显式指定 module:、class: 和 method: 等目标，分别对应于修饰模块、类和方法的特性。但正如前面展示的那样，class: 和 method: 是可选的。

使用特性的一个方便之处在于，语言会自动照顾到特性的命名规范，也就是名称必须以 Attribute 结束。前面所有例子都没有主动添加该后缀——但事实上，所用的每个特性都符合命名规范。虽然在应用特性时可以使用全名（DescriptionAttribute、AssemblyVersionAttribute 等），但 C# 规定后缀可选。**应用**特性时通常都不添加该后缀。只有在自己定义特性或者以内联方式使用特性时才需添加后缀，例如 typeof(DescriptionAttribute)。

设计规范

- 要向有公共类型的程序集应用 AssemblyVersionAttribute。
- 考虑应用 AssemblyFileVersionAttribute 和 AssemblyCopyrightAttribute 以提供有关程序集的附加信息。
- 要应用以下程序集信息属性：
- System.Reflection.AssemblyTitleAttribute,
- System.Reflection.AssemblyCompanyAttribute,
- System.Reflection.AssemblyProductAttribute,
- System.Reflection.AssemblyDescriptionAttribute,
- System.Reflection.AssemblyFileVersionAttribute 和
- System.Reflection.AssemblyCopyrightAttribute。

18.2.1　自定义特性

很容易创建自定义特性。特性是对象，所以定义特性要定义类。从 System.Attribute 派生后，一个普通的类就变成特性。代码清单 18.12 创建一个 CommandLineSwitchRequiredAttribute 类。

代码清单 18.12　定义自定义特性

```
public class CommandLineSwitchRequiredAttribute : Attribute
{
}
```

有了这个简单的定义之后，就可像代码清单 18.8 演示的那样使用该特性。但目前还没有代码与这个特性对应。所以，应用了该特性的 Out 属性暂时无法影响命令行解析。

设计规范

- 要为自定义特性类添加 Attribute 后缀。

18.2.2　查找特性

除了提供属性来返回类型成员，Type 还提供了一些方法来获取对类型进行修饰的特性。类似地，所有反射类型（比如 PropertyInfo 和 MethodInfo）都包含成员来获取对类型进行修饰的特性列表。代码清单 18.13 定义方法来返回命令行上遗漏的、但必须提供的开关的一个列表。

代码清单 18.13　获取自定义特性

```
using System;
using System.Collections.Specialized;
using System.Reflection;

public class CommandLineSwitchRequiredAttribute : Attribute
{
  public static string[] GetMissingRequiredOptions(
      object commandLine)
  {
      List<string> missingOptions = new List<string>();
      PropertyInfo[] properties =
          commandLine.GetType().GetProperties();

      foreach (PropertyInfo property in properties)
      {
          Attribute[] attributes =
               (Attribute[])property.GetCustomAttributes(
                  typeof(CommandLineSwitchRequiredAttribute),
                  false);
          if ((attributes.Length > 0) &&
              (property.GetValue(commandLine, null) == null))
          {
              missingOptions.Add(property.Name);
          }
      }
      return missingOptions.ToArray();
  }
}
```

用于查找特性的代码很简单。给定一个 PropertyInfo 对象（通过反射来获取），调用 GetCustomAttributes()，指定要查找的特性，并指定是否检查任何重载的方法。另外，也可调用 GetCustomAttributes() 方法而不指定特性类型，从而返回所有特性。

虽然可将查找 CommandLineSwitchRequiredAttribute 特性的代码直接放到 CommandLineHandler 的代码中，但为了获得更好的对象封装，应将代码放到 CommandLineSwitchRequiredAttribute 类自身中。这是自定义特性的常见模式。对于查找特性的代码来说，还有什么地方比特性类的静态方法中更好呢？

18.2.3 使用构造函数初始化特性

调用 GetCustomAttributes() 返回的是一个 object 数组，该数组能成功转型为 Attribute 数组。由于本例的特性没有任何实例成员，所以在返回的特性中，唯一提供的元数据信息就是它是否出现。但特性还可封装数据。代码清单 18.14 定义一个 CommandLineAliasAttribute 特性。该自定义特性用于为命令行选项提供别名。例如，既可输入 /Help，也可输入缩写 /?。类似地，可将 /S 指定为 /Subfolders 的别名，指示命令遍历所有子目录。

支持该功能需为特性提供一个构造函数。具体地说，针对别名，需提供构造函数来获取一个 string 参数。类似地，如希望允许多个别名，构造函数要获取 params string 数组作为参数。

代码清单 18.14　提供特性构造函数

```
public class CommandLineSwitchAliasAttribute : Attribute
{
  public CommandLineSwitchAliasAttribute(string alias)
  {
      Alias = alias;
  }

  public string Alias { get; private set; }
}
```

```
class CommandLineInfo
{
  [CommandLineSwitchAlias("?")]
  public bool Help { get; set; }

  // ...
}
```

向某个构造应用特性时，只有常量值和 typeof 表达式才允许作为实参。这是为了确保它们能序列化到最终的 CIL 中。这意味着特性构造函数应要求恰当类型的参数。例如，提供构造函数来获取 System.DateTime 类型的实参没有多大意义，因为 C# 没有 System.DateTime 常量。

从 PropertyInfo.GetCustomAttributes() 返回的对象会使用指定的构造函数实参来初始化，如代码清单 18.15 所示。

代码清单 18.15　获取特性实例并检查其初始化

```
PropertyInfo property =
    typeof(CommandLineInfo).GetProperty("Help");
CommandLineSwitchAliasAttribute attribute =
    (CommandLineSwitchAliasAttribute)
        property.GetCustomAttributes(
        typeof(CommandLineSwitchAliasAttribute), false)[0];
if(attribute.Alias == "?")
{
  Console.WriteLine("Help(?)");
};
```

除此之外，如代码清单 18.16 和代码清单 18.17 所示，可在 CommandLineAliasAttribute 的 GetSwitches() 方法中使用类似的代码返回由所有开关（包括来自属性名的那些）构成的一个字典集合，将每个名称同命令行对象的对应特性关联。

代码清单 18.16　获取自定义特性实例

```
using System;
using System.Reflection;
using System.Collections.Generic;

public class CommandLineSwitchAliasAttribute : Attribute
{
  public CommandLineSwitchAliasAttribute(string alias)
  {
      Alias = alias;
  }

  public string Alias { get; set; }

  public static Dictionary<string, PropertyInfo> GetSwitches(
      object commandLine)
  {
      PropertyInfo[] properties = null;
      Dictionary<string, PropertyInfo> options =
          new Dictionary<string, PropertyInfo>();

      properties = commandLine.GetType().GetProperties(
          BindingFlags.Public | BindingFlags.NonPublic |
          BindingFlags.Instance);
      foreach (PropertyInfo property in properties)
      {
          options.Add(property.Name.ToLower(), property);
          foreach (CommandLineSwitchAliasAttribute attribute in
              property.GetCustomAttributes(
              typeof(CommandLineSwitchAliasAttribute), false))
          {
```

```
                options.Add(attribute.Alias.ToLower(), property);
            }
        }
        return options;
    }
}
```

代码清单 18.17　更新 CommandLineHandler.TryParse() 以处理别名

```
using System;
using System.Reflection;
using System.Collections.Generic;

public class CommandLineHandler
{
  // ...
  public static bool TryParse(
      string[] args, object commandLine,
      out string errorMessage)
  {
      bool success = false;
      errorMessage = null;

      Dictionary<string, PropertyInfo> options =
          CommandLineSwitchAliasAttribute.GetSwitches(
              commandLine);

      foreach (string arg in args)
      {
          PropertyInfo property;
          string option;
          if (arg[0] == '/' || arg[0] == '-')
          {
              string[] optionParts = arg.Split(
                  new char[] { ':' }, 2);
              option = optionParts[0].Remove(0, 1).ToLower();

              if (options.TryGetValue(option, out property))
              {
                  success = SetOption(
                      commandLine, property,
                      optionParts, ref errorMessage);
              }
              else
              {
                  success = false;
                  errorMessage =
                      $"Option '{ option }' is not supported.";
              }
          }
      }

      return success;
```

```
    }

        private static bool SetOption(
            object commandLine, PropertyInfo property,
            string[] optionParts, ref string errorMessage)
          {
            bool success;

            if (property.PropertyType == typeof(bool))
            {
                // Last parameters for handling indexers
                property.SetValue(
                    commandLine, true, null);
                success = true;
            }
            else
            {

                if ((optionParts.Length < 2)
                    || optionParts[1] == ""
                    || optionParts[1] == ":")
                {
                    // No setting was provided for the switch
                    success = false;
                    errorMessage =
                        $"You must specify the value for the { property.Name }
➥option.";
                }
                else if (
                    property.PropertyType == typeof(string))
                {
                    property.SetValue(
                        commandLine, optionParts[1], null);
                    success = true;
                }
                else if (property.PropertyType.IsEnum)
                {
                    success = TryParseEnumSwitch(
                        commandLine, optionParts,
                        property, ref errorMessage);
                }
                else
                {
                    success = false;
                    errorMessage =
                        $@"Data type '{ property.PropertyType.ToString() }' on {
                            commandLine.GetType().ToString() } is not
➥supported.";
                }
            }
            return success;
        }
    }
```

设计规范

- 如特性有必需的属性值，要提供只能取值的属性（将赋值函数设为私有）。
- 要为具有必须属性的特性提供构造函数参数来初始化属性。每个参数的名称都和对应的属性同名（大小写不同）。
- 避免提供构造函数参数来初始化和可选参数对应的特性属性（所以还要避免重载自定义特性构造函数）。

18.2.4　System.AttributeUsageAttribute

大多数特性只修饰特定构造。例如，用 CommandLineOptionAttribute 修饰类或程序集没有意义。为避免不恰当地使用特性，可用 System.AttributeUsageAttribute 修饰自定义特性（是的，特性可以修饰自定义特性）。代码清单 18.18 演示了如何限制一个特性（即 CommandLineOptionAttribute）的使用。

代码清单 18.18　限制特性能修饰哪些构造

```
[AttributeUsage(AttributeTargets.Property)]
public class CommandLineSwitchAliasAttribute : Attribute
{
  // ...
}
```

如代码清单 18.19 所示，只要特性被不恰当地使用，就会导致编译时错误。

代码清单 18.19　AttributeUsageAttribute 限制了特性能应用于的目标

```
// ERROR: The attribute usage is restricted to properties
[CommandLineSwitchAlias("?")]
class CommandLineInfo
{
}
```

输出 18.5

```
...Program+CommandLineInfo.cs(24,17): error CS0592
特性“CommandLineSwitchAlias”对此声明类型无效。它只对“property, indexer”声明有效。
```

AttributeUsageAttribute 的构造函数获取一个 AttributesTargets 标志（flag）。该枚举提供了“运行时”允许特性修饰的所有目标的列表。例如，要允许用 CommandLineSwitchAliasAttribute 修饰字段，应该像代码清单 18.20 那样更新 AttributeUsageAttribute 类。

代码清单 18.20　使用 AttributeUsageAttribute 限制特性的使用

```
// Restrict the attribute to properties and methods
[AttributeUsage(
  AttributeTargets.Field | AttributeTargets.Property)]
```

```
public class CommandLineSwitchAliasAttribute : Attribute
{
  // ...
}
```

设计规范

- 要向自定义特性应用 AttributeUsageAttribute 类。

18.2.5 具名参数

AttributeUsageAttribute 除了能限制特性所修饰的目标，还可指定是否允许特性在一个构造上进行多次拷贝。代码清单 18.21 展示了具体的语法。

代码清单 18.21 使用具名参数

```
[AttributeUsage(AttributeTargets.Property, AllowMultiple=true)]
public class CommandLineSwitchAliasAttribute : Attribute
{
  // ...
}
```

该语法有别于之前讨论的构造函数初始化语法。AllowMultiple 是**具名参数**（named parameter），它类似于 C# 4.0 为可选方法参数引入的“具名参数”语法。具名参数在特性构造函数调用中设置特定的公共属性和字段——即使构造函数不包括对应参数。具名参数虽然可选，但它允许设置特性的额外实例数据，同时无须提供对应的构造函数参数。在本例中，AttributeUsageAttribute 包含一个名为 AllowMultiple 的公共成员。所以在使用特性时，可通过一次具名参数赋值来设置该成员。对具名参数的赋值只能放到构造函数的最后一部分进行。任何显式声明的构造函数参数都必须在它之前完成赋值。

有了具名参数后，就可直接对特性的数据进行赋值，而不必为特性属性的每一种组合都提供对应的构造函数。由于一个特性的许多属性都是可选的，所以具名参数许多时候都非常好用。

初学者主题：FlagsAttribute

第 9 章讲述了枚举，并用一个“高级主题”介绍了 FlagsAttribute。这是 .NET Framework 所定义的一个特性，应用于包含了一组标志（flag）值的枚举。本“初学者主题”复习了 FlagsAttribute，先从代码清单 18.22 开始。

代码清单 18.22 使用 FlagsAttribute

```
// FileAttributes defined in System.IO

[Flags]  // Decorating an enum with FlagsAttribute
public enum FileAttributes
{
```

```
  ReadOnly =          1<<0,      // 000000000000001
  Hidden =            1<<1,      // 000000000000010
  // ...
}
```

```
using System;
using System.Diagnostics;
using System.IO;

class Program
{
  public static void Main()
  {
      // ...

      string fileName = @"enumtest.txt";
      FileInfo file = new FileInfo(fileName);

      file.Attributes = FileAttributes.Hidden |
          FileAttributes.ReadOnly;

      Console.WriteLine("\"{0}\" outputs as \"{1}\"",
          file.Attributes.ToString().Replace(",", " |"),
          file.Attributes);

      FileAttributes attributes =
          (FileAttributes)Enum.Parse(typeof(FileAttributes),
          file.Attributes.ToString());

      Console.WriteLine(attributes);

      // ...
  }
}
```

输出 18.6 展示了代码清单 18.22 的结果。

输出 18.6

```
"ReadOnly | Hidden" outputs as "ReadOnly, Hidden"
```

作为标志的枚举值可组合使用。此外，它改变了 ToString() 和 Parse() 方法的行为。例如，为 FlagsAttribute 所修饰的枚举调用 ToString()，会为已设置的每个枚举标志输出对应字符串。在代码清单 18.22 中，file.Attributes.ToString() 返回 "ReadOnly, Hidden"。相反，如果没有 FlagsAttribute 标志，返回的就是 3。如两个枚举值相同，ToString() 返回第一个。然而，正如以前说过的那样，使用需谨慎，这样转换得到的文本是无法本地化的。

将值从字符串解析成枚举也是可行的，只要每个枚举值标识符都以一个逗号分隔即可。

需要注意的是，FlagsAttribute 并不会自动指派唯一的标志值，也不会检查它们是否具有唯一值。还是必须显式指派每个枚举项的值。

1. 预定义特性

AttributeUsageAttribute 特性有一个特点是本书迄今为止创建的所有自定义特性都不具备的。该特性会影响编译器的行为，导致编译器有时会报告错误。和早先用于获取 CommandLineRequiredAttribute 和 CommandLineSwitchAliasAttribute 的反射代码不同，AttributeUsageAttribute 没有运行时代码，而是由编译器内建了对它的支持。

AttributeUsageAttribute 是预定义特性。这种特性不仅提供了与它们修饰的构造有关的额外元数据，而且“运行时”和编译器在利用这种特性的功能时，行为也有所不同。AttributeUsageAttribute、FlagsAttribute、ObsoleteAttribute 和 Conditional-Attribute 等都是预定义特性。它们都包含了只有 CIL 提供者（CIL provider）或编译器才能提供的特定行为。原因是没有可用的扩展点用于额外的非自定义特性，而自定义特性又是完全被动的。后面会演示两个预定义特性，第 19 章还会演示另外几个。

2. System.ConditionalAttribute

在一个程序集中，System.Diagnostics.ConditionalAttribute 特性的行为有点儿像 #if/#endif 预处理器标识符。但使用 System.Diagnostics.ConditionalAttribute 并不能从程序集中清除 CIL 代码。我们利用它为一个调用赋予**无操作**（no-op）行为。换言之，使其成为一个什么都不做的指令。代码清单 18.23 演示了这个概念，输出 18.7 是结果。

代码清单 18.23　使用 System.ConditionalAttribute 清除调用

```
#define CONDITION_A

using System;
using System.Diagnostics;

public class Program
{
  public static void Main()
  {
      Console.WriteLine("Begin...");
      MethodA();
      MethodB();
      Console.WriteLine("End...");
  }

  [Conditional("CONDITION_A")]
  static void MethodA()
  {
      Console.WriteLine("MethodA() executing...");
  }
  [Conditional("CONDITION_B")]
  static void MethodB()
  {
      Console.WriteLine("MethodB() executing...");
  }
}
```

输出 18.7

```
Begin...
MethodA() executing...
End...
```

本例定义了 CONDITION_A，所以 MethodA() 正常执行。但没有使用 #define 或 csc.exe/Define 选项来定义 CONDITION_B。所以，在这个程序集中，对 Program.MethodB() 的所有调用都会“什么都不做”。

从功能上讲，ConditionalAttribute 类似于用一对 #if/#endif 把方法调用包围起来。但它的语法显得更清晰，因为开发者只需为目标方法添加 ConditionalAttribute 特性，无须对调用者本身进行任何修改。

C# 编译器在编译时会注意到被调用方法上的特性设置，假定预处理器标识符存在，它就会清除对方法的任何调用。还要注意，ConditionalAttibute 不影响目标方法本身的已编译 CIL 代码（除了添加特性元数据）。ConditionalAttibute 会在编译时通过移除调用的方式来影响调用点。这进一步澄清了跨程序集调用时 ConditionalAttribute 和 #if/#endif 的区别。由于被这个特性修饰的方法仍会进行编译并包含在目标程序集中，所以具体是否调用方法，不是取决于被调用者所在程序集中的预处理器标识符，而是取决于调用者所在程序集中的预处理器标识符。换言之，如创建第二个程序集并在其中定义 CONDITION_B，那么第二个程序集中对 Program.MethodB() 的任何调用都会执行。许多需要进行跟踪和测试的情形下，这都是一个好用的功能。事实上，对 System.Diagnostics.Trace 和 System.Diagnostics.Debug 的调用就是利用了这一点（ConditionalAttribute 和 TRACE/DEBUG 预处理器标识符配合使用）。

由于只要预处理器标识符没有定义，方法就不会执行，所以假如一个方法包含了 out 参数，或者返回类型不为 void，就不能使用 ConditionalAttribute，否则会造成编译时错误。之所以要进行这个限制，是因为如果不限制的话，在被这个特性修饰的方法中，有可能出现任何代码都不会执行的情况。这就不知道该将什么返回给调用者。类似地，属性不能用 ConditionalAttribute 修饰。ConditionalAttribute 的 AttributeUsage（参见上一节）设为 AttributeTargets.Class（自 .NET Framework 2.0 起）和 AttributeTargets.Method。这允许你将该特性用于方法或类。但用于类时比较特殊，因为只允许为 System.Attribute 的派生类使用 ConditionalAttribute。

用 ConditionalAttribute 修饰自定义特性时，只有在调用程序集中定义了条件字符串的前提下，才能通过反射来获取该自定义特性。没有这样的条件字符串，就不能通过反射来查找自定义特性。

3. System.ObsoleteAttribute

前面讲过，预定义特性会影响编译器和 / 或“运行时”的行为。ObsoleteAttribute 是特性影响编译器行为的另一个例子。ObsoleteAttribute 用于编制代码版本，向调用者指出一个特定的成员或类型已过时。代码清单 18.24 展示了一个例子。如输出 18.8 所示，一个成员在使用 ObsoleteAttribute 进行了修饰之后，对调用它的代码进行编译，会导致编译器显示一条警告（也可选择报错）。

代码清单 18.24　使用 ObsoleteAttribute

```
class Program
{
  public static void Main()
  {
      ObsoleteMethod();
  }

  [Obsolete]
  public static void ObsoleteMethod()
  {
  }
}
```

输出 18.8

```
c:\SampleCode\ObsoleteAttributeTest.cs(24,17) warning CS0612:
Program.ObsoleteMethod()' 已过时
```

本例的 ObsoleteAttribute 只是显示警告。但该特性还提供了另外两个构造函数。第一个是 ObsoleteAttribute(string message)，能在编译器生成的报告过时的消息上附加额外的消息。最好在消息中告诉用户用什么来替代已过时的代码。第二个是 Obsolete-Attribute(string, Boolean)，Boolean 参数指定是否强制将警告视为错误。

ObsoleteAttribute 允许第三方向开发者通知已过时的 API。警告（而不是错误）允许原来的 API 继续发挥作用，直到开发者更新其调用代码为止。

4. 与序列化相关的特性

通过预定义特性，框架允许将对象序列化成一个流，使它们以后能反序列化为对象。这样就可在关闭一个应用程序之前方便地将一个文档类型的对象存盘。之后，文档可以反序列化，便于用户继续处理。

虽然对象可能相当复杂，而且可能链接到其他许多也需要序列化的对象类型，但序列化框架其实很容易使用。要序列化对象，唯一需要的就是包含一个 System.Serializable-Attribute。有了这个特性，一个 formatter(格式化程序）类就可对该序列化对象执行反射，并把它拷贝到一个流中，如代码清单 18.25 所示。

代码清单 18.25　使用 System.SerializableAttribute 保存文档

```
using System;
using System.IO;
using System.Runtime.Serialization.Formatters.Binary;

class Program
{
  public static void Main()
```

```
  {
      Stream stream;
      Document documentBefore = new Document();
      documentBefore.Title =
          "A cacophony of ramblings from my potpourri of notes";
      Document documentAfter;

      using (stream = File.Open(
          documentBefore.Title + ".bin", FileMode.Create))
      {
          BinaryFormatter formatter =
              new BinaryFormatter();
          formatter.Serialize(stream, documentBefore);
      }

      using (stream = File.Open(
          documentBefore.Title + ".bin", FileMode.Open))
      {
          BinaryFormatter formatter =
              new BinaryFormatter();
          documentAfter = (Document)formatter.Deserialize(
              stream);
      }

      Console.WriteLine(documentAfter.Title);
  }
}
```

```
// Serializable classes use SerializableAttribute
[Serializable]
class Document
{

  public string Title = null;
  public string Data = null;

  [NonSerialized]
  public long _WindowHandle = 0;

  class Image
  {
  }
  [NonSerialized]
  private Image Picture = new Image();
}
```

输出 18.9 展示了代码清单 18.25 的结果。

输出 18.9

```
A cacophony of ramblings from my potpourri of notes
```

代码清单 18.25 序列化并反序列化了一个 Document 对象。执行序列化需实例化一个

formatter(本例使用 System.Runtime.Serialization.Formatters.Binary.BinaryFormatter)，然后为合适的流对象调用 Serialization()。执行反序列化需调用 formatter 的 Deserialize() 方法，并指定包含了已序列化对象的流作为参数。但 Deserialize() 返回的是 object 类型，还需把它转型为最初的类型。

注意序列化针对的是整个对象图（object graph，所有项通过字段与已序列化对象 Document 关联）。因此，对象图中的所有字段也必须是可序列化的。

❑System.NonSerializable

不可序列化的字段应使用 System.NonSerializable 特性来修饰。它告诉序列化框架忽略这些字段。不应持久化的字段也应使用该特性来修饰。例如，密码和 Windows 句柄就不应序列化。Windows 句柄之所以不应序列化，是因为每次重新创建窗口会发生改变。而密码之所以不应序列化，是因为序列化到一个流中的数据是没有加密的，可被轻松获取。在图 18.2 中，我们用“记事本”程序打开了一个已序列化的文档。

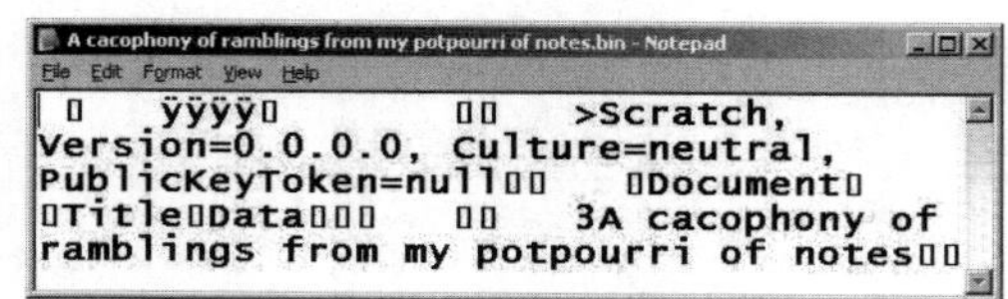

图 18.2 BinaryFormatter 没有对数据进行加密

代码清单 18.25 设置了 Title 字段，最终生成的 *.BIN 文件包含的是明文。

❑提供自定义序列化

要添加加密功能，一个办法是提供自定义序列化。先不管加密和解密的复杂性，为了提供自定义序列化，除了使用 SerializableAttribute 之外，还要实现 ISerializable 接口。该接口只要求实现 GetObjectData() 方法。但这仅足以支持序列化。为同时支持反序列化，需要提供一个构造函数来获取 System.Runtime.Serialization.SerializationInfo 和 System.Runtime.Serialization.StreamingContext 类型的参数，如代码清单 18.26 所示。

代码清单 18.26 实现 System.Runtime.Serialization.ISerializable

```
using System;
using System.Runtime.Serialization;

[Serializable]
class EncryptableDocument :
    ISerializable
{
  public EncryptableDocument(){ }

  enum Field
  {
      Title,
      Data
```

```
    }
    public string Title;
    public string Data;

    public static string Encrypt(string data)
    {
        string encryptedData = data;
        // Key-based encryption ...
        return encryptedData;
    }

    public static string Decrypt(string encryptedData)
    {
        string data = encryptedData;
      // Key-based decryption...
        return data;
    }
    #region ISerializable Members
          public void GetObjectData(
          SerializationInfo info, StreamingContext context)
      {
          info.AddValue(
              Field.Title.ToString(), Title);
          info.AddValue(
              Field.Data.ToString(), Encrypt(Data));
      }

      public EncryptableDocument(
          SerializationInfo info, StreamingContext context)
      {
          Title = info.GetString(
              Field.Title.ToString());
          Data = Decrypt(info.GetString(
              Field.Data.ToString()));
      }
    #endregion
    }
```

简单地说，System.Runtime.Serialization.SerializationInfo 对象是由“名称 / 值”对构成的一个集合。序列化时，GetObject() 的实现会调用 AddValue()。反转这个过程需调用某个 Get*() 成员。在本例中，我们在序列化和反序列化之前分别执行加密和解密。

❑序列化的版本控制

序列化框架还要注意版本控制问题。像文档这样的对象可能用程序集的一个版本序列化，以后用一个新版本来反序列化。稍不注意，就会造成版本不兼容的问题。来看看表 18.1 描述的情形。

令人惊讶的是，虽然只是添加了一个新字段，但对原始文件执行反序列化，就会抛出一个 System.Runtime.Serialization.SerializationException 异常。这是由于 formatter 会在流中查找与新字段对应的数据。找不到当然会抛出异常。

表 18.1 新版本的反序列化抛出异常

<table>
<tr><th>步骤</th><th>描　述</th><th>代　码</th></tr>
<tr><td>1</td><td>定义类，用 System.SerializableAttribute 修饰</td><td rowspan="2">[Serializable]
class Document
{
  public string Title;
  public string Data;
}</td></tr>
<tr><td>2</td><td>添加任意可序列化类型的一个或两个（public 或 private）字段</td></tr>
<tr><td>3</td><td>将对象序列化到名为 *.v1.bin 的文件中</td><td>Stream stream;
Document documentBefore = new
Document();
documentBefore.Title =
  "A cacophony of ramblings from
my potpourri of notes";
Document documentAfter;

using (stream = File.Open(
    documentBefore.Title + ".bin",
    FileMode.Create))
{
  BinaryFormatter formatter =
      new BinaryFormatter();
  formatter.Serialize(
      stream, documentBefore);
}</td></tr>
<tr><td>4</td><td>在可序列化类中添加一个新字段</td><td>[Serializable]
class Document
{
  public string Title;
  public string Author;
  public string Data;
}</td></tr>
<tr><td>5</td><td>将 *v1.bin 文件反序列化为新对象（Document）版本</td><td>using (stream = File.Open(
    documentBefore.Title + ".bin",
    FileMode.Open))
{
    BinaryFormatter formatter =
        new BinaryFormatter();
    documentAfter =
        (Document)formatter.
Deserialize(
        stream);
}</td></tr>
</table>

Begin 2.0

为避免这个问题，.NET Framework 2.0 及其后续版本添加了一个 System.Runtime.Serialization.OptionalFieldAttribute。如需向后兼容性，就必须使用 Optional-

FieldAttribute 来修饰序列化的字段——包括私有字段。当然，如以后的某个版本规定该字段是必须而非可选，就不要这样修饰了。

End 2.0

高级主题：System.SerializableAttribute 和 CIL

序列化特性的行为在许多方面和自定义特性相似。在运行时，formatter 类搜索这些特性，如特性存在，就对类进行相应的格式化。但 System.SerializableAttribute 之所以不是简单的自定义特性，是由于 CIL 为序列化类采用了特殊的 header 表示法。代码清单 18.27 展示了 CIL 代码中 Person 类的 header。

代码清单 18.27　SerializableAttribute 的 CIL

```
class auto ansi serializable nested private
  beforefieldinit Person
  extends [mscorlib]System.Object
{
} // end of class Person
```

而特性（包括大多数预定义特性）通常出现在类定义的内部（参见代码清单 18.28）。

代码清单 18.28　普通特性的 CIL

```
.class private auto ansi beforefieldinit Person
       extends [mscorlib]System.Object
{
  .custom instance void CustomAttribute::.ctor() =
      ( 01 00 00 00 )
} // end of class Person
```

在代码清单 18.28 中，CustomAttribute 是负责修饰的特性的全名。

SerializableAttribute 转换为元数据表中的一个设置位（set bit），这使其成为所谓的“**伪特性**”（pseudoattribute），也就是在元数据表中对位或字段进行设置的特性。

18.3　使用动态对象进行编程

Begin 4.0

随着动态对象在 C# 4.0 中的引入，许多编程情形都得到了简化，以前无法实现的一些编程情形现在也能实现了。从根本上说，使用动态对象进行编程，开发人员可通过动态调度机制对设想的操作进行编码。“运行时”会在程序执行时对这个机制进行解析，而不是由编译器在编译时验证和绑定。

为什么要推出动态对象？从较高的级别上说，经常都有对象天生就不适合赋予一个静态类型。例子包括从 XML/CSV 文件、数据库表、Internet Explorer DOM 或者 COM 的 IDispatch 接口加载数据，或者调用用动态语言写的代码（比如调用 IronPython 对象中的代码）。C# 4.0 的动态对象提供了一个通用解决方案与“运行时”环境对话。这种对象在编译时不一定有定义好的结构。在 C# 4.0 的动态对象的初始实现中，提供了以下 4 个绑定方式。

（1）针对底层 CLR 类型使用反射。

（2）调用自定义 IDynamicMetaObjectProvider，它使一个 DynamicMetaObject 变得可用。

（3）通过 COM 的 IUnknown 和 IDispatch 接口来调用。

（4）调用由动态语言（比如 IronPython）定义的类型。

我们将讨论前两种方式。其基本原则也适用于余下的情况——COM 互操作性和动态语言互操作性。

18.3.1 使用 dynamic 调用反射

反射的关键功能之一就是动态查找和调用特定类型的成员。这要求在执行时识别成员名或其他特征，比如一个特性（参见代码清单 18.3）。但 C# 4.0 新增的动态对象提供了更简单的办法来通过反射调用成员。但该技术的限制在于，编译时需要知道成员名和签名（参数个数，以及指定的参数是否和签名类型兼容）。代码清单 18.29（输出 18.10）展示了一个例子。

代码清单 18.29 使用"反射"的动态编程

```
using System;

// ...
dynamic data =
  "Hello!  My name is Inigo Montoya";
Console.WriteLine(data);
data = (double)data.Length;
data = data * 3.5 + 28.6;
if(data == 2.4 + 112 + 26.2)
{
  Console.WriteLine(
      $"{ data } makes for a long triathlon.");
}
else
{
  data.NonExistentMethodCallStillCompiles();
}
// ...
```

输出 18.10

```
Hello!  My name is Inigo Montoya
140.6 makes for a long triathlon.
```

本例子不是用显式的代码判断对象类型，查找特定 MemberInfo 实例并调用它。相反，data 声明为 dynamic 类型，并直接在它上面调用方法。编译时不会检查指定成员是否可用，甚至不会检查 dynamic 对象的基础类型是什么。所以，只要语法有效，编译时就可发出任何调用。在编译时，是否有一个对应的成员是无关紧要的。

但类型安全没有被完全放弃。对于标准 CLR 类型（比如代码清单 18.29 使用的那些），一般在编译时为非 dynamic 类型调用的类型检查器会在执行时为 dynamic 类型调用。所以，执行时发现事实上没有这个成员，调用该成员就会抛出一个 Microsoft.CSharp.RuntimeBinder.RuntimeBinderException。

注意，这个技术不如本章早些时候描述的反射技术灵活，虽然它的 API 无疑要简单一些。使用动态对象时，一个关键区别在于需要在编译时识别签名，而不是在运行时再判断这些东西（比如成员名），就像之前解析命令行实参时所做的那样。

18.3.2　dynamic 的原则和行为

代码清单 18.29 和之前的几段描述揭示了 dynamic 数据类型的几个特征。

- dynamic 是通知编译器生成代码的指令

dynamic 涉及一个解释机制。当“运行时”遇到一个 dynamic 调用时，它可以将请求编译成 CIL，再调用新编译的调用（参见稍后的“高级主题：dynamic 揭秘”）。

将类型指定成 dynamic，相当于从概念上“包装”（wrap）了原始类型。这样便不会发生编译时验证。此外，在运行时调用一个成员时，“包装器”（wrapper）会解释调用，并相应调度（或拒绝）它。在 dynamic 对象上调用 GetType() 可揭示出 dynamic 实例的基础类型——并不是返回 dynamic 类型。

- 任何能转换成 object 的类型都能转换成 dynamic

代码清单 18.29 成功将一个值类型（double）和一个引用类型（string）转型为 dynamic。事实上，所有类型都能成功转换成 dynamic 对象。存在从任何引用类型到 dynamic 的隐式转换。类似地，存在从值类型到 dynamic 的隐式转换（装箱转换）。此外，dynamic 到 dynamic 也存在隐式转换。这看起来可能很明显，但 dynamic 不是简单地将“指针”（地址）从一个位置拷贝到另一个位置，它要复杂得多。

- 从 dynamic 到一个替代类型的成功转换要依赖基础类型的支持。

从 dynamic 对象转换成标准 CLR 类型是显式转型，例如 (double)data.Length。一点都不奇怪，如果目标类型是值类型，那么需要一次拆箱转换。如基础类型支持向目标类型的转换，对 dynamic 执行的转换也会成功。

- dynamic 类型的基础类型在每次赋值时都可能改变

隐式类型的变量（var）不能重新赋值成一个不同的类型。和它不同，dynamic 涉及一个解释机制，要先编译再执行基础类型的代码。所以，可将基础类型实例更换为一个完全不同的类型。这会造成另一个解释调用位置（interception call site），需在调用前编译它。

- 验证基础类型上是否存在指定签名要推迟到运行时才进行——但至少会进行

以方法调用 person.NonExistentMethodCallStillCompiles() 为例，编译器几乎不会验证 dynamic 类型是否真的存在这样的一个操作[⊖]。这个验证要等到代码执行时，由“运行时”执行。如代码永不执行，即使它的外层代码已经执行（比如 person.NonExistentMethodCallStillCompiles() 的情况），也不会发生验证和对成员的绑定。

- 任何 dynamic 成员调用都返回 dynamic 对象

⊖ 这个方法是作者杜撰的，实际并不存在，但仍然能通过编译。——译者注

调用 dynamic 对象的任何成员都将返回一个 dynamic 对象。例如，data.ToString() 会返回一个 dynamic 对象而不是基础的 string 类型。但在执行时，在 dynamic 对象上调用 GetType() 会返回代表运行时类型的一个对象。

❑指定成员在运行时不存在将抛出 Microsoft.CSharp.RuntimeBinder.RuntimeBinderException 异常

执行时试图调用一个成员，"运行时"会验证成员调用有效（例如，在反射的情况下，签名是类型兼容的）。如方法签名不兼容，"运行时"会抛出 Microsoft.CSharp.RuntimeBinder.RuntimeBinderException。

❑用 dynamic 来实现的反射不支持扩展方法

和使用 System.Type 实现的反射一样，用 dynamic 实现的反射不支持扩展方法。仍然只有在实现类型（比如 System.Linq.Enumerable）上才可以调用扩展方法，不能直接在扩展的类型上调用。

❑究其根本，dynamic 是一个 System.Object

由于任何对象都能成功转换成 dynamic，而 dynamic 能显式转换成一个不同的对象类型，所以 dynamic 在行为上就像 System.Object。类似于 System.Object，它甚至会为它的默认值返回 null（default(dynamic)），表明它是引用类型。dynamic 特殊的动态行为只在编译时出现，这个行为是将它同一个 System.Object 区分开的关键。

高级主题：dynamic 揭秘

ILDASM 揭示出在 CIL 中，dynamic 类型实际是一个 System.Object。事实上，如果没有任何调用，dynamic 类型的声明和 System.Object 没有区别。但一旦调用它的成员，区别就变得明显了。为调用成员，编译器要声明 System.Runtime.CompilerServices.CallSite<T> 类型的一个变量。T 视成员签名而变化。但即使简单如 ToString() 这样的调用，也需实例化 CallSite<Func<CallSite, object,string>> 类型。另外还会动态定义一个方法，该方法可通过参数 CallSite site，object dynamicTarget 和 string result 进行调用。其中，site 是调用点本身。dynamicTarget 是要在上面调用方法的 object，而 result 是 ToString() 方法调用的基础类型的返回值。注意不是直接实例化 CallSite<Func<CallSite _site, object dynamicTarget, string result>>，而是通过一个 Create() 工厂方法来实例化它。Create() 获取一个 Microsoft.CSharp.RuntimeBinder.CSharpConvertBinder 类型的参数。在得到 CallSite<T> 的一个实例后，最后一步是调用 CallSite<T>.Target() 来调用实际的成员。

在执行时，框架会在幕后用"反射"来查找成员并验证签名是否匹配。然后，"运行时"生成一个表达式树，它代表由调用点定义的动态表达式。表达式树编译好后，就得到了和本来应由编译器生成的结果相似的 CIL。这些 CIL 代码在调用点缓存下来，并通过一个委托调用来实际地触发调用。由于 CIL 现已缓存于调用点，所以后续调用不会再产生反射和编译的开销。

18.3.3　为什么需要动态绑定

除了反射，还可定义动态调用的自定义类型。例如，假定需要通过动态调用来获取一个 XML 元素的值。可以不使用代码清单 18.30 的强类型语法，而是像代码清单 18.31 那样通过动态调用来调用 person.FirstName 和 person.LastName。

代码清单 18.30　不用 dynamic 在运行时绑定到 XML 元素

```
using System;
using System.Xml.Linq;

// ...
XElement person = XElement.Parse(
   @"<Person>
      <FirstName>Inigo</FirstName>
      <LastName>Montoya</LastName>
</Person>");

Console.WriteLine("{0} {1}",
  person.Descendants("FirstName").FirstOrDefault().Value,
  person.Descendants("LastName").FirstOrDefault().Value);
// ...
```

虽然代码清单 18.30 的代码看起来并不复杂，但和代码清单 18.31 相比就显得比较“难看”了。代码清单 18.31 使用动态类型的对象来达到和代码清单 18.30 一样的目的。

代码清单 18.31　使用 dynamic 在运行时绑定到 XML 元素

```
using System;

// ...
dynamic person = DynamicXml.Parse(
  @"<Person>
      <FirstName>Inigo</FirstName>
      <LastName>Montoya</LastName>
  </Person>");

  Console.WriteLine(
      $"{ person.FirstName } { person.LastName }");
// ...
```

优势是明显的，但这是不是说动态编程优于静态编译呢？

18.3.4　比较静态编译和动态编程

代码清单 18.31 的功能和代码清单 18.30 一样，但有一个很重要的区别。代码清单 18.30 是完全静态类型的。也就是说，所有类型及其成员签名在编译时都得到了验证。方法名必须匹配，而且所有参数都要通过类型兼容性检查。这是 C# 的一项关键特色，也是全书一直在强调的。

相反，代码清单 18.31 几乎没有静态类型的代码，person 变量是 dynamic 类型。所以，

不会在编译时验证 `person` 是否真的有一个 `FirstName` 或 `LastName` 属性（或其他成员）。此外，在 IDE 中写代码时，没有“智能感知”功能可帮你判断 `person` 的任何成员。

类型变得不确定，似乎会造成功能的显著削弱。作为 C# 4.0 的新增功能，为什么 C# 会允许出现这样的情况？让我们再次研究代码清单 18.31。注意用于获取 `"FirstName"` 元素的调用：`Element.Descendants("LastName").FirstOrDefault().Value`。在这个代码清单中，是用一个字符串（`"LastName"`）标识元素名。但编译时没有验证该字符串是否正确。如大小写和元素名不一致，或者名称存在一个空格，编译还是会成功——即使调用 `Value` 属性时会抛出一个 `NullReferenceException`。除此之外，编译器根本不会验证是否真的存在一个 `"FirstName"` 元素，如果不存在，还是会抛出 `NullReferenceException`。换言之，虽然有编译时类型安全的好处，但在访问 XML 元素中存储的动态数据时，这种类型安全性没有多大优势。

在编译时对所获取元素的验证方面，代码清单 18.31 不见得比代码清单 18.30 更好。如发生大小写不匹配，或者不存在 `FirstName` 元素的情况，仍会抛出一个异常[⊖]。但将代码清单 18.31 用于访问名字的调用（`person.FirstName`）和代码清单 18.30 的调用进行比较，前者显然更简洁。

总之，某些情况下类型安全性不会（而且也许不能）进行特定检查。这时执行只在运行时验证的动态调用（而不是同时在编译时验证），代码会显得更易读、简洁。当然，如果能在编译时验证，静态类型的编程就是首选的，因为这时也许能选用一些易读、简洁的 API。但当它的作用不大的时候，就可利用 C# 4.0 的动态功能写更简单的代码，而不必刻意追求类型安全性。

18.3.5 实现自定义动态对象

代码清单 18.31 包含一个 `DynamicXml.Parse(...)` 方法调用，它本质上是 `DynamicXml` 的一个工厂方法调用。`DynamicXml` 是自定义类型，而不是 CLR 框架的内建类型。但 `DynamicXml` 没有实现 `FirstName` 或 `LastName` 属性。实现这两个属性会破坏在执行时从 XML 文件获取数据的动态支持（我们的目的不是访问 XML 元素基于编译时的实现）。换言之，`DynamicXml` 不是用反射来访问它的成员，而是根据 XML 内容动态绑定到值。

定义自定义动态类型的关键是实现 `System.Dynamic.IDynamicMetaObjectProvider` 接口。但不必从头实现接口。相反，首选方案是从 `System.Dynamic.DynamicObject` 派生出自定义的动态类型。这样会为众多成员提供默认实现，你只需重写那些不合适的。代码清单 18.32 展示了完整的实现。

代码清单 18.32 实现自定义动态对象

```
using System;
using System.Dynamic;
using System.Xml.Linq;
```

⊖ 不能在 `FirstName` 属性调用中使用空格。但 XML 也不支持在元素名中使用空格。所以这个问题可以放到一边。

```
public class DynamicXml : DynamicObject
{
  private XElement Element { get; set; }

  public DynamicXml(System.Xml.Linq.XElement element)
  {
      Element = element;
  }
public static DynamicXml Parse(string text)
{
    return new DynamicXml(XElement.Parse(text));
}

public override bool TryGetMember(
    GetMemberBinder binder, out object result)
{
    bool success = false;
    result = null;
    XElement firstDescendant =
        Element.Descendants(binder.Name).FirstOrDefault();
    if (firstDescendant != null)
    {
        if (firstDescendant.Descendants().Count() > 0)
        {
            result = new DynamicXml(firstDescendant);
        }
        else
        {
            result = firstDescendant.Value;
        }
        success = true;
    }
    return success;
}

public override bool TrySetMember(
    SetMemberBinder binder, object value)
{
    bool success = false;
    XElement firstDescendant =
        Element.Descendants(binder.Name).FirstOrDefault();
    if (firstDescendant != null)
    {
        if (value.GetType() == typeof(XElement))
        {
            firstDescendant.ReplaceWith(value);
        }
        else
        {
            firstDescendant.Value = value.ToString();
        }
        success = true;
    }
```

```
        return success;
    }
  }
```

本例要实现的核心动态方法是 TryGetMember() 和 TrySetMember()（假定还要对元素进行赋值）。实现这两个方法就可支持对动态取值和赋值属性的调用。实现起来还相当简单。首先检查包含的 XElement，查找和 binder.Name（要调用的成员名称）同名的一个元素。如存在一个对应的 XML 元素，就取回（或设置）值。如元素存在，返回值设为 true，否则设为 false。如返回值为 false，会立即导致“运行时”在进行动态成员调用的调用点处抛出一个 Microsoft.CSharp.RuntimeBinder.RuntimeBinderException。

如需其他动态调用，可利用 System.Dynamic.DynamicObject 支持的其他虚方法。代码清单 18.33 展示了所有可重写的成员。

代码清单 18.33　System.Dynamic.DynamicObject 的可重写成员

```
using System.Dynamic;

public class DynamicObject : IDynamicMetaObjectProvider
{
  protected DynamicObject();

  public virtual IEnumerable<string> GetDynamicMemberNames();
  public virtual DynamicMetaObject GetMetaObject(
      Expression parameter);
  public virtual bool TryBinaryOperation(
      BinaryOperationBinder binder, object arg,
          out object result);
  public virtual bool TryConvert(
      ConvertBinder binder, out object result);
  public virtual bool TryCreateInstance(
      CreateInstanceBinder binder, object[] args,
          out object result);
  public virtual bool TryDeleteIndex(
      DeleteIndexBinder binder, object[] indexes);
  public virtual bool TryDeleteMember(
      DeleteMemberBinder binder);
  public virtual bool TryGetIndex(
      GetIndexBinder binder, object[] indexes,
          out object result);
  public virtual bool TryGetMember(
      GetMemberBinder binder, out object result);
  public virtual bool TryInvoke(
      InvokeBinder binder, object[] args, out object result);
  public virtual bool TryInvokeMember(
      InvokeMemberBinder binder, object[] args,
          out object result);
  public virtual bool TrySetIndex(
      SetIndexBinder binder, object[] indexes, object value);
  public virtual bool TrySetMember(
      SetMemberBinder binder, object value);
```

```
    public virtual bool TryUnaryOperation(
        UnaryOperationBinder binder, out object result);
}
```

如代码清单 18.33 所示，几乎一切都有对应的成员实现——从转型和各种运算，一直到索引调用。此外，还有一个 GetDynamicMemberNames() 方法用于获取所有可能的成员名。

End 4.0

18.4　小结

本章讨论了如何利用反射来读取已编译成 CIL 的元数据。可利用反射执行所谓的晚期绑定，也就是在执行时而非编译时定义要调用的代码。虽然完全可以利用反射来部署一个动态系统，但相较于静态链接的（在编译时链接）、定义好的代码，它的速度要慢得多。因此，它更适合在开发工具中使用。

还可利用反射获取以特性的形式对各种构造进行修饰的附加元数据。通常，自定义特性是使用反射来查找的。可以定义自己的特性，将自选的附加元数据插入 CIL 中。然后在运行时获取这些元数据，并在编程逻辑中使用它们。

许多人都认为，正是特性的出现，才使“面向方面编程”（aspect-oriented programming）的概念变得清晰起来。这种编程模型使用像特性这样的构造来添加额外功能（术语叫横切关注点），平常只关注主要功能（术语叫主关注点）。C# 要实现真正的“面向方面编程”尚需假以时日。但特性指明了一个清晰的方向，朝这个方向前进，可以在不损害语言稳定性的同时，享受各种各样的新功能。

本章最后讲解了从 C# 4.0 开始引入的功能——使用新的 dynamic 类型进行动态编程。这一节讨论了静态绑定在处理动态数据时存在的局限（不过，在 API 是强类型的前提下，静态绑定仍是首选）。

下一章将讨论多线程处理，届时会将特性用于线程同步。

第 19 章

多线程处理

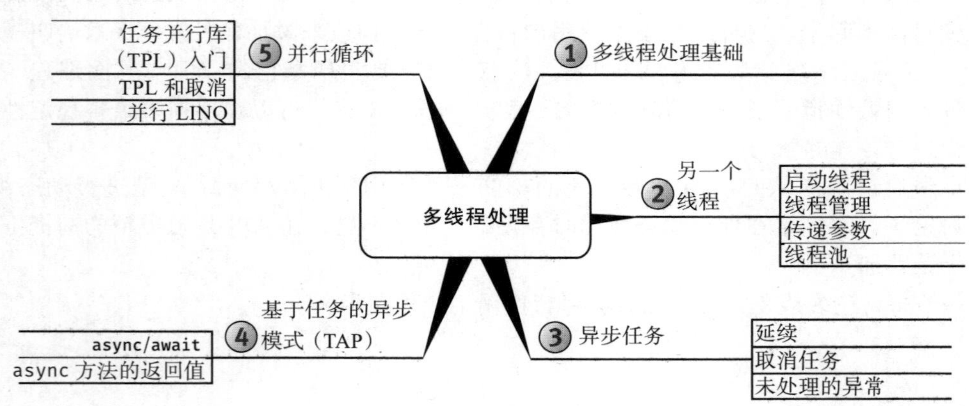

过去十年有两个重要趋势对软件开发产生了巨大影响。第一，不再通过时钟速度和晶体管密度来降低计算成本（如图 19.1 所示）。相反，现在是通过制造包含多 CPU（多核心）的硬件来降低成本。

第二，现在的计算会遇到各种**延迟**。简单地说，延迟是获得结果所需的时间。延迟主要有两个原因。处理复杂的计算任务时产生**处理器受限延迟**（Processor-bound latency）：假定一个计算需要执行 120 亿次算术运算，而总共的处理能力是每秒 60 亿次，那么从请求结果到获得结果至少有 2 秒钟的处理器受限延迟。相反，**I/O 受限延迟**（I/O-bound latency）是从外部来源（如磁盘驱动器、Web 服务器等）获取数据所产生的延迟。任何计算要从远程 Web 服务器获取数据，至少都会产生相当于几百万个处理器周期的延迟。

这两种延迟为软件开发人员带来了巨大的挑战。既然现在计算能力大增，如何在有效利用它们快速获得结果的同时不损害用户体验？如何防止创建不科学的 UI，在执行高延迟的操作时发生卡顿或冻结？另外，如何在多个处理器之间分配 CPU 受限的工作来缩短计算时间？

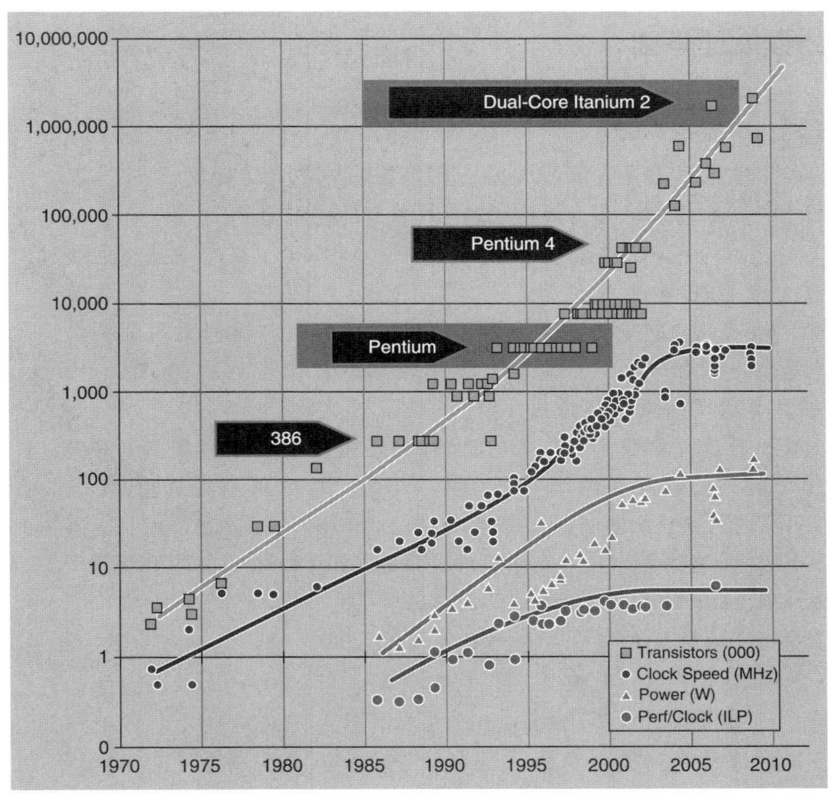

图 19.1 时钟速度发展历史（本图由 Herb Sutter 制作。使用已获授权。来自 www.gotw.ca）

为保证 UI 响应迅速，同时高效利用 CPU，标准技术是写多线程程序，“并行”执行多个计算。遗憾的是，多线程逻辑很难写好，我们将用两章的篇幅讨论多线程处理的困难性，以及如何使用高级抽象和新的语言功能来减轻负担。

在要讨论的高级抽象中，首先是随同 .NET 4.0 发布的并行扩展库的两个基本组件[⊖]：TPL（Task Parallel Library，任务并行库）和 PLINQ（Parallel LINQ，并行 LINQ）。其次是 TAP（Task-based Asynchronous Pattern，基于任务的异步模式）以及配套的 C# 5.0(及更高版本)语言支持。虽然强烈建议使用这些高级抽象，但本章仍会花一些篇幅讲解老版本 .NET“运行时”支持的低级线程处理 API。此外，可从本书配套网站下载本书前几版（从 Essential C# 3.0 起）的多线程处理章节，网址是 http://IntelliTect.com/EssentialCSharp。老的内容在今天仍有意义，仍然重要，因为很多人都享受不到只为最新版框架写代码的“奢侈”。

⊖ 可下载 Reactive Extensions library for .NET 3.5 以便在 .NET 3.5 中使用这些库。

本章首先是为多线程编程新手提供的一系列“初学者主题”。然后简单讨论了如何在不用并行扩展库的前提下进行“传统”的线程处理，从而对线程处理有一个基本了解（下一章会更全面地讨论线程处理）。最后，本章大部分篇幅都用来讲解 TPL、TAP 和 PLINQ。

19.1 多线程处理基础

初学者主题：多线程术语

多线程处理术语太多，容易混淆，所以在此先把它们定义好。

CPU（中央处理器）或者**核心 / 内核**[⊖]是实际执行程序的硬件单元。每台机器至少有一个 CPU，虽然多 CPU 机器也不少见。许多现代 CPU 都支持**同时多线程**（Intel 称为**超线程**），使一个 CPU 能表现为多个“虚拟” CPU。

进程（process）是某个程序当前正在执行的实例。操作系统的一项基本功能就是管理进程。每个进程都包含一个或多个线程。程序中可用 `System.Diagnostics` 命名空间的 `Process` 类的实例来访问进程。

在语句和表达式的级别上，C# 编程本质上就是在描述**控制流**（flow of control）。本书到目前为止一直假设程序仅一个“控制点”。可想象程序启动后，控制点像“光标”（cursor）一样进入 `Main` 方法，并随着各种条件、循环、方法等的执行在程序中移动。**线程**（thread）就是这个控制点。`System.Threading` 命名空间包含用于处理线程（具体就是 `System.Threading.Thread` 类）的 API。

单线程程序的进程仅包含一个线程。**多线程**程序的进程则包含两个或更多线程。

在多线程程序中运行具有正确行为的代码，就说代码是**线程安全**的。代码的**线程处理模型**是指代码向调用者提出的一系列要求，只有满足这些要求才能保障线程安全。例如，许多类的线程处理模型都是“静态方法可从任意线程调用，但实例方法只能从分配实例的那个线程调用”。

任务是可能出现高延迟的工作单元，作用是产生结果值或者希望的副作用。任务和线程的区别是：任务代表需要执行的一件工作，而线程代表做这件工作的工作者。任务的意义在于其副作用，由 `Task` 类的实例表示。生成给定类型的值的任务用 `Task<T>` 类表示，后者从非泛型 `Task` 类型派生。它们都在 `System.Threading.Tasks` 命名空间中。

线程池是多个线程的集合，通过一定逻辑决定如何为线程分配工作。有任务要执行时，它分配池中的一个工作者线程执行任务，并在任务结束后解除分配。

初学者主题：多线程处理的目标和实现

多线程处理主要用于两个方面：实现多任务和解决延迟。

用户随随便便就会同时运行几十乃至上百个进程。可能一边编辑 PPT 和电子表格，

⊖ 从技术上说，“CPU”总是指物理芯片，而“核心”或“内核”可以指物理 CPU，也可以指虚拟 CPU。在本书中两者的区别并不重要，两个词都能用。

一边在网上浏览、听音乐、接收即时通信和电子邮件通知，还不时看一看角落的小时钟。每个进程都在干活，谁都不是机器唯一关注的任务。这种多任务处理通常在进程级实现，但有时也需要在一个进程中进行这样的多任务处理。

考虑到本书的目的，我们主要用多线程技术解决延迟问题。例如，为了在导入大文件时允许用户点击“取消”，开发者可创建一个额外的线程来执行导入。这样，用户随时都能点击“取消”，不必冻结 UI 直至导入完成。

如核心数量足够，每个线程都能分配到一个，那么每个线程都相当于在一台单独的机器上运行。但大多数时候都是线程多核心少。即使目前流行的多核机器也只有屈指可数的核心，而每个进程都可能运行数十个线程。

为缓解粥（CPU 核心）少僧（线程）多的矛盾，操作系统通过称为**时间分片**（time slicing）的机制来模拟多个线程并发运行。操作系统以极快的速度从一个线程切换到另一个，给人留下所有线程都在同时执行的错觉。处理器执行一个线程的时间周期称为**时间片**（time slice）或**量子**（quantum）。在某个核心上更改执行线程的行动称为**上下文切换**（context switch）。

该技术的效果和光纤电话线相似。光纤线相当于处理器，每个通话都相当于一个线程。一条（单模式）光纤电话线每次只能发送一个信号，但同时可以有许多人通过同一条电话线打电话。由于光纤信道的速度极快，所以能在不同的对话之间快速切换，使人感觉不到自己的对话有中断的现象。类似地，一个多线程进程所包含的每个线程都能“不中断”地一起运行。

无论是真正的多核并行运行，还是使用时间分片技术来模拟，我们说“一起”进行的两个操作是**并发**（concurrent）的。实现这种并发操作需要以异步方式调用它，被调用操作的执行和完成都独立于调用它的控制流。异步分配的工作与当前控制流并行执行，就实现了并发性。**并行编程**（parallel programming）是指将一个问题分解成较小的部分，**异步**（asynchronously）发起对每一部分的处理，最终使它们全部都并发执行。

初学者主题：性能问题

执行 I/O 受限操作的线程会被操作系统忽略，直到 I/O 子系统返回结果。所以，从 I/O 受限线程切换到处理器受限线程能提高处理器利用率，防止处理器在等待 I/O 操作完成期间闲置。

但上下文切换有代价：必须将 CPU 当前的内部状态保存到内存，还必须加载与新线程关联的状态。类似地，如线程 A 正在用一些内存做大量工作，线程 B 正在用另一些内存做大量工作，在两者之间进行上下文切换，可能造成从线程 A 加载到缓存的全部数据被来自线程 B 的数据替换（或相反）。如线程太多，切换开销就会开始显著影响性能。添加更多线程会进一步降低性能，直到最后处理器的大量时间被花在从一个线程切换到另一个线程上，而不是花在线程的执行上。

即使忽略上下文切换的开销，时间分片本身对性能也有巨大影响。例如，假定有两个处理器受限的高延迟任务，分别计算 10 亿个数的平均值。假定处理器每秒能执行 10

亿次运算。如两个任务分别和一个线程关联，且两个线程分别有自己的核心，那么显然能在 1 秒钟之内获得两个结果。

但是，如一个处理器由两个线程共享，时间分片将在一个线程上执行几十万次操作，再切换到另一个线程，再切换回来，如此反复。每个任务都要消耗总共 1 秒钟的处理器时间，所以两个结果都要在 2 秒钟之后才能获得，平均完成时间是 2 秒（同样地，这里忽略了上下文切换的开销）。

如分配两个任务都由一个线程执行，而且严格按前后顺序执行，则第一个任务的结果在 1 秒后获得，第二个在第 2 秒后获得，平均完成时间是 1.5 秒（一个任务要么 1 秒完成，要么 2 秒完成，所以平均 1.5 秒完成）。

设计规范

- 不要以为多线程必然会使代码更快。
- 要在通过多线程来加快解决处理器受限问题时谨慎衡量性能。

初学者主题：线程处理的问题

前面说过，多线程的程序写起来既复杂又困难，但未曾提及原因。其实根本原因在于单线程程序中一些成立的假设在多线程程序中变得不成立了。问题包括缺乏原子性、竞态条件、复杂的内存模型以及死锁。

大多数操作都不是原子性的

原子操作要么尚未开始，要么已经完成。从外部看，其状态永远不会是“进行中”。例如以下代码：

```
if (bankAccounts.Checking.Balance >= 1000.00m)
{
  bankAccounts.Checking.Balance -= 1000.00m;
  bankAccounts.Savings.Balance += 1000.00m;
}
```

上述代码检查银行账户余额，条件符合就从中取钱，向另一个账户存钱。这个操作必须是原子性的。换言之，为了使代码能正确执行，永远不能发生操作只是部分完成的情况。例如，假定两个线程同时运行，可能两个都验证账户有足够的余额，所以两个都执行转账，而剩余的资金其实只够进行一次转账。事实上，局面会变得更糟。在上述代码中，没有任何一个操作是原子性的。就连复合加 / 减（或读 / 写）`decimal` 类型的属性在 C# 中都不属于原子操作。因此，它们在多线程的情况下全都属于“部分完成”——只是部分递增或递减。因为部分完成的非原子操作而造成了不一致状态，这是**竞态条件**的一种特例。

竞态条件所造成的不确定性

如前所述，一般通过时间分片来模拟并发性。在缺少下一章要详细讨论的线程同步构造的情况下，操作系统会在它认为合适的任何时间在任何两个线程之间切换上下文。

结果是当两个线程访问同一个对象时，无法预测哪个线程“竞争胜出”并抢先运行。例如，假定有两个线程运行上述代码段，可能一个胜出并一路运行到尾，而另一个线程甚至还没有开始。也可能在第一个执行完余额检查后立即发生上下文切换，第二个胜出，一路运行到尾。

对于包含竞态条件的代码，其行为取决于上下文切换时机。这造成了程序执行的不确定性。一个线程中的指令相对于另一个线程中的指令，两者的执行顺序是未知的。最糟的情况是包含竞态条件的代码 99.9% 的时间都具有正确行为 。1000 次只有那么一次，另一个线程在竞争中胜出。正是这种不确定性使多线程编程显得很难。

由于竞态条件难以重现，所以保证多线程代码的品质主要依赖于长期压力测试、专业的代码分析工具以及专家对代码进行的大量分析和检查。此外，比这些更重要的是“越简单越好”原则。为追求极致性能，本来一个锁就能搞定的事情，有的开发人员会诉诸像互锁（Interlocked 类）和易变（Volatile 类）这样的更低级的基元构造。这会使局面复杂化，代码更容易出错。在好的多线程编程中，“越简单越好”或许才是最重要的原则。

下一章会介绍一些应对竞态条件的技术。

内存模型的复杂性

竞态条件（两个控制点以无法预测且不一致的速度“竞争”代码的执行）本来就很糟了，但还有更糟的。假定两个线程在两个不同的进程中运行，但都要访问同一个对象中的字段。现代处理器不会在每次要用一个变量时都去访问主内存。相反，是在处理器的“高速缓存”（cache）中生成本地拷贝。该缓存定时与主内存同步。这意味着在两个不同的处理器上，两个线程以为自己在读写同一个位置，实际看到的可能不是对方对那个位置的实时更新，获得的结果可能不一致。简单地说，这里是处理器同步缓存的时机产生了竞态条件。

锁定造成死锁

显然，肯定有什么机制能将非原子操作转变成原子操作，要求操作系统对线程进行调度以防止竞态条件，并确保处理器的高速缓存在必要时同步。C# 程序解决所有这些问题的主要机制是 lock 语句。它允许开发者将一部分代码设为“关键”（critical）[1]代码，一次只能有一个线程执行它。如多个线程试图进入关键区域，操作系统只允许一个，其他将被挂起[2]。操作系统还确保在遇到锁的时候处理器高速缓存正确同步。

但锁自身也有问题（另外还有性能开销）。最容易想到的是，假如不同线程以不同顺序来获取锁，就可能发生死锁。这时线程会被冻结，彼此等待对方释放它们的锁，如图 19.2 所示。

线程 A	线程 B
获得 A 上的锁	获得 B 上的锁
请求 B 上的锁	请求 A 上的锁
死锁，等待 B	死锁，等待 A

图 19.2 死锁时间线

[1] 更好的翻译是“临界”，例如，critical region 的传统说法是“临界区”。——译者注

[2] 使线程睡眠、自旋或者先自旋再恢复睡眠模式再如此反复。

此时，每个线程都只有在对方释放了锁之后才能继续，线程阻塞，造成代码彻底死锁。下一章将讨论各种锁定技术。

设计规范

- 不要无根据地以为普通代码中的原子性操作在多线程代码中也是原子性的。
- 不要以为所有线程看到的都是一致的共享内存。
- 要确保同时拥有多个锁的代码总是以相同的顺序获取它们。
- 避免所有竞态条件，程序行为不能受操作系统调度线程的方式的影响。

19.2 使用 System.Threading

并行扩展库相当有用，因为它允许使用更高级的抽象——任务，而不必直接和线程打交道。但有的时候，要处理的代码是在 TPL 和 PLINQ 问世之前（.NET 4.0 之前）写的。也有可能某个编程问题不能直接用它们解决。本节简单讨论一些用于直接操纵线程的基本 API。

19.2.1 使用 System.Threading.Thread 进行异步操作

操作系统实现线程并提供各种非托管 API 来创建和管理线程。CLR 封装这些非托管线程，在托管代码中通过 System.Threading.Thread 类来公开它们。该类的实例代表程序中的一个“控制点”。如前所述，可将线程想象成一名“工作者”，它独立地按照你的程序指令工作。

代码清单 19.1 展示了一个例子。独立控制点由并发运行的一个 Thread 实例表示。线程需要知道在它启动时应运行什么代码，所以它的构造函数要获取一个委托，后者引用了要执行的代码。本例是将方法组 DoWork 转换成相应的委托类型 ThreadStart。然后调用 Start() 启动线程。新线程运行时，主线程先在控制台上打印 1000 个连字符，再调用 Join() 告诉主线程等候工作者线程完成。结果如输出 19.1 所示。

代码清单 19.1 使用 System.Threading.Thread 启动一个方法

```
using System;
using System.Threading;

public class RunningASeparateThread
{
  public const int Repetitions = 1000;

  public static void Main()
  {
      ThreadStart threadStart = DoWork;
      Thread thread = new Thread(threadStart);
      thread.Start();
      for(int count = 0; count < Repetitions; count++)
      {
          Console.Write('-');
```

```
        }
        thread.Join();
    }

    public static void DoWork()
    {
        for(int count = 0; count < Repetitions; count++)
        {
            Console.Write('+');
        }
    }
}
```

输出 19.1

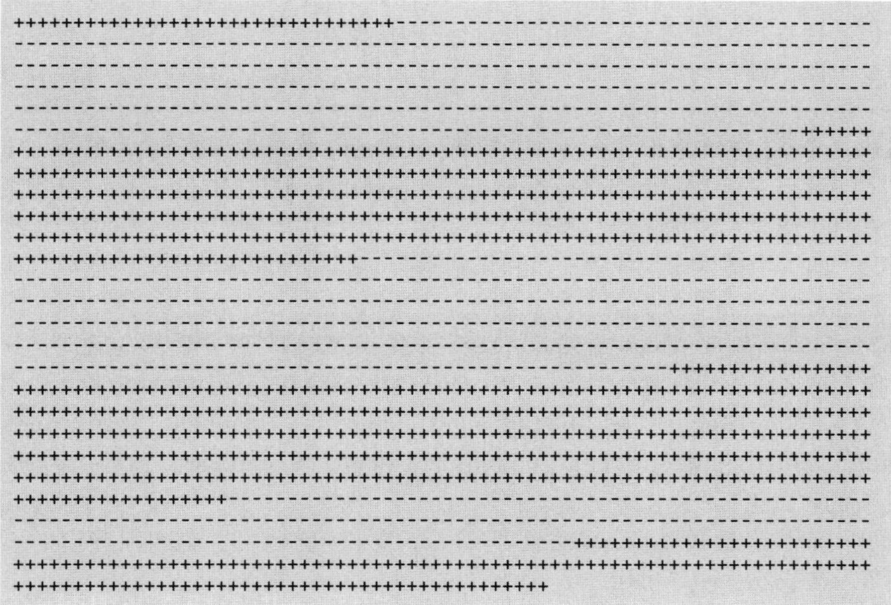

如你所见，线程轮流执行，各自打印几百个字符再发生上下文切换。两个循环“并行”运行，而不是第一个运行完了才开始第二个。要获得后者的效果，委托需同步而不能异步执行。[⊖]

代码为了在不同线程的上下文中运行，需要 `ThreadStart` 或 `ParameterizedThreadStart` 类型的委托来标识要执行的代码（后者允许单个 `object` 类型的参数，两者都在 `System.Threading` 命名空间）。给定用 `ThreadStart` 委托构造函数创建的一个 `Thread` 实例，可调用 `thread.Start` 来启动该线程。（代码清单 19.1 显式创建 `ThreadStart` 类型的一个变量，目的是在源代码中显示委托类型。但方法组 `DoWork` 实际可以直接传给线程构造函数。）调用

⊖ 注意区分 synchronous（同步）和 asynchronous（异步）。同步意味着一个操作开始后必须等待它完成；异步则意味着不用等它完成，可立即返回做其他事情。——译者注

Thread.Start() 告诉操作系统开始并发执行一个新线程。然后主线程中的控制立即返回，开始执行 Main() 方法中的 for 循环。两个线程现在独立运行，不会等待对方，直到调用 Join()。

19.2.2 线程管理

线程包含大量方法和属性来管理线程的执行。下面是一些基本的。

- Join()。如代码清单 19.1 所示，可以调用 Join() 使一个线程等待另一个线程。它告诉操作系统暂停执行当前线程，直到另一个线程终止。Join() 方法的重载版本允许获取一个 int 或者 TimeSpan 作为参数，指定最多等待线程多长时间完成，过期不候。
- IsBackGround。新线程默认为"前台"线程。操作系统将在进程的所有前台线程完成后终止进程。可将线程的 IsBackGround 属性设为 true，从而将线程标记为"后台"线程。这样，即使后台线程仍在运行，操作系统也允许进程终止。不过，最好还是不要半路中断任何线程，而是在进程退出前显式终止每个线程。更多细节可参考 19.4 节。
- Priority。每个线程都关联了优先级，可将 Priority 属性设为新的 ThreadPriority 枚举值（Lowest、BelowNormal、Normal、AboveNormal 或 Highest）。操作系统倾向于将时间片调拨给高优先级线程。但要注意，如优先级设置不当，可能会出现"饥饿"情况，即一个高优先级线程一直快乐地运行，而其他许多低优先级线程只能眼巴巴地看着它。
- ThreadState。可用 Boolean 属性 IsAlive 了解一个线程是还"活着"，还是已完成了所有工作。更全面的线程状态可通过 ThreadState 属性访问。ThreadState 枚举值包括 Aborted、AbortRequested、Background、Running、Stopped、StopRequested、Suspended、SuspendRequested、Unstarted 和 WaitSleepJoin。这些都是标志（flag），有的可以组合。

有两个常用（而且经常被滥用）的方法是 Sleep() 和 Abort()，值得用专门的小节讨论。注意后者在 .NET Core 中不可用。

19.2.3 生产代码不要让线程进入睡眠

静态 Thread.Sleep() 方法使当前线程进入睡眠——其实就是告诉操作系统在指定时间内不要为该线程调度任何时间片。参数（毫秒数或 TimeSpan）指定操作系统要等待多长时间。等待期间，操作系统当然可以将时间片调度给其他线程。这个设计表面合理，实则不然，值得好好推敲一下。

线程睡眠的目的通常是和其他线程就某个事件进行同步。但操作系统不保证计时的精确度。也就是说，如果指定"睡眠 123 毫秒"，操作系统至少会让线程睡眠 123 毫秒，但时间可能更长。线程从进入睡眠到被唤醒，所经历的实际时间无法确定，可能为任意长度。不要将 Thread.Sleep() 作为高精度计时器使用，因为它不是。

更糟的是，Thread.Sleep() 经常作为"穷人的同步系统"使用。也就是说，如果有一些异步工作要做，而当前线程必须等这个工作完成才能继续，你可能试图让线程睡眠，寄希望于当前线程醒来后异步工作已完成。但这是一个糟糕的想法，异步工作花费的时间可能超出你的想象。下一章要描述正确的线程同步机制。(代码清单 19.2 会给出一个例子。)

线程睡眠是不好的编程实践，因为睡眠的线程是不运行代码的。如果 Windows 应用程序的主线程睡眠，就不再处理来自 UI 的消息，那么感觉就会像挂起了一样。

另外，之所以分配像线程这样的昂贵资源，肯定是想物尽其用。没人花钱聘请员工来睡觉，所以不要分配昂贵的线程，目的只是让它在大量的处理器周期中长睡不醒。

不过，`Thread.Sleep()` 还是有一些用处的。首先，将线程睡眠时间设为零，相当于告诉操作系统"当前线程剩下的时间片就送给其他线程了"。然后，该线程会被正常调度，不会发生更多的延迟。其次，测试代码经常用 `Thread.Sleep()` 模拟高延迟操作，同时不必让处理器真的去做一些无意义的运算。除了这些场合，在生产代码中使用该方法都应仔细权衡，想想是否有其他替代方案。

在 C# 5 基于任务的异步编程中，可以为 `Task.Delay()` 方法的结果使用 `await` 操作符，在不阻塞当前线程的前提下引入异步延迟。详情参见下一章关于计时器的小节。

设计规范

- 避免在生产代码中调用 `Thread.Sleep()`。

19.2.4　生产代码不要中断线程

`Thread` 对象的 `Abort()` 方法 (.NET Core 不可用) 一旦执行，就会尝试销毁线程。它会导致"运行时"在线程中抛出 `ThreadAbortException` 异常。该异常可被捕获，但即使被捕获并被忽略，还是会自动重新抛出以确保线程事实上被销毁。不要中断线程的原因是多方面的，下面罗列了一部分。

- 方法只是承诺尝试中断线程，不保证成功。例如，如线程控制点当前在 `finally` 块中，"运行时"不会抛出 `ThreadAbortException` (因为当前可能在运行关键的清理代码，不应被打断)。在非托管代码中也不会抛出，否则会破坏 CLR 本身。相反，CLR 会推迟到控制离开 `finally` 块或者回到托管代码之后才抛出异常。但这也是无法保证的，被中断的线程可能在 `finally` 块中包含无限循环。(讽刺的是，恐怕正是因为线程中有无限循环才想中断。)
- 中断的线程可能正在执行由 `lock` 语句保护的关键代码 (详情参见下一章)。和 `finally` 不同，`lock` 阻止不了异常。关键代码会因异常而中断，`lock` 对象会自动释放，允许正在等待这个锁的其他代码进入关键区域，并看到执行到一半的代码的状态。锁的原意就是要防止这种情况的发生。所以，中断线程会造成貌似线程安全的代码实际是危险和不正确的。
- 线程中断时，CLR 保证自己的内部数据结构不会损坏，但 BCL 没有做出这个保证。在错误的时间抛出异常，中断线程可能使你的数据结构或者 BCL 的数据结构处于损坏状态。在其他线程或者中断线程的 finally 块中运行的代码可能看到损坏的状态，最后要么崩溃，要么行为错误。

简单地说，开发人员应将 Abort() 作为万不得已的“终极招术”。理想情况是在整个 AppDomain 或整个进程被摧毁时才中断线程，作为更严重的紧急关闭过程的一部分使用。幸好，基于任务的异步机制采用了更健壮、更安全的协作式取消模式来终止结果已经不再需要的“线程”。详情参见 19.3 节。

设计规范

- 避免在生产代码中中断（abort）线程，因为可能发生不可预测的结果，使程序不稳定。

19.2.5 线程池处理

之前的“初学者主题：性能问题”说过，线程太多会对性能造成负面影响。线程是昂贵的资源，线程上下文切换不是免费的，而且通过时间分片来模拟两个工作“并行”运行，可能比一个接一个运行还要慢。

为缓解这种状况，BCL 提供了线程池。开发人员不是直接分配线程，而是告诉线程池想要执行什么工作。工作完成后，线程不是终止并被销毁，而是回到池中，从而节省了当更多的工作来临时还要分配新线程的开销。代码清单 19.2 做的是和代码清单 19.1 一样的事情，但使用了线程池线程。

代码清单 19.2　使用 ThreadPool 而不是显式实例化线程

```
using System;
using System.Threading;

public class Program
{
  public const int Repetitions = 1000;
  public static void Main()
  {
      ThreadPool.QueueUserWorkItem(DoWork, '+');

      for(int count = 0; count < Repetitions; count++)
      {
          Console.Write('-');
      }
      // Pause until the thread completes.
      // This is for illustrative purposes; do not
      // use Thread.Sleep for synchronization in
      // production code.
      Thread.Sleep(1000);
  }
  public static void DoWork(object state)
  {
      for(int count = 0; count < Repetitions; count++)
      {
```

```
            Console.Write(state);
        }
    }
}
```

程序结果和输出 19.1 相似，都是“+”和“-”字符混合。如多个不同的工作异步执行，线程池能在单处理器和多处理器计算机上获得更好的执行效率。效率是通过重用线程（而不是每个异步调用都重新构造线程）来获得的。遗憾的是，线程池并非没有缺点，有一些性能和同步问题需要考虑。

为有效利用处理器，线程池假设你在线程池上调度的所有工作都能及时结束，使线程能回到池中并为其他任务所用。线程池还假定所有工作的运行时间都较短（耗费以毫秒或秒计的处理器时间，而非以小时或天计）。基于这些假设，就可保证每个处理器都全力以赴完成任务，而不是无效率地通过时间分片来处理多个任务。线程池通过确保线程的创建“刚刚好”，没有一个处理器因为运行太多线程而超出负荷，从而防止过度的时间分片。但这也意味着一旦用完池中所有线程，正在排队的工作就只好延迟执行了。如池中所有线程都被长时间运行或者 I/O 受限的工作占用，正在排队的工作必然延迟。

有别于能直接操纵的 `Thread` 和 `Task` 对象，线程池不会为你提供对工作线程的引用，所以无法通过前面描述的线程管理功能，使发出调用的线程与工作者线程同步（或控制工作者线程）。代码清单 19.2 使用了之前不推荐的“穷人的同步”：这在生产代码中是不可取的，因为不知道工作要耗时多久。

简单地说，线程池能很好地完成工作。但其中不包括需要长时间运行的工作，或者需要与其他线程（包括主线程）同步的工作。我们真正需要的是构建高级抽象，将线程和线程池作为实现细节使用。这正是**任务并行库**（Task Parallel Library，TPL）的目的，本章剩余大部分内容都会围绕该主题展开。

要了解 .NET 4 之前如何管理工作者线程，请参见本书《Essential C# 3.0》（第 2 版）关于多线程的章节，网址是 https://IntelliTect.com/EssentialCSharp。

设计规范

- 要用线程池向处理器受限任务高效地分配处理器时间。
- 避免将池中的工作者线程分配给 I/O 受限或长时间运行的任务，改为使用 TPL。

19.3　异步任务

Begin 4.0

多线程编程的复杂性来自以下几个方面。

1. 监视异步操作的状态，知道它于何时完成。为判断一个异步操作在什么时候完成，最好不要采取轮询线程状态的办法，也不要采取阻塞并等待的办法。

2. 线程池。线程池避免了启动和终止线程的巨大开销。此外，线程池避免了创建太多的线程，防止系统将大多数时间花在线程的切换而不是运行上。

3. 避免死锁。在防止数据同时被两个不同的线程访问的同时避免死锁。

4. 为不同的操作提供原子性并同步数据访问。为不同的操作组（指令序列）提供同步，可确保将一系列操作作为整体来执行，并可由另一个线程恰当地中断。锁定机制防止两个不同的线程同时访问数据。

此外，任何时候只要有需要长时间运行的方法，就可能需要多线程编程——即异步调用该方法。随着编写的多线程代码越来越多，开发人员总结出了一系列常见情形以及应对这些情形的编程模式。

C# 5.0 利用来自 .NET 4.0 的 TPL，并通过新增语言构造的方式，对其中一个称为 TAP 的模式进行了增强，改进了它的可编程性。本节和下一节将详细讨论 TPL，然后讨论如何利用上下文关键字 async 和 await 简化 TAP 编程。

19.3.1 从 Thread 到 Task

创建线程代价高昂，而且每个线程都要占用大量虚拟内存（例如 Windows 默认 1 MB）。前面说过，更有效的做法是使用线程池：需要时分配线程，为线程分配异步工作，运行至完成，再为后续异步工作重用线程，而不是在工作结束后销毁再重新创建线程。

在 .NET Framework 4 和后续版本中，TPL 不是每次开始异步工作时都创建一个线程，而是创建一个 Task，并告诉**任务调度器**有异步工作要执行。此时任务调度器可能采取多种策略，但默认是从**线程池**请求一个工作者线程。线程池会自行判断怎么做最高效。可能在当前任务结束后再运行新任务，或者将新任务的工作者线程调度给特定处理器。线程池还会判断是创建全新线程，还是重用之前已结束运行的现有线程。

通过将异步工作的概念抽象到 Task 对象中，TPL 提供了一个能代表异步工作的对象，还提供了面向对象的 API 与工作交互。通过提供代表工作单元的对象，TPL 使我们能通过编程将小任务合并成大任务，从而建立起一个工作流程，详情稍后讨论。

任务是对象，其中封装了以异步方式执行的工作。这听起来有点儿耳熟，委托不也是封装了代码的对象吗？区别在于，委托是同步的，而任务是**异步**的。如执行委托（例如一个 Action），当前线程的控制点会立即转移到委托的代码。除非委托结束，否则控制不会返回调用者。相反，启动任务，控制几乎立即返回调用者，无论任务要执行多少工作。任务通常在另一个线程上异步执行（本章稍后会讲到，也可只用一个线程来异步执行任务，而且这样还有一些好处）。简单地说，任务将委托从同步执行模式转变成异步。

19.3.2 理解异步任务

之所以知道当前线程上执行的委托于何时完成，是因为除非委托完成，否则调用者什么也做不了。但怎么知道任务于何时完成，怎么获得结果（如果有的话）？下面来看一个将同步委托转换成异步任务的例子。它做的是和代码清单 19.1（用线程）与代码清单 19.2（用线程池）相同的事情，但这一次用的是任务。工作者线程向控制台写入加号，主线程写入连字号。

启动任务将从线程池获取一个新线程，创建第二个“控制点”，并在那个线程上执行委托。主线程上的控制点和平常一样，启动任务（Task.Run()）后正常继续。代码清单 19.3 的结果和之前的输出差不多。

代码清单 19.3　调用异步任务

```
using System;
using System.Threading.Tasks;
public class Program
{
  public static void Main()
  {
      const int Repetitions = 10000;
      // Use Task.Factory.StartNew<string>() for
      // TPL prior to .NET 4.5
      Task task = Task.Run(() =>
          {
              for(int count = 0;
                  count < Repetitions; count++)
              {
                  Console.Write('-');
              }
          });
      for(int count = 0; count < Repetitions; count++)
      {
          Console.Write('+');
      }

      // Wait until the Task completes
      task.Wait();
  }
}
```

新线程要运行的代码由传给 Task.Run() 方法的委托（本例是 Action 类型）来定义。该委托（以 Lambda 表达式的形式）在控制台上反复打印连字号。主线程的循环几乎完全一样，只是它打印加号。

注意，一旦调用 Task.Run()，作为实参传递的 Action 几乎立即开始执行。这称为“热”任务，意味着它已触发并开始执行。“冷”任务则相反，需要在显式触发之后才开始异步工作。

虽然一个 Task 也可通过 Task 构造函数实例化成“冷”状态，但这个做法一般只适合以下模式：创建一个 Task 对象，把它传给另一个方法，由后者决定在什么时候调用 Start 方法来调度任务。由于创建 Task 对象并立即调用 Start 是常见编程模式，所以通常都像本例那样直接调用 Task 的静态 Run 方法。

注意，调用 Run() 之后将无法确定“热”任务的确切状态。具体行为由操作系统和它的载荷（.NET 框架）以及配套的任务库决定。该组合决定了 Run() 是立即执行任务的工作者线程，还是推迟到有更多资源的时候执行。事实上，轮到调用线程再次执行时，“热”任务说不定已经完成了。调用 Wait() 将强迫主线程等待分配给任务的所有工作完成。这相当于代码清单 19.1 在工作者线程上调用 Join()。

本例仅一个任务，但理所当然可能有多个任务异步执行。一个常见情况是要等待一组任务完成，或等待其中一个完成，当前线程才能继续。这分别用 Task.WaitAll() 和 Task.WaitAny() 方法实现。

前面描述了任务如何获取一个 Action 并以异步方式运行它。但假如任务执行的工作要返回结果呢？这时可用 Task<T> 类型来异步运行一个 Func<T>。我们知道如果以同步方式执行委托，除非获得结果，否则控制不会返回。而异步执行 Task<T>，可从一个线程轮询它，看它是否完成，完成就获取结果[⊖]。代码清单 19.4 演示如何在一个控制台应用程序中做这件事情。注意这个例子用到了 PiCalculator.Calculate() 方法，该方法的详情将在 19.6 节讲述。

代码清单 19.4 轮询一个 Task<T>

```
using System;
using System.Threading.Tasks;

public class Program
{
  public static void Main()
  {
      // Use Task.Factory.StartNew<string>() for
      // TPL prior to .NET 4.5
      Task<string> task =
          Task.Run<string>(
              () => PiCalculator.Calculate(100));
      foreach(
          char busySymbol in Utility.BusySymbols())
      {
          if(task.IsCompleted)
          {
              Console.Write('\b');
              break;
          }
          Console.Write(busySymbol);
      }

      Console.WriteLine();

      Console.WriteLine(task.Result);
      System.Diagnostics.Trace.Assert(
          task.IsCompleted);
  }
}
```

⊖ 使用轮询需谨慎。像本例这样从一个委托创建任务，任务会被调度给线程池的一个工作者线程。这意味着当前线程会一直循环，直到工作者线程上的工作结束。虽然这个技术可行，但可能无谓地消耗 CPU 资源。如果不将任务调度给工作者线程，而是将任务调度给当前线程在未来某个时间执行，这样的轮询技术就会变得非常危险。当前线程将一直处于对任务进行轮询的循环中。之所以会成为无限循环，是因为除非当前线程退出循环，否则任务不会结束。

```
public class PiCalculator
{
  public static string Calculate(int digits = 100)
  {
      // ...
  }
}
```

```
public class Utility
{
  public static IEnumerable<char> BusySymbols()
  {
      string busySymbols = @"-\|/-\|/";
      int next = 0;
      while(true)
      {
          yield return busySymbols[next];
          next = (next + 1) % busySymbols.Length;
          yield return '\b';
      }
  }
}
```

在这个代码清单中，任务的数据类型是 Task<string>。该泛型类型包含一个 Result 属性，可从中获取由 Task<string> 执行的 Func<string> 的返回值。

注意代码清单 19.4 没有调用 Wait()。相反，读取 Result 属性自动造成当前线程阻塞，直到结果可用（如果还不可用的话）。在本例中，我们知道在获取结果时，结果肯定已经准备好了。

除了 Task<T> 的 IsCompleted 和 Result 属性，还有其他几个地方需要注意。

- 任务完成后，IsCompleted 属性被设为 true——不管是正常结束还是出错（即抛出异常并终止）。更详细的任务状态信息可通过读取 Status 属性来获得，该属性返回 TaskStatus 类型的值，可能的值包括 Created、WaitingForActivation、WaitingToRun、Running、WaitingForChildrenToComplete、RanToCompletion、Canceled 和 Faulted。任何时候只要 Status 为 RanToCompletion、Canceled 或者 Faulted，IsCompleted 就为 true。当然，如任务在另一个线程上运行，读取的状态值是“正在运行”，那么任何时候状态都可能变成“已完成”，甚至可能刚读取属性值就变。其他许多状态也是如此，就连 Created 都可能变化（如果由一个不同的线程启动它）。只有 RanToCompletion、Canceled 和 Faulted 可被视为最终状态，不会再变。
- 任务可用 Id 属性的值来唯一地标识。静态 Task.CurrentId 属性返回当前正在执行的 Task（发出 Task.CurrentId 调用的任务）的标识符。这些属性在调试时特别有用。
- 可用 AsyncState 为任务关联额外的数据。例如，假定要用多个任务计算一个 List<T> 中的值。为此，每个任务都将值的索引包含到 AsyncState 属性中。这样当任务结束后，代码可用 AsyncState（先转型成 int）访问列表中的特定索引位置。[⊖]还有一些有用的属性将在 19.4 节进行讨论。

19.3.3 任务延续

前面多次提到程序的“控制流”，但一直没有把控制流最根本的地方说出来：**控制流决定了接着要发生什么**。对于 Console.WriteLine(x.ToString()); 这样一个简单的控制流，它指出如果 ToString 正常结束，接着发生的事情就是调用 WriteLine，将刚才的返回值作为实参传给它。“接着发生的事情”就是一个**延续**（continuation）。控制流中的每个控制点都有一个延续。在上例中，ToString 的延续是 WriteLine（WriteLine 的延续是下一个语句运行的代码）。延续的概念对于 C# 编程来说过于平常，大多数程序员根本没意识到它，不知不觉就用了。C# 编程其实就是在延续的基础上构造延续，直至整个程序的控制流结束。

注意在普通 C# 程序中，给定代码的延续会在该代码完成后立即执行。一旦 ToString() 返回，当前线程的控制点立即执行对 WriteLine 的同步调用[⊜]。还要注意，任何给定的代码实际都有两个可能的延续：“正常”延续和“异常”延续。如当前代码抛出异常，执行的就是后者。

而异步方法调用（比如开始一个 Task）会为控制流添加一个新维度。执行异步 Task 调用，控制流立即转到 Task.Start() 之后的语句。与此同时，Task 委托的主体也开始执行了。换言之，在涉及异步任务的时候，“接着发生的事情”是多维的。发生异常时的延续仅仅是一个不同的执行路径。相反，异步延续是多了一个并行的执行路径。

异步任务使我们能将较小的任务合并成较大的任务，只需描述好异步延续就可以了。和普通控制流一样，任务可用多个不同的延续来处理错误情形。而通过操纵延续，可将多个任务合并到一起。有几种技术可以实现这一点，最容易想到的就是 ContinueWith() 方法，如代码清单 19.5 和输出 19.2 所示。

代码清单 19.5 调用 Task.ContinueWith()

```
using System;
using System.Threading.Tasks;

public class Program
{
  public static void Main()
  {
      Console.WriteLine("Before");
      // Use Task.Factory.StartNew<string>() for
      // TPL prior to .NET 4.5
      Task taskA =
          Task.Run( () =>
               Console.WriteLine("Starting..."))
```

⊖ 用任务异步修改集合需谨慎。任务可能在不同的工作者线程上运行，而集合可能不是线程安全的。更安全的做法是任务完成后在主线程填充集合。

⊜ 记住之前说过的同步和异步的区别。——译者注

```
            .ContinueWith(antecedent =>
                Console.WriteLine("Continuing A..."));
        Task taskB = taskA.ContinueWith( antecedent =>
            Console.WriteLine("Continuing B..."));
        Task taskC = taskA.ContinueWith( antecedent =>
            Console.WriteLine("Continuing C..."));
        Task.WaitAll(taskB, taskC);
        Console.WriteLine("Finished!");
    }
}
```

输出 19.2

```
Before
Starting...
Continuing A...
Continuing C...
Continuing B...
Finished!
```

可用 ContinueWith()“链接”两个任务，这样当**先驱任务**完成后，第二个任务（**延续任务**）自动以异步方式开始。例如在代码清单 19.5 中，Console.WriteLine("Starting...") 是先驱任务的主体，而 Console.WriteLine("Continuing A...") 是它的延续任务主体。延续任务获取一个 Task 作为实参（antecedent），这样才能从延续任务的代码中访问先驱任务的完成状态。先驱任务完成时，延续任务自动开始，异步执行第二个委托，刚才完成的先驱任务作为实参传给那个委托。此外，由于 ContinueWith() 方法也返回一个 Task，所以自然可以作为另一个 Task 的先驱使用。以此类推，就可以建立起任意长度的连续任务链。

为同一个先驱任务调用两次 ContinueWith()（例如在代码清单 19.5 中，taskB 和 taskC 都是 taskA 的延续任务），先驱任务（taskA）就有两个延续任务。先驱任务完成时，两个延续任务将 异步执行。注意，同一个先驱的多个延续任务无法在编译时确定执行顺序。输出 19.2 只是恰巧 taskC 先于 taskB 执行。再次运行程序就不一定了。不过，taskA 总是先于 taskB 和 taskC 执行，因为后者是 taskA 的延续任务，它们不可能在 taskA 完成前开始。类似地，肯定是 Console.WriteLine("Starting...") 委托先完成再执行 taskA（Console.WriteLine("Continuing A...")），因为后者是前者的延续任务。此外，Finished! 总是最后显示，因为对 Task.WaitAll(taskB, taskC) 的调用阻塞了控制流 ，直到 taskB 和 taskC 都完成才能继续。

ContinueWith() 有许多重载版本，有的要获取一个 TaskContinuationOptions 值，以便对延续链的行为进行调整。这些值都是位标志，可用逻辑 OR 操作符（|）组合。表 19.1 列出了部分标志值，详情参见 MSDN 文档。[⊖]

带星号（*）的项指出延续任务在什么情况下执行。可利用它们创建类似于“事件处理程序”的延续任务，根据先驱任务的行为来进行后续操作。代码清单 19.6 演示了如何为先驱任务准备多个延续任务，根据先驱任务的完成情况来有条件地执行。

⊖ 网址是 http://t.cn/EAvbLNI。

表 19.1　TaskContinuationOptions 枚举值列表

枚举值	说明
None	默认行为。先驱任务完成后，不管任务状态是什么，延续任务都将执行
PreferFairness	如两个任务一前一后异步开始，那么不保证先开始的先运行。这个标志告诉任务调度器尽量公平地调度任务。换言之，较早调度的任务可能运行得更早，而较晚调度的任务可能运行得更晚。特别适合两个任务从不同线程池线程创建的情况
LongRunning	告诉任务调度器这可能是一个 I/O 受限的高延迟任务，调度器可处理队列中的其他工作，不至于因为等待耗时的工作而“饥饿”。该选项要少用
AttachedToParent	指定任务连接到任务层次结构中的一个父任务
DenyChildAttach (.NET 4.5)	试图创建子任务将抛出异常。如延续任务的代码试图使用 AttachedToParent，会表现得像是没有父任务一样
NotOnRanToCompletion*	指定如延续任务的先驱任务成功完成，就不应调度该延续任务。该选项对多任务延续无效
NotOnFaulted*	指定如延续任务的先驱任务抛出一个未处理的异常，就不应调度该延续任务。该选项对多任务延续无效
OnlyOnCanceled*	指定仅在延续任务的先驱任务被取消的情况下，才调度该延续任务。该选项对多任务延续无效
NotOnCanceled*	指定如延续任务的先驱任务被取消，就不应调度该延续任务。该选项对多任务延续无效
OnlyOnFaulted*	指定仅在延续任务的先驱任务抛出一个未处理异常的情况下，才调度该延续任务。该选项对多任务延续无效
OnlyOnRanToCompletion*	指定仅在延续任务的先驱任务成功完成的情况下，才调度该延续任务 。该选项对多任务延续无效
ExecuteSynchronously	指定延续任务应同步执行。若指定该选项，延续任务会在导致先驱任务转变成它的最终状态的那个线程上运行[⊖]。创建延续任务时如果先驱任务已完成，就在创建延续任务的那个线程上运行延续任务

⊖ 该枚举值指定两个 Task“同步运行”，或者说强制用一个线程运行。也就是说，用此 ContinueWith() 指定的操作（一个委托），会使用该 Task 的先驱 Task 所用的那个线程。例如，

```
t.ContinueWith( (task)=> {
  // 此处的代码将在 t 这个 Task 的线程上执行
  }
  , TaskContinuationOptions.ExecuteSynchronously
);
```

——译者注

（续）

枚 举 值	说　明
HideScheduler (.NET 4.5)	在创建的任务中隐藏当前线程调度器。这意味着在创建好的任务中，Run/StartNew 和 ContinueWith 等操作看到的当前线程调度器是 TaskScheduler.Default(null)。如延续任务需要在特定调度器上运行，但调用了不应该由同一个调度器调度的代码，就适合采用该技术
LazyCancellation (.NET 4.5)	使延续任务将监视取消标记的时间推迟到先驱任务结束之后。假定有任务 t1、t2 和 t3，后者是前者的延续。如 t2 在 t1 完成前取消，那么 t3 可能在 t1 还没有完成的时候就开始了。设置 LazyCancellation 可避免这一点
RunContinuationsAsynchronously (.NET 4.6)	用 RunContinuationsAsynchronously 选项创建的任务强迫其延续任务异步运行。若任务本身就是延续任务，该选项将不会影响任务的运行，而是只影响它后面的延续任务的运行。延续任务可用两个选项创建：TaskContinuationOptions.ExecuteSynchronously 和 TaskContinuationOptions.RunContinuationsAsynchronously。前者使延续任务在其先驱任务完成后同步运行（在同一个线程上运行），后者使延续任务的延续任务在前者完成后异步运行

代码清单 19.6　用 ContinueWith() 登记事件通知

```
using System;
using System.Threading.Tasks;
using System.Diagnostics;
using AddisonWesley.Michaelis.EssentialCSharp.Shared;
public class Program
{
  public static void Main()
  {
      // Use Task.Factory.StartNew<string>() for
      // TPL prior to .NET 4.5
      Task<string> task =
          Task.Run<string>(
              () => PiCalculator.Calculate(10));

      Task faultedTask = task.ContinueWith(
          (antecedentTask) =>
          {
              Trace.Assert(antecedentTask.IsFaulted);
              Console.WriteLine(
                  "Task State: Faulted");
          },
          TaskContinuationOptions.OnlyOnFaulted);

      Task canceledTask = task.ContinueWith(
          (antecedentTask) =>
          {
              Trace.Assert(antecedentTask.IsCanceled);
              Console.WriteLine(
                  "Task State: Canceled");
```

```
            },
            TaskContinuationOptions.OnlyOnCanceled);

        Task completedTask = task.ContinueWith(
            (antecedentTask) =>
            {
                Trace.Assert(antecedentTask.IsCompleted);
                Console.WriteLine(
                    "Task State: Completed");
            },  TaskContinuationOptions.
                    OnlyOnRanToCompletion);

        completedTask.Wait();
    }
}
```

这个代码清单实际是为先驱任务上的“事件”登记“侦听者”。事件（任务正常或异常完成）一旦发生，就执行特定的“侦听”任务。这是很强大的功能，尤其是对于那些 fire-and-forget[⊖]的任务——任务开始，和延续任务挂钩，然后就可以不管不问了。

在代码清单 19.6 中，注意最后的 `Wait()` 调用在 `completedTask` 上发生，不是在 `task` 上（`task` 是用 `Task.Run()` 创建的原始先驱任务）。虽然每个委托的 `antecedentTask` 都是对先驱任务（`task`）的引用，但在委托侦听者外部，实际可以丢弃对原始 `task` 的引用。然后只依赖以异步方式开始执行的延续任务，不需要后续代码来检查原始 `task` 的状态。

本例是调用 `completedTask.Wait()`，确保主线程不在输出“任务完成”信息前退出，如输出 19.3 所示。

输出 19.3

```
Task State: Completed.
```

调用 `completedTask.Wait()` 显得有点不自然，因为我们知道原始任务能成功完成。但是，在 `canceledTask` 或 `faultedTask` 上调用 `Wait()` 会抛出异常。那些延续任务仅在先驱任务取消或抛出异常时才运行。但那些事件在本程序中不可能发生，所以任务永远不会被安排运行。如等待它们完成，将抛出异常。代码清单 19.6 的延续选项恰好互斥，所以当先驱任务运行完成，而且与 `completedTask` 关联的任务开始执行时，任务调度器会自动取消与 `canceledTask` 和 `faultedTask` 关联的任务。取消的任务的最终状态是 `Canceled`。所以，在这两种任务上调用 `Wait()`（或者其他会导致当前线程等待任务完成的方法）将抛出一个异常，指出任务已取消。

要使编码显得更自然，一个办法或许是调用 `Task.WaitAny(completedTask, canceledTask, faultedTask)`，它能抛出一个 `AggregateException` 以便处理。

19.3.4 用 AggregateException 处理 Task 上的未处理异常

同步调用的方法可包装到 `try` 块中，用 `catch` 子句告诉编译器发生异常时应执行什么代

⊖ 军事术语，导弹发射后便不再理会，自动寻的。——译者注

码。但异步调用不能这么做。不能用 try 块包装 Start() 调用来捕捉异常，因为控制会立即从调用返回，然后控制会离开 try 块，而这时离工作者线程发生异常可能还有好久。一个解决方案是将任务的委托主体包装到 try/catch 块中。抛出并被工作者线程捕捉的异常不会造成问题，因为 try 块在工作者线程上能正常地工作。但对于工作者线程不捕捉的未处理的异常来说就麻烦了。

自 CLR 2.0 起[⊖]，任何线程上的未处理异常都被视为严重错误，会触发“ Windowds 错误报告”对话框，并造成应用程序异常中止。所有线程上的所有异常都必须被捕捉，否则应用程序不允许继续。(要了解处理未处理异常的高级技术，请参见稍后的“高级主题：处理 Thread 上的未处理异常”。) 幸好，异步任务中的未处理异常有所不同。在这种情况下，任务调度器会用一个“catchall”异常处理程序来包装委托。如任务抛出未处理的异常，该处理程序会捕捉并记录异常细节，避免 CLR 自动终止进程。

如代码清单 19.6 所示，为处理出错的任务，一个技术是显式创建延续任务作为那个任务的“错误处理程序”。检测到先驱任务抛出未处理的异常，任务调度器会自动调度延续任务。但如果没有这种处理程序，同时在出错的任务上执行 Wait() (或其他试图获取 Result 的动作)，就会抛出一个 AggregateException，如代码清单 19.7 和输出 19.4 所示。

代码清单 19.7　处理任务的未处理异常

```
using System;
using System.Threading.Tasks;

public class Program
{
public static void Main()
{
    // Use Task.Factory.StartNew<string>() for
    // TPL prior to .NET 4.5
    Task task = Task.Run(() =>
    {
        throw new InvalidOperationException();
    });

    try
    {
        task.Wait();
    }
    catch(AggregateException exception)
    {
        exception.Handle(eachException =>
          {
              Console.WriteLine(
                  $"ERROR: { eachException.Message }");
```

⊖ 在 CLR 1.0 中，工作者线程上的未处理异常会终止线程，但不终止应用程序。这样一来，有 bug 的应用程序可能所有工作者线程都死了，主线程却还活着——即使程序已经不再做任何事情。这为用户带来了困扰。更好的策略是通知用户应用程序处于不良状态，并在它造成损害前将其终止。

```
                return true;
            });
        }
    }
```

输出 19.4

```
ERROR: Operation is not valid due to the current state of the object.
```

之所以叫“集合异常”(AggregateException),是因为它可能包含从一个或多个出错的任务收集到的异常。例如,异步执行 10 个任务,其中 5 个抛出异常。为报告所有 5 个异常并用一个 catch 块处理,框架用 AggregateException 来收集异常,并把它们当作一个异常来报告。此外,由于编译时不知道工作者任务将抛出一个还是多个异常,所以未处理的出错任务总是抛出一个 AggregateException。代码清单 19.7 和输出 19.4 演示了这一行为。虽然工作者线程上抛出的未处理异常是 InvalidOperationException 类型,主线程捕捉的仍是一个 AggregateException。另外,如你预期的那样,捕捉异常需要一个 AggregateException catch 块。

AggregateException 包含的异常列表通过 InnerExceptions 属性获取。可遍历该属性来检查每个异常并采取相应的对策。另外,如代码清单 19.7 所示,可用 AggregateException.Handle() 方法为 AggregateException 中的每个异常都指定一个要执行的表达式。但要注意,Handle() 方法的重要特点在于它是谓词。所以,针对 Handle() 委托成功处理的任何异常,谓词应返回 true。任何异常处理调用若为一个异常返回 false,Handle() 方法将抛出新的 AggregateException,其中包含由这种异常构成的列表。

还可查看任务的 Exception 属性来了解出错任务的状态,这样不会在当前线程上重新抛出异常。在代码清单 19.8 中,一个任务已知会抛出异常,我们通过在它的延续任务上等待[⊖]来进行演示。

代码清单 19.8 使用 ContinueWith() 观察未处理的异常

```
using System;
using System.Diagnostics;
using System.Threading.Tasks;

public class Program
{
  public static void Main()
  {
      bool parentTaskFaulted = false;
      Task task = new Task(() =>
          {
              throw new InvalidOperationException();
          });
      Task continuationTask = task.ContinueWith(
```

⊖ 如前所述,一般都不等待出错时才执行的延续,因为大多数时候都不会安排它运行。代码仅供演示。

```
            (antecedentTask) =>
            {
                parentTaskFaulted =
                    antecedentTask.IsFaulted;
            }, TaskContinuationOptions.OnlyOnFaulted);
            task.Start();
            continuationTask.Wait();
            Trace.Assert(parentTaskFaulted);
            Trace.Assert(task.IsFaulted);
            task.Exception.Handle(eachException =>
            {
                Console.WriteLine(
                    $"ERROR: { eachException.Message }");
                return true;
            });
        }
    }
```

注意，为获取原始任务上的未处理异常，我们使用了 Exception 属性。结果和输出 19.4 一样。如任务中发生的异常完全没有被观察到——也就是说：a）它没有在任务中捕捉；b）完全没有观察到任务完成，例如通过 Wait()、Result 或访问 Exception 属性；c）完全没有观察到出错的 ContinueWith()——那么异常可能完全未处理，最终成为进程级的未处理异常。在 .NET 4.0 中，像这样的异常会由终结器线程重新抛出并可能造成进程崩溃。但在 .NET 4.5 中，这个崩溃被阻止了（虽然可以配置 CLR 使其还是像以前那样崩溃）。

无论哪种情况，都可通过 TaskScheduler.UnobservedTaskException 事件来登记未处理的任务异常。

高级主题：处理 Thread 上的未处理异常

如前所述，任何线程上的未处理异常默认都将造成应用程序终止。未处理异常代表严重的、事前没意识的 bug，而且异常可能因为关键数据结构损坏而发生。由于不知道程序在发生异常后可能干什么，所以最安全的策略是立即关闭整个程序。

理想情况是在任何线程上都不抛出未处理异常。否则说明程序存在 bug，最好在交付客户前修复。但有人认为在发生未处理异常时，不应马上关闭程序，而是先保存工作数据，并记录异常以方便进行错误报告和调试。这要求用一种机制来登记未处理异常通知。

在 Microsoft .NET Framework 和 .NET Core 2.0（和之后的版本）中，每个 AppDomain 都提供了这样的机制。为观察 AppDomain 中的未处理异常，必须添加一个 UnhandledException 事件处理程序。无论主线程还是工作者线程，AppDomain 中的线程发生的所有未处理异常都会触发 UnhandledException 事件 。注意该机制的目的只是通知 ，不允许应用程序从未处理异常中恢复并继续执行。事件处理程序运行完毕，应用程序会显示“ Windows 错误报告”对话框并退出（如果是控制台应用程序，异常详细信息还会在控制台上显示）。

代码清单 19.9 展示如何创建另一个线程来抛出异常，并由 AppDomain 的未处理异常事件处理程序进行处理。由于只是演示，为确保不受到线程计时问题的干扰，使用

Thread.Sleep 插入了一定的人工延迟。结果如输出 19.5 所示。

代码清单 19.9 登记未处理异常

```
using System;
using System.Diagnostics;
using System.Threading;

public class Program
{
  public static Stopwatch clock = new Stopwatch();
  public static void Main()
  {
    try
    {
      clock.Start();
      // Register a callback to receive notifications
      // of any unhandled exception
      AppDomain.CurrentDomain.UnhandledException +=
        (s, e) =>
        {
          Message("Event handler starting");
          Delay(4000);
        };
        Thread thread = new Thread(() =>
        {
          Message("Throwing exception.");
          throw new Exception();
        });
        thread.Start();

        Delay(2000);
      }
      finally
      {
        Message("Finally block running.");
      }
    }

    static void Delay(int i)
    {
      Message($"Sleeping for {i} ms");
      Thread.Sleep(i);
      Message("Awake");
    }

    static void Message(string text)
    {
      Console.WriteLine("{0}:{1:0000}:{2}",
        Thread.CurrentThread.ManagedThreadId,
        clock.ElapsedMilliseconds, text);
    }
  }
```

输出 19.5

```
3:0047:Throwing exception.
3:0052:Unhandled exception handler starting.
3:0055:Sleeping for 4000 ms
1:0058:Sleeping for 2000 ms
1:2059:Awake
1:2060:Finally block running.
3:4059:Awake
Unhandled Exception: System.Exception: Exception of type 'System.
Exception' was thrown.
```

如输出 19.5 所示，新线程分配线程 ID 3，主线程分配线程 ID 1。操作系统调度线程 3 运行一会儿，未处理异常被抛出，调用事件处理程序，然后进入睡眠。很快，操作系统意识到线程 1 可以调度了，但它的代码是立即睡眠。线程 1 先醒来并运行 `finally` 块，两秒钟后线程 3 醒来，未处理线程终于使进程崩溃。

执行事件处理程序，进程等处理程序完成后再崩溃，这是很典型的一个顺序，却无法保证。一旦程序发生未处理异常，一切都会变得难以预料：程序现在处于一种未知的、不稳定的状态，其行为可能出乎意料。在这个例子中，CLR 允许主线程继续运行并执行它的 `finally` 块，即使它知道当控制进入 `finally` 块时，另一个线程正处于 AppDomain 的未处理异常事件处理程序中。

要更深刻地理解这个事实，可试着修改延迟，使主线程睡眠得比事件处理程序长一些。这样 `finally` 块将不会运行！线程 1 被唤醒前，进程就因为未处理的异常而销毁了。取决于抛出异常的线程是不是由线程池创建的，还可能得到不同的结果。因此，最佳实践就是避免所有未处理异常，不管在工作者线程中，还是在主线程中。

这跟任务有什么关系？如果关机时有未完成的任务将系统挂起怎么办？下一节将讨论任务取消。

设计规范

- 避免程序在任何线程上产生未处理异常。
- 考虑登记“未处理异常”事件处理程序以进行调试、记录和紧急关闭。
- 要取消未完成的任务而不要在程序关闭期间允许其运行。

19.4　取消任务

本章之前描述了为什么野蛮中断线程来取消正由该线程执行的任务不是一个好的选择。TPL 使用的是**协作式取消**（cooperative cancellation），一种安全地取消不再需要的任务的得体、健壮和可靠的技术。支持取消的任务要监视一个 `CancellationToken` 对象（位于 `System.Threading` 命名空间）。任务定期轮询它，检查是否发出了取消请求。代码清单 19.10 演示了取消请求和对请求的响应。输出 19.6 是结果。

代码清单 19.10 使用 CancellationToken 取消任务

```
using System;
using System.Threading;
using System.Threading.Tasks;
using AddisonWesley.Michaelis.EssentialCSharp.Shared;

public class Program
{
  public static void Main()
  {
      string stars =
          "*".PadRight(Console.WindowWidth-1, '*');
      Console.WriteLine("Push ENTER to exit.");

      CancellationTokenSource cancellationTokenSource=
          new CancellationTokenSource();
      // Use Task.Factory.StartNew<string>() for
      // TPL prior to .NET 4.5
      Task task = Task.Run(
          () =>
              WritePi(cancellationTokenSource.Token),
                  cancellationTokenSource.Token);

      // Wait for the user's input
      Console.ReadLine();

      cancellationTokenSource.Cancel();
      Console.WriteLine(stars);
      task.Wait();
      Console.WriteLine();
  }

  private static void WritePi(
      CancellationToken cancellationToken)
  {
      const int batchSize = 1;
      string piSection = string.Empty;
      int i = 0;

      while(!cancellationToken.IsCancellationRequested
          || i == int.MaxValue)
      {
          piSection = PiCalculator.Calculate(
              batchSize, (i++) * batchSize);
          Console.Write(piSection);
      }
  }
}
```

输出 19.6

```
Push ENTER to exit.
3.141592653589793238462643383279502884197169399375105820974944592307816
```

```
40628620899862803482534211706798214808651328230664709384460955058223172
5359408128481117450
***********************************************************************
2
```

启动任务后，一个 Console.Read() 会阻塞主线程。与此同时，任务继续执行，计算并打印 pi 的下一位。用户按 Enter 键后，执行就会遇到一个 CancellationTokenSource.Cancel() 调用。在代码清单 19.10 中，对 task.Cancel() 的调用和对 task.Wait() 的调用是分开的，两者之间会打印一行星号。目的是证明在观察到取消标记[⊖]之前，极有可能发生一次额外的循环迭代。如输出 19.6 所示，星号后多输出了一个 2。之所以会出现这个 2，是因为 CancellationTokenSource.Cancel() 不是“野蛮”地中断正在执行的 Task。任务会继续运行，直到它检查标记，发现标记的所有者已请求取消任务，这时才会得体地关闭任务。

调用 Cancel() 实际会在从 CancellationTokenSource.Token 拷贝的所有取消标记上设置 IsCancellationRequested 属性。但要注意以下几点。

- 提供给异步任务的是 CancellationToken 而不是 CancellationTokenSource。CancellationToken 使我们能轮询取消请求，而 CancellationTokenSource 负责提供标记，并在它被取消时发出通知，如图 19.3 所示。

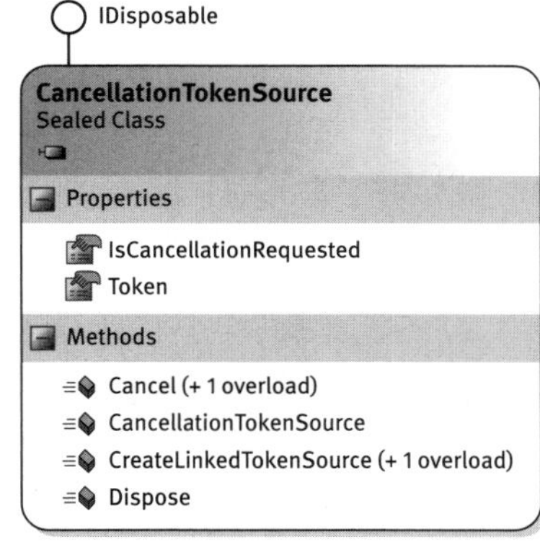

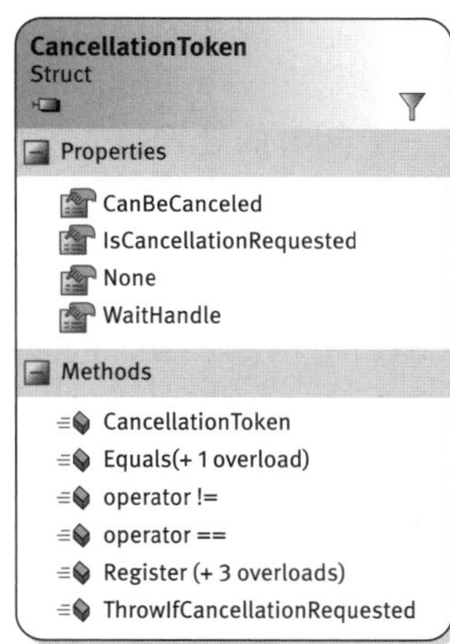

图 19.3　CancellationTokenSource 和 CancellationToken 类关系图

- CancellationToken 是结构，所以能拷贝值。CancellationTokenSource.Token 返回的是标记的副本。由于 CancellationToken 是值类型，创建的是拷贝，所以能以线程安全的方式访问 CancellationTokenSource.Token——只能从 WritePi() 方法内部访问。

为监视 IsCancellationRequested 属性，CancellationToken 的一个拷贝（从 Cance-

⊖ token 按照 MSDN 文档翻译成“标记”，一般都说“令牌”。——译者注

llationTokenSource.Token 获取）传给任务。代码清单 19.9 每计算一位就检查一下 CancellationToken 参数上的 IsCancellationRequested 属性。如属性返回 true，while 循环退出。线程中断（abort）是在一个随机位置抛出异常，而这里是用正常控制流退出循环。通过频繁的轮询，我们可以保证代码能及时响应取消请求。

关于 CancellationToken，要注意的另一个要点是重载的 Register() 方法。可通过该方法登记在标记（token）取消时立即执行的一个行动。换言之，可调用 Register() 方法在 CancellationTokenSource 的 Cancel() 上登记一个侦听器委托。

在代码清单 19.9 中，由于在任务完成前取消任务是预料之中的行为，所以没有抛出 System.Threading.Tasks.TaskCanceledException。因此，task.Status 会返回 TaskStatus.RanToCompletion，没有任何迹象显示任务的工作实际已被取消了。虽然本例不需要这样的报告，但需要的话 TPL 也能提供。如取消任务会在某些方面造成破坏（例如，导致无法返回一个有效的结果），那么 TPL 为了报告这个问题，采用的模式就是抛出一个 TaskCanceledException（派生自 System.OperationCanceledException）。不是显式抛出异常，而是由 CancellationToken 包含一个 ThrowIfCancellationRequested() 方法来更容易地报告异常，前提是有一个可用的 CancellationToken 实例。

在抛出 TaskCanceledException 的任务上调用 Wait()（或获取 Result），结果和在任务中抛出其他任何异常一样：这个调用会抛出 AggregateException。该异常意味着任务的执行状态可能不完整。在成功完成的任务中，所有预期的工作都成功执行。相反，被取消的任务可能只部分工作完成——工作的状态不可信。

本例演示了一个耗时的处理器受限操作（pi 可以无限地计算下去）如何监视取消请求并做出相应的反应。但某些时候，即使目标任务没有显式编码也能取消。例如，本章稍后讨论的 Parallel 类就默认提供了这样的行为。

Begin 5.0

19.4.1 Task.Run() 是 Task.Factory.StartNew() 的简化形式

.NET 4.0 获取任务的一般方式是调用 Task.Factory.StartNew()。.NET 4.5 提供了更简单的调用方式 Task.Run()。和 Task.Run() 相似，Task.Factory.StartNew() 在 C# 4.0 中用于调用一个需创建一个额外线程的 CPU 密集型方法。

在 .NET 4.5（C# 5.0）中则应默认使用 Task.Run()，除非它满足不了一些特殊要求。例如，要用 TaskCreationOptions 控制任务，要指定其他调度器，或出于性能考虑要传递对象状态，这时就应考虑 Task.Factory.StartNew()。只有需要将创建和调度分开时（这种情况很少见），才应考虑在用构造函数实例化线程后添加一个 Start() 调用。

代码清单 19.11 是使用 Task.Factory.StartNew() 的一个例子。

代码清单 19.11 使用 Task.Factory.StartNew()

```
public Task<string> CalculatePiAsync(int digits)
{
  return Task.Factory.StartNew<string>(
      () => CalculatePi(digits));
```

```
    }

    private string CalculatePi(int digits)
    {
        // ...
    }
```

End 5.0

19.4.2　长时间运行的任务

前面在讨论代码清单 19.2 时指出，线程池假设工作项是处理器受限的，而且运行时间较短。这些假设的目的是控制创建的线程数量，防止因为过多分配昂贵的线程资源以及超额预订处理器而导致过于频繁的上下文切换和时间分片。

但如果事先知道一个任务要长时间运行，会长时间“霸占”一个底层线程资源，就可通知调度器任务不会太快结束工作。这个通知有两方面的作用。首先，它提醒调度器或许应该为该任务创建专用线程（而不是使用来自线程池的）。其次，它提醒调度器可能应调度比平时更多的线程。这会导致更多的时间分片，但这是好事。我们不想长时间运行的任务霸占整个处理器，让其他短时间的任务没机会运行。短时间运行的任务能利用分配到的时间片在短时间内完成大部分工作，而长时间运行的任务基本注意不到因为和其他任务共享处理器而产生的些许延迟。为此，需要在调用 `StartNew()` 时使用 `TaskCreationOptions.LongRunning` 选项（`Task.Run()` 不支持 `TaskCreationOptions` 参数），如代码清单 19.12 所示。

代码清单 19.12　协作执行耗时任务

```
    using System.Threading.Tasks;

    // ...

          Task task = Task.Factory.StartNew(
              () =>
                  WritePi(cancellationTokenSource.Token),
                      TaskCreationOptions.LongRunning);
    // ...
```

设计规范

- 要告诉任务工厂新建的任务可能长时间运行，使其能恰当地管理它。
- 要少用 `TaskCreationOptions.LongRunning`。

19.4.3　对任务进行资源清理

注意 `Task` 还支持 `IDisposable`。这是必要的，因为 `Task` 可能在等待完成时分配一个 `WaitHandle`。由于 `WaitHandle` 支持 `IDisposable`，所以依照最佳实践，`Task` 也支持 `IDisposable`。但注意之前的示例代码既没有包含 `Dispose()` 调用，也没有通过 `using` 语句来隐式调用。相反，依赖的是程序退出时的自动 `WaitHandle` 终结器调用。

这导致了两个后果。首先，句柄存活时间变长了，因而会消耗更多资源。其次，垃圾回收器的效率变低了，因为被终结的对象存活到了下一代。但在 `Task` 的情况下，除非要终结大量任务，否则这两方面的问题都不大。因此，虽然从技术上说所有代码都应该对任务进行 dispose（资源清理），但除非对性能的要求极为严格，而且做起来很容易（换言之，确定任务已经结束，而且没有其他代码在使用它们），否则就不必麻烦了。

19.5 基于任务的异步模式

如前所述，处理异步工作时，任务提供了比线程更好的抽象。多个任务被自动调度为恰当数量的线程，而且大任务可由多个小任务链接而成，就和大量程序由多个小方法组成一样。

但任务有自己的缺点。其中最麻烦的是它“颠倒”了程序逻辑。为演示这个问题，先来考虑一个同步方法，它因为一个 Web 请求（I/O 受限的、高延迟的操作）而阻塞。然后，把它和 C# 5.0/TAP 之前的异步版本比较。最后，用 C# 5.0（和更高版本）和 `async/await` 上下文关键字进行优化。

19.5.1 以同步方式调用高延迟操作

代码清单 19.13 使用 `WebRequest` 来下载网页并显示大小，失败就抛出异常。

代码清单 19.13 同步的 Web 请求

```
using System;
using System.IO;
using System.Net;
using System.Linq;

public class Program
{
  public static void Main(string[] args)
  {
      string url = "http://www.IntelliTect.com";
      if(args.Length > 0)
      {
          url = args[0];
      }

      try
      {
          Console.Write(url);
          WebRequest webRequest =
              WebRequest.Create(url);

          WebResponse response =
              webRequest.GetResponse();

          Console.Write(".....");

          using(StreamReader reader =
```

```
                new StreamReader(
                    response.GetResponseStream()))
            {
                string text =
                    reader.ReadToEnd();
                Console.WriteLine(
                    FormatBytes(text.Length));
            }
        }
        catch(WebException)
        {
            // ...
        }
        catch(IOException )
        {
            // ...
        }
        catch(NotSupportedException )
        {
            // ...
        }
    }

    static public string FormatBytes(long bytes)
    {
        string[] magnitudes =
            new string[] { "GB", "MB", "KB", "Bytes" };
        long max =
            (long)Math.Pow(1024, magnitudes.Length);

        return string.Format("{1:##.##} {0}",
            magnitudes.FirstOrDefault(
                magnitude =>
                    bytes > (max /= 1024)) ?? "0 Bytes",
                (decimal)bytes / (decimal)max);
    }
}
```

代码清单 19.13 的逻辑很简单，就是使用 try/catch 块和 return 语句等基本的东西来描述控制流。给定一个 WebRequest，在它上面调用 GetResponse() 即可下载网页。要对网页进行流访问，调用 GetResponseStream() 并将结果赋给 StreamReader。最后，用 ReadToEnd() 读到流的末尾，以便判断网页大小并打印结果。

这个方式的问题在于调用线程会被阻塞到 I/O 操作结束。异步工作进行期间，线程被白白浪费了，它本可做一些更有用的工作（比如显示进度）。

19.5.2　使用 TPL 异步调用高延迟操作

代码清单 19.14 通过 TPL 来使用基于任务的异步模式，从而解决了上述问题。

代码清单 19.14　异步的 Web 请求

```
using System;
using System.IO;
using System.Net;
using System.Linq;
using System.Threading.Tasks;
using System.Runtime.ExceptionServices;

public class Program
{
  public static void Main(string[] args)
  {
      string url = "http://www.IntelliTect.com";
      if(args.Length > 0)
      {
          url = args[0];
      }

      Console.Write(url);

      Task task = WriteWebRequestSizeAsync(url);

      try
      {
          while(!task.Wait(100))
          {
              Console.Write(".");
          }
      }
      catch(AggregateException exception)
      {
          exception = exception.Flatten();
          try
          {
              exception.Handle(innerException =>
              {
                  // Rethrowing rather than using
                  // if condition on the type
                  ExceptionDispatchInfo.Capture(
                      exception.InnerException)
                      .Throw();
                  return true;
              });
          }
          catch(WebException)
          {
              // ...
          }
          catch(IOException )
          {
              // ...
          }
          catch(NotSupportedException )
```

```
            {
                // ...
            }
        }
    }

    private static Task WriteWebRequestSizeAsync(
        string url)
    {
        StreamReader reader = null;
        WebRequest webRequest =
             WebRequest.Create(url);

        Task task =
            webRequest.GetResponseAsync()
        .ContinueWith( antecedent =>
        {
            WebResponse response =
               antecedent.Result;

            reader =
                new StreamReader(
                    response.GetResponseStream());
            return reader.ReadToEndAsync();
        })
        .Unwrap()
        .ContinueWith(antecedent =>
        {
            if(reader != null) reader.Dispose();
            string text = antecedent.Result;
            Console.WriteLine(
                FormatBytes(text.Length));
        });

        return task;
    }

    // ...
}
```

和代码清单 19.13 不同，代码清单 19.14 会在网页下载期间向控制台打印句点符号。所以不是打印 5 个句点（.....）完事，而是在下载文件、从流中读取以及判断大小期间，一直打印句点。

遗憾的是，异步操作的代价是复杂性的增加。代码中到处都是对控制流进行解释的 TPL 相关代码。不是直接在 `WebRequest.GetResponseAsync()` 调用之后就获取 `StreamReader` 并调用 `ReadToEndAsync()`，这个异步版本要求使用多个 `ContinueWith()` 语句。第一个 `ContinueWith()` 语句指出 `WebRequest.GetResponseAsync()` 之后要执行什么。注意在第一个 `ContinueWith()` 表达式中，`return` 语句返回 `StreamReader.ReadToEndAsync()`，

后者返回另一个 Task。

所以，如果没有 Unwrap() 调用，第二个 ContinueWith() 语句中的先驱任务（antecedent）就是一个 Task<Task<string>>，光看这个就知道有多复杂了。这种情况必须调用 Result 两次，一次直接在 antecedent 上调用，一次在 antecedent.Result 返回的 Task<string>.Result 属性上调用，后者会阻塞到 ReadToEnd() 操作结束。为避免复杂的 Task<Task<TResult>> 结构，可以在调用 ContinueWith() 之前调用 Unwrap()，这样就可以脱掉外层 Task 并相应地处理任何错误或取消请求。

但不仅仅是 Task 和 ContinueWith() 在搅局，异常处理使局面变得更复杂。本章前面说过，TPL 通常抛出 AggregateException 异常，因为异步操作可能出现多个异常。但由于是从 ContinueWith() 块中调用 Result 属性，所以工作者线程中也可能抛出 AggregateException。

如本章前面所述，可用多种方式处理这些异常。

1. 用 ContinueWith() 方法为返回一个 Task 的所有 *Async 方法都添加延续任务。但这样就无法很流畅地一个接一个写 ContinueWith() 了。此外，还会被迫将错误处理逻辑嵌入控制流中，而不是简单地依赖异常处理。

2. 用 try/catch 块包围每个委托主体，这样任务中就没有异常会成为未处理异常。遗憾的是，这个方式也不甚理想。首先，有的异常（比如调用 antecedent.Result 所造成的）会抛出 AggregateException，需要对 InnerException(s) 进行解包才能单独处理这些异常。解包时，要么重新抛出以便捕捉特定类型的异常，要么单独用其他 catch 块（甚至针对同一个类型的多个 catch 块）条件性地检查异常类型。其次，每个委托主体都需要自己的 try/catch 处理程序，即使块和块之间的有些异常类型是相同的。第三，Main 中的 task.Wait() 调用仍会抛出异常，因为 WebRequest.GetResponseAsync() 可能抛出异常，但没办法用 try/catch 块来包围它。因此，没有办法在 Main 中消除围绕 task.Wait() 的 try/catch 块。

3. 在 WriteWebRequestSizeAsync() 中忽略所有异常处理，只依赖包围 Main 的 task.Wait() 的 try/catch 块。由于异常必然是 AggregateException，所以 catch 它就好。catch 块调用 AggregateException.Handle() 来处理异常，并用 ExceptionDispatchInfo 对象重新抛出每个异常以保留原始栈跟踪。这些异常随即由预期的异常处理程序捕捉和处理。但要注意的是，处理 AggregateException 的 InnerException(s) 之前要先调用 AggregateException.Flatten()。这是因为在 AggregateException 中包装的内部异常也是 AggregateException 类型（以此类推）。调用 Flatten() 之后，所有异常都跑到第一级，包含的所有 AggregateException 都被删除。

如代码清单 19.14 所示，选项 3 或许是最好的，因为它在很大程度上使异常处理独立于控制流。虽然不能完全消除错误处理的复杂性，但却在很大程度上防止了在正常控制流中零散地嵌入异常处理。

代码清单 19.14 的异步版本和代码清单 19.3 的同步版本具有几乎完全一样的控制流逻辑，两个版本都试图从服务器下载资源，下载成功就返回结果，失败就检查异常类型来确定对策。但异常版本明显较难阅读、理解和更改。同步版本使用标准控制流语句，而异步处理被迫创建多个 Lambda 表达式，以委托的形式表达延续逻辑。

这还是一个相当简单的例子！想象一下，假定要用循环重试三次（如果失败的话）、要访问多个服务器、要获取资源集合而不是一个资源或者将所有这些功能都集成到一起。用同步代码实现这些功能很简单，但用异步代码来实现就非常复杂。为每个任务显式指定延续，从而将同步方法重写成异步方法，整个项目很快就会变得无法驾驭。

19.5.3　通过 async 和 await 实现基于任务的异步模式

幸好，写一个程序来帮助自己完成这些复杂的代码转换也不是太难。C# 语言的设计者意识到这一点，在 C# 5.0 编译器中添加了这个功能。现在可以使用**基于任务的异步模式**（Task-based Asynchronous Pattern，TAP）将同步程序轻松重写为异步程序。将由 C# 编译器负责将方法转换成一系列任务延续。代码清单 19.15 展示了如何将代码清单 19.13 的方法重写为异步版本，同时不像代码清单 19.4 那样对主结构进行大改动。

代码清单 19.15　使用基于任务的异步模式来实现异步 Web 请求

```
using System;
using System.IO;
using System.Net;
using System.Linq;
using System.Threading.Tasks;
public class Program
{
  private static async Task WriteWebRequestSizeAsync(
      string url)
  {
      try
      {
          WebRequest webRequest =
              WebRequest.Create(url);
          WebResponse response =
              await webRequest.GetResponseAsync();
          using(StreamReader reader =
              new StreamReader(
                  response.GetResponseStream()))
          {
              string text =
                  await reader.ReadToEndAsync();
              Console.WriteLine(
                  FormatBytes(text.Length));
          }
      }
      catch(WebException)
      {
          // ...
      }
      catch(IOException )
      {
          // ...
```

```
        }
        catch(NotSupportedException )
        {
            // ...
        }
    }

    public static void Main(string[] args)
    {
        string url = "http://www.IntelliTect.com";
        if(args.Length > 0)
        {
            url = args[0];
        }

        Console.Write(url);

        Task task = WriteWebRequestSizeAsync(url);

        while(!task.Wait(100))
        {
            Console.Write(".");
        }
    }

    // ...

}
```

注意代码清单 19.13 和代码清单 19.15 的一些小区别。首先将 Web 请求功能的主体重构为新方法（WriteWebRequestSizeAsync()），并在方法声明中添加了新的上下文关键字 async。用该关键字修饰的方法必须返回 Task、Task<T> 或 void，或者 C# 7.0 开始支持的 ValueTask<T>[⊖]。本例由于方法主体无数据返回，但我们想把有关异步活动的信息返回给调用者，所以 WriteWebRequestSizeAsync() 返回 Task。注意方法名使用了 Async 后缀，虽然并非必须，但约定是用该后缀标识异步方法。最后，针对和同步方法等价的每个异步版本，都在调用异步版本之前插入了 await 关键字。

End 7.0

除了这些，代码清单 19.13 和 19.15 就没有其他区别了。方法的异步版本表面返回和以前一样的数据类型，但实际返回的是一个 Task<T>。这不是通过隐式类型转换来实现的。GetResponseAsync() 的声明如下：

```
public virtual Task<WebResponse> GetResponseAsync() { ... }
```

在调用点处，我们将返回值赋给 WebResponse：

```
WebResponse response = await webRequest.GetResponseAsync()
```

关键在于 async 上下文关键字，它指示编译器将表达式重写为一个状态机来表示如代码

⊖ 从技术上说可返回实现了 GetAwaiter 方法的任意类型。参见稍后的高级主题“等待非 Task<T> 或值”。

清单 19.14 所示的全部控制流（以及更多）。

注意 try/catch 逻辑也比代码清单 19.14 好得多。代码清单 19.15 没有捕捉 AggregateException。catch 子句直接捕捉确切的异常类型，不需要对内部异常进行解包。await 为此重写了逻辑，从任务获取第一个异常并抛出该异常，即捕捉到的异常。（相反，如调用任务的 Wait() 方法，所有异常会被包装成一个 AggregateException，抛出的是集合异常。）这个设计的目的是使异步代码块尽可能地和同步代码相似。

为了更好地理解控制流，表 19.2 展示了每个任务中的控制流（每个任务一列）。

这个表格很好地澄清了两个错误观念：

- **错误观念 #1：用 async 关键字修饰的方法一旦调用，就自动在一个工作者线程上执行。**这绝对不成立：方法在调用线程上正常执行。如方法的实现不等待任何未完成的可等待任务，就会在同一个线程上同步地完成。是由方法的实现决定是否启动任何异步工作。仅仅使用 async 关键字，改变不了在哪里执行方法的代码。此外，从调用者的角度看，对 async 方法的调用没有任何特别之处，就是一个返回 Task 的方法。该方法正常调用，最后正常返回指定返回类型的对象。
- **错误观念 #2：await 关键字造成当前线程阻塞，直到被等待的任务完成。**这也绝对不成立。要阻塞当前线程直至任务完成，应调用 Wait() 方法。事实上，Main 线程在等待其他任务完成时一直都在做这件事情。每次执行 task.Wait(100)，它都会阻塞。但一旦这个调用结束，while 循环的主体都会和其他任务并发执行（而不是同步执行）。await 关键字对它后面的表达式进行求值（该表达式一般是 Task 或 Task<T> 类型），为结果任务添加延续，然后立即将控制返还给调用者。创建的任务将开始异步工作。await 关键字意味着开发人员希望在异步工作进行期间，该方法的调用者在这个线程上继续执行它的工作。异步工作完成之后的某个时间，从 await 表达式之后的控制点恢复执行。

事实上，async 关键字最主要的作用就是：1）向看代码的人清楚说明它所修饰的方法将自动由编译器重写；2）告诉编译器，方法中的上下文关键字 await 要被视为异步控制流，不能当成普通的标识符。

从 C# 7.1 起可以使用 async Main 方法，所以代码清单 19.15 的 Main 方法签名可改成：

```
private static async Task Main(string[] args)
```

对 WriteWebRequestSizeAsync 的调用可改成：

```
await WriteWebRequestSizeAsync(url);
```

缺点是没有超时了（task.Wait(100)）。

从 async 方法返回

C# 5.0 最初增加对 TAP 的支持时只允许返回三种数据类型：void、Task 和 Task<T>。其中，Task/Task<T> 存在缺陷，void 实际是唯一选择。

表 19.2 每个任务中的控制流

说　明	Main() 线程	GetResponseAsync() 任务	ReadToEndAsync() 任务

1. 执行正常进入 Main，并一路执行到第一个 Console.Write(url) 语句。
2. 调用 WriteWebRequestSizeAsync()，控制流正常进入该方法。
3. WriteWebRequestSizeAsync() 中的指令正常执行（仍在 Main() 线程上），其中包括对 WebRequest.Create(url) 的调用。
	string url =
	  "http://www.IntelliTect.com";
	if(args.Length > 0)
	{
	  url = args[0];
	}
	
	Console.Write(url);
	
	Task task =
	  WriteWebRequestSizeAsync(url);		

4. 遇到第一个 await 修饰符，生成新 Task 来执行 GetResponseAsync()。假定该方法不是瞬间就执行完毕，控制流返回 Main()，开始执行 while 循环。
5. 一旦 GetResponseAsync() 任务完成，同一个任务中执行将继续，隐式地将任务的结果赋给 response 变量。然后，根据 response 的值来实例化 StreamReader。
	WebRequest webRequest =
	  WebRequest.Create(url);
	
	while(!task.Wait(100))
	{
	  Console.Write(".");
	}
		WebResponse response =
		  await webRequest.
		GetResponseAsync();
		StreamReader reader =
		  new StreamReader(
		    response.
		GetResponseStream()));	

6. 遇到另一个 await 时，创建另一个任务，这次是执行 ReadToEndAsync()。（同时 Main 的 while 循环继续执行。）
7. ReadToEndAsync() 任务完成后，结果赋给 text，在控制台显示它的 Length。
8. 最后，task.Wait() 返回 true，继续执行 while 之后的代码。
			string text =
			  (**await** reader
			.ReadToEndAsync());
			Console.WriteLine(
			  FormatBytes(text.
			Length));

async 的 ValueTask<T> 返回值

我们用异步方法执行耗时和高延迟的操作。显然，由于 Task/Task<T> 是返回类型，所以需要获得其中一种类型的对象来返回。如允许返回 null，调用者就不得不在调用方法前执行 null 检查。从易用性的角度看，这种 API 既不合理又麻烦。与耗时和高延迟的操作相比，创建 Task/Task<T> 的代价可以忽略。

但如果操作可被短路并立即返回结果会发生什么？以缓冲区压缩为例。如果数据量大，确实有必要以异步方式执行操作。但如果数据长度为 0，操作就可立即返回。这时获取 Task/Task<T> 的实例（不管缓存的还是新建的）没有意义，立即完成的操作不需要任务。遗憾的是，最初 C# 5.0 引入 async/await 时我们别无选择。但从 C# 7.0 起允许返回符合条件的任意类型，这个条件就是支持 GetAwaiter() 方法，具体可参考稍后的“高级主题：等待非 Task<T> 或值”。例如，和 C# 7.0 相关的 .NET 框架包含 ValueTask<T>，该值类型在耗时操作可被短路时就缩减其体量以支持轻量级的实例化，不能短路时就支持任务的完整功能。代码清单 19.16 提供了一个文件压缩的例子，如压缩可被短路，就通过 ValueTask<T> 退出。

代码清单 19.16　从 async 方法返回 ValueTask<T>

```
using System;
using System.IO;
using System.Net;
using System.Linq;
using System.Threading.Tasks;

public class Program
{
      private static async ValueTask<byte[]> CompressAsync(byte[] buffer)
      {
          if (buffer.Length == 0)
          {
              return buffer;
          }
          using (MemoryStream memoryStream = new MemoryStream())
          using (System.IO.Compression.GZipStream gZipStream =
              new System.IO.Compression.GZipStream(
                  memoryStream, System.IO.Compression.CompressionMode.
↳Compress))
          {
              await gZipStream.WriteAsync(buffer, 0, buffer.Length);
              buffer = memoryStream.ToArray();
          }

          return buffer;
      }
   // ...
}
```

注意即便如 GZipStream.WriteAsync() 这样的异步方法可能返回 Task<T>，await 的

实现在返回一个 ValueTask<T> 的方法中仍然生效。例如在代码清单 19.16 中，返回类型从 ValueTask<T> 变成 Task<T> 不要求更改其他任何代码。

那么，分别在什么时候使用 ValueTask<T> 和 Task/Task<T>？如操作不返回值，使用 Task 就好（ValueTask<T> 没有非泛型版本，因为没有意义）。如操作可能异步完成，或者不可能为常规结果值缓存任务，也首选 Task<T>。但如果操作可能同步完成，而且无法合理地缓存所有常规返回值，ValueTask<T> 就可能更恰当。例如，一般返回 Task<bool> 而不是 ValueTask<bool>，因为可为 true 和 false 值轻松缓存一个 Task<bool>。事实上 async 基础结构会自动做这件事情。换言之，如返回一个异步 Task<bool> 的方法以同步方式完成，无论如何都会返回一个缓存的结果 Task<bool>。

从异步方法返回 void

async 方法的最后一个返回选项是 void（以后把这种方法简称为 async void 方法）。但一般应避免 async void 方法。和返回一个 Task/Task<T>（起码有一个返回值）不同，返回 void 会导致无法确定方法在什么时候结束执行。如发生异常。返回 void 意味着没有容器来报告异常。在 async void 方法上抛出的任何异常都极有可能跑到 UI SynchronizationContext 上，变成事实上的未处理异常（参见之前的“高级主题：处理 Thread 上的未处理异常”）。

但既然平常应避免 async void 方法，为何一开始又允许？这是由于要用 async void 方法实现 async 事件处理程序。如第 14 章所述，事件应声明为 EventHandler<T>，其中 EventHandler<T> 的签名是：

```
void EventHandler<TEventArgs>(object sender, TEventArgs e)
```

所以，为符合与 EventHandler<T> 签名匹配的一个事件的规范，async 事件需返回 void。有人会提议修改规范，但如第 14 章所讨论的，可能有多个订阅者，而从多个订阅者接收返回值既不直观还麻烦。有鉴于此，规范是避免 async void 方法，除非它们是某个事件处理程序的订阅者（这种情况下它们不应抛出异常）。另外，应提供一个同步上下文来接收同步事件（比如用 Task.Run() 调度工作）的通知，甚至更重要的是关于未处理异常的通知。代码清单 19.17 和输出 19.7 展示了具体如何做。

代码清单 19.17　捕捉来自 async void 方法的异常

```
using System;
using System.Threading;
using System.Threading.Tasks;
public class AsyncSynchronizationContext : SynchronizationContext
{
  public Exception Exception { get; set; }
  public ManualResetEventSlim ResetEvent { get;} = new
ManualResetEventSlim();

  public override void Send(SendOrPostCallback callback, object state)
  {
```

```
        try
        {
            Console.WriteLine($@"Send notification invoked...(Thread ID: {
                Thread.CurrentThread.ManagedThreadId})");
            callback(state);
        }
        catch (Exception exception)
        {
            Exception = exception;
#if !WithOutUsingResetEvent
            ResetEvent.Set();
#endif
        }
    }

    public override void Post(SendOrPostCallback callback, object state)
    {
        try
        {
            Console.WriteLine($@"Post notification invoked...(Thread ID: {
                Thread.CurrentThread.ManagedThreadId})");
            callback(state);
        }
        catch (Exception exception)
        {
            Exception = exception;
#if !WithOutUsingResetEvent
            ResetEvent.Set();
#endif
        }
    }
}

public class Program
{
    static bool EventTriggered { get; set; }

    public const string ExpectedExceptionMessage = "Expected Exception";
    public static void Main()
    {

        AsyncSynchronizationContext synchronizationContext =
            new AsyncSynchronizationContext();
        SynchronizationContext.
SetSynchronizationContext(synchronizationContext);
        try
        {

            OnEvent(null, null);

#if WithOutUsingResetEvent
            Task.Delay(1000);  //
#else
```

```
                synchronizationContext.ResetEvent.Wait();
    #endif

                if(synchronizationContext.Exception != null)
                {
                    Console.WriteLine($@"Throwing expected exception....(Thread
↳ID: {
                    Thread.CurrentThread.ManagedThreadId})");
                    System.Runtime.ExceptionServices.ExceptionDispatchInfo.
↳Capture(
                        synchronizationContext.Exception).Throw();
                }
            }
            catch(Exception exception)
            {
                Console.WriteLine($@"{exception} thrown as expected.(Thread ID: {
                    Thread.CurrentThread.ManagedThreadId})");
            }
        }

        static async void OnEvent(object sender, EventArgs eventArgs)
        {
            Console.WriteLine($@"Invoking Task.Run...(Thread ID: {
                    Thread.CurrentThread.ManagedThreadId})");
            await Task.Run(()=>
            {
                Console.WriteLine($@"Running task... (Thread ID: {
                    Thread.CurrentThread.ManagedThreadId})");
                throw new Exception(ExpectedExceptionMessage);
            });
        }
    }
```

输出 19.7

```
Invoking Task.Run...(Thread ID: 8)
Running task... (Thread ID: 9)
Post notification invoked...(Thread ID: 8)
Post notification invoked...(Thread ID: 8)
Throwing expected exception....(Thread ID: 8)
System.Exception: Expected Exception
   at AddisonWesley.Michaelis.EssentialCSharp.Chapter19.
↳Listing19_17.Program.Main() in
...Listing19.17.AsyncVoidReturn.cs:line 80 thrown as expected.(Thread ID: 8)
```

代码按部就班执行到 OnEvent() 中的 await Task.Run() 调用。完成后控制传给 AsyncSynchronizationContext 中的 Post() 方法。Post() 完成后执行 Console.WriteLine("throw Exception...")，然后抛出异常。该异常由 AsyncSynchronizationContext.Post() 捕捉并传回 Main()。本例用 Task.Delay() 调用确保程序不会在 Task.Run() 调用前结束，但如下一章所述，这里使用 ManualResetEventSlim 更佳。

19.5.4　异步 Lambda 和本地函数

我们知道，转换成委托的 Lambda 表达式是声明普通方法的一种简化语法。类似地，C# 5.0（和之后的版本）允许包含 await 表达式的 Lambda 表达式转换成委托——为 Lambda 表达式附加 async 关键字前缀即可。代码清单 19.18 重写了代码清单 19.15 的 WriteWebRequestSizeAsync 方法，把它从 async 方法转换成 async Lambda。

代码清单 19.18　作为 Lambda 表达式的异步客户端 – 服务器交互

```
using System;
using System.IO;
using System.Net;
using System.Linq;
using System.Threading.Tasks;

public class Program
{

  public static void Main(string[] args)
  {
      string url = "http://www.IntelliTect.com";
      if(args.Length > 0)
      {
          url = args[0];
      }

      Console.Write(url);

      Func<string, Task> writeWebRequestSizeAsync =
          async (string webRequestUrl) =>
      {
          // Error handling ommitted for
          // elucidation
          WebRequest webRequest =
             WebRequest.Create(url);

          WebResponse response =
              await webRequest.GetResponseAsync();
          using(StreamReader reader =
              new StreamReader(
                  response.GetResponseStream()))
          {
              string text =
                  (await reader.ReadToEndAsync());
              Console.WriteLine(
                  FormatBytes(text.Length));
          }
      };

    Task task = writeWebRequestSizeAsync(url);

  while (!task.Wait(100))
```

```
        {
            Console.Write(".");
        }
    }

    // ...

}
```

类似地，C# 7.0(和之后的版本)可用本地函数达到同样的目的。例如在代码清单 19.18 中，可将 Lambda 表达式头（=> 操作符 (含) 之前的一切）修改为：

```
async Task WriteWebRequestSizeAsync(string webRequestUrl)
```

主体（含大括号）不变。

注意 async Lambda 表达式具有和具名 async 方法一样的限制。

- async Lambda 表达式必须转换成返回类型为 void、Task 或 Task<T>（C# 7.0 支持 ValueTask<T>）的委托。
- Lambda 进行了重写，使 return 语句成为" Lambda 返回的任务已完成并获得给定结果"的信号。
- Lambda 表达式中的执行最初是同步进行的，直到遇到第一个针对"未完成的可等待任务"的 await。
- await 之后的指令作为被调用异步方法所返回的任务的延续而执行。但假如可等待任务已完成，就以同步方式执行而不是作为延续。
- async Lambda 表达式可用 await 调用（代码清单 19.18 未演示）。

End 7.0

高级主题：实现自定义异步方法

使用 await 关键字可轻松实现异步方法，它依赖其他异步方法（后者依赖更多的异步方法）。但在调用层次结构的某个位置，需要写一个返回 Task 的"叶"异步方法。例如，假定要用一个异步方法运行命令行程序，最终目标是能访问程序的输出，那么可像下面这样声明：

```
static public Task<Process> RunProcessAsync(string filename)
```

最简单的实现当然是再次依赖 Task.Run()，并调用 System.Diagnostics.Process 的 Start() 和 WaitForExit() 方法。但如果被调用的进程有自己的线程集合，就没必要在当前进程创建一个额外的线程。为实现 RunProcessAsync() 方法并在被调用的进程结束时回到调用者的同步上下文中，可以依赖一个 TaskCompletionSource<T> 对象，如代码清单 19.19 所示。

代码清单 19.19 实现自定义异步方法

```
using System.Diagnostics;
using System.Threading;
using System.Threading.Tasks;
class Program
{
  static public Task<Process> RunProcessAsync(
      string fileName,
      string arguments = null,
      CancellationToken cancellationToken =
          default(CancellationToken))
  {
      TaskCompletionSource<Process> taskCS =
          new TaskCompletionSource<Process>();

      Process process = new Process()
      {
          StartInfo = new ProcessStartInfo(fileName)
          {
              UseShellExecute = false,
              Arguments = arguments
          },
          EnableRaisingEvents = true
      };

      process.Exited += (sender, localEventArgs) =>
      {
          taskCS.SetResult(process);
      };

      cancellationToken
          .ThrowIfCancellationRequested();

      process.Start();

      cancellationToken.Register(() =>
      {
          process.CloseMainWindow();
      });

      return taskCS.Task;
  }

    // ...
}
```

暂时忽略突出显示的内容，重点关注如何用事件获得进程结束通知。由于 System.Diagnostics.Process 包含退出通知，所以登记并在回调方法中调用 TaskCompletionSource.SetResult()。上述代码展示了不借助 Task.Run() 创建异步方法的一个常用模式。

async 方法的另一个重要特点是要求提供取消机制，TAP 依赖和 TPL 一样的方法，即需要一个 System.Threading.CancellationToken。上述代码突出显示了支持取消所需的代码。本例允许在进程开始前取消它并尝试关闭应用程序主窗口（如果有的话）。更激进的方式是调用 Process.Kill()，但这可能导致正在执行的程序出问题。

注意是在进程开始后才登记取消事件。这是由于在极少数情况下，可能进程还没有开始就触发了取消。

最后考虑支持的一项功能是进度更新。代码清单 19.20 是包含了该功能的完整 RunProcessAsync()。

代码清单 19.20　提供进度支持的自定义异步方法

```
using System;
using System.Diagnostics;
using System.Threading;
using System.Threading.Tasks;
class Program
{
  static public Task<Process> RunProcessAsync(
      string fileName,
      string arguments = null,
      CancellationToken cancellationToken =
          default(CancellationToken),
      IProgress<ProcessProgressEventArgs> progress =
          null,
      object objectState = null)
  {
      TaskCompletionSource<Process> taskCS =
          new TaskCompletionSource<Process>();

      Process process = new Process()
      {
          StartInfo = new ProcessStartInfo(fileName)
          {
              UseShellExecute = false,
              Arguments = arguments,
              RedirectStandardOutput =
                  progress != null
          },
          EnableRaisingEvents = true
      };

      process.Exited += (sender, localEventArgs) =>
      {
          taskCS.SetResult(process);
      };
      if(progress != null)
      {
          process.OutputDataReceived +=
              (sender, localEventArgs) =>
          {
```

```
                progress.Report(
                    new ProcessProgressEventArgs(
                        localEventArgs.Data,
                        objectState));
            };
        }

        if(cancellationToken.IsCancellationRequested)
        {
            cancellationToken
                .ThrowIfCancellationRequested();
        }

        process.Start();

        if(progress != null)
        {
            process.BeginOutputReadLine();
        }

        cancellationToken.Register(() =>
        {
            process.CloseMainWindow();
            cancellationToken
                .ThrowIfCancellationRequested();
        });

        return taskCS.Task;
    }
    // ...
}
```

```
class ProcessProgressEventArgs
{
    // ...
}
```

高级主题：等待非 Task<T> 或值

通常，await 关键字后面的表达式是 Task 或 Task<T> 类型。在迄今为止的 await 例子中，关键字后面的表达式都返回 Task<T>。从语法角度看，作用于 Task 类型的 await 相当于返回 void 的表达式。事实上，编译器连任务是否有结果都不知道，更别说结果的类型了。所以，像这样的表达式相当于调用一个返回 void 的方法，只能在语句的上下文中使用它。代码清单 19.21 展示了作为语句表达式使用的一些 await 表达式。

代码清单 19.21　await 表达式可以是语句表达式

```
async Task<int> DoStuffAsync()
{
  await DoSomethingAsync();
```

```
    await DoSomethingElseAsync();
    return await GetAnIntegerAsync() + 1;
}
```

这里假定前两个方法返回 Task 而不是 Task<T>。由于前两个任务没有关联任何结果值，所以等待它们不会产生任何值，表达式必须作为语句使用。第三个任务假定是 Task<int> 类型，它的值可用于计算 DoStuffAsync() 返回的任务的值。

这个高级主题以"通常"两个字开头。事实上，关于 await 所要求的返回类型，规则比单单 Task 或 Task<T> 宽泛得多。它其实只要求类型支持 GetAwaiter() 方法。该方法生成一个对象，其中包含特定的属性和方法以便由编译器的重写逻辑使用。这使系统能由第三方进行扩展。㊀可以设计自己的、非基于 Task 的异步系统，用其他类型来表示异步工作。与此同时，还是能使用 await 语法。

但应注意在 C# 7.0 引入 ValueTask<T> 之前，async 方法不能返回除 void、Task 或 Task<T> 之外的东西——不管方法内部等待的是什么类型。

精准掌握 async 方法中发生的事情可能比较难，但相较于异步代码用显式的延续来写 Lambda 表达式，前者理解起来还是容易多了。注意下面这些要点：

- 控制抵达 await 关键字时，后面的表达式会生成一个任务㊁。控制随即返回调用者，在任务异步完成期间，继续做自己的事情。
- 任务完成后的某个时间，控制从 await 之后的位置恢复。如等待的任务生成结果，就获取那个结果。出错则抛出异常。
- async 方法中的 return 语句使得与方法调用关联的任务变成"已完成"状态。如 return 语句有一个值，返回值成为任务的结果。

19.5.5 任务调度器和同步上下文

本章偶尔提到任务调度器及其在为线程高效分配工作时所扮演的角色。从编程的角度看，任务调度器是 System.Threading.Tasks.TaskScheduler 的实例。该类默认用线程池调度任务，决定如何安全有效地执行它们——何时重用、何时资源清理（dispose）以及何时创建额外线程。

可从 TaskScheduler 派生出一个新类型来创建自己的任务调度器，从而对任务调度做出不同选择。可获取一个 TaskScheduler，使用静态 FromCurrentSynchronizationContext() 方法将任务调度给当前线程（更准确地说，调度给和当前线程关联的**同步上下文**），而不是调度给不同的工作者线程。㊂

㊀ 根据签名来查找特定方法以实现第三方扩展，这个技术在另外两个 C# 功能中也得到了运用。具体地说，LINQ 查找 Select() 和 Where() 方法来实现 select 和 where 上下文关键字，而 foreach 循环不要求集合实现 IEnumerable，只要求有恰当的 GetEnumerator() 方法。

㊁ 从技术上说，是在"高级主题：等待非 Task<T> 或值"中描述的一个可等待类型。

㊂ 例子参考本书上一版的附录"Interfacing with Multithreading Patterns prior to the TPL and C# 6.0"，网址是 http://t.cn/E2wPlWd。

用于执行任务（进而执行延续任务）的同步上下文之所以重要，是因为正在等待的任务会查询同步上下文（如果有的话），使得任务能高效和安全地执行。代码清单 19.22（和输出 19.8）和代码清单 19.5 相似，只是在显示消息时还打印线程 ID。

代码清单 19.22　调用 Task.ContinueWith()

```
using System;
using System.Threading;
using System.Threading.Tasks;

public class Program
{
  public static void Main()
  {
      DisplayStatus("Before");
      Task taskA =
          Task.Run(() =>
               DisplayStatus("Starting..."))
          .ContinueWith( antecedent =>
               DisplayStatus("Continuing A..."));
      Task taskB = taskA.ContinueWith( antecedent =>
          DisplayStatus("Continuing B..."));
      Task taskC = taskA.ContinueWith( antecedent =>
          DisplayStatus("Continuing C..."));
      Task.WaitAll(taskB, taskC);
      DisplayStatus("Finished!");
  }

  private static void DisplayStatus(string message)
  {
      string text = string.Format(
              $@"{ Thread.CurrentThread.ManagedThreadId
                  }: { message }");
      Console.WriteLine(text);
  }
}
```

输出 19.8

```
1: Before
3: Starting...
4: Continuing A...
3: Continuing C...
4: Continuing B...
1: Finished!
```

在输出中，注意线程 ID 时而改变，时而重复以前的。在这种普通的控制台应用程序中，同步上下文（通过 SynchronizationContext.Current 属性访问）为 null。由于是默认的同步上下文，所以由线程池负责分配线程。这解释了在不同任务之间为何线程 ID 会变来变去：有时线程池觉得使用新线程更高效，有时又觉得应该重用现有线程。

幸好，同步上下文会根据应用程序的类型自动设置。例如，如任务创建代码在 ASP.NET

所创建的一个线程中运行，线程将关联 AspNetSynchronizationContext 类型的一个同步上下文。相反，如代码在 Windows UI 应用程序（WPF 或 Windows Forms）所创建的一个线程中运行，线程将关联 DispatcherSynchronizationContext 的一个实例。(控制台应用程序默认没有同步上下文。) 由于 TPL 要查询同步上下文，而同步上下文会随执行环境而变化，所以 TPL 能调度延续任务，使其在高效和安全的上下文中执行。

要修改代码来利用同步上下文，首先要设置同步上下文，再用 async/await 关键字使同步上下文得以查询。⊖

也可定义自己的同步上下文，或者修改现有同步上下文来提升特定情况下的性能，但具体如何做超出了本书的范围。

19.5.6 async/await 和 Windows UI

同步在 UI 和 Web 编程中特别重要。例如在 Windows UI 的情况下，是由一个消息泵处理鼠标点击 / 移动等事件消息。另外，UI 是单线程的，和任何 UI 组件（如文本框）的交互都肯定在同一个 UI 线程中发生。async/await 模式的一个重要优势在于，它利用同步上下文使延续工作（await 语句后的工作）总是在调用 await 语句的那个同步任务上执行。这一点非常重要，因为它避免了显式切换回 UI 线程来更新控件。

为体会这一点，来考虑如代码清单 19.23 所示的 WPF 中的按钮点击 UI 事件。

代码清单 19.23 WPF 中的同步高延迟调用

```
using System;

private void PingButton_Click(
  object sender, RoutedEventArgs e)
{
  StatusLabel.Content = "Pinging...";
  UpdateLayout();
  Ping ping = new Ping();
  PingReply pingReply =
      ping.Send("www.IntelliTect.com");
  StatusLabel.Text = pingReply.Status.ToString();
}
```

假定 StatusLabel 是一个 WPF System.Windows.Controls.TextBlock 控件，PingButton_Click() 事件处理程序更新 Content 属性两次。合理的假设是第一个“Pinging…”会一直显示，直到 Ping.Send() 返回。随即，标签再次更新，显示 Send() 的应答。但正如 Windows UI 框架经验人士知道的那样，实情并非如此。相反，是一条消息被发布到 Windows 消息泵，要求用“Pinging…”更新内容，但由于 UI 线程正忙于执行 PingButton_Click() 方法，所以 Windows 消息泵不会得到处理。等 UI 线程有空检查 Windows 消息泵时，第二个 Content 属性更新请求又加入队列，造成用户只看到最后一个应答状态。

⊖ 要了解如何设置线程同步上下文，以及如何使用任务调度器将任务调度给线程，请参考本书上一版的代码清单 C.8，网址是 *http://t.cn/E2wPlWd*。

为了用 TAP 修正这个问题，要像代码清单 19.24 突出显示的那样修改代码。

代码清单 19.24 WPF 中使用 await 的同步高延迟调用

```
using System;
async private void PingButton_Click(
  object sender, RoutedEventArgs e)
{
  StatusLabel.Content = "Pinging...";
  UpdateLayout();
  Ping ping = new Ping();
  PingReply pingReply =
      await ping.SendPingAsync("www.IntelliTect.com");
  StatusLabel.Text = pingReply.Status.ToString();
}
```

像这样修改有两方面的好处。首先，ping 调用的异步本质解放了调用者线程，使其能返回 Windows 消息泵调用者的同步上下文，处理对 StatusLabel.Content 的更新，向用户显示"Pinging…"。其次，在等待 ping.SendPingAsync() 完成期间，它总是在和调用者相同的同步上下文中执行。同步上下文特别适合 Windows UI，它是单线程的，所以总是回到同一个线程，即 UI 线程。换言之，TPL 不是立即执行延续任务，而是查询同步上下文，改由后者将关于延续工作的消息发送给消息泵。然后，UI 线程监视消息泵，在获得延续工作消息后，它调用 await 调用之后的代码。(结果是延续代码在和处理消息泵的调用者一样的线程上调用。)

TAP 语言模式内建了一个关键的代码可读性增强。注意在代码清单 19.22 中，pingReply.Status 调用自然地出现在 await 之后，清楚地指明它会紧接着上一个语句执行。然而如果真要自己从头写代码，恐怕许多人会看不懂。

19.5.7 await 操作符

一个方法中的 await 数量不限。事实上，它们并非只能一个接一个地写。相反，可将 await 放到循环中连续处理，从而遵循一个自然的控制流。来看看代码清单 19.25 的例子。

代码清单 19.25 遍历 await 操作

```
async private void PingButton_Click(
  object sender, RoutedEventArgs e)
{
  List<string> urls = new List<string>()
      {
          "www.habitat-spokane.org",
          "www.partnersintl.org",
          "www.iassist.org",
          "www.fh.org",
          "www.worldvision.org"
      };
  IPStatus status;

  Func<string, Task<IPStatus>> func =
```

```
        async (localUrl) =>
        {
            Ping ping = new Ping();
            PingReply pingReply =
                await ping.SendPingAsync(localUrl);
            return pingReply.Status;
        };

    StatusLabel.Content = "Pinging…";

    foreach(string url in urls)
    {
        status = await func(url);
        StatusLabel.Text =
            $@"{ url }: { status.ToString() } ({
                Thread.CurrentThread.ManagedThreadId })";
    }
}
```

无论将 await 语句放到循环中还是单独写，它们都会连续地、一个接一个地执行，顺序和从调用线程中调用的顺序一样。底层实现是用语义上等价于 Task.ContinueWith() 的方式把它们串接到一起，只是 await 操作符之间的所有代码都在调用者的同步上下文中执行。

从 UI 中支持 TAP，这是 TAP 的核心应用情形之一。另一个情形是在服务器上，来自客户端的请求要查询整个表来获取特定数据。由于查询数据可能相当耗时，所以应该创建新线程，而不是使用线程池数量有限的线程。但这个方式的问题在于，数据库查询完全在另一台机器上执行。由于线程本来就不怎么活动，所以没必要阻塞整个线程。

总之，TAP 的目的是解决以下关键问题：

- 需要在不阻塞 UI 线程的前提下进行耗时操作。
- 为非 CPU 密集型的工作创建新线程（或 Task）代价相当高，因为线程唯一做的事情就是傻等活动完成。
- 活动完成时（不管是使用新线程还是通过回调），经常都需要执行一次线程同步上下文切换，切换回当初发起活动的调用者。
- TAP 提供了同时适用于 CPU 密集型和非 CPU 密集型异步调用的一个崭新模式。所有 .NET 语言都支持该模式。

Begin 7.0

附带说明一下，C# 5.0 和 6.0 的 await 不能在异步处理 catch 或 finally 语句中出现。但这个限制自 C# 7.0 起移除了。这是一个极好的改进。例如，你可能想从调用栈最外层的异常处理程序记录异常日志，而日志记录是相当昂贵的操作，用异步 await 来执行再合适不过。

End 7.0

19.6 并行迭代

来考虑以下 for 循环语句以及相关代码（代码清单 19.26 和输出 19.9）。它调用方法来计算 pi 的一个区段（section）。方法的第一个参数是要计算的位数（BatchSize），第二个参数是要计算的起始位（i * BatchSize）。实际如何计算跟当前的讨论关系不大。这个计算重点在于，它“极度可并行”(embarrassingly parallelizable)。也就是说，很容易将大型任务（比如计算 pi 的 100 万位）分解成任意数量的小任务，而且所有小任务都可并行运行。这种计算通过并行来进行再容易不过了。

代码清单 19.26　for 循环以同步方式计算 pi 的各个区段

```
using System;
using AddisonWesley.Michaelis.EssentialCSharp.Shared;

class Program
{
  const int TotalDigits = 100;
  const int BatchSize = 10;

  static void Main()
  {
      string pi = null;
      const int iterations = TotalDigits / BatchSize;
      for(int i = 0; i < iterations; i++)
      {
          pi += PiCalculator.Calculate(
              BatchSize, i * BatchSize);
      }

      Console.WriteLine(pi);
  }
}
```

```
using System;

class PiCalculator
{
  public static string Calculate(
      int digits, int startingAt)
  {
     // ...
  }

   // ...
}
```

输出 19.9

```
>3.141592653589793238462643383279502884197169399375105820974944592307816406
628620899862803482534211706798214808651328230664709384460955058223172535940
812848111745028410270193852110555964462294895493038196442881097566593344612
847564823378678316527120190914564856692346034861045432664821339360726024914
127372458700660631558817488152092096282925409171536436789259036001133053054
882046652138414695194151160943305727036575959195309218611738193261179310511
854807446237996274956735188575272489122793818301194912
```

for 循环同步且顺序地执行每一次迭代。但由于 pi 的算法是将 pi 的计算分解成独立的部分，所以不需要顺序完成每一部分的计算——只要计算结果顺序连接即可。所以，我们希望不同的循环迭代能同时进行，每个处理器都负责一个迭代，和正在执行其他迭代的处理器并行执行它。如果迭代能同时执行，那么执行时间将依据处理器的数量成比例地缩短。

TPL 提供了辅助方法 Parallel.For() 来做这件事情。代码清单 19.27 展示了如何修改顺序、单线程的程序来使用“并行 for”。

代码清单 19.27　for 循环分区段、并行地计算 pi

```
using System;
using System.Threading.Tasks;
using AddisonWesley.Michaelis.EssentialCSharp.Shared;

// ...

class Program
{
  static void Main()
  {
        string pi = null;
        const int iterations = TotalDigits / BatchSize;
        string[] sections = new string[iterations];
        Parallel.For(0, iterations, (i) =>
        {
            sections[i] = PiCalculator.Calculate(
                BatchSize, i * BatchSize);
        });
        pi = string.Join("", sections);
        Console.WriteLine(pi);
  }
```

代码清单 19.27 的输出和输出 19.9 一样，但速度快多了（前提是有多个 CPU，如果没有，速度可能更慢）。Parallel.For() API 看起来和标准 for 循环相似。第一个参数是 fromInclusive 值，第二个是 toExclusive 值，最后一个是要作为循环主体执行的 Action<int>。为操作使用表达式 Lambda 时，代码看起来和 for 循环差不多，只是现在每一次循环迭代都可以并行执行。和 for 循环一样，除非迭代都已完成，否则 Parallel.For() 调用不会结束。也就是说，当执行到 string.Join() 语句时，pi 的所有区段都已经计算好了。

要注意的一个重点是，将 pi 的各个区段合并起来的代码不再出现在迭代（action）的内部。由于 pi 的区段计算极有可能不是顺序完成的，所以假如每完成一次迭代就连接一个区段，极有可能造成区段顺序的紊乱。即使顺序不是问题，仍有可能遇到竞态条件，因为 += 操作符不是原子性的。为解决这两个问题，pi 的每个区段都要存储到一个数组中，而且不能有两个或多个迭代同时访问一个数组元素的情况。只有在 pi 的所有区段都计算好之后，string.Join() 才把它们合并到一起。换言之，要将区段的连接操作推迟到 Parallel.For() 循环结束之后。这就避免了由尚未计算好的区段或者顺序错误的区段造成的竞态条件。

TPL 使用和任务调度一样的线程池技术来确保并行循环的良好性能，即确保 CPU 不被过度调度或调度不足。

设计规范

- 要在很容易将一个计算分解成大量相互独立的、处理器受限的小计算，而且这些小计算能在任何线程上以任意顺序执行时使用并行循环。

TPL 还提供了 `foreach` 循环的并行版本，如代码清单 19.28 所示。

代码清单 19.28　foreach 循环的并行执行

```
using System;
using System.Collections.Generic;
using System.IO;
using System.Threading.Tasks;

class Program
{
  // ...
  static void EncryptFiles(
      string directoryPath, string searchPattern)
  {
      IEnumerable<string> files = Directory.EnumerateFiles(
          directoryPath, searchPattern,
          SearchOption.AllDirectories);
      Parallel.ForEach(files, (fileName) =>
      {
          Encrypt(fileName);
      });
  }
  // ...
}
```

本例调用一个方法来并行加密 `files` 集合中的每个文件。TPL 会判断同时执行多少个线程效率最高。

高级主题：TPL 如何调整自己的性能

TPL 的默认调度器面向线程池，这导致要进行大量试探以确保任何时候执行的都是正确数量的线程。它采用的两种试探法是**爬山**（hill climbing）和**工作窃取**（work stealing）。

爬山算法要求创建线程来运行任务，监视任务性能来找出添加线程使性能不升反降的点。一旦找到这个点，线程数可以降回保持最佳性能的数量。

TPL 不将等待执行的“顶级”任务和特定线程关联。但如果任务在创建另一个任务的线程上运行，新创建的任务自动和该线程关联。新的“子”任务最终被调度运行时，通常在创建它的那个任务的线程上运行。工作窃取算法能识别工作量特别大或特别小的线程，任务太少的线程有时会从任务太多的线程上“窃取”一些尚未执行的任务。

这些算法的关键作用是使 TPL 能动态调整自己的性能来缓解处理器被过度调度和调度不足的情况，从而在可用的处理器之间平衡工作量。

TPL 通常能很好地调整自己的性能，但也可以帮它更上一层楼。例如，之前在“长时间运行的任务”一节中，就指定了 TPL 的 `TaskCreationOptions.LongRunning` 选项。还可显式告诉任务调度器一个并行循环的最佳线程数是多少，详情参见稍后的“高级主题：并行循环选项”。

初学者主题：使用 AggregateException 进行并行异常处理

之前说过，TPL 在一个 `AggregateException` 中捕捉和保存与任务关联的异常，因为一个给定的任务可能从它的多个子任务获取多个异常。并行循环的情况也是如此，每次循环迭代都可能产生异常，同样要用集合异常收集这些异常，如代码清单 19.29 和输出 19.10 所示。

代码清单 19.29　并行迭代时如何处理未处理的异常

```
using System;
using System.Collections.Generic;
using System.IO;
using System.Threading;
using System.Threading.Tasks;

class Program
{
  // ...
  static void EncryptFiles(
      string directoryPath, string searchPattern)
  {
      IEnumerable<string> files = Directory.EnumerateFiles(
          directoryPath, searchPattern,
          SearchOption.AllDirectories);
      try
      {
          Parallel.ForEach(files, (fileName) =>
          {
              Encrypt(fileName);
          });
      }
      catch(AggregateException exception)
      {
          Console.WriteLine(
              "ERROR: {0}:",
              exception.GetType().Name);
      foreach(Exception item in
          exception.InnerExceptions)
      {
          Console.WriteLine("  {0} - {1}",
              item.GetType().Name, item.Message);
      }
```

```
        }
    }
    // ...
}
```

输出 19.10

```
ERROR: AggregateException:
  UnauthorizedAccessException - Attempted to perform an unauthorized
↳operation.
  UnauthorizedAccessException - Attempted to perform an unauthorized
↳operation.
  UnauthorizedAccessException - Attempted to perform an unauthorized
↳operation.
```

输出 19.10 表明在执行 Parallel.ForEach<T>(...) 循环期间发生了三个异常。但在代码中，只有一个 catch 块在捕捉 System.AggregationException。几个 Unauthorized-AccessException 从 AggregationException 的 InnerExceptions 属性获取。Parallel.ForEach<T>() 循环的每一次迭代都可能抛出异常，所以由方法调用抛出的 System.AggregationException 会在其 InnerExceptions 属性中包含每个这样的异常。

取消并行循环

任务需要显式调用才能阻塞直至完成。而并行循环以并行方式执行迭代，除非整个并行循环完成（全部迭代都完成），否则本身不会返回。所以，为了取消并行循环，调用取消请求的线程通常不能是正在执行并行循环的线程。代码清单 19.30 使用 Task.Run() 来调用 Parallel.ForEach<T>()。采取这种方式，查询不仅以并行方式执行，而且还异步执行，允许代码提示用户 “Push ENTER to exit”（按 ENTER 键退出）。

代码清单 19.30　取消并行循环

```
using System;
using System.Collections.Generic;
using System.IO;
using System.Threading;
using System.Threading.Tasks;

public class Program
{
  // ...

  static void EncryptFiles(
      string directoryPath, string searchPattern)
  {

      string stars =
          "*".PadRight(Console.WindowWidth-1, '*');

      IEnumerable<string> files = Directory.GetFiles(
```

```
            directoryPath, searchPattern,
            SearchOption.AllDirectories);

        CancellationTokenSource cts =
            new CancellationTokenSource();
        ParallelOptions parallelOptions =
            new ParallelOptions
                { CancellationToken = cts.Token };
        cts.Token.Register(
            () => Console.WriteLine("Canceling..."));

        Console.WriteLine("Push ENTER to exit.");

        Task task = Task.Run(() =>
            {
                try
                {
                    Parallel.ForEach(
                        files, parallelOptions,
                        (fileName, loopState) =>
                            {
                                Encrypt(fileName);
                            });
                }
                catch(OperationCanceledException){}
            });

        // Wait for the user's input
        Console.Read();
        // Cancel the query
        cts.Cancel();
        Console.Write(stars);
        task.Wait();
    }
}
```

并行循环使用和任务一样的取消标记模式。从一个 `CancellationTokenSource` 获取的标记通过调用 `ForEach()` 方法的一个重载版本与并行循环关联。该重载版本要获取一个 `ParallelOptions` 类型的参数（该对象包含取消标记）。

注意，如取消并行循环操作，任何尚未开始的迭代都会通过检查 `IsCancellationRequested` 属性而被禁止开始。当前正在执行的迭代会运行至各自的终止点。此外，即使是在所有迭代都结束之后，调用 `Cancel()` 仍会导致执行登记的取消事件（通过 `cts.Token.Register()`）。

另外，`ForEach()` 方法要知道循环是否被取消，唯一的途径就是通过 `OperationCanceledException`。由于本例的取消是预料之中的，所以异常会被捕捉并忽略，允许应用程序在退出前显示“Canceling ...”跟一行星号。

高级主题：并行循环选项

虽然比较少见，但也许能通过 Parallel.For() 和 Parallel.ForEach<T>() 循环重载版本的 ParallelOptions 参数来控制最大并行度（即调度同时运行的线程数）。一些特殊情况下，开发人员对具体的算法或情况有更好的了解。这时就可考虑更改最大并行度。这些情况包括：

- 有时想禁止并行以简化调试或分析。这时可将最大并行度设为 1，确保循环迭代不会并发运行。
- 有时知道算法的性能不能超过一个特定的上限——例如，算法受其他硬件条件的限制，比如可用 USB 端口数目。
- 有时迭代主体会长时间（以分钟或小时计）阻塞。线程池区分不了长时间运行的迭代和被阻塞的操作，所以可能引入许多新线程，所有这些线程都被 for 循环使用。随着时间的推移，线程越来越多，造成进程中出现巨额线程。

控制最大并行度需使用 ParallelOptions 对象的 MaxDegreeOfParallelism 属性。

还可使用 ParallelOptions 对象的 TaskScheduler 属性，用自定义任务调度器来调度与每个迭代关联的任务。例如，假定当前用一个异步事件处理程序响应用户点击“Next”按钮的操作。如用户连续点击按钮几次，可考虑使用自定义的任务调度器来优先调度最近创建的任务，而不是优先调度等待时间最久的任务。（因为用户或许只想看他请求的最后一个屏幕。）可用任务调度器指定一个任务如何相对于其他任务执行。

ParallelOptions 对象还有一个 CancellationToken 属性，它提供了和不应继续迭代的循环进行通信的机制。另外，迭代主体可监视取消标记，以判断是否需要提早从迭代中退出。

高级主题：中断并行循环

和标准 for 循环相似，Parallel.For 循环也允许中断（break）循环，取消后续所有迭代。但在并行 for 的执行上下文中，中断循环只是说不要开始当前迭代之后的新迭代，当前正在进行的迭代还是会继续运行直至完成的。

要中断并行循环，可提供一个取消标记，并在另一个线程上取消它。这已经在前面的高级主题中描述过了。还可使用 Parallel.For() 方法的一个重载版本，它的主体委托获取两个参数：索引和一个 ParallelLoopState（并行循环状态）对象。如果一个迭代想要“中断”循环，可以在传给委托的并行循环状态对象上调用 Break() 或 Stop() 方法。Break() 指出索引值比当前值大的迭代都不要开始。Stop() 则指出任何未开始的迭代都不要开始。

例如，假定一个 Parallel.For() 循环并行执行 10 个迭代，其中一些比另一些运行得更快，任务调度器不保证顺序。假定第一个迭代完成，迭代 3，5，7 和 9 正在 4 个不同的线程上运行。这时，迭代 5 和 7 都调用了 Break()。在这种情况下，迭代 6 和 8 永远不会开始，但迭代 2 和 4 仍然会得到调度并开始运行。与此同时，迭代 3 和 9 会运

> 行完成，因为在中断发生时它们已经在运行了。
>
> Parallel.For()和Parallel.ForEach<T>()方法返回对一个ParallelLoopResult对象的引用，对象中包含有关循环期间所发生事情的有用信息。这个结果对象提供以下属性：
>
> - IsCompleted：返回一个Boolean，指出是否所有迭代都已开始。
> - LowestBreakIteration：指出执行了一个中断的、索引最低的迭代。值是long?类型；null表明没有遇到break语句。
>
> 回到10次迭代的例子，IsCompleted属性返回false，而LowestBreakIteration返回5。

19.7 并行执行LINQ查询

与可以使用Parallel.For()并行执行循环类似，还可使用Parallel LINQ API（简称PLINQ）并行执行LINQ查询。代码清单19.31展示了简单的非并行LINQ表达式，代码清单19.32修改它来并行运行。

代码清单19.31 LINQ Select()

```
using System.Collections.Generic;
using System.Linq;

class Cryptographer
{
  // ...
  public List<string>
    Encrypt(IEnumerable<string> data)
  {
      return data.Select(
          item => Encrypt(item)).ToList();
  }
  // ...
}
```

在代码清单19.31中，LINQ查询用标准Select()查询操作符加密一个字符串序列中的每个字符串，将结果序列转换成列表。这看起来像是一个“极度可并行”操作，每个操作都可能是处理器受限的、高延迟的操作，可交由另一个CPU上的工作者线程执行。

代码清单19.32展示了如何修改代码清单19.31，以并行方式加密字符串。

代码清单19.32 并行LINQ Select()

```
using System.Linq;

class Cryptographer
{
  // ...
  public List<string> Encrypt (IEnumerable<string> data)
```

```
    {
        return data.AsParallel().Select(
            item => Encrypt(item)).ToList();
    }
    // ...
}
```

如代码清单 19.32 所示，支持并行只需做很小的修改。使用标准查询操作符 AsParallel() 就可以了，它由静态 System.Linq.ParallelEnumerable 类提供。这个简单的扩展方法告诉“运行时”可以并行执行查询。如计算机有多个处理器，查询速度会快很多。

System.Linq.ParallelEnumerable（.NET Framework 4.0 引入）包含 System.Linq.Enumerable 所提供的操作符的一个超集。所有常用查询操作符的性能都提高了，包括用于排序、筛选（Where()）、投射（Select()）、联接、分组和聚合的操作符。代码清单 19.33 展示了如何进行并行排序。

代码清单 19.33　使用标准查询操作符的并行 LINQ

```
  // ...
        OrderedParallelQuery<string> parallelGroups =
            data.AsParallel().OrderBy(item => item);

        // Show the total count of items still
        // matches the original count
        System.Diagnostics.Trace.Assert(
            data.Count == parallelGroups.Sum(
                item => item.Count()));
  // ...
```

如代码清单 19.33 所示，为调用并行版本，只需调用 AsParallel() 扩展方法。注意，标准查询操作符的并行版本返回的结果类型是 ParallelQuery<T> 或 OrderedParallelQuery<T>，它告诉编译器应继续使用标准查询操作的并行版本（如果可用的话）。

由于查询表达式不过是查询方法调用的“语法糖”，所以也可为表达式形式使用 AsParallel()。代码清单 19.34 展示了如何使用查询表达式语法来并行执行分组操作。

代码清单 19.34　用查询表达式执行并行 LINQ

```
  // ...
        ParallelQuery<IGrouping<char, string>> parallelGroups;
        parallelGroups =
            from text in data.AsParallel()
              orderby text
              group text by text[0];
        // Show the total count of items still
        // matches the original count
        System.Diagnostics.Trace.Assert(
            data.Count == parallelGroups.Sum(
                item => item.Count()));
  // ...
```

从前面的例子可以看出，很容易就能转换查询或循环迭代使其并行执行。但有一点需注意。如同下一章要讨论的那样，务必小心不要让多个线程不恰当地同时访问并修改相同的内存。这会造成竞态条件。

本章前面说过，Parallel.For()和Parallel.ForEach<T>()方法会收集并行迭代期间抛出的所有异常，并抛出包含所有原始异常的一个集合异常。PLINQ操作也可能由于完全相同的原因而返回多个异常（对每个元素并行执行查询逻辑时，在每个元素上运行的代码可能独立抛出异常）。毫不奇怪，PLINQ处理这种情况的机制和并行循环/TPL别无二致：并行查询期间抛出的异常可通过AggregateException的InnerExceptions属性访问。因此，将PLINQ查询包装到try/catch块中，并捕捉System.AggregateException类型的异常，就可成功处理每一次迭代中任何未处理的异常。

取消PLINQ查询

毫不奇怪，PLINQ查询也支持取消请求模式。代码清单19.35（和输出19.11）展示了一个例子。和并行循环一样，取消的PLINQ查询会抛出System.OperationCanceledException，而且PLINQ查询也是在发出调用的线程上执行的同步操作。因此，常用模式是将并行查询包装到在另一个线程上运行的任务中，使当前线程能在必要时取消它——和代码清单19.30的解决方案一样。

代码清单19.35 取消PLINQ查询

```
using System;
using System.Collections.Generic;
using System.Linq;
using System.Threading;
using System.Threading.Tasks;

public class Program
{

  public static List<string> ParallelEncrypt(
      List<string> data,
      CancellationToken cancellationToken)
  {
      return data.AsParallel().WithCancellation(
          cancellationToken).Select(
              (item) => Encrypt(item)).ToList();
  }

  public static void Main()
  {
      ConsoleColor originalColor = Console.ForegroundColor;
      List<string> data = Utility.GetData(100000).ToList();

      CancellationTokenSource cts =
          new CancellationTokenSource();

      Console.WriteLine("Push ENTER to Exit.");
```

```
        // Use Task.Factory.StartNew<string>() for
        // TPL prior to .NET 4.5
        Task task = Task.Run(() =>
        {
            data = ParallelEncrypt(data, cts.Token);
        }, cts.Token);

        // Wait for the user's input
        Console.Read();

        if (!task.IsCompleted)
        {
            cts.Cancel();
            try { task.Wait(); }
            catch (AggregateException exception)
            {
                Console.ForegroundColor = ConsoleColor.Red;
                TaskCanceledException taskCanceledException =
                    (TaskCanceledException)exception.Flatten()
                    .InnerExceptions
                   .FirstOrDefault(
                    innerException =>
                        innerException.GetType() ==
                        typeof(TaskCanceledException));
                if(taskCanceledException != null){
                    Console.WriteLine($@"Cancelled: {
                        taskCanceledException.Message }");
                }
                else
                {
                    // ...
                }
            }
        }
        else
        {
            task.Wait();
            Console.ForegroundColor = ConsoleColor.Green;
            Console.Write("Completed successfully");
        }
        Console.ForegroundColor = originalColor;
    }
}
```

输出 19.11

```
Cancelled: A task was canceled.
```

和并行循环或任务一样，取消 PLINQ 查询需要一个 CancellationToken，它由 CancellationTokenSource.Token 属性提供。但不是重载所有 PLINQ 查询来支持取消标记。相反，IEnumerable 的 AsParallel() 方法返回的 ParallelQuery<T> 对象包含一个 WithCancellation()

扩展方法，它获取一个 CancellationToken 参数。结果是在 CancellationTokenSource 对象上调用 Cancel() 就会请求取消并行查询，因其会检查 CancellationToken 的 IsCancellationRequested 属性。

如前所述，取消 PLINQ 查询会抛出异常而不是返回完整结果。所以为了处理可能取消的 PLINQ 查询，一个常用的技术是用 try 块包装查询并捕捉 OperationCanceledException。第二个常用的技术（如代码清单 19.35 所示）是将 CancellationToken 传给 ParallelEncrypt()，并作为 Run() 的第二个参数传递。这会使 task.Wait() 抛出一个 AggregateException，它的 InnerException 属性会被设为一个 TaskCanceledException。然后就可捕捉集合异常，和捕捉并行操作的其他任何异常一样。

19.8 小结

本章首先讨论了多线程程序的基本组成部分：Thread 类，它代表程序中独立的“控制点”；以及 ThreadPool，它能将线程高效地分配并调度给多个 CPU。但这些 API 都很低级，难以直接操纵。从 .NET Framework 4.0 开始提供了并行扩展库，其中包括任务并行库（Task Parallel Library，TPL）和并行 LINQ（Parallel LINQ，PLINQ）。两者都提供了新的 API 方便你创建和调度 Task 对象所代表的工作单元、使用 Parallel.For() 和 Parallel.ForEach() 并行执行循环以及使用 AsParallel() 自动执行并行 LINQ 查询。

此外还讨论了 C# 5.0（和之后的版本）如何自动重写程序来管理延续的“连接”，将较小的任务合并成较大的任务，这使得用 Task 对象编程复杂工作流程得到了极大的简化。

End 4.0

本章开头简单提及了写多线程程序时面临的困难：原子性、死锁以及为多线程程序带来不确定性和错误行为的其他“竞态条件”，指出避免这些问题的标准方式是小心地写代码，用“锁”来同步对共享资源的访问，这是下一章的主题。

第 20 章 线程同步

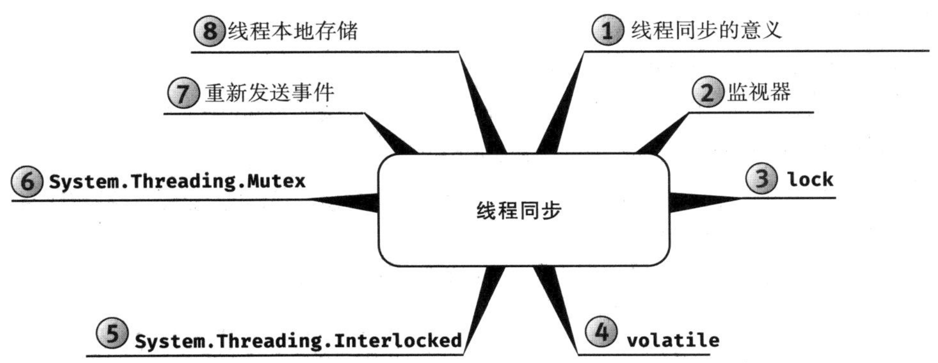

上一章讨论了使用 TPL 和 PLINQ 进行多线程编程的细节，但刻意避开了线程同步的主题。它的作用是在避免死锁的同时防止出现竞态条件。线程同步是本章的主题。

先来看一个访问共享数据时不进行线程同步的多线程例子。这会造成竞态条件，数据完整性会被破坏。从这个例子出发，我们解释了为何需要线程同步。然后介绍了进行线程同步的各种机制和最佳实践。

在本书前几版中，本章还用大量篇幅讨论了额外的多线程处理模式，并讨论了各种计时器回调机制。但由于现在有了 `async/await` 模式，所以这些机制基本都被替换掉了，除非要针对 C# 5.0/.NET 4.5 之前的框架进行编程。

注意本章只用 TPL，所有例子在 .NET Framework 4 之前的版本中无法编译。但除非特别标识为 .NET Framework 4 API，否则限定 .NET Framework 4 唯一的原因就是使用了 `System.Threading.Tasks.Task` 类来执行异步操作。所以，只需修改代码来实例化一个 `System.Threading.Thread`，再调用 `Thread.Join()` 来等待线程执行，大多数例子都可以

在早期的 .NET Framework 上编译了。

不过，本章用来开始任务的 API 是自 .NET 4.5 引入的 System.Threading.Tasks.Task.Run()。如上一章所述，该方法比 System.Threading.Tasks.Task.Factory.StartNew() 好，因其更简单，且能满足大多数需要。如必须使用 .NET 4，请将 Task.Run() 改为 Task.Factory.StartNew()，其他任何地方都不需要修改。（正是由于这个原因，如只是使用了这个方法，本章不专门强调代码是“.NET 4.5 专用”的。）

20.1 线程同步的意义

运行新线程是相当简单的编程任务。多线程编程的复杂性在于识别多个线程能同时安全访问的数据。程序必须对这种数据进行同步，通过防止同时访问来实现“安全”。来看看代码清单 20.1 的例子。

代码清单 20.1 未同步的状态

```
using System;
using System.Threading.Tasks;
public class Program
{
    const int _Total = int.MaxValue;
    static long _Count = 0;

    public static void Main()
    {
        // Use Task.Factory.StartNew for .NET 4.0
        Task task = Task.Run(()=>Decrement());

        // Increment
        for(int i = 0; i < _Total; i++)
        {
            _Count++;
        }

        task.Wait();
        Console.WriteLine("Count = {0}", _Count);
    }

    static void Decrement()
    {
        // Decrement
        for(int i = 0; i < _Total; i++)
        {
            _Count--;
        }
    }
}
```

输出 20.1 展示了代码清单 20.1 的一个可能的输出结果。

输出 20.1

```
Count = 113449949
```

注意代码清单 20.1 的输出不是 0。如 Decrement() 是直接（顺序）调用的，输出就是 0。然而，异步调用 Decrement() 会发生竞态条件，因为 _Count++ 和 _Count-- 语句中单独的步骤会发生交错。（第 19 章开头的“初学者主题：多线程术语”讲过，一个 C# 语句可能涉及好几个步骤。）来看看表 20.1 的示例执行情况。

表 20.1 展示了并行执行（或线程上下文切换）的情况。从一列中的指令切换到另一列，就会发生线程上下文切换。一行结束之后的 _Count 值在最后一列中显示。在这个示例执行中，_Count++ 执行了两次，而 _Count-- 只执行了一次。然而，最终的 _Count 值是 0，而不是 1。将结果拷贝回 _Count 相当于取消同一个线程读取 _Count 以来对 _Count 值进行的任何修改。

表 20.1　示例伪代码执行

Main 线程	Decrement 线程	_Count
…	…	…
从 _Count 中拷贝值 0		0
拷贝的值（0）递增，结果值是 1		0
将结果值（1）拷贝到 _Count 中		1
从 _Count 中拷贝值 1		1
	从 _Count 中拷贝值 1	1
拷贝的值（1）递增，结果值是 2		1
将结果值（2）拷贝到 _Count 中		2
	拷贝的值（1）递减，结果值是 0	2
	将结果值（0）拷贝到 _Count 中	0
…	…	…

代码清单 20.1 的问题在于它造成了一个竞态条件。多个线程同时访问相同的数据元素时，就会出现这个情形。正如这个示例执行过程展示的那样，多个线程同时访问相同的数据元素，可能破坏数据的完整性（即使是在一台单处理器的电脑上）。为解决这个问题，代码必须围绕数据进行同步。若能同步多个线程对代码或数据的并发访问，就说这些代码和数据是**线程安全**的。

关于变量读写的原子性，有一个重点需要注意。假如类型的大小不超过一个本机（指针大小的）整数，“运行时”就保证该类型不会被部分性地读取或写入。所以，64 位操作系统保证能够原子性地读写一个 `long`（64 位）。但 128 位变量（比如 `decimal`）的读写就不保证是原子性的。所以，通过写操作来更改 `decimal` 变量时，可能会在仅仅拷贝了 32 位之后被打断，造成以后读取一个不正确的值，这称为一次 torn read（被撕裂的读取）。

初学者主题：多个线程和局部变量

注意局部变量没必要同步。局部变量加载到栈上，而每个线程都有自己的逻辑栈。所以，针对每个方法调用，每个局部变量都有自己的实例。局部变量在不同方法调用之间默认不共享；同样地，在多个线程之间也不共享。

但这不是说局部变量完全没有并发性问题，因为代码可能轻易向多个线程公开局部变量[⊖]。例如，在循环迭代之间共享一个局部变量的并行 for 循环就会公开变量，使其能被并发访问，从而造成一个竞态条件，如代码清单 20.2 所示。

代码清单 20.2　未同步的局部变量

```
using System;
using System.Threading.Tasks;

public class Program
{
  public static void Main()
  {
      int x = 0;
      Parallel.For(0, int.MaxValue, i =>
          {
              x++;
              x--;
          });
      Console.WriteLine("Count = {0}", x);
  }
}
```

本例在一个并行 `for` 循环中访问 `x`（一个局部变量），使多个线程可能同时修改它，造成和代码清单 20.1 非常相似的竞态条件。即使 `x` 新增和递减相同的次数，输出也不一定是 0。

Begin 4.0

20.1.1　用 Monitor 同步

为同步多个线程，防止它们同时执行特定代码段，需要用**监视器**（monitor）来阻止第二个线程进入受保护的代码段，直到第一个线程退出那个代码段。监视器功能由 `System.Threading.Monitor` 类提供。为标识受保护代码段的开始和结束位置，需分别调用静态方法 `Monitor.Enter()` 和 `Monitor.Exit()`。

代码清单 20.3 演示了显式使用 `Monitor` 类来进行同步。要记住的重点是，在 `Monitor.`

⊖ 虽然在 C# 的层级上是局部变量，但在 CIL 的层级上是字段，而字段能从多个线程访问。

Enter() 和 Monitor.Exit() 这两个调用之间，所有代码都要用 try/finally 块包围起来。否则受保护代码段内发生的异常可能造成 Monitor.Exit() 永远无法调用，无限阻塞其他线程。

代码清单 20.3　显式使用监视器来同步

```
using System;
using System.Threading;
using System.Threading.Tasks;

public class Program
{
    readonly static object _Sync = new object();
    const int _Total = int.MaxValue;
    static long _Count = 0;
    public static void Main()
    {
        // Use Task.Factory.StartNew for .NET 4.0
        Task task = Task.Run(()=>Decrement());

        // Increment
        for(int i = 0; i < _Total; i++)
        {
            bool lockTaken = false;
            try
            {
                Monitor.Enter(_Sync, ref lockTaken);
                _Count++;
            }
            finally
            {
                if (lockTaken)
                {
                    Monitor.Exit(_Sync);
                }
            }
        }

        task.Wait();
        Console.WriteLine($"Count = {_Count}");
    }

    static void Decrement()
    {
        for(int i = 0; i < _Total; i++)
        {
            bool lockTaken = false;
            try
            {
                Monitor.Enter(_Sync, ref lockTaken);
                _Count--;
            }
            finally
```

```
                {
                    if(lockTaken)
                    {
                        Monitor.Exit(_Sync);
                    }
                }
            }
        }
    }
```

输出 20.2 展示了代码清单 20.3 的结果。

输出 20.2

```
Count = 0
```

Monitor.Enter() 和 Monitor.Exit() 这两个调用通过共享作为参数传递的同一个对象引用（本例是 _Sync）来关联。获取 lockTaken 的 Monitor.Enter() 重载方法是从 .NET 4.0 开始才有的。在此之前没有 lockTaken 参数，无法可靠地捕捉 Monitor.Enter() 和 try 块之间发生的异常。让 try 块紧跟在 Monitor.Enter() 调用的后面，在发布（release）代码中非常可靠，因为 JIT 禁止出现像这样的任何异步异常。但除 try 块以外的其他任何东西紧跟在 Monitor.Enter() 后面，包括编译器可能在调试（debug）代码中注入的任何指令，都可能妨碍 JIT 可靠地从 try 块中返回。所以，如果真的发生异常，它会造成锁的泄漏（锁一直保持已获取的状态），而不是执行 finally 块并释放锁。另一个线程试图获取锁的时候，就可能造成死锁。总之，在 .NET 4.0 之前，总是在 Monitor.Enter() 之后跟随一个 try/finally{Monitor.Exit(_Sync))} 块。

Monitor 还支持 Pulse() 方法，允许线程进入“就绪队列”（ready queue），指出下一个就轮到它获得锁（并可开始执行）。这是同步生产者 – 消费者模式的一种常见方式，目的是保证除非有“生产”，否则就没有“消费”。拥有监视器（通过调用 Monitor.Enter()）的生产者线程调用 Monitor.Pulse() 通知消费者线程（它可能已调用了 Monitor.Enter()），一个项（item）已准备好供消费，所以请“准备好”（get ready）。一个 Pulse() 调用只允许一个线程（本例的消费者）进入就绪队列。生产者线程调用 Monitor.Exit() 时，消费者线程将取得锁（Monitor.Enter() 结束）并进入关键执行区域[⊖]以开始“消费”那个项。消费者处理好等待处理的项以后，就调用 Exit()，从而允许生产者（当前正由 Monitor.Enter() 阻塞）再次生产其他项。在本例中，一次只有一个线程进入就绪队列，确保没有“生产”就没有“消费”，反之亦然。

End 4.0

20.1.2 使用 lock 关键字

由于多线程代码要频繁使用 Monitor 来同步，同时 try/finally 块很容易被人遗忘，所以 C# 提供了特殊关键字 lock 来处理这种锁定同步模式。代码清单 20.4 演示了如何使用

⊖ 即 critical execution region，MSDN 文档中翻译成“关键执行区域”，也有人称为“临界执行区域”。该区域禁止多个线程同时访问。——译者注

lock 关键字，结果如输出 20.3 所示。

代码清单 20.4 用 lock 关键字同步

```
using System;
using System.Threading;
using System.Threading.Tasks;

public class Program
{
    readonly static object _Sync = new object();
    const int _Total = int.MaxValue;
    static long _Count = 0;

    public static void Main()
    {
        // Use Task.Factory.StartNew for .NET 4.0
        Task task = Task.Run(()=>Decrement());

        // Increment
        for(int i = 0; i < _Total; i++)
        {
            lock(_Sync)
            {
                _Count++;
            }
        }

        task.Wait();
        Console.WriteLine($"Count = {_Count}");
    }

    static void Decrement()
    {
        for(int i = 0; i < _Total; i++)
        {
            lock(_Sync)
            {
                _Count--;
            }
        }
    }
}
```

输出 20.3

```
Count = 0
```

将要访问 _Count 的代码段锁定了之后（用 lock 或者 Monitor），Main() 和 Decrement() 方法就是线程安全的。换言之，可从多个线程中安全地同时调用它们。（C# 4.0 之前的概念是一样的，只是编译器生成的代码要依赖于没有 lockTaken 参数的 Monitor.Enter() 方法，而且 Monitor.Enter() 要在 try 块之前调用。）

同步以牺牲性能为代价。例如，代码清单 20.4 的执行时间比代码清单 20.1 长得多，这证明与直接递增和递减 _Count 相比，lock 的速度相对较慢。

即使为了同步的需要可以忍受 lock 的速度，也不要在多处理器计算机中不假思索地添加同步来避免死锁和不必要的同步（也许本来可以并行执行的）。对象设计的最佳实践是对可变的静态状态进行同步（永远不变的东西不必同步），不同步任何实例数据。如允许多个线程访问特定对象，那么必须为对象提供同步。任何要显式地和线程打交道的类通常应保证实例在某种程度上的线程安全。

Begin 7.1

初学者主题：返回 Task 但不用 await

注意在代码清单 20.1 中，虽然 Task.Run(()=>Decrement()) 返回一个 Task，但并未使用 await 操作符。原因是在 C# 7.1 之前，Main() 不支持使用 async。但如代码清单 20.5 所示，现在可以重构代码来使用 await/async 模式。

代码清单 20.5 C#7.1 的 async Main()

```
using System;
using System.Threading.Tasks;

public class Program
{
    readonly static object _Sync = new object();
    const int _Total = int.MaxValue;
    static long _Count = 0;
    public static async Task Main()
    {
        // Use Task.Factory.StartNew for .NET 4.0
        Task task = Task.Run(()=>Decrement());

        // Increment
        for(int i = 0; i < _Total; i++)
        {
            lock(_Sync)
            {
                _Count++;
            }
        }

        await task;
        Console.WriteLine($"Count = {_Count}");
    }

    static void Decrement()
    {
        for(int i = 0; i < _Total; i++)
        {
            lock(_Sync)
            {
```

```
                    _Count--;
                }
            }
        }
    }
```

End 7.1

20.1.3 lock 对象的选择

无论使用 lock 关键字还是显式使用 Monitor 类，都必须小心地选择 lock 对象。

在前面的例子中，同步变量 _Sync 被声明为私有和只读。声明为只读是为了确保在 Monitor.Enter() 和 Monitor.Exit() 调用之间，其值不会发生改变。这就在同步块的进入和退出之间建立了关联。

类似地，将 _Sync 声明为私有，是为了确保类外的同步块不能同步同一个对象实例，这会造成代码阻塞。

假如数据是公共的，那么同步对象可以是公共的，使其他类能用同一个同步对象实例来同步。但这会更难防止死锁。幸好对这个模式的需求很少。对于公共数据，最好完全在类的外部同步，允许调用代码为它自己的同步对象获取锁。

同步对象不能是值类型，这一点很重要。在值类型上使用 lock 关键字，编译器会报错（但如果显式访问 System.Threading.Monitor 类，而不是通过 lock，那么编译时不会报错。相反，代码会在调用 Monitor.Exit() 时抛出异常，指出无对应的 Monitor.Enter() 调用）。使用值类型时，“运行时”会创建值的拷贝，把它放到堆中（装箱），并将装箱的值传给 Monitor.Enter()。类似地，Monitor.Exit() 会接收到原始变量的一个已装箱拷贝。结果是 Monitor.Enter() 和 Monitor.Exit() 接收到了不同的同步对象实例，所以两个调用失去了关联性。

20.1.4 为什么要避免锁定 this、typeof(type) 和 string

一个貌似合理的模式是锁定代表类中实例数据的 this 关键字，以及为静态数据锁定从 typeof(type)（例如 typeof(MyType)）获取的类型实例。在这种模式下，使用 this 可为与特定对象实例关联的所有状态提供同步目标；使用 typeof(type) 则为一个类型的所有静态数据提供同步目标。但这样做的问题在于，在另一个完全不相干的代码块中，可能创建一个完全不同的同步块，而这个同步块的同步目标可能就是 this（或 typeof(type)）所指向的同步目标。换言之，虽然只有实例自身内部的代码能用 this 关键字来阻塞，但创建实例的调用者仍可将那个实例传给一个同步锁。

结果就是对两套不同的数据进行同步的两个同步块可能相互阻塞。虽然看起来不太可能，但共享同一个同步目标可能影响性能，极端的时候甚至会造成死锁。所以，请不要在 this 或 typeof(type) 上锁定。更好的做法是定义一个私有只读字段，除了能访问它的那个类之外，没有谁能在它上面阻塞。

要避免的另一个锁定类型是 string，这是因为要考虑到字符串留用[⊖]（string interning）问题。如同一个字符串常量在多个位置出现，那么所有位置都可能引用同一个实例，使锁定的范围大于预期。

总之，锁定的目标应该是 object 类型的单位同步上下文实例（per-synchronization context instance，例如前面说的私有只读字段）。

设计规范

- 避免锁定 this、typeof() 或字符串
- 要为同步目标声明 object 类型的一个单独的只读同步变量。

高级主题：避免用 MethodImplAttribute 同步

.NET 1.0 引入的一个同步机制是 MethodImplAttribute。和 MethodImplOptions.Synchronized 方法配合，该特性能将一个方法标记为已同步，确保每次只有一个线程执行方法。为此，JIT 编译器本质上会将方法看成是被 lock(this) 包围；如果是静态方法，则看成是已在类型上锁定。像这样的实现意味着，方法以及在同一个类中的其他所有方法，只要用相同的特性和枚举参数进行了修饰，它们事实上就是一起同步的，而不是“各顾各”。换言之，在同一个类中，如果两个或多个方法都用该特性进行了修饰，那么每次只能执行其中一个。一个方法执行时，除了会阻塞其他线程对它自己的调用，还会阻塞对类中其他具有相同修饰的任何方法的调用。此外，由于同步在 this 上（更糟的情况是在类型上）进行，所以上一节讲过的 lock(this)（更糟的情况是针对静态数据，在从 typeof(type) 获取的类型上锁定）存在的问题在这里同样会发生。因此，最佳实践是完全避免使用该特性。

设计规范

- 避免用 MethodImplAttribute 同步。

20.1.5 将字段声明为 volatile

编译器和 / 或 CPU 有时会对代码进行优化，使指令不按照它们的编码顺序执行，或干脆拿掉一些无用指令。若代码只在一个线程上执行，像这样的优化无伤大雅。但对于多个线程，这种优化就可能造成出乎预料的结果，因为优化可能造成两个线程对同一字段的读写顺序发生错乱。

解决该问题的一个方案是用 volatile 关键字声明字段。该关键字强迫对 volatile 字段的所有读写操作都在代码指示的位置发生，而不是在通过优化而生成的其他某个位置发生。volatile 修饰符指出字段容易被硬件、操作系统或另一个线程修改。所以这种数据是

⊖ MSDN 文档中将 interning 翻译成“拘留”，专供字符串留用的表称为“拘留池”。本书采用“留用”。——译者注

"易变的"(volatile)，编译器和"运行时"要更严谨地处理它。

一般很少使用 volatile 修饰符。即便使用，也可能因为疏忽而使用不当。lock 比 volatile 更好，除非对 volatile 的用法有绝对的把握。

20.1.6 使用 System.Threading.Interlocked 类

到目前为止讨论的互斥（排他）模式提供了在一个进程（AppDomain）中处理同步的一套基本工具。但是，用 System.Threading.Monitor 进行同步代价很高。除了使用 Monitor，还有一个备选方案，它通常直接由处理器支持，而且面向特定的同步模式。

代码清单 20.6 将 _Data 设为新值——只要它之前的值是 null。正如方法名（CompareExchange）揭示的那样，这是一个比较 / 交换（Compare/Exchange）模式。在这里，不需要手动锁定具有等价行为的比较和交换代码。相反，Interlocked.CompareExchange() 方法内建了同步机制，它同样会检查 null 值，如果值等于第二个参数的值，就更新第一个参数。表 20.2 总结了 Interlocked 类支持的其他同步方法。

代码清单 20.6 用 System.Threading.Interlocked 同步

```
public class SynchronizationUsingInterlocked
{
    private static object _Data;

    // Initialize data if not yet assigned
    static void Initialize(object newValue)
    {
        // If _Data is null, then set it to newValue
        Interlocked.CompareExchange(
            ref _Data, newValue, null);
    }

    // ...
}
```

表 20.2 Interlock 提供的与同步相关的方法

方法签名	描述
`public static T CompareExchange<T>( T location, T value, T comparand );`	检查 location 的值是不是 comparand。如两个值相等，就将 location 设为 value，并返回 location 中存储的原始数据
`public static T Exchange<T>( T location, T value );`	将 value 赋给 location，并返回之前的值

（续）

方法签名	描　述

`public static int Decrement(`
`  ref int location`
`);`
	location 减 1。等价于 -- 操作符，只是 Decrement 是线程安全的

`public static int Increment(`
`  ref int location`
`);`
	location 增 1。等价于 ++ 操作符，只是 Increment 是线程安全的

`public static int Add(`
`  ref int location,`
`  int value`
`);`
	将 value 加到 location 上，结果赋给 location。等价于 +=

`public static long Read(`
`  ref long location`
`);`
	在一次原子操作中返回 64 位值

其中大多数方法都进行了重载，支持其他数据类型（例如 long）签名。表 20.2 提供的是常规签名和描述。

注意，Increment() 和 Decrement() 可以在代码清单 20.5 中替换同步的“++”和“--”操作符，这样可获得更好的性能。还要注意，如一个不同的线程使用一个非 Interlocked 提供的方法来访问 location，那么两个访问将不会得到正确的同步。

20.1.7 多个线程时的事件通知

开发者容易忽视触发事件时的同步问题。代码清单 20.7 展示了非线程安全的事件发布代码。

代码清单 20.7 触发事件通知

```
// Not thread-safe
if(OnTemperatureChanged != null)
{
  // Call subscribers
  OnTemperatureChanged(
      this, new TemperatureEventArgs(value) );
}
```

只要该方法和事件订阅者之间没有竞态条件，代码就是有效的。但这段代码不是原子性的，所以多个线程可能造成竞态条件。从检查 OnTemperatureChange 是否为 null 到实际触发事件这段时间里，OnTemperatureChange 可能被设为 null，导致抛出一个 NullReferenceException。换言之，如委托可能由多个线程同时访问，就需同步委托的赋值和触发。

C# 6.0 为这个问题提供了轻松的解决方案。使用空条件操作符就可以了。

```
OnTemperature?.Invoke(
    this, new TemperatureEventArgs( value ) );
```

空条件操作符专门设计为原子性操作，所以这个委托调用实际是原子性的。显然，关键在于记得使用空条件操作符。

而在 C# 6.0 之前，虽然要写更多的代码，但线程安全的委托调用也不是很难实现。关键在于，用于添加和删除侦听器的操作符是线程安全的，而且是静态的（操作符重载通过静态方法完成）。为修正代码清单 20.7 使其变得线程安全，需创建一个拷贝，检查拷贝是否为 null，再触发该拷贝（参见代码清单 20.8）。

代码清单 20.8 线程安全的事件通知

```
// ...
TemperatureChangedHandler localOnChange =
    OnTemperatureChanged;
if(localOnChanged != null)
{
  // Call subscribers
  localOnChanged(
      this, new TemperatureEventArgs(value) );
}
// ...
```

由于委托是引用类型，所以有人觉得奇怪：为什么赋值一个局部变量，再触发那个局部变量，就足以使 null 检查成为线程安全的操作？由于 localOnChange 和 OnTemperature-Change 指向同一位置，所以有人会认为：OnTemperatureChange 中的任何改变都会在 localOnChange 中反映出来。

但实情并非如此。对 OnTemperatureChange += *<listener>* 的任何调用都不会为 OnTemperatureChange 添加新委托。相反，会为它赋予一个全新多播委托，而不会对原始多播委托（localOnChange 也指向该委托）产生任何影响。这就使代码成为线程安全的，因为只有一个线程会访问 localOnChange 实例。增删侦听器，OnTemperatureChange 会成为全新的实例。

20.1.8 同步设计最佳实践

考虑到多线程编程的复杂性，有几条最佳设计实践可供参考。

1. 避免死锁

同步的引入带来了死锁的可能。两个或更多线程都在等待对方释放一个同步锁，就会发生死锁。例如，线程 1 请求 _Sync1 上的锁，并在释放 _Sync1 锁之前，请求 _Sync2 上的锁。与此同时，线程 2 请求 _Sync2 上的锁，并在释放 _Sync2 锁之前，请求 _Sync1 上的锁。这就埋下了发生死锁的隐患。假如线程 1 和线程 2 都在获得第二个锁之前成功获得了它们请求的第一个锁（分别是 _Sync1 和 _Sync2），就会实际地发生死锁。

死锁的发生必须满足以下 4 个基本条件。

（1）排他或互斥（Mutual exclusion）：一个线程（ThreadA）独占一个资源，没有其他线程（ThreadB）能获取相同的资源。

（2）占有并等待（Hold and wait）：一个排他的线程（ThreadA）请求获取另一个线程（ThreadB）占有的资源。

（3）不可抢先（No preemption）：一个线程（ThreadA）占有的资源不能被强制拿走（只能等待 ThreadA 主动释放它锁定的资源）。

（4）循环等待条件（Circular wait condition）：两个或多个线程构成一个循环等待链，它们锁定两个或多个相同的资源，每个线程都在等待链中下一个线程占有的资源。

移除其中任何一个条件，都能阻止死锁的发生。

有可能造成死锁的一个情形是，两个或多个线程请求独占对相同的两个或多个同步目标（资源）的所有权，且以不同顺序请求锁。如果开发人员小心一些，保证多个锁总是以相同顺序获得，就可避免该情形。发生死锁的另一个原因是不可**重入**（reentrant）的锁。如果来自一个线程的锁可能阻塞同一个线程（换言之，线程重新请求同一个锁），这个锁就是不可重入的。例如，假定 ThreadA 获取一个锁，然后重新请求同一个锁，但锁已被它自己拥有而造成阻塞，那么这个锁就是不可重入的，额外的请求会造成死锁。

lock 关键字生成（通过底层 Monitor 类）的代码是可重入的。但如下一节“更多同步类型”要讲到的那样，有些类型的锁不可重入。

2. 何时提供同步

前面讲过，所有静态数据都应该是线程安全的。所以，同步需围绕可变的静态数据进行。这通常意味着程序员应声明私有静态变量，并提供公共方法来修改数据。在需要多线程访问的情况下，这些方法要在内部处理好同步问题。

相反，实例数据不需要包含同步机制。同步会显著降低性能，并增大争夺锁或死锁的概率。除了显式设计成由多个线程访问的类之外，程序员在多个线程中共享对象时，应针对要共享的数据解决好它们自己的同步问题。

3. 避免不必要的锁定

在不破坏数据完整性的前提下，同步能避免的就要尽量避免。例如，在线程之间使用不可变的类型，避免对同步的需要（这个方式的价值在 F# 这样的函数式编程语言中得到了证明）。类似地，避免锁定本来就是线程安全的操作，比如对小于本机（指针大小）整数的值的读写，这种操作本来就是原子性的。

设计规范

- 不要以不同顺序请求相同两个或更多同步目标的排他所有权。
- 要确保同时持有多个锁的代码总是相同顺序获得这些锁。
- 要将可变的静态数据封装到具有同步逻辑的公共 API 中。
- 避免同步对不大于本机（指针大小）整数的值的简单读写操作，这种操作本来就是原子性的。

20.1.9 更多同步类型

除 System.Threading.Monitor 和 System.Threading.Interlocked 之外，还存在着其他几种同步技术。

1. System.Threading.Mutex

Begin 2.0

System.Threading.Mutex 在概念上和 System.Threading.Monitor 类几乎完全一致（没有 Pulse() 方法支持），只是 lock 关键字用的不是它，而且可命名不同的 Mutex 来支持多个进程之间的同步。可用 Mutex 类同步对文件或者其他跨进程资源的访问。由于 Mutex 是跨进程资源，所以从 .NET 2.0 开始允许通过一个 System.Security.AccessControl.MutexSecurity 对象来设置访问控制。Mutex 类的一个用处是限制应用程序不能同时运行多个实例，如代码清单 20.9 所示。

代码清单 20.9 创建单实例应用程序

```
using System;
using System.Threading;
using System.Reflection;

public class Program
{
  public static void Main()
  {
      // Indicates whether this is the first
      // application instance
      bool firstApplicationInstance;

      // Obtain the mutex name from the full
      // assembly name
      string mutexName =
          Assembly.GetEntryAssembly().FullName;

      using(Mutex mutex = new Mutex(false, mutexName,
          out firstApplicationInstance))
      {

          if(!firstApplicationInstance)
          {
              Console.WriteLine(
                  "This application is already running.");
          }
          else
          {
              Console.WriteLine("ENTER to shut down");
              Console.ReadLine();
          }
      }
  }
}
```

运行应用程序的第一个实例，会得到输出 20.4 的结果。

输出 20.4

```
ENTER to shut down
```

保持第一个实例的运行状态，再运行应用程序的第二个实例，会得到输出 20.5 的结果。

输出 20.5

```
This application is already running.
```

在上例中，应用程序在整个计算机上只能运行一次，即使它由不同的用户启动。要限制每个用户最多只能运行一个实例，需要在为 mutexName 赋值时添加 System.Environment.UserName（要求 Microsoft .NET Framework 或 .NET Standard 2.0）作为后缀。

End 2.0

Mutex 派生自 System.Threading.WaitHandle，所以它包含 WaitAll()、WaitAny() 和 SignalAndWait() 方法，可自动获取多个锁（这是 Monitor 类不支持的）。

2. WaitHandle

Mutex 的基类是 System.Threading.WaitHandle。后者是由 Mutex、EventWaitHandle 和 Semaphore 等同步类使用的一个基础同步类。WaitHandle 的关键方法是 WaitOne()，它有多个重载版本。这些方法会阻塞当前线程，直到 WaitHandle 实例收到信号或者被设置（调用 Set()）。WaitOne() 的几个重载版本允许等待不确定的时间：void WaitOne()，等待 1 毫秒；bool WaitOne(int milliseconds)，等待指定毫秒；bool WaitOne(TimeSpan timeout)，等待一个 TimeSpan。对于那些返回 Boolean 的版本，只要 WaitHandle 在超时前收到信号，就会返回一个 true 值。

除了 WaitHandle 实例方法，还有两个核心静态成员：WaitAll() 和 WaitAny()。和它们的实例版本相似，这两个静态成员也支持超时。此外，它们要获取一个 WaitHandle 集合（以一个数组的形式），使它们能响应来自集合中的任何 WaitHandle 的信号。

关于 WaitHandle 最后要注意的一点是，它包含一个 SafeWaitHandle 类型的、实现了 IDisposable 的句柄。所以，不再需要 WaitHandle 时要对它们进行资源清理（dispose）。

Begin 4.0

3. 重置事件类：ManualResetEvent 和 ManualResetEventSlim

前面说过，如不加以控制，一个线程的指令相对于另一个线程中的指令的执行时机是不确定的。对这种不确定性进行控制的另一个办法是使用重置事件（reset event）。虽然名称中有事件一词，但重置事件和 C# 的委托以及事件没有任何关系。重置事件用于强迫代码等候另一个线程的执行，直到获得事件已发生的通知。它们尤其适合用来测试多线程代码，因为有时需要先等待一个特定的状态，才能对结果进行验证。

重置事件类型包括 System.Threading.ManualResetEvent 和 .NET Framework 4 新增的轻量级版本 System.Threading.ManualResetEventSlim。（如同稍后的“高级主题”讨论的那样，还有第三个类型，即 System.Threading.AutoResetEvent，但程序员应避免用它，尽量用前两个类型。）它们提供的核心方法是 Set() 和 Wait()（ManualResetEvent 提

供的称为 WaitOne())。调用 Wait() 方法会阻塞一个线程的执行，直到一个不同的线程调用 Set()，或者直到设定的等待时间结束（超时）。代码清单 20.10 演示了具体过程，输出 20.6 展示了结果。

代码清单 20.10 等待 ManualResetEventSlim

```
using System;
using System.Threading;
using System.Threading.Tasks;

public class Program
{
  static ManualResetEventSlim MainSignaledResetEvent;
  static ManualResetEventSlim DoWorkSignaledResetEvent;
  public static void DoWork()
  {
      Console.WriteLine("DoWork() started....");
      DoWorkSignaledResetEvent.Set();
      MainSignaledResetEvent.Wait();
      Console.WriteLine("DoWork() ending....");
  }

  public static void Main()
  {
      using(MainSignaledResetEvent =
          new ManualResetEventSlim())
      using (DoWorkSignaledResetEvent =
          new ManualResetEventSlim())
      {
          Console.WriteLine(
              "Application started....");
          Console.WriteLine("Starting task....");

          // Use Task.Factory.StartNew for .NET 4.0
          Task task = Task.Run(()=>DoWork());

          // Block until DoWork() has started
          DoWorkSignaledResetEvent.Wait();
          Console.WriteLine(
              " Waiting while thread executes...");
          MainSignaledResetEvent.Set();
          task.Wait();
          Console.WriteLine("Thread completed");
          Console.WriteLine(
              "Application shutting down....");
      }
  }
}
```

输出 20.6

```
Application started....
Starting thread....
```

```
DoWork() started....
Waiting while thread executes...
DoWork() ending....
Thread completed
Application shutting down....
```

代码清单 20.10 首先实例化并启动一个新的 Task。表 20.3 展示了执行路径，其中每一列都代表一个线程。如代码出现在同一行，表明不确定哪一边先执行。

表 20.3 采用 ManualResetEvent 同步的执行路径

<table>
<tr><th>Main()</th><th>DoWork()</th></tr>
<tr><td>...</td><td></td></tr>
<tr><td>Console.WriteLine(
    "Application started....");</td><td></td></tr>
<tr><td>Task task = new Task(DoWork);</td><td></td></tr>
<tr><td>Console.WriteLine(
    "Starting thread....");</td><td></td></tr>
<tr><td>task.Start();</td><td></td></tr>
<tr><td rowspan="2">DoWorkSignaledResetEvent.Wait();</td><td>Console.WriteLine(
    "DoWork() started....");</td></tr>
<tr><td>DoWorkSignaledResetEvent.Set();</td></tr>
<tr><td>Console.WriteLine(
    "Thread executing...");</td><td rowspan="2">MainSignaledResetEvent.Wait();</td></tr>
<tr><td>MainSignaledResetEvent.Set();</td></tr>
<tr><td>task.Wait();</td><td>Console.WriteLine(
    "DoWork() ending....");</td></tr>
<tr><td>Console.WriteLine(
    "Thread completed");</td><td></td></tr>
<tr><td>Console.WriteLine(
    "Application exiting....");</td><td></td></tr>
</table>

调用重置事件的 Wait() 方法（或调用 ManualResetEvent 的 WaitOne() 方法）会阻塞当前调用线程，直到另一个线程向其发出信号，并允许被阻塞的线程继续。但除了阻塞不确定时间之外，Wait() 和 WaitOne() 还有一些重载版本，允许用一个参数（毫秒或 TimeSpan 对象）指定最长阻塞时间，从而阻塞当前线程确定的时间。如指定了超时期限，在重置事件收到信号前超时，WaitOne() 将返回 false 值。ManualResetEvent.Wait() 还有一个版本可获取一个取消标记，从而允许取消请求（参见第 19 章的描述）。

ManualResetEventSlim 和 ManualResetEvent 的区别在于，后者默认使用核心同步，

而前者进行了优化——除非万不得已，否则会尽量避免使用核心机制。因此，ManualResetEventSlim 的性能更好，虽然它可能占用更多 CPU 周期。一般情况下应选用 ManualResetEventSlim，除非需要等待多个事件，或需跨越多个进程。

注意重置事件实现了 IDisposable，所以不需要的时候应对其进行资源清理（dispose）。代码清单 20.10 用一个 using 语句来做这件事情。（CancellationTokenSource 包含一个 ManualResetEvent，这正是它也实现了 IDisposable 的原因。）

System.Threading.Monitor 的 Wait() 和 Pulse() 方法在某些情况下提供了和重置事件类似的功能，虽然两者不尽相同。

高级主题：尽量用 ManualResetEvent 和信号量而不要用 AutoResetEvent

还有第三个重置事件，即 System.Threading.AutoResetEvent。和 ManualResetEvent 相似，它允许线程 A 通知线程 B（通过一个 Set() 调用）线程 A 已抵达代码中的特定位置。区别在于，AutoResetEvent 只解除一个线程的 Wait() 调用所造成的阻塞：线程 A 在通过自动重置的门之后会自动恢复锁定。使用自动重置事件，很容易在编写生产者线程时发生失误，导致它的迭代次数多于消费者线程。因此，一般情况下最好使用 Monitor 的 Wait()/Pulse() 模式，或者使用一个信号量（如少于 n 个线程能参与一个特定的阻塞）。

和 AutoResetEvent 相反，除非显式调用 Reset()，否则 ManualResetEvent 不会恢复到未收到信号之前[⊖]的状态。

4. Semaphore/SemaphoreSlim 和 CountdownEvent

Semaphore/SemaphoreSlim 在性能上的差异和 ManualResetEvent/ManualResetEventSlim 一样。ManualResetEvent/ManualResetEventSlim 提供了一个要么打开要么关闭的锁（就像一道门）。和它们不同的是，信号量（semaphore）限制只有 n 个调用在一个关键执行区域中同时通过。信号量本质上是保持了对资源池的一个计数。计数为 0 就阻止对资源池更多访问，直到其中的一个资源返回。有可用资源后，就可把它拿给队列中的下一个已阻塞请求。

CountdownEvent 和信号量相似，只是它实现的是反向同步。不是阻止对已枯竭资源池的访问，而是只有在计数为 0 时才允许访问。例如，假定一个并行操作是下载多只股票的价格。只有在所有价格都下载完毕之后，才能执行一个特定的搜索算法。这种情况下可用 CountdownEvent 对搜索算法进行同步，每下载一只股票，就使计数递减 1。计数为 0 才开始搜索。

Begin5.0

注意 SemaphoreSlim 和 CountdownEvent 自 .NET Framework 4 引入。.NET 4.5 为前者添加了一个 SemaphoreSlim.WaitAsync() 方法，允许在等待进入信号量时使用 TAP。[⊜]

End5.0

⊖ 调用 Set() 允许线程继续（收到信号），Reset() 则使线程阻塞（恢复到没有收到信号的状态）。AutoResetEvent 的问题在于每次只“放行”一个线程。——译者注

⊜ WaitAsync() 方法实现了“异步地同步”。线程得不到锁，可直接返回并执行其他工作，而不必在那里傻傻地阻塞。以后当锁可用时，代码可恢复执行并访问锁所保护的资源。——译者注

5. 并发集合类

.NET Framework 4 还引入了一系列并发集合类。这些类专门用来包含内建的同步代码，使它们能支持多个线程同时访问而不必关心竞态条件。表 20.4 总结了这些类。

表 20.4 并发集合类

集合类	描述
BlockingCollection<T>	提供一个阻塞集合，允许在生产者 / 消费者模式中，生产者向集合写入数据，同时消费者从集合读取数据。该类提供了一个泛型集合类型，支持对添加和删除操作进行同步，而不必关心后端存储（可以是队列、栈、列表，等等）。BlockingCollection<T> 为实现了 IProducerConsumerCollection<T> 接口的集合提供了阻塞和界限 (设定集合最大容量) 支持
*ConcurrentBag<T>	线程安全的无序集合，由 T 类型的对象构成
ConcurrentDictionary<TKey, TValue>	线程安全的字典，由键 / 值对构成的集合
*ConcurrentQueue<T>	线程安全的队列，支持 T 类型对象的先入先出（FIFO）语义
*ConcurrentStack<T>	线程安全的栈，支持 T 类型对象的先入后出（FILO）语义

* 实现了 IProducerConsumerCollection<T> 的集合类

可利用并发集合实现的一个常见模式是生产者和消费者的线程安全访问。实现了 IProducerConsumerCollection<T> 的类（表 20.4 中用 * 标注）是专门为了支持这个模式而设计的。这样一个或多个类可将数据写入集合，而一个不同的集合将其读出并删除。数据添加和删除的顺序由实现了 IProducerConsumerCollection<T> 接口的单独集合类决定。

.NET/Dotnet Core 框架还以 NuGet 包的形式提供了一个额外的不可变集合库，称为 System.Collections.Immutable。不可变集合的好处在于能在线程之间自由传递，不用关心死锁或居间更新的问题。由于不可修改，所以中途不会发生更新。这使集合天生就是线程安全的（不需要为访问加锁）。详情参考 *http://t.cn/E28tcpt*。

20.1.10 线程本地存储

某些时候，使用同步锁可能导致让人无法接受的性能和伸缩性问题。另一些时候，围绕特定数据元素提供同步可能过于复杂，尤其是在以前写好的原始代码的基础上进行修补时。

同步的一个替代方案是隔离，而实现隔离的一个办法就是使用**线程本地存储**。利用线程本地存储，线程就有了专属的变量实例。这样就没有同步的必要了，因为对只在单线程上下文中出现的数据进行同步是没有意义的。线程本地存储的实现有两个例子，分别是 ThreadLocal<T> 和 ThreadStaticAttribute。

1. ThreadLocal<T>

为了使用 .NET Framework 4 和后续版本提供的线程本地存储，需要声明 ThreadLocal

<T> 类型的一个字段（在编译器生成的闭包类[⊖]的前提下，则是一个变量）。这样每个线程都有字段的一个不同实例。代码清单 20.11 和输出 20.7 对此进行了演示。注意，虽然字段是静态的，但却有一个不同的实例。

代码清单 20.11　用 ThreadLocal<T> 实现线程本地存储

```
using System;
using System.Threading;

public class Program
{
  static ThreadLocal<double> _Count =
      new ThreadLocal<double>(() => 0.01134);

  public static double Count
  {
      get { return _Count.Value; }
      set { _Count.Value = value; }
  }

  public static void Main()
  {
      Thread thread = new Thread(Decrement);
      thread.Start();

      // Increment
      for(double i = 0; i < short.MaxValue; i++)
      {
          Count++;
      }

      thread.Join();
      Console.WriteLine("Main Count = {0}", Count);
  }

  static void Decrement()
  {
      Count = -Count;
      for (double i = 0; i < short.MaxValue; i++)
      {
          Count--;
      }
      Console.WriteLine(
          "Decrement Count = {0}", Count);
  }
}
```

⊖ 闭包（closure）是由编译器生成的数据结构（一个 C# 类），其中包含一个表达式以及对表达式进行求值所需的变量（C# 中的公共字段）。变量允许在不改变表达式签名的前提下，将数据从表达式的一次调用传递到下一次调用。——译者注

输出 20.7

```
Decrement Count = -32767.01134
Main Count = 32767.01134
```

如输出 20.7 所示，在执行 Main() 的线程中，Count 的值永远不会被执行 Decrement() 的线程递减。对于 Main() 的线程，初值是 0.01134，终值是 32767.01134。Decrement() 具有类似的值，只是它们是负的。由于 Count 基于的是 ThreadLocal<T> 类型的静态字段，所以运行 Main() 的线程和运行 Decrement() 的线程在 _Count.Value 中存储有独立的值。

End 4.0

2. 用 ThreadStaticAttribute 提供线程本地存储

用 ThreadStaticAttribute 修饰静态字段（如代码清单 20.12 所示）是指定静态变量每线程一个实例的第二个办法。虽然和 ThreadLocal<T> 相比，这个技术有一些小缺点，但它的优点在于 .NET Framework 4 之前的版本也支持。（另外，由于 ThreadLocal<T> 基于 ThreadStaticAttribute，所以如果涉及大量重复的、小的迭代处理，后者消耗的内存会少一些，性能也会好一些。）

代码清单 20.12 用 ThreadStaticAttribute 实现线程本地存储

```
using System;
using System.Threading;

public class Program
{
    [ThreadStatic]
    static double _Count = 0.01134;
    public static double Count
    {
        get { return Program._Count; }
        set { Program._Count = value; }
    }
   public static void Main()
   {
       Thread thread = new Thread(Decrement);
       thread.Start();

       // Increment
       for(int i = 0; i < short.MaxValue; i++)
       {
           Count++;
       }

       thread.Join();
       Console.WriteLine("Main Count = {0}", Count);
   }

   static void Decrement()
   {
       for(int i = 0; i < short.MaxValue; i++)
```

```
            {
                Count--;
            }
            Console.WriteLine("Decrement Count = {0}", Count);
        }
    }
```

代码清单 20.12 的结果如输出 20.8 所示。

输出 20.8

```
Decrement Count = -32767
Main Count = 32767.01134
```

和代码清单 20.11 一样，执行 Main() 的线程中的 Count 值永远不会被执行 Decrement() 的线程递减。对于 Main() 线程，初值是 0.01134，终值是 32767.01134。用 ThreadStaticAttribute 修饰后，每个线程的 Count 值都是线程专属的，不可跨线程访问。

注意和代码清单 20.11 不同，“Decrement Count”所显示的终值无小数位，意味着它永远没有被初始化为 0.01134。虽然 _Count 在声明时赋了值（本例是 static double _Count = 0.01134），但只有和“正在运行静态构造函数的线程”关联的线程静态实例（也就是线程本地存储变量 _Count）才会被初始化。在代码清单 20.12 中，只有正在执行 Main() 的那个线程中，才有一个线程本地存储变量被初始化为 0.01134。由 Decrement() 递减的 _Count 总是被初始化为 0（(default(double)，因为 _Count 是一个 double)。类似地，如构造函数初始化一个线程本地存储字段，只有调用那个线程的构造函数才会初始化线程本地存储实例。因此，好的编程实践是在每个线程最初调用的方法中对线程本地存储字段进行初始化。但这样做并非总是合理，尤其是在涉及 async 的时候。在这种情况下，计算的不同部分可能在不同线程上运行，每一部分都有不同的线程本地存储值。

决定是否使用线程本地存储时，需要进行一番性价比分析。例如，可考虑为一个数据库连接使用线程本地存储。取决于数据库管理系统，数据库连接可能相当昂贵，为每个线程都创建连接不太现实。另一方面，如锁定一个连接来同步所有数据库调用，会造成可伸缩性的急剧下降。每个模式都有利与弊，具体实现应具体分析。

使用线程本地存储的另一个原因是要将经常需要的上下文信息提供给其他方法使用，同时不显式地通过参数来传递数据。例如，假如调用栈中的多个方法都需要用户安全信息，就可使用线程本地存储字段而不是参数来传递数据。这样使 API 更简洁，同时仍能以线程安全的方式将信息传给方法。这要求你保证总是设置线程本地数据。这一点在 Task 或其他线程池线程上尤其重要，因为基础线程是重用的。

20.2　计时器

Begin 5.0

有时需要将代码执行推后一段时间，或注册在指定时间后发出通知。例如，可能要以固定周期刷新屏幕，而不是每当数据有变化就刷新。实现计时器的一个方式是利用 C# 5.0 的

async/await 模式和 .NET 4.5 加入的 Task.Delay() 方法。如第 19 章所述，TAP 的一个关键功能就是 async 调用之后执行的代码会在支持的线程上下文中继续，从而避免 UI 跨线程问题。代码清单 20.13 是使用 Task.Delay() 方法的一个例子。

代码清单 20.13 Task.Delay() 作为计时器使用

```
using System;
using System.Threading.Tasks;

public class Pomodoro
{
  // ...

  private static async Task TickAsync(
      System.Threading.CancellationToken token)
  {
      for(int minute = 0; minute < 25; minute++)
      {
          DisplayMinuteTicker(minute);
          for(int second = 0; second < 60; second++)
          {
              await Task.Delay(1000);
              if(token.IsCancellationRequested) break;
              DisplaySecondTicker();
          }
          if(token.IsCancellationRequested) break;
      }
  }
}
```

对 Task.Delay(1000) 的调用会设置一个倒计时器，1 秒后触发并执行之后的延续代码。

在 C# 5.0 中，TAP 专门使用同步上下文解决了 UI 跨线程问题。在此之前，则必须使用 UI 线程 安全（或者可以配置成这样）的特殊计时器类。System.Windows.Forms.Timer、System.Windows.Threading.DispatcherTimer 和 System.Timers.Timer（要专门配置）都是 UI 线程友好的。其他计时器（比如 System.Threading.Timer）则为性能而优化。

End 5.0

高级主题：使用 STAThreadAttribute 控制 COM 线程模型

使用 COM，4 个不同的单元线程处理模型决定了与 COM 对象之间的调用有关的线程处理规则。幸好，只要程序没有调用 COM 组件，这些规则以及随之而来的复杂性就从 .NET 中消失了。处理 COM Interop（COM 互操作）的常规方式是将所有 .NET 组件都放到一个主要的、单线程的单元中，具体做法就是用 System.STAThreadAttribute 修饰进程的 Main 方法。这样在调用大多数 COM 组件的时候，就不必跨越单元的边界。此外，除非执行 COM Interop 调用，否则不会发生单元的初始化。这种方式的缺点在于，其他所有线程（包括 Task 的那些）都默认使用一个多线程单元（Multithreaded Apartment，MTA）。因此，从除了主线程之外的其他线程调用 COM 组件时，一定要非常小心。

> COM Interop 不一定由开发者显式执行。微软在实现 .NET Framework 中的许多组件时，采取的做法是创建一个运行时可调用包装器（Runtime Callable Wrapper, RCW），而不是用托管代码重写所有 COM 功能。因此，经常都会不知不觉发出 COM 调用。为确保这些调用始终都是从单线程的单元中发出，最好的办法就是使用 `System.STAThreadAttribute` 来修饰所有 Windows Form 可执行文件的 Main 方法。

20.3 小结

本章首先探讨了各种同步机制，以及如何利用各种类来避免出现竞态条件。讨论了 lock 关键字，它在幕后利用了 `System.Threading.Monitor`。其他同步类包括 `System.Threading.Interlocked`、`System.Threading.Mutex`、`System.Threading.WaitHandle`、重置事件、信号量和并发集合类。

虽然多线程编程方式一直在改进，多线程程序的同步仍然容易出问题。为此需要遵守许多最佳编程实践，包括坚持按相同顺序获取同步目标，以及用同步逻辑包装静态成员。

本章最后讨论了 `Task.Delay()` 方法，这个自 .NET 4.5 引入的 API 在 TAP 的基础上实现了计时器。

下一章将探讨另一项复杂的 .NET 技术：使用 P/Invoke 将调用从 .NET 封送（marshalling）到非托管代码中。还讨论了“不安全代码”，我们将利用这一概念直接访问内存指针，如同在非托管代码（比如 C++）中所做的那样。

第 21 章

平台互操作性和不安全代码

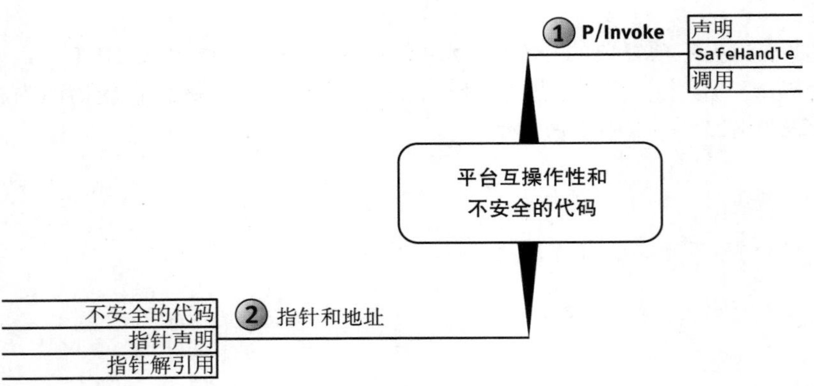

C# 功能强大还很安全（基础构架完全托管）。但它有时仍然“不给力”，只能放弃它所提供的所有安全性，退回到内存地址和指针的世界。C# 主要通过两种方式提供这方面的支持。第一种是使用平台调用（Platform Invoke，P/Invoke）来调用非托管 DLL 所公开的 API。第二种是使用**不安全代码**，它允许访问内存指针和地址。

本章主要讨论与非托管代码的交互以及不安全代码的使用。最后演示如何用一个小程序判断计算机的处理器 ID。代码执行以下操作。

1. 调用一个操作系统 DLL，请求分配一部分内存来执行指令。
2. 将一些汇编指令写入已分配的内存区域。
3. 将一个地址位置注入汇编指令。
4. 执行汇编程序代码。

这个例子实际运用了本章介绍的 P/Invoke 和不安全代码，展示了 C# 的强大功能，并证明了可从托管代码中访问非托管代码。

21.1　平台调用

任何时候只要想调用现有非托管代码库，想访问操作系统未由任何托管 API 公开的非托管代码，或者想避免类型检查 / 垃圾回收的运行时开销以发挥一个特定算法的最大性能，最终都必然会调用到非托管代码。CLI 通过 P/Invoke 提供该功能，它允许对非托管 DLL 所导出的函数执行 API 调用。

本节只调用了 Windows API。虽然其他平台没有这些 API，但完全可以为其他平台上的原生 API 使用 P/Invoke，或者用 P/Invoke 调用自己的 DLL（中的函数）。规范和语法是一样的。

21.1.1　声明外部函数

确定要调用的目标函数以后，P/Invoke 的下一步便是用托管代码声明函数。和类的所有普通方法一样，必须在类的上下文中声明目标 API，但要为它添加 `extern` 修饰符，从而把它声明为**外部函数**。代码清单 21.1 演示了具体做法。

代码清单 21.1　声明外部方法

```
using System;
using System.Runtime.InteropServices;
class VirtualMemoryManager
{
  [DllImport("kernel32.dll", EntryPoint="GetCurrentProcess")]
  internal static extern IntPtr GetCurrentProcessHandle();
}
```

本例的类是 `VirtualMemoryManager`，它将包含与内存管理相关的函数（函数直接由 `System.Diagnostics.Processor` 类提供，所以真正写这个程序时没必要声明）。注意方法返回一个 `IntPtr`。该类型将在下一节解释。

`extern` 方法永远没有主体，而且几乎总是静态方法。具体实现由对方法声明进行修饰的 `DllImport` 特性指定。该特性要求最起码提供定义了函数的 DLL 的名称。“运行时”根据方法名判断函数名。但也可用 `EntryPoint` 具名参数明确提供一个函数名来覆盖此默认行为。.NET 平台自动尝试调用 API 的 Unicode（`...W`）或 ASCII（`...A`）版本。

本例的外部函数 `GetCurrentProcess()` 获取当前进程的一个“伪句柄”(pseudohandle)。在调用中会使用该伪句柄进行虚拟内存分配。以下是非托管声明：

```
HANDLE GetCurrentProcess();
```

21.1.2　参数的数据类型

确定目标 DLL 和导出的函数后，最困难的一步是标识或创建与外部函数中的非托管数据类型对应的托管数据类型[⊖]。代码清单 21.2 展示了一个较难的 API。

⊖ 有关 Win32 API 声明的一个非常有用的网上资源是 *www.pinvoke.net*。该网站为众多 API 提供了一个很好的起点。从头写一个外部 API 调用的时候，可通过它避免一些容易忽视的问题。

代码清单 21.2 VirtualAllocEx() API

```
LPVOID VirtualAllocEx(
    HANDLE hProcess,    // The handle to a process. The
                        // function allocates memory within
                        // the virtual address space of this
                        // process.
    LPVOID lpAddress,   // The pointer that specifies a
                        // desired starting address for the
                        // region of pages that you want to
                        // allocate. If lpAddress is NULL,
                        // the function determines where to
                        // allocate the region.
    SIZE_T dwSize,      // The size of the region of memory to
                        // allocate, in bytes. If lpAddress
                        // is NULL, the function rounds dwSize
                        // up to the next page boundary.
    DWORD flAllocationType, // The type of memory allocation
    DWORD flProtect);   // The type of memory allocation
```

VirtualAllocEx() 分配操作系统特别为代码执行或数据指定的虚拟内存。要调用它，托管代码需要为每种数据类型提供相应的定义——虽然在 Win32 编程中，HANDLE、LPVOID、SIZE_T 和 DWORD 在 CLI 托管代码中通常是未定义的。代码清单 21.3 展示了 VirtualAllocEx() 的 C# 声明。

代码清单 21.3 在 C# 中声明 VirtualAllocEx() API

```
using System;
using System.Runtime.InteropServices;
class VirtualMemoryManager
{
  [DllImport("kernel32.dll")]
  internal static extern IntPtr GetCurrentProcess();

  [DllImport("kernel32.dll", SetLastError = true)]
  private static extern IntPtr VirtualAllocEx(
      IntPtr hProcess,
      IntPtr lpAddress,
      IntPtr dwSize,
      AllocationType flAllocationType,
      uint flProtect);
}
```

托管代码的一个显著特征是，像 int 这样的基元数据类型不会随处理器改变大小。无论 16 位、32 位还是 64 位处理器，int 始终是 32 位。不过在非托管代码中，内存指针会随处理器而变化。因此，不要将 HANDLE 和 LPVOID 等类型映射为 int，而应把它们映射为 System.IntPtr，其大小将随处理器内存布局而变化。本例还使用了一个 AllocationType 枚举类型，详情参见本章后面的 21.1.8 节。

代码清单 21.3 一个有趣的地方在于，IntPtr 不仅能存储指针，还能存储其他东西，比如数量。IntPtr 并非只能表示“作为整数存储的指针”，它还能表示“指针大小的整数”。IntPtr 并非只能包含指针，包含指针大小的内容即可。许多东西只有指针大小，但不一定是指针。

21.1.3　使用 ref 而不是指针

许多时候，非托管代码会为传引用（pass-by-reference）参数使用指针。在这种情况下，P/Invoke 不要求在托管代码中将数据类型映射为指针。相反，应将对应参数映射为 ref 或 out，具体取决于参数是输入 / 输出，还是仅输出。代码清单 21.4 的 lpflOldProtect 参数便是一例，其数据类型是 PDWORD，返回指针，指针指向一个变量，变量接收“指定页区域第一页的上一个访问保护”。㊀

代码清单 21.4　使用 ref 和 out 而不是指针

```
class VirtualMemoryManager
{
  // ...
  [DllImport("kernel32.dll", SetLastError = true)]
  static extern bool VirtualProtectEx(
      IntPtr hProcess, IntPtr lpAddress,
      IntPtr dwSize, uint flNewProtect,
      ref uint lpflOldProtect);
}
```

文档中 lpflOldProtect 被定义为 [out] 参数（虽然签名没有强制要求），但在随后的描述中，又指出该参数必须指向一个有效的变量，而不能是 NULL。文档出现这种自相矛盾的说法，难免令人迷惑，但这是一个很常见的情况。针对这种情况，我们的指导原则是为 P/Invoke 类型参数使用 ref 而不是 out，因为被调用者总是能忽略随同 ref 传递的数据，反之则不然。

其他参数与 VirtualAllocEx() 差不多，唯一例外的是 lpAddress，它是从 Virtual-AllocEx() 返回的地址。此外，flNewProtect 指定了确切的内存保护类型：PAGE_EXECUTE、PAGE_READONLY 等。

21.1.4　为顺序布局使用 StructLayoutAttribute

有些 API 涉及的类型无对应托管类型。调用这些 API 需要用托管代码重新声明类型。例如，可用托管代码来声明非托管 COLORREF 结构，如代码清单 21.5 所示。

代码清单 21.5　从非托管的 struct 中声明类型

```
[StructLayout(LayoutKind.Sequential)]
struct ColorRef
{
  public byte Red;
  public byte Green;
```

㊀ MSDN 文档如此。

```
    public byte Blue;
    // Turn off warning about not accessing Unused
    #pragma warning disable 414
    private byte Unused;
    #pragma warning restore 414

    public ColorRef(byte red, byte green, byte blue)
    {
        Blue = blue;
        Green = green;
        Red = red;
        Unused = 0;
    }
}
```

Microsoft Windows 所有与颜色相关的 API 都用 COLORREF 来表示 RGB 颜色（红、绿、蓝）。

以上声明的关键之处在于 StructLayoutAttribute。默认情况下，托管代码可以优化类型的内存布局，所以内存布局可能不是从一个字段到另一个字段顺序存储。要强制顺序布局，使类型能直接映射，而且能在托管和非托管代码之间逐位拷贝，你需要添加 StructLayoutAttribute 并指定 LayoutKind.Sequential 枚举值。（从文件流读写数据时，如要求一个顺序布局，也要这样修饰。）

由于 struct 的非托管（C++）定义没有映射到 C# 定义，所以在非托管结构和托管结构之间不存在直接映射关系。开发人员应遵循常规的 C# 设计规范来构思，即类型在行为上是像值类型还是像引用类型，以及大小是否很小（小于 16 字节才适合设计成结构）。

21.1.5 错误处理

Win32 API 编程的一个不便之处在于，错误经常以不一致的方式来报告。例如，有的 API 返回一个值（0、1、false 等）来指示错误，有的 API 则以某种方式设置一个 out 参数。除此之外，了解错误细节还需额外调用 GetLastError() API，再调用 FormatMessage() 来获取对应的错误消息。总之，非托管代码中的 Win32 错误报告很少通过异常来生成。

幸好，P/Invoke 设计者专门提供了处理机制。为此请将 DllImport 特性的 SetLastError 具名参数设为 true。这样就可实例化一个 System.ComponentModel.Win32Exception()。在 P/Invoke 调用之后，会自动用 Win32 错误数据来初始化它，如代码清单 21.6 所示。

代码清单 21.6 Win32 错误处理

```
class VirtualMemoryManager
{
  [DllImport("kernel32.dll", ", SetLastError = true)]
  private static extern IntPtr VirtualAllocEx(
      IntPtr hProcess,
      IntPtr lpAddress,
      IntPtr dwSize,
      AllocationType flAllocationType,
      uint flProtect);
```

```
// ...
[DllImport("kernel32.dll", SetLastError = true)]
static extern bool VirtualProtectEx(
    IntPtr hProcess, IntPtr lpAddress,
    IntPtr dwSize, uint flNewProtect,
    ref uint lpflOldProtect);
[Flags]
private enum AllocationType : uint
{
    // ...
}

[Flags]
private enum ProtectionOptions
{
    // ...
}

[Flags]
private enum MemoryFreeType
{
    // ...
}

public static IntPtr AllocExecutionBlock(
    int size, IntPtr hProcess)
{
    IntPtr codeBytesPtr;
    codeBytesPtr = VirtualAllocEx(
        hProcess, IntPtr.Zero,
        (IntPtr)size,
        AllocationType.Reserve | AllocationType.Commit,
        (uint)ProtectionOptions.PageExecuteReadWrite);

    if (codeBytesPtr == IntPtr.Zero)
    {
        throw new System.ComponentModel.Win32Exception();
    }

    uint lpflOldProtect = 0;
    if (!VirtualProtectEx(
        hProcess, codeBytesPtr,
        (IntPtr)size,
        (uint)ProtectionOptions.PageExecuteReadWrite,
        ref lpflOldProtect))
    {
        throw new System.ComponentModel.Win32Exception();
    }
    return codeBytesPtr;
}

public static IntPtr AllocExecutionBlock(int size)
{
```

```
        return AllocExecutionBlock(
            size, GetCurrentProcessHandle());
    }
}
```

这样开发人员就可提供每个 API 所用的自定义错误检查，同时仍可通过标准方式报告错误。

代码清单 21.1 和代码清单 21.3 将 P/Invoke 方法声明为内部或私有。除了最简单的 API，通常应将方法封装到公共包装器中，从而降低 P/Invoke API 调用的复杂性。这样能增强 API 的可用性，同时更有利于转向面向对象的类型结构。代码清单 21.6 的 `AllocExecutionBlock()` 声明就是一个很好的例子。

设计规范

- 如果非托管方法使用了托管代码的约定，比如结构化异常处理，就要围绕非托管方法创建公共托管包装器。

Begin 2.0

21.1.6 使用 SafeHandle

P/Invoke 经常涉及用完需要清理的资源（如句柄）。但不要强迫开发人员记住这一点并每次都手动写代码。相反，应提供实现了 `IDisposable` 接口和终结器的类。例如在代码清单 21.7 中，`VirtualAllocEx()` 和 `VirtualProtectEx()` 会返回一个地址，该资源需调用 `VirtualFreeEx()` 进行清理。为提供内建的支持，可以定义一个从 `System.Runtime.InteropServices.SafeHandle` 派生的 `VirtualMemoryPtr` 类。

代码清单 21.7 使用 SafeHandle 的托管资源

```
public class VirtualMemoryPtr :
  System.Runtime.InteropServices.SafeHandle
{
  public VirtualMemoryPtr(int memorySize) :
      base(IntPtr.Zero, true)
  {
      ProcessHandle =
          VirtualMemoryManager.GetCurrentProcessHandle();
      MemorySize = (IntPtr)memorySize;
      AllocatedPointer =
          VirtualMemoryManager.AllocExecutionBlock(
          memorySize, ProcessHandle);
      Disposed = false;
  }
  public readonly IntPtr AllocatedPointer;
  readonly IntPtr ProcessHandle;
  readonly IntPtr MemorySize;
  bool Disposed;

  public static implicit operator IntPtr(
```

```
        VirtualMemoryPtr virtualMemoryPointer)
    {
        return virtualMemoryPointer.AllocatedPointer;
    }

    // SafeHandle abstract member
    public override bool IsInvalid
    {
        get
        {
            return Disposed;
        }
    }

    // SafeHandle abstract member
    protected override bool ReleaseHandle()
    {
        if (!Disposed)
        {
            Disposed = true;
            GC.SuppressFinalize(this);
            VirtualMemoryManager.VirtualFreeEx(ProcessHandle,
                AllocatedPointer, MemorySize);
        }
        return true;
    }
}
```

System.Runtime.InteropServices.SafeHandle 包含抽象成员 IsInvalid 和 ReleaseHandle()。可在后者中放入资源清理代码，前者指出是否已执行了资源清理代码。

有了 VirtualMemoryPtr 之后，内存的分配就变得很简单。实例化类型，指定所需的内存分配即可。

End 2.0

21.1.7　调用外部函数

声明好的 P/Invoke 函数可像调用其他任何类成员一样调用。注意导入的 DLL 必须在路径中（编辑 PATH 环境变量，或放在与应用程序相同的目录中）才能成功加载。代码清单 21.6 和代码清单 21.7 已对此进行了演示。不过，它们要依赖于某些常量。

由于 flAllocationType 和 flProtect 是标志（flag），所以最好的做法是为它们提供常量或枚举。但不要期待由调用者定义这些东西。应将它们作为 API 声明的一部分来提供。如代码清单 21.18 所示。

代码清单 21.8　将 API 封装到一起

```
class VirtualMemoryManager
{
  // ...

  /// <summary>
```

```
/// The type of memory allocation. This parameter must
/// contain one of the following values.
/// </summary>
[Flags]
private enum AllocationType : uint
{
    /// <summary>
    /// Allocates physical storage in memory or in the
    /// paging file on disk for the specified reserved
    /// memory pages. The function initializes the memory
    /// to zero.
    /// </summary>
    Commit = 0x1000,
    /// <summary>
    /// Reserves a range of the process's virtual address
    /// space without allocating any actual physical
    /// storage in memory or in the paging file on disk
    /// </summary>
    Reserve = 0x2000,
    /// <summary>
    /// Indicates that data in the memory range specified by
    /// lpAddress and dwSize is no longer of interest. The
    /// pages should not be read from or written to the
    /// paging file. However, the memory block will be used
    /// again later, so it should not be decommitted. This
    /// value cannot be used with any other value.
    /// </summary>
    Reset = 0x80000,
    /// <summary>
    /// Allocates physical memory with read-write access.
    /// This value is solely for use with Address Windowing
    /// Extensions (AWE) memory.
    /// </summary>
    Physical = 0x400000,
    /// <summary>
    /// Allocates memory at the highest possible address
    /// </summary>
    TopDown = 0x100000,
}
/// <summary>
/// The memory protection for the region of pages to be
/// allocated
/// </summary>
[Flags]
private enum ProtectionOptions : uint
{
    /// <summary>
    /// Enables execute access to the committed region of
    /// pages. An attempt to read or write to the committed
    /// region results in an access violation.
    /// </summary>
    Execute = 0x10,
    /// <summary>
```

```
        /// Enables execute and read access to the committed
        /// region of pages. An attempt to write to the
        /// committed region results in an access violation.
        /// </summary>
        PageExecuteRead = 0x20,
        /// <summary>
        /// Enables execute, read, and write access to the
        /// committed region of pages
        /// </summary>
        PageExecuteReadWrite = 0x40,
        // ...
    }

    /// <summary>
    /// The type of free operation
    /// </summary>
    [Flags]
    private enum MemoryFreeType : uint
    {
        /// <summary>
        /// Decommits the specified region of committed pages.
        /// After the operation, the pages are in the reserved
        /// state.
        /// </summary>
        Decommit = 0x4000,
        /// <summary>
        /// Releases the specified region of pages. After this
        /// operation, the pages are in the free state.
        /// </summary>
        Release = 0x8000
    }

    // ...
}
```

枚举的好处在于将所有值组合到一起。另外，还将作用域严格限定在这些值之内。

21.1.8　用包装器简化 API 调用

无论错误处理、结构还是常量值，优秀的 API 开发人员都应该提供一个简化的托管 API 将底层 Win32 API 包装起来。例如，代码清单 21.19 用简化了调用的公共版本重载了 `Virtual-FreeEx()`。

代码清单 21.9　包装底层 API

```
class VirtualMemoryManager
{
  // ...

  [DllImport("kernel32.dll", SetLastError = true)]
  static extern bool VirtualFreeEx(
      IntPtr hProcess, IntPtr lpAddress,
```

```
        IntPtr dwSize, IntPtr dwFreeType);
    public static bool VirtualFreeEx(
        IntPtr hProcess, IntPtr lpAddress,
        IntPtr dwSize)
    {
        bool result = VirtualFreeEx(
            hProcess, lpAddress, dwSize,
            (IntPtr)MemoryFreeType.Decommit);
        if (!result)
        {
            throw new System.ComponentModel.Win32Exception();
        }
        return result;
    }
    public static bool VirtualFreeEx(
        IntPtr lpAddress, IntPtr dwSize)
    {
        return VirtualFreeEx(
            GetCurrentProcessHandle(), lpAddress, dwSize);
    }

    [DllImport("kernel32", SetLastError = true)]
    static extern IntPtr VirtualAllocEx(
        IntPtr hProcess,
        IntPtr lpAddress,
        IntPtr dwSize,
        AllocationType flAllocationType,
        uint flProtect);

    // ...
}
```

21.1.9 函数指针映射到委托

P/Invoke 的最后一个要点是非托管代码中的函数指针映射到托管代码中的委托。例如，为了设置计时器，需提供一个到期后能由计时器回调的函数指针。具体地说，需传递一个与回调签名匹配的委托实例。

21.1.10 设计规范

鉴于 P/Invoke 的独特性，写这种代码时应谨记以下设计规范。

设计规范

- 不要无谓重复现有的、已经能执行非托管 API 功能的托管类。
- 要将外部方法声明为私有或内部。
- 要提供使用了托管约定的公共包装器方法，包括结构化异常处理、为特殊值使用枚举等。

- 要为非必须参数选择默认值来简化包装器方法。
- 要用 SetLastErrorAttribute 将使用 SetLastError 错误码的 API 转换成抛出 Win32-Exception 的方法。
- 要扩展 SafeHandle 或实现 IDisposable 并创建终结器来确保非托管资源被高效清理。
- 要在非托管 API 需要函数指针的时候使用和所需方法的签名匹配的委托类型。
- 要尽量使用 ref 参数而不是指针类型。

21.2　指针和地址

有时需要用指针直接访问和操纵内存。这对特定操作系统交互和某些时间关键的算法来说是必要的。C# 通过“不安全代码”构造提供这方面的支持。

21.2.1　不安全代码

C# 的一个突出优势在于它是强类型的，且支持运行时类型检查。但仍可绕过这个机制直接操纵内存和地址。例如，在操纵内存映射设备或实现时间关键（time-critical）算法的时候就需要这样做。为此，只需将代码区域指定为 unsafe（不安全）。

不安全代码是一个显式的代码块和编译选项，如代码清单 21.10 所示。unsafe 修饰符对生成的 CIL 代码本身没有影响。它只是一个预编译指令，作用是向编译器指出允许在不安全代码块内操纵指针和地址。此外，不安全并不意味着非托管。

代码清单 21.10　为不安全代码指定方法

```
class Program
{
  unsafe static int Main(string[] args)
  {
      // ...
  }
}
```

可将 unsafe 用作类型或者类型内部的特定成员的修饰符。

此外，C# 允许用 unsafe 标记代码块，指出其中允许不安全代码，如代码清单 21.11 所示。

代码清单 21.11　指定不安全代码块

```
class Program
{
  static int Main(string[] args)
  {
      unsafe
      {
          // ...
```

```
        }
    }
}
```

unsafe 块中的代码可以包含指针之类的不安全构造。

> **注意** 必须向编译器显式指明要支持不安全代码。

不安全代码可能造成缓冲区溢出并暴露其他安全漏洞，所以需显式通知编译器允许不安全代码。为此，可在 CSPROJ 文件中将 AllowUnsafeBlocks 设为 true，如代码清单 21.12 所示。

代码清单 21.12 设置 AllowUnsafeBlocks

```
<Project Sdk="Microsoft.NET.Sdk">
  <PropertyGroup>
    <OutputType>Exe</OutputType>
    <TargetFramework>netcoreapp1.0</TargetFramework>
    <ProductName>Chapter20</ProductName>
    <WarningLevel>2</WarningLevel>
    <AllowUnsafeBlocks>True</AllowUnsafeBlocks>
  </PropertyGroup>
  <Import Project="..\Versioning.targets" />
  <ItemGroup>
    <ProjectReference Include="..\SharedCode\SharedCode.csproj" />
  </ItemGroup>
</Project>
```

还可在运行 dotnet build 命令时通过命令行传递属性，如输出 20.1 所示。

输出 21.1

```
dotnet build /property:AllowUnsafeBlocks=True
```

如直接调用 C# 编译器，则可使用 /unsafe 开关，如输出 21.2 所示。

输出 21.2

```
csc.exe /unsafe Program.cs
```

还可在 Visual Studio 中打开项目属性页，勾选“生成”标签页中的“允许不安全代码”。允许“不安全代码”后，就可直接操纵内存并执行非托管指令。由于这可能带来安全隐患，所以必须显式允许以认同随之而来的风险。有句话叫“能力越大，责任越大”。

21.2.2 指针声明

代码块标记为 unsafe 之后，接着要知道如何写不安全代码。首先，不安全代码允许声明指针。来看以下例子。

```
byte* pData;
```

假设 pData 不为 null，那么它的值指向包含一个或多个连续字节的内存位置，pData 的值代表这些字节的内存地址。符号 * 之前指定的类型是**被引用物**（referent）的类型，或者说是指针指向的那个位置存储的值的类型。在本例中，pData 是指针，而 byte 是被引用物类型，如图 21.1 所示。

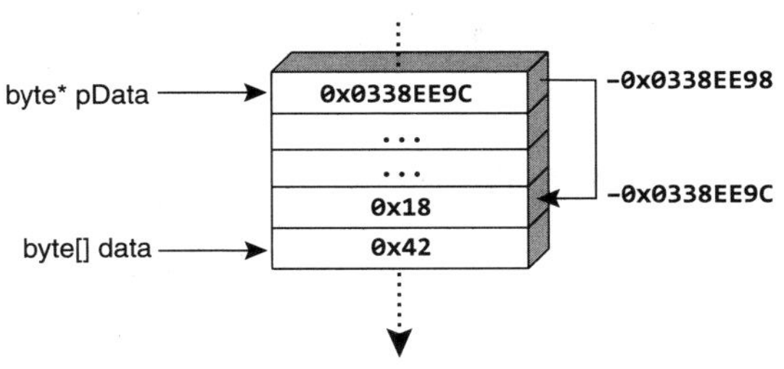

图 21.1　指针包含的只是实际数据所在的地址

由于指针是指向内存地址的整数，所以不会被垃圾回收。C# 不允许**非托管类型**以外的被引用物类型。换言之，不能是引用类型，不能是泛型类型，而且内部不能包含引用类型。所以，以下声明是无效的：

```
string* pMessage;
```

以下声明也不正确：

```
ServiceStatus* pStatus;
```

其中，ServiceStatus 的定义如代码清单 21.13 所示。问题仍然是 ServiceStatus 中包含了一个 string 字段。

代码清单 21.13　无效的被引用物类型示例

```
struct ServiceStatus
{
  int State;
  string Description;  // Description is a reference type
}
```

除了只含非托管类型的自定义结构，其他有效的被引用物类型还包括枚举、预定义值类型（sbyte、byte、short、ushort、int、uint、long、ulong、char、float、double、decimal 和 bool）以及指针类型（比如 byte**）。void* 指针也有效，代表指向未知类型的指针。

语言对比：C/C++——指针声明

C/C++ 要求像下面这样一次声明多个指针：

```
int *p1, *p2;
```

注意 p2 之前的 *，它使 p2 成为一个 int*，而不是一个 int。相比之下，C# 总是把 * 和数据类型放在一块儿，如下所示：

```
int* p1, p2;
```

结果是两个 int* 类型的变量。两种语言在一个语句中声明多个数组的语法是一致的：

```
int[] array1, array2;
```

指针是全新类型。有别于结构、枚举和类，指针的终极基类不是 System.Object，甚至不能转换成 System.Object。相反，它们能（显式）转换成 System.IntPtr（后者能转换成 System.Object）。

21.2.3 指针赋值

指针定义好后，访问前必须赋值。和引用类型一样，指针可包含 null 值，这也是它们的默认值。指针保存的是一个位置的地址。所以要对指针进行赋值，首先必须获得数据的地址。

可显式将一个 int 或 long 转换为指针。但除非事先知道一个特定数据值在执行时的地址，否则很少这样做。相反，要用地址操作符（&）来获取值类型的地址，如下所示：

```
byte* pData = &bytes[0]; // 编译错误
```

问题在于托管环境中的数据可能发生移动，导致地址无效。编译器显示的错误消息是："只能获取固定语句初始值设定项内的未固定表达式的地址"⊖。在本例中，被引用的字节出现在一个数组内，而数组是引用类型（在内存中可能移动的类型）。引用类型出现在内存堆（heap）上，可被垃圾回收或转移位置。对一个可移动类型中的值类型字段进行引用，会发生类似的问题：

```
int* a = &"message".Length;
```

无论哪种方式，为了将数据的地址赋给指针，要求如下。

* 数据必须属于一个变量。
* 数据必须是非托管类型。
* 变量需要用 fixed 固定，不能移动。

如数据是一个非托管变量类型，但是不固定，就用 fixed 语句固定可移动的变量。

1. 固定数据

要获取可移动数据项的地址，首先必须把它固定下来，如代码清单 21.14 所示。

⊖ 英文版显示"You can only take the address of [an] unfixed expression inside a fixed statement initializer"。——译者注

代码清单 21.14　fixed 语句

```
byte[] bytes = new byte[24];
fixed (byte* pData = &bytes[0])  // pData = bytes also allowed
{
  // ...
}
```

在 fixed 限定的代码块中，赋值的数据不会再移动。在本例中，bytes 会固定不动（至少在 fixed 语句结束之前如此）。

fixed 语句要求指针变量在其作用域内声明。这样可防止当数据不再固定时访问到 fixed 语句外部的变量。但最终是由程序员来保证不会将指针赋给在 fixed 语句范围之外也能生存的变量（API 调用中可能有这样的变量）。不安全代码的“不安全”是有原因的。需确保安全地使用指针，不要依赖“运行时”来帮你确保安全性。类似地，对于在方法调用后就不会生存的数据，使用 ref 或 out 参数也会出问题。

由于 string 是无效被引用物类型，所以定义 string 指针似乎无效。但和 C++ 一样，在内部，string 本质上就是指向字符数组第一个字符的指针，而且可用 char* 来声明字符指针。所以，C# 允许在 fixed 语句中声明 char* 类型的指针，并可把它赋给一个 string。fixed 语句防止字符串在指针生存期内移动。类似地，在 fixed 语句内允许其他任何可移动类型，只要它们能隐式转换为其他类型的指针。

可用缩写的 bytes 取代冗长的 &bytes[0] 赋值，如代码清单 21.15 所示。

代码清单 21.15　没有地址或数组索引器的固定语句

```
byte[] bytes = new byte[24];
fixed (byte* pData = bytes)
{
  // ...
}
```

取决于执行频率和时机，fixed 语句可能导致内存堆中出现碎片（fragmentation），这是由于垃圾回收器不能压缩[⊖]已固定的对象。为缓解该问题，最好的做法是在执行前期就固定好代码块，而且宁可固定较少的几个大块，也不要固定许多的小块。遗憾的是，这又和另一个原则发生了冲突，即“应该尽量缩短固定时间，降低在数据固定期间发生垃圾回收的几率”。.NET 2.0（及更高版本）添加了一些能避免过多碎片的代码，从而在某种程度上缓解了这方面的问题。

有时需要在方法主体中固定一个对象，并保持固定直至调用另一个方法。用 fixed 语句做不到这一点。这时可用 GCHandle 对象提供的方法来不确定地固定对象。但若非绝对必要，否则不应这样做。长时间固定对象很容易导致垃圾回收器不能高效地“压缩”内存。

⊖ 此压缩非彼压缩，这里只是约定俗成地将 compact 翻译成“压缩”。不要以为“压缩”后内存会增多。相反，这里的“压缩”更接近于“碎片整理”。事实上，compact 正确的意思是“变得更紧凑”。但事实上，从 20 世纪 80 年代起，人们就把它看成是 compress 的近义词而翻译成“压缩”，以讹传讹至今。——译者注

2. 在栈上分配

应该为一个数组使用 fixed 语句，防止垃圾回收器移动数据。但另一个做法是在调用栈上分配数组。栈上分配的数据不会被垃圾回收，也不会被终结器清理。和被引用物类型一样，要求 stackalloc（栈分配）数据是非托管类型的数组。例如，可以不在堆上分配一个 byte 数组，而是把它放在调用栈上，如代码清单 21.16 所示。

代码清单 21.16 在调用栈上分配数据

```
byte* bytes = stackalloc byte[42];
```

由于数据类型是非托管类型的数组，所以“运行时”可为该数组分配一个固定大小的缓冲区，并在指针越界时回收该缓冲区。具体地说，它会分配 sizeof(T) * E，其中 E 是数组大小，T 是被引用物的类型。由于只能为非托管类型的数组使用 stackalloc，“运行时”为了回收缓冲区并把它返还给系统，只需对栈执行一次展开（unwind）操作，这就避免了遍历 f-reachable 队列（参见第 10 章的垃圾回收和终结器部分）并对 reachable（可达）数据进行压缩的复杂性。但结果是无法显式释放 stackalloc 数据。

注意栈是一种宝贵的资源。耗尽栈空间会造成程序崩溃。应尽一切努力防止耗尽。如程序真的耗尽了栈空间，最理想的情况是程序立即关闭 / 崩溃。一般情况下，程序只有不到 1 MB 的栈空间（实际可能更少）。所以，在栈上分配缓冲区要控制大小。

21.2.4 指针解引用

指针要进行解引用（提领、用引）才能访问指针引用的一个类型的值。这要求在指针类型前添加一个间接寻址操作符 *。例如以下语句：

```
byte data = *pData;
```

它的作用是解引用 pData 所引用的 byte 所在的位置，并返回那个位置上的一个 byte。

在不安全代码中这样做会使本来“不可变”的字符串变得可以被修改，如代码清单 21.17 所示。虽然不建议这样做，但它确实揭示了执行低级内存处理的可能性。

代码清单 21.17 修改“不可变”字符串

```
string text = "S5280ft";
Console.Write("{0} = ", text);
unsafe  // Requires /unsafe switch
{
  fixed (char* pText = text)
  {
      char* p = pText;
      *++p = 'm';
      *++p = 'i';
      *++p = 'l';
      *++p = 'e';
      *++p = ' ';
      *++p = ' ';
```

```
    }
  }
  Console.WriteLine(text);
```

代码清单 21.17 的结果如输出 21.3 所示。

输出 21.3

```
S5280ft = Smile
```

本例获取初始地址，并用前递增操作符使其递增被引用物类型的大小（sizeof(char)）。接着用间接寻址操作符 * 解引用出地址，并为该地址分配一个不同的字符。类似地，对指针使用“+”和“–”操作符，会使地址增大或减小 sizeof(T) 的量，其中 T 是被引用物的类型。

类似地，比较操作符（==、!=、<、>、<= 和 =>）也可用于指针比较，它们实际会转变成地址位置值的比较。

不能对 void* 类型的指针进行解引用。void* 数据类型代表指向一个未知类型的指针。由于数据类型未知，所以不能解引用到另一种类型。相反，要访问 void* 引用的数据，必须把它转换成其他任何指针类型的变量，然后对后一种类型执行解引用。

可用索引操作符而不是间接寻址操作符来实现与代码清单 21.17 相同的行为，如代码清单 21.18 所示。

代码清单 21.18　在不安全代码中用索引操作符修改“不可变”字符串

```
string text;
text = "S5280ft";
Console.Write("{0} = ", text);

unsafe  // Requires /unsafe switch
{
  fixed (char* pText = text)
  {
      pText[1] = 'm';
      pText[2] = 'i';
      pText[3] = 'l';
      pText[4] = 'e';
      pText[5] = ' ';
      pText[6] = ' ';
  }
}
Console.WriteLine(text);
```

代码清单 21.18 的结果如输出 21.4 所示。

输出 21.4

```
S5280ft = Smile
```

代码清单 21.17 和代码清单 21.18 中的修改会导致出乎意料的行为。例如，假定在 `Console.WriteLine()` 语句后重新为 text 赋值 "S5280ft"，再重新显示 text，那么输出结果仍是 Smile，这是由于两个相同的字符串字面值的地址会优化成由两个变量共同引用的一个字符串字面值。在代码清单 21.17 的不安全代码之后，即使明确执行以下赋值：

```
text = "S5280ft";
```

字符串赋值在内部实际仍然是一次地址赋值，所赋的地址是修改过的 "S5280ft" 位置，所以 text 永远不会被设置成你希望的值。

21.2.5 访问被引用物类型的成员

指针解引用将生成指针基础类型的变量。然后可用成员访问“点”操作符来访问基础类型的成员。但根据操作符优先级规则，`*x.y` 等价于 `*(x.y)`，而这可能不是你所希望的。如果 x 是指针，正确的代码就是 `(*x).y`。当然，这个语法并不好看。为了更容易地访问解引用的指针的成员，C# 提供了特殊的成员访问修饰符：`x->y` 是 `(*x).y` 的简化形式，如代码清单 21.19 所示。

代码清单 21.19 直接访问被引用物类型的成员

```
unsafe
{
  Angle angle = new Angle(30, 18, 0);
  Angle* pAngle = &angle;
  System.Console.WriteLine("{0}° {1}' {2}\"",
      pAngle->Hours, pAngle->Minutes, pAngle->Seconds);
}
```

代码清单 21.19 的输出结果如输出 21.5 所示。

输出 21.5

```
30° 18' 0
```

21.3 通过委托执行不安全代码

本章最后提供一个完整的例子，演示了用 C# 所能做的最“不安全”的事情：获取内存块指针，用机器码字节填充它，让委托引用新代码并执行委托。本例用汇编代码判断处理器 ID。如果在 Windows 上运行，就打印处理器 ID。如代码清单 21.20 所示。

代码清单 21.20 指定不安全代码块

```
using System;
using System.Runtime.InteropServices;
using System.Text;
```

```
class Program
{
  public unsafe delegate void MethodInvoker(byte* buffer);

  public unsafe static int ChapterMain()
  {
      if (RuntimeInformation.IsOSPlatform(OSPlatform.Windows))
      {
          unsafe
          {
              byte[] codeBytes = new byte[] {
              0x49, 0x89, 0xd8,       // mov    %rbx,%r8
              0x49, 0x89, 0xc9,       // mov    %rcx,%r9
              0x48, 0x31, 0xc0,       // xor    %rax,%rax
              0x0f, 0xa2,             // cpuid
              0x4c, 0x89, 0xc8,       // mov    %r9,%rax
              0x89, 0x18,             // mov    %ebx,0x0(%rax)
              0x89, 0x50, 0x04,       // mov    %edx,0x4(%rax)
              0x89, 0x48, 0x08,       // mov    %ecx,0x8(%rax)
              0x4c, 0x89, 0xc3,       // mov    %r8,%rbx
              0xc3                    // retq
      };

              byte[] buffer = new byte[12];

              using (VirtualMemoryPtr codeBytesPtr =
                  new VirtualMemoryPtr(codeBytes.Length))
              {
                  Marshal.Copy(
                      codeBytes, 0,
                      codeBytesPtr, codeBytes.Length);

                  MethodInvoker method =
Marshal.GetDelegateForFunctionPointer<MethodInvoker>(codeBytesPtr);
                  fixed (byte* newBuffer = &buffer[0])
                  {
                      method(newBuffer);
                  }
              }
              Console.Write("Processor Id: ");
              Console.WriteLine(ASCIIEncoding.ASCII.GetChars(buffer));
          } // unsafe
      }
      else
      {
          Console.WriteLine("This sample is only valid for Windows");
      }
      return 0;
  }
}
```

代码清单 21.20 的输出结果如输出 21.6 所示。

输出 21.6

```
Processor Id: GenuineIntel
```

21.4 小结

本书之前已展示了 C# 语言的强大功能、灵活性、一致性以及精妙的结构。本章则证明了虽然语言提供了如此高级的编程功能，但还是能执行一些很底层的操作。

结束本书之前，还将用一章的篇幅简单描述底层执行框架，将重心从 C# 语言本身转向更宽泛的 C# 程序所依托的平台。

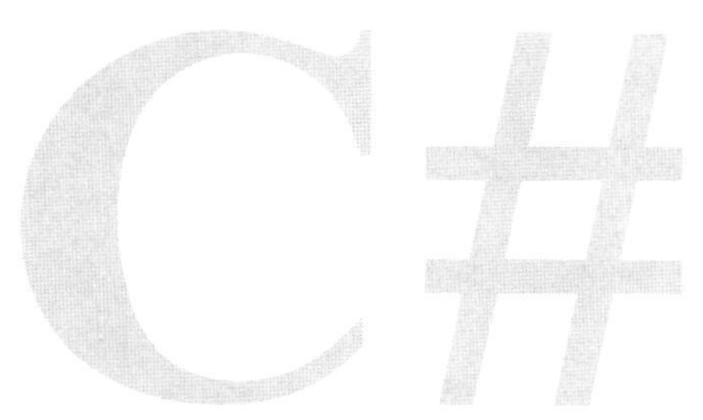

第 22 章

公共语言基础结构

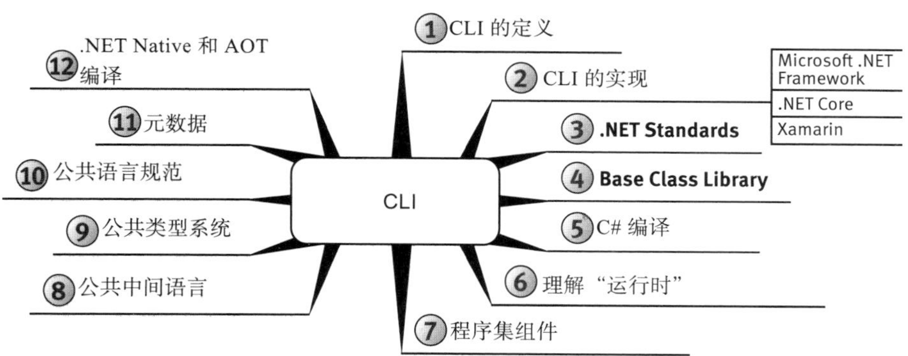

除了语法本身，C# 程序员还应关心 C# 程序的执行环境。本章讨论 C# 如何处理内存分配和回收、执行类型检查、与其他编程语言互操作、跨平台执行，以及如何支持元数据编程。换句话说，本章要研究 C# 语言编译时和执行时所依赖的公共语言基础结构（Common Language Infrastructure，CLI）。本章描述了在运行时管理 C# 程序的执行引擎，介绍了 C# 如何与同一个执行引擎管辖的各种语言相适应。由于 C# 语言与这个基础结构密切相关，所以该基础结构的大多数功能都可在 C# 中使用。

22.1 CLI 的定义

C# 生成的不是处理器能直接解释的指令，而是一种中间语言指令。这种中间语言就是**公共中间语言**（Common Intermediate Language，CIL）。第二个编译步骤通常在执行时发生。在这个步骤中，CIL 被转换为处理器能理解的**机器码**。但代码要执行，仅仅转换为机器码还不够。C# 程序还需要在一个代理的上下文中执行。负责管理 C# 程序执行的代理就是**虚拟执行系统**（Virtual Execution System，VES），它的一个更常见、更通俗的称呼是“**运行时**”[㊀]，它负责加载和运行程序，并在程序执行时提供额外的服务（比如安全性、垃圾回收等）。

CIL 和“运行时”规范包含在一项国际标准中，即**公共语言基础结构**（Common Language Infrastructure，CLI）[㊁]。CLI 是理解 C# 程序的执行环境以及 C# 如何与其他程序和库（甚至是用其他语言编写的）进行无缝交互的一个重要规范。注意 CLI 没有规定标准具体如何实现，但它描述了一个 CLI 平台在符合标准的前提下应具有什么行为。这为 CLI 实现者提供了足够大的灵活性，放手让他们在必要的情况下大胆创新，但同时又能提供足够多的结构，使一个平台创建的程序能在另一个不同的 CLI 实现上运行，甚至能在另一个不同的操作系统上运行。

> **注意** CIL 和 CLI 这两个缩写词一定要仔细区分。充分理解它们的含义，避免混淆。

CLI 标准包含以下更详细的规范：

- 虚拟执行系统（VES，即常说的“运行时”）；
- 公共中间语言（Common Intermediate Language，CIL）；
- 公共类型系统（Common Type System，CTS）；
- 公共语言规范（Common Language Specification，CLS）；
- 元数据（Metadata）；
- 框架（Framework）。

本章将进一步拓宽你对 C# 的认识，让你能从 CLI 的角度看问题。CLI 是决定 C# 程序如何运行以及如何与其他程序和操作系统进行交互的关键。

22.2 CLI 的实现

目前 CLI 的主要实现包括 .NET Core（在 Windows、UNIX/Linux 和 Mac OS 上运行）、.NET Framework for Windows 和 Xamarin（面向 iOS、Mac OS 和 Android 应用）。每个实现都包含一个 C# 编译器和一组框架类库。各自支持的 C# 版本以及库中确切的类集合都存在显著区别。另外，许多实现目前仅存历史意义。表 22.1 对这些实现进行了总结。

列表中的 CLI 实现内容虽然多，但实际只有三个框架最重要。

Microsoft .NET Framework

Microsoft .NET Framework 是第一个 .NET CLI 实现（2000 年 2 月发布）。是最成熟的框架，提供了最大的 API 集合。可用它构建 Web、控制台和 Microsoft Windows 客户端应用程

㊀ “运行时”或者说 runtime 在这里并不是指“在运行的时候”。如果说到时间，我不会加引号，或者会直接说执行时。加了引号的“运行时”特指“虚拟执行系统”这个代理，它负责管理 C# 程序的执行。——译者注

㊁ 本章提到的 CLI 全是指公共语言基础结构（Common Language Infrastructure），不要和 Dotnet CLI 中的命令行接口（Command-Line Interface）混淆了。

序。.NET Framework 最大的限制在于只能在 Microsoft Windows 上运行（事实上，它根本就是和 Microsoft Windows 捆绑的）。Microsoft .NET Framework 包含许多子框架，主要包括：

- .NET Framework Base Class Library (BCL)：提供代表内建 CLI 数据类型的类型，用于支持文件 IO、基础集合类、自定义特性、字符串处理等。BCL 为 int 和 string 等 C# 原生类型提供定义。
- ASP.NET：用于构建网站和基于 Web 的 API。该框架自 2002 年发布以来，一直是基于 Microsoft 技术的网站的基础。目前正在被 ASP.NET Core 取代，后者支持操作系统可移植性，连同显著的性能提升，并提供了更新的 API 来实现更好的模式一致性。
- Windows Presentation Foundation (WPF)：这个 GUI 框架用于构建在 Windows 上运行的富 UI 应用程序。WPF 不仅提供了一组 UI 组件，还支持名为 XAML 的一种宣告式语言，能实现应用程序 UI 的层次化定义。

表 22.1　CLI 的实现

编　译　器	说　　明
Microsoft .NET Framework	这是 CLR 最传统的（也是第一个）版本，用于创建在 Windows 上运行的应用程序。包含对 Windows Presentation Foundation、Windows Forms 和 ASP.NET 的支持。它使用 .NET Framework Base Class Library(BCL)。
.NET Core/CoreCLR	正如名称所暗示的，.NET Core 项目包含 .NET 所有新实现通用的核心功能。它是为高性能应用程序设计的 .NET Framework 开源和平台可移植重写版本。CoreCLR 是该项目的 CLR 实现。本书写作时已为 Windows、macOS、Linux、FreeBSD 和 NetBSD 发布 .NET Core 2.0。详情访问 https://github.com/dotnet/coreclr。
Xamarin	Xamarin 是一组开发工具和平台可移植 .NET 框架库，是 CLR 的一个实现，帮助开发人员创建在 Microsoft Windows、iOS、Mac OS 和 Android 平台上运行的应用程序，实现了高度代码重用率。Xamarin 使用 Mono BCL。
Microsoft Silverlight	这是 CLI 的一个跨平台实现，用于创建基于浏览器的 Web 客户端应用。Microsoft 于 2013 年停止 Silverlight 的开发
Microsoft Compact Framework	这是 .NET Framework 的一个精简实现，设计成在 PDA、手机和 Xbox 360 上运行。用于开发 Xbox 360 应用的 XNA 库和工具基于 Compact Framework 2.0。Microsoft 于 2013 年停止 XNA 的开发
Microsoft Micro Framework	Micro Framework 是 Microsoft 的 CLI 开源实现，为资源有限、不能运行 Compact Framework 的设备设计
Mono	Mono 是 CLI 的开源、跨平台实现，面向许多基于 UNIX 的操作系统、移动操作系统（如 Android）和游戏机（如 PlayStation 和 Xbox）
DotGNU Portable.NET	该项目旨在创建跨平台实现 CLI，于 2012 年退役
Shared Source CLI（Rotor）	2001 到 2006 之间，Microsoft 面向非商业应用发布了 CLI 的 Shared Source 实现

Microsoft .NET Framework 经常简称为“.NET Framework”。注意用的是大写 F。这是

区分它和 CLI 常规实现以及“.NET 框架”(.NET framework）的关键。

.NET Core

.NET Core 是 .NET CLI 的跨平台实现。是 .NET Framework 的开源重写版本，致力于高性能和跨平台兼容性。

.NET Core 由 .NET Core Runtime(Core CLR)、.NET Core 框架库和一组 Dotnet 命令行工具构成，可用于创建和生成各种情况下的应用。这些组件包含在 .NET Core SDK 中。如按本书示例操作，那么你已熟悉了 .NET Core 和 Dotnet 工具。

.NET Core API 通过 .NET Standard（稍后讲述）兼容于现有 .NET Framework、Xamarin 和 Mono 实现。

.NET Core 目前的重点在于构建高性能和可移植的控制台应用，它还是 ASP.NET Core 和 Windows 10 UWP 应用程序的 .NET 基础。随着支持的操作系统越来越多，.NET Core 还会延伸出更多框架。

Xamarin

这个跨平台开发工具为 Android、Mac OS 和 iOS 提供了应用程序 UI 开发支持。随着 .NET Standard 2.0 的发布，还可用它创建在 Windows 10、Windows 10 Mobile、Xbox One 和 HoloLens 上运行的 UWP 应用。Xamarin 最强大的地方在于一个代码库可创建在多种操作系统上运行的、看起来像是平台原生的 UI。

22.3 .NET Standard

以前很难写一个能在多个操作系统（甚至同一个操作系统的不同 .NET 框架）上使用的 C# 代码库。问题在于，每个框架的框架 API 都有一套不同的类（以及 / 或者那些类中的方法）。.NET Standard 通过定义所有框架都必须实现以相容于指定版本的 .NET Standard 的一组 .NET API 来解决该问题。这样只要一个 .NET 框架相容于某个目标 .NET Standard 版本，开发人员使用的就是一套一致的 API。如果希望只写一次核心应用程序逻辑便可在 .NET 的任何现代实现上使用，最轻松的方式就是创建“类库 (.NET Standard)”项目（Visual Studio 2017 的一个项目类型，或者 Dotnet CLI 的类库模板）。.NET Core 编译器会确保库中所有代码只引用目标 .NET Standard 适用的类和方法。

类库作者需谨慎挑选要支持的标准。.NET Standard 版本越高，越不用担心自己的 API 实现是低版本 .NET Standard 所缺失的。但定位高版本 .NET Standard 的缺点在于不同 .NET 框架之间的移植性较差。例如，如希望库支持 .NET Core 1.0，就要将目标定在 .NET Standard 1.6，结果是无法用到 Microsoft .NET Framework 通用的反射 API。总之，如果你想偷懒，就定位较高版本的 .NET Standard ；如果可移植性比减少工作量更重要，就定位较低版本的 .NET Standard。

欲知详情，包括 .NET 框架实现及其版本与 .NET Standard 版本的对应关系，请访问 *https://docs.microsoft.com/en-us/dotnet/standard/net-standard*。

22.4 BCL

除了提供 CIL 代码可以执行的运行时环境，CLI 还定义了一套称为**基类库**（Base Class Library，BCL）的核心类库。BCL 包含的类库提供基础类型和 API，允许程序以一致的方式和“运行时”及底层操作系统交互。BCL 包含对集合、简单文件访问、安全性、基础数据类型（例如 string）、流等的支持。

类似地，Microsoft 专用的**框架类库**（Framework Class Library，FCL）包含对富客户端 UI、Web UI、数据库访问、分布式通信等的支持。

22.5 将 C# 编译成机器码

第 1 章的 HelloWorld 代码清单显然是 C# 代码，所以要执行就得用 C# 编译器编译它。但处理器仍然不能直接解释编译好的代码（称为 CIL）。还需另外一个编译步骤将 C# 编译结果转换为机器码。此外，执行时还涉及一个代理，它为 C# 程序添加额外的服务，这些服务是无须显式编码的。

所有计算机语言都定义了编程的语法和语义。由于 C 和 C++ 之类的语言会直接编译成机器码，所以这些语言的平台是底层操作系统和机器指令集，即 Microsoft Windows、Linux 和 macOS 等。但 C# 不同，它的底层上下文是“运行时”（或 VES）。

CIL 是 C# 编译器的编译结果。之所以称为**公共中间语言**（Common Intermediate Language），是因为还需一个额外的步骤将 CIL 转换为处理器能理解的东西（图 22.1 显示了这个过程）。

换言之，C# 编译需要两个步骤。

1. C# 编译器将 C# 转换为 CIL。
2. 将 CIL 转换为处理器能执行的指令。

“运行时”能理解 CIL 语句，并能将它们编译为机器码。通常要由“运行时”内部的一个**组件**执行从 CIL 到机器码的编译。该组件称为**即时**（just-in-time，JIT）**编译器**。程序安装或执行时，便可能发生 JIT 编译，或者说**即时编译**（jitting）。大多数 CLI 实现都倾向于执行时编译 CIL，但 CLI 本身并没有规定应该在什么时候编译。事实上，CLI 甚至允许 CIL 像许多脚本程序那样解释执行，而不是编译执行。此外，.NET 包含一个 `NGEN` 工具，允许在运行程序之前将代码编译成机器码。这个执行前的编译动作必须要在实际运行程序的计算机上进行，因为它会评估机器特性（处理器、内存等），以便生成更高效的代码。在程序安装时（或者在它执行前的任何时候）使用 `NGEN`，好处在于可以避免在程序启动时才执行 JIT 编译以缩短程序的启动时间。

从 Visual Studio 2015 开始，C# 编译器还支持 .NET 原生编译。可在创建应用程序的部署版本时将 C# 代码编译成原生机器码，这和使用 `NGEN` 工具相似。UWP 应用利用了这个功能。

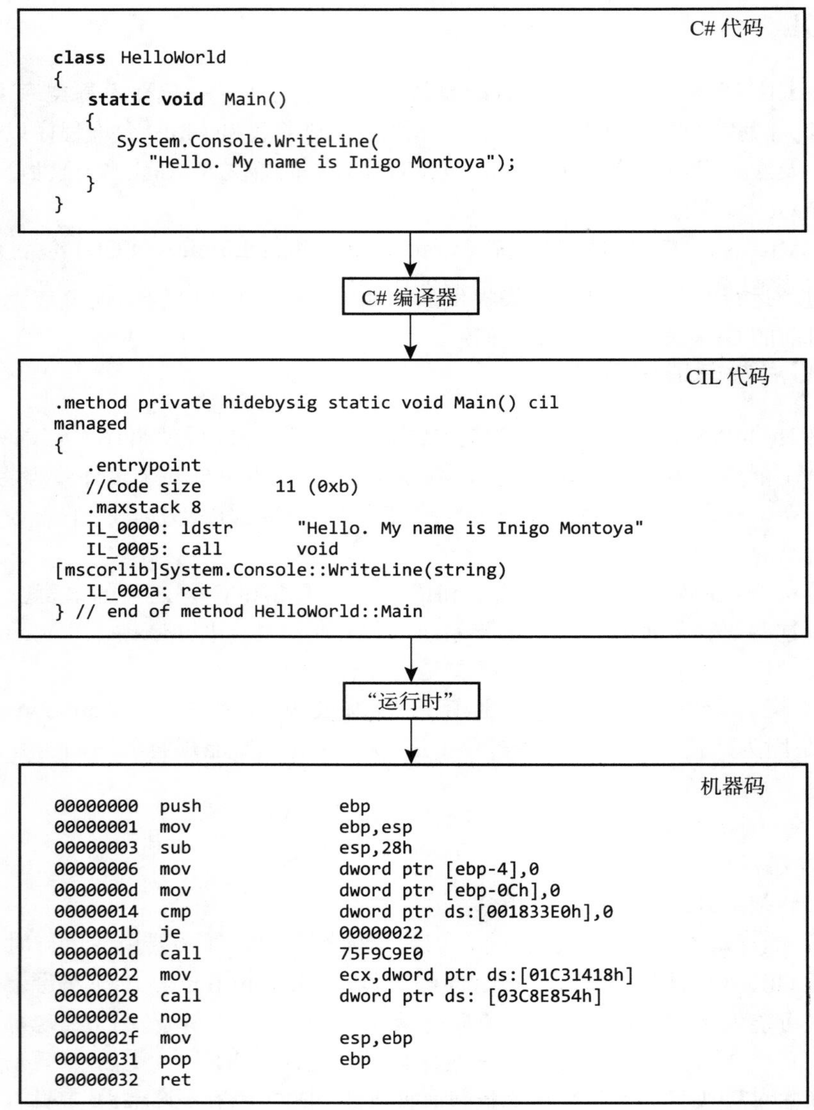

图 22.1 C# 编译成机器码

22.6 运行时

即使“运行时”将 CIL 代码转换为机器码并开始执行，也在继续管理代码的执行。在“运行时”这样的一个代理上下文中执行的代码称为**托管代码**，在“运行时”控制下的执行过程称为**托管执行**。对执行的控制转向数据，数据就成为**托管数据**，因为数据所需的内存是由“运行时”自动分配和回收的。

略有微词的是，**公共语言运行时**（CLR）这个术语从技术上讲并不是 CLI 的一个专业术语。CLR 更像是微软专门针对 .NET 平台实现的“运行时”。不管怎样，CLR 正在逐渐成为运行时的一个常用代名词，而技术上更准确的术语**虚拟执行系统**（VES）很少在 CLI 规范之外的地方用到。

由于代理控制程序执行，所以能将额外的服务注入程序，即使程序员没有显式指定需要这些服务。因此，托管代码提供了一些信息来允许附加这些服务。例如，托管代码允许定位与类型成员有关的元数据，支持异常处理，允许访问安全信息，并允许遍历栈。本节剩余部分将描述通过“运行时”和托管执行来提供的一些附加服务。CLI 没有明确要求提供所有这些服务，但目前的 CLI 框架都实现了它们。

22.6.1　垃圾回收

垃圾回收是根据程序的需要自动分配和回收内存的过程。对于没有自动系统来做这件事的语言来说，这是一个重大的编程问题。没有垃圾回收器，程序员就必须记住要亲自回收他们分配的所有内存。忘记这样做，或对同一个内存分配反复这样做，会在程序中造成内存泄漏或损坏。对于 Web 服务器这样长时间运行的程序，情况还会变得更严重。由于“运行时”内建了垃圾回收支持，所以程序员可将精力集中在程序功能上，而不是为了内存管理疲于奔命。

语言对比：C++——确定性析构

垃圾回收器具体如何工作并不是 CLI 规范的一部分。因此，每个实现所采取的方案略有不同（事实上，垃圾回收器不是 CLI 明确要求的）。C++ 程序员要逐渐习惯的一个重要概念是：被垃圾回收的对象不一定会进行确定性回收。所谓确定性（deterministically）回收，是指在良好定义的、编译时知道的位置进行回收。事实上，对象可在它们最后一次被访问和程序关闭之间的任何时间进行垃圾回收。这包括在超出作用域之前回收，或者等到一个对象实例能由代码访问之后回收。

应该注意，垃圾回收器只负责内存管理。它没有提供一个自动的系统来管理和内存无关的资源。因此，如需采取显式的行动来释放资源（除内存之外的其他资源），使用该资源的程序员应通过特殊的 CLI 兼容编程模式来帮助清理这些资源（详情参见第 10 章）。

22.6.2　.NET 的垃圾回收

CLI 的大多数实现都使用一个分代的（generational）、支持压缩的（compacting）以及基于 mark-and-sweep（标记并清除）的算法。之所以说它是分代的，是因为只存活过短暂时间的对象与已经在垃圾回收时存活下来（原因是对象仍在使用）的对象相比，前者会被更早地清理掉。这一点符合内存分配的常规模式：已知活得久的对象，会比最近才实例化的对象活得更久。

此外，.NET 垃圾回收器使用了一个 mark-and-sweep 算法。在每次执行垃圾回收期间，它都标记出将要回收的对象，并将剩余对象压缩到一起，确保它们之间没有“脏”空间。使用压缩机制来填充由回收的对象腾出来的空间，通常会使新对象能以更快速度实例化（与非托管代码相比），这是因为不必搜索内存为一次新的分配寻找空间。与此同时，这个算法还降低了执行分页处理的概率，因为同一个页中能存储更多的对象，这也有利于性能的提升。

垃圾回收器会考虑到机器上的资源以及执行时对资源的需求。例如，假定计算机的内存尚剩余大量空间，垃圾回收器就很少运行，并很少花时间去清理那些资源。相比之下，不基于垃圾回收的平台和语言很少进行这样的优化。

22.6.3 类型安全

“运行时”提供的关键优势之一就是检查类型之间的转换。我们把它称为“运行时”的**类型检查**能力。通过类型检查，“运行时”防止了程序员不慎引入可能造成缓冲区溢出安全漏洞的非法类型转换。此类安全漏洞是最常见的计算机入侵方式之一。因此，让“运行时”自动杜绝此类漏洞，对于安全性来说是很有利的。运行时提供的类型检查可以确保以下几点。

- 变量和变量引用的数据都是有类型的，而且变量类型兼容于它所引用的数据的类型。
- 可局部分析一个类型（而不必分析使用了该类型的所有代码），确定需要什么权限来执行该类型的成员。
- 每个类型都有一组编译时定义的方法和数据。“运行时”强制性地规定什么类能访问那些方法和数据。例如，标记为“`private`”的方法只能由它的包容类型访问。

> **高级主题：绕过封装和访问修饰符**
>
> 只要有相应的权限，就可通过**反射**机制绕过封装和访问修饰符。反射机制提供了晚期绑定功能，允许浏览类型的成员，在对象的元数据中查找特定构造的名称，并可调用类型的成员。

22.6.4 平台可移植性

C# 程序具有**平台可移植性**，支持在不同操作系统上的执行（称为跨平台支持）。换言之，程序能在多种操作系统上运行，不管具体的 CLI 实现是什么。这里说的可移植性并非只是为每个平台重新编译代码那么简单。相反，针对一个平台编译好的 CLI 模块应该能在任何一个 CLI 兼容平台上运行，而不需要重新编译。为获得这种程度的可移植性，代码的移植工作必须由“运行时”的实现来完成，而不是由应用程序的开发者来完成（感谢 .NET Standard）。当然，为实现这种理想化的可移植性，前提是不能使用某个平台特有的 API。开发跨平台应用程序时，开发人员可将通用代码包装或重构到跨平台兼容库中，然后从平台特有代码中调用库，从而减少实现跨平台应用程序所需的代码量。

22.6.5 性能

许多习惯于写非托管代码的程序员会一语道破天机：托管环境为应用程序带来了额外开销，无论它有多简单。这要求开发人员做出取舍：是不是可以牺牲运行时的一些性能，换取更高的开发效率以及托管代码中更少的 bug 数量？事实上，从汇编程序转向 C 这样的高级语言，以及从结构化编程转向面向对象开发时，我们都在进行同样的取舍。大多时候都选择了开发效率的提升，尤其是在硬件速度越来越快但价格越来越便宜的今天。将较多时间花在架构设计上，相较于穷于应付低级开发平台的各种复杂性，前者更有可能带来大幅的性能提升。另外，考虑到缓冲区溢出可能造成安全漏洞，托管执行变得更有吸引力了。

毫无疑问，特定的开发情形（比如设备驱动程序）是不适合托管执行的。但随着托管执行的功能越来越强，对其性能的担心会变得越来越少。最终，只有在要求精确控制的场合，或者要求必须拿掉“运行时”的场合，才需要用到非托管执行[⊖]。

此外，“运行时”的一些特别设计可以使程序的性能优于本机编译。例如，由于到机器码的转换在目标机器上发生，所以生成的编译代码能与那台机器的处理器和内存布局完美匹配。相反，非 JIT 编译的语言是无法获得这一性能优势的。另外，“运行时”能灵活响应执行时的一些突发状况。相反，已直接编译成机器码的程序是无法照顾到这些情况的。例如，在目标机器上的内存非常富余的时候，非托管语言仍然会刻板地执行既定计划，在编译时定义的位置回收内存（确定性析构）。相反，支持 JIT 编译的语言只有在运行速度变慢或者程序关闭的时候才会回收内存。虽然 JIT 编译为执行过程添加了一个额外的编译步骤，但 JIT 编译器能带来代码执行效率的大幅提升，使程序最终性能仍然优于直接编译成机器码的程序。总之，CLI 程序不一定比非 CLI 程序快，但性能是有竞争力的。

22.7　程序集、清单和模块

CLI 规定了一个源语言编译器的 CIL 输出规范。编译器输出的通常是一个程序集。除了 CIL 指令本身，程序集还包含一个**清单**（manifest），它由下面这些内容构成：

- 程序集定义和导入的类型
- 程序集本身的版本信息
- 程序集依赖的其他文件
- 程序集的安全权限

清单本质上是程序集的一个标头（header），提供了与程序集的构成有关的所有信息，另外还有对这个程序集进行唯一性标识的信息。

程序集可以是类库，也可以是可执行文件本身。而且，一个程序集能引用其他程序集（后者又可引用更多程序集）。由此而构建的一个应用程序是由许多组件构成的，而不是一个巨大的、单一的程序。这是现代编程平台要考虑的一个重要特性，因为它能显著提高程序的可维护性，并允许一个组件在多个应用程序中共享。

除了清单，程序集还将 CIL 代码包含到一个或多个模块中。通常，程序集和清单被合并成一个单独的文件，就像第 1 章的 `HelloWorld.exe` 一样。但也可将模块单独放到它们自己的文件中，然后使用程序集链接器（`al.exe`）来创建一个程序集文件，其中包括对每个模块

⊖ 事实上，微软已明确指出，托管开发将成为未来开发 Windows 应用程序的主流方式。即使那些和操作系统集成的应用程序，也主要采用这种开发方式。

进行引用的清单⊖。这不仅提供了另一种手段将程序分解成单独的组件，还实现了使用多种不同源语言来开发一个程序集。

模块和程序集这两个术语偶尔可以互换。但在谈及 CLI 兼容程序或库的时候，首选术语是程序集。图 22.2 解释了不同的组件术语。

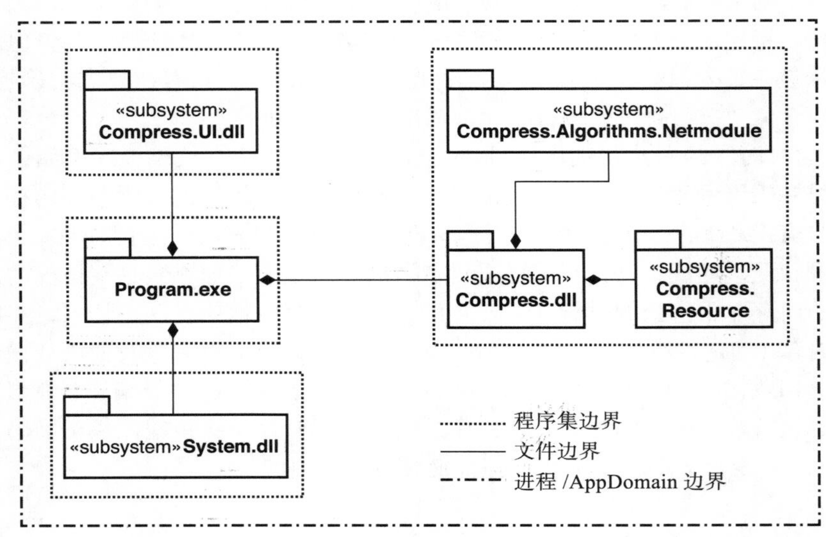

图 22.2 带有模块的程序集以及它们引用的文件

注意程序集和模块都能引用文件，比如本地化为特定语言的资源文件。尽管很少见，但两个不同的程序集也可引用同一个模块或文件。

虽然程序集可包含多个模块和文件，但整个文件组只有一个版本号，而且该版本号被放在程序集的清单中。因此，在一个应用程序内，最小的可版本化的组件就是程序集，即使那个程序集由多个文件构成。在不更新程序集清单的情况下更改任何引用的文件（甚至只是为了发布一个补丁），都会违背清单以及整个程序集本身的完整性。考虑到这方面的原因，程序集成为了一个逻辑性的组件构造，或者一个部署单元。

注意　程序集是可以版本化和安装的最小单元。构成程序集的单独模块则不是最小单元。

虽然程序集（逻辑构造）可由多个模块构成，但大多数程序集都只包含一个模块。此外，微软现在提供了 `ILMerge.exe` 实用程序，能将多个模块及其清单合并成单文件程序集。

由于清单包含对程序集所有依赖文件的引用，所以可根据清单判断程序集的依赖性。此外，在执行时，“运行时”只需检查清单就可确定它需要什么文件。只有发行供多个应用程序

⊖ 部分原因在于主流 CLI IDE——Visual Studio .NET——缺乏相应的功能来处理由多个模块构成的程序集。当前的 Visual Studio .NET 没有提供集成的工具来构建由多个模块构成的程序集。在使用此类程序集的时候，“智能感知”不能完全发挥作用。

共享的库的工具供应商（比如微软）才需要在部署时注册那些文件。这使部署变得非常容易。通常，人们将基于 CLI 的应用程序的部署过程称为 **xcopy 部署**。这个名字源于 Windows 著名的 xcopy 命令，作用是直接将文件拷贝到指定目的地。

语言对比：COM DLL 注册

和微软以前的 COM 文件不同，CLI 程序集几乎不需要任何类型的注册，只需将组成一个程序的所有文件拷贝到一个特定的目录，然后执行程序，即可完成部署。

22.8　公共中间语言

公共语言基础结构（CLI）这个名称揭示了 CIL 和 CLI 的一个重要特点：支持多种语言在同一个应用程序内的交互（而不是源代码跨越不同操作系统的可移植性）。所以，CIL 不只是 C# 的中间语言，还是其他许多编程语言的中间语言，比如 Visual Basic .NET、Java 风格的 J#、Smalltalk、C++ 等（写作本书时有 20 多种，包括 COBOL 和 FORTRAN 的一些版本）。编译成 CIL 的语言称为**源语言**（source language），而且各自都有一个自定义的编译器能将源语言转换为 CIL。编译成 CIL 后，当初使用的是什么源语言便无关紧要了。这个强大的功能使不同的开发小组能进行跨单位的协作式开发，而不必关心每个小组使用的是什么语言。这样一来，CIL 就实现了语言之间的互操作性以及平台可移植性。

注意　**CLI 的一个强大功能是支持多种语言。这就允许使用多种语言来编写一个程序，并允许用一种语言写的代码访问用另一种语言写的库。**

22.9　公共类型系统

不管编程语言如何，最终生成的程序在内部都要操作数据类型。因此，CLI 还包含了**公共类型系统**（Common Type System，CTS）。CTS 定义了类型的结构及其在内存中的布局，另外还规定了与类型有关的概念和行为。除了与类型中存储的数据有关的信息，CTS 还包含了类型的操作指令。由于 CTS 的目标是实现语言间的互操作性，所以它规定了类型在语言的外部边界处的表现及行为。最后要由“运行时”负责在执行时强制执行 CTS 建立的各种规定。

在 CTS 内部，类型分为以下两类。

- **值**（Value）是用于表示基本类型（比如整数和字符）以及以结构的形式提供的更复杂数据的位模式（bit pattern）。每种值类型都对应一个单独的类型定义，这个单独的类型定义不存储在位本身中。单独的类型定义是指提供了值中每一位的含义，并对值所支持的操作进行了说明的类型定义。
- **对象**（Object）则在其本身中包含了对象的类型定义（这有助于实现类型检查）。每个对象实例都有唯一性标识。此外，对象提供了用于存储其他类型（值或对象引用）的位置，这些位置称为槽（slot）。和值类型不同，更改槽中的内容不会改变对象标识。

以上两个类别直接对应声明每种类型时的 C# 语法。

22.10 公共语言规范

和 CTS 在语言集成上的优势相比，实现它的成本微不足道，所以大多数源语言都支持 CTS。但 CTS 语言相容性规范还存在着一个子集，称为**公共语言规范**（Common Language Specification，CLS）。后者侧重库的实现。它面向的是库开发人员，为他们提供编写库的标准，使这些库能从大多数源语言中访问——无论使用库的源语言是否相容于 CTS。之所以称为公共语言规范，是因为它的另一个目的是鼓励 CLI 语言提供一种方式来创建可供互操作的库——或者说能从其他语言访问的库。

例如，虽然一种语言提供对无符号整数（unsigned integer）的支持是完全合理的，但这样的一个类型并未包含在 CLS 中。因此，一个类库的开发者不应对外公开无符号整数。否则，在不支持无符号整数的、与 CLS 规范相容的源语言中，开发者就不愿选用这样的库。因此，理想情况下，一个库要想从多种语言访问，就必须遵守 CLS 规范。注意，CLS 并不关心那些没有对外公开给程序集的类型。

另外注意，可在创建非 CLS 相容的 API 时让编译器报告一条警告消息。为此，请使用 `System.CLSCompliant` 这个程序集特性，并为参数指定 `true` 值。

22.11 元数据

除了执行指令，CIL 代码还包含与类型和程序中包含的文件有关的**元数据**。元数据包含以下内容：

- 程序或类库中每一个类型的描述；
- 清单信息，包括与程序本身有关的数据，以及它依赖的库；
- 在代码中嵌入的自定义特性，提供与特性所修饰的构造有关的额外信息。

元数据并不是 CIL 中可有可无的东西。相反，它是 CLI 实现的一个核心组件。它提供了类型的表示和行为信息，并包含一些位置信息，描述了哪个程序集包含哪个特定的类型定义。为了保存来自编译器的数据，并使这些数据可以在执行时由调试器和“运行时”访问，它扮演了一个关键性的角色。这些数据不仅可在 CIL 代码中使用，还能在机器码执行期间访问，确保“运行时”能继续执行任何必要的类型检查。

元数据为“运行时”提供了一个机制来处理原生代码和托管代码混合执行的情况。同时，它还加强了代码和代码执行的可靠性，因为它能使一个库从一个版本顺利迁移到下一个版本，用加载时的实现取代编译时定义的绑定。

元数据的一个特殊部分是清单，其中包含与一个库及其依赖性有关的所有标头信息。所以，元数据的清单部分使开发人员可以判断一个模块的依赖文件，其中包括与依赖文件特定版本和模块创建者签名相关的信息。在执行时，“运行时”通过清单确定要加载哪些依赖库，库或主要程序是否被篡改，以及是否丢失了程序集。

元数据还包含**自定义特性**，这些特性可对代码进行额外的修饰。特性提供了与可由程序在执行时访问的 CIL 指令有关的额外元数据。

元数据在执行时通过**反射**机制来使用。利用反射机制，我们可在执行期间查找一个类型或者它的成员，然后调用该成员，或判断一个特定构造是否使用了一个特性进行修饰。这样就实现了**晚期绑定**——换言之，可在执行时（而不是编译时）决定要执行的代码。反射机制甚至还用于生成文档，具体做法是遍历元数据，并将其拷贝到某种形式的帮助文档中（详情参见第 18 章）。

22.12　.NET Native 和 AOT 编译

.NET Native 功能（由 .NET Core 和最近的 .NET Framework 实现支持）用于创建平台特有的可执行文件。这称为 AOT（Ahead Of Time）编译。.

.NET Native 由于避免了对代码进行 JIT 编译，所以使用 C# 编程也能达到原生代码的性能和更快的启动速度。

.NET Native 编译应用程序时会将 .NET FCL 静态链接到应用程序，还会在其中包含为静态预编译优化的 .NET Framework 运行时组件。这些特别创建的组件针对 .NET Native 进行了优化，提供了比标准 .NET 运行时更好的性能。编译步骤不会对你的应用程序进行任何改动。可自由使用 .NET 的所有构造和 API，也能依赖托管内存和内存清理，因为 .NET Native 会在你的可执行文件中包含 .NET Framework 的所有组件。

22.13　小结

本章介绍了许多新术语和缩写词，它们对于理解 C# 程序的运行环境具有重要意义。许多三字母缩写词比较容易混淆。表 22.2 简单总结了作为 CLI 一部分的术语和缩写词。

表 22.2　常见 C# 相关缩写词

缩　写	定　义	说　明
.NET	无	这是微软所实现的 CLI，其中包括 CLR、CIL 以及各种语言——全部都相容于 CLS
BCL	基类库	CLI 规范的一部分，定义了集合、线程处理、控制台以及用于生成几乎所有程序所需的其他基类
C#	无	一种编程语言。注意 C# 语言规范独立于 CLI 标准，也得到了 ECMA 和 ISO 标准组织的认可
CIL (IL)	公共中间语言	CLI 规范中的一种语言，为可在 CLI 的实现上执行的代码定义了指令。有时也称为中间语言（IL）或 Microsoft IL（MSIL），以区别于其他中间语言。为了强调此标准的适用范围不只是微软的产品，平时应该多说 CIL，而不是说 MSIL（或 IL）

（续）

缩　写	定　义	说　明
CLI	公共语言基础结构	这个规范定义了中间语言、基类和行为特征，允许实现人员创建虚拟执行系统和编译器，确保不同的源语言能在公共执行环境的顶部进行互操作
CLR	公共语言运行时	微软根据 CLI 规定的定义实现的“运行时”
CLS	公共语言规范	CLI 规范的一部分，定义了源语言必须支持的核心功能子集。只有支持这些特性，才能在基于 CLI 规范而实现的“运行时”中执行
CTS	公共类型系统	一般要由 CLI 相容语言来实现的一个标准，定义了编程语言向模块外部公开的类型的表示及行为。包含如何对类型进行合并以构成新类型的一些概念
FCL	.NET Framework 类库	用于构成 Microsoft .NET Framework 的类库，包含微软实现的 BCL 以及用于 Web 开发、分布式通信、数据库访问、富客户端 UI 开发等的一个大型类库
VES（“运行时”）	虚拟执行系统	作为代理负责管理为 CLI 编译的程序的执行